滨海城市地表径流污染研究与控制实践

黄　鹄　罗鸿兵　胡　胜　宁天竹　杨园晶　等著

史春海　审

科学出版社

北　京

内容简介

本书总结了著者近20年来从事滨海城市非点源污染研究与控制、初雨水截流、河口环境与生态修复等方面的基本方法与工程实践。

本书可供从事给排水科学与工程、水利工程、城市水利、环境科学与环境工程、城乡规划、园林、水文、生态、农业、气象等专业的研究生、科研人员、工程技术人员、管理人员以及大专院校师生等参考。

图书在版编目(CIP)数据

滨海城市地表径流污染研究与控制实践 / 黄鹄等著. — 北京：科学出版社，2020.9

ISBN 978-7-03-064401-5

Ⅰ. ①滨… Ⅱ. ①黄… Ⅲ. ①沿海–城市–地面径流–水污染–污染控制 Ⅳ. ①X522

中国版本图书馆 CIP 数据核字 (2020) 第 023541 号

责任编辑：孟 锐 / 责任校对：彭 映
责任印制：罗 科 / 封面设计：墨创文化

科学出版社出版
北京东黄城根北街16号
邮政编码：100717
http://www.sciencep.com

成都锦瑞印刷有限责任公司印刷
科学出版社发行 各地新华书店经销
*

2020年9月第 一 版 开本：787×1092 1/16
2020年9月第一次印刷 印张：24 1/4
字数：575 000

定价：168.00 元

(如有印装质量问题，我社负责调换)

作 者 简 介

黄鹄，四川邛崃人，1982 年毕业于重庆建筑工程学院(现重庆大学)，教授级高级工程师，现为中国市政工程西北设计研究院有限公司副总工程师、深圳规划委员会发展策略委员会委员，深圳市工程勘察设计大师，长期致力于滨海城市水系统、水环境及珠三角地区河流综合治理的规划、设计及研究工作，近年来也对城市深层排水隧道展开了深入研究和实践。本书所著内容为作者从业三十余年的经验与收获的总结。

罗鸿兵，四川资阳人，工学博士、教授、博士生导师。2009 年博士毕业于四川大学，现为四川农业大学市政工程系系主任，第九届校学术委员会委员，村镇防灾减灾四川省高等学校工程研究中心副主任，成都河流研究会理事。研究领域主要包括：给水工程、排水工程、面源污染治理、海绵城市、污染控制与资源化、流域综合治理、(人工)湿地技术应用和湿地修复、温室气体减排、碳标签和碳足迹、生态工程、环境污染控制设施模拟与优化设计等方面的教学和科研工作。已主持或参与研究项目 30 余项(其中主持国家自然科学基金面上项目 1 项)，已发表学术论文 60 余篇(其中 SCI 收录 14 篇，EI 收录 17 篇)，出版学术专著 2 部，软件著作权 2 件。为 *Science of The Total Environment*、*Ecological Engineering*、*Ecological Indicators*、*Environmental Science and Pollution Research* 等 SCI 期刊审稿人，已累计审稿 50 余篇。

序　言

滨海城市是我国改革开放最早，经济社会发展最为迅速的地区。随着城市发展和规模的不断扩张，城市功能及性质的不断演化，逐渐出现了各种水问题，主要体现在水污染加剧、水环境恶化、水生态受损、洪涝灾害突出等方面。这些问题有些是滨海河口地区的自然属性所致，但更多的是城市建设规划、建设时序、建设过程中时间、空间、尺度等不协调因素所致。《滨海城市地表径流污染研究与控制实践》从方法论入手，通过城市流域特点分析、生态学考证、城市病理等研究，比较全面地探索了解决滨海城市地面径流污染控制的科学方法。成果从监测到试验，从理论分析到工程应用，对滨海城市的水问题把控比较准确，取得了一系列可广泛推广的真知灼见。虽然该书研究和实践的着重点是深圳地区，但作者针对当前滨海城市的水问题特点，通过长时期的研究探索和工程实践提出的可效仿和可推广的方法和技术，对其他滨海城市全面解决水问题也具有借鉴意义。

2016 年开始，我带领的由中国水利科学研究院和中国市政工程西北设计研究院有限公司有关专家组成的团队编制完成了《深圳市龙岗河、坪山河流域综合整治规划方案》，并在深圳市坪山河流域综合整治及水质提升工程项目中得到了应用。其指导思想是流域统筹和系统治理，通过源头控制、过程阻断、末端治理等综合措施，为从根本上解决坪山河流域的诸多水问题，率先在深圳市实现省控交接断面达标提供了科技支撑。由此凝练的“坪山模式”可作为滨海城市解决水问题的借鉴。

滨海城市是水自然循环较为有利的地区，也是水社会循环极为复杂的地区。通过更全面地认识和了解滨海城市的水循环问题，更深入地研究和把握控制其根源的所在，滨海城市的水问题必将迎刃而解。

水污染和水环境问题，既牵涉当地居民的生活幸福和心理感受，也影响城市形象、生态平衡、社会稳定、人心归属、文明走向，是值得政府部门和专业技术人员深思的。

水环境的理论探索和突破是比较困难的，但水环境的修复与改善却是可以作为的。从浮躁回归于平静，以踏实认真的态度对待水环境治理改造项目，方能获得“野旷天低树，江清月近人”的业绩回报。

中国工程院院士

2018 年 10 月 21 日

前　言

滩 涂

滨海城市位于海陆交错带上，入海河口和天然海岸线以滩涂、沙滩、礁石为典型形态。

随着滨海地区城市化，自然海岸线、沙滩浴场和滩涂湿地、近岸湿地不断被蚕食。城市扩张过程中，搬山填海、挖砂吹填、土石方工程等不同程度地改变了滨海地区的地形地貌特征，包括竖向高程等非自然属性的巨大变化。滨海城市的逐步发展、扩张和城市功能及性质的演化过程中，各种水问题逐步暴露且难以应对。除了水文气象学范畴的热岛效应、降雨时空分布、潮汐顶托、台风增水、盐水楔上溯等自然现象的变化外，滨海城市还面临洪潮灾害、环境恶化、水资源短缺和生态系统退化等等一系列与水相关联的问题。

礁 石

防洪(潮)压力主要反映在滨海城市竖向高程与设计频率下的洪(潮)水面的不协调，河口水面线的壅高，涝区范围的扩大以及溢流通道限排，甚至“高水低排”现象加剧涝区水灾。水文学意义上的各种参数随着城市不断演变过程而变化，地表硬化和管渠化，汇流时间缩短，城市河流洪峰时间随之提前且流量增大。

沙 滩

滨海地区水系、湿地、海湾的填埋以及亚热带地区红树林面积的快速减少，致使河口、水系纳潮交换能力和抗拒台风暴潮的自然能力不断衰退，导致自然海岸线的侵蚀和人工岸线的安全隐患增大。

气象学意义上的恶劣现象，如温室效应带来的海平面上升、厄尔尼诺现象带来的台风暴潮、大面积高强度降雨与朔望水文高潮的遭遇频发、上溯潮能和下泄洪峰在河口地区的能量堆积，使得滨海城市的城市规划和防御体系不可或缺。滨海城市水环境问题的主要成因，与内陆城市大同小异。城市的无序开发、无序建设是元凶。“先污染后治理”使地表径流污染加剧，几乎成为城市化进程的套路，无一幸免。

“9·23”台风“黑格比”登陆，与天文大潮重叠，灾害性严重

滨海城市水污染与内陆城市的差异，主要表现在河口感潮河段的地表污染随潮涨潮落往复回荡，更易富营养化。海湾和近岸海水对污染负荷，尤其对 TN、TP 的敏感度，也成为赤潮频发的真凶。无穷的海水并不能代表近岸海域的稀释自净能力。同样，水质标准的尾水排放于河流，也许可近岸排放而随水流迅速掺混得到稀释，而滨海地区的海洋放流则需远距离深海排放，一定水深的混合区、烟羽区，是污染物稀释扩散、维持低浓度、保障海中生物、微生物赖以生存的起码要求。

城市排水系统合流制和分流制的优劣之争，激发了人们对排水系统和旱季、雨季不同时段水质、污水厂入厂水质，以及尾水排放标准的关注。各种截污系统截污流量、截污口限流措施、混流污水的调蓄措施与各种水处理手段应运而生。滨海城市截流系统所不同的是还要面临潮起潮落的海水倒灌问题，包括污水厂进水浓度波动问题以及含盐量超标问题。河口潮流界内水面与陆域地面高程相差无几时，合流制的沿河截污口面对海水倒灌和雨季排涝的双重问题，从这一点思考，分流制排水系统在滨海城市规划和建设是优先选项。而之前，合流制低级别处理、深海海洋处置曾在滨海城市风靡一时。

沿河截污、总口截流和深层排水隧道的应用，对人口高密度、建筑高密度城区已形成的合流制体系的合流污水、初期雨水的截流、收集、转输并集中处理是治理地表径流污染行之有效的方法，这些灰色设施与当前推行海绵城市建设所倡导的低冲击开发模式并不矛盾，而是相辅相成。末端治理与源头控制并举，才能从根本上解决城市建成区，尤其是旧村旧城的水污染问题。

深层排水隧道的提出，显然是迫于无奈，形成的“低水低排”通道，很好地解决了滨海老城区“高水低排”问题，以及低洼地带免受高区泄洪和潮水顶托双重压力。深层排水隧道本身的调蓄容量加以利用，可使一定数量初雨水得到有效收集、调蓄、有效处理。

入海河口地区以及河网区，一方面具有高生物多样性和高初级生产力的特征，另一方面又面临拦门沙发育、浅滩发育，使口门不断延伸，甚至阻塞航道。城市建设需大量取沙，潮汐顶托，盐水楔上溯距离越来越大，不仅仅影响农业灌溉和地下水，还直接关系到滨海城市的城市水源。澳门、珠海、中山、广州、东莞等珠三角城市水源取水点均受到严重影响，无一例外。

滨海城市的迅猛发展，大量的围海造地，直接冲击河口湿地和滩涂湿地。以深圳福田红树林自然保护区为例，该区湿地面积减少 148hm^2，占保护区面积的 48%。某市滨海路的建设，大面积侵占了天然的沙滩和礁石岸线，遭到“黑格比”台风侵蚀。

“黑格比”台风登陆，人工海岸线严重受损

据统计，水污染、光污染和噪声污染使福田自然保护区陆鸟种类减少了 36%，数量减少了 34.7%，珍稀陆鸟减少了 38.5%，珍稀水鸟减少了 54.4%。

目前滨海城市的水污染问题受到高度重视，当城市点源逐步得到有效治理的同时，城市面源污染成为地表径流污染的主要来源，是时候重视这个问题了。城市点源的控制技术以及污水厂的处理工艺日趋成熟，而地表径流污染的质与量均随降雨大幅波动，其控制技术涉及物理、化学、生物学的方法、技术和生态学原理，无论是从量化指标到系统工程以及综合、复合技术层面，都要复杂得多。本书大量的技术探讨正说明这一点。

滨海城市地表径流污染问题是当下更紧迫、更持久地需要我们研究的问题。这涉及对各种非常规的、非传统的水环境问题的理解，以及各阶段治理目标、多元化的理念和思路。

《水污染防治行动计划》(简称“水十条”)作为水污染治理的纲领性文件的出台，一方面会使各级政府、环保产业领域高度重视，另一方面会刺激地面径流污染控制和治理技术的创新和发展。可以相信，“水十条”会大力推动我国地表径流污染治理进程。

本书分上篇和下篇两部分，一共 10 章，上篇包括第 1 章至第 6 章，下篇包括第 7 章至第 10 章。第 1 章：绪论(黄鹄、梁毅、王国宪)。第 2 章：滨海城市(深圳)地表径流污染研究概述(马之光、王国宪、张勇)。第 3 章：滨海城市(深圳)地表径流总污染特征(罗鸿兵、胡胜、潘彩萍)。第 4 章：降雨污染统计分析(罗鸿兵、段余杰、胡胜)。第 5 章：

暴雨径流污染模型(罗鸿兵、胡胜)。第 6 章：径流总污染的初期效应与截流(罗鸿兵、胡胜、顾江海)。第 7 章：城市非感潮河流区域径流污染截流控制方法与实践(胡胜、梁毅、宁克明、奚晓伟、罗鸿兵)。第 8 章：感潮河流污染控制方法与实践(宁天竹、郑道才)。第 9 章：海湾地表污染控制方法与实践(宁天竹、郑道才、杨园晶)。第 10 章：深层排水隧道(杨园晶、宁忠义、周影涛、王贱根)。校审：黄鹄、罗鸿兵、宁天竹、杨园晶、胡胜。

感谢深圳市规划国土委、深圳市水务局、深圳市相关单位的大力支持和帮助。感谢国家自然科学基金面上项目(NO.51278318、NO.51808363)、四川省科技厅重点研发项目(2018SZ0302)、水力学与山区河流开发保护国家重点实验室开放课题(SKHL1716)的资助，在此一并致以衷心的感谢。感谢四川大学建筑与环境学院、水力学与山区河流开发保护国家重点实验室的支持和帮助。感谢中国科学院华南植物园博士生导师任海、珠江水利委员会科学院教授级高级工程师吴小明等长期以来的指导和帮助，感谢所有其他有关人员对本书研究课题的关心、帮助和支持。

本书所涉及的研究内容有限，作者水平有限，疏漏之处在所难免，欢迎专家同行给予评估指正，以求不断完善和提高，欢迎来信批评讨论(黄鹄：huanggu1977@163.com；罗鸿兵：hbluo@sicau.edu.cn)。

著者

2018 年 7 月

目　录

上篇　滨海城市地表径流污染研究与控制实践(研究篇)

下篇　滨海城市地表径流污染控制方法与实践（工程篇）

上篇　滨海城市地表径流污染研究与控制实践

第1章　绪　　论

1.1　滨海城市水污染治理回顾

得益于国家沿海经济战略，在改革开放的浪潮中，滨海城市发展最早，经济突飞猛进，以广东省深圳市最具代表性。20 世纪 80 年代，尽管深圳特区经济发展速度领先全国，但其 GDP 仍不足 400 亿元。受经济条件制约，污水处理设施极不完善，彼时仅建成滨河污水厂一期(规模：$5\times10^4 m^3/d$)处理部分城市污水，其余大部分污水收集转输至珠江口，经过一级处理后深海排放。这是典型的利用环境容量，通过长距离调配、转移，经过低级别处理后以海洋处置的方式解决城市污水出路的方法。同期，香港、宁波、北海、海口、三亚等滨海城市也相继建设了污水海洋处置工程。

进入 20 世纪 90 年代，深圳特区经济总量大幅提高，推动了污水处理设施的建设，除扩建了滨河污水厂至 $30\times10^4 m^3/d$ 规模外，还兴建了罗芳污水厂(规模：$35\times10^4 m^3/d$)和蛇口污水处理厂(规模：$3\times10^4 m^3/d$)，均采用了二级生化处理工艺。同时，深圳特区内逐步建立了较完善的分流制排水系统，特区外污水建设主要以镇为单位，污水厂建设缓慢，水污染问题日益凸显。

进入 21 世纪，深圳特区经济水平已进一步攀升。《深圳市污水系统布局规划(2002—2020)》编制完成，污水系统建设迅速推进，截至 2010 年年底，全市建成污水厂 25 座，总处理能力达 $398.5\times10^4 m^3/d$，另在建工程 4 项，总建设规模 $53.5\times10^4 m^3/d$，污水厂基本实现服务范围全市域覆盖，污水处理能力全面提升，均采用了二级生化处理工艺，尾水排放标准大部分优于 Ⅰ 级 A 标准。在深圳市水务发展“十一五”“十二五”期间，深圳市完成了 30 座污水厂的新建和扩建任务，这在我国城市污水治理的历程中是划时代的。目前滨海城市污水再生利用仍主要用于河流生态补水，城市杂用水虽未形成规模，但正在稳步推行。

随着城市点源污染基本得到有效控制，面源问题逐渐显现且日渐突出。在城市排水系统的框架基本形成，常规手法容易解决的水污染问题得到基本解决之后，不得不深究更多元、更复杂、更难以解决的水环境问题。

1.2　滨海城市受纳水体特征及污染状况

与内陆城市不同，滨海城市受纳水体种类较多，受海洋的影响较大，具有显著的滨海特征。除了河流、水库等与内陆城市相同的受纳水体外，滨海城市特有的受纳水体主要有河口与海湾，分述如下。

1.2.1 河口

由于侧重点不同，国内外研究人员对入海河口(estuary)提出了不同的定义和分类。

河口的定义：河流与其受水体相结合的地段。受水体可能是河流、湖泊、人工水库或海洋，因而根据受水体的不同，河口又可分为支流河口、入湖河口、入库河口以及入海河口等多种。入海河口是河流与海洋之间的过渡地带，它包括该河流下游的河谷，毗连的沿海地带和海滨。其上界到由潮汐或增水引起的水位变化影响消失的某个断面为止，下界到由河流泥沙造成的沿岸浅滩的外边界，径流至此实际上已最终地消失了自己的活力。

根据河流与海洋情势的优势，可将河口划分为三段：河流近口段、河流河口段、口外海滨段。河流近口段，通常指潮区界和潮流界之间的河段，潮汐作用使这一河段的水位产生有规律的涨落，但水流的流向始终指向河流下游。河流河口段，通常指潮流界至口门的区段，在此范围内，径流和潮流两种力量相互作用。愈向上游，径流作用愈显著，愈向下游，潮流逐渐加强。口外海滨段，通常指口门至水下三角洲的前沿的区域，在此范围内，河流因素趋于消失，潮流和波浪起主导作用。从咸水界的变动范围，又可将河口分为河流段、过渡段和海洋段。河口的上游段为河流段，该段主要为淡水控制，但每天经受潮汐的影响。河口中游段为过渡段，此段的盐淡水发生混合。河口下游段为海洋段，该段与开阔的海洋自由连通。因此，从动力因子来看，入海河口受到河流、海洋及其两者叠加动力因子的影响，包括径流、潮流、波浪、沿岸流和盐淡水异重流等，河口的发育演变也较河流或海岸复杂得多。

目前引用较多的为 1967 年 Pritchard 的定义：河口是半封闭的海岸水体，与外海自由相连，向陆延伸到潮汐能够影响到的地方，其中的水体部分地被陆地径流冲淡。

一个更加综合性的关于河口的定义为：一个连接海洋的半封闭的水体，受潮汐的影响或者盐分的入侵，并接受淡水径流，但是淡水入流可能不是持久的，与大海的连接可能在一年中有部分时间是关闭的，其受潮汐影响可能被忽略。

河口是流域物质入海的必经之地，是陆海相互作用的通道，陆地的物质流包括水、悬浮物、化学物质等，通过河口输往大海。入海河流的河口是半封闭的海岸水体，与海相通。各类河川、溪流由河口入海，河口附近海水和河水发生混渗。据估算，陆地入海的物质约有 85%是经河口入海的。

河口是陆海相互作用最典型区域，水动力条件复杂，径流、潮汐、科氏力、波浪及沿岸流作用都很强烈。我国在世界上属于多流域国家，入海河口众多，类型复杂，据初步统计，在包括台湾、琼岛及其他一些大岛在内的长达 21000 多千米的海岸线上，分布着大小不同、类型各异的河口 1800 多个，其中河流长度在 100km 以上的河口有 60 多个。

河口地区陆海物质交汇、盐淡水混合、径流和潮流相互作用，水体和沉淀的营养物质含量较高，产生各种复杂的物理、化学、生物过程。其中，入海泥沙的变化是一个重要方面。河流入海物质在口外扩散，淡水浮在盐水层上面，形成河口锋，泥沙在河口沉积，形成三角洲。

河口的许多特性影响近海水域。由于水体运动的连续性，测验方法和分析技术上的相似，往往把河口和其邻近海岸水体综合起来研究，将河口认作海岸带的组成部分。根据动力条件和地貌形态的差异，可将河口分为河流近口段、河口段和口外海滨。河流近口段以河流特性为主，口外海滨以海洋特性为主，河口段的河流因素和海洋因素强弱交替地相互作用，有独特的性质。

公元前 5 世纪，古希腊人就开始研究河口，有许多有关河口的记载。18 世纪末期，出现了关于三角洲的系统论述。20 世纪 30 年代，R.J.拉塞尔出版有关河口的著作《密西西比三角洲》。20 世纪 50 年代初期，И.В.萨莫伊洛夫写出了世界上第一本综合性的有系统理论的河口专著——《河口》。与此同时，H.M.施托梅尔和 D.W.普里查德等在河口的盐水和淡水的混合、河口潮汐动力学等方面的研究，取得了显著的进展。1966 年，A.T.伊彭主编《河口海岸动力学》，G.H.劳夫主编《河口学》；1973 年 K.R.戴尔著《河口学物理导论》；1976 年 C.B.奥菲瑟著《河口及毗邻海域的物理海洋学》。这些研究成果和学术专著奠定了河口学术研究的基础，代表了河口研究的水平。

中国古代也有河口记载的文献，尤其是地方志，极其丰富。公元 1 世纪的东汉时期，王充解释过钱塘江涌潮的成因，公元 3 世纪有文学记载护岸防灾工程措施。

现代河口是在冰后期海侵的基础上发展而成的，不过几千年的历史。在第四纪最后一次冰期，海面下降了 130m 左右，河流因基面降低而深深切蚀了河床，后因气候转暖，封固在陆地上的冰川融化，水归海洋，海面回升。在距今六七千年前，已达到现在的海面高度，造成许多河谷末端被海水淹没，在水动力的作用下，泥沙搬运沉积，逐渐发展而成现代河口。

根据成因的不同，可把河口分为几种类型：溺谷型河口、三角洲河口、峡江型河口。溺谷型河口，海侵淹没的河谷末端，海水直拍崖岸。三角洲河口，流域来沙丰富的河口，泥沙沉积于河口区，不仅改变其冰后期海侵所形成的溺谷形态，且有三角洲发育。中国的黄河三角洲河口和长江三角洲河口均属于三角洲河口。峡江型河口，在冰川作用过的地区，河槽受冰川挖掘刻蚀，谷坡陡峻，海侵后形成峡江，这种河口常见于高纬度地带，如挪威的松恩峡湾和苏格兰的埃蒂夫湾。

河流径流下泄入海的扩散过程受惯性力、摩擦力和浮力的支配，可分为 3 种基本形式。在径流强劲、泄流和周围水体密度差较小、海洋水较深的情况下，径流入海过程主要由惯性力支配。在径流较强、泄流和周围水体的密度差很小和海洋较浅的情况下，径流入海过程主要由摩擦力支配。在径流强度中等、泄流和周围水体密度差较大及海洋较深的情况下，径流入海过程由浮力支配。

地表径流除了受这些显性力支配，还受柯氏力等因素影响。所谓柯氏力是地球自转对地球表面上水质点产生的力。这些受力条件使得径流入海的水流扩散过程很复杂，在潮汐、波浪、沿岸流、河口地形和演变等因素的作用下，其过程更加复杂。

河口在海洋潮波的作用下，出现河口潮汐现象。潮波在河口传播过程中发生变形，潮差递减，涨潮历时缩短，落潮历时加长。潮流界以下的河段，水流因潮流往复而变化。在河口区内，由于径流的加入，落潮流速通常大于涨潮流速，一般为落潮优势流，落潮流常是主导因素，对河道的演变起控制作用。

河口河槽之中有涨落潮流路径不一致的现象。落潮槽与涨潮槽两条潮流轴线之间的缓流地区，泥沙易于淤积，河槽断面为复式河槽，这也是河口分汊的一个重要原因。有些河口，涨落潮流在河槽中的流路基本一致，或者偏离不大，河槽断面为单一河槽。

河口河槽的动力条件常常变化，径流有枯水洪水的变化，潮汐有大潮小潮之分，因此水流变化非常复杂。河槽演变是以动力变化为依据的，水流条件的改变必然导致河槽逐渐变形；而河槽形态的变化，也必然引起水流结构的迅速改变。

河水和海水在河口地区相遇，由于密度差，径流、潮汐和地形作用，盐水和淡水发生混合。其方式主要有掺混和湍流扩散两种。淡水在盐水之上流动时，如果两层之间的切变速度大到一定程度，密度界面产生波动，甚至于波峰破碎，使一些盐水混入淡水之中，则称这种混合方式为掺混，它只向上层输送水分和盐分，其强度随两水层之间的速度差的增加而增加。在潮汐河口，水体随潮汐而振荡，蕴藏着巨大的能量。这些能量主要消耗在河口水流为克服河床摩擦所做的功上，从而产生湍流，使盐水和淡水混合，则称这种混合方式为湍流扩散。它既能把盐水带入上层，又能把淡水带入下层，两层之间的水分交换量相等，而盐量自下层向上层输送。当河口基本上分层但有湍流的时候，混合既有掺混又有湍流扩散。盐水和淡水的界面附近，由于摩擦阻力和掺混的作用，部分盐水被上层淡水挟带入海，为了补偿进入上层的水量，下层盐水出现上溯流，使河口内部形成环流。它是入海河口特有的水流结构，对河口的泥沙运动有着重要的意义。

百川汇入大海，除输出河水之外，还有固体和其他化学物质，近年来还有随河水径流带来的污染物，随径流下泄入海。固体物质在河口附近沉积，或被带到更远的地方沉积下来。细颗粒泥沙呈悬移状随水流入河口，盐水和淡水的交汇，可以改变黏土的某些化学成分，颗粒表面所带电荷也发生变化，相互吸引发生絮凝。在氯度为 7‰～8‰，泥沙浓度超过 300mg/L 时，絮凝作用最强，悬浮物质絮凝而沉降，化学物质和污染物有些也会发生类似反应。盐水楔顶或滞流点附近，成为河口泥沙发生强烈淤积的地带。河流输出物对河口的填充造就三角洲，并使三角洲不断推进和扩展。

我国既是一个大陆国家，也是一个海洋国家。我国海岸线北起辽宁省鸭绿江口，南至广西省北仑河口，长为 18000 余千米。如果包括 6400 多个岛屿的岸线在内，则海岸线总长达 32000 余千米。入海河流数百条，其中有通航价值、建有河口港和进口段港口的共有 57 个(包括台湾省淡水港 3 个)。世界上各大港口多数为河口港，我国亦不例外，上海、天津、广州、宁波、温州、福州(马尾)、汕头等港都是典型的潮汐河口港。

现代河口的分类是以河口河床演变为依据的，而现代河口河床的冲淤演变主要由于来水来沙量的不平衡。因此许多研究工作者都试图用径流、潮流及其含沙量为指标来划分河口类型，其出发点基本相同，但由于指标确定方法的不同，结果也不一样。黄胜教授指出采用盐淡水混合类型作为我国河口的分类方法，比较符合我国河口的实际情况，并根据我国 20 个河口资料，从径流与潮流，流域来沙与海域来沙进行综合分析，确定了分类指标 α 并进行分类：

(1) 混合指数 $M<0.1$ 时为强混合型，而泥沙主要来自海域，$\alpha<0.01$ 时称为强混合海相河口；

(2) $0.1<M<0.2$ 时为缓混合型，而泥沙仍然以海域来沙为主，$0.01<\alpha<0.05$ 时称为缓混

合海相河口；

(3) $0.2<M<1.0$ 仍属缓混合型，但陆相来沙增加与海相来沙共同参与造床，$0.05<\alpha<0.5$ 称为缓混合陆海双相河口；

(4) 当 $M>1.0$ 时已属弱混合型，而泥沙主要来自河流流域，$\alpha>0.5$ 时称为弱混合陆相河口。

我国河口的分类见表 1-2-1。

表 1-2-1　中国河口分类表

河口类型	河口名称	M	α
强混合海相河口	鳌江	0.065	0.00038
	钱塘江	0.018	0.001
	曹娥江	0.087	0.0038
	椒江	0.098	0.0056
	瓯江	0.095	0.004
缓混合海相河口	新洋港	0.02	0.011
	射阳河	0.017	0.016
	灌河	0.101	0.0178
	黄浦江	0.101	0.023
	甬江	0.168	0.035
缓混合陆海双相河口	鸭绿江	0.137	0.064
	闽江	0.255	0.171
	辽河	0.97	0.103
	长江	0.292	0.134
	珠江	0.182	0.213
	小清河	0.43	0.26
	韩江	0.165	0.27
	海河	0.42	0.338
弱混合陆相河口	西江(磨刀门)	2.28	4.63
	黄河	7.156	12.22

珠江口是我国南方滨海城市的典型河口。珠江，旧称粤江，按流量为中国第二大河流，按长度是中国第三大河流。珠江径流大，潮差小，含沙量相对较小。河口区河汊发育，水网密布。珠江有 8 个入海口，分别是虎门、蕉门、洪奇沥、横门、磨刀门、鸡啼门、虎跳门和崖门。珠江水系的几条干流西江、北江、东江和增江、流溪河等到了下游相互沟通，呈 8 条放射状排列的分流水道流入南海。

与其他三角洲相比，珠江三角洲的特点比较突出。从 20 世纪初开始，中外地质、地理、水文、水利工程学界对珠江口是否存在三角洲进行争论，否定说一度占了上风，其主张者不乏重量级的中外学者，如瑞典水利专家柯维廉、瑞士教授德罗菲斯和哈安姆、著名地质学家陈国达等。后来中山大学地理系的吴尚时等经实地考察，结合地貌学和水力学原理，证实了珠三角的存在，提出“珠江三角洲溺谷生成学说”，与其他大河三角洲不同，它拥有特殊的成陆模式，是一个复合三角洲。珠江三角洲以三水至广州一线为北界，再往东南延至东莞石龙，面积为6000多平方千米。

珠江流域包括西江、北江、东江及珠江三角洲诸河四个水系，流域面积$45\times10^4km^2$。干流中主流为西江，自源头至三角洲入口思贤窖处长度2075km，平均坡降0.58‰；干流北江长468km，平均坡降0.26‰；干流东江长520km，平均坡降0.39‰。三角洲为平原河网地区，坡降0.1‰～0.2‰。河网区面积$9750km^2$，河网密度$0.8km/km^2$。主要水道100多条，长度约1700km，水道纵横交错，相互贯通，水系构成十分复杂。三角洲径流通过八个口门注入南海。入海口门处有两个海湾：东边的伶仃洋海湾和西边的黄茅海海湾。

珠江入海口门一直处在变化中。清代只有东三门(虎门、蕉门和横门)和西三门(磨刀门、虎跳门、崖门)入海，且都是由山地挟持的地形。近百年来，横门与蕉门间的乌珠(山名)大洋，已淤成万顷沙，蕉门外移，另成新出海口洪奇沥，是为东四门。西边虎跳门和磨刀门间已淤成斗门冲缺三角洲，把海岛连陆，称鸣啼门，演变成今天的八门入海。

珠江河口水域东西宽约150km，南北长约100km，30m水深以内的水域面积约$7000km^2$。河口大陆岸线长约450km。八个入海口门形态及过流能力各不相同，其中以虎门和磨刀门为最大，两个口门入海量约占八大口门总入海量的50%以上。河口潮汐为半日潮，平均潮差0.86～1.63m。河口区水流受径流和潮汐的共同影响，水流及物质输移随时间和空间的变化明显。枯水期潮流界基本覆盖整个三角洲范围，形成径潮流交汇的滨海河网平原区，具有与国内外其他河口显著不同的特点。

通常在江河入海的河口地区总是淤积的。珠江口、伶仃洋绝大部分地区也都遵此规律。唯独妈湾以下的狭小地区例外。珠江口在伶仃洋骤然变宽，流速减缓，加上潮水顶托、盐水絮凝，形成三滩两槽。西槽伶仃水道，东槽矾石水道。伶仃洋年平均接受通流量为$1500\times10^8m^3$，年平均输沙量为3000×10^8t，这是浅滩淤高和伶仃水道逐年萎缩变浅的成因。

近年来，河口径流污染物输送入海成为一个研究热点。径流污染物进入大海，与海水混渗，一些机理与泥沙等物质入海发生的情况相似，但也有一些情况不尽相同。混渗机理除了平流扩散、紊流卷吸、梯度差异、剪切失稳、布朗运动、潮汐作用、环流余流、风浪波浪、地球自转等物理因素，还牵涉化学反应和生物生态效应，比泥沙等无机物面临的影响因素更多，情况更复杂多变。河口污染物羽状流的扩散、混合、变化等过程的研究还在继续。

河口附近形成海陆交错带。海陆交错带是海洋生态系统和陆地生态系统的过渡带，生态现象独特，除了极具生物多样性外，也具有易变、脆弱、敏感、退化后恢复困难等特性。生态交错带是生态学研究的重点地区，从细菌菌群到高等动植物，都有一些在别的地区找不到的特性。径流污染物对海陆交错带的影响机制相当复杂，污染后果很严重。

1.2.2 海湾

海湾是海洋伸入陆地的部分，海岸线的凹进部分或海洋的突出部分。英文中“gulf”

指较大海湾，“bay”指较小海湾如深圳湾。

《联合国海洋法公约》(1982 年)第十条第二款定义海湾：“海湾是明显水曲，其凹入程度和曲口宽度的比例，使其有被陆地环抱的水域，而不仅为海岸的弯曲。但水曲除其面积等于或大于横越曲口所划的直线作为直径的半圆形的面积外，不应视为海湾。”第十条第四款规定：“如果海湾天然入口两端的低潮标之间的距离不超过 24 海里①，则可在这两个低潮标之间划出一条封口线，该线所包围的水域应视为内水。”第十条第五款规定：“如果海湾天然入口两端的低潮标之间的距离超过 24 海里，24 海里的直线基线应划在海湾内，以划入该长度的线所可能划入的最大水域。”海湾内波能辐散，风浪扰动小，水体平静，易于泥沙堆积。海湾主要分布于北美、欧洲和亚洲沿岸，其中较大的有 240 多个。

世界上面积超过 $100\times10^4\text{km}^2$ 的大海湾共有 5 个，即加拿大东北部的哈得孙湾，太平洋北部的阿拉斯加湾，大西洋东部的非洲几内亚湾，大西洋西部的墨西哥湾，印度洋东北部的孟加拉湾。

海湾形成的原因如下：①由于伸向海洋的海岸带岩性软硬程度不同，软弱岩层不断遭到侵蚀而向陆地凹进，逐渐形成了海湾；坚硬部分向海突出形成岬角；②当沿岸纵向运动的沉积物形成沙嘴时，使海岸带一侧被遮挡而呈凹形海域；③当海面上升时，海水进入陆地，岸线变曲折，凹进的部分即成海湾。海湾由于两侧岸线的遮挡，在湾内形成波影区，使波浪、潮汐的能量降低。沉积物在湾顶沉积形成海滩。当运移沉积物的能量不足时，可在湾口、湾中形成拦湾坝，分别称为湾口坝、湾中坝。

半封闭海湾不是一个地理学上的名词，没有地理学的严格定义，一般指海湾与外海的连接湾口比较狭窄的海湾。

半封闭海湾湾口狭窄的原因有自然原因，也有因人工建筑物和构筑物而成。某些深度大、比较狭窄的海湾，也有半封闭海湾的一些特点。

半封闭海湾在海洋生物、生态等方面的情况与普通海湾差别不大，但在水流特性方面，由于与外海的海水交换受到狭窄湾口与人工障碍的影响，水流不畅，交换量小，陆上径流带来的污染物更不易扩散，对陆上径流污染控制的要求更高，对海湾生态环境的控制管理的要求也更高。

深圳市的受纳海湾有 3 个：深圳湾、大鹏湾、大亚湾。

1. 深圳湾

深圳湾(中国大陆以外称后海湾)是香港和深圳市之间的一个海湾，介乎香港新界西北部和深圳市南山区西部之间的海域，位于元朗平原以西、蛇口以东。

后海湾内湾是被记录于《国际重要湿地名录》中的一块极具生态价值的湿地。

2. 大鹏湾

大鹏湾(英文名 Mirs Bay，故又叫马士湾)位于香港东北部和深圳东南部之间，西面和南面分别为香港的吉澳和西贡半岛，北面和东面则为深圳的盐田、大鹏和南澳。海湾中央为香港大埔区的东平洲。大鹏湾东、北、西三面环山，湾口朝东南，总面积约 335km^2。

① 1 海里约等于 1.852 千米。

海湾周围山地丘陵由花岗岩构成，海岸曲折，沿岸港湾主要有南澳湾、土洋湾、沙头角湾、大埔海、大滩海峡等。西部近岸地形复杂，岛屿错落，水道纵横，陀罗水道深入九龙半岛腹地，湾内水深较大，沙头角附近水深 8～10m，至湾中部 18m，湾口 22～24m。底质北部为泥，南部为泥质砂，沿岸无大河流注入，无淤积。海底深槽平坦，两侧岸坡陡直。

大鹏湾属于构造湾，由中生代断裂控制低洼地淹没而成。潮汐属不正规半日潮，平均潮差 1.38m。年平均气温 22.3℃，降水量 2000mm。

3. 大亚湾

大亚湾是南海重要海湾，位于广东省东部红海湾与大鹏湾之间，总面积 650km^2。海湾周围的山地丘陵由古生代和中生代的各种变质岩、紫色砂岩、凝灰岩或花岗岩构成。海岸轮廓曲折多变，形成近岸水域“大湾套小湾”的隐蔽形势。湾中岛屿众多，西北部和中部有港口列岛、中央列岛，湾口有辣甲列岛和沱泞列岛。

湾内水深自北向南逐渐增加，至中部水深 10 余米，湾口水深达 20m 左右。底质为粉砂和黏土。沿岸无大河流注入，来沙最小，年均淤积厚度小于 1cm。

大亚湾内潮汐属不正规半日潮，平均潮差 0.49m，最大潮差 2.5m，湾口东侧的港口属不正规日潮，平均潮差 0.83m，最大潮差 2.14m。涨潮时，外海潮流自中央列岛东西两侧进入湾内，到湾顶向西流动，形成反时针环流；落潮流经中央列岛东侧流出，部分经大鹏澳深槽南退，湾顶落潮向东流动，形成顺时针方向环流。潮流流速，澳头港附近为 0.2 节[①]，最大 0.6 节，虎头门峡谷 1.0 节，大鹏澳 0.8 节，最大 1.2～1.6 节。盐度 28.4‰～33.3‰。水体含沙量湾内 4.8g/m^3、湾口 4.5g/m^3。平均波高 0.5～0.9m，年平均气温 22℃，降水量 1900mm。

1.2.3 近年来滨海城市受纳水体污染状况

1. 入海污染物质显著增加

河流入海物质流除了淡水径流及其挟带的固体径流——泥沙外，还包括化学径流(污染物和营养盐)。入海化学径流因为人类活动而呈现恶化现状，其主要原因是由于农田大量施肥和城市工业化发展排出大量污水。我国的农田面源污染严重，化肥施用量与年俱增，从 1978 年的 884×10^{4}t 增加到 2011 年的 6027×10^{4}t，平均年增长率 6%，33 年增加到 5.8 倍。近年来城市化进程也十分快速，20 世纪 50 年代我国城市化程度仅为 10%～12%左右，20 世纪 90 年代中期近 30%。2013 年的数据显示，城市化程度已超 50%。城市化导致城镇人口急剧增加，用水量也大量增加，1985 年全国生活用水量仅 51.9×10^{8}m^3，1999 年全国供水总量达 467.5×10^{8}m^3，2008 年达 500.1×10^{8}m^3。城市化导致了污染化，我国的水质污染非常严重。目前，我国七大水系和内陆河流约 50%以上河段水质为 IV 类、V 类或劣 V 类。废物排放、热与辐射污染、疏浚、海岸建筑、采矿和掠夺性开发也使受纳水体受到巨大影响。

大量污水排放入海，使得近海海域水质恶化。沿海不少河口、海湾以及大中城市邻近

---

① 1 节=1 海里/小时=1.852 公里/小时。

海域环境质量逐年下降，近海污染范围不断扩大，海域污染事件频繁发生。根据 1999 年全国近岸 368 个监测站位数据表明：我国近岸海域水质以劣 IV 类和 II 类为主；主要污染因子是无机氮和活性磷酸盐；总体上东海污染最重，其次是渤海、南海、黄海。

表 1-2-2 为我国 2013 年和 2014 年全国废水中主要污染物排放量。2013 年，全国废水排放总量 695.4×10^8t。其中，工业废水排放量 209.8×10^8t、城镇生活污水排放量 485.1×10^8t。废水中化学需氧量排放量 2352.7×10^4t，其中，工业源化学需氧量排放量为 319.5×10^4t、农业源化学需氧量排放量为 1125.7×10^4t、城镇生活化学需氧量排放量为 889.8×10^4t。废水中氨氮排放总量 245.7×10^4t。其中，工业源氨氮排放量为 24.6×10^4t、农业源氨氮排放量为 77.9×10^4t、城镇生活氨氮排放量为 141.4×10^4t。2014 年，化学需氧量排放总量为 2294.6×10^4t，同比下降 2.47%；氨氮排放总量为 238.5×10^4t，同比下降 2.90%。

表 1-2-2　2013 年和 2014 年全国废水中主要污染物排放量

年份	化学需氧量 ($\times10^4$t)					氨氮 ($\times10^4$t)				
	排放总量	工业源	生活源	农业源	集中式	排放总量	工业源	生活源	农业源	集中式
2014 年	2294.6	311.3	864.4	1102.4	16.5	238.5	23.2	138.1	75.5	1.7
2013 年	2352.7	319.5	889.8	1125.7	17.7	245.7	24.6	141.4	77.9	1.8

其中，2013 年中国陆地排海污染情况为：423 个日排污水量大于 $100m^3$ 的直排海工业污染源、生活污染源和综合排污口，污水排放总量约为 63.84×10^8t；化学需氧量排放总量为 22.1×10^4t，石油类为 1636t，氨氮为 1.69×10^4t，总磷为 2841t，汞为 213kg，六价铬为 1908kg，铅为 7681kg，镉为 392kg。2014 年中国陆地排海污染情况为：415 个日排污水量大于 $100m^3$ 的直排海污染源，污水排放总量约为 63.11×10^8t；化学需氧量排放总量为 21.1×10^4t，石油类为 1199t，氨氮为 1.48×10^4t，总磷为 3126t，部分直排海污染源排放汞、六价铬、铅和镉等重金属。

2014 年，中国近岸局部海域海水环境污染依然严重，春季、夏季和秋季劣于第Ⅳ类海水水质标准的海域面积分别为 $52280km^2$、$41140km^2$ 和 $57360km^2$，主要分布在辽东湾、渤海湾、莱州湾、长江口、杭州湾、浙江沿岸、珠江口等近岸海域，河口环境形势不容乐观。2014 年，全国近岸海域国控监测点中，Ⅰ类海水占 28.6%，同比上升 4.0 个百分点；Ⅱ类占 38.2%，同比下降 3.6 个百分点；Ⅲ类占 7.0%，同比下降 1.0 个百分点；Ⅳ类占 7.6%，同比上升 0.6 个百分点；劣Ⅳ类占 18.6%，同比持平；主要污染指标为无机氮和活性磷酸盐，点位超标率分别为 31.2%和 14.6%。9 个重要海湾中，黄河口水质优，北部湾水质良好，胶州湾水质一般，渤海湾、辽东湾和闽江口水质差，杭州湾、长江口和珠江口水质极差。

河流排海污染物总量居高不下，陆源入海排污口达标率仅为 52%。监测的河口和海湾生态系统仍处于亚健康或不健康状态。赤潮和绿潮灾害影响面积较上年有所增大。局部砂质海岸和粉砂淤泥质海岸侵蚀程度加大，近岸海域主要污染要素为无机氮、活性磷酸盐和石油类。重度富营养化海域主要集中在辽东湾、长江口、杭州湾、珠江口等近岸区域。

珠江口和大亚湾实施监测的河口、海湾、滩涂湿地、珊瑚礁、红树林和海草床等海洋生态系统中，受环境污染、人为破坏、资源的不合理开发等影响，处于亚健康状态。珠江口大型底栖生物密度和生物量偏低。2013 年，珠江流域的城市河段中，深圳河广东深圳段为重度污染。

2. 珠江口环境现状

珠江是我国南方最大河流，流域面积广阔，人口众多，尤其是中下游地区人口稠密、经济发达。沿途接纳大量工业、农业和生活污水。

根据 1989 年以来的环保部门或省海洋部门的环境状况公报，珠江口水质基本上呈逐年下降的趋势。1989 年，珠江口水质良好，从 1990 年到 1993 年，珠江口水质评价为污染“有所加重”，劣于国家Ⅰ类海水。1994 年到 2001 年，珠江口大部分指标开始劣于Ⅱ类或Ⅲ类。2002 年，首次有指标劣于Ⅳ类，从 2003 年起，珠江口水质开始稳定劣于Ⅳ类。2003～2007 年连续的监测结果表明，通过珠江八大口门进入海域的主要污染物入海量年际之间变化不大，污染物年入海总量约为 200 多万吨。每年珠江径流携带大量的营养盐和石油类进入珠江口海区，致使珠江口近岸海域的海水呈富营养化，石油类含量也较高。2007 年，由珠江八大口门携带入海的化学需氧量 COD_{Cr}、石油类、氨氮、磷酸盐、砷和重金属等主要污染物的总量约为 221×10^4t，比上年略有下降。其中，COD_{Cr} 204×10^4t，约占总量的 92.1%；营养盐 11.4×10^4t，约占 5.2%；石油类 4.9×10^4t，约占 2.2%；重金属 0.9×10^4t，约占 0.4%；砷 0.3×10^4t，约占 0.1%。

2012 年，由珠江八大口门径流携带入海的化学需氧量、石油类、氨氮、总磷、重金属和砷等主要污染物的总量为 66.33×10^4t。其中，COD_{Cr} 46.46×10^4t，约占总量的 70.04%；营养盐 18.45×10^4t，约占 27.81%；石油类 0.98×10^4t，约占 1.47%；重金属(铜、铅、锌、镉、汞、铬)0.37×10^4t 和砷 0.073×10^4t，共占 0.68%。2013 年，由珠江八大口门径流携带入海的主要污染物的总量为 93.06×10^4t。其中，化学需氧量 53.62×10^4t，约占总量的 57.62%；氨氮(以氮计)1.50×10^4t，约占总量的 1.62%；硝酸盐氮(以氮计)31.89×10^4t，约占总量的 34.27%；亚硝酸盐氮(以氮计)2.57×10^4t，约占总量的 2.76%；总磷(以磷计)2.01×10^4t，约占总量的 2.17%；石油类 1.13×10^4t，约占 1.21%；重金属 0.3×10^4t 和砷 0.045×10^4t，共占 0.35%。2014 年，由珠江八大口门径流携带入海的化学需氧量、石油类、氨氮、总磷、重金属和砷等主要污染物的总量为 176.60×10^4t。其中，COD_{Cr} 116.28×10^4t，约占总量的 65.83%；氨氮(以氮计)2.28×10^4t，约占总量的 1.29%；硝酸盐氮(以氮计)51.41×10^4t，约占总量的 29.10%；亚硝酸盐氮(以氮计)2.43×10^4t，约占总量的 1.37%；总磷(以磷计)2.48×10^4t，约占总量的 1.41%；石油类 1.22×10^4t，约占 0.69%；重金属 0.5×10^4t 和砷 0.058×10^4t，共占 0.30%。

与江河水污染可能威胁饮水安全相比，珠江口污染对渔业、海洋生物也带来显著影响。相关部门数据显示，2007 年，珠江口鱼的种类已从 20 世纪 70 年代的 200 多种，减少到 50 余种。近 40 年鱼类锐减七成，食物链断裂造成恶性循环。跟 10 年前相比，总体上，珠江四五百种鱼中，有 1/3 已经很难见到，几乎已经退出珠江水域，还有 1/3 很少见到。

珠江口出现劣Ⅳ类水质已经持续了 11 年。2011 年渤海湾、长江口、杭州湾、闽江口和珠江口水质极差，劣Ⅳ类海水点位比例均超过 40%。2013 年，珠江流域的城市河段中，深圳河广东深圳段为重度污染，珠江口水质极差，劣Ⅳ类水质为 60%。2014 年，9 个重要海湾中，黄河口水质优，北部湾水质良好，胶州湾水质一般，渤海湾、辽东湾和闽江口水质差，杭州湾、长江口和珠江口水质极差。

3. 深圳湾环境现状

深圳湾是一个半封闭感潮海湾，湾长约 14 km，面积约 80 km^2，平均水深仅约 2.9 m。内湾水浅，退潮时形成潮间带泥滩。近 10 年，深圳市坚持“正本清源、截污限排、资源利用、综合治理、建管并重”的理念，持续推进污水系统完善、河流综合治理等工作，流域内的污水管网覆盖率由 70% 提高至 95%，旱季污水收集率由 32.5%提高至 90%以上。截至目前，已建成南山、蛇口、西丽、滨河、罗芳、布吉、埔地吓 7 座污水处理厂(福田污水处理厂投入运营)；建成污水管 1300 km，污水泵站 45 座，完成了 2280 个排水小区的正本清源改造；污水收集处理系统基本完善。同时完成了深圳水库排洪河、福田河、新洲河等水环境综合整治及皇岗河、凤塘河总口截污工程，深圳湾水环境实现了一定的改善。

尽管近些年来深圳湾陆域内污水处理量、污染物削减量均逐年稳步提升，外源污染问题已经基本上得到整治，但目前深圳湾海域水质总体情况仍达不到标准，甚至有趋于恶化的情况出现，部分湾区水体发黑发臭，低潮位底泥裸露时情况更甚。

截至 2015 年年底，深圳湾流域共创建排水达标小区 2761 个，但仍有相当数量的小区需要进行分流改造，同时已达标的部分小区后期出现了“返潮”现象，造成污水直排雨水管网，一定程度上加重了深圳湾的污染负荷。

深圳湾海域水环境容量小、水动力条件差，污染物在深圳湾尤其是内湾停留时间较长，不利于其稀释扩散。污染物在深圳湾内湾的平均停留时间在旱季为 10～14 d，雨季为 8～9 d；在深港西部通道附近则分别降到 7～8 d，到外湾则只需 4 d。2011～2015 年，深圳湾海域海水均劣于Ⅳ类海水水质(目标为Ⅲ类)，主要污染因子为无机氮、活性磷酸盐和化学需氧量。

由于入湾河流携带大量泥沙，使得部分污染物沉积，深圳湾底泥污染问题日趋严重。深圳湾湾底泥释放对水质的影响达 25%，外湾底泥污染释放占 8%。由此可见内湾底泥的污染负荷就已经超过内湾的纳污能力。随着陆源污染的减少，这一比例还将上升。淤积的表层底泥有机污染严重，向上覆水体释放有机物、氮、磷等污染物，对水体造成二次污染，成为深圳湾的内污染源。比较起来，在深圳市所有近岸海域中，深圳湾底泥污染最为严重。

深圳湾水环境治理工作伴随特区的发展而稳步推进，经过多年的努力，陆域内的设施已经完善，入湾污染物得到最大程度的减量。但为解决目前面临的突出矛盾，现阶段应将工作重心从陆域转移到海域，通过工程技术手段有效加强海域水体交换功能，同时启动内湾清淤工程，以减轻海域内源污染。

1.3 滨海城市地表径流污染研究与控制的重要意义

1.3.1 研究背景

滨海城市已经成为我国当前经济发展的重要区域，如火如荼的城市建设使得滨海城市吸引了大量的人口，这也对城市本身建设与发展、对城市生态造成了巨大的压力，使得滨海城市成为人地关系最复杂的区域之一，也是生态较为脆弱的地区之一。污水排放、垃圾填埋、滩涂围垦等高强度无序的人类活动影响了滨海城市的环境保护和可持续利用。

在全球环境变化和人类活动对环境影响日益显著的背景下，城市水环境是研究领域的热点问题。水环境问题是建设现代化滨海城市的重要内容和课题，对滨海城市的社会经济的可持续发展具有十分重要的意义。但是，由于人口众多，水资源供需矛盾十分突出，加大了环境治理难度。

污染物的发生源根据空间分布特征可以分为点源和非点源两种。点源污染是指有相对产生范围或位置并有固定排放点的污染源所产生的污染。非点源污染是指在降雨径流的淋洗和冲刷作用下，大气、地面和地下的污染物进入江河、湖泊、水库和海洋等水体而造成的水体污染，它是与水文循环早期阶段有关的现象，也可称为降雨径流污染，它是发生在整个空间范围内的污染问题。非点源是相应于点源的重要污染源类型。在非点源污染中，城市地表径流污染是仅次于农业面污染源的第二大面污染源，是城市河段的第一大非点源污染源。非点源污染的重要性随点源污染控制能力的提高而逐渐表现出来，特别是当点源污染控制水平达到一定程度后，非点源污染势必成为水环境污染的主要来源，这一点在许多国家的发展实践中已得到充分的证实。

经验表明，城镇地表如商业区、街道、停车场等，聚集了一系列降雨径流污染物，如原油、盐分、氮、磷、有毒物质及城市垃圾，在降雨过程中雨水及其形成的地表径流冲刷地面污染物，通过排水渠道或直接进入江河湖泊，造成地表水污染。全球30%～50%的陆地受到非点源污染的影响。在美国，60%的河流污染和50%的湖泊污染与非点源污染有关。丹麦270条河流94%的氮负荷、52%的磷负荷是由非点源污染引起的。在奥地利北部地区，据计算进入水环境的非点源氮量远比点源大。荷兰农业非点源提供的总氮、总磷分别占水环境污染总量的60%和40%～50%。我国也存在严重的非点源污染，如太湖、云南滇池和天津于桥水库等非点源污染负荷量就占很大比重，很多城市的地表饮用水源(如于桥水库、密云水库、滇池、西安的黑河引水工程等)也受到降雨径流污染的威胁。湖泊富营养化与非点源污染密切相关，这是非点源污染逐步受到重视的一个重要原因。我国主要流域的非点源污染也较为突出，比如长江上游的氮、磷等非点源污染不容忽视。因此，对于非点源污染比重较高的区域，在加强点源污染控制的同时，必须加强非点源污染控制才能有效地保护水质。

滨海城市化的快速发展对其流域水环境影响是巨大的。当水资源逐渐枯竭或水质恶化影响到城市用水时，城市地表径流资源就显得尤为重要。由于径流的流动性和扩散性，地表径流污染会导致与之相连的地下水系和下游河段直至河口、海区受到污染。开发利用滨海城市地表径流是当前迫切需要解决的问题，但是地表径流污染问题带来的污染不容忽视。城市地表径流作为城市非点源污染的主要来源之一，美国环保局将其列为导致全美河流和湖泊污染的第三大污染源。

1.3.2 研究意义

由于受到海洋湿气的影响，滨海城市一般存在较强的降雨量，产生的地表径流量巨大，因此由地表径流带来的污染更加突出，对滨海城市地表径流污染的研究和控制是十分迫切和必要的。弄清楚滨海城市地表径流的污染规律和特征，才能有效控制地表径流的污染，从而有利于地表径流资源的利用。

长期以来，我国面临着极其严重的工业废水和城市污水的污染问题，防治任务艰巨，所以，政府的主要工作放在了点源污染控制方面。对于非点源污染，工作重点主要是针对水土流失等问题，对于城市地表径流污染尚未给予足够的重视，开展这方面研究的报导也相对较少。然而，我国近年来通过对“三河三湖”污染治理的实践已深刻体会到非点源污染的危害，淮河流域的污染治理便是典型事例。

由于城市地表的不透水性和微小的填洼蓄水，不透水区域极易产生径流，即使很小的降雨量也会造成严重的降雨径流污染。现在不透水地面的第一次产流已成为降雨径流污染研究的重要内容，因为在整个降雨过程中开始排放的 30%的水量运送了 80%的总污染量，是城市径流污染的重要根源，主要包括建筑工地、路面垃圾、其他分散的工业和城市生活污染源、汽车产生的污染物、屋面建筑材料等。其成分复杂，主要有：有机物、SS、石油类、重金属和 N、P 等。这些污染物晴天时在地表积累，降雨时随地表径流冲刷而排放。1990 年美国关于水体污染的调查表明，约 30%的水体超标是由径流污染所造成的。其原因是，在城镇地区，降雨径流将城镇地面上的污染物带入水体，这些污染物种类多、数量大；在广大的农业耕作区，雨洪会冲刷泥沙以及化肥、农药和各类饲养场的废物，这些物质都将进入水体。据美国国家环境保护署(U.S.Environmental Protection Agency，USEPA)在 20 世纪 80 年代初的估算，美国的悬浮物总量为 348×10^3t/d，其中径流污染总量占 92%；氮负荷总量为 78.6×10^3t/d，其中径流污染总量占 79%；磷负荷总量为 8.0×10^3t/d，其中径流污染占 53%；大肠杆菌的数目 98%以上来自径流污染。径流污染所占比例是随着对点源污染的控制而在不断增大的。目前，在西方发达国家，径流污染已成为主要的水环境污染问题。在我国，滇池湖泊流域的大青河在暴雨期悬浮物浓度比平时均值高 22 倍，亚硝酸盐氮则高出 163 倍；宝象河暴雨期最大悬浮物浓度是非暴雨期的 106 倍。近年来，我国对滇池污染、太湖污染、淮河流域污染等重大河流湖泊污染问题的调查研究结果都表明径流污染在其中起着重要的作用，其中滇池富营养化问题的研究结果表明工业废水、城市污水及径流的污染贡献率分别为 9%、24%和 67%。

研究发现，降雨前干旱天气的长短对道路沉积物的冲刷量影响极小，但影响水体的导电性，降雨强度和地表流速影响固体悬浮物的流失率。根据 Vitale 等的研究结果，中型城市水体中 BOD(生化需氧量)与 COD(化学需氧量)的总含量约 40%～80%来自非点源，在降雨较多的年份中，90%～94%的总 BOD 与 COD 负荷来自城市下水道的溢流；一些城市地表径流中污染物 SS、重金属及碳氢化合物的浓度与未经处理的城市污水基本相同，可见，城市地表径流污染的危害是相当大的。研究城市地表径流污染的特性及规律，开发可行的污染控制技术及对策，为政府部门对非点源污染的控制管理决策提供科学依据具有重要意义。

一般来说，初期径流夹带的污染负荷比中后期要大得多(称为初期效应)，初期雨水径流的污染物负荷是相当高的。由于径流污染源时空分布的离散性和不均匀性、污染途径的随机性和多样性、污染成分的复杂和多样性、污染源和污染成分监控与定量计算的困难性，不能用治理点源污染的措施来处理城市径流污染。

近年来，随着滨海城市(如深圳市)对工业废水及城市污水治理力度的加大，城市地表径流污染问题已经越来越突出。滨海城市水污染问题是制约城市、经济和社会可持续发展的一大瓶颈。例如，2002 年 10 月，广东省省委、省政府根据广东省经济发展与珠江水系水质低劣不协调的状况，提出整治珠江水系，提升区域环境质量的计划，与流域各市政府签订了《珠江整治责任书》，以期实现珠江水系水环境质量“一年初见成效，三年不黑不臭，八年江水变清”的目的，显然，不论是从改善城市水环境质量的需要出发，还是从实现上级政府部门的要求着眼，深圳市水污染治理任务都十分艰巨。

导致滨海城市水环境严峻形势的原因有很多，其中一条是水污染治理的硬件投入多而软件投入少。重硬轻软使我们对污染原因认识不足，所以在治污决策上不能追根溯源，无法把握全局，不可能达到预期的效果。我国南方很多城市，从来没有全面调查过径流污染的特性、危害、规律与降雨和下垫面特征的关系及其分布。

初期雨水径流成为下一种主要的水体污染源，已经被越来越多的人所认识。在一些西方发达国家，水体污染的主要类型已经历过 3 代，各有一种主要污染类型：19 世纪的卫生疾病类型，20 世纪 80 年代以前的人类活动排放物直接污染型，以及那以后的初期雨水污染型。初期雨水径流污染，主要原因还是人类活动排放物的污染，是一种间接的水体污染，一种非点源污染。

我国武汉汉阳地区墨水湖(湖水面积 316hm^2，汇水面积 21.9km^2)，入湖污水截流 50%以后，监测结果表明湖水水质并没有明显改善，这也说明单纯依靠截污是远远不够的。滇池、太湖、巢湖等流域的污染治理表明，不控制非点源污染不可能从根本上解决水体的污染问题。深圳城市发达，人口密度大，交通量大，随着污水收集率和处理率的提高，城市径流污染问题将会显露出来。及时地汲取国内外一些城市的经验教训，在治理点源污染的同时，全面系统地考虑污染的来源，才能实现污水系统统筹规划、水环境综合治理的方针。

城市地表径流污染跟降雨密切相关。如深圳市的降雨量和暴雨强度都是比较高的，降雨径流导致的污染危害也是比较大的。例如，深圳多年平均年降雨总量为 1926.7mm，一日最大降雨量 303.1mm，一小时最大降雨量 99.4mm。对于雨源型河流，径流污染也几乎都是随雨水进入河流，径流污染不治理，也就难以消除河流和其他水体污染。

随着非点源污染的加剧，对初期雨水的处理要求越来越迫切，对于截流的研究，应该根据研究区域的排水体制、水质要求、非点源去除率、经济社会等方面，特别是对初期雨水的截流率和污染去除率来确定。

开展滨海城市地表径流污染研究，不仅可以深化人们对水污染规律的认识，还能对今后的水环境综合整治，特别是对城市河流的污染控制起到直接具体的指导作用，具有理论和实践意义，也必将产生巨大的环境效益和经济效益，是保证滨海城市社会经济可持续发展的重要依据。

对滨海城市地表径流污染特征进行调查，搞清楚滨海城市地表径流污染规律后，就可以为地表径流的污染控制提供对策和措施。同时，对于初期雨水的排放控制，是雨水径流这种水资源回收利用的关键因子，是滨海城市水环境建设的重要内容。初期雨水径流可以通过截流的方式进入污水处理厂处理，也可以就地处理。在一些地区，由于条件限制，或者需要较高的处理水平，采用雨水调蓄池存贮径流，待雨停后逐步处理。雨水调蓄池的形式、建设地点、数量、容积、安全等需要综合各种因素进行考虑，而降雨径流导致的污染是主要的考虑因素之一。降雨径流的污染特性，包括雨型、雨量、暴雨强度、降雨历时、两场雨时间间隔、地表特性、污染物转移规律等，从空间和时间上界定不同条件的初雨水，可以对截污系统的布置及初期雨水调蓄池设计提供可靠的参考数据。

1.4　国内外研究进展

1.4.1　国内外城市雨水径流水质概况

水环境问题是同工业化和城市化相伴而生的，西方发达国家首先出现环境问题。人类对水环境污染的认识最先从点源污染开始，最初的水环境管理也着重控制点源污染。随着点源污染治理程度的提高，水环境污染问题仍未得到有效解决，此时，非点源污染被提出来并且迅速在西方国家得到了充分的重视。

随着点源污染控制的不断完善和城市的快速扩张，非点源污染的矛盾日益突出，对城市水系构成严重的威胁。在很多发达国家，点源污染基本得到有效控制，雨水径流带来的非点源污染已成为水体污染的主要因素。如美国约有 60%的河流和 50%的湖泊污染与非点源污染有关；在已实现污水二级处理的城市，水体生化需氧量年负荷 40%～80%来自雨水径流。美国 EPA 于 1983 年提出城市暴雨径流的主要污染评价指标，如悬浮固体、有机物、植物营养物和重金属。研究报告指出，美国城市及不同地域之间暴雨径流水质的统计结果无明显区别，污染成分的事件平均浓度(event mean concentration，EMC)与城市、地理位置和地面条件等没有明显关系，但各种指标的变化范围很大。需要指出，加拿大的总结报告和美国 EPA 的研究报告都未明确区分路面、屋面汇水面径流，而主要反映城市综合的径流水质。根据美国 EPA 的研究，不同城市和地域间雨水径流水质的统计结果无明显差别，但我国部分城市径流污染比一些发达国家的城市径流污染严重，雨水径流污染控制显得较为滞后，尤其当城市污水处理厂普及程度提高后，这一矛盾会更突出。许多发达国家的经验已经证明，必须及早深入研究和制定控制对策。

比较国外一些国家的研究结果，对城市地表径流水质可以归纳出 5 个特征：①城市地表径流中污染物以 SS 为主，其浓度明显大于城市污水的值；②重金属及碳氢化合物的浓度在数量级上与未经处理的城市污水基本相同(美国及荷兰的研究结果)；③COD、BOD_5、总大肠杆菌数、总氮和总磷都低于未经处理的城市污水；④地表径流污染物浓度变化范围很大，不仅表现在不同地区，而且即使在同一地区变化范围仍然很大，这与不同地区的气象条件及地表污染状况等因素有关；⑤不同地域之间城市地表径流水质无明显区别，污染成分的事件平均浓度与城市、地理位置和地面条件等没有明显关系。

由点源、非点源污染造成的湖泊富营养化是我国 20 世纪 70 年代以来水环境研究的重点。20 世纪 80 年代开展的我国湖泊富营养化调查标志着我国非点源污染研究的开始。而我国的城市非点源污染研究起始于对北京城市径流污染的研究，随后上海、杭州、苏州、南京、成都等城市也逐渐开展起来。国内大部分城市尚未开展过地表径流污染调查，仅有北京、西安、江门、澳门等少部分地区有详细资料。我国城市非点源污染研究起步较晚，且仅局限于城区径流污染的宏观特征和污染负荷定量计算模型的研究。图 1-4-1 是我国 20 世纪 90 年代末江门市非点源污染研究课题中试验区内测出的厂区、道路和房顶的非点源负荷，可以看出，当地面径流历时 1000s 时，污染物浓度趋于一个稳定的低值，即 COD_{Mn} ＝7.65mg/L、TN=2.95mg/L、TP=0.27mg/L、NH_4^+-N＝0.98mg/L。

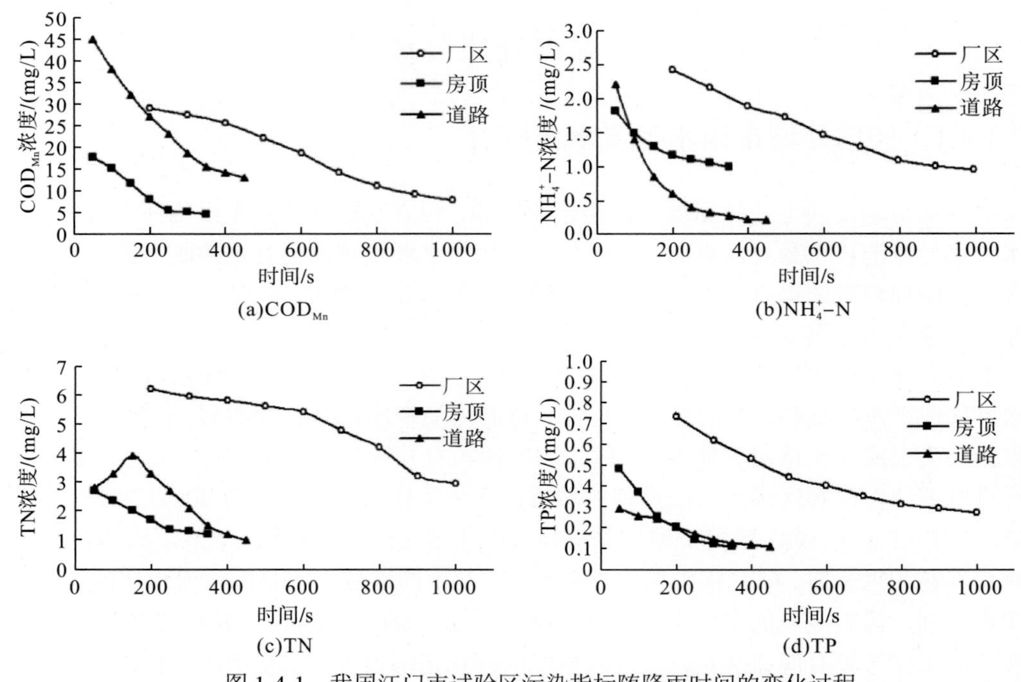

图 1-4-1 我国江门市试验区污染指标随降雨时间的变化过程

我国雨水径流引起的污染很严重。雨水径流携带大量污染物排入城市水系造成了严重污染。在太湖、滇池等重要湖泊，非点源污染已经成为水质恶化的主要原因之一。据初步的保守估算，目前在北京和上海的城区雨水径流污染占水体污染负荷的比例约 10%。北京申奥、上海申博的成功加速了排水工程和污水处理厂的建设速度。2010 年规划实施后，城市雨水径流污染负荷的比例，北京上升至 12%以上，上海上升到 20%左右。城市化发展导致了雨水径流污染日益严重，沥青混凝土道路、磨损的轮胎、融雪剂、农药、杀虫剂、动植物的有机废弃物等均会使雨水径流中含有大量污染物，最终排入城市及周边水体，严重污染的雨水径流还会污染地下水。北京城区的屋面和道路雨水初期径流的 COD 平均范围为 200～1200mg/L，一场中等规模的降雨造成的雨水径流污染物负荷总量平均为：COD 380～630t、SS 440～670t、TN 近 30t、TP 近 8t。

1.4.2　国内外雨水径流污染研究进展及趋势

暴雨径流水质监测的数据获取主要还是依靠传统的采样方法，近 10 年来，在线监测越来越多，同时也出现了一些新的监测方法。利用长期在线监测的浊度数据研究了城市暴雨径流污染物的浓度、负荷、污染曲线和次暴雨的污染物通量：污染物 EMC 和负荷约呈长期正态分布；EMC 与暴雨事件特征没有关系，但污染负荷与总径流量、降雨深、最大降雨强度和径流排放量有显著关系；质量与累计体积［$M(V)$］曲线分 3 类，与暴雨事件特征的关系不明朗。利用一种基于被动剂量的新方法监测暴雨径流和其他城市出水区水质，该方法是一种 ^{14}C-荧蒽测定方法，有一定的应用前景。在 539～567nm 波段，一种城市径流中锌离子的荧光检测系统可以快速用于复杂水生系统的监测。

事实上，考虑径流污染物输送的非连续性和爆发性，其污染负荷所占比例在雨季的短时段内会成倍升高，超过点源污染，对城市水体造成冲击性影响，严重制约城市水环境质量的彻底改善。许多城市暴雨后发生的水污染事件都是很好的例证。近几十年间，城市雨水污染在发达国家受到广泛关注，许多国家对城市径流污染及控制进行了深入的研究，制定了系统的法规、管理和技术体系。

最具代表性的是 1981～1983 年美国 EPA 投入 115 亿美元进行的“全美城市雨水径流项目”(national urban runoff) 研究，在许多城市大规模地收集分析雨水径流水质数据，研究污染情况及控制对策。历经近 20 年，研究制定了城市雨水资源管理和雨水径流污染控制的“最佳管理方案”(best management practice，BMP)。于 1987 年修订水污染防治法来有效地依法控制城市雨水径流污染，将全国污染物排放削减体系 (national pollutant discharge elimination system，NPDES) 扩大到包括对城市雨水径流污染管制在内的非点源污染防治。1990 年正式发布实施，主要针对 10 万人口以上的雨水管道系统和 11 类工业活动，包括大于 5 英亩①的建筑工地。1999 年 12 月又重新修订发布的 NPDES 把管制对象扩充到所有城区雨水管道系统和占地 1～5 英亩的建筑工地，于 2003 年 3 月全面实施。与之配套的是第二代 BMP 体系 (LID-BMP，LID：low impact development)，对城市雨水污染控制的法令和技术更加严厉和完善。

1. 暴雨径流水质

我国在 20 世纪 80 年代初期于北京开始了对城市雨水径流非点源污染的研究，此后其他一些城市也相继开展过相关研究。但由于点源污染矛盾一直突出，对城市径流污染未予以足够重视。近年来，非点源污染矛盾有加重趋势，水污染控制的力度也在加大，城市径流污染开始引起越来越多的重视。如北京 1998 年开始对城市雨水径流污染控制和雨水资源利用进行了系统研究，不仅分析径流污染指标及变化范围，对污染物的冲刷输送规律、主要影响因素、污染物负荷和控制对策等都进行了研究。

国外对城市地表污染进行了广泛的研究，国内的研究相对较少。美国和加拿大的径流水质主要反映城市综合的径流水质：加拿大 1970～1995 年 140 份雨水径流水质样品中的

① 1 英亩约为 4046.856 平方米。

COD 范围为 7～2200mg/L，TSS 为 1～36200mg/L，TN 为 0.07～16mg/L，TP 为 0.01～7.3mg/L；美国环保署全国城市径流项目(nationwide urban runoff program，NURP)的 EMC 平均值结果表明，美国 474～2000 场降雨形成径流的 TSS 为 174mg/L，COD 为 66.1mg/L，BOD_5 为 10.4mg/L，TP 为 0.337mg/L，TN 为 2.507mg/L。新加坡某些区域的城市径流中元素在环境中的环境踪迹和特征如下：一些元素如 Co、Ni、Ti、V 和 Zn 出现在初期效应中，而其他一些元素没有出现，主要在初期效应期间金属和非金属低于排放限值，而一些元素偶尔会高出排放限值；居住区径流元素丰富程度排序为 Fe > Al > Zn > Ti，而工业区径流元素丰富程度排序为 Fe > Zn > Al > Cu；居住区和工业区径流溶解质在水生生态系统中元素丰富程度排序为 Fe > Zn > Al；主成分分析法显示，在居住区，粗碎片丢放、建筑物墙上颜料、大气沉降是可能的污染源，而石油化工、半导体工业、屋顶锈蚀和机动车活动的工业区径流则是主要来源。通过监测美国路易斯安那州 17 场干沉降和 8 场降雨径流事件的颗粒物的干沉降流率、径流传输粒度测定、TDS、碱度和传导率，发现颗粒物表面积分布呈正态分布，干沉降流量呈一阶指数模型。像一场降雨事件导致的径流的状况一样，美国亚利桑那州南部的图森市上升的被覆盖城市土地增加了地表径流持续时间，但是不能增加径流峰值泄放时间，明显的降雨量阈值、道路、不透水覆盖率和暴雨排放网络系统决定了径流频率、径流深和径流比率。英国史云顿市城市边缘地区的城市化进展对城市地表径流产生了一定影响，当利用不透水覆盖的水文模型设计防洪措施，特别是缺失历史数据的城市边缘地区时，应该仔细考虑各种需求，建议利用更为精细的能够更好反映水文物理路径的城市土地利用数据。居住区空间密度和表面覆盖对瑞典南部的 Höjeå 河流域的居住区地表径流产生一定影响，大部分径流产生于低密度居住区的重黏土和高密度居住区的沙壤土，但是在沙壤土上增加的建筑区域可能更加扰乱水文平衡，在降雨强度增加情况下，相似的径流情况可能出现，增加不透水表面将促使所有居住区的地表径流增加，但是系统地整合种植结构、可渗透铺装材料和潜流过滤床能减轻地表径流的影响，特别是针对黏土丰富的城市开发区。因此，扰乱水平和破坏行动显著影响土壤属性，即对表层和下层水文特性，居住地拆除极其影响空闲地的水文，通过收集土壤水文数据去判断空闲地回用可以鉴定暴雨径流通过后的效果。白俄罗斯 Brest 市冬季城市区域的地表径流中无机物指标在融雪径流中的浓度均高于雪中的含量，污染物在融雪径流中的浓度超过了国家最大允许排放的浓度，这些污染物也能促使对水道环境的长期影响，是跨边界污染物传输的重要因素，特别要注意对 TSS 和氯离子、磷酸盐和铵离子的关注。在高纬度暖季和冷季地区，发现峰值流率、径流体积系数、平均径流强度 3 个指标可以很好地检测出城市化对径流的影响，控制流域径流应基本从气象条件或季节对流域水文改变的特征中区分出来。在降雨初期，产生的径流中污染物的浓度一般来说是最高的，即在降雨初期污染物浓度迅速上升，并很快达到峰值，随着降雨历时的延长，污染物浓度逐渐下降，并趋于稳定，国内外其他学者的研究结果基本一致。

在国内，城市径流中的颗粒粒径分布及其污染物(包括重金属污染物)也得到了研究。如以惠阳城区为例，地表堆积物细粒部分(粒径<149μm)所占比例为 51%，粗粒部分(粒径>2000μm)所占比例仅 4.1%，粒径越细的部分重金属含量越高，Pb、Zn、Cu、Cr 之间的相关系数较高；细粒部分重金属浸出浓度最高，随粒径的增大浸出浓度逐减，降雨径流所致的重金属污染负荷已接近甚至超出了当地重点污染点源的重金属污染负荷，降雨径流将会对淡水河产生短期污染。晴天条件下道路沉积物主要由粒径小于 250μm 的颗粒组成，降雨初期主要为粒径小于 5μm 的颗粒物随径流迁移，随降雨历时的延长较大颗粒开始随径流迁移，降雨期间随地表径流迁移的主要为粒径小于 150μm 的颗粒物，特别是 5～40μm 粒径段的颗粒要特别予以关注，同时污染物浓度也由降雨初期的高浓度逐渐下降并趋于稳定。晴天时湘潭市雨湖区道路路面沉积物引起的径流的可生化性较差，不宜用生物法进行处理。在 LID 地区，在小流域内模拟自然水文条件，通过下渗、过滤、蒸发和蓄流等方式，径流量没有明显增加，但能有效地在源头去除径流中的营养物质、重金属等，减少和降低对周围环境的影响。LID 对径流量和污染物中的悬浮颗粒物、重金属的消减作用非常明显，但由于农药化肥的不合理使用或操作的不规范，使得生物滞留、绿色屋顶等措施对磷的消减不明显，甚至会成为污染源，而对维护人员的合理培训能有效避免这种情况的发生。

近年来，次暴雨径流开始受到了关注。也有人关注次暴雨和暴雨事件之间的径流现象中的磷吸附—过滤的迁移转化和最终归宿：对于次暴雨过滤事件处理而言，沉淀和溶解态磷能被过滤过程控制，但悬浮态绑定的磷具有很强的移动性；磷吸收主要受到次暴雨流率、接触时间、径流体积、pH 和存贮在过滤过程中相邻暴雨事件径流化学物质的影响；相邻降雨事件降低了氧化还原反应，增加了碱度和电导率，导致溶解态磷因此被重新划分；过滤过程对分离悬浮态磷和颗粒物态磷是积极有效的，具有低水头驱动(水头损失<3kPa)和可持续性，对于溶解态磷的归宿，建议利用设计和管理过滤过程，以便维持湿天气降雨事件的需氧过程。McCarthy 等(2012)研究了 5 个城市集水区次暴雨过程(intra-event)中总悬浮固体和大肠杆菌的变化及相关性分析，二者受集水区面积、土地使用和绿色基础设施复杂性的影响，并与水文、降雨和降雨前期干天气相关：大肠杆菌初始浓度和降雨事件峰值浓度受降雨前期干天气的气候变化的影响更大，而 TSS 特征受水文学和降雨变量的影响最大；所有降雨事件的大肠杆菌的平均相对置信区间均比 TSS 小，这与其他文献研究结果相反(即湿天气降雨条件下微生物变化程度高于传统污染物)。

2. 暴雨径流污染研究的新进展

近年来，国外对城市地表径流的水质监测趋于对环境有毒有害的化学物质、微生物等的监测，开展了生物毒性、水生生态系统毒害的评估等工作，其主要研究成果汇总如下。

(1) 对径流中多环芳烃(polycyclic aromatic hydrocarbons，PAHs)的特征和毒性的研究受到极大关注。基于时间序列城市道路径流中 PAHs 脉冲式暴露条件下对水生生物体的毒性模型被评估，PAHs 春季径流毒性高于夏季径流毒性，建议在暴雨径流处理系统或策略设计阶段就考虑捕获与控制径流的毒性。不是黏土颗粒，而是土壤有机物质(soil organic matter，SOM)似乎是 PAHs 的主要载体，PAHs 的传输应该同时考虑有机碳含量与 SOM 成分。暴露时间分别为 7d、14d 和 21d 时，径流污染对鲫鱼有影响，但在实验期内其酶系统能够起到防御作用，为径流毒性评估提供了参考。加拿大安大略省某地高速路和融雪径流中 PAHs 和金属污染物导致端足虫的存活率相对控制实验而言显著减少(3/4 的位置中减少了 64%～74%)，而对生长效应影响不显著，春季实验结果变化更大，尽管 PAHs 的生物可利用性金属低于预期毒性。PAHs 最大毒性在沉淀中含量水平却最低，在水和沉淀中 PAHs 浓度最高却没有毒性，但一些金属和 PAHs 却超出了饮用水和严重污染水平，若要用生物利用污染物去污时，应该引起重视。氯离子浓度似乎与毒性有关，从道路盐类产生的氯化物对端足虫产生毒性，这些氯化物会对底栖动物产生威胁。Zheng 等(2014)利用一个动态模型方法评价城市暴雨径流中的 PAHs 污染及其环境风险，该模型的长期模拟是十分有效和很容易被判断的，并以北京道路径流中 PAHs 为例进行了评估，该模型可以用于其他城市区域和其他与 PAHs 相似的污染物评估，能帮助鉴定关键时间和主要污染物的监测、评价和控制。煤焦油铺设的道路引起的 PAHs 污染应引起重视，特别是铺装完成 24h 后，煤焦油铺设道路中含有 PAHs 时间较长，这对其归宿、传输和生态毒性效应提供了参考。发现联合臭氧和生物的方法去处理城市地表径流中的 PAHs 是可行的。

(2)开展了暴雨径流的生态风险评价。过去近 10 年的生态风险评价并没有整合多交叉学科，阻碍了暴雨径流塘的生态评价，已经建立的整合评价方法［如沉淀质量三维一体(sediment quality triad)的评价方法在北美已经广泛被使用］，对于人为营造的城市暴雨塘特征是一个挑战，为此，Autixier 等(2014)提出了一个城市暴雨处理塘的生态风险评价框架。

(3)对暴雨径流中的卤族化合物进行了调查。从美国 2 个相似的城市(明尼阿波里斯市和慈北市)在 2009～2011 年 7 场城市暴雨径流事件中发现，每场降雨均 100%检出有全氟烷酸，全氟烷酸的质量流率为 7.86kg/a，主要来自居住区，而工业区和商业区的大气沉降中没有发现有全氟烷酸，但工业区和商业区城市暴雨径流中的颗粒物和碎片中全氟烷酸的含量很高，怀疑其来源是工业或商业产品的固体废弃流中含有包含全氟烷酸的颗粒物。

(4)对野生淡水生物的影响进行了调查研究。长期慢性暴露到多污染物条件下，野生淡水蛤贝(*Lasmigona costata*)的健康和寿命受到负面影响，且加拿大安大略省格兰德河流域淡水蛤贝数量因水运输入的污染物贡献而降低已经被证实。McIntyre 等(2014)评估了非昂贵的生物过滤系统技术处理城市高速路径流对斑马鱼(*Danio rerio*)的影响：斑马鱼胚胎暴露在 6 场暴雨事件未处理的径流 48～96h，出现了一系列畸形变化，包括延时孵化、出生率减少、心包水肿、小眼睛、鱼鳔减少；这 6 场暴雨事件对斑马鱼影响证据确切，甚至当径流被削弱 95%变成清洁水时，其中 3 场暴雨径流也出现了剧烈的致死毒性和亚致死毒性；PAHs 促使预期的心脏中毒，未处理的径流也促使心力衰竭、循环停滞、心包水肿、循环系统缺陷；通过生物过滤处理系统处理高速路径流以提高暴雨径流水质，斑马鱼模型提供了一个快速评价绿色暴雨径流基础设施效应的实验平台。

(5)对城市暴雨径流的毒性特征进行了报道。通过对城市区域、居住区、工业区的水循环全部过程(从污水到饮用水)确定生物毒性，暴雨径流质量标记对于将来处理技术和监测处理效率是十分迫切的，生物分析工具对于将来第一次筛选存在的化学和微生物对公共健康的影响具有很大的潜力：非特殊毒性测试的毒性随不同地点具有很大变化性，毒性基线等同于污水处理厂出水；植物中毒的毒性与测定的除草剂浓度有很好的相关性；激素活性法测定的毒性仅仅在 2 个采样事件中被发现，并与污水溢流相关；基因毒性包围测试的毒性，与二 英、氧化压力法的响应结果，仅仅在三分之一的暴雨排水系统(在车流量很大的交通道路旁边)样品中被发现，其生物分析的等量浓度(bioanalytical equivalent concentration，BEC）与污染源水相似，结果表明利用生物分析工具对筛选暴雨径流水质评价、暴雨径流将来的处理及回用是十分有用的。Colton 等（2014）研究了停车场径流滞留塘（parking lot runoff retention ponds，PLRRP）处理系统中水样对日本青鳉（*Oryzias latipes*）的毒性变化和 DNA 损坏研究，发现 PLRRP 相关污染物促使日本青鳉的细胞核和线粒体 DNA 破坏，且荧蒽调整的光学毒性也导致相似的细胞核和线粒体 DNA 破坏，推测这些破坏对敏感海洋生态系统可能是特别显著的。McIntyre 等（2015）研究了美国西雅图一条高速公路未处理的城市径流的毒性基线，通过利用种植薹草（*Carex flacca*）土壤生物滞留桶（图 1-4-2），评估高速公路径流毒性对幼年银大马哈鱼（*Oncorhynchus kisutch*），捕食性大型无脊椎动物［包括驯养的模糊网纹蚤（*daphniid Ceriodaphnia dubia*）和选择的野生纽墨菲蜉游（*Baetis* spp.）］的影响：对于所有暴雨事件，初期效应毒性对于模糊网纹蚤的致死率达到 100%或者影响幸存者的繁殖能力；未处理的高速路径流通常对模糊网纹蚤和无脊椎动物产生致命的影响；通过土壤生物滞留塔的过滤作用，这些致命影响能够被移除，同时能防止对模糊网纹蚤的亚致死繁殖毒性；这种非昂贵的绿色暴雨基础设施能高效地扭转多水生物种的致死和亚致死效应。

图 1-4-2　两种生物滞留桶过滤处理 2012 年 9 月所有暴雨事件的径流

注：所有生物滞留桶由一层在排水层上方铺设砾石的混合生物滞留土壤介质，左边滞留桶内种植的植物是薹草。

（6）对暴雨径流中的农药和杀虫剂进行了调查研究。法国一个葡萄园集水区暴雨湿地系统中，草甘膦和氨甲基膦酸（aminomethyl phosphonic acid，AMPA）的年去除率为 75%～99%，但是在湿地沉淀物中并没有检测到草甘膦和 AMPA（是由于湿地植物系统对其进行了吸收和生物降解），草甘膦的降解途径是经过 AMPA 路径，暴雨湿地径流中的草甘膦的传输和降解随时间变化很大，说明利用湿地特别是暴雨湿地系统处理径流中杀虫剂的传输和降解是一个很好的示范。郊区平均每个住户排入暴雨系统中的去草净和多菌灵分别为59μg 降雨事件/户、50μg 降雨事件/户，12 场降雨中仅 3 场降雨出现初期效应现象，且暴雨径流中杀虫剂质量流与降雨驱动相关联，质量负荷既不与降雨时间或强度相关，也不与干天气长短相关。

(7)暴雨径流中优先监测污染物工作在近几年才受到重视。法国巴黎郊区一个 $2.3km^2$ 的集水区的污染物有 45 种物质被检出，包括金属、有机物、PAHs、PCBs、烷基酚、杀虫剂、邻苯二甲酸盐和 VOCs。其中，测定物质中有 47%是有毒有害优先监测物质(8 种)，38%的优先监测物质(10 种)，其他存在物质 27 种，应加强暴雨径流中对接受水体有严重影响的污染物。法国巴黎城市和郊区的 3 个独立的雨水排水系统的污染物中有 88 种化学物质被调查，其中，检测出 55 种化学物质，优先监测污染物包括金属、PAHs、PCBs、有机锡化合物、烷基酚、邻苯二甲酸盐、杀虫剂和 VOCs 等，主要包括颗粒态和溶解态两大类，其中颗粒物带来的污染最重，不处理暴雨径流污染将对接受水体造成影响。Gasperi 等(2012)研究了雨污混流溢流排水系统中暴雨径流的优先污染物(Priority Pollutants：PPs)：在法国巴黎的雨污混流排水系统中调查了 88 种物质，检测出 49 种化学物质，主要有机物浓度在 0.01～1.0 mg/L，金属元素浓度大于 10 mg/L；大多数疏水性有机污染物和一些颗粒携带的金属在混流系统中的浓度高于已经在暴雨和废水中发现的浓度；杀虫剂和锌的浓度与暴雨径流相似；暴雨径流是主要贡献来源，废水中 VOCs 是主要来源；令人惊奇的是，塑化剂(DEHP)和三丁基锡化合物在废水和暴雨径流中均被发现且浓度范围相似；PAHs、三丁基锡化合物和氯代烷烃对水环境具有显著风险，这为将来工作的开展具有潜在重要意义。Vezzaro 等(2012)基于丹麦实情开发了一套 PPs 模型：该模型包括 3 个子模型(一是集水区暴雨污染物源，二是径流水质和水量，三是暴雨处理)，利用普适似然度(generalized likelihood uncertainty estimation，GLUE)技术评估了 PPs 模型的不确定性，主要对丹麦阿尔贝特斯兰的工业区、居住区暴雨径流中的 TSS 和铜进行了应用，并推荐该 PPs 模型可作为其他优先污染物减少的评估工具。不同土地使用类型和活动下暴雨径流污染物的风险优先性是以 TSS、BOD、Pb 和 Cd 四种污染物为示范，两个关键方法被应用，一是通过接受面源污染的水体中的污染物，通过源头对源头，污染物对污染物进行评估和优先性排序，二是选择合适的面源污染控制措施。

(8)重点研究城市暴雨径流对人类健康影响。Colford 等(2012)利用快速肠球菌指示方法评价了暴露在城市径流污染的海洋水域的疾病风险评价：传统的 FIB(Fecal Indicator Bacteria)方法测定太慢了(>18h)，利用一个快速指示方法 qPCR 评价了城市径流影响的海岸的疾病风险；身体浸没、头浸没和吞咽 3 种暴露方式感染肠胃疾病 GI 的风险逐渐增大；当城市径流源的 FIB 超过水质标准，传统的和快速的肠球菌均与疾病强烈相关；当城市径流源的 FIB 是分散的，传统的和快速的肠球菌均与疾病很少相关。Sidhu 等(2013)利用微生物和化学源跟踪剂调查了暴雨径流中的污染物：利用微生物源跟踪剂(microbial source tracking，MST)、化学源跟踪剂(chemical source tracking，CST)，在澳大利亚的 6 个集水区的 23 场降雨事件采集到的人类呼吸系统病毒(human adenovirus，HAv)、人类多瘤病毒属(human polyomavirus，HPv)、甲烷细菌固氮酶和类杆菌属 HF183 分别占总样品数量的 91%、56%、43%和 96%；相似地，CST 检测到醋氨酚、水杨酸、安赛蜜、咖啡因的频率分别为 87%、78%、96%、91%，观察到 HF183、HAv、安赛蜜、咖啡因具有一致性(>91%)；HAv 的高流行率(91%)说明其他肠道病毒可能在暴雨径流中对人类的健康有较大的影响，建议对用作非饮用水用途的暴雨径流进行一定程度的处理。最近，径流水质与人类健康风险的相关性也开始被研究。荷兰的 Bellamyplein 广场街道的初始效应径流被分离到排水系统，而其余雨水则存贮在该水广场，弧形杆菌在所有样品中没有被检测到，而隐孢子虫在所有水样中均被检出而且受到更高的关注，结果揭示了水广场娱乐暴露引起的健康风险与水广场显著相关，儿童弧形杆菌致病风险高于平均人口的致病率，而退伍军团疾病风险低于荷兰平均水平，肺炎杆菌致病风险也应受到重视。

(9) 近年来，暴雨径流系统中微量污染物也开始受到关注。Bressy 等(2015)从一个小居住区集水区得到微量污染物的暴雨水质管理优化比例：在法国巴黎一个 0.8hm^2 的居住小区，监测了 69 种污染物，包括 PAHs、PCBs、烷基酚和金属等，除 PCBs 外，大气沉降输入仅占暴雨水污染物的 10%～38%，集水区上游雨水污染物显著低于集水区下游暴雨排水系统中的浓度，而且，上游径流中溶解有机物在整个集水区中占有较大比例。Vezzaro 等(2014)将排水系统、暴雨处理单元、污水处理厂、污泥处理场和接受水体整合在一起，开发了一套微量污染物的动态传输和最终归宿整合在城市污水系统和暴雨排水系统中的动态库。Vezzaro 等(2015)开展了暴雨径流系统中微量污染物的综合动态模型研究：通过一个研究案例说明减少微量污染物质量流率是控制暴雨径流系统向自然水体排放的先决条件之一，这个步骤使用动态综合模型很重要；基于微量污染物属性使用一个动态处理模型，通过比较 6 个不同控制策略(包括源头控制和管道末端控制)，基于 GIS 和土地使用数据、径流水质，采用累积和冲刷模型、暴雨滞留塘，对重金属(铜和锌)和有机污染物(荧蒽)的质量流率采用一个综合动态模型并耦合暴雨质量策略的概念框架进行模拟，并使用 pseudo-Bayesian 方法对结果不确定性进行评估；尽管通过径流质量模型评估，微量污染物流率具有很大的不确定性，但是在水质标准和沉降物累积条件下，对 6 个不同的微量污染物流率释放的对比是可行的；源头控制策略能更好减少微量污染物排放，但所有的模拟策略由于不能满足基于排放限值标准而模拟失败；研究结果表明提供合并高级模型工具(综合暴雨径流质量模型、不确定性校准)，对微量污染物的污染控制策略具有一定的效率。

1.4.3　降雨径流污染模型化研究进展

1.4.3.1　模型概述

1. 地表污染物累积和冲刷模型

累积(build-up)和冲刷(wash-off)是城市地表径流污染的主要过程。城市地表污染物表现为晴天累积于地表，雨天被冲刷进入排水系统，汇集后排入水体的特征。人类活动产生的各种颗粒态污染物基本上首先存在于城市大气环境，在各种外界因素的影响下，部分将逐步沉降至不透水下垫面并积聚，这个沉降的过程即城市地表污染物的累积过程。

累积过程并非污染物沉降至地面而终止，而是一个“沉降—悬浮—再沉降”的动态过程。颗粒物在重力的作用下沉降，较大颗粒首先沉降，较小颗粒物悬浮于空气中，在风等外力作用下发生碰撞并聚集直至无法克服重力作用沉降至地表，而已经沉降的颗粒物因路面碾压使粒径变小，在自然风和交通风等作用下可能悬浮再次进入大气环境。因此，城市地表污染物处于“沉降—悬浮—再沉降”的动态过程，直至达到平衡状态，此时区域代表积聚的污染物量为区域最大累积量。

冲刷过程即在一场降雨过程中，依据降雨强度及历时，积累于地表的污染物质一部分或者全部被冲刷进入径流的过程。由于受到雨滴的侵蚀力及降雨径流的溶蚀作用，沉积于地表的污染物进入径流，其中一部分溶解其中，一部分是处于悬浮状态的悬移质，另一部分则是较大颗粒的推移质。悬浮颗粒物在随径流输移过程中同时受到重力和径流剪切力的作用，临界剪切力相对应于径流的临界流速(即颗粒物的起动流速)，当实际流速大于临界流速时，地表累积物即随径流输移，当实际流速小于临界流速时，悬浮物将再次沉淀于地表。因此，冲刷过程也是“悬浮—沉淀—再悬浮”的动态过程。

1)地表污染物累积模型

表 1-4-1 为地表污染物累积模型的几种形式。其中，式(1-1)表示累积初期地表累积物残留量为零，即一场降雨过程将地表冲刷干净；式(1-2)表示存在初期污染负荷，地表残留量不为零情况，可发现污染物的累积速率随初期残留负荷而相应减小。对数模型对公路路面累积过程研究所得出的统计关系存在较好的拟合度，Pb 和 PAH 的拟合度均达 0.98。上述研究显示在污染物累积速率较快的初期，线性模型与指数模型存在一定程度的相似关系。Michaelis-Menton 模型与对数模型都可以认为是指数模型的简化和变形。根据污染物累积速率随时间增加而逐渐减小、累积量趋近于极大值的假设，累积模型可以表示成一个指数方程。

表 1-4-1 地表污染物累积模型的几种形式

分类	表达式	方程编号
Michaelis-Menton 模型	$P_t = P_s + P_m t/(k_s + t)$	(1-1)
线性模型	$P_t = t_e \cdot Y(s)_u; t_e = (t - t_s)(1 - \varepsilon_s) + t_s$	(1-2)
对数模型(Pb；PAH)	$P_t = a \cdot \ln t + b$	(1-3)
幂指数模型	$P_t = P_m\left(1 - e^{-k_1 t}\right); P_t = P_s + (P_m - P_s)\left(1 - e^{-k_1 t}\right)$	(1-4)

注：P_t——上次降雨后经过 t 天晴天时集水区内的污染物累积量，kg；

P_m——集水区内最大可累积污染物量，kg；

k_s——半饱和常数，即 P_t=0.5P_m 时所经历的时间，d；

$Y(s)_u$——集水区下垫面固体日负荷量，kg/d；

t_e——等效晴天累积天数，d；

t——最近一次降雨事件后所经历的天数，d；

t_s——最近一次清扫街道后所经历的天数，d；

ε_s——街道清扫频率；

k_1——累积系数，d^{-1}；

a、b——常系数。

表 1-4-1 中所述累积模型虽然形式不尽相同，但都认为污染物的累积是雨前干期天数

(antecedent dry weather period，ADWP)的函数。值得注意的是，因不同地区人类活动的方式和强度、大气污染状况以及风速风向等的不同，地表污染物的累积特征不同。另外，城市地表卫生管理、清扫频率、效率等对地表污染物的累积具有重要的影响，使得 ADWP 与地表径流污染之间的关系更显复杂。城市地表径流污染具有晴天累积、雨天排放的特征。城市地表污染物晴天累积过程可以表示为 ADWP 的线性、对数、幂指数等函数形式。

除上述以 ADWP 为主要变量的模型外，也有相对较复杂的累积模型，即街道地表污染物边坎累积模型，如式(1-5)：

$$\begin{cases} P_t = A\left(1-\mathrm{e}^{-Et}\right)/E \\ A = \dfrac{1}{2}W\left(C_1+L\right)+C_2\times F\times R \\ E = 0.0116\left(V_1+V_2\right)\cdot \mathrm{e}^{0.088h} \end{cases} \tag{1-5}$$

式中，A——单位边坎长度污染物累积速率，g/(m·d)；

E——交通风和自然风引起的散失系数，1/d；

t——街道清扫间隔时间，d；

W——街道宽度，m；

C_1——大气降尘率，g/(m^2·d)；

L——地表污染物在单位面积上的聚集速率，g/(m^2·d)；

C_2——交通车辆污染物散发率，g/(m^2·辆)；

F——交通流量，千辆/d；

R——道路状况系数；

V_1、V_2——分别为交通速度及自然风速，km/d；

h——道路边坎高度，cm。

该模型适用于具有边坎的城市街道，考虑的影响因素较多，包括清扫时间及频率、自然风、交通风、车流量等 9 个参数，并且在国内外都得到了较为成功的应用。施为光对成都市街道地表污染物累积量的计算结果与环卫部门统计的街道垃圾日清扫量相符合。

暴雨管理模型(storm water management model，SWMM)中提供的污染物累积方程有幂函数形式、指数函数形式和饱和浸润方程(saturation function)3 种，分别如下：

幂函数形式：

$$B = \mathrm{Min}\left(C_1, C_2 t^{C_3}\right) \tag{1-6}$$

指数函数形式：

$$B = C_1\left(1-\mathrm{e}^{-C_2 t}\right) \tag{1-7}$$

饱和浸润方程：

$$B = \frac{C_1 t}{C_2 + t} \tag{1-8}$$

式中，B——污染物累积量，kg/hm^2；

C_1——污染物最大累积量，kg/hm^2；

C_2——累积速率常数；

C_3——时间指数；

t——累积时间，min。

2) 地表污染物冲刷模型

(1) 指数模型。

降雨径流冲刷量与降雨强度、降雨历时等因素有关。城市地表降雨径流冲刷量可用简单的一级动力学方程来反映，其表达式为

$$\begin{cases}\dfrac{\mathrm{d}Q}{\mathrm{d}\tau}=-kQ\\ k=k_2 r\end{cases} \tag{1-9}$$

积分后得

$$Q_r = P_0 \mathrm{e}^{-k_2 R_r} \tag{1-10}$$

式中，Q——不透水地表可冲刷的污染物量，kg；

Q_r——降雨径流开始 r 时间后地表上残留的污染物量，kg；

τ——降雨径流开始后的时间，s；

R_τ——降雨开始 τ 时间后的累计径流量，mm；

k——衰减系数，s^{-1}；

k_2——冲刷系数，mm^{-1}。

则一场降雨冲刷排放的城市地表污染物量为

$$Q' = P_0\left(1-\mathrm{e}^{-k_2 R_\mathrm{T}}\right) \tag{1-11}$$

式中，R_T——次降雨总径流量，mm。

假设集水面积为 A，则径流过程中污染物浓度 C_τ 可表示为

$$C_\tau = -\frac{1}{A}\frac{\mathrm{d}Q_\tau}{\mathrm{d}R_\tau} = \frac{k_2 P_0}{A}\mathrm{e}^{-k_2 R_t} \tag{1-12}$$

因此，径流开始时污染物浓度可以表示为

$$C_0 = \frac{k_2 P_0}{A} \tag{1-13}$$

从式(1-11)～式(1-13)可以看出，该冲刷模型的建立基于一定的理论基础，城市地表污染物的冲刷过程符合指数关系。通过参数之间的定量传递，将地表污染物累积量和冲刷效率联系起来，即可构建累积过程与冲刷过程的关系。对美国休斯敦市某小型集水区及奥斯汀市 Mopac 公路降雨径流过程研究中发现，污染物浓度符合指数衰减规律。

(2) 计入雨天排污的冲刷模型。

在以上讨论的城市地表污染物累积和冲刷过程中，仅仅考虑晴天累积、雨天无累积的情况，但是雨天排污往往不容忽视。将每次降雨过程分为 n 个时段：$\Delta\tau_1$，$\Delta\tau_2$，$\Delta\tau_3$，…，$\Delta\tau_{n-1}$，$\Delta\tau_n$，对应的时段累积径流量为 R_1，R_2，R_3，…，R_{n-1}，R_n，单位时间污染物源强记为 P'，假设 $\Delta\tau_i$ 时段内排放的污染物全部沉降于路面并且于 $\Delta\tau_{i-1}$ 时刻开始被雨水冲刷，因此 $\Delta\tau_n$ 时刻地表径流污染物浓度为

$$C_{\tau_n} = \frac{k_2 P_0}{A} \mathrm{e}^{-k_2 R_n} + \frac{k_2 P'}{A} \sum_{i=1}^{n} \mathrm{e}^{-k_2 (R_n - R_{t-1})} \Delta \tau_i \tag{1-14}$$

然而，式(1-14)中一些参数的确定尚需进一步探讨，如时间间隔$\Delta\tau$的选择，太大的间隔将使计算结果失去精度，不能反映真实的污染物浓度变化过程，太小则对数据要求较高，工作量较大。另一个关键因素是污染源强类型的确定，式(1-14)中将其定义为恒定瞬时污染源，这与实际情况有一定的差距。因此，在以后城市地表径流污染研究工作中需对这些问题加以深入详细的研究，以期找到合适的方法更好地模拟径流污染过程。

2. 排水管渠系统沉积污染物冲刷规律

城市排水管道是城市排水系统的重要组成部分，由于随污水或雨水进入管道的颗粒物类型多样性以及管道流量变化的间歇性和水深的可变性，不管合流制还是分流制的城市排水管道几乎都存在不同程度的污染物沉积现象。

排水管道内沉积物及其污染负荷直接决定其对城市水环境的影响和作用。合流制排水管道中沉积物及其污染负荷模型的研究已有一定积累，但由于分流制排水管道中沉积物来源广泛，汇水区域特性变化随机性较强，使分流制排水管道中沉积物污染负荷模型的研究较困难，目前仅有来自单一汇水面的沉积物污染负荷的相关研究，尚未见就分流制排水管道中沉积物及其污染负荷模型的系统性研究报道。

雨季时，由于径流冲刷将使沉积污染物重新悬浮并释放于水中，这部分污染物在径流污染中占有相当大的比重。排水系统中沉积污染物的再悬浮对 SS 和 COD 的贡献不尽相同。合流制排水系统中污染物主要来源于雨水冲刷管道沉积物，SS、VSS、粒状 COD 和 BOD 平均贡献率分别达到 64%、63%、51%和 54% 。在合流制溢流产生的污染物总量中约 80%污染负荷来自排水管道内沉积物。排水系统中如沉积污染物的再悬浮对 SS 和 COD 的贡献均为 60% 。上海市主要合流制管道沉积物对雨水径流 COD、BOD_5、SS 的贡献率分别达到 67.3%、70.4%、70.7%。

目前，国外对于城市排水管道沉积物累积冲刷的研究多集中在合流制管道，这与其现存排水体制有密切关系，如欧洲排水系统主要是合流制排水系统。美国合流制排水管道中旱季沉积物污染量约占日输入量的 5%～30%，欧洲合流制管道中污染物沉积的平均速率为 30～500g/(m·d) ，苏格兰 Dundee 市排水管道沉积物的存在使水流阻力从 $1\mathrm{N/m^2}$ 增加到 $3\sim4\ \mathrm{N/m^2}$ ，而管道沉积物的存在导致排水管道中水流阻力增长 $6\sim7\mathrm{N/m^2}$ 。管道沉积物不仅会腐蚀管道、导致管道输水能力下降，有研究表明当管道沉积物的厚度达到管径的 5%时，其输水能力下降 3%，同时由于沉积而额外形成的粗糙度将使其输水能力再减少 20%。管道内污染物的沉积将直接导致管道过流能力的下降，有时甚至发生堵塞；沉积物中赋存大量的 N、P 污染物、难降解的油脂类物质、带有毒性油烃(petroleum hydrocarbons，PHC)和多环芳烃(PAHs)以及 Pb、Cr 等致癌重金属物质，这些沉积物会导致水体富营养化。而且在径流的冲刷作用下，管道沉积物中的污染物会释放到城市水体，会严重威胁受纳水体的水环境。

1）沉积物的模型研究

沉积物运动模型明确排水管道内沉积物的污染负荷对于其污染的有效控制至关重要，沉积物的运动决定着沉积物中污染物的转移和释放，因此，需分析沉积物的运动模型并在此基础上研究沉积物污染负荷模型。沉积物运动模型的研究始于 20 世纪 50 年代，包括起动速度模型、悬浮运动模型和临界不淤速度模型研究等。

（1）起动速度模型。

1978 年，Novak 和 Nalluri 通过实验对圆形管道中沉积物的起动运动规律进行研究，并结合泥沙运动理论对结果进行分析和处理，首次提出管道内沉积物起动速度计算公式，但该模型未考虑黏性对沉积物运动的影响，后来，与管道沉积物实际情况更加吻合的计算公式为式（1-15）。

$$v_c = 0.5\sqrt{gd(s-1)}\left(\frac{d}{R}\right)^{-0.40} \tag{1-15}$$

式中，v_c——泥沙起动流速，m/s；

d——泥沙中颗粒物粒径，μm；

R——管道水力半径，mm，圆形管道 $R=D/4$；

D——管径，mm；

g——重力加速度，m/s^2；

s——泥沙相对容重差，$s=(\gamma_s-\gamma)/\gamma=(\rho_s-\rho)/\rho$，其中，$\gamma(\rho_s)$、$\gamma(\rho)$ 分别为泥沙和水的容重（密度）。

（2）悬浮运动模型。

相对于起动速度模型而言，悬浮运动模型比较简单。Sonnen 结合计算机模拟，使用 SETVL 程序，提出式（1-16）所示的管道沉积物（泥沙）悬浮运动模型：

$$v = \frac{4gd(\gamma_s-\gamma_w)}{3C_d\gamma_w} \tag{1-16}$$

式中，v——沉积物运动速度，m/s；

d——颗粒物粒径，μm；

γ_s——颗粒物容重，$kg/(m^2 \cdot s^2)$；

γ_w——流体容重，$kg/(m^2 \cdot s^2)$；

g——重力加速度，m/s^2；

C_d——摩擦系数，其值与雷诺数（Re）有关。

（3）临界不淤速度模型。

排水管道中沉积物的运动与水流速度、沉积物粒径、黏性、密度及沉积物数量等因素密切相关，因此，沉积物临界不淤速度即管道自清速度的研究较复杂，但对排水管道沉积物的污染控制具有重要意义，从而引起许多学者的关注。1953 年 Durand 通过管道内固—液两相流的研究得出沉积物临界不淤速度简化模型，为沉积物运动模型的深入研究提供了基础。Ghan 重点考虑了沉积物厚度对管道沉积物运动影响，提出了临界不淤流速模型。Nalluri 和 Spaliviero（1998）得出临界不淤条件下的沉积物运动模型，此模型不仅适用于管道底部沉积物的运动，也可用于管道内悬浮沉积物运动过程。此外，对固定淤床管道沉积物计算模型，见式(1-17)。

$$C_v = 0.00102 \times \frac{D^2}{A} \times \left(\frac{d_{50}}{R}\right)^{0.6} \left(\frac{v}{gd_{50}(s-1)}\right)^{0.75} \left(1 - \frac{v_c}{v}\right)^4 \left(\frac{d_{50}}{D}\right)^{1.5} \left(\frac{d_{50}}{b}\right)^{-0.82} \lambda_s^{-1.2} \tag{1-17}$$

式中，C_v——临界不淤流速，m/s；

s——相对容重差，$s = (\gamma_s - \gamma)/\gamma = (\rho_s - \rho)/\rho$；

γ——颗粒物容重，kg/(m^2·s^2)；

D——管径，μm；

d_{50}——中值粒径，μm；

A——入流的横断面面积，mm^2；

v_c——入口速度，m/s；

v——在有限泥流条件下，平均流速传输的泥流体积，μm^3；

b——沉积床宽，mm；

λ_s——沿程总阻力系数，$\lambda_s = 1.13\lambda^{0.98} C_v^{0.02} D_{gr}^{0.01}$。

随后 Nalluri 等根据矩形水槽(管道)实验结果，提出避免发生沉积的临界速度方程，如式(1-18)所示：

$$\frac{v_s}{\sqrt{gd(s-1)}} = 1.94 C_v^{0165} \left(\frac{b}{y_0}\right)^{-0.4} \left(\frac{d_{50}}{D}\right)^{-0.57} \lambda_{sb}^{0.10} \tag{1-18}$$

式中，v_s——自净速度，m/s；

g——重力加速度，m/s^2；

s——沉积物的相对密度；

C_v——沉积物的体积浓度，mg/L；

b——沉积床宽，m；

y_0——水深，m；

d_{50}——中值粒径，m；

D——管径，m；

λ_{sb}——沉积床摩擦力。

(4) 合流制排水管道沉积物负荷模型。

合流制排水管道系统中，沉积物一部分来自雨水径流，另一部分来自污水管道，其中污水管道中固体悬浮物是沉积物的主要来源，因此，合流制排水管道沉积物负荷与城市类型、人口数量、自然地理条件、城市功能区构成与分布等因素有关。Pisano 和 Queiroz(1977,1984)经过多年的研究，在 1977 年得出 Boston 与 Fitchburg 市的排水管道沉积物负荷模型，随后又在 1984 年提出了 Cleveland 市的排水管道沉积物负荷模型。根据模型考虑的参数可分为简化模型和精确模型，简化模型只考虑管长、平均坡度和人均流量 3 个因素，而精确模型充分考虑管道的平均直径、汇水面积、有沉积物的管道坡度等影响，如式(1-19)和式(1-20)。

简化模型：

$$\mathrm{TS}=0.00057031L^{1.063}S^{-0.436}Q^{-0.61}\quad R^2=0.85 \tag{1-19}$$

精确模型：

$$\begin{cases}\mathrm{TS}=0.004206L^{1.18}D^{0.604}A^{-0.178}S^{-0.418}Q^{-0.51} & R^2=0.85\\ \mathrm{TS}=0.0004402L^{0.814}S_{\mathrm{PD}}^{-0.819}S_{\mathrm{PD/4}}^{-0.108}Q^{-0.51} & R^2=0.95\\ \mathrm{TS}=0.0005513L_{\mathrm{PD}}^{1.065}S^{-0.433}S^{-0.433}Q^{-0.539} & R^2=0.88\\ \mathrm{TS}=0.0008864L^{0.948}S^{-0.323}S_{\mathrm{PD}}^{-0.519}S_{\mathrm{PD/4}}^{-0.148}Q^{-0.518} & R^2=0.94\end{cases} \tag{1-20}$$

式中，D——平均管径，mm；

L——排水管道总长，m；

L_{PD}——沉积物量占管道容积 80%的管道长；

Q——人均流量(包括下渗量)，L；

S——平均坡度；

S_{PD}——沉积物的量占管道容积大于 80%的管道的平均坡度；

$S_{\mathrm{PD/4}}$——沉积物的量占管道容积低于 80%的管道的平均坡度；

TS——污水中沉积物负荷量，kg/d；

A——排水管道服务的面积，hm^2。

(5)沉积物污染负荷模型。

目前对于排水管道沉积物污染负荷的研究及相关模型较少，沉积物有机污染负荷与沉积物之间有着密切关系，BOD_5、COD、TKN、NH_3、P 和 VSS 等污染物负荷与沉积物负荷有一定模型关系，见表 1-4-2。

表 1-4-2 合流制排水管道中污染物的污染负荷计算模型

沉积物中不同污染物的污染负荷计算模型	R^2
$\mathrm{BOD_5}=0.344\mathrm{TS}^{1.308}$	0.80
$\mathrm{COD}=0.875\mathrm{TS}^{1.04}$	0.77
$\mathrm{TKN}=0.039\mathrm{TS}^{1.135}$	0.67
$\mathrm{NH_3}=0.17\mathrm{TS}-0.0336$	0.44
$\mathrm{P}=0.0076\mathrm{TS}-0.006$	0.67
$\mathrm{VSS}=0.689\mathrm{TS}^{1.308}$	0.97

注：R^2 表示各污染物指标与 TS(污水中沉积物负荷量)的相关性。

考虑到沉积物累积过程的复杂性，替代模型将会更适用，如早期美国 EPA 研究的替代经验模型，此模型主要应用于小尺寸管道的旱季流沉积物分析，见式(1-21)。

$$\begin{cases}Z=40\left(\dfrac{\tau}{\tau_{\mathrm{c}}}\right)^{-1.2}, & \tau>\tau_{\mathrm{c}}\\ Z=40, & \tau\leqslant\tau_{\mathrm{c}}\end{cases} \tag{1-21}$$

式中，Z——旱季流中悬浮颗粒物沉积的百分数，%；

τ——剪切力，N/m^2；

τ_c——临界剪切力，N/m^2。

这个模型是基于早期小型排水管道(直径小于 500mm)剪切力对颗粒物运动的冲刷研究而提出来的。随后此模型发展为德国 THALIA 模型，被广泛应用于大尺寸排水管道系统的沉积物研究中。同时，Sonnen 等利用此简单模型结合简化的河流关系模型，进而逐步发展为标准沉积物运动模型并应用于 SWMM，在理论上对管道沉积物的沉积进行预测。

2) 雨水管渠系统沉积污染物冲刷模型

(1) Wotherspoon 模型。

对于管道沉积物冲刷的调查研究起始于法国的 Marseille 和英国的 Dundee。前者研究认为沉积床颗粒特征是影响沉积物冲刷的主要因素，而后者研究则认为黏性(并非传统意义上的黏性)是影响沉积物冲刷的主要因素。Wotherspoon 等(1994)在研究截流制管道时提出了一个基于沉积物干密度与沉积深度关系的冲刷起始模型，见式(1-22)。

$$\frac{\rho_d}{\bar{\rho}}=\zeta\left[\frac{z}{H}\right]^{\xi} \tag{1-22}$$

式中，ρ_d——在深度为 z 的沉积物床密度；

$\bar{\rho}$——沉积物床平均密度；

ζ——系数；

ξ——指数；

z——沉积物床深度；

H——沉积物床总深度。

随后，Borovsky 等利用该模型预测了德国管道沉积物冲刷特征，同时又预测了下游管道沉积污染物的冲刷释放负荷，但该模型并非是通用模型，关键在于利用管道沉积物冲刷前期沉积物的条件对系数 ζ 和指数 ξ 取值进行校核。

Skipworth 等(1999)基于沉积物的黏性提出了一个实验室冲刷模型，见式(1-23)，是在 Parchure 提出的冲刷速率模型基础上演变而来。该模型的假设条件有：①只考虑单一粒径的沉积物黏性；②沉积物层的强度均匀；③考虑水流的剪切力。

$$E=M\left[\frac{\tau_b-\tau_c}{\tau_c}\right] \tag{1-23}$$

式中，E——在沉积物床剪切力为 τ_b 的冲刷速率；

M——在 $\tau_b=2\tau_c$ 时，冲刷速率；

τ_b——沉积物床剪切力；

τ_c——临界剪切力。

(2) 数值模型。

数值模型是 Bhallamudi 等(1991)在模拟渠道沉积物冲刷时提出的，其模型公式见式(1-24)。

$$\frac{\partial U}{\partial t}+\frac{\partial F(U)}{\partial x}=D(U) \tag{1-24}$$

其中

$$U=\begin{bmatrix}A\\Q\\A_s\end{bmatrix},F(U)=\begin{bmatrix}Q\\V\times Q+\dfrac{F_h}{\rho}\\\dfrac{1}{1-p}\times Q_s\end{bmatrix},D(U)=\begin{bmatrix}0\\g\times A\times(i-J)\\0\end{bmatrix},J=\frac{Q^2}{k_c^2A^2R^{4/3}} \tag{1-25}$$

式中，x——空间变量，m；

t——时间变量，s；

A——汇水面积，m^2；

V——流速，m/s；

F_h——横截面压力，N；

ρ——水的密度，kg/m^3；

g——重力加速度，m/s^2；

i——渠道坡度；

J——具有摩擦的坡度；

p——沉积物孔隙率；

A_s——沉积物横截面积，m^2；

Q_s——沉积物流量，m^3/s；

R——水力半径，m；

k_c——粗糙系数，$m^{1/3}/s$，见式(1-26)。

$$k_c=\left(\frac{P}{\dfrac{P_w}{k_w^{3/2}}+\dfrac{P_b}{k_b^{3/2}}}\right)^{2/3} \tag{1-26}$$

式中，k——时间水平，s；

P——孔隙率，%；

w——渠道的侧壁；

b——渠道的底部。

Q_s的表达见式(1-27)：

$$Q_s=C_{MPM}B\sqrt{\frac{\rho_s-\rho}{\rho}gd_{50}^3}\left[\frac{\tau}{(\rho_s-\rho)gd_{50}}-\theta_{cr}\right]^{3/2} \tag{1-27}$$

式中，B——渠道宽度，m；

ρ_s——沉积物密度，kg/m^3；

d_{50}——颗粒直径的中值，m；

τ——沉积物床剪切力，N/m^2；

θ_{cr}——诱导作用因素(无量纲的临界剪切力，对于颗粒状沉积物，$\theta_{cr}=0.047$)；

C_{MPM}——系数，对于大剪切力，$C_{MPM}=12$。

2003～2006年，Creaco等(2007)在法国里昂市Lacassagne 排水干管中比较数值模拟和现场试验数据，此模拟较好地反映了管道中沉积物冲刷的规律，但此模型涉及的参数和假设条件多，使其在应用中受到限制。

3) 模型软件与工具

20 世纪 70 年代中后期是降雨径流模型大发展的时期，机理模型和连续时间序列响应模型成为模型开发的主要方向，许多数学模型相继问世，使得城市径流非点源污染的研究得到进一步的发展，如 SWMM 模型最早于 1971 年开发，目前最新版本为 5.1.007，于 2014 年 10 月由美国国家风险管理实验室和环境保护局(EPA)联合发布，最新版本整合了 7 种 LID 技术。

20 世纪 80 年代以来，降雨径流模型向实用方向发展，把已有模型广泛应用于降雨径流污染控制和管理中。随着计算机技术的发展和进步，遥感技术、GIS、CAD 方法相继应用于降雨径流污染研究。

进入 20 世纪 90 年代水环境污染进一步加剧，降雨径流污染研究的内容也更加广泛。如城市地表径流大肠杆菌模型等，改进的通用 SCS-CN(soil conservation service curve number)模型不仅可用于小流域径流计算，对于较大流域也一样可以取得满意的结果。

经过 30 多年的研究，城市非点源污染模型逐步从统计模型过渡到机理模型和连续时间序列响应模型，这些模型不仅从城市本身的特性出发，而且采用农业非点源污染研究的经验，借鉴其参数和子模型，如水文子模型、侵蚀子模型和污染物迁移子模型等，其应用范围从小区域逐步扩大到整个城市河网水系，从单次暴雨扩大到了长期连续模拟，3S 技术的应用使得城市非点源模型的应用性和精度得到了很大的提高。

暴雨径流控制措施的广泛应用要求一种通用的、功能强大的模型来模拟这些措施对城市排水系统的影响，目前在城市暴雨控制方面应用的模型包括 SWMM (storm water management model)、STORM (storage，treatment，overflow，runoff model)、MUSIC (model for urban stormwater improvement conceptualisation) 、SLAMM(source area loading & management model)、P8 (program for predicting polluting particle passage thru pits，puddles，& ponds)、QQS (quantity-quality simulation)、SLAMM (source loading and management model) 等。美国的 CH2M HILL 公司开发了专门的 LID 设计软件：LIFE (low impact feasibility evaluation)。在国内，赵冬泉等自主开发的数字排水平台(digital water，DW)，通过将 GIS 与 SWMM 及相关水文分析模型的紧密集成，实现了对地表径流和地下管道系统模型的快速构建、准确模拟和直观分析。目前，被国内外广泛应用的模型主要是 SWMM 和 HSPF，优化模型工具(如 SUSTAIN)能提供城市径流模拟和 LID-BMP 的分析。

(1) 模型计算效率。

SWMM 的计算效率开始受到关注，并考虑并行计算来提高 SWMM 的计算性能。Burger 等(2014)研究了 SWMM 模型的并行计算，选择计算时间以便在尽量少修改源代码的情况下，使 SWMM 的计算得到加速，对 12 个线程下能加速 6～10 倍，不管线程情形下计算速度最大可以提高 15 倍。

(2) 主流模型的应用。

一些发达国家已经形成了适合本国且相对完善的技术法规体系的现代城市雨洪管理模式体系，并将其很好地结合与应用于城市景观和基础设施的规划设计与建设中，表 1-4-3

为国外城市暴雨控制措施应用比较。

表 1-4-3 国外城市暴雨控制措施比较

名称	特点	使用范围
BMP	从系统的角度出发，在径流进入水体前进行流域级的控制，主要关注水质	美国
LID	倾向于在微观区域对源头采用保护天然地表的措施控制径流污染	美国、加拿大、欧洲、日本
WSUD	强调暴雨径流和天然河道作为资源的可利用性	澳大利亚
SUDS	SUDS 的目标除减少径流水量和污染物外还包括改善社区的居住环境	英格兰、苏格兰、瑞典
LIUDD	来源于 LID，融合了新西兰国内的水资源管理措施“三水管理”，倡导雨水就地收集、回收和利用	新西兰

BMP 从系统的角度出发，在径流进入水体前进行流域级的控制，主要关注水质，主要在美国应用。LID 倾向于在微观区域对源头采用保护天然地表的措施控制径流污染，主要在美国、加拿大、欧洲、日本等国(洲)应用。WSUD 强调暴雨径流和天然河道作为资源的可利用性，主要在澳大利亚应用。SUDS 目标除减少径流水量和污染物外还包括改善社区的居住环境，主要在英格兰、苏格兰、瑞典等国家和地区应用。LIUDD 来源于 LID，融合了新西兰国内的水资源管理措施“三水管理”，倡导雨水就地收集、回收和利用，主要在新西兰应用。洼地-渗渠系统(mulden rigolen，MR)模式主要在德国进行应用。

SWMM 模型的功能较为完善，在城市区域内的排水区和排水管网的非点源污染负荷模拟方面具有较强的适用性，因此也成为目前应用最为广泛的模型，已经有许许多多成功的应用案例。例如，一个长期持续的模拟开发前和开发后的效应被量化，修改措施包括生物过滤区域反应器拟改变水文和降解控制，一个线性过滤反应器用于可渗透铺装道路拟提供非过滤、吸收和过滤。其中，线性过滤反应器(linear infiltration reactor，LIR)作为源头控制，利用模拟的气候和源数据揭示了重新设计可以获得“no-net-load-increases”的效果，且与标准建设相比较，费用 BMP 处理更低廉。

Ellis 等(2012)采用半定量化方法对居住区接受水体水质风险和城市地表径流传输的 SUDS 的最佳实践进行评估，采用整合地理信息系统(GIS)为基础的污染指数方法(不透水性、径流浓度与负荷、独立的 SUDS 处理潜在效能)对 SUDS 排水设施的风险进行了评估，并通过污染指数、接受水体标准和目标计算居住区影响评价的污染指数，发现该方法提供了对洪水风险管理目前广泛应用的准确风险评价方法的一个原始理论上的基础程序。Bressy 等(2014)利用 SUDS 模型对法国巴黎的 3 个集水区修建了绿化屋顶、地下管线或地下沉淀池、植草沟、植草滞留塘，以减轻峰值径流的影响，并开发了一个径流和污染物排放模型，并依据地理位置特征发现峰值流量可以减少 50%，结果表明应用 SUDS 模型可以贡献显著减少 20%～80%的径流污染排放，在设计 SUDS 时最主要是关联径流体积，不仅要考虑控制径流体积的预期值，也要考虑降雨事件频率的明确的截流量。

(3)污染物的累积模型和冲刷模型的发展应用。

城市暴雨径流非点源污染过程中，污染物的累积模型和冲刷模型是最基本的模型，对污染物的迁移转换描述具有重要地位，一直是研究的热点，但污染物冲刷模型的研究和应用是较为困难的。由于城市区域的暴雨径流冲刷受到环境变量的影响，在降雨事件过程中和降雨之后，对预测污染物的数量和传输是非常困难的。

城市道路径流中营养物质的冲刷过程被调查：氮和磷的冲刷过程与土地使用相独立，且没有显著不同，氮冲刷是一个源头有限排放，磷的冲刷是一个传输有限排放；氮主要是溶解态和有机态，有利于氮的去除处理设计；磷主要是磷酸盐态来自颗粒物直径小于 75μm 的冲刷，而其他磷物质在颗粒物直径大于 75μm 冲刷中占主要形态，意味着磷的去除处理设计不仅要考虑磷的物质种类，而且要考虑颗粒大小。

利用 SCS-CN 模型进行径流模型分析，其最合适的 I_a/S 为 0.22，当降雨大于 50.1mm 时，模型对 I_a/S 值不敏感，建议 50mm 以下的降雨能够通过该模型进行评估和预测，可以有效预测黄土高原的水土流失。利用 SCS-CN 模型分析了土耳其两个缺乏降雨资料的城市流域地表径流和土地利用条件的基准关系，结果表明，土地利用改变和不透水地表对地表径流有显著影响，流域土地利用规划决策已经起到关键作用，城市土地集中利用对地表径流的影响已经超过降雨本身的影响。

利用 GLUE 技术对 SEWSYS 模型进行不确定性分析和评价，发现干沉降与干天气(风)呈正相关，湿冲刷率与干沉降(风)呈负相关，SEWSYS 模型通常比有明显数据的模型更为不确定。洛杉矶城市非点源冲刷模型采用降雨前期干天气数和总径流量是可行的和合理的，对于城市非点源径流总量小于 30mm 的降雨事件，可以模拟确定污染物。利用 GAIA biplots 作图法分析了不同降雨和集水区特征对水质的影响，发现用一个冲刷模型方法去预测作为降雨强度和持续时间的连续功能是不合适的，用固体颗粒代替其他污染物也是不合适的，因此单独考虑每种污染物的累积和冲刷过程应当是推荐考虑的。GFS(grassed filter strip)模型被开发，以便评估 GFS 模型捕获泥沙的效率，并在吉隆坡一个施工现场进行应用，这对暴雨径流对泥沙的输送具有显著的影响。利用随机概率方法分析了 6 个澳大利亚集水区污染物的冲刷模型，当径流深超过模型范围时，应该将径流深与排放污染物浓度目标相协调，随机概率应在暴雨处理系统设计时应有所考虑。利用径流的水位曲线选择性分析了污染物的冲刷过程，选择了一个新参数(sector parameters)调查了污染物冲刷过程与不同象限径流水位曲线和雨量分布曲线，相比降雨前期干天气而言，降雨径流深和降雨强度是两个关键降雨特征参数，降雨模型也是一个非常关键的角色并与集水区特征独立分开。

(4) LID-BMP 技术的应用。

据城市非点源污染的产生、迁移路径将 LID 划分为单个技术(局地层面)—措施组合(社区层面)—控制体系(流域层面)3 个层次，以实现雨水的综合利用和非点源污染物梯级处理，从单个 LID 技术角度，国外目前正在深入研究其机理及其模型，国内近几年也开展了单个 LID 技术的机理研究工作，但多个 LID 组合技术的定量评价则更多地受到关注。

从社区层面角度，国内外应用较多的LID评估工具主要包括了SWMM、MOUSE、MUSIC、最佳管理措施决策支持系统(best management practices decision support system，BMPDSS)和暴雨径流处理分析系统(SUSTAIN)。其中由美国环保署主导开发的 BMPDSS 与 SUSTAIN ，是两个值得推荐的系统，可为城市雨洪管理措施的规划和设计提供技术分析与决策支持，但是否适用相对较大的流域，尚需开展进一步研究工作。

从流域层面的角度，国外设计方法通常按照某一降雨重现期的降雨厚度和汇水面积，通过每一类用地的外排雨水设计流量进行设计和控制，主要通过控制综合径流系数以达到控制雨水设计径流总量，从而达到控制城市非点源污染的目的。现有的流域尺度水文或水质模型主要包括SWAT、SWRRB、HSPF、ANSWERS、AGNPS和BASINS等。

部分模型如HSPF融合了BMP效率模块，可用于不同LID措施组合的选址和效果评估。流域尺度模型对于LID的模拟主要通过调整不透水区面积比例、土壤特性如渗透性等参数来间接模拟LID对径流和水质的改善效果。美国得克萨斯州的金斯维尔的一个原料中心开展了一个示范性的人工湿地槽的BMP效果，发现两阶段直接流能被圆柱槽出流传输的曲线进行修正，整个模拟系统能被用作暴雨径流处理的评估平台进行量化。

(5)道路径流污染物研究及控制。

公路径流污染物预测模型也有了考虑时间和经验的程序，利用有限元分析(FEA)模型开发了一个基于实验的道路径流多污染物种类迁移到路边水和土壤的预测模型：基于饱和土壤变量特征的多孔介质方程和Richards方程，并采用三节点的三角形单元执行线性编译。校正后的模型用于执行分析一个路边水渠污染物浓度变化，该模型可以用于预测土壤中任何时间的污染物分布，这将对路面径流造成的污染问题管理有很大的促进。

对北半球地区雪融径流模型的研究也受到了关注。如美国犹他州一个小山区集水区应用了一个雪融径流模型(snowmelt runoff model，SRM)，通过辅助手段引入美国资源卫星Landsat的ETM图像数据。对于温度输入，与通过该流域的气温垂直衰减率外推温度数据相比较，SRM模型对海拔和具体位置的温度输入数据更加敏感，这些发现对雪融径流研究和水资源管理非常有用。

(6)其他模型的应用。

对土地覆盖和土地使用，使用一个混合-统计-过程模型(SPARROW)，对美国Chesapeake湾城市和非城市不同土地覆盖径流中氮和磷的排放进行评估，通过对流域宽度、平均年TN和TP排放量数据进行校正，然后对单位流域面积和上游河口质量传输这两个指标进行了预测，31m宽溪流河岸缓冲带可以容纳的最大TN和TP质量，即进入Chesapeake湾的TN和TP负荷分别被评估为1.449×10^8kg/a和5.367×10^6kg/a。

利用HYDRUS-1D模型模拟垂直流人工湿地处理暴雨径流是可行的：利用一个具有低饱和水力传导系数(k_s)的多孔介质层去调节出流量，通过实验优化校正了HYDRUS-1D模型中的van Genuchten参数，建议实施一个具有新边界条件重现减少单一水头损失的普通方法，以便能更好地进行应用；发现饱和流对单一变量k_s相当敏感，非饱和流对滤层参数(α、n、k_s)更为敏感，因而需要利用直接和间接方法进行计算van Genuchten参数值。

以中国江苏秦淮河流域为例，HEC-HMS模型用于计算径流产水量，CA-Markov模型用于计算将来土壤使用变化：将1988年、1994年、2006年的Landsat卫星TM图像进行提高处理后获得土地使用的历史数据，当不透水率从3%(1988年)升到31%(2018年)，平均年径流量将显著提高，且干天气年径流量将增加并超过湿天气年径流量，敏感性分析揭示了洪水峰值排放量和洪水量与不透水地面面积呈线性关系，小洪水事件比大洪水事件更为敏感；整合分布式土地使用到分布式水文模型是一个好的方法去评估城市化对水文的影响，这对可持续性的流域管理、水资源规划和洪水管理是很重要的。

(7) 模型不确定性和敏感性分析。

暴雨径流模型的不确定性一直是研究的难点和热点。采用一个简洁概念的城市暴雨径流评价模型去模拟主要干天气和湿天气下准确重现排水管内水文水位图和污染曲线图，采用 GLUE 方法对此模型进行不确定性分析，以确保开发出来的模型具有稳健性，将来野外数据采集应该更多关注质量数据的选择以减少不确定性影响。中国厦门市某小城市暴雨集水区水质数据具有不确定性：发现 COD 对应样品采集、样品存贮和实验室测试分析对应的不确定性分别为 13.99%、19.48%和 12.28%，径流流量测定的不确定性为 12.82%，TSS 样品采集的不确定性为 31.63%，降雨事件流体积、COD 的 EMC 值和 COD 降雨事件负荷的不确定性分别为 7.03%、10.26%和 18.47%。利用贝叶斯算法和长期高分辨率数据对暴雨径流模型效能和敏感性进行了分析：利用更加复杂的 MUSIC 模型和单个 KAREN 模型预测集水径流，经验回归模型用于以暴雨过程为基础的累积模型和冲刷模型中污染物的预测，校正后此两种模型表现相似且都能重现测定的数据。此两种模型最重要的参数是有效不透水百分率，而对干天气参数不敏感，参数不确定性高导致模型结果对观测数据的重现性较差。利用 k-C*模型整合不确定性，以及一阶二阶动量方法(first-order second-order，FOSM) 评估了美国洛杉矶流域 BMP 去除暴雨径流中污染物的效能，BMP 的不确定性考虑了入流的平均暴雨事件浓度和 k-C*模型中的去除率常数，模拟流域的径流体积采用 STORM 模型，并考虑用负荷频率曲线代替负荷分布曲线，结果表明，考虑污染物负荷的不确定性评估能协助城市暴雨管理者，从给定流域的 BMP 技术判断最大日负荷总量(total maximum daily load，TMDL)。利用 GLUE 技术，基于联合差额分解的全局敏感性分析(global sensitivity analysis，GSA) 对暴雨径流中微量污染物(如铜) 浓度进行敏感性分析，GSA-GLUE 方法能关联模型因子定义系统中污染物质量与水文参数不确定性源之间的关系，提供了关于减少水生环境中微量污染物排放的控制策略的可靠应用基础。Dotto 等对城市暴雨径流水量和水质模型的 4 种不确定性分析技术进行了对比分析：这 4 种方法分别为 GLUE、SCEM-UA (shuffled complex evolution metropolis algorithm)、AMALGAM (a multi-algorithm，genetically adaptive multi-object method)、MICA，对于好的降雨径流模型，这 4 种模型均提高了相似的模型参数的概率分布和模型预测间隔，对于不好的水质模型，结果存在较大差异；SCEM-UA 技术和 AMALGAM 技术比 GLUE 技术计算效率更高，但是 GLUE 技术仅需要最低的模型技巧且容易去执行；所有非贝叶斯方法均能接受它们的行为参数，如 GLUE、SCEM-UA 和 AMALGAM 具有主观接受意向，而 MICA 技术通常遇到残差正态分布的假设；所有模型使用者应该选择最适合系统的方法和模型，要考虑模型结构的复杂性、参数数量、模型使用者的技能和知识水平、可用信息和使用者的研究目的等。Dotto 等还研究了城市暴雨径流模型测定数据的不确定性的影响：城市暴雨径流模型主要是一个单一的降雨径流 KAREN 模型并耦合普通的污染物累积和冲刷模型，通过输入数据的影响、校正数据误差对参数敏感性的影响，以及应用模型预测时产生的不确定性的影响；误差模型被用于测定数据输入和校正数据，以反映普通系统不确定性和随机不确定性，一个贝叶斯方法用于模型敏感性和不确定性分析，它能挖掘测定数据的最小影响的随机误差；总体上，输入和校正数据的系统误差影响参数的分布(如改变本身大小和地点峰值)，大部分系统误差情形(特别是那些输入数据和校正数据代表其最好的假设)，测定数据误差能全部进行弥补，但有些情形(特别是极端最坏的假设)不能弥补，以致模型应用效果降低，评价模型不同源的不确定性对提高城市排水模型实践具有重要作用。

1.4.3.2 模型发展趋势

暴雨径流源头控制一直是研究热点，但是还没有特殊的有效源头控制模型，为此，一个城市尺度的“单一的流量衰减模型”被用于暴雨径流污染的源头控制：采用一个自顶层至底层模型设计方法，使用数据经验模拟方法，开发了用于排水系统的一个简单流量衰减模型；通过在一个集水区相关点位的应用，发现此模型对于源头控制管理和评价是十分有效的。该模型需要一个集水区的两种类型的信息：汇流时间和雨量，这对定义暴雨径流区域等很有帮助。

GIS 方法进一步应用于降雨径流污染研究，使降雨径流模型应用更便利、结果更准确，主要应用于自然流域的降雨径流污染模拟，如基于 GIS 的迁移模型(spatially-explicit delivery model，SEDM)。但是由于城市下垫面和排水系统较为复杂，应用 GIS 技术还存在较大困难，用于城市地表径流污染的 GIS 系统很少。

从目前发展进展来看，LID 与传统城市规划理论与方法，尤其生态导向的城市规划理论与方法的结合较弱，应加强 3 个方面的拓展与研究：LID 设计理念与分析框架如何与传统的生态导向城市规划理念与分析框架有效整合，实现其分析框架的扩展；LID 目标体系如何与传统生态导向城市规划目标体系整合，实现其目标体系的扩展；LID 场地规划或总体规划如何与传统生态导向的场地规划或总体规划在内容体系上进行有效整合，实现其内容体系的扩展。

流域尺度的局限性在于无法对点上的 LID 措施进行精细模拟。而且这些模型在径流汇流过程和污染物处理等细节上是有所不同的，这也是汇水区域模型模拟时要考虑的一个因素。即使是确定性模型也涉及不同程度的近似和适应化，这种局限性即是模型研究未来的发展空间。随着对城市雨水累积冲刷、管道沉积物传输、污染物的相互作用与分区传输、微生物降解等过程认识的深入，应进一步扩大模拟污染物的范围；区分不同雨水污染物特征，将函数表达与污染物类型相关联，与 BMP-LID 措施相对应，纳入更多生物化学反应过程，逐步细化代表不同污染物和 BMP-LID 的算法；建立适合不同区域、场景的参数数据库和识别方法，用更多实际监测数据检验模型预测结果，以减小监测数据和参数校验对模拟结果的影响，从而推进雨水水质模型得到更为广泛、更为普遍的应用。

同时，还出现了一些其他暴雨模型。基于 GIS 和垂直流域轮廓线，建立了 Ekota 小流域的 TSR 分布式城市暴雨事件模型，被示范用于评估城市水文系统的流条件的组件，如评估洪水预防措施。利用一个约束二叉树的 CA(cellular automata)模型分析了印度的罗奥尔凯埃的城市动态增长对城市径流特征的影响，还考虑 NRCS-CN 方法对缺乏降雨资料的城市区域进行预测，结果表明城市增加与峰值径流排放量和时间峰值呈线性关系。基于监测和设计的暴雨事件，利用一个动态流域模拟模型 DWSM 模拟了北京奥林匹克森林公园的径流和泥沙的传输过程。利用输入雨量站点的数据，以及基于统计和动态校正的天气雷达数据，在线预测了两个城市流域集水区地表径流。韩国两条高速路的 17 场降雨事件被监测，监测数据被用来校正 SWMM 模型，校正的 SWMM 模型被用于模拟 55 场降雨事件，并将 TSS 排放负荷和 EMC 抽离出来，与降雨前期干天气进行线性回归分析，发现污染物负荷比 EMC 多元回归模型能更好地进行预测，但因为不确定性原因，回归可能不提供真实位置的污染特征。通过一个单一的基于描述降雨量与径流量的物理模型的 rainfall（*P*）-runoff（*R*）相关性，研究了径流在绿色屋顶土壤的饱和通过和渗透通过机理，然后利用 HYDRUS-1D 进行了数字模拟，发现这两种过滤方式均对绿色屋顶径流有贡献，但是渗透通过径流只占总径流量的一小部分，而饱和通过机理对屋顶径流产生更为重要。

多模型的联合利用，用于分析不同气候、降雨、土地使用、植被覆盖等条件下的不同尺度对径流的影响，是一个发展趋势。联合利用 PROMES 区域气候模型、SWAT 的水文和植被模型、MEFIDIS 暴雨径流和侵蚀模型，Nunes 等利用内部暴雨径流模型和侵蚀动态效应在两个地中海气候的流域进行多模型和多尺度的方法场景设计和分析：PROMES 和 SWAT 模型用于产生暴雨强度(增大)、饱和度不足(增加)和植被覆盖(增加)的模拟场景，这些场景被输入 MEFIDIS 模型进行径流和土壤侵蚀的空间变化研究；在所有空间尺度下，一些场景在增加的土壤饱和度和植被覆盖率下能减少暴雨强度增加对土壤侵蚀的影响；相对流域内土壤侵蚀，气候改变对集水区泥沙产生更为敏感；流域内，影响土壤侵蚀随土地覆盖类型、庄稼负面影响而变化。

L-THIA-LID 软件被开发用于评估 LID-BMP 效能。Liu 等基于 4 种典型土地使用类型(低密度居住区、高密度居住区、工业区和商业区)30 年的一系列降雨数据，开发了一个用户自定义工具(改进了一个降雨-径流模型)，为协助规划者和设计者在不同工程阶段去评估 LID-BMP 对暴雨径流的影响和有效性，该款 L-THIA-LID 2.0 软件能够有效提高决策者判别 LID-BMP 的影响，提高暴雨径流管理效能。基于流域尺度的降雨-径流模型，对 Crooked Creek 流域的绿色屋顶、雨水箱、生物滞留系统、多孔介质铺装道路、可渗透露台、植草带、植草沟、湿地渠、滞留塘、滞洪区盆地等 BMP-LID 技术进行了水文和水质管理实践的效能评估。利用年径流量进行了模型的校正，利用 L-THIA-LID 2.1 版本软件评估了 16 个假设场景，不同层次 BMP-LID 组合分别减少径流体积 0～26.47%，总氮 0.3%～34.2%，总磷 0.27%～47.41%，总悬浮颗粒 0.33%～53.59%，铅 0.3%～60.98%，生化需氧量 0～26.70%，化学需氧量 0～27.52%；流域含 25%的植草带的实施是最经济的措施，其效能是每个植草带单元减少$1.0m^3/a 的费用，然而总氮为$445kg/a，总磷为$4871kg/a；最高水平的 BMP-LID 技术场景是减少径流量和污染负荷 26.47%～60.98%，但是此场景却不是最经济的；因此，利用 L-THIA-LID 2.1 软件对流域尺度的不同地区采用 BMP-LID 技术规划是非常有效的。

绿色屋顶水文模型也在逐渐发展，并逐渐与城市排水系统、气候等相关联。Locatelli 等(2014)研究了绿色屋顶模型对城市排水系统水文效能的影响：开发了一个绿色屋顶的长期和单一降雨事件的模型，包括绿色屋顶表层和表层以下的径流贮存组件用于代表绿色屋顶水分保留能力，其水分保留能力因蒸腾不断连续地重新计算；该模型通过一个非线性蓄水池方法进行描述，并由丹麦 3 个不同拓展型景天科植物的绿色屋顶的监测数据进行校正和验证，并基于一个丹麦气候模拟的 22 年(1989～2010 年)时间的统计分析数据，绿色屋顶水文响应被定量化；对于单个降雨事件中 5～10a 期降雨强度，其 10min 径流强度被减少了 10%～36%，其径流体积减少了 2%～5%，对于 0.1～1a 期降雨强度，其 10min 径流强度被减少了 40%～78%，其径流体积减少了 18%～28%，绿色屋顶年降雨径流为年总降雨量的 43%～68%；不同的降雨事件，其峰值时间延迟为 0～40min，在增加降雨强度时发现时间延迟通常减少了；因此，绿色屋顶对于城市暴雨径流管理计划是非常重要的一部分。通过两种不同类型排水层(塑料排水垫、轻质多孔无机颗粒介质)，首先开发一个稳健的绿色屋顶水文模型，即一个多层的桶模型被应用去检验绿色屋顶的水文效应，然后该模型被校正和校准，预测了水文水位图、径流体积和时间数据，预测结果显示模拟时间和观测水文水位较为吻合，但该模型通常计算更多的出流径流体积。

近年来提出了分布式 BMP，用于整合景观设计和城市设计。BMP 虽然已经很广泛地被应用，但难点是如何与城市水文保持关联。新趋势是执行一个分布式实践(融合景观和整合城市设计的多 BMP 实践)，但还缺乏小集水区尺度的处理效果。近年来，Loperfido 等(2014)基于集水区尺度，针对城市溪流水文学，提出了分布式和集中式 BMP 和土地覆盖实践：2011 年 3 月至 2012 年 9 月的溪流数据用于评估 Chesapeake Bay 流域的 4 个集水区［一个集水区用分布式暴雨 BMP(图 1-4-3)，两个集水区用集中式 BMP，一个植树的集水区作为参照］，这 4 个城市集水区有相似的土地覆盖、地形地貌和 BMP 设计标准(如 100 年 1 遇)；暴雨径流管理策略和土地覆盖作为水输出大小和模式都是十分重要的，相对于集中式 BMP，对于分布式 BMP 区域，在更小的降雨事件时，水输出具有更大的基流和更小的最大排放量以及更小的溪流响应。

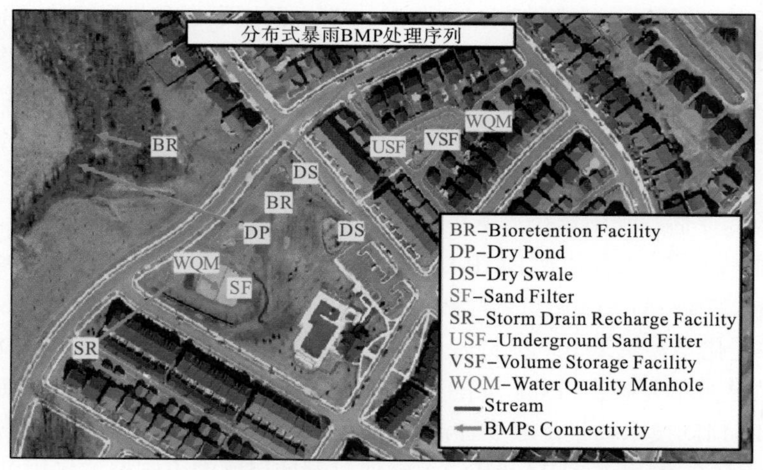

图 1-4-3 位于地下和地上 BMP 景观的分布式暴雨 BMP 处理序列的实例

BR—生物滞留设施；DP—干塘；DS—干植草沟；SF—沙滤；SR—暴雨排放设施；USF—地下沙滤；VSF—径流储存设施；WQM—水质检查井；蓝色线—小溪流；绿色线—BMP 连接线

人工模拟技术、遥感技术和 GIS 技术等先进技术手段在城市径流污染模型研究的应用仍然是该研究领域的热门课题。现代的排水规划理念已经不仅仅是根据城市排水量来计算排水管道的布置与水力计算，城市雨水系统的目的也不仅仅是尽快排除城市的地表径流。国外城市暴雨径流的管理经历了以防洪为目的的雨水排除、雨水排除管网的系统控制、源头控制理念和措施的应用、综合数字化管理 4 个发展阶段。我国应尽快建立适合我国国情的暴雨管理控制体系，在进行暴雨最佳化控制的实践中避免国外走过的弯路，建议将暴雨径流控制规划纳入城市总体规划中，并采用先进的模拟分析工具辅助进行规划、设计和管理。Verbeiren 等(2013)用遥感技术对城市集水区城市动态水文进行了研究，利用美国资源卫星 Landsat 及其图像，利用一个多空间遥感支持的水文学模型方法提高城市区域地表径流的模拟，表明遥感技术能为城市暴雨管理和决策者提供重要信息。

近年来，雷达技术也逐渐应用到暴雨径流的预测和评估中。利用 X 波段雷达，采用垂直向下变化的多重分形方法，研究了城市水文的分布式降雨事件，在 900hm^2 的英国伦敦东郊的克兰布鲁克(Cranbrook)城市流域进行了应用和评价，结果显示利用 X 波段雷达测量降雨方法比标准的 1km 网格方法更好，但未知的小规模降雨的不确定性不能够被忽略。利用降雨站数据、统计和动态调整的天气雷达数据，预测哥本哈根的两个城市集水区的即时径流。利用由小时 HF 雷达扫描地表驱动条件下的拉格朗日离子轨道算法，评估了暴雨排放到美国南加利福尼亚海岸区的可能性，此方法比船载监测更方便有效，也克服了孔径雷达不能捕捉相邻间隔扫描间短期的离散缺点，结果显示南加利福尼亚海岸区主要河流具有揭露城市暴雨径流对海洋保护区域的影响的潜力，同时模型化 Santa Clara 河流入 300km 海岸线的圣地亚哥海湾的 20 个排放口，并开发出了一个拓展模型去评估排放口的质量传输。

近几年来，物联网技术也开始关注城市暴雨径流监测数据的传输。Rettig 等(2014)开发了针对城市径流的一个开放源软件方法，对监测暴雨径流地点的地理空间传感器网络标准化进行了研究，其传感器网络利用 OpenWRT、嵌入 Linux 系统和开放源代码方法，读取地方位置和时间时创造了一个修改的读取 Maxim' s 1-Wire™协议、排队和传输标准化传感器数据的路由器，不仅为传感器网络创造了一个承受更多负担的网络，而且其准入门槛更低，为后续开发者的创新和标准化提供了条件。图 1-4-4 为原地可渗透性铺装路面的传感器网网络构架图。

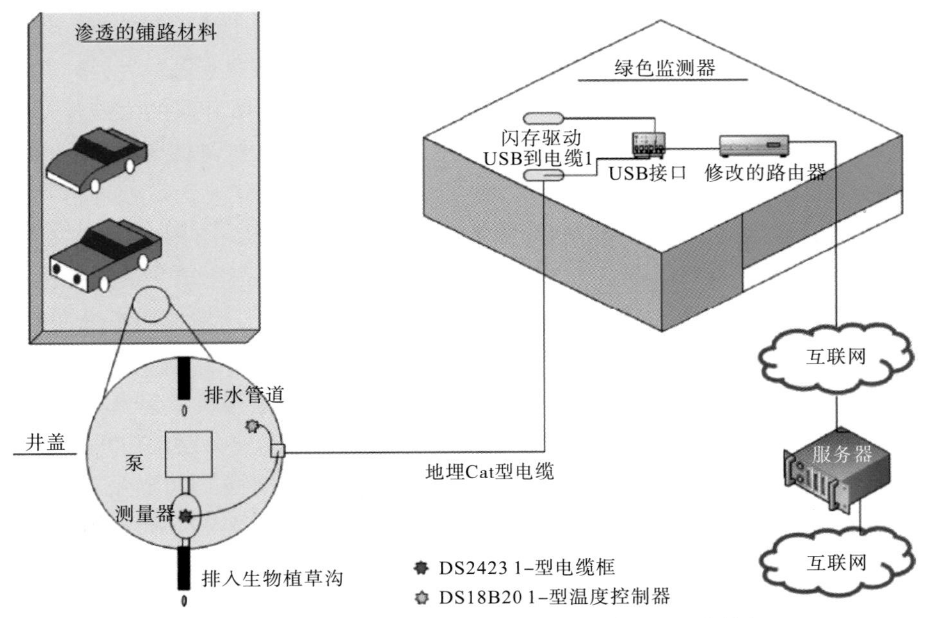

图 1-4-4　原地可渗透性铺装路面的传感器网网络构架

1.4.4 城市雨水径流污染控制与管理的研究进展

城市非点源污染的控制与管理可总结为两大方面。

(1) 通过技术性措施即工程方法来控制污染。又可分为三个方面：一是对源的控制，将雨水径流污染物从源头上控制在最低限度；其二是对污染物扩散途径的控制，通过研究雨水径流污染物输送和扩散机理，采取适当的措施，减少污染物排入地下或地表水体的数量；其三是终端治理，通过自然生态技术或人工净化技术来降解带入水体的径流污染物。只有通过三方面的有机结合，才能取得预期效果。

(2) 非工程方法，通过各种非技术性的管理措施指导和配合技术性措施。采取的控制策略有三大突出共性：强调源头控制；强调自然与生态措施；强调科学管理。

各国推行的相关控制管理模式中也存在一些不足：①水质量化资料不足，尤其各种措施的长期效果和以不同汇水面为单元的管理功能缺乏定论；②缺乏对变化的现场条件和设计准则的灵活性指导；③不同汇水面的维护管理资料不足；④雨水处理与管理措施的经济核算、造价资料不足等。

1.4.4.1 国外研究进展

雨水径流污染控制与管理有了许多新的思路和经验，有较完备的适合其本国的技术和法规体系。近几十年间，城市雨水污染在发达国家受到广泛关注，许多国家对城市径流污染及控制进行了深入的研究，制定了系统的法规、管理和技术体系。

经过多年的研究和实践，西方发达国家尤其是美国在地表水环境污染防治对策研究方面取得了相当的进展，积累了许多有益的经验。点源和非点源的多样性决定了水环境管理的复杂性。目前，非点源污染是美国水质保护的主要问题。非点源污染具有分散性和间歇性的特点，排污面广、排污量大。非点源不如点源易于为人们所认识和把握，收集数据也较困难，而且非点源污染的控制又远比点源复杂和困难。由于非点源的特性，其研究与控制通常要从流域的范围来考虑。19 世纪 70 年代早期，在北美所开展的大规模非点源研究就是以流域为对象的。美国环保局和各州污染控制机构正日益强调对点源和非点源进行基于流域和水质的评价、综合分析和管理。到了 20 世纪 90 年代，流域管理再次成为美国 21 世纪的水质管理战略，流域管理也是将来对清洁水法进行认可的主要条款之一。

控制城市径流的污染源，减少现场污染物的排放是减轻城市污染负荷最经济有效的办法，控制城市污染源的主要措施有：植树种草，增加植被覆盖，增加透水地面的渗透性；蓄滞径流，减少侵蚀；控制大气污染源，减少污染物的沉降；经常清扫街道，减少垃圾的堆放等。英国的研究人员建议控制降雨径流应同行政禁令和税收结合起来，这可减少氯化烃和铅的排放量，并通过教育手段提高 BMP 的成本效益。高速公路的中央分离带是非常有效的植被过滤带，能消除绝大部分的固体悬浮物和路面冲刷物。暴雨径流源头控制技术对于减缓城市基流水文有影响，但是下表面径流过程的复杂性使得执行源头暴雨径流管理模型化非常困难，建议了一个清楚的前处理和处理后的对比框架，这对于城市集水区基流管理是非常关键的步骤。

采取措施降低污染物向地表水体的输送也可控制城市径流污染。如利用天然渠道和人工湿地，建立林草缓冲带；改变雨水排水系统；建造蓄水池、沉淀池和拦水蓄水塘；使用物理、化学及生物方法处理径流。在挪威，人们逐渐接受模拟控制城市暴雨的天然过程，开始恢复河流的排放功能。城市暴雨蓄水池能有效地减少公路径流中的固体污染物和与颗粒有关的污染物，但不能减少水溶性污染物。通过土壤过滤系统中的储水盆地，可降低暴雨的强度和污染物的迁移。天然水塘中污染物的负荷量极高，水塘的浮萍能有效地吸收城市暴雨携带的氮和磷。在排污口用储水盆地、化学凝絮剂、淤泥吸收和沙土过滤的办法来处理污水中的 TSS、COD、BOD 和有机质，其去除有效率高达 90%。

发达国家对城市非点源污染的控制始于 20 世纪 70 年代，主要是通过最佳管理措施 BMP。1995 年美国环保局用于控制非点源污染的财政拨款就达 317 亿美元。在配套的城市雨水资源管理和污染控制第二代 BMP 方案中更强调与植物、绿地、水体等自然条件和景观结合的生态设计和非工程性的各种管理方法(表 1-4-4)。目前，西方发达国家将注意力集中在城市暴雨径流可持续发展方面。

表 1-4-4　美国城市雨水径流最佳管理方案

序号	BMP 体系	
	工程(技术)方法	非工程(技术) 方法
1	雨水沉淀、调蓄池	相关法规制定实施
2	植被缓冲带	志愿者清理与监督
3	植物浅沟	土地使用规划管理
4	渗透设施	材料使用限制
5	格栅	地面垃圾和卫生管理
6	过滤设施	废物回收
7	塘、湿地	控制废物倾倒
8	其他特殊设施	控制管道非法连接
9		雨水口的维护管理
10		对工程方法的检测管理
11		公众教育

德国在 20 世纪 90 年代已基本实现对城市雨水的污染控制，最典型的措施是修建大量的雨水池截留处理合流制和分流制管系的污染雨水，以及采取分散式源头生态措施削减和净化雨水。

20 世纪 90 年代，美国根据自然景观的融合性和城市发展的空间性提出了第二代 BMP，即 LID-BMP (low impact development-best management practices)。LID-BMP 相对于第一代 BMP 的优势在于其规模小而分散，又能与景观设计相互融合。在大都市中很难有大范围的空间来建设第一代 BMP 设施，而 LID-BMP 很好地解决了这个问题，更适合在高密度居住区使用，同时由于其控制端在地表径流的源头，能更有效地利用雨水资源，造价也比第一代 BMP 低廉。

LID 的概念最初由美国乔治省马里兰州环境资源署于 1990 年提出，其理念基于水文等效原则，基本思路是通过大量分散式的微观景观尺度措施维持和再现城市开发前的自然水文条件。表 1-4-5 为 LID 工程措施比选 ，表 1-4-6 为 LID 非工程措施比选，表 1-4-7 为低影响开发和传统雨水管理模式的区别。

表 1-4-5　LID 工程措施比选

分类	控制原理	功能	控制目标	适用条件
生物滞留设施	滞留	渗滤	径流体积、径流污染、峰流量	土壤渗透系数＞2 × 10^{-6}m/ s；距地下水位 0.6～1.2 m；与建筑基础的最小距离 3 m
植被浅沟	滞留	输 送、过 滤	径流污染、峰流量	边坡 3∶1～4∶1，纵坡 1%～4%；底宽 0.6～1.8m；与建筑基础的最小距离 3 m
低势绿地	滞留	渗滤	径流体积、径流污染、峰流量	土壤渗透系数＞2 × 10^{-6}m / s；距地下水位 0.6～1.2 m；与建筑基础的最小距离 3m
过滤带	滞留	过滤	径流污染	最小长度 4.5～6m
渗透铺装	滞留	渗透	体积控制、径流污染、峰流量	与建筑基础的最小距离 3m
绿色屋顶	滞留	渗滤	径流体积、径流污染、峰流量	平屋顶，土壤渗透系数>2×10^{-6}m/ s
干井	滞留	渗滤	径流污染、体积控制	土壤渗透系数＞2×10^{-6}m/s；距地下水位 0.6～1.2 m；与建筑基础的最小距离 3m
渗透坑	滞留	渗滤	径流污染、体积控制	土壤渗透系数＞4×10^{-6}m/s；距地下水位 0.6～1.2m；与建筑基础的最小距离 3m
雨水灌	集蓄	回用	峰流量	—
雨水池	集蓄	回用	体积控制	—

表 1-4-6　LID 非工程措施比选

分类	概述	目标	限制区域
集中开发	集中式的土地开发方式	增加开放性空间	发达城市，工业区，旅游区
土壤修复或改良	减小土地开发过程对土壤造成的破坏	提高渗透能力	发达城市，城市道路
保护环境敏感性和自然生态资源	保护洪泛区、树林、湿地、水源地、天然水体、滨岸缓冲带、自然保护区等	保护生态环境	发达城市，城市道路
减小总干扰面积	尽量减小土地开发对场地的破坏	保护环境敏感性地区和自然生态资源	发达城市，城市道路
保护自然排水路径	利用自然的浅沟、洼地、水渠来滞留、净化和排除雨水	减少工程排水管渠的应用；减少径流污染，控制峰流量	发达城市
保护河流、水体滨岸缓冲带	构建生态堤岸	防止河道冲蚀；保护水体水质和生物多样性	发达城市，城市道路
减小不透水面积	减小城市道路、停车场等不透水面积	增加雨水的渗透量和蒸发量	发达城市
减少直接相连的不透水面积	如建筑物雨落管下的绿地、城市道路、停车场旁的植被浅沟、缓冲带、雨水花园等，使不透水区域分散化；减少道路边石、边沟、管道的使用	增加渗透量；控制径流污染；削减峰流量	发达城市，城市道路

表 1-4-7　低影响开发和传统雨水管理模式的区别

项目	传统雨水管理模式	低影响开发 LID
目标	解决内涝	维持水文效应
方式	区域终端大型措施	源头微型措施
雨水处理方式	快速排水	排蓄结合
径流量	增加了雨洪径流量	维持开发前状态
汇流时间	缩短了汇流时间	维持开发前状态
峰值流量	增加了峰值流量	维持开发前状态
净化水质	只有小降雨可以	所有降雨都可以
地下水补充	减少了地下水补充	维持开发前状态
受纳水体	河道侵蚀、基流降低	维持开发前生态
与景观结合	无	高度结合
资源利用	无	高
运行维护成本	高	低

LID 策略的主要应用途径包括 5 个步骤：①场地的 LID 规划，进行场地土地利用状况、场地开发边界和生态敏感区的确定，规划降低不透水面积、拆分不透水区域和增加汇水路径的方案；②场地的 LID 水文分析，从径流总量、径流峰值、流速和持续时间及水质等 4 方面进行控制考虑，在 LID 策略应用的不同阶段利用雨水评价模型，进行 LID 应用缓解场地开发前后水文变化的评估；③LID 的集成技术措施应用，对比各项技术措施的适用条件，选择和设计应用的技术措施；④LID 的侵蚀和沉积控制，进行土壤侵蚀和沉积物控制；⑤LID 的公共扩展项目，集成技术措施的维护及 LID 策略的教育培训。针对城市非点源的控制，LID 主要是通过截流、渗透、过滤等措施对雨水进行源控制，其主要目标包括：减少径流量、削减洪峰、补充地下水、减少土地侵蚀、截流污染物等，进而达到保护河流水质的目的。一般而言，LID 包含了以下设计原则：①尽量维持原有水文条件；②减少建设项目的不透水铺装；③充分利用入渗，延长径流时间，减轻开发建设项目对自然状态的冲击。LID-BMP 主要有 7 个措施：可渗透铺装（permeable pavement）、雨水花园（rain gardens）、绿色屋顶（green roofs）、行道树（street planters）、集雨桶（rain barrels）、渗透沟（infiltration trenches）、植草沟（vegetative swales）。

20 世纪 80 年代起美国逐渐制定了相关法律、法规和政策全面推动 BMP 的实施，20 世纪 90 年代 BMP 已经被全面应用于美国的城市非点源污染控制体系。20 世纪 90 年代后期，鉴于城市发展空间的限制，美国提出了基于小尺度 LID 的城市非点源污染控制体系。美国环保署将 LID 定义为“特定条件下用作控制雨水径流量和改善雨水径流水质的技术、措施或工程设施的最有效方式。美国政府制定了大量的法律、法规和政策来促进和要求 LID 的实施，各州、郡也积极立法对雨水的污染负荷及流量、流速等做出相关的规定：如俄勒冈州要求最大限度地设计渗透设施，华盛顿州要求最大限度地实施 BMP 技术来控制峰流量，芝加哥和伊利诺伊州要求不透水性路面要减少 15%，费城和宾夕法尼亚州要求设计重现期至少为 1 年。目前暴雨引发的非点源污染已被美国环保署列入了 NPDES，该系统要求建筑工地、工业设施和市政设施在向当地的环保主管部门申请排污许可证过程中均需提交暴雨管理规划，明确 BMP 或 LID 的实施工程。

美国研究和应用 LID-BMP 措施持续至今并取得较多研究成果。美国的经验表明暴雨引起的非点源污染控制难点在于雨污合流制所产生的地表溢流(combined sewer overflow，CSO)。纽约、华盛顿、芝加哥、旧金山和哥伦比亚特区等大城市均在制定基于 LID 控制技术的绿色市政工程规划，并指导本地城市建设。美国各州各县市政府均认为 LID-BMP 技术是可持续发展的核心技术，并产生了很大的国际影响力。例如美国 17 个 LID 研究结果显示：LID 实践不仅能减少工程费用，还能提高环境效益，这些大部分 LID 工程不仅从经济上，而且从环境上都对社区有益处，尽管只有极少数 LID 费用高于传统暴雨径流工程费用，但大部分 LID 工程可节约 15%～80%的总费用。以美国一个公园为研究对象，基于 SWMM 模型，对存在的 BMP 滞留池和渗透壕沟的水文模型，采用流量历时曲线、超洪峰频率曲线、径流系数对 LID 和 BMP 实践进行评估，发现 LID 和 BMP 实践能显著控制小降雨事件和减少洪水控制事件 。

目前已经实施的 LID 项目中，较为经典的单体工程包括波特兰会展中心雨水花园、西雅图某社区街道改造、波特兰市 Siskiyou 雨水花园和多级生态蓄水池等；社区 LID 设计中较为经典的有华盛顿和西雅图市自然排水系统、High Point 小区改造工程等 。

新西兰也不断完善对城市雨水水质水量的控制管理措施。如奥克兰地区 1983 年发布的研究成果已涉及河流的生态、资源合理利用、河滨带的管理、景观设计和相关法律。20 世纪 80 年代后期更详细地研究城市活动对雨水径流水质的影响及相应的控制措施，指出该地区径流中主要为 SS、COD、N、P、金属物、杀虫剂等污染物。1992 年完成雨水处理装置(storm treatment devices)设计指南。2000 年又出版了控制雨水径流污染的技术手册，也强调分散式现场选择性技术措施，如湿地、自然水道、河岸缓冲带、土壤渗透、天然植被带的利用等，为雨水径流污染控制提供更完善的参考依据。在最近的《奥克兰市低影响设计手册》的完善工作中，博发·米斯克公司与 MWH 公司一起对低影响设计中可能遇到的实际及潜在问题进行分析研究，以便于更好地推广 LID，与此同时，他们还借鉴了世界各地的规划法则、经济诱因、领导能力、技术能力以及对 LID 工程承包方的专业能力要求，从而制订了一系列设计解决方法。除了为 LID 制定相应的设计手册以外，奥克兰市政府也同时对整个雨水管理系统进行了更新，以便于应用国际衡量规格实施现场检测系统及跟踪研究，其中部分决策与 LID 的设计理念不谋而合，促使了对低影响设计的进一步实施：将累计的雨流量与土壤的影响因素考虑到雨水建模中、采集所有支流最大降雨量时的数据、模拟预测所有场地开发前的水文状况、记录雨水径流的水温、恢复天然雨水地表渗透确保河流的日常流水量、对水环境敏感的场地采取相对更高的设计标准、对洪泛区及河流缓冲区进行额外的保护、尽量避免人工雨水管道并恢复天然河道。博发·米斯克公司在新西兰运用 LID 的项目实践主要包括碧沙湾公园、长湾、梅西公园、飞马镇新城等。澳大利亚墨尔本的暴雨径流管理结合本地实情，对暴雨可持续利用提出了一些工作和规则制度。

暴雨径流水质监测的工作量一直都较大，需要花费较多时间和财力。通过对城市暴雨径流水质一系列污染物物理化学参数(代表关键的营养物、固体和有机物质)的测试，发现

TDS 和 DOC、TS 和 TOC、TTU、EC、TTU 和 EC，可分别作为评价 DTN，TP，TSS，TDS 和 TS 的代表参数；DTN-TDS，DTN-DOC，TP-TS 展示出好的可移植性潜力，可在一定程度上减少工作量。一种新双向雨水花园对暴雨径流管理和污染物有较高污染物去除率，其中硝酸盐达 91%，磷酸盐达 99%，莠去津达 90%，麦草畏达 92%，草甘磷达 99%，二氯苯氧乙酸达 90%。

城市暴雨径流前期处理十分重要，也受到越来越多的关注，特别是初期效应径流的截流等处理。具有初期效应的径流污染应受到重视，而对初期效应的定义也非常多，很多人对初期效应的定义进行了说明或重新说明。预沉淀池可作为 BMP 技术的组件，相关性回归模型分析结果发现，预沉淀池存储容积率（存储的径流体积与预沉淀池容积之比）是一个重要的设计参数，当有高 TSS 负荷和径流率，以及高的降雨强度时，应当把径流的前处理纳入 BMP 技术中。意大利北部城市排水系统中暴雨滞留池的处理效果表明，满意的处理效果指标包括相当低流量调节［每公顷不透水面积流量为 0.5～1.0L/s］和每公顷不透水面积滞留池体积 35～50m^3，这对大规模城市区域实施环境保护措施是十分关键的内容。

近年来，绿色水渠覆盖（green channel cover，GCC）的研究也出现了。利用 SWMM 5.0 发现 GCC 在一个城市集水区内是一个很好的修复：在 GCC 占据仅 0.07%集水区的高度城市化热带集水区，其水渠峰值径流深度最多能减少 14%；在峰值流期间，假定的 GCC 也能最多维持 36mm 暴雨径流，其导致峰值流量减少，特别是在高强度降雨事件（降雨量大于 25mm/h）；敏感性分析结果显示土壤水力传导和土壤深度、GCC 贮存层不影响峰值流量的减少，这与集水区不透水百分率的影响一样；一部分允许太阳光和降雨直接进入水渠的 GCC，也被成功地测试出对减少水渠峰值流量是有效的。

一些学者和技术员开发和利用了一些处理暴雨径流的新技术或新装备。如 Hettler 等（2011）开发了一种基于淘洗的设备用于测定城市暴雨径流中颗粒物的沉降速度，利于径流的沉淀处理过程中颗粒物沉降速度的测定，并利于沉淀池的设计和开发，还有利于开发暴雨径流中颗粒物沉降速度的标准协议。从实验室尺度，利用正渗透技术处理了沿海城市地表径流，以提高水质，发现正渗透技术能够被整合到海岸区域的城市径流管理、海水脱盐、海水发电，达到水-能的可持续发展。

对城市地表径流中的重金属的控制是非点源污染控制的难点和热点。Ki 等（2011）利用“自组织图（self-organizing map，SOM）”的高级评价和暴雨径流监测设计程序分析了暴雨径流中金属浓度踪迹的特征：SOM 与不同监测地点和降雨事件的金属浓度踪迹具有显著变化，对上游位置溪流水质的影响比下游更大；34%～64%的样品用于暴雨水质的监测程序，可有效地评估暴雨径流污染物负荷；在检查一系列大量存在数据集情况下，同时考虑效率和有效性时，此方法可以达到最小的监测费用。澳大利亚黄金海岸带的大气沉降对暴雨水流中重金属有一定的贡献：Pb、Cd、Ni、Cu、Zn 具有最高的大气沉降率，干天气锌的沉降与较大尺寸（>10μm）颗粒相关，然而 Pb、Cd、Ni 和 Cu 与更小尺寸（<10μm）颗粒相关；汽车尾气排放颗粒与空白沉降有直接关系，以致干天气沉降颗粒主要来自交通工具。对重金属的分类处理对暴雨径流处理系统具有重要作用，如在韩国一个高校校园，径流中重金属负荷不管是溶解态阶段或颗粒携带阶段都受到流率、TSS 负荷以及高

强度暴雨的明显影响，但不管是流率还是 TSS，重金属元素的显著特征仍然没有改变；通过径流处理系统后，重金属颗粒携带重金属显著减少，溶解态重金属与颗粒携带重金属之间没有明显的相关性存在；因此，推荐要在暴雨早期的径流初期（初期效应标准）进行径流的体积分割，而不是在直到水位图峰值时期进行，且进行过滤介质对溶解态重金属吸附能力的研究，以确定设计周期、操作条件和维护条件。利用 4 种潜在的可渗透无机过滤材料（方解石、沸石、沙和铁废屑）对 6 种重金属污染物（Cd、Cu、Pb、Ni、Cr、Zn）进行去除，发现没有一种材料能够去除所有重金属，因此应该研究联合过滤介质去模拟多种重金属的去除。联合利用活性炭和活性褐煤可同时去除道路径流中有机和无机污染物，这种联合利用 F300 和 HOK 提供了一种去除道路径流中有机污染和无机污染的方法。透水水泥对溶解态锌和铜的吸收能力是一个可行的概念，但需在不同道路和道路系统中进行拓展。

利用生物过滤系统等过滤处理技术也受到了关注。利用生物过滤系统研究了新加坡 5 种不同过滤介质材料（盆栽土、堆肥、椰子壳纤维、污泥、一种商业混合物）对城市暴雨径流重金属（如铜、锌、隔、铅）的去除效率，对部分材料研究了重金属摄取和释放过程中总有机碳和溶解有机碳的变化过程，建议使用盆栽土并混合堆肥或污泥的材料对重金属去除，能取得很好效果并且可行，这些可循环的材料在新加坡普遍存在，提供了一种城市暴雨径流管理的可持续方法。

暴雨径流中氮磷营养元素一直受到关注，氮磷浓度、负荷等是主要的考虑因子。Collins 等（2010）分析了暴雨径流中氮的循环过程。Moore 等（2011）监测了美国加利福尼亚北部暴雨径流湿地系统的有机氮的输出：有机氮的中值为 0.78mg/L，有机氮从暴雨径流湿地输出是显著小于未处理而进入湿地的径流中含量，其 ON∶TN=0.75，明显高于未处理径流 ON∶TN=0.66，冬季的 ON 浓度显著更低；暴雨径流湿地能修复有机氮和无机氮之间的平衡，与自然湿地有相似的特征。

对径流中的石油类污染控制也开展了研究。利用立陶宛绵羊毛废物和芦苇作为填料可吸收地表径流中的石油类物质，绵羊毛废物和芦苇处理系统对石油类的去除率在 10m/h 过滤速度下相当高（98%～99%），但是绵羊毛废弃物很快就容易堵塞，而芦苇是一种自然石油类吸附剂，因此芦苇可以用于处理石油类污染的地表径流和从道路及隧道流出的污水。

生物处理技术（如人工湿地、生物浮岛等）已经被广泛用于暴雨径流处理，近年来浮岛处理湿地（floating treatment wetland，FTW）技术也用于处理地表径流，同时，也有人开始关注暴雨处理塘等对两栖动物生境的影响。大部分人工湿地系统广泛研究了处理效果和处理过程，并把人工湿地系统当成一个集中系统，并基本关注减少特殊污染物的 EMC 值或者总污染物负荷去除。美国已经修建了上千个湿地滞留塘用于处理暴雨径流的峰值流量和去除颗粒物。人工湿地可以对暴雨径流进行很好的截流，其回用水可达 36%的年均室内用水需要，提高湿地植物生存量，人工湿地出水回用可以减缓洪水淹没频率。发现前处理 FTW 和后处理 FTW 对氮磷去除有一定效果。利用 FTW 技术处理人工模拟径流中污染物发现：灯芯草每平方米利用了（28.5±3.4）g 氮和（1.69±0.2）g 磷，而美人蕉利用了（16.8±2.8）g 氮和（1.05±0.2）g 磷，处理后出流 TN 浓度为（0.14±0.04）mg/L，TP 浓度为（0.02±0.01）mg/L。利用 FTW 技术可以提高暴雨塘处理 SS、Cu 和 Zn 的处理效果，FTW 技术下水体中腐殖质含量更高、DO 降低和更加中性的 pH，使植物对吸收过程更具有潜力，入口溶解态锌的 EMC 已经符合澳大利亚和新西兰环境保护委员会水质规范。加拿大东部埃德蒙顿市的 75 个湿地(包括暴雨用湿地、自然山地和河谷)，其中 3/5 出现的两栖动物包括树蛙、树蟾雨蛙、西方虎皮蜥蜴，发现暴雨处理用湿地能提高城市两栖动物的生境和数量。利用来自两个不同公司的浮岛技术进行了氮磷实验：1～8 周阶段为灯芯草植物构建阶段，其 TN 和 TP 去除率较低，低于整个实验的平均去除率，两种浮岛湿地技术具有相似的 TN 和 TP 去除率，TP 去除率为(0.0074±0.00049)～(0.0076±0.00065) g/(m^2·d)，灯芯草茎叶部分比根茎具有更大的生物累积量。对华盛顿的一个城市暴雨池塘浮岛湿地处理发现，梭鱼草对 N 和 P 的去除效能高于水葱，推荐此二种植物的收获时间为九月或十月；对于梭鱼草收获时，当仅仅收获地上部分时，推荐在七月或八月收获其地上部分以便获得最大的营养去除，这是因为梭鱼草在秋天将大部分营养质量转移到地下贮存组织，导致地上组织秋天比夏天阶段具有更少的营养物质量。以澳大利亚某海岸的休闲娱乐湿地系统作为暴雨径流的处理池，发现该湿地系统能有效降解 PAHs 和一些重金属元素，但大肠杆菌和一些基本水质参数高于期望值，减少开阔水面面积和增加植物生物量可帮助提高污染物的滞留，但是与湿地娱乐活动管理相冲突。在法国南斯东北部的一个高速路暴雨径流塘中，利用 FTW 技术能有效地去除暴雨塘中的一些金属。

目前，已经开始关注人工湿地的前期径流水文及其每个部分的处理效果，以及它们的相互间关系。Mangangka 等(2015)利用一个入流塘进行径流水力调控后通过两个人工湿地子系统处理暴雨径流，发现受降雨特征影响：小于 15mm 降雨事件在径流初期表现出相当好的处理结果，而大于 15mm 降雨事件在径流初期效果较差，然后在降雨事件径流结束期间处理效果逐渐升高；不管是小降雨事件还是大降雨事件，为获得好的处理效果，增强进入人工湿地的入流处理使入流具有低的紊流特征对于人工湿地十分重要，建议在进入人工湿地之前控制和稳定径流的入流，这对于提高人工湿地处理效果是可行的。

对城市道路径流的污染控制一直是研究的热点。Drake 等(2014)检测了加拿大多伦多市的 3 个独立的过滤可渗透道路系统(permeable pavement，PP)和 1 个沥青道路在春夏秋 3 个季节的水质：PP 系统中污染物浓度在道路建好初期的几个月内是最大的，然后快速降低，PP 系统对地表径流中的石油类碳氢化合物、TSS、金属(铜、铁、锰、锌)和营养物(TN、TP)的去除有较好的效果，不仅可以减少 EMC，而且可以减少总污染负荷，但是，钠和氯的浓度却增加了，但其 EMC 仍然低于推荐的饮用水水质浓度，主要是因为冬天道路融雪会消耗盐类，到春天和夏季早期导致径流出水中的氯和钠浓度增加。Gill 等监测了爱尔兰的一个运行长达 6 年的用于处理道路径流的人工湿地中的重金属累积情况：6 年来重金属的平均去除效率分别为 7%(Cd)、60%(Cu)、20%(Pb)和 73%(Zn)，远远低于仅仅监测人工湿地入口和出口的重金属去除率［分别为 95%(Cd)、88%(Cu)、86%(Pb)和 95%(Zn)］；人工湿地中沉淀物累积的重金属远远大于植物中的累积量，植物中的重金属累积几乎可以被忽略；铜、铅和锌的空间累积与人工湿地前沉积物具有很强的相关性，虽然人工湿地种植当初一半植物是芦苇、一半植物是宽叶香蒲，但是运行 6 年以后，芦苇几乎长遍了整个人工湿地。

城市暴雨径流的过滤处理与渗透处理控制过程中，容易产生堵塞现象，这被认为是暴雨过滤处理系统中最主要的缺陷。Kandra 等(2014)评价了 5 种颗粒过滤介质(沸石、铁渣、河沙及聚合玻璃微珠)处理暴雨径流中的堵塞现象：发现过滤介质的形状和光滑度对堵塞和沉淀物去除率效果是有限的，所有介质除了铁渣外，在相同暴雨径流处理后均发生堵塞现象；相反，通过的径流流率显著影响堵塞和沉积物去除率；对于沸石系统，以最小过滤流速通过 30m 的径流深度时发生堵塞，而无严格尺寸限制的沸石柱用最低流率 200 倍的流率通过 10m 径流深度时发生堵塞，同时，在沸石最低过滤流速条件下，达到 88%的处理效率，这超过了无严格尺寸限制的沸石柱 59%的设计效率；下一步工作是设计过滤床，并应用于暴雨径流过滤处理中。Price 等(2013)开展了 3 年的关于美国加利福尼亚州西部的沿海暴雨径流过滤系统处理效果的研究：97%的径流被沙丘过滤系统捕获，径流中 70%的样品的肠球菌超出国家单个样品最大浓度，几何平均值不小于 278 MPN①/100 mL，过滤系统地下水肠球菌样品(小于 11%的)超出国家单个样品最大浓度，几何平均值不大于 7 MPN/100 mL。

城市暴雨径流具有回用的潜力，暴雨径流回用和资源化已经成为国外研究的重点，包括如何评估径流回用潜力、去除径流中有害物质等。将现有的分析模型修改后可得到一个更经济更有效的雨水收获模型，主要利用集水区账户、储存池、过滤设施计算降雨-径流减少量，这些计算主要依据于水平衡方程、累积分布率、概率密度、平均降雨-径流功能，此衍生模型对设计雨水储存池和评估径流减少量是很有用的。通过利用美国 US-NRCS 方法，并利用雨水收获技术(rainwater harvesting，RWH)，使苏丹首府 Khartoum 市商业区和商务区 18%～80%的屋顶的径流都能被利用，并开发了 6 个潜在地点应用 RWH 技术，其 RWH 技术覆盖了集水区和潜在的屋顶的面积为 39558m^2，每个单元面积为 0.033m^3；结果反映了 RWH 技术在城市暴雨径流管理系统和水资源有效回用中是十分有潜力的，RWH 提供了用源水解决干旱现象的方案。利用改性后的具有反细菌试剂的过滤介质，可提高目前生物过滤器对有害微生物的去除效率，通过 5 个月暴雨径流的暴露实验，有 15 种反细菌介质被检测，仅仅用铜化合物改性的介质表现出稳健的反细菌效果，这对暴雨径流回用具有重要意义。与目前澳大利亚雨水使用和回用的导则相比较，对选择垫层集中的雨水池通常能达到灌溉绿色空间的回用要求，有利于城市绿色空间的可持续灌溉管理。

生物滞留技术在近年来受到广泛关注，已成为美国绿色建筑评估体系(leadership in energy and environmental design，LEED)标准之一，这也成为其大规模推广应用的驱动力。绿色屋顶能有效减少城市径流量，即便是十分简单的绿色屋顶。大约 36cm 厚屋顶，在合适的气候条件下，可降低约 50%的年径流量。生物滞留技术具有显著的本土化特点，需根据使用者当地的降雨径流特征、土壤和植物特点进行规划设计和应用。经过 18 个月的运行监测，由活性炭、复合材料、蛭石、天然沸石组成的过滤介质构成的暴雨径流过滤系统的出水中，TSS、Cu、Zn 平均去除率分别为 85%、75%、73%，同时，18 种美国环保署颁布的 PAHs、其他个别 PAHs、矿物油、氨氮和 TOC 的去除率分别为 83%、70%～98%、93%、71%、52%。发现降雨前期干天气对暴雨径流的生物滞留河谷处理效果起到了重要的作用，生物滞留河谷有硝化现象出现，污染物流失影响生物滞留处理效果，减

① MPN：最大可能数(most probable number)。

少了营养盐的去除率，对于高强度降雨事件其去除率更低。由于研究积累不足和缺乏实际运行效果资料，目前很多国家和地区还没有专门用于生物滞留技术的设计标准和手册，相关设计手册也未针对本地情况进行修改或及时更新，这都将影响生物滞留设施的设计水平及运行效果。

减少暴雨径流的毒性也开始受到关注。据 Chittim 报道，最新研究发现最好的暴雨径流处理系统可能是最便宜的，一个简单的土壤、沙和树皮的混合处理系统(图 1-4-5)能很好减少高速路暴雨径流的毒性：从美国西雅图大桥的暴雨径流被检出高水平的毒性物质，当把这些带毒性的径流暴露给鱼类时，发现其对鱼类是致命或接近致命的，同样地，当用土壤、沙和树皮处理系统过滤处理后的径流，对鱼类没有致命或接近致命的效果；令科学家吃惊的是这些材料竟然有如此的效能，因为这些材料来自普通的雨水花园和暴雨径流排水设施；下一步测试将进一步确定这些材料更换的频率，或者利用自然植物帮助去稀释毒性负荷。

图 1-4-5 用土壤、沙和树皮过滤处理高速路暴雨径流的处理系统

暴雨径流处理系统的生命周期评价(life cycle assessment，LCA)模型研究也成为热点。O' Sullivan 等开展了三种类型的暴雨径流处理系统的 LCA 模型评估：三种类型的暴雨径流处理系统见图 1-4-6，处理能力均为 35m^3，从每个系统的生命周期评价(图 1-4-7)定量化出 18 个环境中点和 3 个终点，较小的毒性影响(同等质量的 1,4-丁二烯)、颗粒物形态(同等质量的 PM_{10})和化石燃料消耗(同等质量石油燃料)将较小地支配净环境影响的气候改变(同等质量的 CO_2)；混凝土单元对环境的影响最高，其中混凝土的维护对环境的影响占 45%，而沙滤和雨水花园的空材料对环境的影响占 55%；就地过滤的雨水花园，作为绿色基础设施的组成部分，拥有最低的环境影响，因为它们具有最低的维护和无任何水泥；加强使用更少资源减少环境影响的原则，使得承担相同暴雨处理水平的更小尺寸的雨水花园具有最低的影响；对于实践者，LCA 模型是对暴雨处理的可持续性解决方法的环境友好指导工具。暴雨径流系统的碳排放和碳足迹也开始受到关注了。对于澳大利亚某校园的

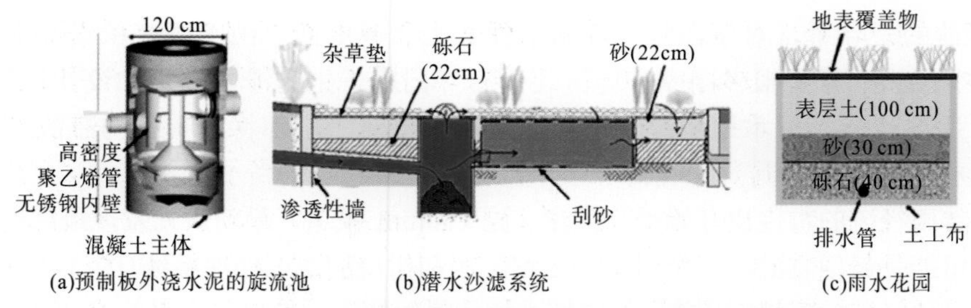

(a)预制板外浇水泥的旋流池 (b)潜水沙滤系统 (c)雨水花园

图 1-4-6 处理 $35m^3$ 暴雨径流的三种处理系统

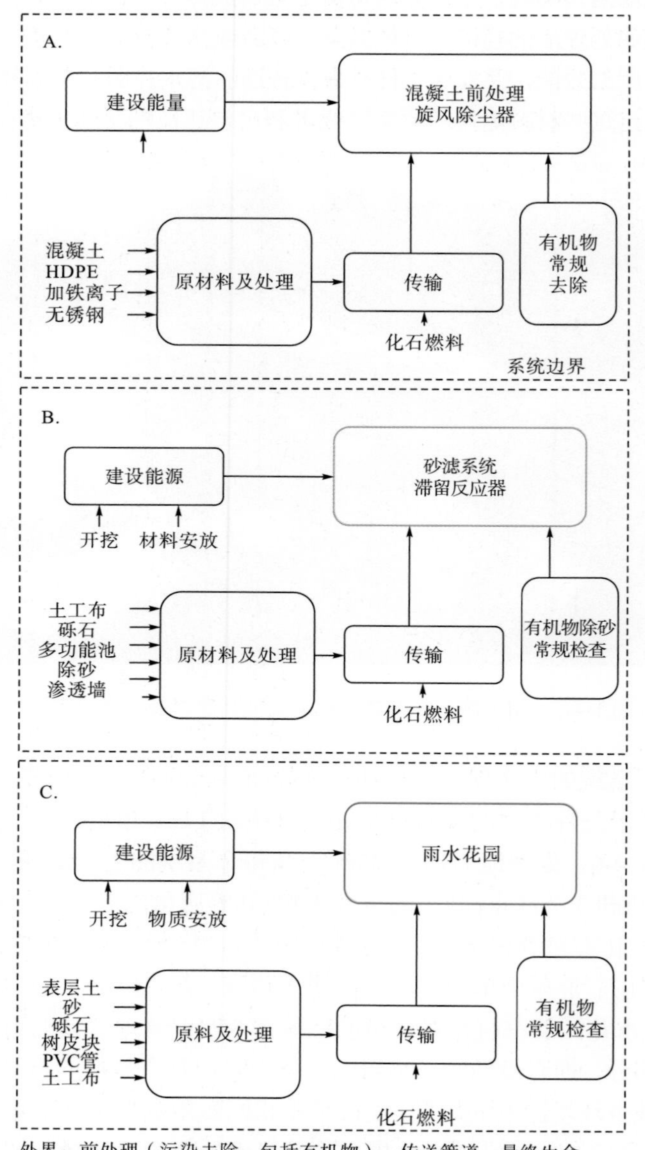

外界：前处理（污染去除，包括有机物），传送管道，最终生命假设场景

图 1-4-7 三种暴雨径流处理系统的生命周期评价框架及系统边界

A—预制板外浇水泥的旋流池；B—潜水砂滤系统；C—雨水花园

暴雨径流生物过滤处理系统，生物过滤土壤是一个小 N_2O 排放源和一个甲烷汇，其排放通量与城市其他土壤排放数量级相似，但排放峰值更大；饱和区域单元的甲烷汇比其他单元更低，但生物过滤单元甲烷排放表现成偶然的更大排放量，这种偶然现象是城市其他系统没有的，而二氧化碳排放通量随土壤温度的增加而增加，当不饱和区土壤湿度增加时二氧化碳排放通量减少。因此，暴雨处理系统温室气体排放足迹应该允许被考虑在绿色基础设施工程的规划和实施中。对于暴雨径流控制措施，包括生物滞留池、塘、人工湿地等的碳足迹，通过比较建设和维护，发现仅仅暴雨湿地和植草沟能贮存更多的碳。

滨海城市由于地处海洋沿岸，其径流处理较内陆更具有特殊性，很多径流是直接流入海洋的，其地表径流处理具有明显的地域性特征。对降雨丰沛的滨海城市，由于其暴雨强度大等特征，地表径流量大而无法大量处理，大部分直接排入河口或海洋，也有一些通过流入沿岸的红树林或国家公园中进行降解处理。例如，城市地表径流对美国 Cape Hatteras 国家海岸公园的影响包括：一条大的潮汐水渠包含着径流带来的粪便污染物直接排入海滩水体，除了控制点外，所有采样点的氨氮、磷和粪便类细菌的浓度非常高，具有强的季节性并与社区用水显著相关；该区域增加了粪便沉淀池数量导致了该区域水道中污染物浓度增加，从粪便沉淀池流出的营养物质导致该区域生态问题，如藻类爆发、BOD 和缺氧，且粪便类微生物产生了人类健康风险的潜在问题；粪便池在沿海敏感地区大范围使用，这些地区由于地下水位高和沙地，可供选择的粪便标准处理系统应该考虑保护人类健康和环境。

1.4.4.2　国内研究进展

国外发达国家自 20 世纪 60 年代开始研究降雨径流污染问题，迄今为止，在降雨径流污染源的控制和管理方面取得了许多经验，这对我国的降雨径流污染的控制有一定的参考和借鉴作用。20 世纪 80 年代以来，我国逐渐认识到降雨径流污染问题的重要性，相继开展了城市和农村的降雨径流污染研究，并取得了一定进展。但我国开展研究的时间不长，考虑城市非点源污染的现代雨水综合管理系统起步较晚，许多降雨径流污染的理论和方法还需进一步完善。近十几年来，随着城市水资源、水环境等问题日益严重，关于城市雨水水量、水质联合管理的研究在少数大城市，如北京、上海、深圳等已陆续展开。1998 年国内首次在珠海开展了针对雨水利用和污染控制的相关技术研究，2003 年开始国家水专项城市面源污染控制研究(其中，LID 技术是其中的核心部分)，2005 年针对城市建筑和社区雨水的系统性研究也逐步展开，目前，针对雨水花园、植被过滤带、人工湿地等多种源头或集中雨水控制和处理设施成为研究的热点，尤其是近年来的海绵城市建设加速了我国地表径流污染的防控力度。鉴于我国降雨径流污染的严重性，今后应重点加强降雨径流污染的理论及控制技术研究，了解降雨径流污染物的迁移转化规律，结合我国实际，提出切实可行、经济实用的控制管理技术、方法。

从国内外的研究情况来看，城市非点源污染控制往往涉及城市规划、市政工程、景观设计等多学科，是一个庞大的系统工程。从城市规划现有理念出发分析，目前涉及城市非点源污染控制的主要是绿色建筑理念和绿色基础设施建设体系(green infrastructure，GI)。现行的绿色建筑和绿色基础设施评估标准中，雨水的综合控制利用评价是重中之重，具体涉及建筑优化选址、建筑节水节能、建筑材料等方面内容。

降雨是城市非点源污染的直接驱动力，对降雨形成的径流和城市下垫面的相互关系进行系统深入研究是城市非点源污染控制的核心和关键。我国幅员辽阔，自然生态条件差而多变，污染源多而复杂，加上城市雨水径流污染的随机性、广泛性、模糊性、研究控制难度大等特点，以及该领域研究的整体滞后，对城市水系雨水径流管理和污染控制还有很多工作要做。近年来，已有的研究和实践工作仍主要局限于社区小规模应用，在应用过程中也仅关注雨水的收集和利用，而没有结合区域的整体水文特征充分关注整个雨水系统中各个要素的相关作用。

我国对城市地表径流污染的控制也逐渐重视和加强，进行了有益的探索和研究，主要从以下多个方面进行概述。

(1) 在我国，已经开始研究地表径流对水环境的影响。已经提出了雨水径流所携带污染负荷对水体的影响以及雨水设施处理效果的量化评价方法。已经建立了城市径流污染负荷总量模拟的理论和技术方法体系，并提出了适合于我国实际情况的生态化单元处理技术和模式。

(2) 径流系数的测定对控制径流污染是一个较为重要的参数。运用 LM-BP 算法的神经网络模型，采用 B 型/S 型模型结构，针对不同降雨条件下每种下垫面的径流系数进行了数学模拟，并与其他方法的模拟结果进行了比较，结果表明该模型预测结果准确性较高。以某办公楼为例采用该模型进行了产流量预测并验证了该模型的实用性。

(3) 通过实验模拟和现场测试等手段，调查了对不同土地和下垫面类型、城市绿地等对地表径流污染的削减作用，并关注暴雨径流的初期效应。城市绿地系统对地表径流污染物的削减作用是很明显的：对有机物，氮磷等污染物的平均去除率可达 30%～50%；降雨量不同对污染物去除率的影响较大，大雨时，绿地对各项污染物的削减效果略低于中雨；存在初始冲刷，在同一场降雨中，初期雨水径流污染物浓度比后期的高，降雨初期绿地对污染物的去除效果比后期高。通过城市绿地和降雨系统模拟装置，发现历时 60min，重现期为 1a、3a、5a 时，绿地系统可以削减雨水径流量：降雨后微生物开始降解吸附于土壤颗粒表面和植物根系上的污染物，降雨后 5～8d，土壤中微生物数量达到最大值，14～17d 微生物完成对吸附有机物等的降解，数量恢复到降雨前水平，随着降雨时间的延长，削减率逐渐降低。基于北京某集水区地表径流中 COD、TSS 和 TP 的变化规律和初期效应，利用 SWMM 模型进行模拟，发现初期效应处理的径流体积占 20%，这为径流回用量化打下了基础。重庆市 6 种典型土地使用类型产生的地表径流被监测和评估：城市交通道路径流中的 TSS、COD 的 EMC 浓度高于居住区、商业区、水泥污泥和瓦片屋顶，以及校区集水区；交通道路和商业区总磷、氨氮浓度是地表水标准的 2.35～5 倍和 3 倍；铁、铅、镉的 EMC 值也非常高，已经超过Ⅲ类地表水标准；TSS、COD 和 TP 的主要污染源是交通道路；降雨持续时间与瓦片屋顶 TSS 和交通道路 TP 的 EMC、PLPC (pollution load producing coefficients) 相关联，而降雨强度与混凝土屋顶及校园集水区中 TP 的 EMC、PLPC 相关联。

(4) 对城市地表径流污染控制采用土地渗滤系统、人工湿地、多层渗滤介质系统技术、生态护坡系统等技术。表面流人工湿地系统能截流径流中 18%的氮和 62%的磷，氮的净化以去除溶解态氮为主，磷则以去除悬浮态磷为主；延长水力停留时间，可以显著提高湿地对氮、磷的去除率；芦苇收割前，表面流湿地对TN、TP的去除效果好于收割后的。5种土著草皮缓冲带净化结果表明：草皮缓冲带对径流污染物质的净化效果明显高于空白对照组，百慕大实验带SS平均截流率最高，达到74%；白花三叶草TN、TP去除率最高，分别为28%和25%；黑麦草受高温的影响，污染物净化效果最差；草皮生物量的增加明显提高了缓冲带对径流污染物的去除效果，生物量与径流SS去除率呈显著线性相关关系。人工湿地系统能够承受短期的高强度冲击负荷，在设计调蓄池时，其调蓄容积宜大于或等于所汇集的初期雨水水量，以便最大程度地消除溢流对环境的影响和初始冲刷对构筑物造成的冲击。已经提出了集防护效果、景观效果、生态效果和净水效果于一体的陡坡净水箱护岸结构，其运行维护成本低，在我国城市有较大的推广价值。人口稠密的苏州古城区降雨径流污染是相当严重的，尤其是前10min的初始径流污染可达90%左右，利用土地渗滤系统和生态护坡系统削减降雨径流污染，均具有良好的效果，建议特别是新城建设时应考虑少做或不做石驳岸，尽量采用土地渗滤系统和生态护坡系统或两者兼而用之。通过合理设计和施工，以及良好的运行维护，植草沟在城市非点源污染控制方面有重要作用，它可以高效地收集和处理径流雨水，可以代替传统的雨水管道，并具有显著的景观生态效应。

植被过滤带能有效滞缓暴雨径流、沉降泥沙，从而控制非点源污染，已经作为重要的BMP得到应用。从景观格局与污染过程相互作用的角度出发，采用冗余分析(redundancy analysis，RDA)与SWAT模型技术，识别不同尺度下影响地表水质的关键景观类型与格局，揭示不同尺度污染物运移的相互作用机制，建立污染物运移的尺度转化关系，为有效控制非点源污染提供理论依据和技术指导，对进一步控制地表水的富营养化、促进水源地保护和流域健康，具有十分重要的科学意义和广泛的应用价值。

(5)对城市径流污染控制量进行了研究。对中国城市径流污染控制量(water quality volume，WQV)研究表明：中国城市年降雨量越大，则径流污染控制的设计降雨量也越大；设计降雨量的雨量控制率均为81%～93%，按控制年内90%降雨事件统计计算结果，年降雨量大于1000mm、500～1000mm和小于500mm的城市的设计降雨量均值分别对应为36mm、30mm和19mm；按控制年内90%降雨事件给出不同城市的设计降雨量，没有考虑具体的水质状况，实际应用中可根据当地环境和径流水质条件、控制率要求和设施的投资分析等适当调整；雨水收集利用储存设施的规模应参考WQV值，WQV可以作为雨水储存设施的合理经济规模，设计降雨量也可以作为设计雨水收集利用设施规模的一个很好的参考值。

(6)应用旋流分离器和初期雨水调蓄池对径流污染进行控制。例如，为了改善镇江市水质环境，减少非点源污染，在排水管网中安置水力旋流器，可以较好地控制暴雨径流污染。旋流分离器具有结构简单、操作容易、处理量大、占地面积小、对于较细颗粒有较好的分离效率等优点，对于暴雨径流这种具有流量大、脉动性强、SS浓度高、含有大量固态氮磷污染物的污染源有很强的针对性。如果在雨水管路中设置水力旋流器，一定会对非点源污染控制作出一定的贡献。

(7)已经开始了地表径流污染控制与节能减排方面的研究。城市雨水径流污染在水环境污染排放总量中所占比例越来越大，以北京市为例，2006年8个城区生活污水处理率已达到90.0%，雨水径流COD排放量占废水COD排放总量的33.39%，足见城市径流污染已成为节能减排的重要方面，亟需全社会的广泛关注。

(8)在暴雨径流污染与控制中进行了低影响开发(LID)的研究。基于低影响开发的城市非点源污染控制技术体系见表 1-4-8。国内外越来越多的研究和工程实践表明，低影响开发城市雨水控制利用理念与技术是实现城市良性水循环的有效途径，低影响开发城市雨水管理模型是实现开发区域规划、设计、建设以及运行管理的重要工具。

表 1-4-8 基于低影响开发的城市非点源污染控制技术体系

项目	技术措施	特点
具体技术	大中型雨水塘或湿地	针对较大范围内的雨水径流集中调蓄、净化
	绿色屋面	减量、截污建筑屋面的雨水，具有多种环境效益
	雨水桶、罐	收集场地雨水进行直接利用
	初期弃流装置	对场地内各种源头汇水面的雨水径流截污、弃流
	下凹式绿地	属于生物滞留设施，以渗透功能为主
	雨水花园	有景观功能的生物滞留设施，具有渗透、净化等多种功能
	渗透铺装	对多种硬化汇水面径流进行源头减量、截污
社区层面	绿色街道、公路	用于社区街道和城市公路的设计与改造，是渗透铺装、下凹式绿地、植被浅沟等措施的组合
	小型雨水湿地	针对小区域的雨水集中净化的措施
	生态景观水体	在小区内应用的集中调蓄措施，具有良好的景观和环境效益
	滨水生态景观带	对硬化河道堤岸进行改造，具有截污、净化和景观等多种功能
流域层面	生态走廊、生态公园	在较大区域内，多种技术措施的综合应用，兼具景观、环境、生态、经济、社会等多种效益
	自然保护区大中型雨水塘或湿地	对较大范围内的雨水径流集中调蓄、净化等

运用生命周期评价(life cycle assessment，LCA)方法对暴雨径流进行了有益的探索。基于 eBalance 软件，运用生命周期评价方法，对雨水花园与渗透铺装+渗透管(井)系统等 LID 措施进行了建设施工、运行维护直至报废拆除全过程的生命周期评价，该生命周期评价模式不仅考虑了环境因素，而且考虑了技术和经济因素：①应用 LCA 方法评价 LID 措施产生的环境污染和生态影响的同时，须考虑设施的资源和能源消耗水平，将资源消耗、污染物质排放、全球气候变化等环境问题与设施应用阶段污染物质减排结合起来综合考虑；②从 LID 措施全过程生命周期环境影响来看，雨水花园比渗透铺装+渗透管(井)系统各项特征化指标的环境负荷低，原因主要在于雨水花园采用的建设材料更加环保，施工阶段能耗相对而言也较少；③LID 措施全过程生命周期成本—效益分析结果表明，单从经济成本的角度考虑，不同措施的费用排序为雨水花园>渗透铺装+渗透管(井)系统>传统雨水排水设施。结合措施应用期间的经济效益可以发现，雨水花园的成本投资回收期为 12.40～16.85a，渗透铺装+渗透管(井)系统的成本投资回收期为 9.10～10.46a。在 LID 设施生命周期内可获得环境效益、经济效益与社会效益的多重效益。

低影响开发技术对于改善我国城市开发管理现状，提高城市开发水平具有重要的理论意义和实践价值，SWMM 模型对于低影响开发效应的集成化、系统化分析具有重要的应用价值。运用 SWMM 模型模拟分析了典型城市化用地、天然土地、LID 3 种用地布局的径流系数、洪峰出现时间等指标的变化过程，添加 LID 措施的用地布局能有效消纳径流、削减洪峰，且对小强度降雨事件响应更强烈，发现集成化(HSQ3，雨水花园+透水铺装)调控措施效果最为明显，证明了集成化、系统化的 LID 布局措施较单项技术措施的雨洪调控效果更显著，为我国开展系统化、集成化、法规化的 LID 综合管理实践提供参考。基于 SWMM 模型，3 种 LID 布设场景均可有效减轻城市内涝灾害，其中渗透路面对城市内涝的缓解作用优于植被浅沟，但 LID 组合布设场景对城市内涝的缓解效果明显优于各 LID 措施单独布设场景。对暴雨频发、管网改造困难、内涝严重的旧城区，应积极采用 LID 措施，并因地制宜，根据实际的市政排水管网的运行能力及城区的防洪排涝标准来确定 LID 布设场景。利用暴雨径流管理模型对重庆市主城区北部某片区($43hm^2$)进行了 LID 的应用：当设计降雨重现期为 5～20a 时，35.07%的下凹式绿地对径流容量的削减率为 34%～42%，11.88%的渗透性铺装对径流容量的削减率为 23.00%～23.50%，对 TSS、COD、TN 的去除率分别为 23.00%～23.50%、20.17%～24.33%、25.20%～27.43%；28.91%的绿色屋顶对径流容量的削减率为 46.99%～47.40%，对 TSS、COD、TN 的去除率分别为 44.37%～47.93%、44.14%～47.19%、49.80%～51.48%；雨水排水系统的优化就是在约束条件下求系统总的费用函数的最小值。基于 SWMM 模型，采用控制变量法分别计算了不同大小的渗渠 LID 措施和相应透水率，发现渗渠 LID 措施的补偿效果随渗渠 LID 措施的增大而增大，且渗渠 LID 措施大小与透水率之间存在定量补偿关系，可确定其补偿效果，为渗渠 LID 的布设提供了依据，也为 LID 措施的进一步发展提供了一种新思路。以嘉兴市植物园南门停车场为例，建立了暴雨雨洪管理模型，模拟了停车场中低影响开发示范技术的水文水力效应，相比无 LID 措施，有 LID 技术存在时径流峰值降低为无 LID 示范技术时的 16.5%～73.4%，COD、TSS、TP、TN 的去除量分别增加 12.2%～30.2%、11.3%～22.0%、10.3%～21.1%和 10.2%～18.4%。

LID 与城市道路雨水系统衔接关系为：主要体现在城市道路绿化带形式与 LID 技术措施形式的选取的衔接关系，LID 措施内景观植物的功能性与美观性的衔接关系以及道路景观用地的竖向衔接关系；主要体现在城市道路雨水 LID 系统与道路行车、行人安全的衔接关系，与道路路基防渗防护的衔接关系，与分隔带树木种植空间的衔接关系；主要体现在如何将道路雨水 LID 系统规划建设融入城市道路规划建设当中。

LID-BMP 技术在我国也越来越受到重视。对苏州一个封闭的城市景观区域，根据景观规划、城市规划、景观生态、水文和环境，选择、替代和设计了 LID-BMP 设施，并用 SWMM 模型评价了不同暴雨场景下其水量和水质效益；现有管网系统仅仅是 2 年暴雨重现期的设计标准，但使用 LID-BMP 设施后，可以抵御 5 年暴雨重现期的洪水，甚至在 20 年暴雨重现期下洪水也不严重，这示范了一个整合城市规划、景观生态、环境科学和水文学的系统方法去应用 LID-BMP 技术。以广东省佛山市一个大学校园为案例研究对象，基于 LID-BMP 技术，利用 SUSTAIN 工具分析了 4 种场景方案，其中，LID-BMP 分析采用 NSGA-II 方法，有两种 LID-BMP 方案被推荐为当地开发商使用。

但是，目前 LID 还存在一些问题：①虽然很多研究表明了 LID 带来的积极效应，但也有研究表明了 LID 的一些不足，主要表现在场地的适应性、对地下水的污染、在气候寒冷时的表现以及材料选择和维护等；②受降雨影响较大，以目前国内外应用情况来看，LID 技术普遍在降雨量小、降雨强度低的情况下运行效果更好，且夏季运行效果也优于冬季运行效果；③LID 模型在使用范围、过程描述、模型的可靠性和准确性、预测污染物的种类、软件的简化和集成能力等方面还存在一定的局限性。

(9) 开展了暴雨径流的水质控制与回用的工作。例如对于河南省郑州市，开展了基于城市暴雨径流特征的雨水回用和暴雨污染控制工作：同一降雨事件的 COD 和 TSS 的污染负荷的顺序是工业区>商业区>居住区；同一区域内，道路径流中 COD 和 TSS 浓度高于屋顶径流中 COD 和 TSS 浓度；屋顶初期效益和道路初期效应均被观测到，因此，初期雨水应该单独处理以减少雨水利用费用和控制暴雨污染；居住区屋顶初期降雨量 2mm、商业区屋顶初期降雨量 5mm、工业区屋顶初期降雨量 10mm，以及居住道路初期降雨量 4mm、商业区和工业区所有道路降雨量，均应该在直接排放或利用前进行相应的选择和处理；依据 COD 与 TSS 相关性 (R^2 为 0.87～0.95) 和低的生物降解能力 ($BOD_5/COD < 0.3$)，一个沉淀过程和土壤及矿渣组成的有效过滤系统被设计用于处理初期雨水，其污染负荷去除率大于 90%，这对发展雨水利用和污染控制策略有参考价值。

(10) 开展了一些有关政策、经济、措施、策略、管理等方面的研究。城市排水系统建设是各级城市政府义不容辞的职责和责任，城市管理者要以发展的眼光看世界，转变城市发展思路和规划建设理念，充分认识到自身的差距和不足，明确目标、提前规划、未雨绸缪，因地制宜地通过多种途径和不同方式，系统解决城市排水问题，为民众提供便利、安全的城市生活环境。同时，通过改变重视末端处理技术来重视对水源水体的保护，加强对污染源的控制和整个生产过程的监控，应从过去个别的水污染监控系统，逐步建成整体的监控系统，形成全流域的水资源保护与水污染监控体系，确保城市水源免受污染。基于 LID 理念，构建了将雨水源头控制措施、雨水排水管网和雨水集中处理设施统一结合的可持续城市雨水系统。结合中国现阶段发展情况，改变传统的“以点带面”的推广方式，因地制宜地选择工程技术措施，将 LID 理念和技术多元化应用于旧城改造、新农村建设、流域水环境治理，应用数字化模拟技术增强 LID 模式具有科学性和可行性。

北京密云县太师屯镇的 BMP 是根据其非点源污染特点设计的，包括退耕还林、推广沼气池、植被保护带、平衡施肥技术等，并利用环境经济学方法进行了污染控制效果的经济效益评价，使污染控制方案既满足改善流域环境的目的，又具有经济上的可行性。结合武汉市城市公园的背景(类型、规模、分布、自然特征、利用方式、雨洪利用潜力)，分析和总结出了公园规划设计环节以及公园自身存在的雨水问题，从宏观到微观，从整体到个体提出了武汉市公园绿地雨洪管理网络构建方法与内容。通过对京津地区典型雨水利用项目的实效调研，对其雨水利用现状做出了分析和评价，并通过层次分析法和多目标决策分析模型，对天津市某住区的雨水利用方案进行了优选，结果表明技术方案 II——生态化雨水利用技术为优选技术，并提出了推广生态化雨水利用技术的政策法规建议，包括雨水排放许可制、雨水利用的经济激励政策、构建雨水利用平台及科研与教育培训等方面。

也对合流制改造及溢流污染控制技术与策略进行了探讨。结合国外典型成功案例及我国实际情况，从推广的方式方法、政策法规的支持和 LID 设施的运行维护这 3 个方面进行考虑，不同控制目标在技术路线、设计方法、衔接关系、运行方式以及各组成的规模尺寸等方面有明显差异。规划设计之初必须明确主要控制目标，处理好各组成部分之间的连接关系以及隧道系统和现有管道系统、地表设施、末端水体的衔接关系。在合流制区域广泛推广 LID，提高控制效率并减少下游设施规模，并加强对合流制管道系统的管理与维护，定期冲洗管道，从源头和管道中采取措施削减污染物，减少末端处理的压力。采取旋流分离、高效沉淀等措施，在溢流的整个过程中对 CSO 进行高效处理，而不是仅处理溢流初期部分。还可采取水质在线监测、实时控制等技术，有效捕捉、储存和处理污染物浓度较高时段的溢流污水。同时加大研究 CSO 冲刷规律及调蓄池布置、运行方式对控制效果的影响。

在有利条件下，应充分利用 LID-BMP 联合策略，加快城市雨洪治理的研究进程，加大应用力度，以便更好地为我国经济发展服务。在宏观层面根据景观生态安全格局理论，识别流域内绿色雨洪基础设施的空间位置，提出通过系统分析，构建雨洪生态安全格局的方法，选取株洲云龙生态示范区作为生态雨洪调蓄系统规划的案例，以北京奥林匹克公园为例分析绿色基础设施在雨洪管理中的应用实践。发现重庆市实施低影响开发的主要技术类型为生物滞留塘、渗透性铺装以及雨水调蓄设施等，并对其制约低影响开发技术实施的因素做了分析。对 15 项典型城市雨水低影响开发措施的环境效益、经济效益和建设维护成本进行了分析，比较了其对降雨径流量削减和对径流中 TSS、TN 和 TP 等污染物的去除能力及其建设安装成本，介绍了部分典型低影响开发建设成本的参数估算法，发现低影响开发措施的经济效益主要来自减少暴雨径流排放许可费的直接效益和控制雨洪、减少雨污排放管道和后续水质净化费用等间接效益。但是，目前国内尚缺乏低影响开发设施工程案例成本效益数据的积累，美国的相关案例和测算中，人工、材料等成本可能与国内有较大差距，尚需比较研究和验证。

LID 与各种规划的结合也越来越受到重视。总结了不透水面的规划控制的相关理论研究和实践进展，探讨了控制性详细规划编制过程中不透水面规划控制的必要性和可能的途径。结合低影响开发、生态网络、精明增长、生态补偿四大理论，提出了控制性详细规划中不透水面规划控制的目标、实施路径及主要内容，指出了控制规划中与不透水面规划控制密切相关的四个系统规划要素，即用地规划、交通系统规划、绿地系统规划、雨水工程规划，并从规划设计、指标设置、实施管理三个方面系统地制订了不透水面规划控制的策略体系。同时，以集约用地、不透水面的透水化改造和雨水生态化管理为控制路径，通过借鉴参考国外相关经验优化完善可透水面积率指标，筛选生态规划指标体系中的绿容率指标、每百平方米绿地面积乔木量指标，优化控规的容积率指标，补充设置公共服务设施可达性指标、水质、雨水流量控制指标，构建了不透水面的规划控制指标体系，并制订了具体计算和应用方法。在中国，生态社区的规划和建设逐渐受到重视。车伍等人对一个生态社区进行了整合暴雨管理主要规划和设计的研究：一部分 LID 和绿色暴雨基础设施(green stormwater infrastructure，GSI)被设计应用于一个社区去代替传统的暴雨排水系统，这些方法包括生物滞留系统(收集处理近 85%的年径流量)、植草沟(用于代替传统暴雨排水管)、水景观和暴雨湿地，最后一个暴雨系统主规划被整合进灰水系统、景观规划和建筑设计，并提出在整个建设期的相关建议；经过 10 年的规划、设计、建设和运行，北京市的东方太阳城已经成为中国最早的现代大规模尺度的 LID 社区，具有较高的效率，以及生态经济和生态效益。城市降雨径流控制 LID-BMP 规划方法可以为中国城市降雨径流控制提供支持，案例研究可为其他城市开发的 LID-BMP 规划和建设提供借鉴。贾海峰等人通过对国内外城市降雨径流 LID-BMP 研究和分析，提出了城市降雨径流控制 LID-BMP 规划方法体系；选择广东省环境保护职业技术学院佛山校区为研究区域，以 SUSTAIN 系统作为规划支持工具，在适用 LID-BMP 措施筛选的基础上，进行了 LID-BMP 措施的选址、布局研究；设计了开发前情景、开发基础情景、经济适用型 BMP 情景(情景 1)和功效最大化 BMP 情景(情景 2) 4 种不同的情景方案，进行降雨径流量(总径流量和峰值流量)和径流水质(SS、COD、TN、TP)的模拟，得到了情景 1 和情景 2 的径流量和水质的控制效益；以年径流量削减比作为优化目标，对情景 1 和情景 2 两种情景方案进行了优化，给出了最具成本-效益的规划情景方案。

从雨洪管理规划设计的措施和策略出发，结合当前应用较为广泛的 BMP 措施，梳理了相关的规划设计原则，总结了城市雨洪管理规划设计的流程框架，作为城市雨洪管理规划设计的指导依据，并选择台北市万华区柳乡里为研究对象，对其基础资料(包括地形地貌、水文、土地利用、排水管网、土壤、地下水位等)进行收集、归纳和分析整理，针对场地特征，进行了雨洪设施的选择、布局，对总结的框架进行检验，但在实践操作中场地的雨洪管理规划还需要反复的探讨和考量。

近年来，以社区为单位的城市暴雨径流研究也越来越多。基于流程的暴雨径流模型，开展了用不同尺寸的绿色基础设施对社区暴雨径流减少的影响进行研究，利用北京市一个典型社区的数据校正了该模型，发现不透水面积百分数和土壤水力传导属性是影响暴雨径流的关键参数，可利用的 4 个典型绿色基础设施为绿地拓展、下凹绿地、雨水贮存塘、透水砖块道路，绿色基础设施尺度大小需要在暴雨径流管理过程中进行优化控制，这对城市洪水管理也具有重要作用。

(11)我国部分雨水的存储和应用的相关标准、规范和手册也陆续出台。如《建筑与小区雨水利用工程技术规范》(GB 50400—2006)、《绿色建筑评价标准》(GB/T 50378—2006)、《中国生态住区技术评估手册》等。另外，深圳、北京也在制定相关的地方 LID 设计标准，这都将对我国城市的雨水利用和城市非点源污染控制起到积极作用。

(12)开展了一些城市降雨径流控制的实证、实践与工程示范。我国开展了多项城市雨水利用和污染控制示范工程。在工程实践方面，越来越多的城市开始应用 LID 技术于城市建设中。其中，既涵盖城市尺度层面上的雨水规划建设，例如北京昌平未来科技城、大连生态城、宁波东部新城、深圳光明新区等城市新建城区，也有大型居住区层面上的雨水收集规划，例如天津东丽湖万科生态住宅区、北京东方太阳城等城市新建住宅区，还有公共空间层面上的雨水回收利用设计，如北京奥林匹克公园、上海世博园、天津桥园、哈尔滨群里湿地公园等大型公园。更有单体绿色建筑层面上的雨水收集设计，例如深圳万科中心、卧龙中国保护大熊猫研究中心、上海虹桥机场等著名建筑。较为著名的工程包括北京奥林匹克公园、上海世博园、上海虹桥机场以及深圳光明区雨水综合利用示范项目等。黄霞等人开发出针对不同下垫面的雨水径流污染削减技术，建立了服务面积约 10000 m^2 的“道路雨水截流—渗滤系统”示范工程和 0.73km^2 的“绿地雨水径流处理系统”示范工程，对 SS、COD 以及 TP 的污染负荷削减率达 50%以上。新西兰博发·米斯克公司的 LID 实践经验涉及全方位的生态发展总规划、大规模的河流、湿地及湖泊生态恢复项目，其中一部分在中国具有代表性的项目包括：锦州世界园林艺术博览会、武汉市梧桐湖生态城、镇江生态公园、镇江市金山湖生态通道等。

(13)滨海城市(深圳市)研究进展。章茹针对深圳市茜坑水库集水区的水质问题，在总量控制的框架下实施了面源污染控制—最佳管理措施的示范工程：结合土壤流失方程(LISLE)估算水土流失量和现场水质监测，根据茜坑水库流域的具体管理要求和地形地貌，设计、施工、监测和评价了两处 BMP，分别是水库库区的串联式 BMP 系统(湿地+滞留槽+草沟)和水库管理处的 LID (植生槽和植生滞留槽)，并对所设计的 BMP 进行工程概算及成本效益核算；选取 8 场代表性暴雨进行了现场监测，采用平均浓度法评价 BMP 对污染物的去除效率，利用箱式图、进出水污染物正态分布图等统计方法对 BMP 的去除效率进行分析；建立植生滞留槽的初步模型并进行模拟。数据表明：①在一般的暴雨条件下(20～40mm)，滞留池-湿地系统对 TSS 的去除率可达到 70%～90%，对 BODS 的去除率在 20%～50%，对营养盐的去除率为 30%～70%；②植生槽和植生滞留槽对污染物去除效率相对比较高。TSS 的去除率为 70%～ 90%，BODS 的去除率为 60%～70%，营养盐的去除率为 40%～70%；③在较大的暴雨条件下，BMP 对污染物去除率均有下降。在现场测试研究的基础上，针对流域管理的实际情况，从非工程性 BMP 和工程性 BMP 两方面提出茜坑水库流域面源污染控制一系列的切实可行的措施和建议。针对集中住宅区、分散式居住地、库区裸露土地、果园及农业用地、小型工业用地等，非工程性 BMP 主要包括土地利用规划管理、污染源管理和农林用地管理等措施；工程性 BMP 主要提出了建造生物滞留池、滞留池-湿地系统、草沟、缓冲草带、香根草草带系统和侵蚀控制毯等控制措施。深圳茜坑水库流域面积较小，采用所提出的面源污染控制策略具有较强的可操作性，可根据需要逐步实施，为今后国内的面源污染研究和 BMP 的应用提供了参考。

罗鸿兵等以深圳市的福田河流域为研究对象，经过对 18 场典型降雨径流的测定，从污染过程线、径流初期效应识别和降雨事件平均浓度(EMC)等方面分析和讨论了城市河流入河径流排放口的总污染特征规律：排放口地表径流浓度随时间变化历程中，COD、SS、TN、TP 和 BOD_5 普遍超出地表Ⅴ类水标准十多倍以上，某典型降雨场次的重金属(铬、镉、铜、砷和汞) 污染较为严重，研究区排放口的浓度范围和平均值均高于重庆沙坪坝雨水口和加拿大 Silerwood 的雨水排放口，但低于武汉十里铺排放口；COD、SS、BOD_5 的初期效应尤为明显并且 COD 和 SS 冲刷强度较大，TN、TP 初期效应不明显；COD、SS、TN、TP 和 BOD_5 的 EMC 浓度平均值分别为 224114mg/L、571115mg/L、51223mg/L、2104mg/L、14315mg/L，在某种程度上，深圳市研究点的 COD 和 SS 的 EMC 值高于邻近的澳门、珠海，TN、TP 值高于北京、广州、上海等城市，与国外的一些研究结果相比较，EMC 值比韩国、美国及加拿大一些城市地表径流污染物浓度高得多，可见由排放口入河的径流总污染极其严重并需要治理。

Qin 等以深圳市石岩水库 6 个子流域为例，分析了快速城市化集水区对暴雨径流污染时空变化及与土地使用的关系：以 2007～2009 年的 4 场暴雨事件为例，IHACRES 和指数型污染物冲刷模拟模型用内插值法处理数据是不充分的，3 个指标［EPL(event pollutant loads per unit area，单位面积降雨事件平均污染物负荷）、EMC、FF_{50}（the first 50% of runoff volume）］被用于描述每个子流域在暴雨事件期间的不同污染物的径流污染，径流污染空间变化与土地使用模式采用 Sperman 相关性分析；小暴雨事件与居住区土地使用百分数强烈相关，在小暴雨事件中不同污染物的 EPL 或者 EMC 有相似的空间变化；大暴雨事件不仅与居住区土地使用、而且与农业用地和裸露土地使用相关，但是对于大暴雨事件，不同污染物的 EPL 或者 EMC 有不同的空间变化趋势；一些成对污染物（如 COD 和 BOD，NH_3-N 和 TN）可能已经有相似的来源，因为它们与空间关系呈强烈或中等正相关；初期冲刷强度（FF_{50}）随不透水土地面积变化而变化，不同子流域初期径流的截流率应该与该子流域相适应。

深圳市作为我国改革开放的最前沿城市，其快速的城市化进程致使城市生态环境等问题更加突出，如洪涝灾害频发、面源污染加剧、水资源短缺等。如何在新建城市的开发过程中有效避免上述问题已成为城市管理工作者面临的重要难题之一。深圳市光明新区在城市开发建设之初就积极探索既保障环境、生态需要，又满足城市发展需求的城市雨洪管理体系，因此引入了低影响开发理念，目前新区已编制完成了低影响开发雨洪利用详细规划，部分项目已完成了雨洪利用工程的初步设计及施工图设计，为创建低影响开发雨洪利用示范区迈出了重要一步，光明新区低影响开发雨洪利用的探索与实践，对国内其他城市具有借鉴和指导作用。2010 年国家住房和城乡建设部和深圳市签订了 LID 技术示范合约，深圳光明新区（150km^2）将作为中国第一个 LID 技术示范区。王雯雯以深圳市光明新区为研究区域，根据实地监测资料，建立暴雨雨水管理模型，模拟城市化前后和加入 LID 设施（铺设透水砖和下凹式绿地）等不同情境的水文过程，评估城市化对流域水文过程的影响、不同 LID 措施对雨洪控制的作用及与传统排水管网截流规模的差别：城市化后流域洪峰流量显著增大、洪峰时间提前、径流系数变大，铺设透水砖和采用下凹式绿地均可有效缓解雨水管网的排洪压力、削减洪峰流量、减小径流系数，二者组合实施可以更好地发挥控制流量的作用，增加雨洪资源的利用量。

王蓉采用 SWMM 模型模拟深圳市西乡河流域研究区的暴雨径流过程和非点源污染负荷，分析对比下垫面加入 LID 和 BMP 措施的控制效果：LID 作为一种离散型城市降雨径流控制装置，可以有效地减小研究区的径流系数、洪峰流量和非点源污染物负荷；BMP 工程性措施（不透水调蓄池）对研究区的洪峰流量和非点源污染物负荷也有较好的控制效果，但是对径流总量没有影响；在研究区联合使用这两种措施，可以更大程度地减小洪峰流量和非点源污染物负荷，同时减小径流系数。

1.4.4.3 我国地表径流污染控制与管理的发展趋势

（1）近年来，我国非点源污染矛盾有加重趋势，水污染控制的力度也在加大，城市径流污染开始引起越来越多的重视。如北京 1998 年就开始对城市雨水径流污染控制和雨水资源利用进行系统研究，不仅分析径流污染指标及变化范围，对污染物的冲刷输送规律、主要影响因素、污染物负荷和控制对策等都进行了研究。应加大力度对径流污染源、输送机制、污染总量及相适应的合理排水体系和控制管理对策等进行系统研究，并逐步建立与雨水径流控制配套的技术和法规体系。

(2) 将新型人工湿地——折流式人工湿地床与氧化塘组合用于雨水的处理应用上，通过试验证明其用于处理雨水时具有良好的处理效果且运行稳定。

(3) 目前已有学者尝试利用景观生态学理论对雨水污染物加以控制，提出了由源处理、输移控制、汇处理组成的城市地表径流污染控制对策；建议从非点源污染与景观格局的关系入手，有针对性地构建新景观格局，实现对城市非点源污染的有效控制。

(4) 在我国应尽快建立城市雨水径流污染评价体系，对雨水径流污染负荷进行准确的分析计算；尽快将雨水径流控制纳入污染物的总量控制中，并建立健全雨水排放许可制度和监控体系；加强地表径流污染控制与节能减排方面工作；努力建立以市场激励为主、政府管制为辅的雨水政策框架，并引起全社会的广泛关注。我国的城市雨水资源化利用与管理体系应借鉴发达国家的先进经验，结合我国的降雨特征与本土城镇化发展特点，重点开展以下工作：①统一以源头管理和生态处置技术为主，最大程度模仿自然的雨水生态排水管理理念；②加强法规和政策研究，从制度和机制上引导和保障雨水生态排水体系的建设和实施；③加快城市雨水排水方式转变，从规划层面构建城市雨水生态处理和可持续循环利用模式；④加大雨水生态收集处理技术和设施的本土化研究力度，通过建立一大批工程的示范效应，推广雨水生态排水方式的应用；⑤重视技术和设施的标准化建设工作，加快推进雨水生态排水技术的规模化应用进程。

(5) 未来城市非点源污染研究应继续加强污染物运动机理方面的研究，研究污染物迁移转化的规律，特别是悬浮颗粒物对其他污染物的吸附、运载作用，并且要提高实验数据的准确性和加强数据的共享，便于城市非点源污染的定量化研究。

(6) 城市非点源污染模型仍需要进一步完善。虽然国外城市非点源污染研究起步较早，但模型仍不成熟，时常会出现模拟结果与实际偏差过大的情况。目前模型多数过于复杂，参数较多，增加了模型的不确定性，而且降低了适用性。因此，今后城市非点源模型将进一步向模块化方向发展，使模型既具有大尺度上的统一适用性，又具有小尺度上的差异针对性。

(7) 提高非点源控制措施在中国的适用性。当今流行的、完善的非点源控制措施以及效果评价体系都是欧美发达国家根据其自身特点制定的，由于自然条件、社会经济状况的差异，中国在利用这些控制措施时会遇到各方面的问题。因此，对国外非点源控制措施进行适当改进，使之适合中国城市状况，并且进一步发展自己的管理措施，这是中国城市非点源研究的一个重要方面。

(8) 将城市非点源污染治理与城市规划、景观设计相结合。城市规划对中国城市发展的影响巨大，因此，在城市规划时应该考虑非点源的防治，从城市发展的初始阶段重视非点源污染，在“源—过程—汇”各个阶段都加强对非点源污染的控制。而景观设计与城市非点源治理的结合，是利用景观设计将非点源管理措施恰当地融入城市景观之中，使其既能发挥非点源控制的功能，又具有城市旅游、居民休闲、美化城市的效果。

(9) 中国海绵城市建设发展概况。2012 年的“低碳城市与区域发展科技论坛”首次提出了“海绵城市”的概念。随后习近平总书记在 2013 年的《中央城镇化工作会议》中强调城市排水系统应该建成“自然存积、自然渗透、自然净化的海绵城市”。并且于 2014 年 11 月，国家住房和城乡建设部(以下简称住建部)发布《海绵城市建设技术指南》，2015 年 10 月，国务院办公厅印发《关于推进海绵城市建设的指导意见》，并提出 14 个试点城市，为我国开展海绵城市提供了法规政策和资金支持。

海绵城市是指城市能够像海绵一样，在适应环境变化和应对自然灾害等方面具有良好的“弹性”，下雨时吸水、蓄水、渗水、净水，需要时将蓄存的水“释放”并加以利用。海绵城市建设应遵循生态优先等原则，将自然途径与人工措施相结合，在确保城市排水防涝安全的前提下，最大限度地实现雨水在城市区域的积存、渗透和净化，促进雨水资源的利用和生态环境保护。

2015 年 4 月，西咸新区等 16 个城市被财政、住建、水利三部门列入首批“海绵城市”试点城市，获得中央财政 4 亿～6 亿元/年（2015～2017 年）专项资金补助。2015 年 10 月国务院办公厅《关于推进海绵城市建设的指导意见》中提出的工作目标：通过海绵城市建设，到 2020 年，城市建成区 20%以上的面积要将 70%的降雨就地消纳和利用；到 2030 年，城市建成区 80%以上的面积达到这一要求。2016 年 3 月住建部发出关于印发海绵城市专项规划暂行规定的通知，要求结合实际，抓紧编制海绵城市专项规划，于 2016 年 10 月底前完成设市城市海绵城市专项规划草案，按程序报批。2016 年 4 月，财政、住建、水利三部门确定第二批 2016 年海绵城市建设试点 14 座城市。我国海绵城市建设虽然起步晚，但工程技术和水适应历史悠久。主要集中在城市水利建设、防洪和灌溉技术等三方面的研究，也综合考虑了水、自然环境与生物多样性、生产等的协调发展，为现代海绵城市建设提供了理论基础。随着城市化的发展与人们追求自然与生态的心理需要，我国提出多渠道支持建设海绵城市，使雨水变弃为用，解决我国城市水资源短缺和水污染等问题。海绵城市最初的雏形为 20 世纪 90 年代在美国马里兰州的乔治王子郡的一个居住区内建设的雨水花园。该雨水花园建设目的就是希望用一个生态滞留和吸收雨水的场地来代替传统的雨洪管理系统，这与当下的海绵城市建设理念是一致的。

我国现阶段海绵城市的建设理念在于利用一定的自然资源通过建设大量的配套设施实现该区域从雨水收集到利用的循环过程。如：海绵城市建设的框架、海绵城市规划、生态型海绵城市（eco-sponge city ）概念被提出并应用于首钢工业改造区的雨水利用规划中、北京奥林匹克森林公园“海绵体”、透水性城市道路路面的应用、中国与国际雨洪水管理的剖析、低影响开发系统的设计方法和海绵城市的建设要点、海绵城市公园绿地的规划、山城海绵城市示范等方面开展工作，并取得了一定的成效。目前，全国有 130 多个城市制定了海绵城市建设方案，江苏、安徽、辽宁等省还印发了指导意见，要求在全省范围内全面推进海绵城市建设。但是，联合国教科文组织可持续水资源管理项目前负责人 Geiger（2015）认为，目前超过 70%已付诸实践的 LID 理念都是错误的，还有 25%的实践并非最优设计。因此，我国还应加强海绵城市理论与实践的有机结合。

（10）基于 LID 的城市非点源污染研究逐渐成为热点，并成为我国建设发展的重要实践内容。目前，LID 研究趋势和研究热点包括以下几点。

①实地监测、介质试验、模型模拟及其与区域可持续发展的融合研究是目前 LID 研究的关键问题。

②长期监测数据及实地研究 LID 是否是一种真正可以实现对生态环境低影响的雨洪资源调控措施?

③介质研究 LID 各项措施的两个最主要的功能是消减径流量以及污染物移除，利用实验方法探索 LID 各项措施的最佳介质，是 LID 发展的重要研究内容。

④如何通过设计改进，尤其是植物的选择，使低影响开发技术能在更加广泛的条件下得到较好的应用效果，这还需要更深入的研究。

⑤如何准确地模拟 LID 各项措施对径流在水质及水量方面的影响仍是目前研究的关键问题。

⑥在 LID 与区域可持续性发展的研究中，如何将 LID 措施与当地已有的雨洪资源调控措施相结合，从而实现区域的可持续性发展是 LID 重要的研究方向。

⑦生物滞留技术是 LID 重要研究方向之一，包括对 N、P 去除的提效技术、生物滞留技术的应用机理、设计方法、堵塞机理及防堵关键技术、适合去除微生物等。

⑧建立起国内利用 LID 的设计参数数据库。在利用 LID 之前，要进行决策分析，对措施的选择和选址进行分析，将空间分析功能集合到 LID 模拟中，其中 GIS 或者其他图形界面工具的加入会促进 LID 的规划利用，另外模型需要在地下水模块中得到改进，要添加更多的 LID 措施，模拟的污染物要包括颗粒物、营养物、重金属。

⑨今后随着计算机技术的发展以及对雨水径流的产生、输送、处理过程相关机理和场地开发过程中人类行为与自然水文过程关系的深入研究，LID 雨水管理模型应用将更加广泛，同时也将进一步促进 LID 技术的发展。

⑩LID 技术将排水和景观合并，这不仅节省了费用并且节省了土地，这在寸土寸金的城市中发展优势很大。其次，LID 技术属于低成本和低能耗技术，它需要大量的廉价劳动力，对解决农村人口就业问题也有很大帮助。再者，LID 也会为岩土、植物、景观、化工、材料、城市规划、给排水等领域创造出新的产品和市场。LID 理念有很多优势，甚至可以结合开放式的雨水渠或排水沟构建完全自然的排水系统，取代传统的排水管网。但是如果发生大雨或暴雨，LID 的源头控制没有传统雨水截流池那样有效。结合中国降雨分布不均、城市建设密度高、水资源匮乏等国情，可以将 LID 理念与雨水处理设施和雨水管网相结合，构建可持续的城市雨水系统。

在相当长的一段时间内，LID 将会快速地发展，LID 的实地监测、性能研究以及模型模拟研究是目前发展的方向。

基于我国降雨特征与本土城镇化发展特点，着重关注以下 3 个大的方面：首先开展单个 LID 技术消减洪峰、滞留污染物的机理研究，特别是相关技术的本土化研究；其次，结合现有研究，制定基于定量化指标的 LID 评估体系，在社区层面对 SUSTAIN 或 BMPDSS 进行修正和提高，使之适应我国实际；再次，在流域层面，建立一套基于水文学和环境科学的评估技术与模型，以准确分析源头措施、排水管网、集中处理设施各要素之间的关系，制定流域相对最优的整体方案。

LID 已列入国家“十二五”水专项重大课题进行研究。现阶段，LID 技术在国内尚属于探索时期，虽然 LID 的理念已被大家所接受，但是实际应用推广却不快，这主要是缺乏行之有效的径流工程设计和评估工具，人们无法科学地设计调节工程中的各种措施的实施范围，无法科学评估各种措施实施后的效果以及对排水的影响。国内有关 LID 的工程试验比较少，很多设计参数都是参照国外的经验，而国内和国外的条件完全不同，应该加大力度开展国内有关 LID 的研究、工程实践、监测、评价与规划等。所以，要加快 LID 在我国的发展，第一，要建立典型的评估模型，利用典型的评估模型对相关管理技术测算分析、效果量化比较、成本效益综合分析，选择最佳的管理模式；第二，要因地制宜，选择适合的管理模式。LID 是一个先进而强大的概念，它强调“自定义”源头控制，城市中的任何组成部分(例如，建筑物、道路、人行通道、开放空间)都能成为雨水管理的目标(例如净化、过滤、水量控制、峰值控制)，LID 中的微观控制实际上可以采用任何形式或符合当地的特定形式来解决几乎任何的雨水数量和质量问题。所以我国在借鉴发达国家 LID 雨洪管理经验的同时，更为重要的是要结合我国各个地区实际情况，对降雨径流污染的控制进行量化，最终提出切实可行、经济实用的 LID 雨洪管理技术、方法，更好地推动绿色城市、生态城市、和谐城市的建设和发展。

据报道到 2020 年，中国的城市化水平将达到 60%，其对资源和环境的负面影响将更加严重。为了消除这些影响，一些研究表明，利用 LID-BMP 技术将能控制暴雨的水量和水质，在一个城市流域利用 LID-BMP 之前，非常重要的是弄清楚 LID-BMP 的最有效的费用选择、工程范围和替代 LID-BMP 方案。

第 2 章　滨海城市（深圳）地表径流污染研究概述

2.1　研　究　内　容

本研究的主要目的是研究滨海城市（以深圳市为例）地表径流污染特征和工程控制，为提高滨海城市水环境的建设水平、管理水平等方面提供依据。

主要研究内容如下。

(1) 径流采样策略。常规的方法是对不同土地利用类型分别采样，以获得不同下垫面的径流污染特征。而本书采用的是街区采样方法，以雨水集水区或是采样的雨水管服务的区域为采样单元。主要对街区采样方法特征、优势和应用进行探讨。

(2) 城市地表径流的总污染特征。主要的工作是：研究地表径流的基本参数及特征，降雨特征与径流关系，测定城市地表径流流量的特点，分析城市地表径流中污染物浓度的特征，并对径流污染的空间分布进行阐述，总结污染物模型浓度与径流累计特征；详细分析地表径流的污染负荷特征，包括降雨场次的污染负荷和年污染负荷，找到污染负荷的规律，并对福田河流域污染负荷进行预测。

(3) 滨海城市暴雨径流污染模型。城市暴雨径流污染数学模型较多，根据实际情况，主要的工作是选择合适的模型进行应用。本次研究选择 SWMM 模型，主要探讨深圳市研究区域的 SWMM 模型的建立、运行和评估。同时，还探讨了其他模型，如污染负荷与降雨参数数学模型、滨海地区排涝模型的构建思路和案例分析等。

(4) 径流初期效应与截流。主要包括：分析径流初期效应的研究进展，讨论初期效应的识别方法，并用新的方法进行识别，即 MFF_n 比率（mass first flush ratio）和动态 EMC 来识别初期效应，并对研究区域进行识别应用，这两种初期效应识别方法可定量化径流去除率，并讨论初期雨水的截流。

(5) 工程控制实践。主要的工作包括：结合深圳滨海城市的特征，在浓度控制和总量控制相结合、城市流域系统化等指导思想下，提出深圳市地表径流污染的控制策略，对感潮河流污染控制、半封闭海湾污染控制、入库河流污染控制、初雨水调蓄池、截污工程、初雨水处置新技术、深层排水隧道等进行工程实践。

2.2　研　究　思　路

截至 2007 年，关于中国城市地表径流污染的研究很少，国内仅有江门、西安、北京、上海、澳门等少量城市研究过降雨历程与不同下垫面特性的面源负荷（污染物浓度）关系，其中仅上海和澳门属滨海城市，其他滨海城市还未见报道，且已有的研究都未与合流制污水系统截流倍数的确定挂钩，更没有与河流水质的变化相联系。因此，选择一个典型的滨海城市作为研究对象很重要。

而深圳市是中国经济中心城市，经济总量长期位列中国大陆城市前列，是中国大陆经济效益最好的城市之一。深圳地处珠江三角洲前沿，是连接中国香港和中国内地的纽带和桥梁，是华南沿海重要的交通枢纽，在中国高新技术产业、金融服务、外贸出口、海洋运输、创意文化等多方面占有重要地位。深圳在中国的制度创新、扩大开放等方面承担着试验和示范的重要使命。深圳位于中国南部海滨，毗邻香港，地处广东省南部，珠江口东岸，东临大亚湾和大鹏湾；西濒珠江口和伶仃洋；南边深圳河与香港相连；北部与东莞、惠州两城市接壤。辽阔海域连接南海。深圳位于北回归线以南，东经 113°46′～114°37′，北纬 22°27′～22°52′，陆地最东端位于东南部南澳街道东冲海柴角，最西端位于西北部沙井街道民主村，最南端位于西南面珠江口中的内伶仃岛，最北端位于西北部松岗街道罗田社区。深圳市依山临海，有大小河流 160 余条，分属东江、海湾和珠江口水系，但集雨面积和流量不大。流域面积大于 $100km^2$ 的河流有深圳河、茅洲河、龙岗河、观澜河和坪山河等 5 条。截至 2017 年，深圳市现有水库 161 座，其中中型水库 14 座，总库容 $5.25\times10^8m^3$。位于市区东部的深圳水库，总库容 4000 多万立方米，是深圳与香港居民生活用水的主要来源。地下水资源总量 $6.5\times10^8m^3/a$，年可开采资源量 $1\times10^8m^3$。天然淡水资源总量 $19.3\times10^8m^3$，人均水资源拥有量仅 $500m^3$，约为全国和广东省的 1/3 和 1/4。因此，深圳市是一个典型的滨海城市，选择深圳市作为研究对象是合理的。

本书关于滨海城市(深圳)的地表径流污染的研究思路如下。

(1)收集资料：典型年降雨资料，西安、江门、北京、上海等市的面源负荷测试资料，德国、美国等国外的雨水截流资料。

(2)现场采样与监测。

(3)文献和资料分析。

(4)径流污染模型分析。主要选择 SWMM 模型进行应用分析和评估。

(5)初期效应与径流截污分析。

(6)初期雨水控制与处理。

(7)工程控制实践。

其中，城市地表径流污染特征研究的时间期限是 2007 年 5 月至 2008 年 12 月(福田河流域研究区域、新洲河流域研究区域和白芒河研究区域)，深圳市凤塘河流域研究区域和小沙河流域研究区域的地表径流污染特征研究的时间期限是从 2010 年 4 月至 2011 年 9 月，工程控制实践是 2008 年至 2016 年。

2.3 研究技术路线

本书研究技术路线见图 2-3-1。研究方法为：研究目标→现场测试→数据整理→数据分析→数模计算→地表径流污染截流识别与确定→工程设计与优化↔工程控制↔结论。

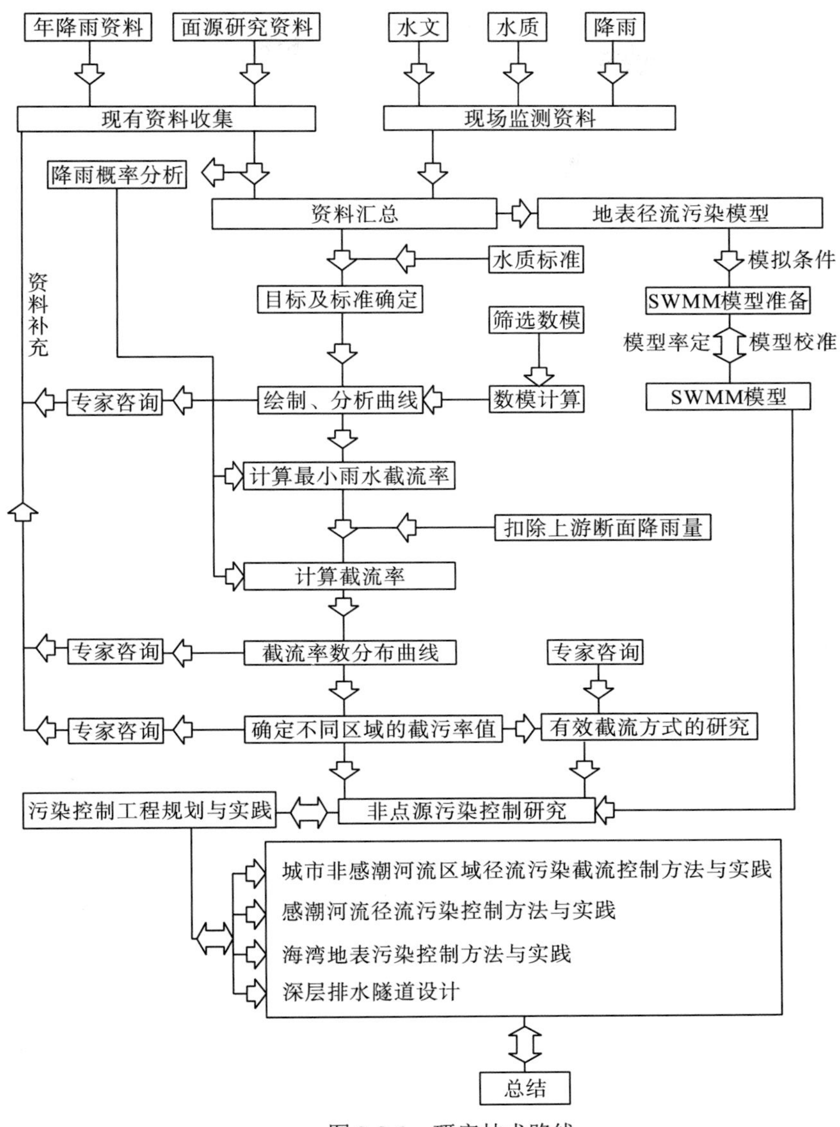

图 2-3-1　研究技术路线

2.4　滨海城市(深圳)地表径流污染研究方案

2.4.1　研究对象

由于雨水径流在下雨时才能进行观测，工作条件容易受随机因素的影响和干扰。在深圳，居住区用地面积最大、代表性最强，而且居住小区内的观测、取样条件相对较好，比较有利于项目研究工作开展。

深圳市中心代表性的居住小区应含有居民小区、商业区、道路、屋顶、广场、停车场、人行道、绿化地、果林等，并且区域内有完善的分流制排水管道，可以排除非雨水径流对研究的干扰。本研究于深圳市中心的福田河和新洲河 2 个流域内选择 2 个监测点，每个流域 1 个监测点。

深圳市中心外取样点设置在包括道路、工业区等有代表意义的区域。这样可以弥补居住小区代表性的不足，从而可以将研究范围和研究结果的应用扩大到整个深圳市。因此选择深圳市白芒河流域 1 个监测点，该河流为饮用水水库西丽水库的重要汇流。

深圳市福田河和新洲河流域基本位于深圳市中部，其降雨量处于深圳市东西部降雨量中值的范围。该流域的开发强度较大，下垫面类型基本形成系统，并在近两年实施了沿河截污，具有典型的混流制特征，同时也实施了清淤、建闸等工程，因此具有较好的代表性。莲花村是深圳第一个完全分流制的生活小区，其住宅阳台的排水都是分流到污水管道的，是非常有代表性的！白芒河流域是关外(经济特区外)流入关内(经济特区内)的一条重要河流，是深圳西丽水库的重要水源，而深圳西丽水库是深圳市重要饮用水源地，同时也可作为深圳市中心区的一个对比分析，使采样点布局更具有系统性。研究范围及监测点见图 2-4-1 和图 2-4-2。

在上述 3 条河流流域，根据街区采样方法，各选择一个最典型的雨水排放口，共 3 个监测点位，以反映研究区域由径流污染引起的总体污染效应，包括由径流冲刷雨水管渠引起的冲刷污染。

图 2-4-1 福田河流域研究区域范围内监测点

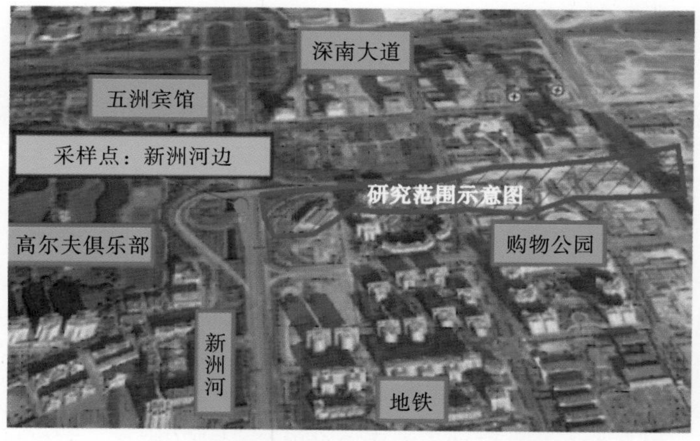

图 2-4-2 新洲河流域研究范围内的监测点

2.4.2　基本步骤

采用方案设计、现场测试、数据整理、筛选、数据分析、计算结果、得出结论、给出建议等步骤。

2.4.3　水质监测指导原则

(1) 保证测试的真实性和准确性，以准确反映现实降雨径流与污染的特征。

(2) 保证测试的同步性：测试的同步性指两个方面，一是每个监测点的降雨、水文和水质采样要同步，二是各监测点的监测要在同一个有效时刻内进行。

(3) 保证测试的代表性：测试的代表性主要指两个方面，一是在确定监测点位时，要充分考虑径流污染的特性，选择有代表性的监测点位；二是选取的水文水质测试参数能代表本地区非点源污染特征。

2.4.4　径流采样方法

径流的监测方法可以分为在线监测和人工监测两大类，由于经费、局部环境条件等不同，大部分监测采用人工监测。在发达国家，城市地表径流采用在线监测较多，国内在自然流域采用在线监测居多，但在城市地表径流监测中，很少采用在线监测，主要原因是在线监测还没有引起足够重视，以及投资和运行费用较高。

监测采样的实现可以通过自动采样和人工采样两大类型进行，自动采样国外用得较多，国内只有北京等极少数城市使用同步自动采样，大部分还是人工采样。但随着社会的发展，国内城市地表径流采样趋势将逐步自动化，在自动采样过程中，逐渐配套采用在线监测，同时，人工和自动采样相互结合。

雨水排水系统运行多年后，雨水管道或雨水箱涵中沉积了大量污染物，尤其会淤积大量的污泥，当地表径流进入雨水管道后，这些污染物就会在水力作用下冲刷出来，从而造成更为严重的污染，特别是在径流的前期，这种现象较为普遍和严重。因此这种管涵中沉积的污染物应该引起重视。

回顾城市地表径流研究，常规采样方法是根据不同土地利用类型分别采样，以获得不同下垫面的径流污染特征。大部分采样点设置在不同用途类型的土地上，例如典型工业区、居住区、商业区、公路等，采样方法为单独在某一典型土地利用类型上采样。但是这样采样的结果仅直接反映该土地利用类型的径流污染特征，因此当研究区域内有两种以上的土地利用类型时很难反映某一区域内地表径流的总体污染效应，同时这种土地单独采样方法也不能够反映出雨水管道或箱涵中冲刷出来的沉积物污染状况。

因此，本书采用了一种新的采样方法：街区采样策略(mixed stormwater sampling strategy for a street community)，以反映由地表径流污染引起的总体污染特征。它是以雨水集水区或是采样的雨水管服务的区域为采样单元，通常是以街道(可包含多条街道)或者街道片区范围(可为部分管辖范围或者全部管辖范围)为采样单元。

暴雨径流的街区采样方法具有的特征如下：①基于一个典型的城市区域及其环境，包括雨水管道系统。②街区范围线是方形的或多线段的，同时包含道路、居住区、商业区和工业区等。③具有不同土地利用类型和雨水管渠沉积污染物被冲刷出来的特征。④具有总口排污的特点，采样点的位置通常都是河岸或者邻近河边。⑤一个社区通常是城市的管理行政区，可以包括一个或多个独立的雨水集水区。

街区采样策略的主要优点有：①能够反映出研究区域的地表径流的总污染特征；②没有忽略由地表径流流经雨水管渠冲刷而引起的污染；③由于城市地表径流通常是直接排放到城市河流之中，要反映地表径流总体污染特征，其采样点的位置通常都是河岸或者邻近河边，有利于研究径流对城市河流的污染贡献；④径流采样较为方便，径流流量测定也较为容易；⑤对于有漏失污水的雨水管渠系统，通过对干天气基流(漏失污水)的监测，在测定的径流污染中扣除基流的影响(根据质量守恒)，可计算由径流引起的总污染特征；⑥体现径流总污染特征的同时，为径流污染进行总口截污打下了基础。

本书应用街区采样策略，在深圳市三条较为典型的城市河流进行应用，共确定了三个监测点位，均为典型的雨水排放口，以反映研究区域由径流污染引起的总体污染特征，见图 2-4-3 和图 2-4-4，监测点的详细情况将在后文中描述。这三个监测点均能够反映其研究范围内的径流污染的总特征，其中，采样点一和三在旱季均有部分漏失污水形成的基流。

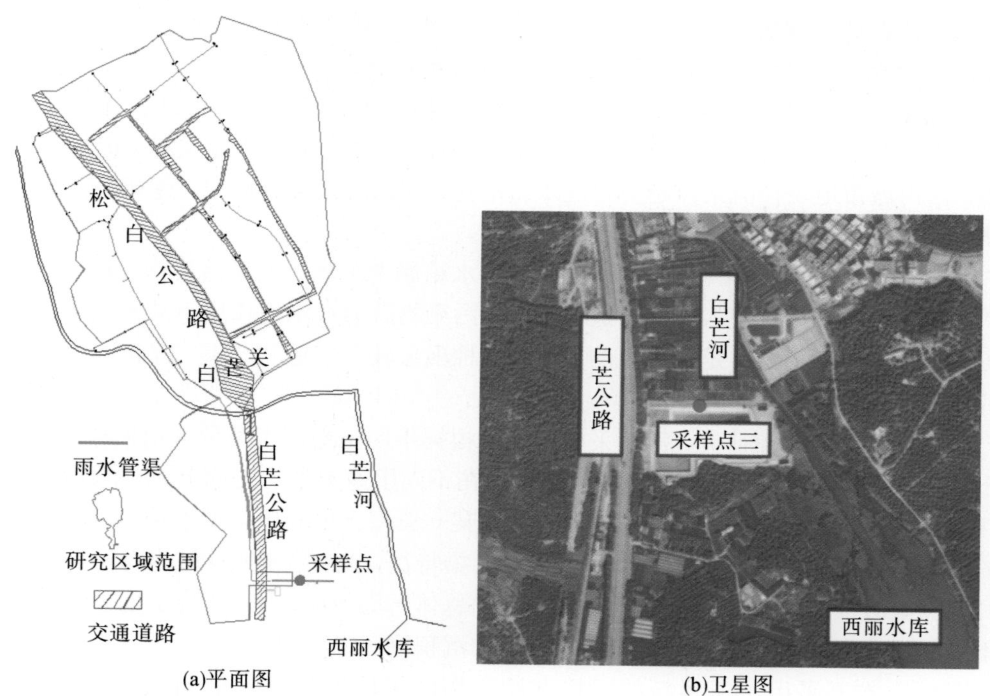

(a)平面图

(b)卫星图

图 2-4-3 采样监测点三

图 2-4-4　采样监测点一和二

2.4.5　降雨及场次

使用自动记录式雨量传感器和数据采集仪，用于测定降雨量-时间关系。

由于深圳降雨次数较多，给研究带来巨大的工作量，但有些降雨对研究项目来说是没有意义的，比如虽然降雨了但没有产生径流量。因此有效降雨场次是非常关键的，依据三个标准选择：

(1) 雨水初期效应显著的降雨，即持续一个月以上没有下雨后的第一场降雨；

(2) 降雨量大于 1mm 以上的降雨，即产生明显地表径流的降雨；

(3) 不同时间段的典型降雨，能够代表深圳市的具有明显地表径流的降雨。

2.4.6　水质监测指标

国内外非点源污染的研究表明，在城市道路路面径流中，主要的水质污染指标为：COD_{Cr}、BOD_5、SS、Cd、Ni、Cr、Zn、Pb、Cu、TP、TN。

深圳市环保局按照国家环保局的相关规定，用 19 个水质指标判定深圳市各河流的水质，分别是：水温、pH、DO、SS、COD_{Cr}、BOD_5、NH_3-N、TP、TN、Cu、As、Hg、Cd、Cr(VI)、Pb、CN^-、挥发酚、石油类、硫化物。

本研究在 19 项指标中选取了 6 个具有代表性的水质指标：COD_{Cr}、BOD_5、TN、TP、SS、pH。

2.4.7　水文监测指标

根据国内外城市地表非点源污染研究情况，与城市地表非点源污染关系密切的水文监测项目有降雨量和径流量。径流量主要考虑雨水排放口流量，与采样同步进行。

流量采用公式“流量(m^3/s)=流速(m/s)×断面面积(m^2)”来计算，流速采用 LJX-1 型便携式流速仪测定，断面面积与监测断面形状和水深有关，白芒河监测管渠断面为矩形断面(长 2.2m，高 2.5m)，新洲河采样点为圆形管道(DN=600)，福田河采样点为梯形断面(下底 480cm、上底 91cm、高度 25cm)，水深采用米尺(精度为毫米)测定。

2.4.8 监测频次

(1)监测时段：根据深圳市的降雨和水质特点，监测时段从 2007 年 10 月开始，到 2008 年 11 月截止。

(2)监测频次：由于存在初期效应，径流后期的污染浓度相对前期来说比较低，因此在降雨初期(约 30min)内的采样频率应该高一些，即采用前期采样间隔时间短后期采样间隔时间长的监测方法。具体为：每场降雨形成径流后的前 30min 内，是每隔 5min 采样一次，30～60min 内是每隔 10min 采样一次，60min 以后每隔 20min 采样一次，120min 以后是每隔 30min 采样一次。

2.4.9 取样、仪器与测试分析方法

(1)水质取样及测试方法完全按照国家环保局(现生态环境部)颁布的采样和测试的标准方法进行。

①BOD_5 执行 GB 7488-87《水质　五日生化需氧量(BOD_5)的测定　稀释与接种法》标准，可采用稀释与接种法。这里用“测压法”来测试，采用德国的 OxiTop OC100 仪器来测定。

②COD_{Cr} 执行 GB 11914-89《水质　化学需氧量的测定　重铬酸盐法》标准，采用重铬酸盐法。

③TN 执行 GB 11894-89《水质　总氮的测定　碱性过硫酸钾消解紫外分光光度法》标准，采用碱性过硫酸钾消解紫外分光光度法。

④SS 执行 GB 11901-89《水质　悬浮物的测定　重量法》标准，采用重量法。

⑤TP 执行 GB 11893-89《水质　总磷的测定　钼酸铵分光度法》标准，采用钼酸铵分光光度法。

完全按照国家环保局颁布的采样和测试的标准方法进行，具体见表 2-4-1。

表 2-4-1　监测指标及分析方法

指标	测定方法
pH	pH 试纸测定法
TP	钼酸铵分光光度法，采用 GB 11893-89
TN	碱性过硫酸钾消解紫外分光光度法，采用 GB 11894-89
COD_{Cr}	重铬酸盐法，采用 GB 11914-89
BOD_5	压差法，采用仪器为德国的 OxiTop OC100，符合 GB 7488-87
SS	称重法，采用 GB 11901-89

主要使用的仪器和器皿包括红外消煮仪、50 mL 酸式滴定管、pH 试纸、玻璃棒、容量瓶、烧杯、250 mL 锥形瓶、玻璃珠、定量滤纸、洗瓶、移液管、漏斗、洗耳球、棕色瓶等。

(2) 水文测试。使用自动记录雨量计，用于测定降雨量-时间关系。

2.4.10　数据及模型分析

对同步监测的降雨数据、水文数据和水质监测数据进行处理分析，同时对数据的处理提升到数学模型的层面上。

目前径流污染模型较多，通过地表径流模型的对比分析，本书采用 SWMM 模型作为研究辅助工具，以及采用污染负荷与降雨参数数学模型作为探讨。同时，还利用 Mike Urban 软件，结合深圳暴雨模型，进行了深圳滨海地区排涝模型分析及应用。

2.4.11　径流初期效应识别

径流初期效应识别方法较多，本书采用两种较新的初期效应判别方法(MFF_n 法和动态 EMC 法) 对三个研究区域的径流初期效应进行识别。

其中，地表径流污染截流识别与确定采用径流污染物质量比率方法。Ma 等 (2002) 和 Han 等 (2006) 对污染物质量初始冲刷比率 (记为 MFF_n) 进行了定义，其表达式如下：

$$\mathrm{MFF}_n = \frac{M_t}{M} / \frac{V_t}{V} = \left(\frac{\int_0^t C(t)q(t)\mathrm{d}t}{\int_0^T C(t)q(t)\mathrm{d}t} \right) / \left(\frac{\int_0^t q(t)\mathrm{d}t}{\int_0^T q(t)\mathrm{d}t} \right) \tag{2-1}$$

式中，n——径流体积百分数，范围为 0～100%；

V——总径流体积，L；

M——某污染物总质量，g；

M_t——在 t 时刻某污染物的质量，g；

V_t——在 t 时刻径流体积，L；

$C(t)$——随时间变化的污染物含量，mg/L；

$q(t)$——随时间变化的径流速率，L/min；

t——采样时间，min；

T——采样时间总计，min。

将每个监测点每个水质指标的测试数据，绘成城市地表径流污染物质量比率曲线，根据流域情况和控制目标，确定最小截流率，以指导径流污染的截污和控制工作。

2.4.12　初期雨水截流

对初期雨水形成的径流进行调蓄截流处理，通过设计初期雨水调蓄池，及时有效控制污染严重的初期径流。

2.4.13 外业监测风险应对措施

最大的风险是漏测，导致无法获得久晴后第一场雨的各项参数；第二个风险是监测点地表径流受漏入污水和地面垃圾的严重影响，污染物浓度极高，致使无法作曲线，从而计算不出结果；第三个风险是潮汐影响河口附近雨水口的水质和流量的监测。为此，采用下述 3 项应对措施。

(1)指定专人负责关注监测范围内的天气预报，并有详细记录归档，确保久晴后的第一场雨不漏测。

(2)仅新洲河采样口的水样采集和流量测定工作受到潮汐的影响，可能发生潮汐淹没采样口的情况，因此设置的采样次数相对其他两个监测点要少。在采样时候配备专门的采样楼梯和安全绳索，以保证作业的安全性。

(3)滨海城市汛期雷暴雨较多，应注意采样的安全，采取防雷措施，防止发生雷击事件。

2.5 滨海城市(深圳)水环境特征与地表径流污染概况

2.5.1 滨海城市(深圳)环境特征

1. 地理位置

深圳市位于广东省东南部珠江口的东岸，北连惠州市、东莞市，南隔深圳河与香港九龙新界毗邻，东依大鹏湾、大亚湾，西濒伶仃洋与珠海市相望。图 2-5-1 为深圳市区域位置图。

深圳市范围，为北纬 22°09′～22°51′49″，东经 114°38′48″～113°39′36″。陆域面积范围为北纬 22°26′59″～22°51′49″，东经 113°45′44″～114°37′21″。平面呈条带状分布，东西长约 92km，南北宽约 44km。据 2011 年深圳统计年鉴显示，全市土地总面积为 1991.64km^2。

2. 地形地貌

深圳市受地层构造运动的影响，本区域地势呈东南高、西北低。由三个明显的地貌带组成。

南部半岛海湾地貌带。由东向西分别为“大亚湾—大鹏半岛—大鹏湾—九龙半岛—深圳湾—南山半岛—前海”，呈半岛(隆起)海湾(断陷)相间，地貌反差强烈。东部岸线曲折蜿蜒，属港湾山地和海崖山地景观地貌，崖高、坡陡、水深，湾槽为平底，海域三级水下平台(大亚湾平台水深为 13m、16m、20m，大鹏湾平台水深为 16m、18m、22m)是天然深水良港。西部平原海岸地貌，岸线平直、泥滩宽广，海底地形槽、滩相间(伶仃洋三滩两槽，深圳湾两滩一槽)。海岸地貌类型丰富多样，是陆地生态系统和海洋生态系统的过渡接触带，物种多样丰富，适宜生物生存繁衍，是独特的南亚热带海岸地貌带。

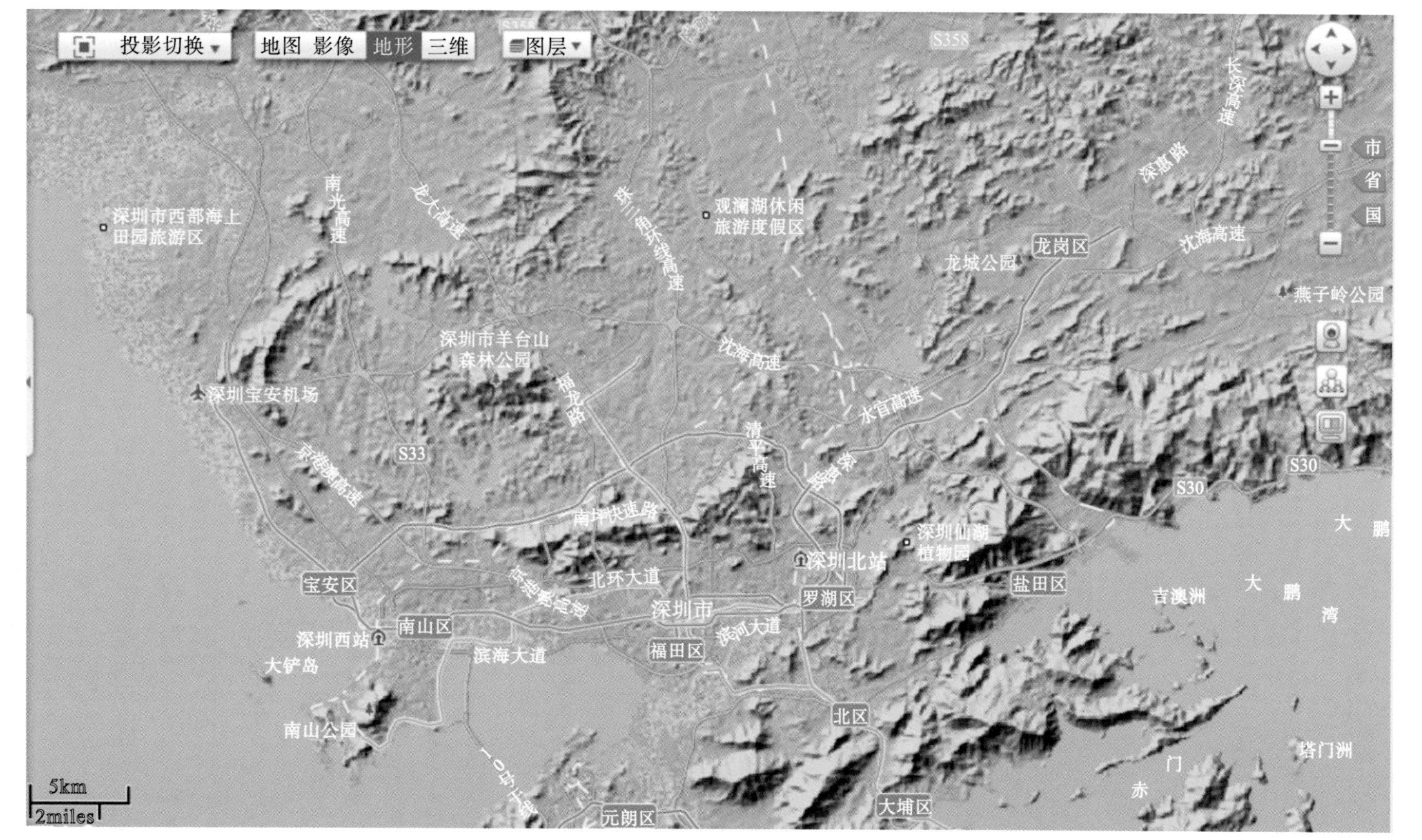

图 2-5-1　深圳市区域位置图

中部海岸山脉地貌带。属粤东莲花山脉西端，至铁炉嶂（主峰海拔 743.9m）后入深圳市。深圳境内分布的山脉依次为笔架山（717m）—田心山（689m）—梅沙尖（753.6m）—梧桐山主峰（943.7m），为一条北东向展布的山脉，山脉逼近海岸是一条断隆山地貌带。其西北受深圳断裂所限，与西部的鸡公头（444.8m）和塘朗山（430m）、羊台山（587m）隔断；东南面被乌泥涌断裂、王母断裂与大鹏半岛的排牙山（707m）、七娘山（867m）隔开。海岸山脉高程多为 400～700m，制高点梧桐山为 943.7m。本地貌带是深圳市具有多层异龄混交结构乔木、灌丛、草地最茂盛，属于人为干扰最小、树种多、生物多样性丰富的森林自然分布区，现存多为次生林，是南亚热带森林低山区域所独有的自然生态景观地貌带，也是众多南北流向河流的分水岭、发源地、水环境保护地。

北部丘陵谷地地貌带。一般由高程为 400～500m 以下的丘陵、台地、阶地、谷地构成，该区域分布有 10 条主要河流，切割高程多为 100～150m 的低丘陵区，形成宽窄相间的四级台地、两级阶地。中部是以南北向低丘、台地为主的走廊地貌，也是雨量分布、水系沟通、寒潮袭击路径和交通干线走廊。东部（海岸山脉以北）为北东向平行岭谷、断陷谷地（龙岗河、坪山河谷地）地貌。西部是巨大的羊台山椭圆形穹窿体，有不完整的 4 个环状地貌：中心是羊台山；第二环是三个中型水库（石岩、铁岗、西丽水库）及观澜河谷地、台地；第三环是凤凰山、塘朗山、鸡公头、吊神山等组成的丘陵；第四环是低台地和平原。西部丘陵区森林有乔木、灌木、草植被，是本地貌带主要的水源（石岩、铁岗、西丽水库及各河流上游）涵养保护地。

3. 气候特征

1）日照、气温、气压、风

深圳市地处广东省南部沿海，位于北回归线以南，属南亚热带海洋性季风气候，温暖、湿润、多雨、无霜，夏季长，冬季不明显。冷期短，霜日极少。多年年平均日照时数 2120h，年不小于 10℃积温 8053.1℃，年太阳总辐射量 127.8kcal①/cm^2，其年季变化不大。

多年平均气温 22.4℃，极端最高气温 38.7℃，极端最低气温 0.2℃，多年平均水面蒸发量 1346mm，多年平均气压 1010.8mbar（0.10108mPa），各月气压变化较小，冬季当强冷空气入侵时，气压明显升高，夏秋季受热带低压或台风影响时气压急剧下降。

深圳市常年盛行风向南东东、北北东，夏季以南西风、南东东风为多，多年平均风速 2.6m/s，最大风速 40m/s。

2）大气环流与降雨

深圳市位于东亚季风区，受季风环流控制，冬半年和夏半年气流明显交替，影响了四季的气候变化。冬季因冷高压发展南移而降温，夏季受到副高压脊低槽影响，常有暴雨。

深圳地区雨量充沛，降雨量时空分配极不平衡。根据深圳水库站 1960～2010 年实测雨量资料统计，多年平均降水量 1981mm，4～9 月为 1689.8mm，占全年降水的 85.3%。前汛期多受印度洋孟加拉湾低槽活跃东扩和太平洋副热带高压西伸北抬，西南季风带来的

① 1cal=4.1868J。

充沛水汽与南北冷空气遭遇形成冷锋，常呈现暴雨和大暴雨；后汛期暴雨主要受热带环流系统台风等影响，台风水汽充沛，加之强烈的辐合系统激升运动形成大暴雨。如与冷空气西风带系统结合，则会产生更强降水。多年平均台风降雨量约为 689mm，占多年平均降水量的 36%。降水量的地区分布，主要受海岸山脉地貌带、北部丘陵谷地地貌带和夏季盛形风向的影响，降雨量呈东南向西北递减的趋势，部分低山高丘地区因受地形影响暴雨量较大。多年平均降水量：东部地区约为 2000mm，中部地区为 1700～2000mm，西部地区约为 1700mm。

4. 河流水系

深圳市境内河流众多、水系短小，流域面积大于 $1km^2$ 的河流共有 310 条，其中直接入海河流有 90 条。流域面积大于 $100km^2$ 的河流只有 5 条，即茅洲河、龙岗河、观澜河、深圳河、坪山河。图 2-5-2 为深圳河流水系图。

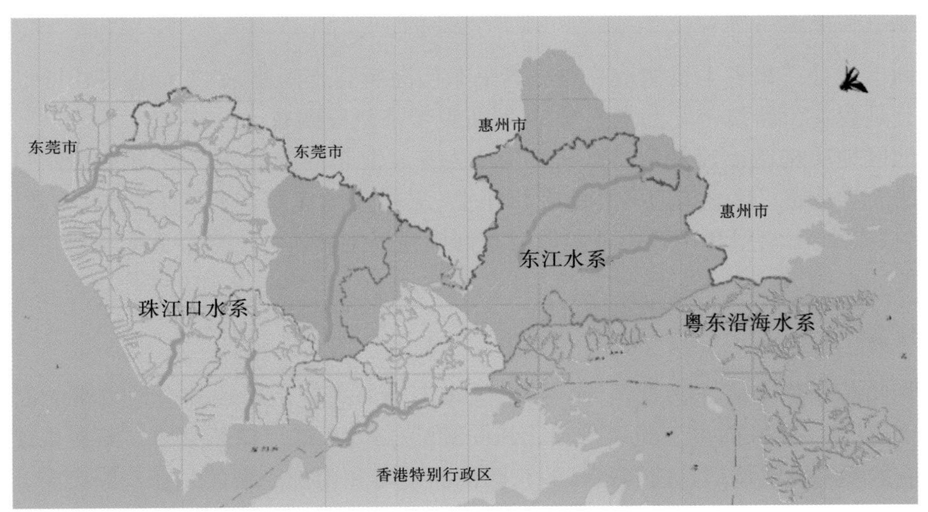

图 2-5-2　深圳河流水系图

深圳市河流分布受沿海山脉和丘陵地貌影响，多以海岸山脉和羊台山为主要分水岭。根据河流的位置、流向，结合珠江水系分区，深圳市境内河流自西向东划分为三个水系。

珠江口水系：西部地区诸河流，流入珠江口伶仃洋的河流，主要有深圳河、大沙河、茅洲河及直接入海河涌。

东江水系：河流发源于海岸山脉北麓，流入东江中下游的河流，主要有龙岗河、坪山河和观澜河。

粤东沿海水系：河流发源于海岸山脉南麓，流入大鹏湾和大亚湾的河流，主要有盐田河、葵涌河、王母河、东涌河等。

5. 海岸滩涂

深圳市海岸线全长约 230km。东部海岸线长 154.7km，分布在大亚湾、大鹏湾，属山地海岸，呈海湾半岛相间，岸线曲折。大亚湾、大鹏湾平面形态和湾底地形是断陷而成的嵌入式陆地的凹槽形，沿岸有许多两侧岬角拱卫的水深岸陡的港湾和 7 个优良的倚山面海、沙滩广阔的天然海滩，为优良港口及旅游胜地。西部海岸线长 75.3km，属冲积、海积平原海岸，其中南头湾、深圳湾沿岸海岸线相对平顺，海岸泥沙淤积，海岸线向外推移，有泥滩、红树林滩。西部前海湾海岸变迁较大，据 1985 年航空遥感图像与 1962 年测绘的地形图中低潮时的海滩界线对比，自 1962 年以来，海岸线已普遍向外推移，海岸外移速度为 17.4～56.5m/a。加之城市开发建设用地的需求，海岸线平均外推约 2km。

6. 地质

区内从震旦系至第四系发育比较齐全，并经历了地槽—准地台—大陆边缘活动带三个阶段的发展演变历史。由于受区域变质及混合岩化作用的影响，已变为一套由变质石英砂岩、石英岩、变粒岩、千枚岩、片岩及混合花岗岩组成的变质岩——混合岩系。

1) 地质构造基本特征

深圳市地处广东省主要构造高要—惠来东西向断裂带南侧，北东向莲花山断裂带的南西段，且是莲花山断裂带北西支五华-深圳断裂带南西段展布区。

本地区地质构造比较复杂，以断裂构造为主。北东向的五华-深圳断裂带斜贯全区，是区内的主导构造。褶皱构造多与断裂相伴生，多数不太完整。主要有：北东向龙岗向斜、葵涌向斜、钓神山向斜和排牙山背斜以及东西向横沥向斜等；还有多个主要与花岗岩侵入体有关的环形构造。

2) 地震

深圳市位于广东省东南部沿海，属中国东南沿海莲花山断裂构造地震带的西南段五华-深圳断裂带；北东向主干断裂带和北西向潮汕、广州-珠江口断裂带，断裂带现今活动明显，是主要的发震构造，延伸最长的东西向断裂带和南部海域的东西向断裂带，对地震活动起着明显的控制作用，而断裂带之间所夹持的相对稳定地块则很少发生地震，即使有个别地震发生，其震级也较低。莲花山断裂地震活动带的地震活动强度在区内属中等偏弱。

根据历史记载，深圳市历史上未发生过破坏性地震。本区有历史记载的强震，对深圳地区地震影响烈度从未超过Ⅵ度。2000 年 9 月 30 日大鹏湾曾发生了 3.7 级地震。

根据 GB 5011—2010《建筑抗震设计规范》，深圳市龙岗区抗震设防烈度为Ⅵ度，其余地区抗震设防烈度为Ⅶ度。

3) 工程地质

(1) 岩体工程地质特征。主要特征是：北东部低山丘陵主要由坚硬的花岗岩和火山岩构成，山体较为稳定；南西部的平原台地自晚更新世形成以来，发育有明显的三级台地、二级阶地、干涸潟湖和沿岸砂堤，说明新构造运动形式总的趋势以阶段性缓慢上升为主，属于构造岩体较稳定地区。

花岗岩——是深圳分布面积最大的燕山期侵入体，主要分布于低山丘陵区、羊台山及周围地区，海岸山脉中段、大鹏半岛西半部、坪山、龙岗谷地东北侧。

砂页岩——分布面积次多的是石炭系、侏罗系的砂页岩，集中分布在中部、北部丘陵区及海岸山脉东段以北，大亚湾北岸、葵涌、大鹏东部。

火山岩——分布在东部梧桐山西北侧低山丘陵区及沙头角、盐田一带、七娘山西北等地。

变质岩——包括类分化至新鲜的变粒岩、混合岩、混合花岗岩、片岩、板岩和千枚岩。分布在西北部及深圳河下游台地、罗湖区莲花山一带。而深圳市海岸山脉东段的笔架山、田心山一带岩性较杂(变质岩、砂岩、火山岩、花岗岩具全)。

风化岩类——风化、弱风化岩，埋藏于台地及平原的风化土体之下，岩体破碎裂隙发育，并充填有泥质。弱风化岩完整性较好，质较硬、较稳定。

构造岩类——呈碎裂状软硬相间状态，主要分布于深圳断裂束内，沿北东向和北西向断裂带分布，岩体完整性差，属较不稳定岩体。

(2)第四纪土体工程地质特征。自晚更新世以来，本区地壳处于较稳定、阶段性缓慢上升运动状态，长年高温多雨、干湿交替，物理化学风化作用强烈，形成了厚度大、分布广的风化土体和冲积、洪积、海积相的沉积土体。主要分布于低丘台地、阶地和平原区。

残积、坡积碎屑——发育在火山岩、砂岩、变质岩、混合岩的低山、高丘、高台和部分低丘陵、台地，特别是断裂构造发育，风化、冲蚀作用强烈的地区。占深圳第四纪沉积物面积的 19.6%。因土石分布不匀，物理力学性质差异大(特别是压缩和容许承载力)，易产生不均匀沉降。

残积薄层红壤型风化壳——发育在砂页岩、变质岩、火山质低丘台地，沿海一带花岗岩低陵、中低台地，化学风化速度大于冲蚀速度的地区，含硅铝型呈红壤，富铁铝型呈砖红壤。占深圳第四纪沉积物面积的 32.1%，分布在本区西北部公明、光明、松岗、沙井一带及中北部低丘台地，南部、东部高丘区及沿海大鹏半岛。

厚层红壤型风化壳——分布在本区西部、中部、东部的石岩、西乡、福永、龙华、布吉、坪地、坪山等地中粗粒花岗岩台地及低丘区，葵涌、大鹏较少。占深圳第四纪沉积物面积的 20.5%。本类黏性土土质较均匀，物理力学性质相似而稳定，是较好的持力层。

冲积、洪积黏土质砂——砂砾类土分布于一级、二级洪积阶地、洪积扇；河谷、滨海平原下部为砂砾层，上部为砂质黏土的沉积物，未胶结、疏松，第四系总厚度各处差异很大；占第四纪沉积物面积的 17.5%。

冲积、海积黏土——分布在滨海平原、海积阶地、潮间带三角洲，如原经济特区内、西乡、沙井、福永等处；占深圳第四纪沉积物类型面积的 10.3%。

4)水文地质

深圳地下水补给来源于大气降水，但赋存条件受地貌植被、构造、断裂、裂隙、岩性、下垫面条件的影响，各地差异较大。总之，富水性较差，由东到西逐步降低，由较好至贫乏。根据含水岩类赋存条件、水力特征，本区地下水分为基岩裂隙水、松散岩类孔隙水、谷地岩溶水，它们相互之间又有一定的水力联系。

基岩裂隙水——含水层埋深局部达 30 余米，多为承压水。断裂构造碎裂岩充水和富水，将影响岩体的稳定性。富水性中等或贫乏。沟口地区多具低压水头，水位高出地面 0.1～0.6m，埋深小于 1m，砂页岩区的地下水位约为 1.5m(火车站)～3.1m(文锦渡一带)。

孔隙水、岩溶水——孔隙潜水分布于沿海沙堤区，含水层以中砂、细砂为主，富水性中等；文锦渡至侨社一带，含水层为细粉砂，富水性差。地基易产生流沙和震动液化。孔隙潜水位：深圳河冲、海积平原为0.3～1.0m，深圳河下游平原一般为1.0～2.4m，布吉河下游平原为1.3～2.0m，南头至南山一带0.5～1.5m，沟谷平原的地下水位福田至梅林一带为0.5m左右。

基岩裂隙水大部分无侵蚀性。松散岩类孔隙水以弱分解性侵蚀为主，广泛分布于冲积平原下游和滨海平原一带，尤其是大沙河流域，不但中、下游，而且上游谷地亦受弱分解性侵蚀。结晶性侵蚀和结晶分解复合侵蚀只分布于滨海平原咸水分布地段。

2.5.2 深圳城市地表径流污染概况

2.5.2.1 污染负荷远超过水环境承载力

1) 水资源现状

随着社会经济的快速发展，深圳市用水量逐年增加，2013年深圳市全市用水量达到 $19.07\times10^8m^3$，其中城市居民生活用水 $7.09\times10^8m^3$，城市工业用水 $5.50\times10^8m^3$，城市公共用水 $4.73\times10^8m^3$，农业用水 $0.67\times10^8m^3$，生态环境用水 $1.08\times10^8m^3$。深圳市水资源主要包括本市常规水资源、市外水资源，以及雨洪、再生水、海水等非常规水资源，已确定特枯年(保证率97%)常规水资源年供应能力为 $19.5\times10^8m^3$。常规水资源和市外水资源是目前深圳市城市供水的主要来源，2010年市外引水量为 $13.61\times10^8m^3$，已占供水总量的71.7%。常规水资源较为匮乏，目前虽然在生态控制区内通过蓄水方式开发利用水资源的程度已经较高，但特枯年(保证率97%)水资源(包括地下水资源)年供应能力仅为 $3.42\times10^8m^3$。常规水资源主要来源于降雨，由地表水库蓄水和地下水两部分组成。2010年全市水资源总量 $18.70\times10^8m^3$，人均水资源占用量仅为 $180.5m^3$，仅为全国平均水平的1/11，大大低于国际公认的人均 $1000m^3$ 的缺水警戒线，属严重缺水城市。

2013年深圳市蓄水工程总控制集雨面积达 $575.1km^2$，约占市域面积的29%，约占生态控制区面积的58%，与香港、新加坡等水资源开发利用先进城市开发水平相当，除了大鹏半岛部分区域，其余生态控制区水资源开发利用的潜力相对有限。

2) 水环境状况

深圳市2013年环境统计结果显示，2013年全市共排放化学需氧量106095 t，其中生活源排放81840 t，工业源排放15867 t；全市共排放氨氮15519t，其中生活源排放13254 t，工业源排放1595 t。生活源是深圳市化学需氧量和氨氮排放的主要来源，比重分别占全市排放总量的77%和86%。深圳市环境监测中心站每年对全市主要河流进行监测，2010年共监测14条河流，36个断面，监测结果显示，深圳市各主要河流普遍受到较严重的有机污染，水质劣于国家地表水Ⅴ类标准。根据2013年度深圳市环境状况公报，深圳市河流中盐田河、龙岗河水质达到国家地表水Ⅴ类标准；深圳河、坪山河和大沙河上游水质分别可达到国家地表水Ⅲ类、Ⅳ类、Ⅳ类标准；主要河流中下游水质氨氮、总磷等指标超标，其他指标达到国家地表水Ⅴ类标准。

3) 与地表径流污染的关联性

深圳市境内大多数河流为短小山区性雨源型河流，水环境容量较小，且水动力条件差，河道对污染物的稀释能力很小，其环境容量基本可忽略不计。此外，由于深圳市约 70%的用水是从市外的东江引入，本地微弱的水环境除承载本地水资源带来的污染外，还要承载 2.3 倍于自身的外地水资源产生的污染，水环境承载力严重透支。加之，由于深圳市河道所发源的生态控制区均已被蓄水工程控制，河道旱季基流量较小，加之沿河漏排污水入河，造成河道污染严重；入河污染物及垃圾沉积，雨季雨水冲刷起底泥，更加剧了河道污染。

2.5.2.2　降雨季节差异

1) 降雨差异及成因

华南是我国雨涝最多的地区之一，华南地区降水的季节性差异明显，降雨主要集中在 4～9 月，降水量占全年的 70%～85%，同时还有两个明显的多雨期，分别为前汛期(4～6 月)和后汛期(7～9 月)。

深圳市地处华南，属亚热带海洋性气候，深圳地区雨量充沛，降雨量时空分配也极不平衡。根据深圳市气象局 1953～2010 年实测雨量资料统计，多年平均降水量 1935mm，4～9 月为 1653mm，占全年降水的 85.4%，但季节分布十分不均匀，呈双峰型分布。前汛期(4～6 月)多受印度洋孟加拉湾低槽活跃东扩和太平洋副热带高压西伸北抬，西南季风带来的充沛水汽与南北冷空气遭遇形成冷锋，常呈现暴雨和大暴雨；后汛期(7～9 月)暴雨主要受热带环流系统台风等影响，台风水汽充沛，加之强烈的辐合系统激升运动形成大暴雨。如与冷空气西风带系统结合，则会产生更强降水。多年平均台风降雨量约为 689mm，占多年平均降水量的 36%。

将雨日定义为日降水量不小于 0.1mm 的日数，小雨定义为日雨量 0.1～9.9mm，中雨为 10～24.9mm，大雨为 25～49.9mm，暴雨或以上降水为 50 mm 以上。根据深圳市汛期各等级雨日平均值及雨日概率统计表可知(表 2-5-1)，深圳市汛期平均降水日数约为 96.8d，降雨出现的概率约为 54%，即汛期的 183d 里大约有一半的时间会出现降水。随着降雨等级的加大，降雨出现的概率逐渐减小，小雨出现的概率最大，为 32%，中雨为 10%，大雨为 7%，暴雨以上强降水的概率在 5%左右。

表 2-5-1　深圳市汛期各等级雨日多年平均值及雨日概率

项目	小雨雨日	中雨雨日	大雨雨日	暴雨或以上雨日	合计
雨日平均值(d)	58.2	18.3	11.9	8.4	96.8
雨日概率(%)	32	10	7	5	54

2) 与地表径流污染的关联性

一般认为，城市降雨径流污染的主要来源有 3 个方面：降雨形成的地表径流；合流制管网排水系统溢流出的城市污水；合流制管网系统内部被侵蚀的沉积物。

深圳市人口流量、车流量等均较大，旱季大量污染物在地表沉降，由于降雨季节分布不均、雨季降雨量大且集中，雨季沉积于地表的大量污染物随雨水冲刷，形成地表径流污染。根据针对降雨及径流对西丽水库水质的影响的研究，降雨和地表径流已经成为水库的主要污染源之一，降雨中含有超标污染物总氮和 pH，地表径流中氨氮、总氮、总磷和铁等指标严重超标。降雨时，水库各项污染指标全面上升，总体水质从Ⅱ～Ⅲ类恶化至Ⅳ和Ⅴ类。增加幅度最大的污染指标是总氮、含铁量和浊度，且总氮超标 1 倍之多。受降雨和径流影响最大的区域是库东(经过较大面积建成区的大磡河汇入口)，其 COD_{Cr}、氨氮、总磷、含铁量和浊度等增加幅度最大。量大且集中的降雨，也对雨水管道及合流管道沉积物进行冲刷，加剧了河流水质污染。

2.5.2.3 城市发展不平衡

改革开放后，深圳用 10 年时间建成了一座崭新的城市，又用 5 年时间将其建成一座难以改造的旧城。原特区内外长期以来发展不平衡，原特区内基本为新城区，为数不多的旧城区也基本经过改造或者计划进行城市更新；而原特区外的宝安、龙岗、光明、坪山等区，除各区的中心城区外，其他基本为旧城区，且旧城区的面积远超新城区。根据《深圳市土地管理制度改革总体方案》，2010 年深圳市土地变更调查的统计数据显示，全市土地总面积 1991.71km^2，其中农用地 916.17km^2，建设用地 917.77km^2，未利用地 157.77km^2。原农村集体经济组织共占用约 390km^2 建设土地(即旧城区)，占全市建设用地 42.5%。

1) 旧城区用地

主要为旧工业区、旧商业区、旧住宅区、城中村及旧屋村等，旧城区主要特点为：①建筑朝向不一、较为杂乱，缺乏统一规划，部分建筑物间距较窄，俗称“握手楼”；②旧城区临街小摊小贩、大排档众多，居住人口稠密，加之旧城区环卫工作基本由村委统一安排，垃圾清扫和转运的频率偏低，造成旧城区环境卫生状况较差；③旧城区居民建筑基本为雨污混流，即同一根建筑立管收集天面雨水和阳台及卫生间污水，造成源头上雨污合流；④旧城区排水管网基本为一套合流管排水，即一套合流管收集建筑物污水与地面雨水，且合流管或截流后排入河道，或直接接入河道。

2) 与地表径流污染的关联性

由于旧城区建筑凌乱，巷道较窄，给雨污水管网改造带来困难，目前对难以敷设管道的旧城区基本采取截流的方式。雨季，雨水对旧城区地面进行冲刷，污染物进入合流管系统。由于合流管排水，雨季污水随雨水进入河道。此外，旱季污水中沉积物在管底沉积，雨季大量雨水进入管道，对管道沉积物进行冲刷，污染物随雨水进入河道，造成河流水质污染。

2.5.2.4 截流式合流制排水系统

1) 深圳市污水管网发展历程

深圳市污水管网的发展经历了三个阶段，分别为干管与沿河截污系统；市政管网、支流整治及初(小)雨截流管；建筑分流制改造及支管网完善。支管网工程是城市管网建设的末端环节、完善阶段，意义重大。图 2-5-3 为深圳市污水管网发展历程。

(1) 初始阶段。城市发展起步，基本没有排水管网，城市污水厂还未建设，市政管网基本为雨污合流管，并零散发展不成系统，雨污混流排入水体。随着经济的不断发展和人民生活水平的提高，社会逐渐开始重视水环境。在本阶段，深圳市开始建设污水处理厂，并展开污水厂配套干管工程建设。本阶段确定深圳市城市排水体制应坚持分流制排水体制，污水厂及污水干管规模按照分流制排水体制配置，并在近期沿河设置截污口，在城市分流制改造完成之前截流漏失污水。

(2) 发展阶段。污水厂及污水干管已经建成运行，但仍存在污水收集率不足的问题，随着城市污水的不断收集，面源污染的问题日渐突出。本阶段开始大力发展各级市政道路管网，与已建干管系统接驳，并建设初(小)雨截流箱涵，解决旱季漏排污水与初期雨水。同时开展各级支流的综合整治，逐步取消原干管上设置的总口截流点。

(3) 完善阶段。主干管及干管系统已经完成，截污系统发挥重大作用，但仍存在一些问题，如旱季时部分河道基流与污水混流进入污水厂，雨季时大量雨水混流进入污水厂，同时混流污水排入河道水体。截污系统是城市管网建设的过渡阶段，在分流制改造完成后应逐步取消截污口。本阶段主要任务是从源头开始进行分流制改造，包括建筑立管分流、出户管与小区管网接驳和小区管网与市政管网接驳。

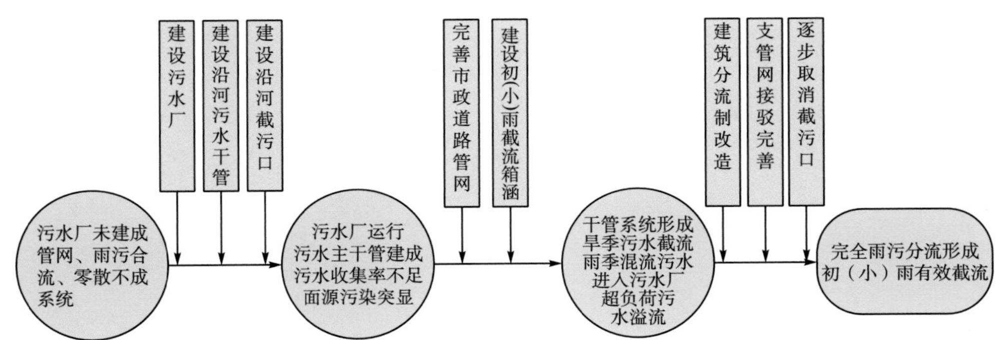

图 2-5-3　深圳市污水管网发展历程

目前，深圳市污水管网虽然发展到完善阶段，正在逐步开展排水管网雨污分流改造，但由于存在难以分流彻底的旧城区，故截污口仍大量存在。

2) 与地表径流污染的关联性

截污系统的建设为污水厂解决了初期污水量不足的问题，并为水体水环境改善作出了历史贡献，但随着城市管网不断完善，截污口数量增多，在排水系统运行上仍存在一些问题。由于城市管道最小管径的限制，截污系统设计时，每个截污管最小管径为 DN300，而污水干管按照分流制设置，降雨时，截污管均为满流，使得污水干管很快被上游截污管截流水充满，而下游的城市污水与截流水均无法进入干管系统，溢流进入河道，严重污染水环境。图 2-5-4 为旱季截流系统运行示意图，图 2-5-5 为雨季截流系统运行示意图。

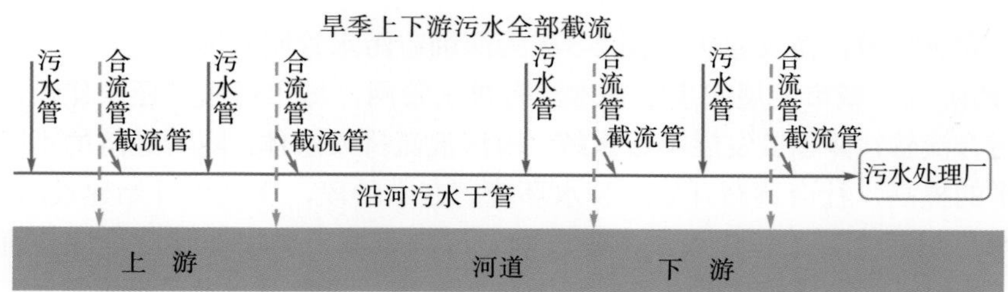

图 2-5-4 旱季截流系统运行示意图

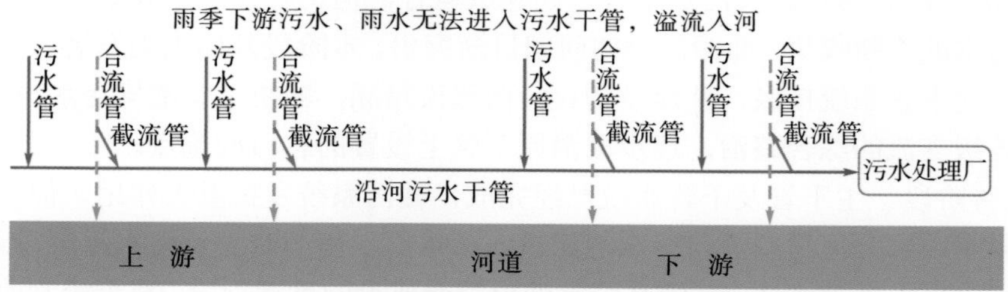

图 2-5-5 雨季截流系统运行示意图

第 3 章　滨海城市(深圳)地表径流总污染特征

本章研究选点反应了 5 条城市河流流域研究区域(福田河流域、新洲河流域、白芒河流域、凤塘河流域和小沙河流域)径流的总体污染特征，对于解决滨海城市径流污染起到了积极指导作用，有利于指导规划中初期雨水截流等设施的用地问题。

3.1　采样点基流分析

由于新洲河研究区域的采样点基流量极少，多次观测均无流量，偶尔有极其少量的水流，因此可以忽略。福田河研究区域基流平均值为 0.0055 m^3/s，白芒河研究区域基流平均值为 0.001 m^3/s，凤塘河研究区域基流平均值为 0.45 m^3/s，小沙河研究区域基流平均值为 0.05 m^3/s。基流中污染物平均浓度见表 3-1-1，以便在研究中考虑基流浓度的贡献。

表 3-1-1　研究区域基流污染物平均浓度　　(单位：mg/L)

研究对象	福田河	白芒河	凤塘河	小沙河
COD	74.62	80.10	63.65	41.37
BOD	48.49	5.87	26.40	12.74
SS	106	346	115	61
TN	1.93	27.89	18.27	9.53
TP	0.50	6.66	1.13	0.60

根据质量守恒的原理，扣除基流浓度后的污染物浓度可按式(3-1)计算：

$$C_{Rt}=\frac{C_t\times q_t-C_b\times q_b}{q_t-q_b} \tag{3-1}$$

式中，C_{Rt}——t 采样时刻径流污染物原浓度，mg/L；

C_t——t 采样时刻实测径流浓度，mg/L；

q_t——t 采样时刻实测径流流量，L/s；

C_b——基流浓度，mg/L；

q_b——基流流量，L/s。

3.2　地表径流流量的特点

3.2.1　城市径流发展一般规律

城市暴雨径流具有随机性强、突发性强、径流量大的特点，在降雨过程中雨水水量变化具有明显的峰值。因此，对处理设施的冲击负荷大。典型的城市发展暴雨径流变化见图 3-2-1，可见城市发展后，暴雨径流的洪峰提前，洪峰量增大，增加了城市排水系统的压力。

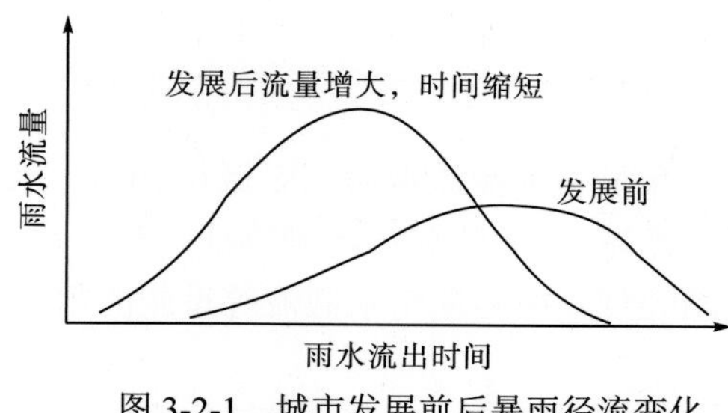

图 3-2-1 城市发展前后暴雨径流变化

3.2.2 各采样点径流实测流量分析

3.2.2.1 福田河流域研究区域采样点

从 2007 年 10 月至 2008 年 11 月的 17 场降雨径流的实测数据可以看出，各场次径流瞬时流量差别较大，在 0.05～13.2m^3/s 之间波动，平均为 1.3m^3/s，见图 3-2-2。除 3 场降雨(2008 年 5 月 28 日，2008 年 7 月 27 日，2008 年 9 月 1 日)外，各场径流瞬时流量均在 0～4m^3/s 变化。各场降雨的径流瞬时流量曲线变化规律主要可分为以下 3 种：

(1) 初期(采样时间的前 30min)内急剧下降，后期趋于平缓；

(2) 初期逐渐增大，中期出现峰值，后期逐渐减小；

(3) 整个过程流量变化不大。

经统计，第一类曲线(如 2008 年 6 月 11 日)共 2 场，占总监测场次的 11.8%；第二类曲线(如 2008 年 5 月 28 日)共 7 场，占总场次的 41.2%；第三类曲线(如 2008 年 6 月 6 日)共 8 场，占总场次的 47%。

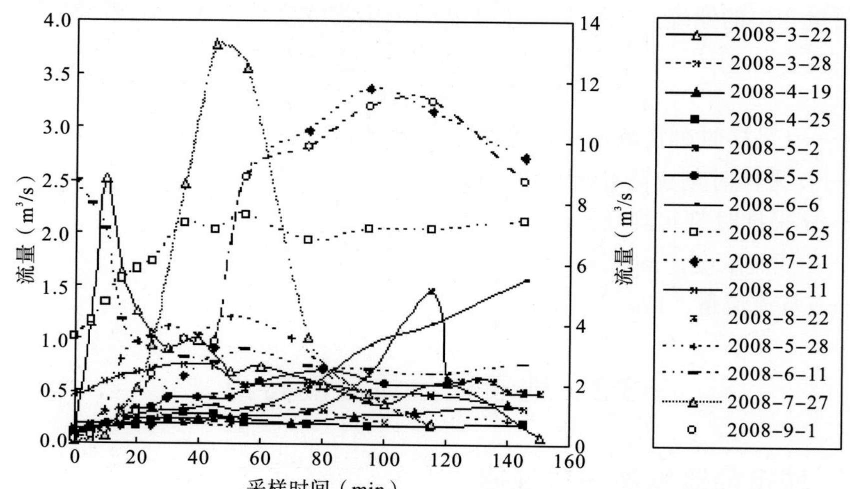

图 3-2-2 福田河流域研究区域采样点地表径流瞬时流量曲线

注：右边纵坐标为 2008 年 5 月 28 日、2008 年 7 月 27 日、2008 年 9 月 1 日流量的刻度，左边纵坐标轴为其余场次的刻度。

累计流量见图 3-2-3，各场次降雨的累计流量差别较大，最大累计流量达 72439m^3。其中，有 6 场降雨累计流量大于 10000m^3，占总场数的 35.3%，其余各场累计流量均为 1000～7000m^3，占总场数的 64.7%。经统计后发现，占总径流量 30%的时间范围为 24～45min 的占 70%的测定降雨场次，在 30min 以前其累计径流量小于总径流量 30%的约占 55%的降雨场次。主要影响因素为降雨强度、雨峰位置和降雨历时，在降雨历时相同情况下，降雨强度大且雨峰位置靠后时，则前期降雨累计径流量占比例较小。

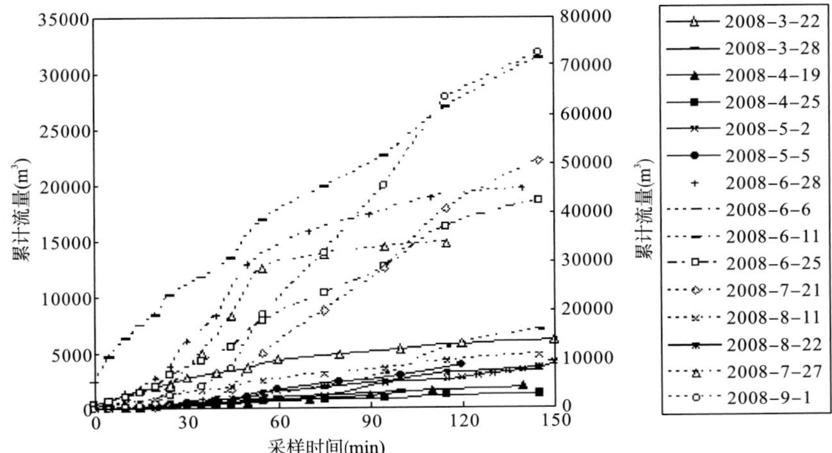

图 3-2-3　福田河流域研究区域采样点地表径流累计流量曲线

注：右边纵坐标轴为 2008 年 7 月 27 日和 2008 年 9 月 1 日累计流量的刻度。

3.3.2.2　白芒河流域研究区域采样点

从 2007 年 10 月至 2008 年 11 月，对白芒河流域研究区域采样点 8 场典型降雨的径流实测数据进行汇总(图 3-2-4)，瞬时流量最大为 0.21m^3/s，平均为 0.052m^3/s。各场降雨径流瞬时流量变化不大，部分场次径流随降雨历时在前 50min 有小幅增加的趋势，并出现峰值，60min 后逐渐下降并趋于稳定。

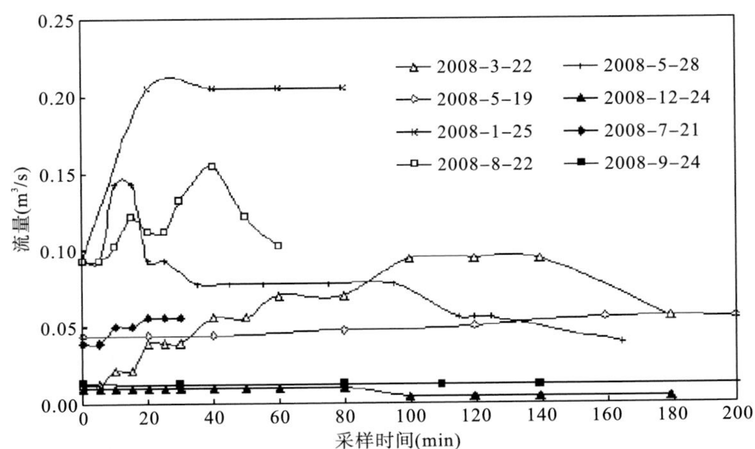

图 3-2-4　白芒河采样点地表径流瞬时流量曲线

累计流量见图 3-2-5，最大值为 25120m^3(发生在 2008 年 5 月 19 日)，除最大值外其余场次降雨径流累计流量均在 1200m^3 之内，前 30min 累计流量在总流量中的比例通常不超过 30%。

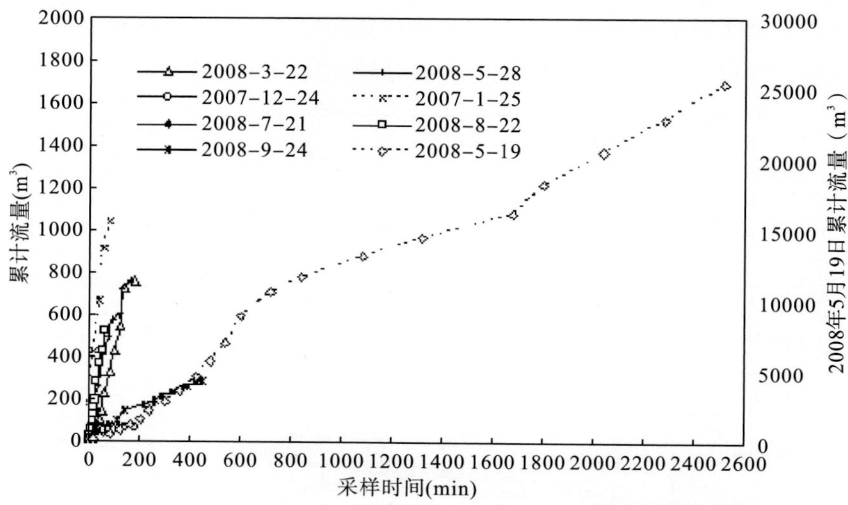

图 3-2-5　白芒河流域研究区域采样点地表径流累计流量曲线

3.3.2.3　新洲河流域研究区域采样点

从 2007 年 10 月至 2008 年 11 月，将新洲河流域研究区域采样点 5 场典型降雨径流瞬时流量实测数据汇总于图 3-2-6，最大瞬时流量为 1.08m^3/s，平均为 0.34m^3/s。在降雨历时中有明显的峰值，主要出现在 10～30min 的采样时间。

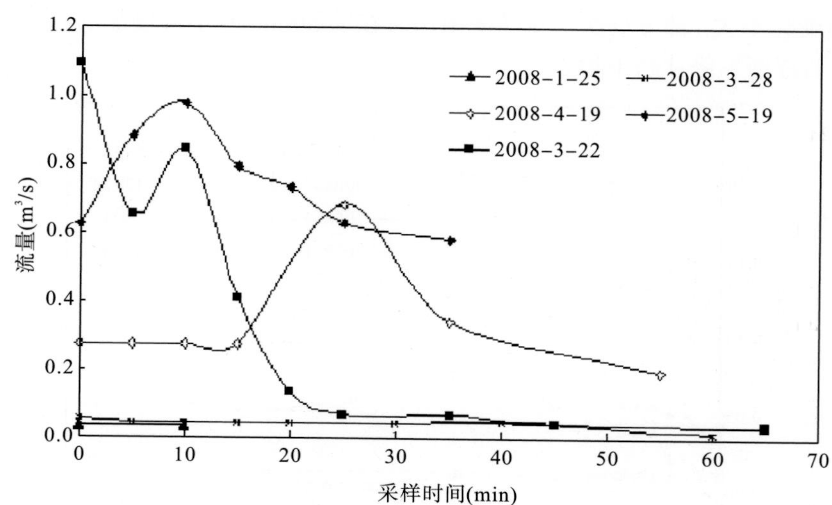

图 3-2-6　新洲河流域研究区域采样点地表径流瞬时流量曲线

累计流量见图 3-2-7，最大值为 2001m^3（2008 年 5 月 19 日），2008 年 3 月 22 日和 2008 年 4 月 19 日 2 场雨的累计流量均为 1000～1500m^3，其余累计流量小于 80m^3。由于新洲采样点的采样受潮汐影响，多场降雨因为涨潮被淹没而无法测定，因此取样时间均较短，累计流量值仅供参考。

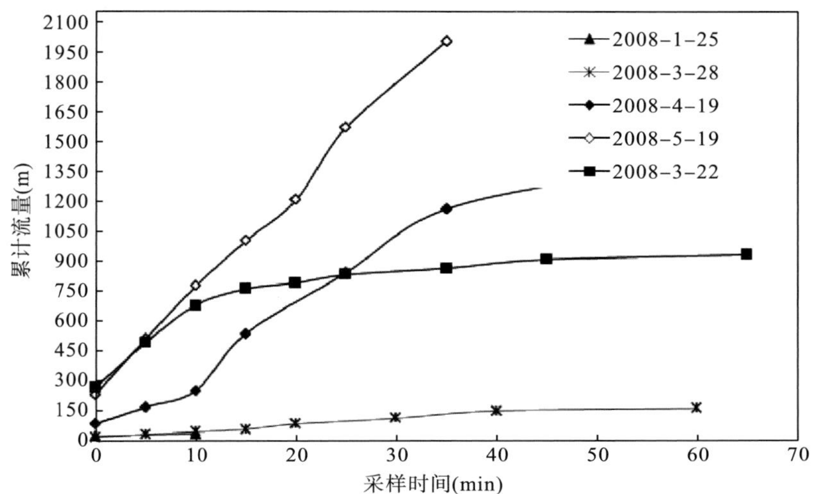

图 3-2-7 新洲河流域研究区域采样点地表径流累计流量曲线

3.2.2.4 凤塘河流域研究区域采样点

深圳市凤塘河流域研究区域从 2010 年 4 月至 2011 年 9 月共监测到 16 场降雨径流，各场次径流流量在 0.87～28.79 m^3/s 之间波动，平均为 8.86m^3/s，见图 3-2-8。

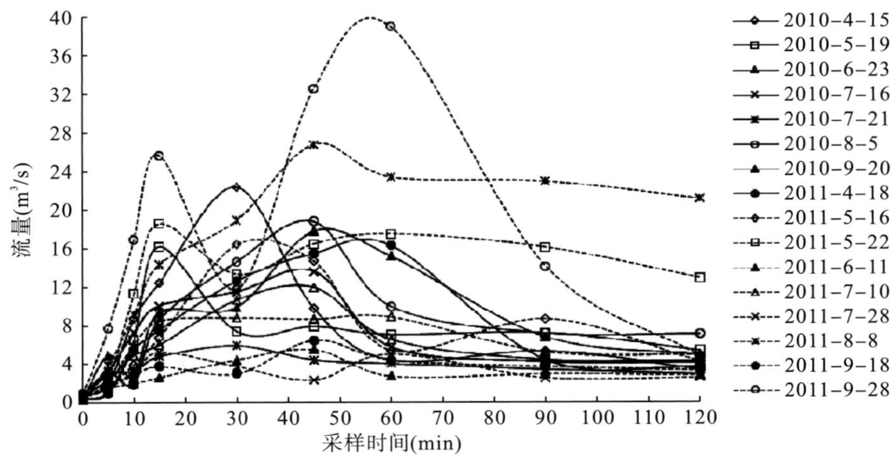

图 3-2-8 凤塘河流域研究区域采样点地表径流瞬时流量曲线

各场降雨的径流瞬时流量曲线变化规律主要可分为以下 4 种：

(1)初期(采样时间的前 30min)内急剧下降，后期趋于平缓；

(2) 初期逐渐增大，中期出现峰值，后期逐渐减小；

(3) 整个过程流量变化不大；

(4) 初期逐渐增大，中后期基本稳定。

经统计，第一类曲线(如 2010 年 4 月 15 日)共 3 场，占总监测场次的 18.7%；第二类曲线(如 2010 年 6 月 23 日)共 5 场，占总场次的 31.3%；第三类曲线(如 2010 年 7 月 21 日)共 5 场，占总场次的 31.3%；第四类曲线(如 2011 年 5 月 22 日)共 3 场，占总场次的 18.7%。

凤塘河流域研究区域地表径流累计流量见图 3-2-9，各场次降雨的累计流量差别较大，最小累计流量为 395.56 m^3，最大累计流量达 2407.4m^3。其中，有 3 场降雨累计流量大于 1700m^3，占总场数的 18.7%，其余各场累计流量均为 395.56～1700m^3，占总场数的 81.3%。前 30min 累计流量一般占总流量比例平均为 23.2%。

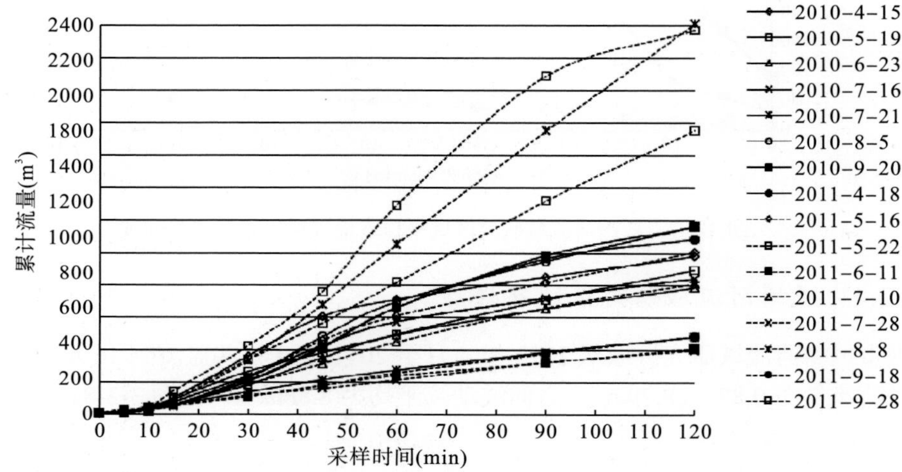

图 3-2-9 凤塘河流域研究区域采样点地表径流累计流量曲线

3.2.2.5 小沙河流域研究区域采样点

小沙河流域研究区域从 2010 年 4 月至 2011 年 9 月共监测到 16 场降雨径流，各场次径流流量在 0.096～7.152 m^3/s 之间波动，平均为 2.95m^3/s，见图 3-2-10。

各场降雨的径流瞬时流量曲线变化规律主要可分为以下三种：

(1) 初期(采样时间的前 30min)内急剧下降，后期趋于平缓；

(2) 初期逐渐增大，中期出现峰值后基本维持高位直至监测结束；

(3) 整个过程流量变化不大。

经统计，第一类曲线(如 2010 年 6 月 23 日)共 2 场，占总监测场次的 12.5%；第二类曲线(如 2010 年 5 月 19 日)共 11 场，占总场次的 68.8%；第三类曲线(如 2010 年 7 月 16 日)共 3 场，占总场次的 18.7%。

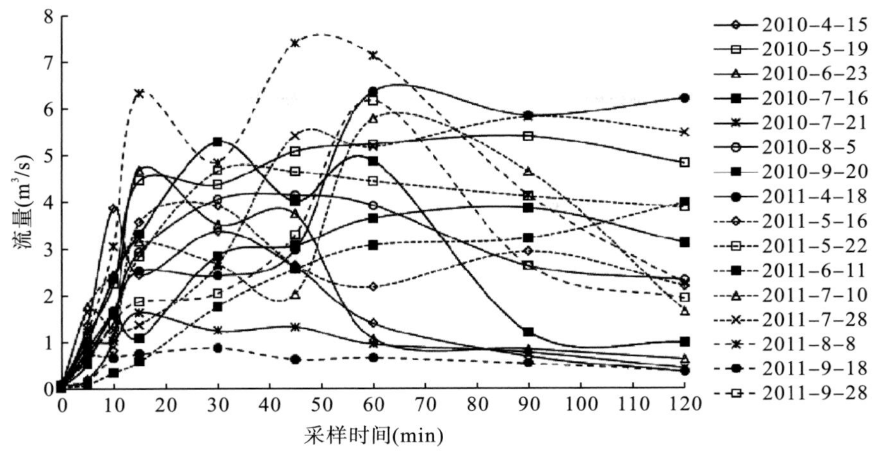

图 3-2-10　小沙河流域研究区域采样点地表径流瞬时流量曲线

小沙河流域研究区域地表径流累计流量见图 3-2-11，各场次降雨的累计流量差别较大，最小累计流量为 80.2m^3，最大累计流量达 584.99m^3。其中，有 2 场降雨累计流量小于 120m^3，占总场数的 12.5%，其余各场累计流量均为 120～584.99m^3，占总场数的 87.5%。本研究区域前 30min 累计流量占总流量的比例较小，平均在 21.5%，有 7 场降雨不足 15%。

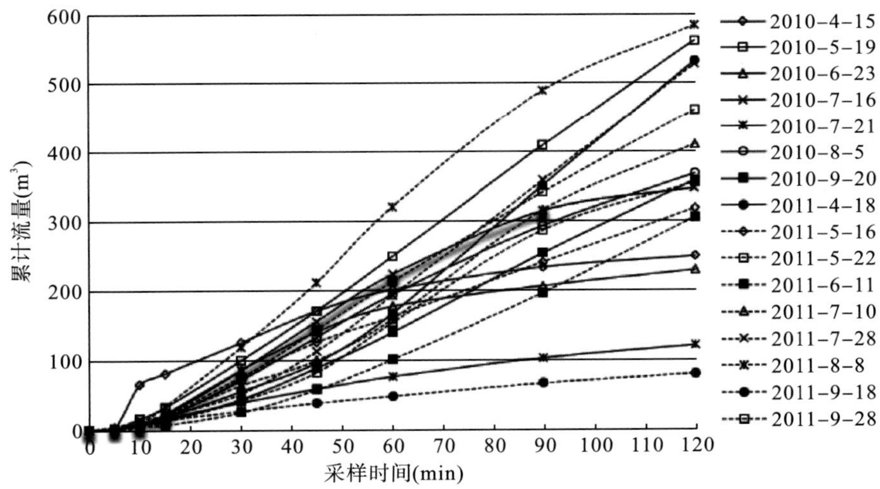

图 3-2-11　小沙河流域研究区域采样点地表径流累计流量曲线

3.2.2.6　深圳市地表径流流量特点

根据对以上深圳市 5 个流域研究区域采样点的分析，其中有 4 个研究采样点的地表径流量符合城市径流发展的一般规律，小沙河的降雨径流规律与城市径流发展的一般规律有明显差异。

由于下垫面的类型的差异，5 个采样点的径流流量曲线变化规律不尽相同。福田河流域研究区域曲线较复杂，分为 3 种类型，有的在初期出现峰值，有的在中期达到最大，但以总体平缓变化类型为主。新洲河流域研究区域流量变化幅度较大。白芒河流域研究区域相对变化较小，在初期有所波动后，中期、后期趋于稳定。由于凤塘河研究区域范围大，流量峰值的时间相对滞后，个别场次降雨在后期监测时段内维持高流量。小沙河流域内绿地比例高达 65%，降雨流量峰值明显滞后，且后期监测时段内流量基本稳定。

经统计后发现，福田河流域研究区域有 55%场次的降雨，前 30min 累计流量在总流量中的比例不超过 30%；白芒河、新洲河和凤塘河研究区域内前 30min 累计流量占总流量中的比例不超过 30%；小沙河流域前 30min 累计流量占总流量中的比例平均为 21.5%。其主要影响因素为降雨强度、雨峰位置、降雨历时和下垫面情况。在降雨历时相同情况下，前期降雨强度小且雨峰位置靠后时，前期降雨累计径流量占比例较小；绿地比例较高时，则由于下渗量增加，前期降雨累计径流量占比例减小。

3.3 城市地表径流总污染的浓度特征

研究区域城市地表径流污染的特征包括三个方面。

第一，具有非点源和点源的双重性。污染物晴天时在城市地表累积，降雨时则随地表径流而排放，具有非点源间歇式排放特征。污染物自城市地表经由排水系统进入受纳水体，因此又具有集中排放的特征。

第二，随机性。影响城市地表径流污染的因素很多，且许多为随机性因素，在地表污染物的累积和冲刷两个主要环节中都有随机性因素起作用，如两场降雨之间的间隔时间、降雨历时、降雨强度等。

第三，污染负荷时空变化幅度大。由于随机性的存在，城市地表径流的污染负荷并不是稳定不变的。不同的城市功能区，其人类活动的方式与强弱不同，相应的地表沉积物的数量和性质也不同，产生的径流污染负荷差异较大。

3.3.1 浓度汇总

通过对雨季采样监测结果进行分析和汇总，各污染物浓度范围见表 3-3-1。

表 3-3-1 污染物浓度汇总 （单位：mg/L）

采样点	COD	SS	BOD_5	TN	TP	pH
福田河流域研究区域	16.6～1586.0	2～11206	24.0～451.0	0.05～15.70	0.220～3.890	5.7～7.0
白芒河流域研究区域	13.3～1552.0	14～4546	30.9～219.0	0.27～15.03	0.430～3.170	6.2～8.5
新洲河流域研究区域	6.7～1550.0	40～8048	30.9～163.0	0.63～15.43	0.320～2.260	6.3～7.0
凤塘河流域研究区域	65.4～241.6	76～426	18.3～73.9	14.02～33.47	0.721～2.870	6.9～7.3
小沙河流域研究区域	10.8～105.4	40～1094	4.8～45.3	9.06～19.44	0.411～1.936	6.8～7.4
地表水环境 V 类标准	40.0		10.0	2.00	0.400	6.0～9.0

从表 3-3-1 可知，COD、SS、BOD_5、TN、TP 的浓度范围变化较大，其中 COD 浓度超标严重，且变化幅度较大。福田河、白芒河、新洲河流域三个采样点的 COD 的浓度范围接近，TN 的浓度范围也接近，TP 的浓度范围也接近，但 SS 和 BOD_5 范围差别较大，福田河流域研究区域范围内 SS 最大值高达 11206mg/L，新洲河和白芒河采样点的 SS 分别为 8048 mg/L 和 4546 mg/L，白芒河流域研究区域范围内 SS 相对较小。对于 BOD_5，福田河流域研究区域范围内的最大值也大于其他两条河流。这三个采样点的 pH 变化都不大，总体呈偏弱酸性。白芒河流域研究区域范围内 pH 曾达到 8.5，估计是与工业区漏排污水到雨水管道中有关。总体上，福田河研究区域范围内水质劣于新洲河和白芒河研究区域。

由于有基流的存在，考虑旱季污染负荷对污染的贡献，应将福田河流域研究区域与白芒河流域研究区域的旱季污染扣除，而新洲河流域研究区域旱季流量极少，因而不考虑旱季污染。根据公式(3-1)扣除旱季污染后，径流的污染物浓度范围见表 3-3-2。

表 3-3-2　扣除旱季污染后污染物浓度汇总　（单位：mg/L）

采样点	COD	SS	BOD_5	TN	TP
福田河流域研究区域	6.69～1624.70	4.44～9568.18	23.22～655.87	0.13～23.60	0.430～6.360
白芒河流域研究区域	13.59～1105.50	39.52～4335.93	15.40～188.89	0.46～11.86	0.505～2.980
凤塘河流域研究区域	53.02～244.04	35.65～678.10	12.47～106.34	5.87～37.65	0.352～4.236
小沙河流域研究区域	12.14～68.78	27.49～529.31	3.74～83.98	3.89～46.74	0.266～2.953

由公式(3-1)可知，由于基流流量和浓度稳定，径流污染物原浓度主要与雨水径流实测浓度值和实测径流流量大小有关。

可以看出，扣除旱季浓度后，各污染指标的最小值和最大值变化较大。例如，福田河采样点 SS 浓度最大值降幅达到 15%，白芒河采样点 SS 浓度最小值增幅达到 64%，可见通常情况下初期雨水比基流“脏”，后期雨水可能比基流“干净”，并且旱季污染对径流污染浓度贡献是显著的，值得重视。扣除旱季浓度，各项指标依然超标严重。

3.3.2　径流总污染过程线

径流污染过程线反应的是污染物浓度与对应时间的变化曲线。

3.3.2.1　COD 污染过程线

1) COD 浓度

五个采样点各场降雨的 COD 浓度汇总数据见表 3-3-3。

表 3-3-3 COD 浓度汇总 (单位：mg/L)

采样点	前期			后期		
	高值	低值	平均值	高值	低值	平均值
福田河流域研究区域	1540.5	16.6	290.2	1586.4	24.2	199.0
白芒河流域研究区域	1552.0	6.7	246	914.0	3.4	113.0
新洲河流域研究区域	1550.0	6. 7	211.4	244.6	60.0	124.8
凤塘河流域	241.6	85.2	143.7	224.3	65.4	98.5
小沙河流域	105.4	19.2	57.8	69.4	10.8	32.5

注：表中前期指径流形成后的前 30min，后期指径流 30min 以后直至径流结束。本书以后章节中所涉及的前期、后期定义同此。

从表 3-3-3 中可以看出 COD 浓度特征如下。

(1) 前四个采样点所测的径流 COD 浓度均远高于地表水Ⅴ类标准限值，其中福田河流域研究区域 COD 最高为地表水Ⅴ类标准(40mg/L)的 38.51 倍，前期平均浓度为Ⅴ类标准的 7.26 倍。其余采样点的 COD 浓度类似，都远超过地表水Ⅴ类标准，最高浓度甚至高于城市污水厂进水水质，可见对环境的负面影响不容忽视。但小沙河流域所测径流 COD 浓度略高于地表水Ⅴ类标准限值，其最高值为地表水Ⅴ类标准的 2.64 倍。

(2) 可以发现前期的 COD 平均浓度远高于后期水平，各采样点的前期 COD 平均值分别为后期平均值的 1.46 倍、2.17 倍、1.69 倍、1.46 倍和 1.78 倍，其中白芒河流域研究区域和新洲河流域研究区域的后期最高浓度也显著低于前期高值，明显体现了径流污染的初始冲刷。

(3) 福田河流域研究区域的 COD 平均浓度高于其他河流，白芒河流域研究区域、新洲河流域研究区域和凤塘河流域的初始冲刷更为显著。小沙河流域的初期效应不明显。

考虑旱季污染对径流污染的贡献，将 COD 浓度扣除旱季污染浓度后，汇总于表 3-3-4。

表 3-3-4 扣除旱季污染后 COD 浓度 (单位：mg/L)

采样点	前期			后期		
	高值	低值	平均值	高值	低值	平均值
福田河流域研究区域	1624.70	40.56	352.32	1116.00	6.49	197.01
白芒河流域研究区域	1105.50	13.59	248.59	423.00	13.59	111.71
凤塘河流域	268.40	96.70	152.80	239.80	77.60	104.30
小沙河流域	108.90	24.20	51.50	78.40	21.30	35.00

与扣除旱季前相比，4 个采样点的浓度值范围变化情况存在差异。福田河、白芒河总体上有较大幅度变化，其前期平均浓度分别增加 21%、1.1%，后期平均浓度基本不变，可见基流在前期有相当程度的影响。以白芒河流域研究区域 2008 年 8 月 22 日 COD 浓度为

例：扣除前后随时间的变化情况见图 3-3-1，在第 10min 时，扣除前浓度为 194mg/L，扣除后浓度为 154mg/L，可算得旱季浓度的贡献率约为 20%；低浓度时，旱季浓度贡献率较大(如 60min 时可达 30%)。

凤塘河流域和小沙河扣除前后浓度变化较小，基本在 10%以内。

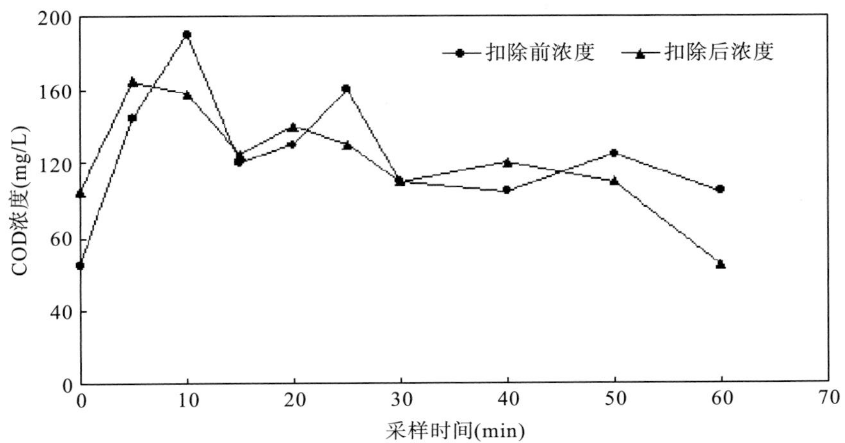

图 3-3-1　白芒河流域研究区域 COD 扣除旱季浓度前后变化曲线(2008 年 8 月 22 日)

2) COD 随降雨过程变化变化曲线

将福田河、白芒河、新洲河三个采样点较为典型的 COD 浓度随降雨历时变化曲线汇总，见图 3-3-2、图 3-3-3 和图 3-3-4。

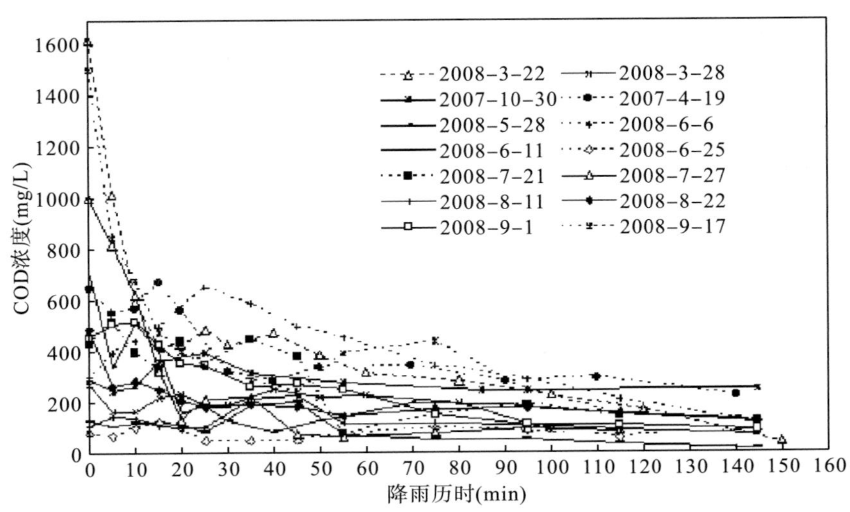

图 3-3-2　福田河流域研究区域 COD 变化曲线

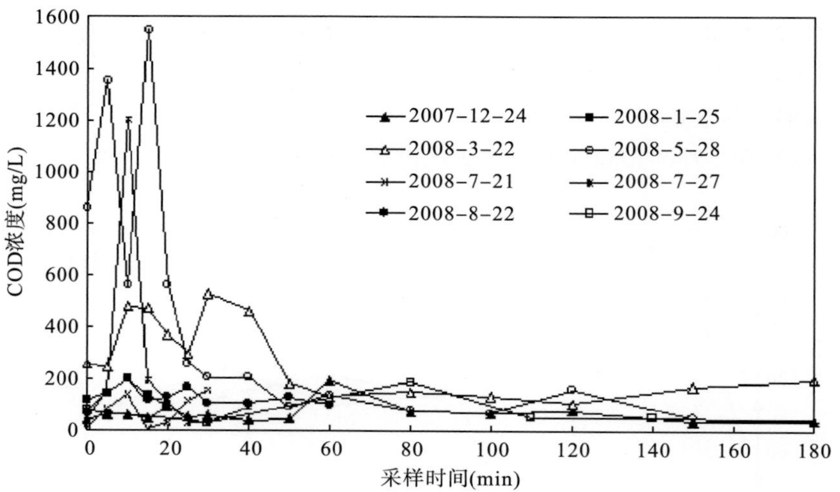

图 3-3-3　白芒河流域研究区域 COD 变化曲线

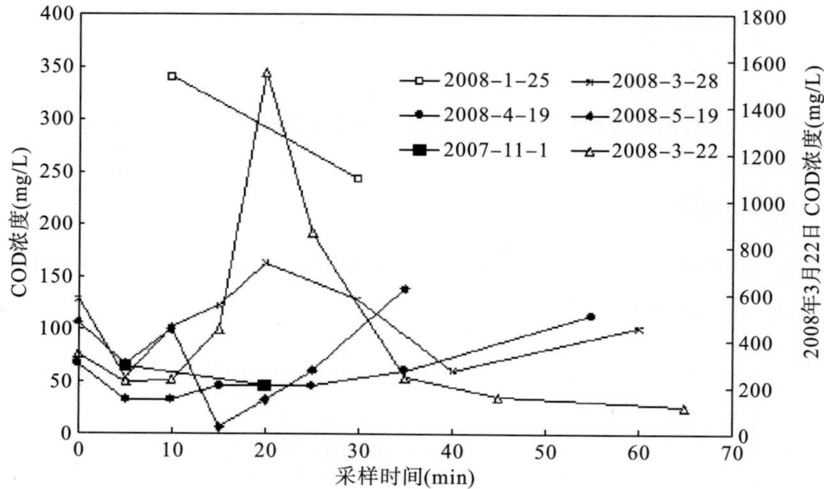

图 3-3-4　新洲河流域研究区域 COD 变化曲线

可以看出，在采样前 30min，部分 COD 浓度出现陡降趋势，有典型的初始冲刷。在福田河流域研究区域 2008 年 3 月 28 日 COD 变化曲线中，COD 由最初的 1540mg/L，在 30min 内陡降至 310mg/L，降幅达 80%。在白芒河流域研究区域 2008 年 5 月 28 日 COD 变化曲线中，COD 在第 15min 高达 1552mg/L，到 30min 时，已降至 204mg/L，15min 内降幅高达 87%。在新洲河流域研究区域 COD 变化曲线中，也可以发现类似的现象。各场次曲线在前期均呈现衰减的趋势，且 30min 后的变化幅度有所减小，并逐步趋于某一稳定值。

3.3.2.2　SS 污染过程线

1) SS 浓度汇总

五个采样点各场降雨的 SS 浓度汇总数据见表 3-3-5。

表 3-3-5　SS 浓度汇总　（单位：mg/L）

采样点	前期			后期		
	高值	低值	平均值	高值	低值	平均值
福田河流域研究区域	11206	12	740	5514	2	409
白芒河流域研究区域	4546	30	849	2322	4	243
新洲河流域研究区域	8048	40	798	1562	44	542
凤塘河流域	426	76	216	409	74	168
小沙河流域	1094	57	146	450	40	78

从表 3-3-5 可以看出：前期的 SS 平均浓度明显高于后期水平，各采样点的前期 SS 平均值分别为后期平均值的 1.8 倍、3.5 倍、1.5 倍、1.3 倍和 1.9 倍，各采样点 SS 浓度均体现出明显的初始冲刷。

考虑旱季污染对径流污染的贡献，将 SS 浓度扣除旱季污染浓度后，汇总于表 3-3-6。

表 3-3-6　扣除旱季污染后 SS 浓度汇总　（单位：mg/L）

采样点	前期			后期		
	高值	低值	平均值	高值	低值	平均值
福田河流域研究区域	9569.18	16.62	1113.67	3822.00	4.44	451.95
白芒河流域研究区域	4335.90	83.50	1035.48	1627.70	39.52	260.08
凤塘河流域	587.00	94.00	289.00	496.00	88.00	179.00
小沙河流域	1109.00	62.00	168.00	514.00	67.00	92.00

可以看出，与扣除旱季前相比，浓度值范围总体上变化幅度较大。各采样点前期平均浓度分别增加 50%、22.0%、33.8%和 15.1%，后期平均浓度增加幅度分别为 10.5%、6.9%、6.5%和 17.9%，可见基流在前期对扣除旱季后浓度的影响高于后期，表明对于排放口的总污染特征来说，基流的“正面”贡献——稀释的作用，是不能忽略的。

2) SS 随降雨过程变化曲线

将福田河、白芒河、新洲河三个采样点较为典型的 SS 浓度随降雨历时变化曲线汇总见图 3-3-5、图 3-3-6 和图 3-3-7。从这三组曲线可以看出，在采样前期 SS 整体浓度较大，且变化幅度较大。在 40min 以前，多数 SS 浓度出现陡降趋势，有典型的初始冲刷。典型曲线有 2008 年 3 月 22 日福田河流域研究区域、2008 年 5 月 28 日白芒河流域研究区域和 2008 年 3 月 22 日新洲河流域研究区域等。其中 2008 年 3 月 22 日福田河流域研究区域 SS 浓度由 11206mg/L 在不到 10min 内暴跌至不足 500mg/L；2008 年 5 月 28 日白芒河流域研究区域前期最大浓度达 4222mg/L，而到 30min 时刻已降至 464mg/L；2008 年 3 月 22 日新洲河流域研究区域前期最大的浓度为 8048mg/L，而 35min 时刻已降至 1118mg/L。其他曲线在前期也都呈现不同程度的下降趋势，个别曲线在后期有一定波动，可能与降雨强度增加有关，但均未超过前期高值。总体上，SS 浓度随降雨历时的变化趋势为：初期有陡降，中期逐步减小，后期逐步趋于稳定。

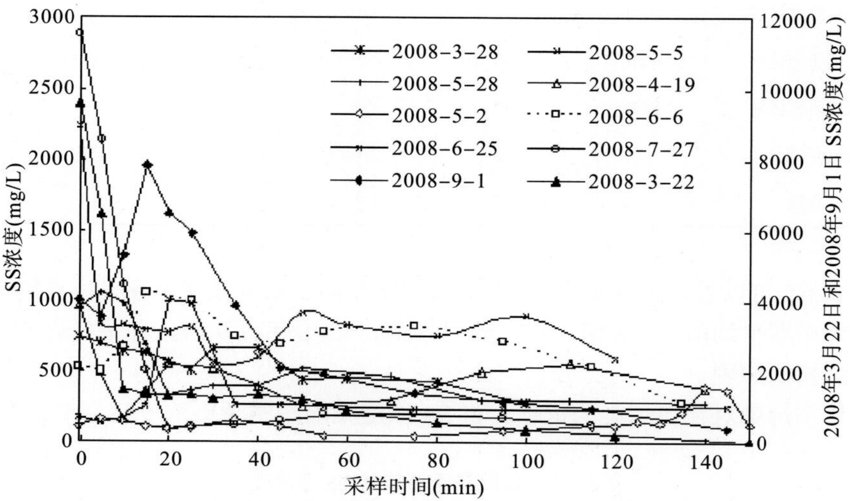

图 3-3-5 福田河流域研究区域 SS 变化曲线

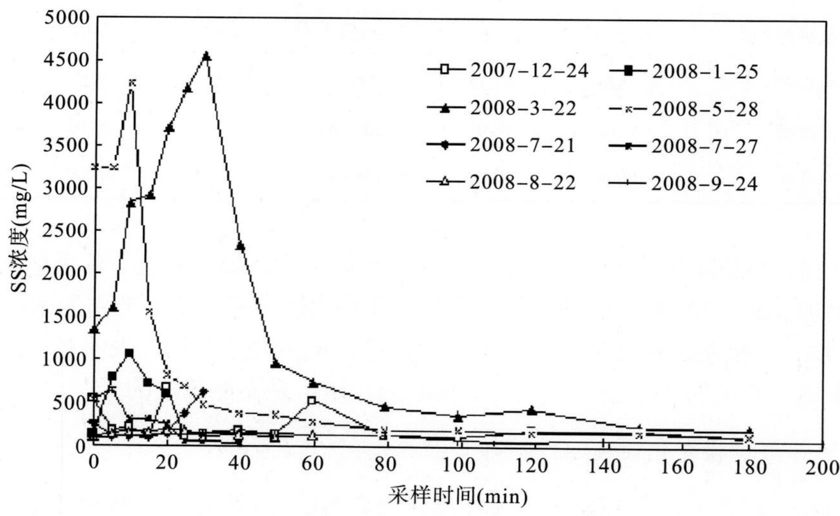

图 3-3-6 白芒河流域研究区域 SS 变化曲线

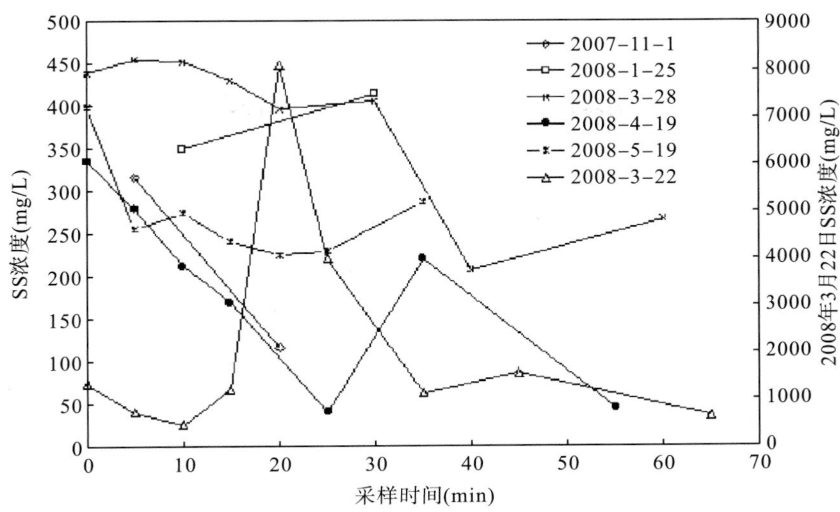

图 3-3-7　新洲河流域研究区域 SS 变化曲线

3.3.2.3　TN 污染过程线

1) TN 浓度汇总

五个采样点的 TN 实测数据汇总见表 3-3-7。

表 3-3-7　TN 浓度汇总　(单位：mg/L)

采样点	高值	低值	平均值
福田河流域研究区域	15.70	0.05	4.92
白芒河流域研究区域	15.03	0.27	4.73
新洲河流域研究区域	15.43	0.63	4.79
凤塘河流域	33.47	14.02	22.53
小沙河流域	19.44	9.06	10.50

从表 3-3-7 中可以看出，各采样点 TN 浓度普遍超过地表水Ⅴ类标准限值(2mg/L)，前三个采样点的 TN 浓度范围及平均值的超标倍数相近，分别是标准限值的 7 倍多和 2 倍多；凤塘河和小沙河采样点的超标倍数较大，平均值超标倍数达到了 11.27 倍和 5.25 倍。可见，地表径流中 TN 的污染也较严重。

扣除旱季浓度的 TN 浓度见表 3-3-8。

表 3-3-8　扣除旱季污染后 TN 浓度汇总　(单位：mg/L)

采样点	高值	低值	平均值
福田河流域研究区域	23.6	0.13	6.13
白芒河流域研究区域	11.86	0.46	3.56
凤塘河流域	29.42	8.35	12.18
小沙河流域	12.45	3.72	6.43

扣除旱季浓度后，福田河采样点 TN 浓度有所上升，其他各采样点浓度有所下降，说明福田河流域研究区域 TN 浓度主要来自径流，旱季浓度贡献可忽略。对于其他研究区域，旱季浓度不可忽略，以平均值计算，旱季浓度贡献率约为 24 %、46%和 38%。

2) TN 随降雨过程变化曲线

福田河、白芒河、新洲河三个采样点较为典型的 TN 浓度随降雨历时变化曲线汇总见图 3-3-8、图 3-3-9 和图 3-3-10，从中可以看出，TN 浓度曲线总体上波动较大，尤其在前期常出现大幅度的升降，但浓度保持较高水平。新洲河流域研究区域 TN 变化曲线在初期有明显的陡降趋势，初始冲刷明显。白芒河流域研究区域的变化曲线在前期有一定的波动，但仍然可以看到浓度在前期有振荡下降的趋势，初期浓度水平明显高于后期。福田河流域研究区域的 TN 变化曲线较为杂乱，部分曲线在后期仍出现较大的波动，多数场次降雨的 TN 曲线不具有初始冲刷。

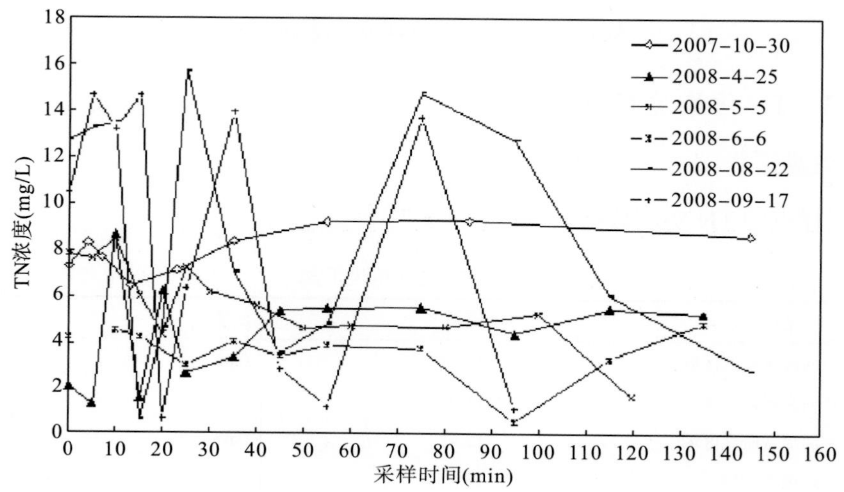

图 3-3-8 福田河流域研究区域 TN 变化曲线

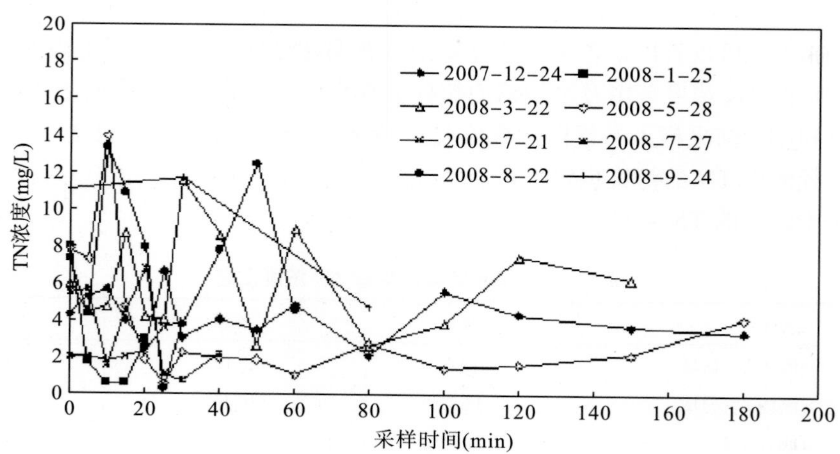

图 3-3-9 白芒河流域研究区域 TN 变化曲线

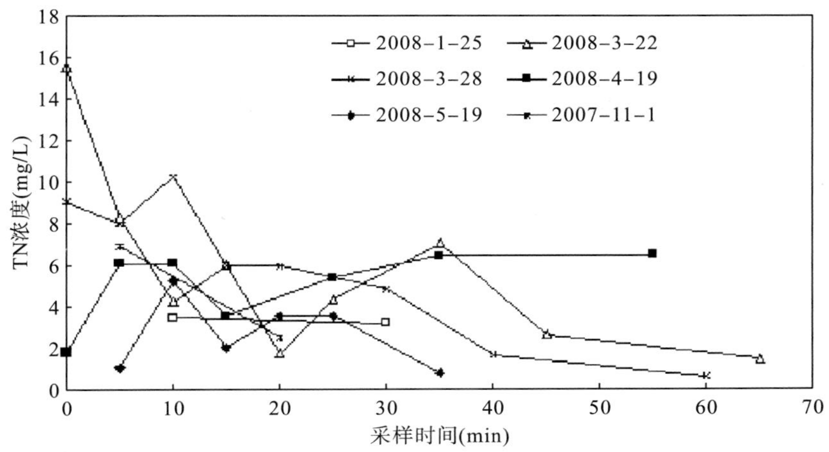

图 3-3-10　新洲河流域研究区域 TN 变化曲线

3.3.2.4　TP 污染过程线

1) TP 浓度汇总

五个采样点的 TP 实测数据汇总见表 3-3-9。

表 3-3-9　TP 浓度汇总　(单位：mg/L)

采样点	高值	低值	平均值
福田河流域研究区域	3.89	0.22	1.80
白芒河流域研究区域	3.17	0.43	1.67
新洲河流域研究区域	2.26	0.32	1.44
凤塘河流域	2.57	0.74	1.49
小沙河流域	1.94	0.41	0.74

从表 3-3-9 中数据，发现各采样点的平均 TP 浓度超过地表水 V 类标准限值(0.4mg/L)，福田河和白芒河采样点的浓度范围接近，高值和平均值分别为标准限值的 9 倍多和 4 倍多，新洲河流域研究区域、凤塘河流域和小沙河流域的 TP 浓度高值稍低，但仍为标准限值的 4～7 倍。可见，各采样点测得的 TP 同 SS、COD 和 TN 一样，均严重超过地表水 V 类标准限值，若不加以控制，必将对水环境造成严重影响。

扣除旱季污染的 TP 浓度见表 3-3-10，扣除旱季浓度后，浓度变化规律有类似于 TN 的变化。对于白芒河，以平均值计算的旱季浓度贡献率约为 9.6 %。

表 3-3-10　扣除旱季污染后 TP 浓度汇总　(单位：mg/L)

采样点	高值	低值	平均值
福田河流域研究区域	6.36	0.43	2.03
白芒河流域研究区域	2.98	0.51	1.51
凤塘河流域	3.82	0.90	1.67
小沙河流域	2.16	0.58	1.03

2) TP 浓度随降雨过程变化曲线

TP 浓度变化较杂乱，福田河、白芒河、新洲河三个采样点典型的 TP 浓度随降雨历时变化曲线见图 3-3-11、图 3-3-12 和图 3-3-13。由于 TP 的浓度较小，更易受各种干扰因素的影响，其整体波动较大。多数在前期存在一个下降的过程，前期振荡剧烈，有陡降过程，后期有浓度上升过程，在 30min 左右浓度会降到一个低值，随后又有一定的小幅上升过程，在后期逐步保持稳定。在 2008 年 3 月 28 日、2008 年 4 月 19 日、2008 年 7 月 27 日、2008 年 9 月 17 日等少数降雨场次有明显的初始冲刷。

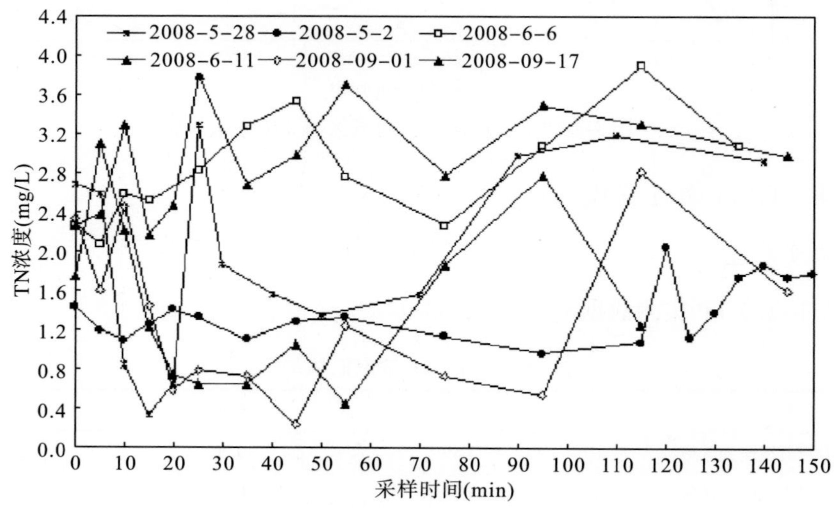

图 3-3-11 福田河流域研究区域 TP 变化曲线

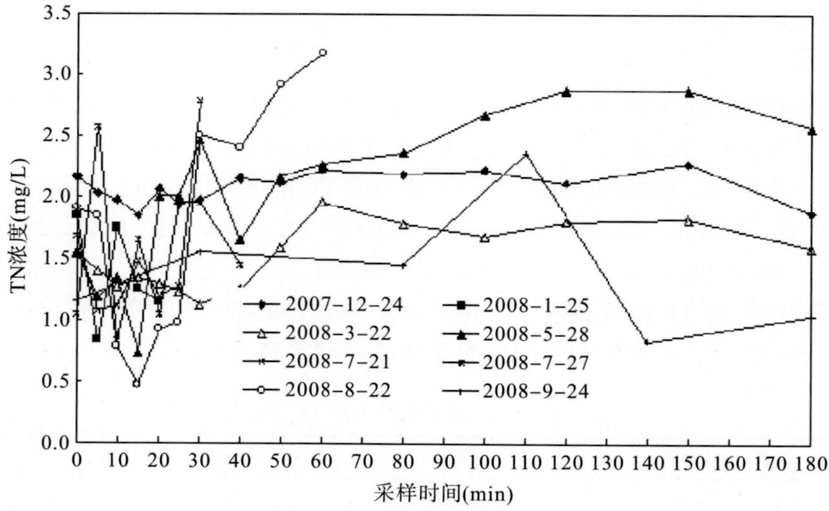

图 3-3-12 白芒河流域研究区域 TP 变化曲线

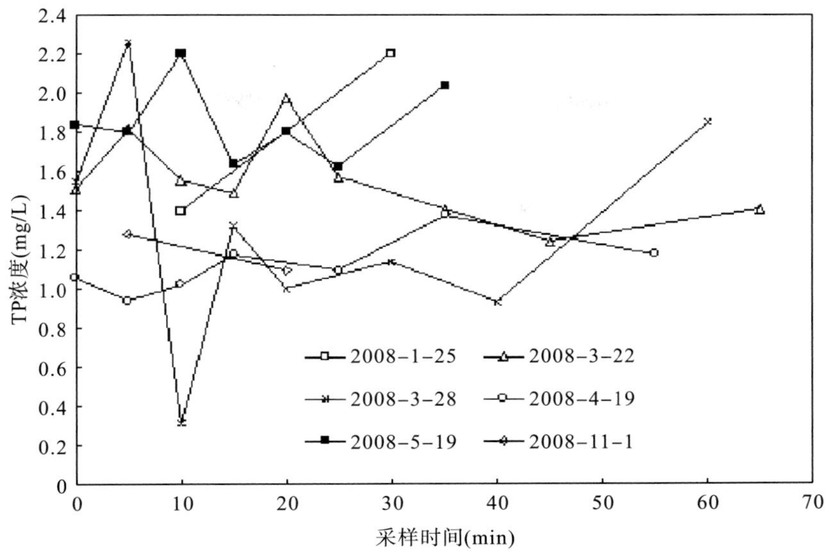

图 3-3-13　新洲河流域研究区域 TP 变化曲线

3.3.2.5　BOD_5 污染过程线

1) BOD_5 浓度汇总

BOD_5 浓度汇总见表 3-3-11。

表 3-3-11　BOD_5 浓度汇总　(单位：mg/L)

采样点	高值	低值	平均值
福田河流域研究区域	451.0	24.0	155.8
白芒河流域研究区域	219.0	30.9	85.3
新洲河流域研究区域	163.0	30.9	97.0
凤塘河流域	113.9	28.3	81.7
小沙河流域	45.3	4.8	17.0

从表 3-3-11 中数据可以看出，除小沙河外，其余各采样点所测得的 BOD_5 浓度无论高值低值均超出地表水 V 类标准限值(10mg/L)，其中福田河流域研究区域最大浓度是标准限值的 45.1 倍，平均值为 V 类标准的 15.6 倍。白芒河流域研究区域 BOD_5 浓度总体上低于福田河流域研究区域最高值和平均值，都约为福田河流域研究区域浓度的一半左右，但平均值仍是 V 类标准的 8.5 倍。新洲河流域研究区域和凤塘河流域采样点 BOD_5 浓度高值较低，但是平均浓度跟白芒河流域研究区域相差无几(由于新洲河流域研究区域 BOD_5 数据较少，高值浓度仅供参考，实际情况可能超出表中所列数值)。小沙河流域最大浓度和平均浓度则明显低于其他各个监测点，低值达到了地表水 V 类，个别监测时段

甚至达到地表水Ⅳ类。

扣除旱季污染后 BOD_5 浓度见表 3-3-12。旱季浓度对各监测点 BOD_5 平均浓度的贡献率分别为 27.6%、31.4%、18.3%和 38.8%。

表 3-3-12 扣除旱季污染后 BOD_5 浓度汇总 （单位：mg/L）

采样点	高值	低值	平均值
福田河流域研究区域	655.87	23.22	111.90
白芒河流域研究区域	188.89	15.40	58.48
凤塘河流域	128.50	26.70	66.40
小沙河流域	22.60	2.90	10.40

2）BOD_5 浓度随降雨历时变化曲线

由于新洲河研究区域 BOD_5 监测数据量少而无法分析，福田河和白芒河采样点 BOD_5 浓度随降雨历时变化曲线汇总见图 3-3-14 和图 3-3-15，从中可以看出，部分曲线在前期有浓度陡降的趋势，有显著的初始冲刷，扣除旱季浓度后，其初始冲刷明显减弱。其中 2008 年 3 月 22 日的福田河流域研究区域 BOD_5 浓度从 0min 的 451mg/L，在 30min 内降至 219mg/L，降幅超过 50%。2008 年 5 月 28 日的福田河流域研究区域 BOD_5 浓度在 30min 内从 211mg/L 降至 107mg/L，降幅达 49.3%。2008 年 7 月 27 日的白芒河流域研究区域 BOD_5 浓度出现先升高后陡降的趋势，在第 10min 的最高浓度为 219mg/L，而到 25min 左右时，已不足 60mg/L。其他曲线均能体现出一定的初期浓度下降趋势，而且通常初期浓度越高的，其初期的陡降趋势越明显。初期浓度低于 100mg/L 的，变化相对较小，但也有浓度下降的趋势。

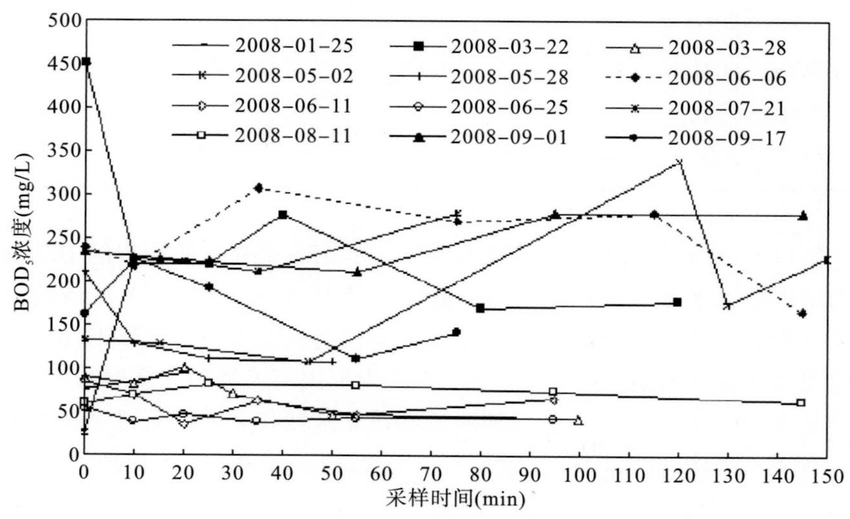

图 3-3-14 福田河流域研究区域 BOD_5 变化曲线

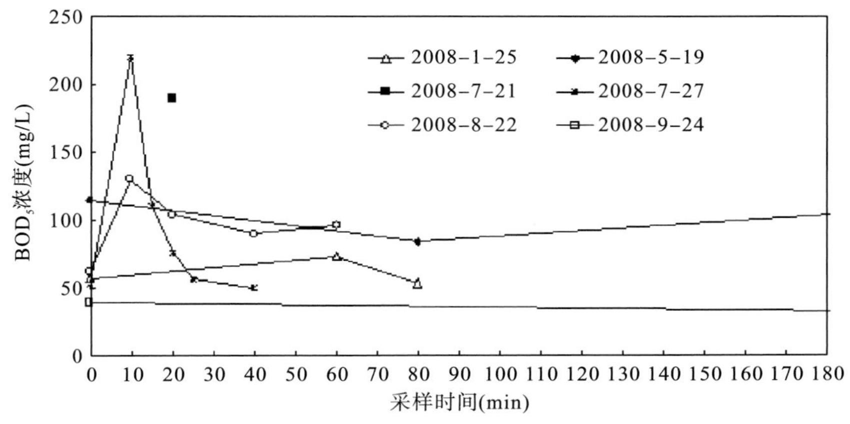

图 3-3-15　白芒河流域研究区域 BOD_5 变化曲线

3.3.2.6　径流总污染过程线特征及原因

虽然研究涉及的污染物特征数据量较大且其变化较为复杂，但污染过程线可归纳为以下 4 类。

(1) 浓度增加很快，达到最大值后又迅速下降，然后趋于较低值，可能出现多个大小不同的峰值。

(2) 浓度增加较慢，达到最大值后又缓慢下降，然后趋于较低值，可能出现多个大小不同的峰值。

(3) 前期浓度较高，以后浓度一直呈现波动下降趋势，可出现多个峰值。

(4) 浓度变化不大，在某一浓度上下波动，可出现多个峰值，可能缓慢上升也可能缓慢下降。

主要原因如下。

(1) 因为研究区域的排水管网系统、降雨强度、水文特征、流量、流速等较为复杂，即使最大污染同一时刻进入干管，但由于到达出水口的时间(汇流时间)不一样，将使得采样点处浓度出现多个峰值。

(2) 径流水质浓度峰值同雨强的峰值有关，径流浓度峰值可发生在雨强峰值之后，也可发展在雨强峰值之前，两者之间的时间差主要由汇流时间决定。

(3) 降雨强度越大，对地表的冲刷越强，更多的污染物被水流携带进入管道系统；降雨强度越大，形成的洪峰流量也就越大，对管道、沟渠内的沉积污染物的冲刷也就越强。

3.3.2.7　pH 及其随降雨过程变化曲线

1) pH 汇总

三个采样点的所有场次实测 pH 汇总见表 3-3-13。

表 3-3-13 pH 汇总

采样点	福田河流域研究区域	白芒河流域研究区域	新洲河流域研究区域
pH	5.7～7.0	6.2～8.5	6.3～7.0

从表 3-3-13 中范围来看，总体上变化不大，在地面水Ⅴ类标准(6～9)的规定范围以内。三个采样点的 pH 随降雨历时变化曲线汇总见图 3-3-16、图 3-3-17 和图 3-3-18。福田河流域研究区域和新洲河流域研究区域径流水质偏弱酸性，白芒河流域研究区域 pH 最高为 8.5，可能与上游工业区有污水漏排入雨水系统有关。虽然研究区的径流的 pH 符合地表水标准，但深圳作为我国南方酸雨控制区，由酸雨造成的影响还有待于进一步研究。

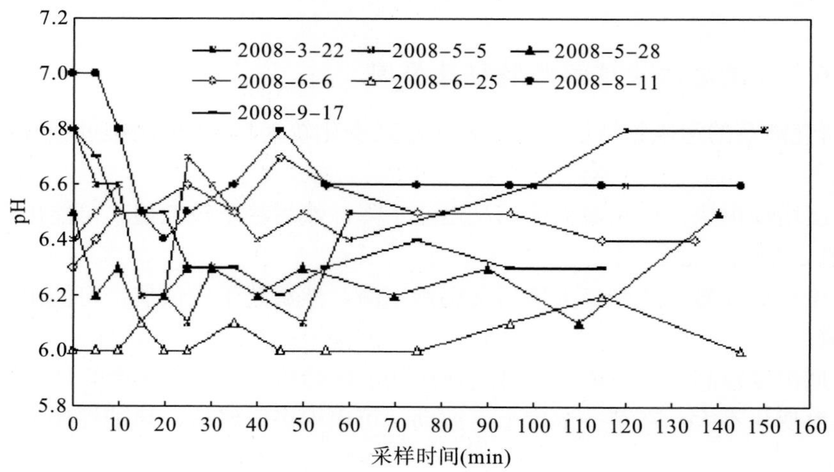

图 3-3-16 福田河流域研究区域 pH 变化曲线

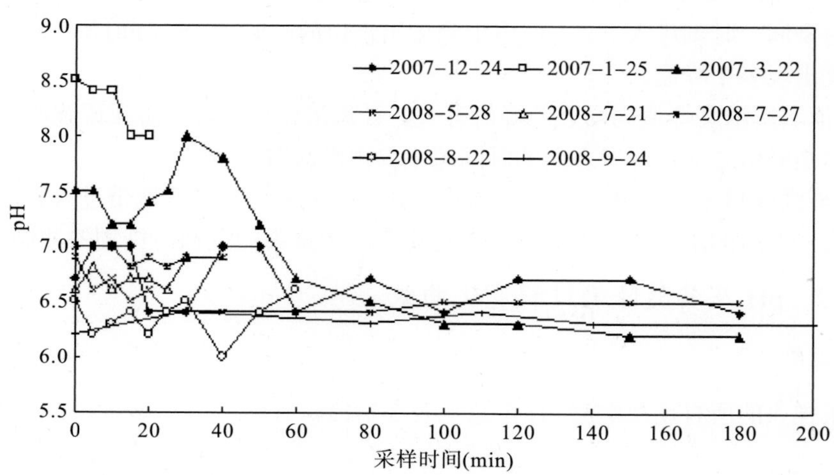

图 3-3-17 白芒河流域研究区域 pH 变化曲线

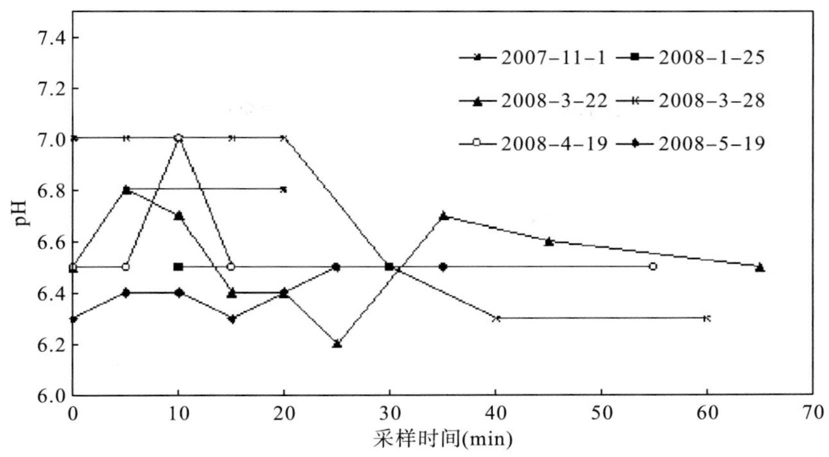

图 3-3-18 新洲河流域研究区域 pH 变化曲线

3.3.2.8 重金属污染浓度

为了弄清采样点地表径流中重金属污染状况，特将 2008 年 8 月 22 日福田河流域研究区域水样送至专业机构进行检测，测试结果见表 3-3-14。

表 3-3-14 重金属浓度详表

样品编号	F1	F3	F5	F6	F7	F9	F11	F13	最小浓度(mg/L)	最大浓度(mg/L)	平均浓度(mg/L)	地表水V类标准值
采样时间(min)	0	10	20	25	35	55	95	145				
铬	0.062	0.007	0.048	0.049	0.048	0.074	0.136	0.06	0.007	0.136	0.0605	0.100
镉	0	0	0.006	0.004	0	0.006	0.002	0	0	0.006	0.00225	0.010
铜	0.238	0.104	0.132	0.142	0.16	0.144	0.128	0.14	0.104	0.238	0.1485	1.000
砷	0	0	0.009	0.104	0.006	0.126	0.007	0	0	0.126	0.0315	0.100
汞	0	0	0.128	0.159	0	0.198	0.125	0.006	0	0.198	0.077	0.001

可以看出，径流中重金属大部分指标未超过地表水Ⅴ类标准限值，铬的最大浓度超标 36%，但平均浓度未超标。汞的超标情况严重，其最大浓度和平均浓度分别为标准限值的 198 倍和 77 倍。

深圳地区表土含汞量为 0.068mg/kg，明显高于全国平均水平，汞在表土中的含量高于底土，即表现出在表层积累的特点。由于研究区域有地铁施工开挖土壤，莲花山公园有一大片裸露的土地正进行综合改造，降雨时会使得土壤中 Hg 被释放到水环境中，从而造成径流中较高浓度的汞。这些施工在研究选点正式确定下来前并没有进行，是在研究期间才出现的，这说明深圳在雨季降雨期土壤开挖会将土壤表层中的 Hg 冲刷到径流之中，造成高浓度的 Hg 污染。虽然没有测定基流中的 Hg 含量，但基流的主要来源是污水系统的漏失，其 Hg 含量应该不高。深圳市作为滨海城市，河道径流直接排至半封闭的深圳海湾，对于重金属的富集问题应引起足够重视。

3.3.3 径流污染浓度峰值与流量峰值

径流污染浓度波峰和流量波峰的关系比较复杂，根据监测的数据，选取典型的降雨事件进行说明。福田采样点 2008 年 5 月 28 日和 2008 年 6 月 25 日两场降雨显示了 COD、BOD、TP 和 SS 的污染浓度峰值均先于流量峰值，但 TN 却相反。而福田采样点 2008 年 5 月 19 日与 2008 年 5 月 28 日、2008 年 6 月 25 日两场降雨的结论恰好相反，其主要原因是 2008 年 5 月 28 日和 2008 年 6 月 25 日二场降雨的最大降雨强度出现在初期，由于 TN 的输出比较稳定，因而会出现在流量峰值之后。可见，污染浓度峰值与流量峰值位置跟降雨强度、雨峰位置等有关。

污染浓度峰值与流量峰值之间的间隔时间，对于不同污染物来说，均不尽相同。在 2008 年 6 月 25 日场次降雨，SS 和 COD 是 25～30min，而在 2008 年 5 月 28 日中，SS 和 COD 是 35～40min。在降雨初期有较大降雨强度时，其间隔时间更短些。

3.3.4 各污染浓度的相关性分析

1. SS 与 COD 相关性分析

通过对 SS 浓度与 COD 浓度的分析，发现两者存在一定的线性相关性。各场降雨相关性差别较大，例如图 3-3-19 体现了较好的相关性。

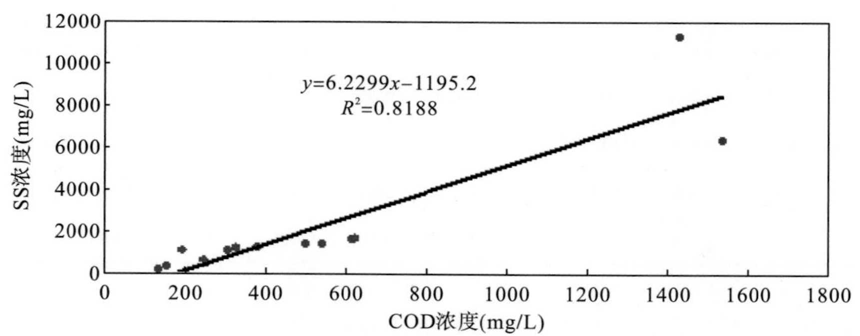

图 3-3-19 SS 与 COD 相关性分析（福田河流域研究区域 2008 年 3 月 22 日）

2. SS 与 BOD 相关性分析

通过分析，发现 SS 与 BOD 也存在一定的线性相关性。有的场次降雨相关性可达 0.97（图 3-3-20），但多数场次相关性系数低于 0.8。

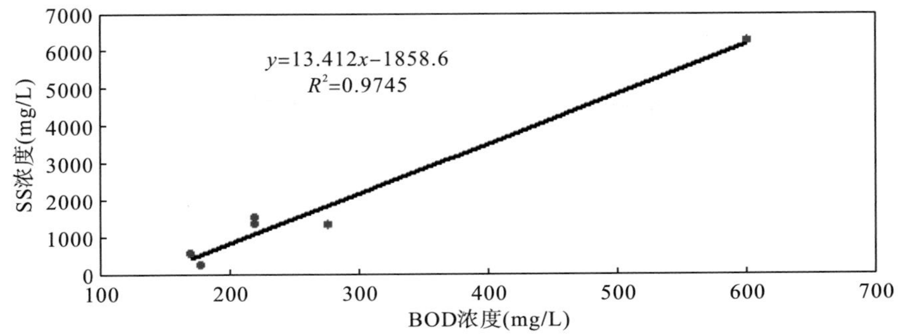

图 3-3-20　SS 与 BOD 相关性分析(福田河流域研究区域 2008 年 3 月 22 日)

3. SS 与 TN、TP 的相关性

通过分析，发现 SS 与 TN、TP 的线性相关性不大，多数难以体现出足够的相关性(图 3-3-21)。

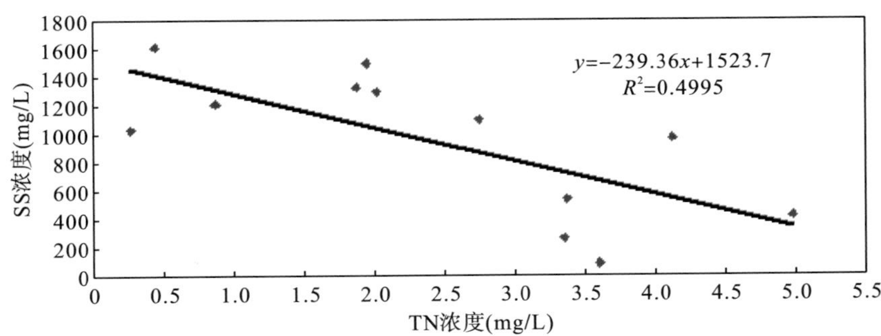

图 3-3-21　SS 与 TN 相关性分析(福田河流域研究区域 2008 年 3 月 22 日)

总体来说，各污染物存在一定的线性相关性，但多数的相关系数偏低，SS 浓度与 COD 浓度相关系数的平方值(R^2)范围为 0.7～0.82。SS 与 BOD 也存在一定的相关性，有的场次降雨的 R^2 可达 0.97，但多数场次的 R^2 低于 0.8。SS 与 TN、TP 的相关性不大，除个别场次外，多数难以体现出足够的相关性。总体来说，SS 与 COD、SS 与 BOD 的相关性较好，但与 TP、TN 的相关性较差。

SS 与 COD、SS 与 BOD 的相关性较好的主要原因是径流中 SS 颗粒，特别是较大颗粒，能够吸附较多有机污染物。造成 SS 与 TN 和 TP 相关性较差的一个主要原因是 SS 颗粒物上吸附 N 和 P 元素化学物质的能力，相对有机污染物吸附来说要低，使得 SS 与 TN、TP 的相关性较差。

3.3.5　深圳市五个采样点地表径流污染浓度特点

五个研究区域反应出由于径流和径流冲刷引起的总污染是很严重的，各指标超标(地表水Ⅴ类标准）严重。初期雨水污染严重，常超出地表水Ⅴ类标准数十多倍以上，地表径流带来的污染不容忽视。地表径流浓度随时间变化过程中，往往存在明显的初始冲刷，即前期浓度较高，30min 左右存在一个浓度陡降的趋势，中后期缓慢下降。各污染指标中，COD、SS、BOD 的初期浓度较高，TN、TP 初期浓度变化不大，但后期常存在波动，污染物浓度特征可归为以下 4 类。

（1）浓度增加很快，达到最大值后又迅速下降，然后趋于较低值，可能出现多个大小不同的峰值。

（2）浓度增加较慢，达到最大值后又缓慢下降，然后趋于较低值，可能出现多个大小不同的峰值。

（3）前期浓度较高，以后浓度一直呈现波动下降趋势，可出现多个峰值。

（4）浓度变化不大，在某一浓度上下波动，可出现多个峰值，可能缓慢上升也可能缓慢下降。

3.4 地表径流的总污染负荷特征

城市降雨径流污染负荷是指由一场降雨或一年中的多场降雨所引起地表径流排放的污染物总量。由一场降雨所引起的地表径流排放的污染物总量称为次降雨径流污染负荷，次降雨径流的污染负荷可用式（3-2）计算：

$$M = \int_0^T C(t)q(t)\mathrm{d}t \tag{3-2}$$

式中，M——某污染物总质量，mg；

$C(t)$——随时间变化的污染物含量，mg/L；

$q(t)$——随时间变化的径流流量，L/s；

T——一场降雨形成径流的总历时，s。

但是，方程（3-2）很难实现，因为要实现持续不间断地测量径流浓度和径流体积是非常困难的，因此方程（3-2）可以通过一定的间隔时间的浓度测量和径流体积测量来实现，即方程（3-2）可以转换成如下的方程：

$$M = \sum_{j=1}^{N} \frac{C_j + C_{j+1}}{2} \times \frac{q_j + q_{j+1}}{2} \times \Delta t_j \tag{3-3}$$

式中，N——总采样次数和流量测定总次数；

j——自然数且 $j \leqslant N$；

C_j——第 j 次采样的浓度，mg/L；

C_{j+1}——第 $j+1$ 次采样的浓度，mg/L；

q_j——第 j 次测定的径流流量，L/s；

q_{j+1}——第 $j+1$ 次测定的径流流量，L/s；

Δt_j——第 j 次相邻采样和测定的时间间隔，s。

3.4.1　降雨场次污染负荷与基流污染负荷贡献率

3.4.1.1　SS 污染负荷

1) SS 污染负荷汇总

福田河、白芒河、新洲河三个采样点的 SS 污染负荷统计值见表 3-4-1。

表 3-4-1　SS 污染负荷总表　(单位：kg)

统计指标	福田河流域研究区域		白芒河流域研究区域		新洲河流域研究区域
	总污染负荷	扣除旱季污染负荷后	总污染负荷	扣除旱季污染负荷后	总污染负荷
最小值	534.8	471.8	3.7	1.7	12.0
中值	4814.4	4661.0	56.2	54.1	177.5
最大值	14533.5	13554.1	709.5	707.4	1318.0
平均值	5215.7	5076.0	274.5	265.2	406.7
标准偏差	4261.8	4125.7	302.7	296.9	540.5

从表 3-4-1 可知，由街区采样得到的 SS 负荷在数量上还是较大的，扣除旱季流的污染负荷后，发现污染负荷变化幅度差别不是很大。旱季污染负荷的贡献率不同，其中，福田河研究区域旱季污染负荷贡献率的范围为 0.6%～11.77%，平均为 4.8%。白芒河研究区域旱季污染负荷贡献率的范围为 0.02%～55.6%，平均为 18%。可见，白芒河的旱季污染负荷的贡献率最大，其平均贡献率比福田采样点还高 13.2 个百分点。根据降雨资料，发现基流污染贡献率与降雨量、前期干天气和降雨历时有关，干天气越长、降雨量越大和降雨历时越大的情况下，基流的污染贡献率越低。

2) SS 污染负荷随时间的变化

从福田河流域研究区域典型的 SS 污染负荷随时间的变化曲线(图 3-4-1)，可以发现三种变化趋势：第一种，初期陡降，后期平稳下降；第二种，整个时段大幅波动；第三种，前期缓慢上升，后期负荷较高。由于污染负荷大小跟浓度、流量等多方面因素和采样点的复杂条件有关，各场降雨 SS 污染负荷变化规律差异较大。

白芒河流域研究区域 SS 污染负荷随时间的变化规律较单一，见图 3-4-2，大部分曲线呈现出先增长后陡降的趋势，在前 60min 内污染负荷较大，最大值出现在 10～45min 内。部分污染负荷较小的场次，曲线变化不大，在 30～45min 有小幅上升，之后变化较小。总体上，各场次在后期的变化都为缓慢下降，波动较小。

新洲河流域研究区域 SS 污染负荷随时间的变化规律与白芒河流域研究区域相似，见图 3-4-3，部分场次为前期先升后降，其他场次全时段变化不大。

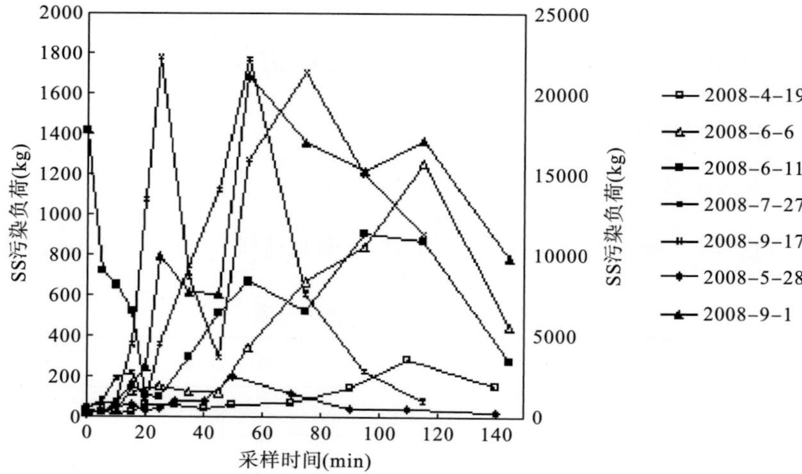

图 3-4-1 福田河流域研究区域 SS 污染负荷随时间变化

注：右边纵坐标为 2008 年 5 月 28 日、2008 年 7 月 27 日、2008 年 9 月 17 日 SS 污染负荷的刻度。

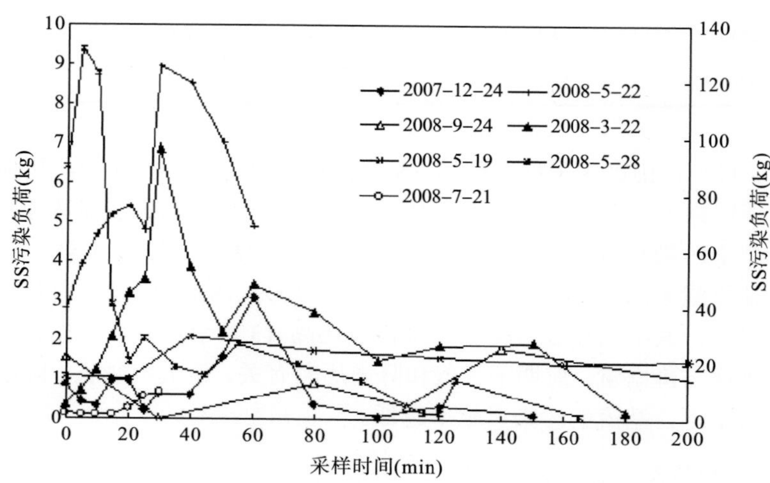

图 3-4-2 白芒河流域研究区域 SS 污染负荷随时间变化

注：右边纵坐标为 2008 年 5 月 22 日、2008 年 5 月 19 日、2008 年 5 月 28 日、2008 年 7 月 21 日数据的刻度。

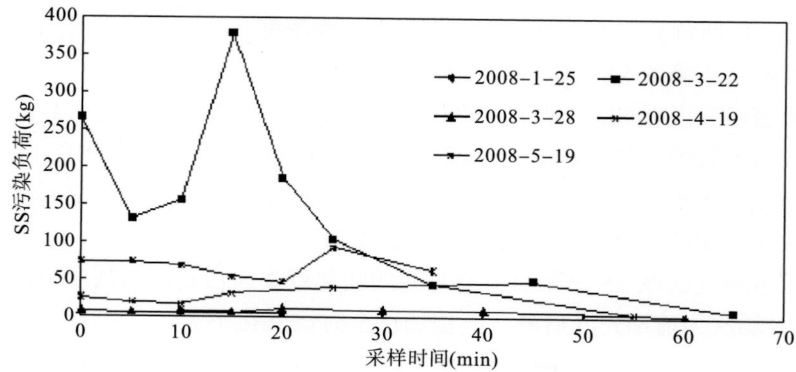

图 3-4-3 新洲河流域研究区域 SS 污染负荷随时间变化

3.4.1.2　COD 污染负荷

1)COD 污染负荷汇总

福田河、白芒河、新洲河三个采样点 COD 污染负荷见表 3-4-2。

表 3-4-2　COD 污染负荷汇总表　(单位：kg)

统计指标	福田河流域研究区域		白芒河流域研究区域		新洲河流域研究区域
	总污染负荷	扣旱季后污染负荷	总污染负荷	扣旱季后污染负荷	总污染负荷
最小值	221.5	177.2	4.0	3.0	12.0
中值	1836.2	1780.5	56.7	56.2	177.5
最大值	8561.5	7872.2	659.0	327.0	1318.0
平均值	2255.3	2171.2	138.1	100.5	117.1
标准偏差	2027.0	1904.3	209.9	114.7	137.6

从表 3-4-2 可以发现，三个采样点的 COD 污染负荷在数量上差别较大，扣除旱季流的污染负荷后，污染负荷变化幅度差也较大。旱季污染负荷的贡献率不同，其中，福田河研究区域旱季污染负荷贡献率的范围为 0.75%～20%，平均为 5.1%。白芒河研究区域旱季污染负荷贡献率的范围为 0.34%～50.3%，平均为 11.06%。可见，白芒河的旱季污染负荷的贡献率最大，其平均贡献率比福田采样点还高 5.96 个百分点。

2)COD 污染负荷随时间的变化

三个采样点典型的 COD 污染负荷随时间的变化曲线见图 3-4-4、图 3-4-5 和图 3-4-6，可以发现 COD 污染负荷随时间的变化情况跟 SS 污染负荷的变化规律相似。福田河流域研究区域 COD 污染负荷变化较复杂。白芒河流域研究区域和新洲河流域研究区域变化较单一，主要表现为前期先增大后减小，跟污染浓度随时间变化规律相似。可能与这两个采样点流量较小有关，污染负荷在这两处主要随污染浓度变化而变化，故表现出相似的趋势。

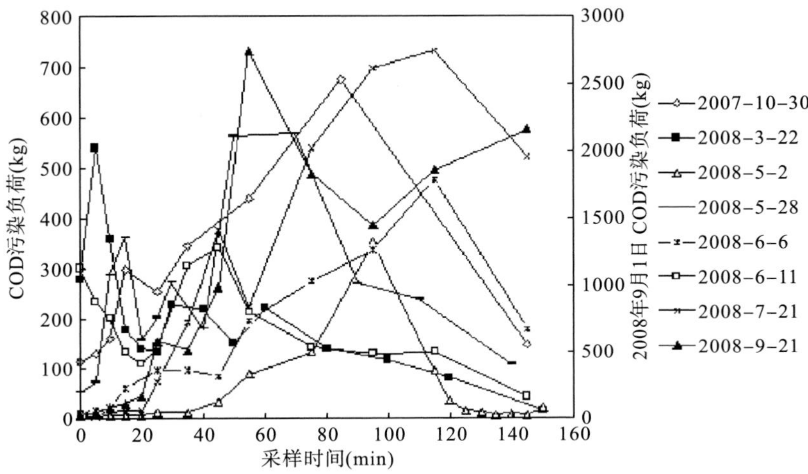

图 3-4-4　福田河流域研究区域 COD 污染负荷随时间变化

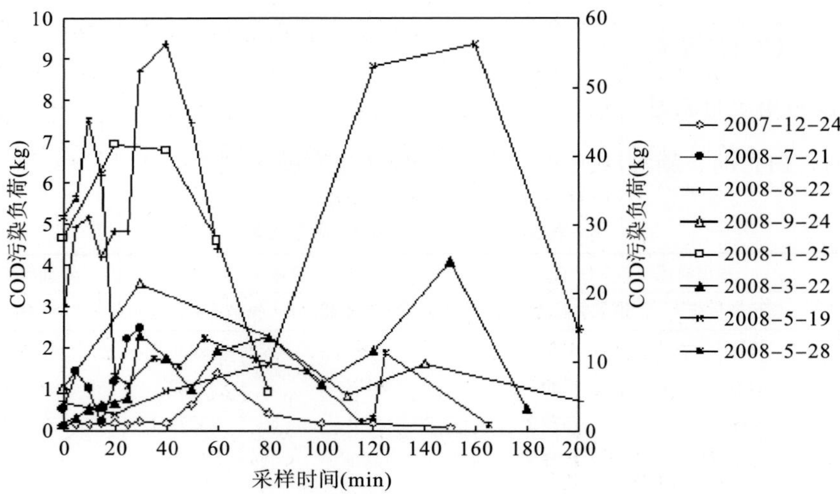

图 3-4-5 白芒河流域研究区域 COD 污染负荷随时间变化

注：右边纵坐标为 2008 年 1 月 25 日、2008 年 3 月 22 日、2008 年 5 月 19 日、2008 年 5 月 28 日数据的刻度。

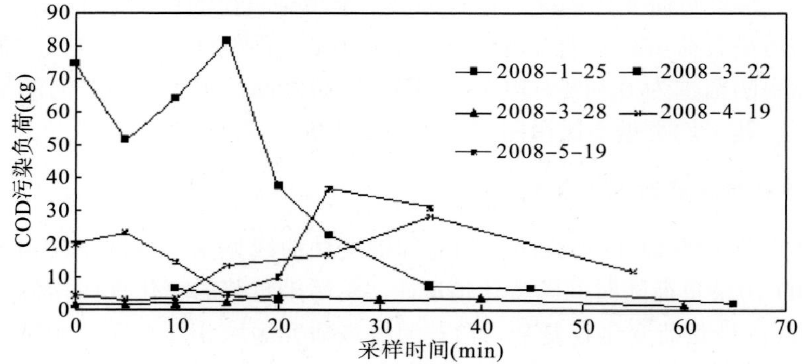

图 3-4-6 新洲河流域研究区域 COD 污染负荷随时间变化

3.4.1.3 TN 污染负荷

1) TN 污染负荷汇总

将三个采样点测出的各场降雨的 TN 污染负荷汇总于表 3-4-3。

表 3-4-3 TN 污染负荷汇总表 （单位：kg）

统计指标	福田河流域研究区域		白芒河流域研究区域		新洲河流域研究区域
	总污染负荷	扣除旱季污染负荷后	总污染负荷	扣除旱季污染负荷后	总污染负荷
最小值	8.5	7.3	0.2	0.1	12.0
中值	34.9	33.6	2.1	1.7	177.5
最大值	165.6	148.0	7.6	3.3	1318.0
平均值	51.4	48.0	2.8	1.9	3.7
标准偏差	45.2	41.9	2.4	1.4	3.2

从表 3-4-3 可以发现，三个采样点的 TN 污染负荷在数量上差别较大，扣除旱季流的污染负荷后，污染负荷变化幅度差别不是很大。旱季污染负荷的贡献率不同，其中，福田河研究区域旱季污染负荷贡献率的范围为 0.93%～36.6%，平均为 7.7%。白芒河研究区域旱季污染负荷贡献率的范围为 5%～72.3%，平均为 30.2%。可见，白芒河的旱季污染负荷的贡献率最大，其平均贡献率比福田采样点还高 22.5 个百分点。

2) TN 污染负荷随时间的变化

从三个采样点典型的 TN 污染负荷随时间变化曲线(图 3-4-7、图 3-4-8 和图 3-4-9)可以看出，TN 随时间的变化总体较零乱，规律性不强，表明 TN 的污染负荷的变化更易受各种外界条件的影响，如流量的突然增大，往往带来 TN 负荷的峰值。

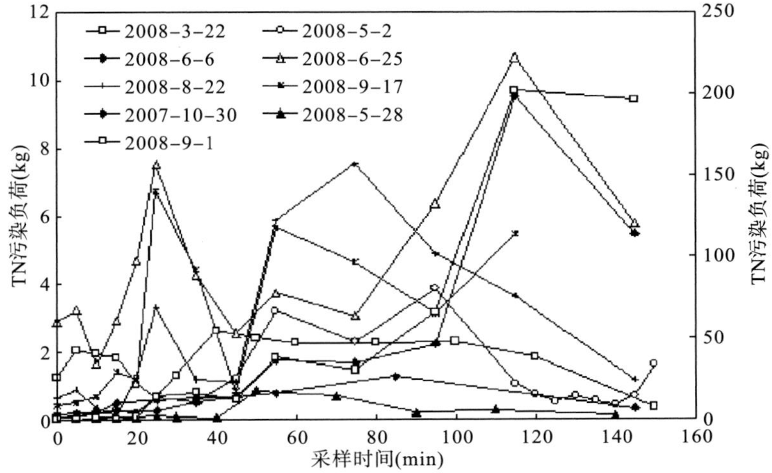

图 3-4-7　福田河流域研究区域 TN 污染负荷随时间变化

注：右边纵坐标为 2007 年 10 月 30 日、2008 年 3 月 22 日、2008 年 5 月 28 日、2008 年 9 月 1 日数据的刻度。

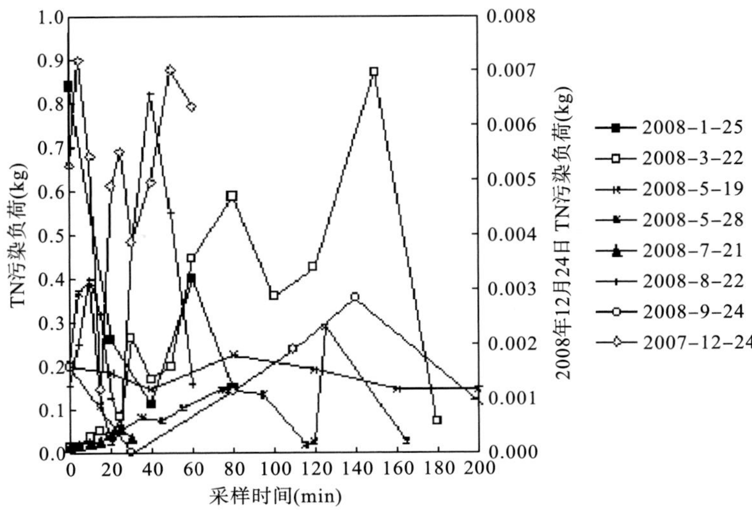

图 3-4-8　白芒河流域研究区域 TN 污染负荷随时间变化

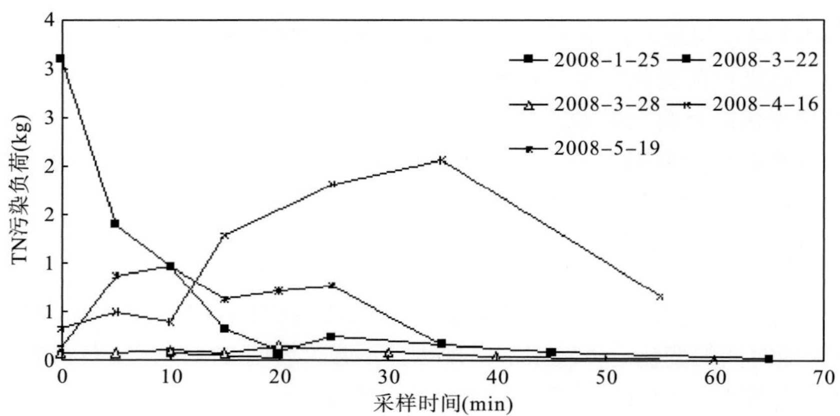

图 3-4-9 新洲河流域研究区域 TN 污染负荷随时间变化

3.4.1.4 TP 污染负荷

1) TP 污染负荷汇总

将三个采样点测出的各场降雨的 TP 污染负荷汇总于表 3-4-4。

表 3-4-4 TP 污染负荷汇总表 (单位：kg)

统计指标	福田河流域研究区域		白芒河流域研究区域		新洲河流域研究区域
	总污染负荷	扣除旱季污染负荷后	总污染负荷	扣除旱季污染负荷后	总污染负荷
最小值	2.0	1.7	0.2	0.029	12.0
中值	8.6	8.2	1.2	1.1	177.5
最大值	93.9	93.6	4.8	3.8	1318.0
平均值	24.5	23.9	1.6	1.2	1.1
标准偏差	29.3	28.8	1.5	1.3	1.4

从表 3-4-4 可以发现，三个采样点的 TP 污染负荷在数量上差别较大，扣除旱季流的污染负荷后，污染负荷变化幅度差别较大。旱季污染负荷的贡献率不同，其中，福田河研究区域旱季污染负荷贡献率的范围为 0.35%～22.97%，平均为 5.13%。白芒河研究区域旱季污染负荷贡献率的范围为 3.18%～70%，平均为 24.5%。可见，白芒河的旱季污染负荷的贡献率最大，其平均贡献率比福田采样点还高 19.37 个百分点。

2) TP 污染负荷随时间的变化

从典型的 TP 污染负荷随时间变化曲线(图 3-4-10、图 3-4-11 和图 3-4-12)可以看出，TP 污染负荷随时间变化规律跟 TN 相似，偶然变化较多，规律性较差。

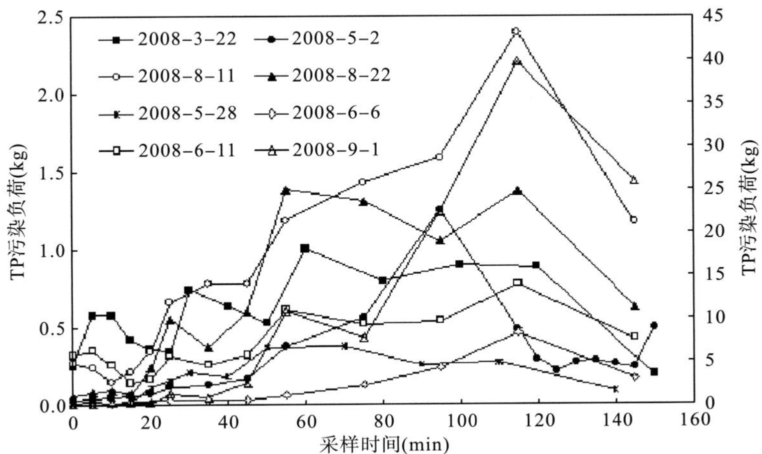

图 3-4-10 福田河流域研究区域 TP 污染负荷随时间变化

注：右边纵坐标为2008年5月28日、2008年6月6日、2008年9月1日数据的刻度。

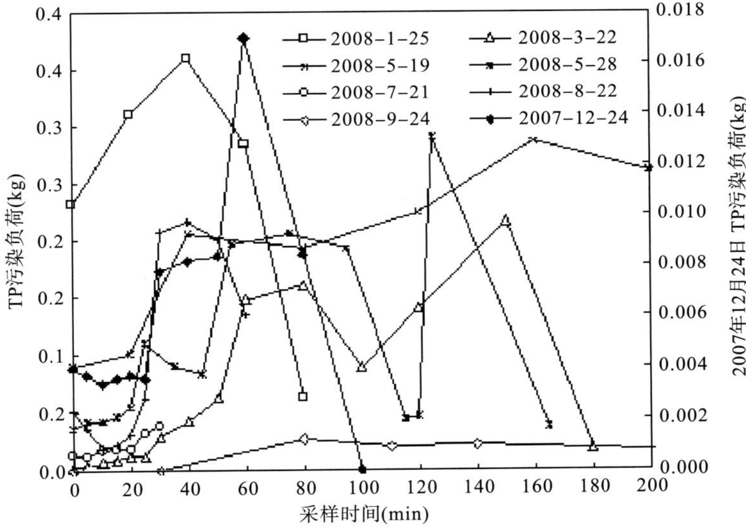

图 3-4-11 白芒河流域研究区域 TP 污染负荷随时间变化

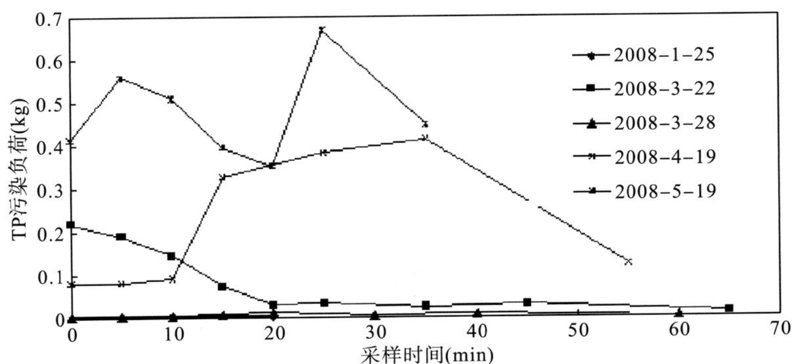

图 3-4-12 新洲河流域研究区域 TP 污染负荷随时间变化

3.4.1.5 BOD污染负荷

1)BOD污染负荷汇总

将三个采样点测出的各场降雨的BOD污染负荷汇总于表3-4-5。

表3-4-5 BOD污染负荷汇总表 (单位：kg)

统计指标	福田河流域研究区域		白芒河流域研究区域		新洲河流域研究区域
	总污染负荷	扣除旱季污染负荷后	总污染负荷	扣除旱季污染负荷后	总污染负荷
最小值	312.4	99.9	0.5	0.4	12.0
中值	1497.4	1463.8	14.5	14.5	177.5
最大值	4337.3	4305.3	52.8	51.9	1318.0
平均值	1544.6	1495.2	21.0	20.8	69.8
标准偏差	1128.8	1151.9	22.9	22.7	96.3

从表3-4-5可以发现，三个采样点的BOD污染负荷污染在数量上差别较大，扣除旱季流的污染负荷后，污染负荷变化幅度差别较小。旱季污染负荷的贡献率不同，其中，福田河研究区域旱季污染负荷贡献率的范围为0.74%～68%，平均为9.05%。白芒河研究区域旱季污染负荷贡献率的范围为0.07%～13.4%，平均为3.72%。可见，福田河采样点的旱季污染负荷的贡献率最大，其平均贡献率比白芒河采样点还高5.33个百分点。

2)BOD污染负荷随时间的变化

BOD污染负荷随时间变化的规律性较差，波动较大，但整体上呈现先升后降的趋势，见图3-4-13和图3-4-14。

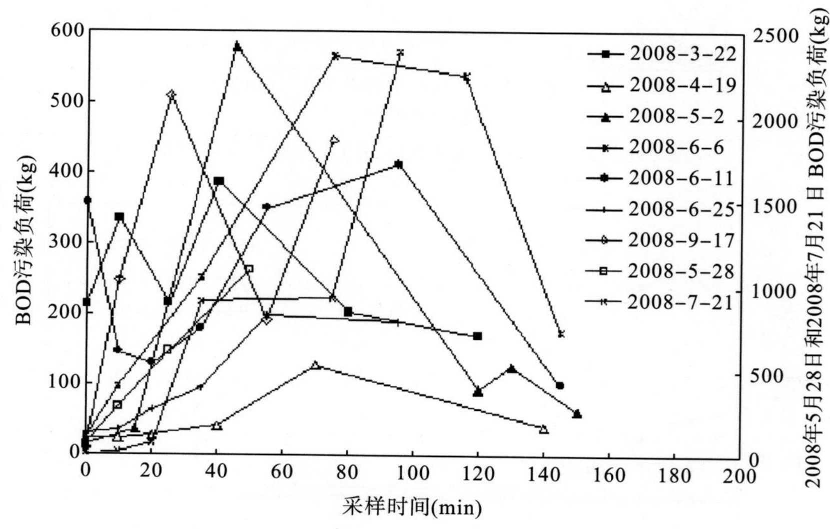

图3-4-13 福田河流域研究区域BOD污染负荷随时间变化

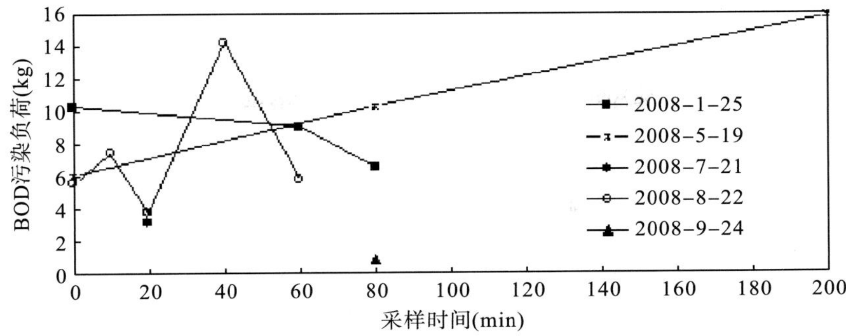

图 3-4-14　白芒河流域研究区域 BOD 污染负荷随时间变化

3.4.1.6　污染负荷比较及原因分析

前文从污染物的质量角度对污染进行了分析，只能从量上进行比较，不能从本质上反映三个研究区的关系，因此采用“kg/hm^2”为单位对污染负荷进行比较，这样就可以从土地面积和土地利用情况等方面进行比较。福田河研究区域面积为 114.18hm^2，新洲河研究区域面积为 8.38hm^2，白芒河研究区域面积为 75.18hm^2，将前文污染负荷表格数据进行总结，见表 3-4-6。

表 3-4-6　三个研究区域污染负荷比较表　(单位：kg/hm^2)

污染指标	统计值	福田河流域研究区域		白芒河流域研究区域		新洲河流域研究区域
		总污染负荷	扣除旱季污染负荷后	总污染负荷	扣除旱季污染负荷后	总污染负荷
SS	最小值	4.68	4.13	0.05	0.02	1.43
	中值	42.17	40.82	0.75	0.72	21.18
	最大值	127.29	118.71	9.44	9.41	157.28
	平均值	45.68	44.57	3.65	3.53	48.53
COD	最小值	1.94	1.55	0.05	0.04	1.01
	中值	16.08	16.47	0.75	0.75	9.44
	最大值	74.98	68.95	8.77	4.35	41.11
	平均值	19.74	19.08	1.84	1.34	13.98
TN	最小值	0.070	0.060	0.003	0.002	0.012
	中值	0.300	0.290	0.027	0.023	0.505
	最大值	1.450	1.300	0.101	0.044	0.838
	平均值	0.420	0.410	0.037	0.025	0.437
TP	最小值	0.0175	0.0149	0.0020	0.0004	0.0007
	中值	0.0719	0.0884	0.0166	0.0124	0.0881
	最大值	0.8226	0.8197	0.0644	0.0506	0.3973
	平均值	0.2214	0.2576	0.0212	0.0160	0.1335
BOD	最小值	2.74	0.88	0.01	0.01	0.20
	中值	13.11	12.82	0.19	0.19	8.33
	最大值	37.99	37.71	0.70	0.69	16.45
	平均值	13.53	13.10	0.28	0.28	8.33

采用街区采样方法后，对总污染负荷进行比较，从表 3-4-6 中可知，TP、COD 和 BOD 的总污染负荷的大小关系为：福田河采样点>新洲河采样点>白芒河采样点。

SS 和 TN 的总污染负荷的大小关系为：新洲河采样点>福田河采样点>白芒河采样点。

扣除旱季污染物负荷后，福田河流域研究区域的所有污染指标的污染负荷都比白芒河流域研究区域大。新洲河采样点 SS 的总污染负荷最大，平均值达到 48.53kg/hm^2，与福田河流域研究区域差不多，但比白芒河研究区域大了近 12.5 倍。扣除旱季污染后，福田河研究区域是白芒河研究区域 SS 污染负荷的 12.6 倍，而总污染负荷是 12.5 倍。

城市径流中污染物的种类和形态非常复杂，主要来源于大气干湿沉降、地表垃圾和尘埃物质以及下水道系统。影响城市径流污染的因素包括：降雨量、降雨强度、城市土地利用类型(如居民区、工业区、商业区、城市道路等)、降雨历时、大气污染状况、地表清扫状况等。造成以上格局的污染负荷，主要原因如下。

(1) 三个研究区域内的土地利用类型均可分为六大类型：绿地、交通道路、居住小区、商业、工业和未建设用地，但各个区域内不同类型的比例不一样，从而形成的土地开发利用强度也不同。图 3-4-15、图 3-4-16 和图 3-4-17 分别说明了三个研究区的主要土地利用类型。福田河、白芒河和新洲河三个研究区域内的不透水面积百分率分别为 71.83%、90%、75%，可见新洲河研究区域土地利用率最高，也说明新洲河研究区域的地表径流系数最大。同时，不透水面积百分率越高，说明土地开发强度越大、人口密度高、活动强度大。福田河的居住用地占 32%，是三个研究区中最大的，其中，福田河研究区域人口约为 3.5 万人，居住人口密度为 304 人/hm^2，其中常住人口密度 77 人/hm^2，暂住人口密度 227 人/hm^2，劳动就业率 56.25 %。其余两个区域的人口密度也较大，新洲河以商业为主，白芒河以工业为主，因而居住人口小于福田河研究区域，因此由居住人口带来的污染也就是三个研究区域中最大的，除 SS 外，福田研究区域的 4 个指标的污染负荷均是最大的。白芒河采样点曾测得 pH 为 8.5，说明工业区内有偷排或者漏排发生，白芒河研究区域 TN、TP 浓度有明显初始冲刷的主要原因是该研究区域内有大面积的经济林地和苗圃，农业施肥等过程会在地表土壤留下 N 和 P 元素，在雨水冲刷下，进入地表径流中，致使 TN 和 TP 的浓度较高，初始冲刷明显。白芒河研究区域工业开发区占了一半以上，开发强度相当大，人口密度高，这也是造成此研究区域地表径流污染浓度高的主要原因。

图 3-4-15　新洲河研究区域商业区和高密度建筑

图 3-4-16　白芒河研究区域工业园区照片

图 3-4-17　福田河研究区域居住区和商业区

(2) 交通繁忙、公园改造和地铁施工也是一个高污染负荷的重要原因。福田河研究区域与新洲河研究区域都同属于深圳市福田区，属于高强度土地开发利用，交通量非常大，人的活动强度非常大，特别是新洲河研究区域是深圳繁华的商业活动地带，造成地表沉积的固体颗粒较多，从而形成较高的 SS 污染负荷。在福田河研究区域，部分路面或者地面清扫管理存在问题，红荔西路、皇岗路和彩田路的交通流量巨大，研究区小汽车拥有量为 123 辆/千人，红荔西路、皇岗路和彩田路的单向平均高峰小时流量分别为 3560 辆、3150 辆和 5750 辆，即使路面清扫过也会有很高的固体颗粒物沉积在交通区域，被雨水冲刷后进入雨水管道，导致径流中 SS 的浓度很高。虽然有莲花山公园的部分区域在研究范围内，但紧靠莲花二村的莲花山公园的地面由于处于开发状态，地面裸露较多，在暴雨冲刷下也会导致径流中 SS 的浓度偏高。SS 浓度偏高的又一个原因推测是研究区域内有地铁施工。由于白芒河研究区域地处经济特区外，周围生态环境良好，植被较多，水土保持良好，工业区内绿化较好，只有一条主要公路穿过研究区，因此在地表固体颗粒物的累积相对福田河和新洲河研究区域来说要小，加上良好的水土保持，使得白芒河研究区域的 SS 污染负荷较小。

(3) 所测浓度偏高的又一个重要原因是由于雨水管道系统的长期运行，管道内堆积和沉积的污染物的量很大，特别是在雨水箱涵中容易沉积大量污染物，当雨水冲刷，特别是有暴雨的情况下，这些管道内沉积的污染物被冲刷出来，造成高浓度污染。在福田河和白芒河采样点的 SS 的测定过程中，大部分 SS 颗粒的颜色是黑色的，而深圳土壤不是黑壤土，因此可以得出福田河和白芒河两个研究区域的雨水管渠系统的沉积物污染物冲刷现象明显。例如，图 3-4-18 显示了福田河采样点 2008 年 5 月 28 日 SS 被烘干后的颜色变化过程，可见在径流前期雨水管渠系统沉积污染物被冲刷出来显得十分明显。白芒河研究区域由于有 700 多米的箱涵，里面沉积物比较多，在暴雨径流冲刷下，箱涵内的沉积污染物会被冲刷出来，造成径流浓度偏高。因此，雨水管渠冲刷不容忽视。

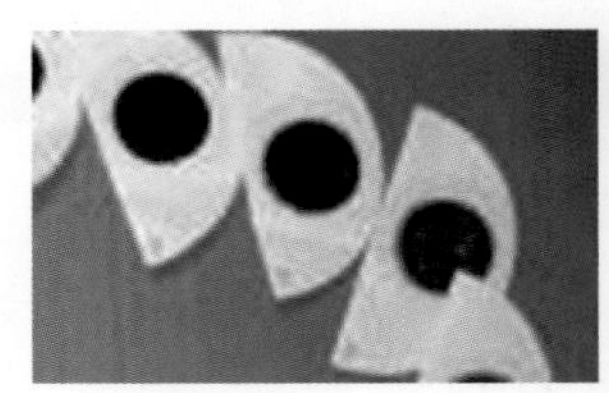

图 3-4-18 实测 SS 的颜色(福田河采样点 2008 年 5 月 28 日)

(4) 由于管理不善，部分垃圾也可能混入雨水管道，或者由于有人乱扔垃圾，也会使得径流中各种污染物指标偏高。三个研究区域的居住区和商业区均有专人打扫卫生和收集垃圾，因此进入排水系统的垃圾主要是由于大量流动人口活动造成的。

3.4.2 年污染负荷

为了全面了解地表径流污染对水体的影响，将一年内监测到的污染负荷折算为年污染负荷进行分析。参考国内外相关文献，年污染负荷可按公式(3-4)计算，提出以街区采样策略的年污染负荷预测公式：

$$L_A = P \times CF \times R_v \times CML \tag{3-4}$$

式中，L_A——年污染负荷，kg/hm^2；

P——年平均降雨量；

CF——调整系数，其值为一年中的降雨能够产生地表径流的场次比例，根据深圳市降雨特点，CF 估计值为 0.90(根据降雨资料来确定)；

R_v——平均综合径流系数；

CML——整个集水区污染物负荷，kg/(hm^2·mm)，即每降雨 1mm 在 1hm^2 面积上所产生的污染物质量。

根据降雨实测资料和降雨资料对各流域的 CML 值进行计算，CML 值取每个研究区域内的平均值，其计算值见表 3-4-7。

深圳地区年平均降雨量取 1933.3mm，根据实测径流总量与降雨资料总量关系的统计，福田河流域、白芒河流域、新洲河流域的平均综合径流系数分别为 0.69、0.73、0.86。

根据公式(3-4)，参照表 3-4-7 各指标的 CML 值，三个研究区域的各指标的年污染负荷见表 3-4-8，由于研究区域面积的不同，污染物质量有所差别，由于新洲河流域研究区域测定的降雨场次较少，CML 取平均值后的年污染负荷值会有一定的误差。

表 3-4-7 17 场降雨事件各指标平均 CML 值 [单位：kg/(hm²·mm)]

项目	COD	BOD	SS	TN	TP
福田河流域研究区域	1.91	0.84	4.77	0.0242	0.00035
福田河流域研究区域(扣除旱季)	1.85	0.77	4.57	0.0225	0.00034
白芒河流域研究区域	0.98	0.52	4.81	0.0270	0.00050
白芒河流域研究区域(扣除旱季)	0.96	0.51	4.78	0.0250	0.00046
新洲河流域研究区域	1.75	0.12	0.58	0.0190	0.00020

表 3-4-8 各指标年污染负荷 [单位：kg/(hm²·mm)]

研究区域	COD	BOD	SS	TN	TP
福田河流域研究区域	2293.106	1008.487	5726.763	29.054	0.420
福田河流域研究区域(扣除旱季)	2221.072	924.446	5486.647	27.013	0.408
白芒河流域研究区域	1244.775	660.493	6109.557	34.295	0.635
白芒河流域研究区域(扣除旱季)	1219.371	647.791	6071.451	31.754	0.584
新洲河流域研究区域	2618.655	179.565	867.897	28.431	0.299

3.4.3 深圳市地表径流污染负荷特点

通过以上分析可以看出，深圳市三个研究点的污染负荷有以下特点。

(1)污染负荷总量大。

(2)原经济特区内外污染负荷差别较大。原经济特区内以福田河流域研究区域为代表的径流污染负荷远大于白芒河流域研究区域。

(3)污染负荷随时间变化规律较复杂。其中 SS 和 COD 污染负荷在流量变化不大的场次，有先上升后陡降的规律。TN、TP 污染负荷的变化规律性较差。

第 4 章　降雨污染统计分析

4.1　事件平均浓度的定义

在任意一场降雨引起的地表径流过程中，径流中污染物的浓度随时间变化很大，因此需要对一场降雨径流的污染负荷做出总体评价。美国环保局于 1979～1983 年设立国家城市径流项目(nationwide urban runoff programme，NURP)，核心内容即为提出“降雨径流事件平均浓度”(EMC)，用来表示在一场降雨径流全过程排放中某污染物的平均浓度。随后美国地质调查局(United States geological survey，USGS)更新了 EMC 资料，被广泛地用于评估城市降雨径流污染负荷、管理措施有效性及其对受纳水体的影响。EMC 实质上是一场降雨径流全过程样品污染浓度的流量加权平均值，如式(4-1)所示：

$$\mathrm{EMC}=\frac{M}{V}=\frac{\int_0^t C_t Q_t \mathrm{d}t}{\int_0^t Q_t \mathrm{d}t} \tag{4-1}$$

式中，EMC——污染物降雨事件平均浓度，mg/L；

M——整个降雨过程中总污染物含量，mg；

V——相对应的总径流量，L；

t——径流时间，min；

C_t——随时间变化的污染物含量，mg/L；

Q_t——随时间变化的径流流量，L/min。

根据质量守恒的原理，扣除基流浓度后的污染物浓度可按式(4-2)计算：

$$C_{Rt}=\frac{C_t\times q_t-C_b\times q_b}{q_t-q_b} \tag{4-2}$$

式中，C_{Rt}——t 采样时刻径流污染物原浓度，mg/L；

C_t——t 采样时刻实测径流浓度，mg/L；

q_t——t 采样时刻实测径流流量，L/s；

C_b——基流浓度，mg/L；

q_b——基流流量，L/s。

4.2　事件平均浓度研究概述

研究报告指出，美国城市及不同地域之间暴雨径流水质的统计结果无明显区别，污染成分的事件平均浓度与城市、地理位置和地面条件等没有明显关系，但各种指标的变化范围很大。需要指出，加拿大的总结报告和美国的研究报告都未明确区分路面、屋面汇水面径流，主要反映城市综合的径流水质。根据美国 EPA 的研究，不同城市和地域间雨水径流水质的统计结果无明显差别，但我国部分城市径流污染比一些发达国家的城市径流污染严重，雨水径流污染控制显得较为滞后，尤其当城市污水处理厂普及程度提高后，这一矛盾会更突出。许多发达国家的经验已经证明，必须及早深入研究和制定控制对策。利用大部分人工湿地系统广泛研究了处理效果和处理过程，并把人工湿地系统当成一个集中系统，并基本关注减少特殊污染物的 EMC 值或者总污染物负荷去除。

美国环保局全国城市径流项目(NURP)的 EMC 平均值结果表明，美国 474～2000 场降雨形成径流的 TSS 为 174mg/L，COD 为 66.1mg/L，BOD_5 为 10.4mg/L，TP 为 0.337mg/L，TN 为 2.507mg/L。

章茹(2008)针对深圳市茜坑水库集水区的水质问题，选取 8 场代表性暴雨进行了现场监测，采用平均浓度法评价 BMP 对污染物的去除效率，利用箱式图、进出水污染物正态分布图等统计方法对 BMP 的去除效率进行分析。针对集中住宅区、分散式居住地、库区裸露土地、果园及农业用地、小型工业用地等，非工程性 BMP 主要包括土地利用规划管理、污染源管理和农林用地管理等措施；工程性 BMP 主要提出了建造生物滞留池、滞留池/湿地系统、草沟、缓冲草带、香根草草带系统和侵蚀控制毯等控制措施。深圳茜坑水库流域面积较小，采用所提出的面源污染控制策略具有较强的可操作性，可根据需要逐步实施，为今后国内的面源污染研究和 BMP 的应用提供了参考。

王彪等(2008)对上海市交通干道旁一处混凝土屋面的 6 次降雨径流的监测结果表明：TN 和 TP 的 EMC 值变化范围分别为 4.2～8.4mg/L，0.078～0.185mg/L；DN 和 PP 分别是 TN 和 TP 的主要输出形式；径流后期 PN(颗粒态氮)/TSS 值增加和小颗粒数目比例上升表明，单位质量小颗粒上的氮含量要高于大颗粒上氮的含量；单位质量颗粒物上的磷含量在径流全过程中有所变化；溶解态物质污染负荷输出比较平稳，TP 比 TN 更容易出现初期冲刷；单位质量的小颗粒含有更多氮也在一定程度上削弱了 TN 的初期冲刷效应。

罗专溪等(2008)以野外观测的 12 场降雨径流污染数据为基础，分析川中丘陵区村镇的降雨径流污染物之间及与降雨特征的相关关系，结果表明：COD 和 SS 的污染源较均匀分布于集水区，来源充足，控制颗粒物污染可以较好地控制村镇 COD 输出；TN、TP、COD、SS 的 EMC 和 FF_{30}(由占总径流量 30%的初期径流所运移的负荷)之间存在显著的负相关关系，表明初期径流运移的负荷较大，有将近 40%的污染负荷为占总径流量 30%的初期径流所运移，村镇降雨径流污染普遍存在中等初期冲刷效应。

李贺等(2008)在对 2003～2006 年上海市文教区屋面径流进行的监测结果表明：屋面径流污染物 EMC 的对数正态概率分布均呈现出良好的线性分布，屋面径流水质整体上受大气沉降等污染物累积效应的影响最大，而受雨水冲刷作用的影响次之。

Brodie 等(2010)对澳大利亚图文巴市(Toowoomba)的道路、停车场和屋顶的径流进行监测与预测，发现这 3 种地表类型的小于 500μm 颗粒物引起的总悬浮颗粒物浓度(TSS)的 EMC 值与降雨径流深和 6min 降雨强度峰值均呈指数关系(R^2=0.53～0.59)。

Maniquiz 等(2010)对韩国某地道路和停车场的径流中污染物 EMC 与降雨事件的多线性回归分析，发现如下关系：TSS 负荷=0.6 + 0.12×降雨量(mm)–0.099×降雨持续时间(h)–

0.26×降雨强度(mm/h)。

Qin 等(2010)以深圳市石岩水库 6 个子流域为例，分析了快速城市化集水区对暴雨径流污染时空变化及与土地使用的关系：以 2007～2009 年 4 场暴雨事件为例，3 个指标(EPL、EMC、FF_{50})被用于描述每个子流域在暴雨事件期间的不同污染物的径流污染，小暴雨事件与居住区土地使用百分数强烈相关，在小暴雨事件中不同污染物的 EPL 或者 EMC 有相似的空间变化；大暴雨事件不仅与居住区土地使用，而且与农业用地和裸露土地使用相关，但是对于大暴雨事件，不同污染物的 EPL 或者 EMC 有不同的空间变化趋势。

Huang 等(2010)对中国厦门市某小城市暴雨集水区的水质数据的不确定性进行了分析，发现 COD 与样品采集、样品存贮和实验室测试分析对应的不确定性分别为 13.99%、19.48%和 12.28%，径流流量的测定的不确定性为 12.82%，TSS 样品采集的不确定性为 31.63%，降雨事件流体积、COD 的 EMC 值和 COD 降雨事件负荷的不确定性分别为 7.03%、10.26%和 18.47%。

Lee 等(2011)分析了韩国 2007～2009 年某高速路径流污染物(COD_{Cr}，TSS，TPHs，TKN，NO_3^-，TP，PO_4^{3-}，As，Cu，Cd，Ni，Pb)的 EMC 值：降雨径流形成后 20min，出现污染物峰值浓度，初期效应依据于干周期和降雨低强度；TSS 和 COD 的 EMC 值与径流体积显著相关，其 EMC 值上升到 70～80 m^3/降雨事件，然后逐渐下降。

Metadier 和 Bertrand-Krajewski(2012)用长期在线监测的浊度数据研究了城市暴雨径流污染物的浓度、负荷、污染曲线和次暴雨的污染物通量：污染物 EMC 和负荷约呈长期正态分布；EMC 与暴雨事件特征没有关系，但污染负荷与总径流量、降雨深、最大降雨强度和径流排放量有显著关系；质量与累计体积［M(V)］曲线分 3 类，与暴雨事件特征的关系不明朗。

Borne 等(2013)利用 FTW 技术改进以提高暴雨塘处理 SS、Cu 和 Zn 的处理效果：在新西兰的奥克兰北部的 1 个暴雨塘增加 FTW 处理技术后，暴雨塘对 SS、Cu 和 Zn 去除率比以前出水 EMC 浓度分别低了 41%、40%、16%；TFW 技术下水体中腐殖质含量更高、DO 降低和更加中性的 pH，使 TFW 中植物对吸收过程更具有潜力；入口溶解态锌的 EMC 已经符合澳大利亚和新西兰环境保护委员会水质规范。

Wang 等(2013)调查了重庆市不同土地使用类型的地表径流污染浓度和污染负荷的情况：从 2009 年 9 月至 2011 年 8 月，6 种典型土地使用类型产生的地表径流中 6 种典型污染物被监测和评估；城市交通道路径流中的 TSS、COD 的 EMC 浓度高于居住区、商业区、水泥污泥和瓦片屋顶，以及校区集水区；交通道路和商业区总磷、氨氮浓度分别是地表水标准的 2.35～5 倍和 3 倍；铁、铅、镉的 EMC 值也非常高，已经超过Ⅲ类地表水标准；TSS、COD 和 TP 的主要污染源是交通道路；降雨持续时间与瓦片屋顶 TSS 和交通道路 TP 的 EMC、PLPC(pollution load producing coefficients)相关联，而降雨强度与混凝土屋顶及校园集水区中 TP 的 EMC、PLPC 相关联。

Drake 等(2014)检测了加拿大多伦多市的 3 个独立的过滤可渗透道路(permeable pavement，PP)系统和 1 个沥青道路在春夏秋 3 个季节的水质：2010～2012 年，PP 系统对地表径流中的石油类碳氢化合物、TSS、金属(铜、铁、锰、锌)和营养物(TN、TP)的去除有较好的效果，不仅可以减少 EMC，而且可以减少总污染负荷；钠和氯的浓度却增加了，但其 EMC 仍然低于推荐的饮用水水质浓度，主要是因为冬天道路融雪使用盐类，到春天和夏季早期导致径流出水中的氯和钠浓度增加；PP 系统中污染物浓度在道路建好初期的几个月内是最大的，然后快速降低。

Madarang 和 Kang(2014) 评价了利用准确的线性回归模型预测城市暴雨径流排放特征：韩国 Gwangju 的两条高速路的 17 场降雨事件被监测，监测数据被用来校正 SWMM 模型，校正的 SWMM 模型被用于模拟 55 场降雨事件，并将 TSS 排放负荷和 EMC 抽离出来，与降雨前期干天气进行线性回归分析，发现污染物负荷比 EMC 多元回归模型能更好地进行预测，但因为不确定性原因，回归可能不提供真实位置的污染特征。

4.3　深圳市暴雨径流事件平均浓度

由于方程(4-1)很难实现，因为要实现持续不间断地测量径流浓度和径流体积是较为困难的，因此方程(4-1)可以通过一定的间隔时间的浓度测量和径流体积测量来实现，即方程(4-1)可以转换成式(4-3)和式(4-4)来计算：

$$M=\int_0^t C_t Q_t \mathrm{d}t=\sum_{j=1}^{N}\frac{C_j+C_{j+1}}{2}\times\frac{Q_j+Q_{j+1}}{2}\times\Delta t_j \tag{4-3}$$

$$V=\int_0^t Q_t \mathrm{d}t=\sum_{j=1}^{N}\frac{Q_j+Q_{j+1}}{2}\times\Delta t_j \tag{4-4}$$

式中，N——总采样和测定次数；

j——自然数且 $j\leqslant N$；

C_j——第 j 次采样的浓度，mg/L；

C_{j+1}——第 j+1 次采样的浓度，mg/L；

Q_j——第 j 次测定的径流流量，L/s；

Q_{j+1}——第 j+1 次测定的径流流量，L/s；

Δt_j——第 j 次相邻采样和测定的时间间隔，s。

由于存在基流，因此，在计算 EMC 时候应扣除基流的影响，采用式(4-5)计算：

$$\mathrm{EMC}_{\text{实}}=\frac{M-c_b q_b T}{V-q_b T} \tag{4-5}$$

式中，$\mathrm{EMC}_{\text{实}}$——扣除基流后的 EMC 值；

c_b——基流浓度，mg/L；

q_b——基流流量，L/s；

T——采样总历时。

对于福田河和白芒河研究区域来说，后面用到的 EMC 值都是指扣除掉基流影响后的 $\mathrm{EMC}_{\text{实}}$值。

根据公式(4-3)至公式(4-5)，计算结果见表 4-3-1。本研究的测试结果和大量的国外测试结果表明，对于不同场次降雨径流事件，EMC 值不同。

表 4-3-1 各采样点典型降雨的 EMC 汇总 （单位：mg/L）

研究区域	日期	COD	BOD	SS	TN	TP
福田河流域	2007-10-30	268.39	—	231.18	8.45	1.10
	2008-3-22	444.64	197.22	1626.36	3.82	1.32
	2008-3-28	185.80	65.76	479.08	6.47	3.24
	2008-4-19	320.83	141.35	435.97	7.18	1.74
	2008-4-25	140.59	—	374.54	5.81	1.35
	2008-5-2	195.75	197.64	111.42	4.37	1.27
	2008-5-5	738.63	—	752.36	4.36	1.40
	2008-5-19	119.15	—	205.15	2.24	1.27
	2008-5-28	169.03	89.81	446.59	2.73	2.12
	2008-6-6	259.66	233.63	580.10	3.29	5.13
	2008-6-11	77.34	51.99	240.46	4.32	3.00
	2008-6-25	69.20	30.11	299.48	3.19	2.93
	2008-7-21	153.24	186.26	376.29	1.85	1.08
	2008-7-27	120.29	—	162.53	2.97	2.41
	2008-8-11	119.37	133.41	257.95	7.06	2.51
	2008-8-22	162.14	—	141.54	8.58	2.12
	2008-9-1	172.23	—	1532.09	7.94	1.56
	2008-9-17	318.36	251.35	2027.76	9.38	1.27
	最大值	738.63	251.35	2027.76	9.38	5.13
	中值	170.63	141.35	375.42	4.37	1.65
	最小值	69.20	30.11	111.42	1.85	1.08
	平均值	224.15	143.50	571.16	5.22	2.04
白芒河流域	2007-12-24	57.48	—	12074.61	—	—
	2008-1-25	137.79	24.92	141.43	2.17	0.44
	2008-3-22	536.16	—	146.50	1.40	1.25
	2008-5-19	112.26	17.46	196.04	2.50	1.60
	2008-5-28	299.90	—	0.72	—	0.04
	2008-7-21	0.07	22.73	196.98	1.49	1.09
	2008-8-22	0.11	534.88	2.41	0.14	—
	2008-9-24	63.25	—	71.88	3.83	0.62
	最大值	536.16	534.88	12074.61	3.83	1.60
	最小值	0.07	0.01	0.72	0.14	0.04
	中值	87.76	22.73	143.97	1.83	0.86
	平均值	150.88	120.00	1603.82	1.92	0.84
新洲河流域	2008-1-25	275.20	54.33	392.67	—	—
	2008-3-22	371.32	—	1420.51	6.85	0.80
	2008-3-28	100.42	—	338.22	—	—
	2008-4-19	58.09	—	130.32	0.75	0.55
	2008-5-19	68.89	1.74	236.41	0.33	0.83
	最大值	371.32	54.33	1420.51	6.85	0.83
	最小值	58.09	1.74	130.32	0.33	0.55
	中值	100.42	28.4	338.22	0.75	0.80
	平均值	174.78	28.04	503.62	2.64	0.72

从表 4-3-1 可以看出，三个采样点 COD 的事件平均浓度的平均值为 150～224mg/L，以福田河浓度最高，其余两个采样点数值相差不大。SS 的 EMC 平均值为 503～1603mg/L，以白芒河为最高，几乎为其余两处的 3 倍。TN、TP 的 EMC 变化幅度更大，这主要是由于管道内沉积物中 TN 和 TP 在初期被冲刷出来，在随后相邻近间隔时间较短的降雨场次发生时，由于沉积物被前场降雨冲刷掉，使得后面的这场降雨径流中的 TN 和 TP 质量降低。BOD 的 EMC 为 28～143mg/L，仍以福田河浓度为最高。总体来看，各污染指标 EMC 值都较大，说明地表径流污染严重。

4.4 EMC 对比分析

总体来看，各污染指标 EMC 值都较大。参考国内外部分城市地表径流污染研究成果，将测得数据进行比较，比较结果见表 4-4-1。

表 4-4-1 各城市地面径流污染 EMC 比较 （单位：mg/L）

比较对象		COD	SS	TN	TP	BOD_5
深圳市（本研究）	福田河流域研究区域	224.15	571.16	5.22	2.04	143.50
	新洲河流域研究区域	174.78	503.62	2.64	0.72	—
	白芒河流域研究区域	150.88	1603.82	1.92	0.84	—
广州市	交通道路	373.00	439.00	11.71	0.49	19.50
上海市	交通区	748.71	1731.35	3.12	1.01	—
	商业区	448.25	699.87	3.10	0.87	—
	工业区	256.53	580.91	1.90	0.56	—
	居住区	150.42	430.72	1.71	0.43	—
北京市	路面	582.00	734.00	1.74	5.60	—
	沥青油毡屋面	328.00	136.00	9.80	0.94	—
Kongju（韩国）	停车场	14.70～69.20	12.10～37.40	0.98～2.54	0.08～0.53	—
	桥梁道路	45.50～199.00	24.70～305.30	2.30～5.37	0.39～1.15	—
澳门		80.10	2619.50	—	—	—
珠海		77.51	569.34	4.96	0.48	—
兰州		294.10	587.00	5.60	0.90	—
Windsor（加拿大）		—	—	—	0.23	—
Topeka，Kans（美国）		—	395.00	—	0.44	—
Southeast Michigan（美国）		163.00	343.00	2.41	0.48	9.30
Atlanta. Ga（美国）		287.00	—	1.00	0.33	—
Washington. D.C.（美国）		26.00	—	2.74	0.26	—

注：本研究区、北京、珠海、兰州径流污染浓度为算术平均值，澳门污染浓度为 2005 年 6 月 21 日单场降雨数据，美国和加拿大的城市为统计值的中值。

从表 4-4-1 中可以看出，在某种程度上，深圳市研究点的 COD 和 SS 浓度高于邻近的澳门、珠海，COD 值约为澳门、珠海的 2 倍，比广州市交通道路低近一半，SS 值与珠海差别不大，比广州市交通道路略高。TN、TP 值高于北京、上海等城市，为北京、上海等城市 2～3 倍，TN 比广州约低一半，与珠海浓度差不多，但比兰州要低。总体上来说，深圳市研究区域的地表径流污染在我国各大城市中也是较为突出的，是很严重的。1976～1977 年，SEMCOG(美国密歇根州东南区议会)对密歇根州东南区承雨面积为 246～2458hm^{2}不等的 5 个流域 17 个月期间 7 场降雨的径流排污状况进行了实测，取样点为流域排水管网的出口处，该 5 个流域中 4 个为分流制排水系统，1 个为合流制排水系统，监测结果表明该地区浓度值明显低于全美国的统计值，也明显比研究区域 EMC 值约低一半。美国环保局全国城市径流项目(NURP)的 EMC 平均值结果表明，美国 474～2000 场降雨形成径流的 TSS 为 174 mg/L，COD 为 66.1mg/L，BOD_5为 10.4mg/L，TP 为 0.337mg/L，TN 为 2.507mg/L，可见深圳研究区域 EMC 值比美国的高了许多。与国外的一些研究结果相比较，比韩国、美国和加拿大一些城市地表径流污染物浓度高得多，这可能是深圳市正处于快速发展时期，人口密度高，城市开发强度大，整个城市环境状况和大气质量等要比一些发达国家差，因此径流污染比较严重。

4.5 降雨事件 EMC 统计分析

常静发现用污染物平均值并不能很好地反映出污染物的总体水平。福田河 5 个指标的 EMC 值的常规统计数据见表 4-5-1，福田河 5 个指标的 EMC 对数值的常规统计数据见表 4-5-2。

表 4-5-1 福田河 EMC 常规统计描述(置信度 95%)

统计指标		COD	SS	TN	TP	BOD
样本个数 N	有效	18	18	18	18	11
	缺失	0	0	0	0	7
均值		224.15	571.16	5.22	2.05	143.50
均值的标准误		37.79	132.89	0.57	0.25	22.90
中值		170.63[a]	375.42[a]	4.37[a]	1.65[a]	141.35[a]
众数		69.20[b]	111.42[b]	1.85[b]	1.27	30.11[b]
标准差		160.32	563.81	2.41	1.04	75.94
方差		25703.91	317886.61	5.83	1.08	5766.44
偏度		2.20	1.74	0.32	1.68	-0.13
偏度的标准误		0.54	0.54	0.54	0.54	0.66
峰度		5.79	2.00	-1.33	3.38	-1.40
峰度的标准误		1.04	1.04	1.04	1.04	1.28
全距		669.43	1916.34	7.53	4.05	221.24
极小值		69.2	111.42	1.85	1.08	30.11

续表

统计指标		COD	SS	TN	TP	BOD
极大值		738.63	2027.76	9.38	5.13	251.35
求和		4034.64	10280.85	94.01	36.82	1578.53
调和均值		160.83	302.37	4.15	1.70	93.92
几何均值		187.13	398.92	4.68	1.85	120.00
百分位数	10	89.88[c]	147.84[c]	2.39[c]	1.13[c]	43.24[c]
	20	119.46	207.75	2.99	1.27	61.63
	25	120.29	231.18	3.19	1.30	71.77
	30	138.56	239.53	3.28	1.32	85.00
	40	159.47	287.02	4.17	1.39	129.05
	50	170.63	375.42	4.37	1.65	141.35
	60	188.79	439.16	6.01	2.07	187.36
	70	260.53	489.18	7.07	2.42	197.30
	75	268.39	580.10	7.18	2.51	197.54
	80	313.36	735.13	7.86	2.89	208.44
	90	407.50	1598.08	8.54	3.17	240.72

注：a. 利用分组数据进行计算；b. 存在多个众数，显示最小值；c. 利用分组数据计算百分位数。

表 4-5-2　福田河 *EMC* 对数值的常规统计描述(置信度 95%)

统计指标		lgCOD	lgSS	lgTN	lgTP	lgBOD	lnCOD	lnSS	lnTN	lnTP	lnBOD
样本个数 N	有效	18	18	18	18	11	18	18	18	18	11
	缺失	0	0	0	0	7	0	0	0	0	7
均值		2.27	2.60	0.67	0.27	2.08	5.23	5.99	1.54	0.62	4.79
均值的标准误		0.06	0.09	0.05	0.05	0.09	0.14	0.20	0.12	0.10	0.21
中值		2.23[a]	2.57[a]	0.64[a]	0.22[a]	2.15[a]	5.14[a]	5.93[a]	1.47[a]	0.50[a]	4.95[a]
众数		1.84[b]	2.05[b]	0.27[b]	0.10	1.48[b]	4.24[b]	4.71[b]	0.62[b]	0.24	3.40[b]
标准差		0.26	0.36	0.22	0.19	0.30	0.59	0.83	0.50	0.44	0.69
方差		0.07	0.13	0.05	0.04	0.09	0.35	0.69	0.25	0.19	0.48
偏度		0.52	0.60	−0.24	0.72	−0.90	0.52	0.60	−0.24	0.72	−0.90
偏度的标准误		0.54	0.54	0.54	0.54	0.66	0.54	0.54	0.54	0.54	0.66
峰度		0.47	−0.28	−1.09	−0.21	−0.19	0.47	−0.28	−1.09	−0.21	−0.19
峰度的标准误		1.04	1.04	1.04	1.04	1.28	1.04	1.04	1.04	1.04	1.28
全距		1.03	1.26	0.71	0.68	0.92	2.37	2.90	1.62	1.56	2.12
极小值		1.84	2.05	0.27	0.03	1.48	4.24	4.71	0.62	0.08	3.40
极大值		2.87	3.31	0.97	0.71	2.40	6.60	7.61	2.24	1.64	5.53
求和		40.90	46.82	12.06	4.82	22.87	94.17	107.80	27.76	11.09	52.66
调和均值		2.25	2.56	0.59	0.13	2.03	5.17	5.88	1.36	0.31	4.68
几何均值		2.26	2.58	0.63	0.20	2.06	5.20	5.94	1.46	0.46	4.74
百分位数	10	1.94[c]	2.17[c]	0.38[c]	0.05[c]	1.62[c]	4.48[c]	4.99[c]	0.87[c]	0.12[c]	3.73[c]
	20	2.08	2.32	0.48	0.10	1.79	4.78	5.34	1.10	0.24	4.12

续表

统计指标		lgCOD	lgSS	lgTN	lgTP	lgBOD	lnCOD	lnSS	lnTN	lnTP	lnBOD
百分位数	25	2.08	2.36	0.50	0.11	1.85	4.79	5.44	1.16	0.26	4.26
	30	2.14	2.38	0.52	0.12	1.93	4.93	5.48	1.19	0.28	4.44
	40	2.20	2.46	0.62	0.14	2.11	5.07	5.66	1.43	0.33	4.85
	50	2.23	2.57	0.64	0.22	2.15	5.14	5.93	1.47	0.50	4.95
	60	2.28	2.64	0.78	0.31	2.27	5.24	6.08	1.79	0.73	5.23
	70	2.42	2.69	0.85	0.38	2.30	5.56	6.19	1.96	0.88	5.28
	75	2.43	2.76	0.86	0.40	2.30	5.59	6.36	1.97	0.92	5.29
	80	2.50	2.87	0.90	0.46	2.32	5.75	6.60	2.06	1.06	5.34
	90	2.61	3.20	0.93	0.50	2.38	6.00	7.38	2.14	1.15	5.48

注：a. 利用分组数据进行计算；b. 存在多个众数，显示最小值；c. 利用分组数据计算百分位数。

可见，统计数据无法看出这些数据服从何种统计分布。通过统计分布的初步尝试，发现地表径流污染的 EMC 值与正态分布相关性较大，因此对 EMC 数据和取对数的 EMC 进行正态分布的统计分析，以验证是否是正态分布。

1. 正态分布函数

正态分布函数基本表达式见式(4-6)：

$$f(x,\mu,\sigma)=\frac{1}{\sqrt{2\pi}\sigma}\mathrm{e}^{-\frac{(x-\mu)^2}{2\sigma^2}} \tag{4-6}$$

式中，μ——样本平均值；

σ——样本标准偏差。

当 $\mu=0$ 和 $\sigma=1$ 时，称为标准正态分布，标准正态分布表达式见式(4-7)：

$$f(x)=\frac{1}{\sqrt{2\pi}}\mathrm{e}^{-\frac{x^2}{2}} \qquad (-\infty<x<\infty) \tag{4-7}$$

偏态分布只有满足一定的条件(如样本例数够大等)才可以看做近似正态分布。

2. 正态分布检验

常用的正态分布检验有图示法和计算法。

1) 图示法

图示法有 P-P 图、Q-Q 图、直方图、箱式图和茎叶图，常用的有 Q-Q 图和直方图。

P-P 图以样本的累积频率作为横坐标，以按照正态分布计算的相应累积概率作为纵坐标，把样本值表现为直角坐标系中的散点。如果资料服从正态分布，则样本点应围绕第一象限的对角线分布。

Q-Q 图以样本的分位数作为横坐标，以按照正态分布计算的相应分位点作为纵坐标，把样本值表现为直角坐标系的散点。如果资料服从正态分布，则样本点应该呈一条围绕第一象限对角线的直线。

直方图的判断方法是观察是否以钟形分布，同时可以选择输出正态性曲线。箱式图的判断方法是观测离群值和中位数。茎叶图类似直方图，但实质不同。

2) 计算法

采用非参数检验方法，包括Kolmogorov-Smirnov检验(D检验)和Shapiro-Wilk(W检验)。

统计软件 SPSS 中规定：①如果指定的是非整数权重，则在加权样本大小位于 3 和 50 之间时，计算 Shapiro-Wilk 统计量；对于无权重或整数权重，在加权样本大小位于 3 和 5000 之间时，计算该统计量。②单样本 Kolmogorov-Smirnov 检验可用于检验变量是否为正态分布。对于此两种检验，如果 P 值大于 0.05，表明资料服从正态分布。

为判断所获得 EMC 值的分布状况，采用正态分布统计法和正态分布验证法来进行。由于新洲河的数据较少，仅对 SS 和 COD 进行统计，其余指标不适合进行正态分布统计。

本研究主要通过非参数检验方法[包括 Kolmogorov-Smirnov 检验(D 检验)和 Shapiro-Wilk(W 检验)]进行正态分布的检验。

4.5.1　福田河流域研究区域 EMC 统计与验证

对福田河流域 5 个污染指标(COD，BOD，SS，TN，TP)分别进行正态分布验证。

1) COD

COD 的正态分布验证的非参数检验方法的验证结果见表 4-5-3。

表 4-5-3　COD 正态性检验

指标	Kolmogorov-Smirnov[a]			Shapiro-Wilk		
	统计量	样本数	P 值	统计量	样本数	P 值
COD	0.237	18	0.009	0.772	18	0.001
lgCOD	0.136	18	0.200[b]	0.968	18	0.769
lnCOD	0.136	18	0.200[b]	0.968	18	0.769

注：a. Lilliefors 显著水平修正；b. 这是真实显著水平的下限。

由此可见，COD 的 EMC 值不符合正态分布，但其对数值(lgCOD 和 lnCOD)的 P 值均大于 0.05，故 COD 的 EMC 对数值符合正态分布。

2) SS

SS 的正态分布验证的非参数检验方法的验证结果见表 4-5-4。

表 4-5-4　SS 正态性检验

指标	Kolmogorov-Smirnov[a]			Shapiro-Wilk		
	统计量	样本数	P 值	统计量	样本数	P 值
SS	0.287	18	0	0.730	18	0
lgSS	0.135	18	0.200[b]	0.945	18	0.353
lnSS	0.135	18	0.200[b]	0.945	18	0.353

注：a. Lilliefors 显著水平修正；b. 这是真实显著水平的下限。

由此可见，SS 的 EMC 值不符合正态分布，且其对数值(lgSS 和 lnSS)的 P 值均大于 0.05，故 SS 的 EMC 对数值也符合正态分布。

3) TN

TN 的正态分布验证的非参数检验方法的验证结果见表 4-5-5。

表 4-5-5 TN 正态性检验

指标	Kolmogorov-Smirnov[a]			Shapiro-Wilk		
	统计量	样本数	P 值	统计量	样本数	P 值
TN	0.194	18	0.073	0.927	18	0.175
lgTN	0.132	18	0.200[b]	0.946	18	0.370
lnTN	0.132	18	0.200[b]	0.946	18	0.370

注：a. Lilliefors 显著水平修正；b. 这是真实显著水平的下限。

由此可见，TN 的 EMC 值属于正态分布，但其对数值(lgTN 和 lnTN)的 P 值也均大于 0.05，故 TN 的 EMC 对数值也符合正态分布。

4) TP

TP 的正态分布验证的非参数检验方法的验证结果见表 4-5-6。

表 4-5-6 TP 正态性检验

指标	Kolmogorov-Smirnov[a]			Shapiro-Wilk		
	统计量	样本数	P 值	统计量	样本数	P 值
TP	0.180	18	0.129	0.820	18	0.003
lgTP	0.181	18	0.121	0.917	18	0.116
lnTP	0.181	18	0.121	0.917	18	0.116

注：a. Lilliefors 显著水平修正。

由此可见，TP 的 EMC 值的 Kolmogorov-Smirnov 检验是属于正态分布，但 Shapiro-Wilk 检验值小于 0.05，故 TP 的 EMC 值不符合正态分布。但其对数值(lgTP 和 lnTP)的 P 值均大于 0.05，故 TP 的 EMC 对数值符合正态分布。

5) BOD

BOD 的正态分布验证的非参数检验方法的验证结果见表 4-5-7。

表 4-5-7 BOD 正态性检验

指标	Kolmogorov-Smirnov[a]			Shapiro-Wilk		
	统计量	样本数	P 值	统计量	样本数	P 值
BOD	0.168	11	0.200[b]	0.941	11	0.538
lgBOD	0.197	11	0.200[b]	0.898	11	0.177
lnBOD	0.197	11	0.200[b]	0.898	11	0.177

注：a. Lilliefors 显著水平修正；b. 真实显著水平的下限。

由此可见，BOD 的 EMC 值属于正态分布，且其对数值(lgBOD 和 lnBOD)的 P 值也均大于 0.05，故 BOD 的 EMC 对数值也符合正态分布。BOD 的 EMC 值属于正态分布，也属于对数正态分布，可能的原因是 BOD 的统计数据较少。

可见，福田河研究区域只有 TN、BOD 的 EMC 值是属于正态分布，而 COD、SS 和 TP 的 EMC 值都不是正态分布，但属于对数正态分布。

4.5.2　深圳市研究区域 EMC 统计与验证

由于白芒河和新洲河的数据相对较少，单独用于统计的意义不大。因此，需要将三个研究区域的数据集中起来进行统计分析才更有意义，三个研究区域(福田河+新洲河+白芒河)的 EMC 统计事件为 31 场次的降雨。深圳市研究区域五个指标的 EMC 值的常规统计数据见表 4-5-8，其 EMC 对数值的常规统计数据见表 4-5-9。

表 4-5-8　深圳研究区域 EMC 常规统计描述(置信度 95%)

统计指标		COD	SS	TN	TP	BOD
样本个数 N	有效	31	31	27	27	17
	缺失	0	0	4	4	14
均值		197.28	826.76	4.20	1.63	131.45
均值的标准误		29.02	385.72	0.52	0.20	32.14
中值		153.24[a]	257.95[a]	3.82[a]	1.32[a]	89.81[a]
众数		0.07[b]	0.72[b]	0.14[b]	1.27	1.74[b]
标准差		161.55	2147.60	2.71	1.06	132.51
方差		26099.14	4612198.95	7.33	1.13	17559.54
偏度		1.62	5.11	0.39	1.50	1.85
偏度的标准误		0.42	0.42	0.45	0.45	0.55
峰度		3.22	27.33	-0.98	3.30	4.55
峰度的标准误		0.82	0.82	0.87	0.87	1.06
全距		738.56	12073.89	9.24	5.09	533.14
极小值		0.07	0.72	0.14	0.04	1.74
极大值		738.63	12074.61	9.38	5.13	534.88
求和		6115.58	25629.55	113.47	44.04	2234.59
调和均值		1.31	16.15	1.46	0.59	19.92
几何均值		102.67	256.11	3.05	1.26	71.96
百分位数	10	57.85[c]	95.60[c]	0.88[c]	0.56[c]	18.51[c]
	20	69.11	141.51	1.81	0.83	24.70
	25	83.11	150.51	2.19	1.08	28.81
	30	109.89	189.34	2.40	1.10	43.24
	40	120.20	228.58	3.04	1.26	57.76
	50	153.24	257.95	3.82	1.32	89.81
	60	173.59	374.72	4.35	1.51	138.97

续表

统计指标		COD	SS	TN	TP	BOD
百分位数	70	261.41	438.09	6.07	1.84	190.64
	75	273.50	470.96	6.76	2.17	197.33
	80	305.44	631.78	7.07	2.42	201.24
	90	400.65	1569.80	8.35	2.99	247.81

注：a. 利用分组数据进行计算；b. 存在多个众数，显示最小值；c. 利用分组数据计算百分位数。

表 4-5-9 深圳研究区域 EMC 对数值常规统计描述(置信度 95%)

统计指标		lgCOD	lgSS	lgTN	lgTP	lgBOD	lnCOD	lnSS	lnTN	lnTP	lnBOD
样本个数 N	有效	31	31	27	27	17	31	31	27	27	17
	缺失	0	0	4	4	14	0	0	4	4	14
均值		2.01	2.41	0.48	0.10	1.86	4.63	5.55	1.11	0.23	4.28
均值的标准误		0.16	0.14	0.08	0.07	0.14	0.36	0.32	0.19	0.17	0.33
中值		2.18[a]	2.41[a]	0.58[a]	0.12[a]	1.95[a]	5.03[a]	5.55[a]	1.34[a]	0.28[a]	4.50[a]
众数		−1.15[b]	−0.14[b]	−0.85[b]	0.10	0.24[b]	−2.66[b]	−0.33[b]	−1.96[b]	0.24	0.55[b]
标准差		0.87	0.76	0.43	0.39	0.60	2.00	1.76	1.00	0.89	1.37
方差		0.75	0.58	0.19	0.15	0.35	4.00	3.08	1.00	0.79	1.88
偏度		−3.04	−1.46	−1.54	−2.22	−1.17	−3.04	−1.46	−1.54	−2.22	−1.17
偏度的标准误		0.42	0.42	0.45	0.45	0.55	0.42	0.42	0.45	0.45	0.55
峰度		9.52	4.98	2.77	8.21	2.10	9.52	4.98	2.77	8.21	2.10
峰度的标准误		0.82	0.82	0.87	0.87	1.06	0.82	0.82	0.87	0.87	1.06
全距		4.02	4.22	1.83	2.11	2.49	9.26	9.73	4.20	4.85	5.73
极小值		−1.15	−0.14	−0.85	−1.40	0.24	−2.66	−0.33	−1.97	−3.22	0.55
极大值		2.87	4.08	0.97	0.71	2.73	6.6	9.4	2.24	1.64	6.28
求和		62.35	74.66	13.07	2.75	31.57	143.58	171.91	30.09	6.34	72.69
调和均值		—[d]	—[d]	—[d]	—[d]	1.33	—[d]	—[d]	—[d]	—[d]	3.07
几何均值		—[e]	—[e]	—[e]	—[e]	1.69	—[e]	—[e]	—[e]	—[e]	3.89
百分位数	10	1.76[c]	1.97[c]	−0.07[c]	−0.25[c]	1.26[c]	4.06[c]	4.54[c]	−0.16[c]	−0.57[c]	2.91[c]
	20	1.84	2.15	0.26	−0.08	1.39	4.24	4.95	0.59	−0.19	3.21
	25	1.92	2.18	0.34	0.03	1.46	4.41	5.01	0.78	0.08	3.36
	30	2.04	2.28	0.38	0.04	1.62	4.70	5.24	0.87	0.09	3.73
	40	2.08	2.36	0.48	0.10	1.76	4.79	5.43	1.11	0.23	4.05
	50	2.19	2.41	0.58	0.12	1.95	5.03	5.55	1.34	0.28	4.50
	60	2.24	2.57	0.64	0.18	2.14	5.16	5.93	1.47	0.41	4.93
	70	2.42	2.64	0.78	0.26	2.28	5.57	6.08	1.80	0.61	5.25
	75	2.44	2.67	0.83	0.34	2.30	5.61	6.15	1.91	0.77	5.28
	80	2.48	2.80	0.85	0.38	2.30	5.72	6.44	1.96	0.88	5.30
	90	2.60	3.20	0.92	0.48	2.39	5.99	7.36	2.12	1.09	5.51

注：a. 利用分组数据进行计算；b. 存在多个众数，显示最小值；c. 利用分组数据计算百分位数；d. 数据既包含负值又包含正值，可能还有零值；e. 数据包含负值。

可见，统计数据无法看出这些数据服从何种统计分布。因此对 EMC 数据和取对数的 EMC 进行正态分布的统计分析，以验证是何种正态分布。对 5 个污染指标(COD，BOD，SS，TN，TP)分别进行正态分布验证。

1)COD

三个研究区域 COD 的正态分布验证的非参数检验方法的验证结果见表 4-5-10。

表 4-5-10　COD 正态性检验

指标	Kolmogorov-Smirnov[a]			Shapiro-Wilk		
	统计量	样本数	P 值	统计量	样本数	P 值
COD	0.181	31	0.011	0.862	31	0.001
lgCOD	0.321	31	0	0.597	31	0
lnCOD	0.321	31	0	0.597	31	0

注：a. Lilliefors 显著水平修正。

由此可见，三个研究区域 COD 的 EMC 值的 Kolmogorov-Smirnov 检验值不属于正态分布，但 Shapiro-Wilk 检验值小于 0.05，故 COD 的 EMC 值不完全符合正态分布。而福田河的 COD 的 EMC 值完全不正态分布。

但三个研究区域 COD 的 EMC 对数值(lgCOD 和 lnCOD)的 P 值均小于 0.05，故三个研究区域 COD 的 EMC 对数值不是正态分布。而福田河的 COD 的 EMC 对数值(lgCOD 和 lnCOD)是完全符合正态分布。

2)SS

三个研究区域 SS 的正态分布验证的非参数检验方法的验证结果见表 4-5-11。

表 4-5-11　SS 正态性检验

指标	Kolmogorov-Smirnov[a]			Shapiro-Wilk		
	统计量	样本数	P 值	统计量	样本数	P 值
SS	0.353	31	0	0.336	31	0
lgSS	0.221	31	0	0.827	31	0
lnSS	0.221	31	0	0.827	31	0

注：a. Lilliefors 显著水平修正。

由此可见，三个研究区域 SS 的 EMC 值不符合正态分布，且其对数值(lgSS 和 lnSS)的 P 值均小于 0.05，故 SS 的 EMC 对数值不符合正态分布。所以三个研究区域 SS 的 EMC 值不是正态分布。而福田河研究区域 SS 的 EMC 值不符合正态分布，但其对数值(lgSS 和 lnSS)符合正态分布。

3)TN

三个研究区域 TN 的正态分布验证的非参数检验方法的验证结果见表 4-5-12。

表 4-5-12 TN 正态性检验

指标	Kolmogorov-Smirnov[a]			Shapiro-Wilk		
	统计量	样本数	P 值	统计量	样本数	P 值
TN	0.142	27	0.173	0.945	27	0.163
lgTN	0.144	27	0.155	0.863	27	0.002
lnTN	0.144	27	0.155	0.863	27	0.002

注：a. Lilliefors 显著水平修正。

由此可见，三个研究区域 TN 的 EMC 值属于正态分布，并且福田河研究区域的 TN 的 EMC 值也属于正态分布。TN 的 EMC 对数值(lgTN 和 lnTN)的 Kolmogorov-Smirnov 检验值属于正态分布，但 Shapiro-Wilk 检验值小于 0.05，故三个研究区域 TN 的 EMC 对数值不完全符合正态分布。而福田河研究区域 TN 的 EMC 对数值属于正态分布。因此，可以认为 TN 属于正态分布。

4) TP

三个研究区域 TP 的正态分布验证的非参数检验方法的验证结果见表 4-5-13。

表 4-5-13 TP 正态性检验

指标	Kolmogorov-Smirnov[a]			Shapiro-Wilk		
	统计量	样本数	P 值	统计量	样本数	P 值
TP	0.179	27	0.027	0.887	27	0.007
lgTP	0.207	27	0.004	0.812	27	0
lnTP	0.207	27	0.004	0.812	27	0

注：a. Lilliefors 显著水平修正。

由此可见，三个研究区域(福田河+新洲河+白芒河)TP 的 EMC 值不属于正态分布，而福田河研究区域 TP 的 EMC 值不符合正态分布。三个研究区域(福田河+新洲河+白芒河)TP 的 EMC 对数值(lgTP 和 lnTP)不属于正态分布，而福田河研究区域 TP 的对数值(lgTP 和 lnTP)符合正态分布。

5) BOD

三个研究区域 BOD 的正态分布验证的非参数检验方法的验证结果见表 4-5-14。

表 4-5-14 BOD 正态性检验

指标	Kolmogorov-Smirnov[a]			Shapiro-Wilk		
	统计量	样本数	P 值	统计量	样本数	P 值
BOD	0.164	17	0.200[b]	0.815	17	0.003
lgBOD	0.144	17	0.200[b]	0.915	17	0.121
lnBOD	0.144	17	0.200[b]	0.915	17	0.121

注：a. Lilliefors 显著水平修正；b. 这是真实显著水平的下限。

由此可见，三个研究区域 BOD 的 EMC 值的 Kolmogorov-Smirnov 检验属于正态分布，但 Shapiro-Wilk 检验不属于正态分布，故三个研究区域 BOD 的 EMC 值不完全属于正态分布。但其对数值(lgBOD 和 lnBOD)的 P 值均大于 0.05，故三个研究区域 BOD 的 EMC 对数值符合正态分布。

将深圳市福田河研究区域和深圳市三个研究区域(福田河、新洲河、白芒河)EMC 统计结果进行汇总，见表 4-5-15。

表 4-5-15　研究区域 *EMC* 分布汇总

指标	深圳市三个研究区域（福田河+新洲河+白芒河）	深圳市福田河研究区域
COD	不完全正态分布	不完全正态分布
COD 对数值	不是正态分布	正态分布
SS	不是正态分布	不是正态分布
SS 对数值	不是正态分布	正态分布
TN	正态分布	正态分布
TN 对数值	不完全正态分布	正态分布
TP	正态分布	不完全正态分布
TP 对数值	不是正态分布	正态分布
BOD	不完全正态分布	正态分布
BOD 对数值	正态分布	正态分布

可见，福田河研究区域的 5 个污染指标(COD，BOD，SS，TN，TP)均符合对数正态分布，这与美国环保局(EPA)大量调查研究结果一样，即不同场次的降雨径流的 EMC 浓度呈对数正态分布。

但是，深圳市三个研究区域(福田河+新洲河+白芒河)中只有 BOD 与美国 EPA 的对数正态分布一样。TN 是正态分布，TN 也是不完全对数正态分布，由于统计的场次还有待于在后续研究中增加，因此可以基本认为 TN 为正态分布或对数正态分布。深圳市三个研究区域 COD、SS 和 TP 均不是对数正态分布，这与美国 EPA 研究结果有区别，因此深圳市的 EMC 的正态分布的统计事件数据还有待于后来研究者增加后再进行研究。

第 5 章　暴雨径流污染模型

5.1　模 型 概 述

利用数学模型模拟城市径流非点源污染的形成是研究非点源污染来源和扩散的有效手段。随着对降雨径流污染的深入研究，20 世纪 70 年代初人们开始利用数学模型定量化评估降雨径流污染的潜在危害。

20 世纪 70 年代中后期是降雨径流模型大发展的时期，机理模型和连续时间序列响应模型成为模型开发的主要方向，许多数学模型相继问世，使得城市径流非点源污染的研究得到进一步的发展，如 SWMM 模型最早于 1971 年开发，目前最新版本为 5.1.007，于 2014 年 10 月由美国国家风险管理实验室和美国环保局(EPA)联合发布，最新版本整合了 7 种 LID 技术。

20 世纪 80 年代以来，降雨径流模型向实用方向发展，把已有模型广泛应用于降雨径流污染控制和管理，随着计算机技术的发展和进步，遥感技术、GIS、CAD 方法相继应用于降雨径流污染研究。

进入 20 世纪 90 年代，水环境污染进一步加剧，降雨径流污染研究的内容也更加广泛，如城市地表径流大肠杆菌模型等。例如，彭定志等介绍了改进的通用 SCS-CN 模型，认为该模型不仅可用于小流域径流计算，对于较大流域也一样可以取得满意的结果。

经过 30 多年的研究，城市非点源污染模型逐步从统计模型过渡到机理模型和连续时间序列响应模型，这些模型不仅从城市本身的特性出发，而且采用农业非点源污染研究的经验，借鉴其参数和子模型，如水文子模型、侵蚀子模型和污染物迁移子模型等，其应用范围从小区域逐步扩大到整个城市河网水系，从单次暴雨扩大到了长期连续模拟，3S 技术的应用使得城市非点源模型的应用性和精度得到了很大的提高。

暴雨径流控制措施的广泛应用要求一种通用的、功能强大的模型来模拟这些措施对城市排水系统的影响，目前在城市暴雨控制方面应用的模型包括 SWMM(storm water management model)、STORM(storage，treatment，overflow，runoff model)、MUSIC(model for urban stormwater improvement conceptualisation)、SLAMM(source area loading & management model)、P8(program for predicting polluting particle passage thru pits，puddles，& ponds)、QQS(quantity-quality simulation)、SLAMM(source loading and management model)等。美国的 CH2M HILL 公司开发了专门的 LID 设计软件：LIFE (Low Impact Feasibility Evaluation)。在国内，赵冬泉等自主开发的数字排水平台(Digital Water DS)，通过将 GIS 与 SWMM 及相关水文分析模型的紧密集成，实现了对地表径流和地下管道系统模型的快速构建、准确模拟和直观分析。目前，被国内外广泛应用的模型主要是 SWMM 和 HSPF(Hydrological Simulation Program-Fortran)，优化模型工具［如 SUSTAIN(System for Urban Stormwater Treatment and Analysis Integration)]能提供城市径流模拟和 LID-BMP 的分析。

对于滨海城市而言，除了上述基本暴雨径流模型外，由于处于沿海地区，则可能会用到 MIKE 模型，其中 MOUSE 软件是市场上最广泛应用的城市排水模拟工具及世界上最广泛应用的动态排水管模拟包。MIKE 模型是应用于海洋、水资源和城市等领域的水环境管理系列软件中的一个子系统，可模拟具有自由表面的一维到三维流动系统，包括对流弥散、水质、重金属、富营养化和沉积作用过程模块；主要解决包括潮汐交换及水流、分层流、海洋流循环、热与盐的再循环、富营养化、重金属、黏性沉积物的腐蚀、传输和沉降、预报、海洋冰山模拟等与水力学相关的现象。

陈韬等比较了 6 个较为常用的确定性雨水水质模型，包括美国国家环境保护署(USEPA)发布的 SWMM 模型和 SUSTAIN 模型，美国地质勘察局(united states geological survey，USGS)研发的 DR3M-QUAL 模型，US EPA 联合 USGS 研发的 HSPF 模型，丹麦水力学研究所(Denmark hydraulic institute，DHI)研发的 MOUSE 模型和美国陆军工程兵团工程水文中心(hydrological engineering center，HEC)研发的 STORM 模型。

(1) 城市雨水的 6 类主要污染物可由不同模型模拟，但尚无一种模型能模拟所有污染物。城市雨水的 6 类主要污染物分别为：固体(沉积物、悬浮物)，重金属(Cu、Zn、Cd、Pb、Ni 和 Cr)，可降解生物有机物(BOD 和 COD)，营养物(N、P)，病原微生物和有机微污染物(PAHs、PCBs、MTBEs、内分泌干扰物)。6 种模型均可模拟 TSS，多数可模拟 N、P 和总大肠杆菌，其中 HSPF、MOUSE 和 SUSTAIN 模型可模拟污染物的相互作用，SWMM、MOUSE、SUSTAIN 模型可自定义模拟其他污染物。

(2) 多数模型依据雨前干旱天数和冲刷指数经验公式模拟污染物的累积冲刷，并未依据不同污染物的累积冲刷特征而区分模拟函数。

(3) SWMM、HSPF、MOUSE 和 SUSTAIN 模型可直接或间接评价 BMP 或 LID 实施效果。

(4) SWMM 模型和 SUSTAIN 模型用连续搅拌反应器(continuous stirred tank reactor，CSTR)和一阶动力学吸收衰减函数模拟 BMP 或 LID 对雨水污染物的去除效果，由于一阶动力学常数 k 值和污染物背景质量浓度 C^* 值受多种因素影响，因而增加了模型应用的局限性和对污染物模拟的不确定性。

(5) 比较了常用雨水模型对城市雨水主要水质指标的模拟（见表 5-1-1），比较了常用雨水模型对城市雨水主要污染过程的模拟(见表 5-1-2)，比较了常用雨水水质模型的部分输入输出和复杂性（见表 5-1-3）。

表 5-1-1　常用雨水模型对城市雨水主要水质指标的模拟比较

水质指标		SWMM	STORM	HSPF	DR3M-QUAL	MOUSE	SUSTAIN
颗粒态	TSS	√	√	√	√	√	√
	可沉淀固体	√	√	√			√
	沉积物			√			√
	重金属				√	√	

续表

水质指标		SWMM	STORM	HSPF	DR3M-QUAL	MOUSE	SUSTAIN
溶解态	TN	√	√	√	√		√
	TKN			√		√	√
	TP	√		√	√		
	PO_4^{3-}		√	√		√	√
	$NO_3^- + NO_2^-$			√			√
	COD	√				√	
	TIC						√
	BOD	√	√	√		√	√
	总大肠杆菌	√	√	√			√
	细菌					√	
	油脂类物质	√					
	溶解性固体			√			√
	金属				√		
污染物的相互作用				√		√	√
自定义其他污染物		√				√	√
温度				√		√	√
DO				√		√	√
pH 值				√			√
碱度				√			√
水生生物				√			√

表 5-1-2 常用雨水模型对城市雨水主要污染过程的模拟比较

污染过程模拟			SWMM	STORM	HSPF	DR3M-QUAL	MOUSE	SUSTAIN
大气沉降污染负荷			√					
透水表面	通用土壤流失方程 USLE		√	√		√		√
	按累积沉积物比例估计污染物				√	√	√	
不透水表面	累积模型	线性函数		√	√		√	
		幂函数	√					√
		指数函数	√			√	√	√
		米门方程/饱和函数	√					√
		旱天累积固体比例		√				
		外部时间序列	√					√
	冲刷模型	预定冲刷浓度	√					√
		标定曲线	√					√
		指数函数	√	√		√		√
		按径流比例			√			
		雨滴溅蚀模型					√	
		依污染物而异			√			

续表

污染过程模拟			SWMM	STORM	HSPF	DR3M-QUAL	MOUSE	SUSTAIN
污染物处理模拟		一阶衰减函数	√					√
		完全混合或推流	√			√		√
	入渗	Green-Ampt 方程	√			√		√
		霍顿方程	√					√
		曲线数值法	√					√
排水管网		运动波方程，假设完全混合	√					√
		推流无衰减				√		
		冲刷沉积基于希尔兹切应力准则	√					
		van Rijn 和 Ackers-White 公式					√	
		微生物降解					√	
街道清扫			√		√	√		√

表 5-1-3 常用雨水水质模型的部分输入输出和复杂性比较

参数		SWMM	STORM	HSPF	DR3M-QUAL	MOUSE	SUSTAIN
输入	累积冲刷系数	√	√	√	√	√	√
	沉积物传输					√	
	污染物质量浓度	√					√
	降雨过程线	√					√
输出	场次污染物负荷	√	√	√	√	√	√
	污染负荷图	√				√	√
	BMP 或 LID 实施效果	√		√			√
	成本效益						√
	地表径流过程线	√	√	√	√	√	√
复杂性	模型复杂性	较高	一般	较高	一般	高	高
	模型不确定性	较大	一般	较大	一般	大	大
	GIS 平台（Windows-XP 版）	√					√

SWMM 模型组成及主要参数见表 5-1-4。SWMM 模型是一个可以动态计算暴雨产生地表径流的水量和水质随时间分布的模型。该模型可以模拟单场暴雨和连续降雨，同时用户可以自定义模拟的时间间隔。径流计算模块可以计算待计算流域中所有的小流域中的地表径流水量和水质。径流演算（routing）模块中考虑地表径流经过各种设施的变化，如自然溪流、管道、存储池、泵、堰、孔流等。SWMM 模型能够模拟地表径流经过这些设施时的各项指标，包括水流深度、流量、管道充满度、总体积及各项水质指标等。SWMM 模型最早于 1971 年开发，到现在已经经过了十几次升级。现在该模型由美国联邦环保署供水与水资源管理处维护。该模型在这 30 多年时间中被广泛应用于世界上各个地区的水资源规划、暴雨管理、污水及雨水收集管道设计、污水厂管道设计、调蓄池设计、泵站设计等各种工程中。该模型最新的版本为 SWMM 5.1.007，它是基于 Windows 的应用程序，这个版本在以前的版本上最大的改进就是增加了超强的数据前处理、数据输入及数据后处

理分析能力，包括绘图、颜色划分表示各项水量水质指标等。

表 5-1-4 SWMM 模型对象表

类型	对象名称	描述
水文对象	雨量站	降水来源，可用于一个或多个子流域
	子汇水面	接收雨量站降水，并进行产流，作为排水系统或者另一个子汇水面径流输入节点的地块
	含水层	地下区域，从其上方的子汇水面接收下渗，并与输送系统节点交换地下水流
	雪盖	累积积雪覆盖子汇水面
	单位线	响应函数，用于描述单位瞬时降雨量随时间产生的下水道入流/下渗量（rainfall dependent inflow and infiltration，RDII）
水力对象	连接点	输送系统中的一个点，其中导管以可忽略的存储容积彼此连接（例如，检修孔，管接头或流接头）
	出口	输送系统的终点，其中水被排放到具有已知水面高度的接收器（例如接收流或处理设备）
	分流设施	输送系统中的一个点，将入流根据已知关系分成两个出流管道
	蓄水单元	池塘，湖泊，蓄水池等提供蓄水的设施
	管道	将水从一个输送系统节点输送到另一个输送系统节点的通道或管道
	水泵	一种提升水头水头的装置
	水流调节器	用于引导和调节输送系统的两个节点之间的水流的堰，孔口或出口
水质对象	污染物	可以积聚并从地表上洗掉或直接引入输送系统的污染体
	土地利用	用于表征描述污染物累积和冲洗的功能的分类
控制手段	低影响开发（LID）控制	低影响开发控制，例如生物滞留细胞，多孔路面或营养洼地，用于通过增强的渗透来减少地表径流
	控制功能	用户定义的功能，描述在输送系统节点如何根据某些变量（如浓度，流速，水深等）减少污染物浓度
数据对象	曲线	表格函数，其定义两个量之间的关系（例如，泵的流速和液压头，存储节点的表面积和深度等）
	时间序列	数量随时间变化的序列数据（例如，降雨量，排水口表面高度等）
	时间模式	在一段时间内重复的一组因子（例如，昼夜小时模式，每周每日模式等）
	控制规则	IF-THEN-ELSE 等语句确定何时采取特定控制动作（例如，当给定节点处的流动深度高于或低于特定值时打开或关闭泵）

SWMM 模型中将一个流域（汇水面）划分为若干个子流域，根据各子流域的特点分别计算径流过程，最后通过流量演算方法将各子流域的出流叠加组合起来。为了表示不同的子流域特征，每个子流域的地表可划分为透水面积、有滞蓄库容的不透水面积和无滞蓄库容的不透水面积三部分。产流计算时，不同汇水面上的径流可直接进入管网，或不透水面积径流经由透水面进入管网，或透水面径流经由不透水面进入管网。

SWMM 模型的功能较为完善，因此也成为应用最为广泛的模型。SWMM 模型主要应用对象是城市区域（具有复杂的排水管网系统），虽然不具有 GIS 功能，但其排水管网系统模拟是它非常重要的功能，WinVAST 模型虽然具备 GIS 功能，但无法模拟排水管网系统。综合比较后，认为选择 SWMM 模型作为研究辅助工具是合适的，主要是因为 SWMM 在城市区域内的排水区和排水管网的非点源污染负荷模拟方面具有较强的适用性，具有以下几个方面优点。

(1) SWMM 可对分流制排水管网、合流制排水管网以及自然排放系统进行水量水质模拟，对于随降雨产生的城市非点源污染的模拟具有一定的灵活性和适用性。它主要包含径流、输送、扩充输送、贮水处理、受纳水体 5 个计算模块，各模块间既可单独进行模拟，也可耦合模拟，应用比较灵活。

(2) SWMM 可以完整地模拟降雨径流的产生、输移以及城市非点源污染的产生过程。在径流子系统的模拟中，可以模拟洼蓄、入渗以及干旱的入渗能力恢复过程。针对城市的多种土地利用类型的汇水都有不同的模拟参数。在水质模拟方面，可以模拟地表污染物中的累积过程，并可根据不同的功能区或不同的地表利用状况进行不同地表污染物的累积模拟。传输子系统模拟水流在管网系统中的运动过程，该模拟以径流子系统的输出作为输入，并可模拟调蓄接点处的源或者汇，简单地模拟水流在雨水管网中的运动过程和污染物的输移过程。

(3) 与其他城市非点源污染负荷计算模型相比，SWMM 的输入数据相对要求较低，资料较容易收集。

(4) SWMM 的数据输入时间间隔是任意的，输出结果也是任意的整数步长，对于计算区域的面积大小也没有限制，是一个通用性较好的模型。

(5) 模型除可模拟地表累积物的聚集和降雨径流冲刷外，还可以计算径流中的污染负荷。包括以下几个过程：①旱季污染物在不同土地利用类型的地表的聚集量模拟；②雨期冲刷地表的污染物量；③湿沉降(主要为降雨)携带的污染物；④由街道清扫去除的污染物；⑤由面源污染控制措施去除的污染物；⑥旱季时地下水的入渗和排水管网节点处污水的汇入；⑦水质因子在排水管网中的输移过程模拟。

因此，选择 SWMM 模型为模拟工具。与深圳市规划局签订的研究课题“滨海城市(深圳)地表径流污染研究”执行时间是 2007 年至 2008 年 12 月，此期间的 SWMM 模型仅为 5.0 版本。

5.2　深圳城市径流 SWMM 模型

5.2.1　研究区域地表径流模型的建立

需要指出的是，本书根据雨水管道和研究区域实际情况，建立了研究区域的 SWMM 数字模型。

5.2.1.1　研究区域的排水模式

深圳市福田河和新洲河流域基本位于深圳市中部，其降雨量处于深圳市东西部降雨量中值的范围。该流域的开发强度较大，下垫面类型基本形成系统，并在近两年实施了沿河截污，具有典型的混流制特征，同时也实施了清淤、建闸等工程，因此具有较好的代表性。

原经济特区外取样点设置在包括公路、工业区等有代表意义的区域。这样可以弥补居住小区代表性的不足，可以将研究范围和研究结果的应用扩大到整个深圳市。同时也是作为与深圳市区研究区域的一个对比。白芒河流域是经济特征外流入经济特征内的一条重要河流，是深圳西丽水库的重要水源，而深圳西丽水库是深圳市重要饮用水源地。

福田河流域莲花村小区的排水采用雨污分流制，污水排入市政管道，雨水经雨水管网收集后排入福田河。新洲河具有典型的混流制特征，但旱季流量很少。白芒河流域研究区域也具有典型的混流特征，旱季流量比较明显。

5.2.1.2 雨水排水系统和土地类型概化

1. 概化原则

(1) 根据研究区域的地形和雨水管网的布置进行排水小区的划分。排水小区汇水就近排入管网的节点。

(2) 雨水经雨水管网多头、分散、就近、自流排入河流。

(3) 本项目对雨水管网的细小支管不进行水流运动计算，仅将敷设在道路两旁的主干管列入概化的雨水管网系统。

(4) 假定降雨在研究区域的各个排水小区上是均匀分布的，即在降雨面积内各点的降雨强度是相等的。

(5) 各排水小区根据下垫面特性分为 3 类：①有滞蓄量的不透水地表，其出流侧向排入边沟或小下水道管；②无滞蓄量的不透水地表，暴雨初始立即产生地表径流；③透水地表。

(6) 对各个排水小区内土地利用类型分为六大类型：绿地、交通道路、居住小区、商业、工业和未建设用地，反映不同土地利用类型的地表污染物累积过程。

2. 汇流区域概化结果

1) 福田河流域研究区域模型

根据福田河流域研究区域的莲花村的地形和雨水汇水的特性，将其分为 16 个排水小区，各小区汇水面积不等，排水小区总面积为 114.18hm^2。福田河研究区域排水小区中，居住用地占 32 %，交通占 9%，工业占 6%，绿地占 36%，商业占 16%，未建设用地不到 1%。雨水管道长度为 6.45km，其中雨水箱涵长度约 504m。

各排水小区单独进行小区内产汇流及径流冲刷污染物的计算，其汇流总量等于 3 类下垫面汇流总量之和，将排水小区的出流指定到相应的雨水管网节点，并进行排水管网内的水流计算，从而实现整个排水区的产汇流、管网传输的模拟。

2) 新洲河流域研究区域模型

根据新洲河流域研究区域的地形和雨水汇水的特性，将其分为 8 个排水小区，各小区汇水面积不等，排水小区总面积为 8.38 hm^2。新洲河研究区域排水小区各土地中，居住用地占 10%，交通占 28%，工业占 12%，绿地占 8%，商业占 42%，雨水管道长度为 1220m。

3) 白芒河流域研究区域模型

根据白芒河流域研究区域的地形和雨水汇水的特性，将其分为 8 个排水小区，各小区汇水面积不等，排水小区总面积为 75.2 hm^2。白芒河流域研究区域排水小区各土地中，居住用地占 12%，交通占 9%，工业占 53%，绿地占 21%，商业占 1%，未建设用地 4%。雨水管渠长度为 4972m。

3. 雨水管网系统概化结果

福田河流域研究区域内雨水管网共概化雨水管道 27 段，管径为 600～1200mm，管网节点 38 个；箱涵 6 段，断面为(1500×1400) mm～(3000×3000) mm；管网末段排放口 1 个，见图 5-2-1。

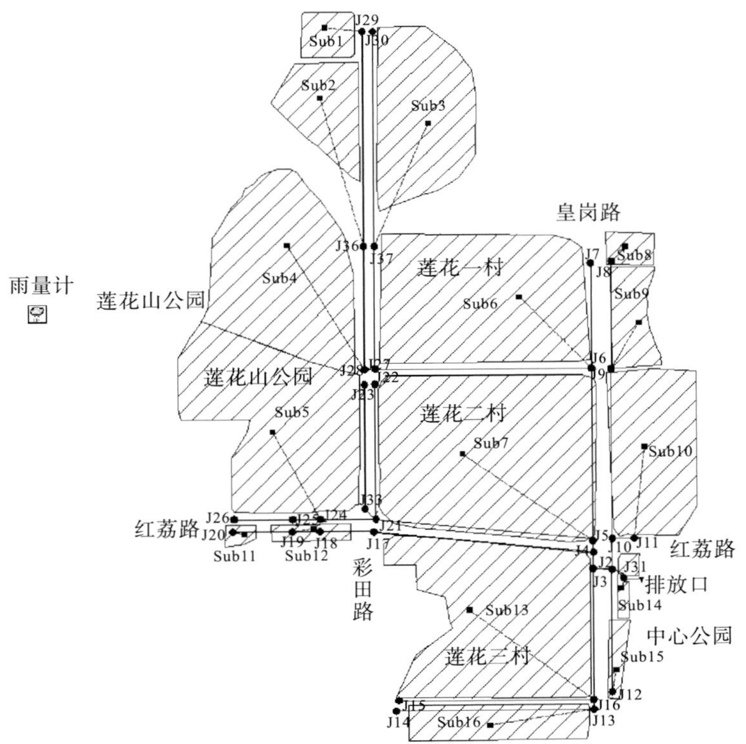

图 5-2-1　福田河流域研究区域排水分区示意图

新洲河流域研究区域内雨水管网共概化雨水管道 7 段，管径为 800～1200mm，管网节点 8 个，管网末段排放口 1 个，接入新洲河，出口为潮汐口，见图 5-2-2。

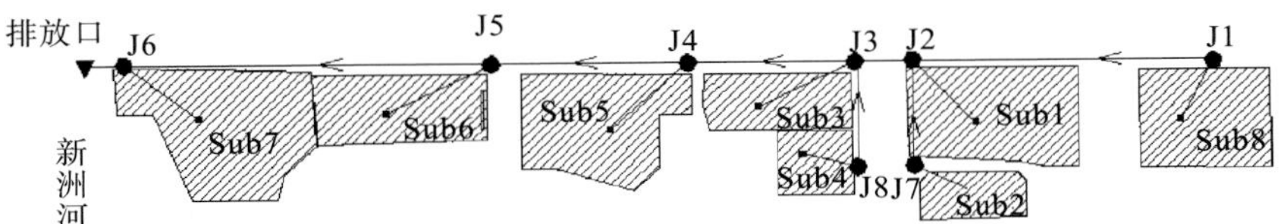

图 5-2-2　新洲河流域研究区域排水分区示意图

白芒河流域研究区域内雨水管网共概化雨水管道 82 段，管径为 800～1200mm，管网节点 89 个，管网末段排放口 1 个，通过调蓄池排入西丽水库，见图 5-2-3。

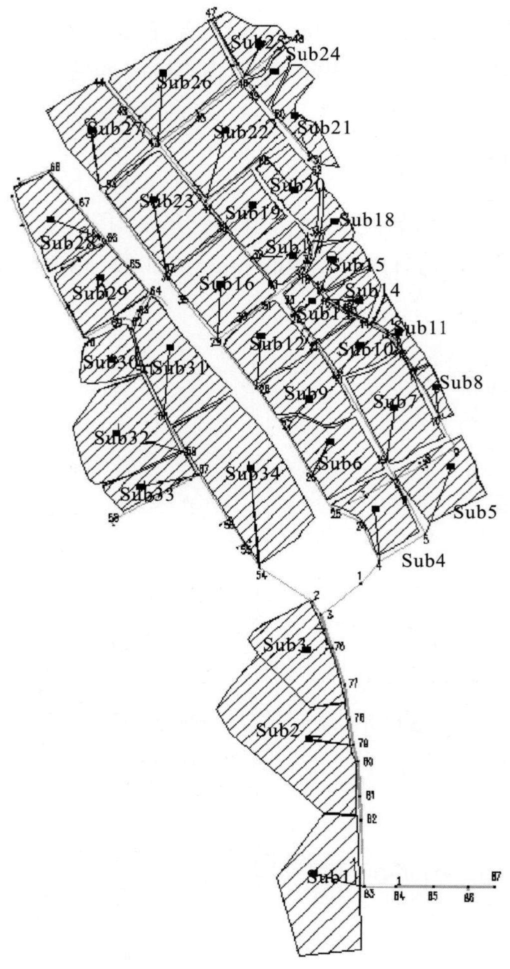

图 5-2-3　白芒河流域研究区域排水分区示意图

5.2.1.3　输送系统模型的建立

1) 输送系统水动力模型

管道输送系统采用动力波模拟水流在管道中的运动。动力波模拟方法的控制方程包括管道中水流的连续方程、动量方程和节点处的水量连续方程。通过求解完整的一维圣维南方程，得到理论上的精确解。这种模拟方法可以模拟封闭管道满管时的有压流。有压流状态下的流量超越满管的曼宁公式的计算值。当节点处的水深超过最高允许浓度时发生涝灾，过载的流量或损失于系统之外，或被储存在节点处而后重新进入排水系统。

动力波模拟可以描述管渠的调蓄、汇水、入流和出流损失、逆流和有压流。因为它耦合所求节点处水位和任何常规断面的管道流量，甚至包括多支下游出水管和环状管网。该方法适用于描述受管道下游的出水堰或出水孔调控而导致水流受限的回水情况。该方法必须采用小时间步长(如 1min 或者更小)进行计算以保护数值计算的稳定。

2) 输送系统水质模型

管道中的水质模拟采用完全混合一阶衰减模型,其中的源汇项根据节点处的污染物处理措施和污染物排放情况而定。由于径流在管道中的运行速度快、历时短,故不考虑污染物的衰减。

5.2.1.4 径流系统模型的建立

地表产流模型选择 CN(curve number)曲线法,地表汇流模型采用非线性水库模型。

1. 地表产流模型选择

无洼蓄量不透水地表产流等于降雨扣除蒸发,有洼蓄量不透水地表产流等于降雨扣除洼蓄。透水地表产流等于降雨扣除洼蓄和入渗。SWMM 地表产流模型提供了三种入渗方法,即 Horton 入渗模型、Green-Ampt 入渗模型和 CN 曲线法。由于 Horton 入渗模型和 Green-Ampt 入渗模型需要较为详细的参数测定和设置,即按照不同的土地利用类型,分别设置相应的参数,而本书研究的是总体污染特征,不适合街区采样策略的特点,因此不选择 Horton 入渗模型和 Green-Ampt 入渗模型,而需要体现总体特征的方法,而 CN 曲线法正好能够体现研究区域总体特征,因此选用 CN 曲线法。

径流-曲线数(SCS-CN)模型是美国农业部(United States Department of Agriculture, USDA)土壤保持局开发用于估算无资料地区径流量的经验模型。国际上众多模型如 AGNAPS(Agricultural Non—point Pollution)等都以 SCS-CN 模型进行降雨径流模拟。SCS-CN 法已经广泛在国际上应用,国内学者介绍和应用了这个模型,SCS-CN 表达如下:

$$\begin{cases} Q=\dfrac{(P-0.2S)^2}{P+0.8S}, & P\geqslant 0.2S \\ Q=0, & P<0.2S \end{cases} \tag{5-1}$$

式中,Q——实际径流量,mm;

P——降雨量,mm;

S——介于 0～100 之间无量纲参数,即曲线数(curve number, CN)。

规定 CN 与 S 有以下关系:

$$S=\frac{25400}{\mathrm{CN}}-254 \tag{5-2}$$

曲线数 CN 是反映土地利用、土壤类型、前期土壤含水量的一个综合指标。

在 SWMM 模型中使用 SCS-CN 方法,需确定三个参数:CN 值(Curve Number)、土壤水力传导率(conductivity,单位 mm/h)和土壤干燥时间(drying time,单位 d)。

2. 地表汇流模型参数

地表汇流模型采用非线性水库模型进行模拟,该方法将每个子排水小区视为一个非线性水库,小区域内的入流包括降雨和上游来水。初流损失包括蒸发、入渗、径流。子区域内的最大容量即为最大洼蓄量，当降雨的深度超过子区域的最大洼蓄深度时发生径流，子区域的出流由曼宁公式计算。该模型较好地反映地表的产流机理，适合于模拟城市这种多类型下垫面条件下的产流。非线性水库模型主要有 8 个参数：面积(area)；漫流路径宽度(width)，单位为 m；不透水地面百分比(%imperv)；地形坡度(%slope)；不透水子集水区曼宁粗糙系数(*n*-imperv)；透水子集水区曼宁粗糙系数(*n*-perv)；透水子集水区洼地储蓄量(dstore-perv)、不透水子集水区洼地储蓄量(dstore-imperv)，单位均为 mm。

3. 参数敏感性分分析

1) 参数取值范围的初步确定

(1) CN 值。

在 SCS 产流计算方法中，曲线数(CN)是唯一的待定参数。不同的地面覆盖和土壤水文分组条件决定了曲线数的值。确定 CN 的主要因素是水文土壤分组、覆盖类型、处理方式、水文条件以及前期径流条件。其中，土壤水文分组为 4 类，按最小下渗率排列分别为：A>B>C>D，对应的潜在径流量排列顺序分别为：A<B<C<D，见表 5-2-1。前期土壤含水量 AMC 分三级。AMC Ⅰ：土壤干旱，但未到达植物萎蔫点，有良好的耕作及耕种。AMC Ⅱ：发生洪泛时的平均情况，即许多流域洪水出现前夕的土壤水分平均状况。AMCⅢ：暴雨前的 5d 内有大雨或小雨和低温出现，土壤水分几乎呈饱和状况。

表 5-2-1 水文土壤组定义指标

土壤类型	最小下渗率(mm/h)	土壤质地
A	>7.26	砂土、壤质砂土、砂质壤土
B	3.81～7.26	壤土、粉砂壤土
C	1.27～3.81	砂黏壤土
D	0～1.27	黏壤土、粉砂黏壤土、砂黏土、粉砂黏土、黏土

深圳城市绿地土壤质地以砂壤和轻壤土为主；表层土壤(0～20cm)容重大，土壤孔隙度低，水分渗透性能差，非常不利于土壤保水、保肥。土壤容重、孔隙度、渗透性等指标可以反映土壤松紧程度、孔隙状况和土壤蓄水、透水、通气性等性能，是反映土壤性质和肥力的重要指标。深圳城市绿地表层土壤容重大，平均 1.55mg/m^3，土壤孔隙度小，平均为 39.68%，表明土壤紧实，蓄水和通气性能差，不利于植物的生长发育；且影响降水和灌溉水的渗入和在土壤中的再分布，不利于土壤水贮存，导致地表水易形成地表径流，增加城市防洪压力。土壤渗透性对降水进入土壤及在土壤中的贮存，以及对地表径流的产生有重要影响。有关研究表明，深圳城市绿地表层土壤渗透系数低，温度为 10℃和 25℃时土壤渗透系数平均分别为 0.48mm/min 和 0.70mm/min，这严重制约土壤涵养水源的功能，不利于降雨的入渗，加剧城市地表径流的形成。因此，3 个研究区域取 AMCⅢ为土壤含水量，即湿润情况，土壤选用土壤分组 B 作为研究条件。

本研究中，各土壤类型的 CN 值是参考 SCS 曲线计算方法提供的不同土地利用方式的取值条件，结合国内研究者所确定的一些 CN 值以及研究区实际状况给出的参考值。

根据不同土地利用方式与其对应的土壤类型 CN 值，3 个研究区域内的土地利用类型分为六大类型：绿地、交通道路、居住小区、商业区、工业区和未建设用地，其 CN 值见表 5-2-2。

表 5-2-2　研究区 CN 参数值

研究区域	居住区	工业区	商业区	交通	绿地(有林地)	未建设用地
福田河研究区域	77	81	89	98	68	49
新洲河研究区域	77	81	89	98	68	49
白芒河研究区域	77	81	89	98	45	49

按照各集水区绿地、交通道路、居住小区、商业区、工业区和未建设用地的面积，运用加权平均法，分别计算集水区整体的 CN 值，福田河、白芒河和新洲河 3 个研究区整体的 CN 值分别为 77、88、73，为后续径流量的计算提供基础数据。

(2) 部分非线性水库模型参数。

典型地表漫流曼宁糙率见表 5-2-3，典型的注蓄量见表 5-2-4。参考美国南佛罗里达州的 3 个典型沿海城市的降雨径流水质模拟研究成果(表 5-2-5)，并根研究区域居住、地形、管道、透水和不透水等特点，透水面、不透水面、管道的曼宁系数分别取 0.5、0.012～0.014、0.013。

表 5-2-3　地表漫流曼宁糙率表

地表类型	曼宁糙率 n	地表类型	曼宁糙率 n
居住面积<20%	0.060	耕作土地	—
居住面积>20%	0.170	平坦的沥青	0.011
自然草场	0.130	平坦的混凝土	0.012
草地和树林	—	普通混凝土衬砌	0.013
稀疏的草地	0.150	优质木板	0.014
茂密的草地	0.240	水泥砂浆砌砖墙	0.014
狗牙根草	0.410	缸化黏土	0.015
稀疏的林下灌木	0.400	铸铁	0.015
茂密的林下灌木	0.800	铸铁波纹金属管	0.024
休耕土壤(无居住)	0.050	水泥碎石表面	0.024

表 5-2-4　典型的注蓄量　　(单位：in①)

地表类型	注蓄量值
不透水类型	0.05～0.10
草坪	0.10～0.20
牧场	0.20
森林(有枯叶等)	0.30

① 1in=2.54cm。

表 5-2-5 地表径流模型模拟参数典型值范围表

土地利用类型	曼宁系数		
	透水地面	不透水地面	管道
低密度居住区	0.10～0.20	0.010～0.015	0.011～0.013
高密度居住区	0.10～0.20	0.010～0.015	0.020～0.036
高速公路	0.10～0.20	0.010～0.015	0.011～0.013

根据有关资料，dstore-perv 取值范围可为 2.5～15 mm，dstore-imperv 取值范围可为 0.1～10 mm。

2) 参数敏感性分分析

在 SWMM 模型的水文模块中有多个参数，因此必须进行参数的敏感性分析，其目的是评估参数输入和模型输出的输入响应关系，决定那些参数对模型输出起关键性的作用。同时，敏感性分析有助于对模型的适用性进行评估。

对于研究区域，已知参数有 area、%imperv 和 *n*-imperv。因此对其他 8 个参数进行敏感性分析，通过 3 个研究区域近半降雨场次所实测径流量进行敏感性分析。通过计算模拟总流量与实测总流量的平方差之和得出径流模拟过程中的敏感参数，敏感性分析结果见表 5-2-6。

表 5-2-6 参数敏感性分析

参数	福田研究区域		新洲研究区域		白芒研究区域	
	取值范围	敏感性排序	取值范围	敏感性排序	取值范围	敏感性排序
width (m)	600～1200	2	200～400	2	600～1100	2
%slope	0.003～0.150	3	0.003～0.080	3	0.100～0.400	3
n-perv	0.2～0.6	4	0.2～0.6	4	0.3～0.8	4
dstore-perv (mm)	1.2～3.6	7	1.2～3.6	7	1.2～3.6	7
dstore-imperv (mm)	0.1～10.0	6	0.1～10.0	6	0.1～10.0	6
CN	50～99	1	50～99	1	50～99	1
conductivity (mm/h)	3.8～15.0	5	3.8～15.0	5	3.8～15.0	5
drying time (d)	2～9	8	2～9	8	2～9	8

可见，对径流影响最大的是 CN 值，其次是漫流路径宽度(width)、地形坡度(%slope)和透水子集水区曼宁粗糙系数(*n*-perv)。Tan 等数据分析显示出的 4 个敏感参数为%imperv、width、%slope、*n*-imperv，*n*-imperv 决定了峰值时间，峰值流和总径流体积主要决定于%imperv。可见，%imperv 虽然在研究区域已经确定了，但其敏感性是最高的。

5.2.1.5 地表污染物负荷系统的建立

地表污染物负荷系统主要是由地表污染物累积模型和径流冲刷模型构成的。对于测定的每场降雨，其径流量是确定的，因此污染物负荷主要由地表污染物累积和径流冲刷决定。

地表污染物累积是雨前无雨天数的函数，污染物冲刷模型采用事件平均浓度 EMC 来进行模拟，EMC 是指一场降雨过程中地表径流全过程排放的某污染物平均浓度。因此，本次研究所涉及的参数有：K_1(污染物最大累积量，kg/hm^2)，K_2(累积速率常数)，t(为雨前无雨天数)，事件平均浓度 EMC(mg/L)，cleaning effic(清扫效率，%)。根据目前研究区域内水体中较为关注的水质指标，选择径流污染的主要污染因子——SS、COD、BOD、TN、TP 5 个指标进行模拟。

1) 参数的初步确定

对各个排水小区内土地利用类型分为六大类型：绿地、交通道路、居住小区、商业区、工业区和未建设用地，反映不同土地利用类型的地表污染物累积过程。借鉴国外有关模拟经验，污染物累计量用单位汇水面上的质量或单位长度上的质量表示。地表污染物累积量与土地利用状况、绿化条件、交通状况、土地裸露程度以及降雨间隔、降雨强度等直接相关。林佩斌(2006)、宋继琴等(2006)对深圳市进行了相关地表径流的累积和冲刷的研究。根据美国环保署研究成果，选用 7 天作为到达最大污染物聚集量的时间，累计速率常数取 K_2=0.4。

街区采样策略实际上把研究区域内的所有子集水区当成一个整体来考虑，而如果把 3 个研究区域各自当成一个整体研究对象时，其内部各个子集水区就可以不用分别监测各个污染物累积和冲刷参数。根据林佩斌(2006)的研究可以确定最大污染负荷 K_1 的范围值，见表 5-2-7。由于 TN 和 TP 没有实测值，可以参考表 5-2-7 进行初步确定。

表 5-2-7　深圳市土地类型地表污染物累积最大染负荷

土地类型	污染物	最大污染负荷 K_1(kg/hm^2)
工业用地	SS	24.613～31.810
	COD_{Cr}	5.715～8.940
	BOD_5	2.909～3.610
	TN	0.18～5.50
	TP	0.03～2.20
交通用地	SS	30.18～49.60
	COD_{Cr}	3.71～7.30
	BOD_5	2.15～3.82
	TN	0.18～4.50
	TP	0.03～2.50
商业用地	SS	29.78
	COD_{Cr}	11.43
	BOD_5	3.496
	TN	0.18～4.80
	TP	0.03～2.60

续表

土地类型	污染物	最大污染负荷 K_1 (kg/hm^2)
绿地(树林和草地)	SS	16.27
	COD_{Cr}	0.187
	BOD_5	0.146
	TN	0.1～3.5
	TP	0.02～1.80
住宅小区	SS	13.50～13.83
	COD_{Cr}	1.45～6.54
	BOD_5	0.62～2.95
	TN	0.2～6.5
	TP	0.03～3.20
未建设用地(空地)	SS	81.64
	COD_{Cr}	8.94
	BOD_5	0.39
	TN	0.15～3.90
	TP	0.02～1.20

郭琳等(2003)对长沙的地表累积物特性的研究成果表明：地表累积物中粒径大于2mm的占总量的25%左右，其中绝大部分由物业管理部门清扫掉，粒径小于2mm(大于120目)的地表物占总量的75%左右，其中粒径小于80目的细小颗粒由于交通和人为其他活动而扬起或带走。根据莲花村小区物业管理部门的工作情况、街道清扫情况和白芒关百旺工业区内以及阳光工业区的清扫情况，清扫模型采用一天一次，地表累积物去除效率采用70%。

2)参数敏感性分分析

对5个参数进行敏感性分析，通过3个研究区域近半降雨场次所测污染物负荷量进行敏感性分析。通过计算模拟污染负荷量与实测污染负荷量的平方差之和得出径流模拟过程中的敏感参数，敏感性分析结果见表5-2-8。

表5-2-8 参数敏感性分析

参数	福田研究区域		新洲研究区域		白芒研究区域	
	取值范围	敏感性排序	取值范围	敏感性排序	取值范围	敏感性排序
K_1 (kg/hm^2)	0.015～81.640	1	0.015～49.600	1	0.015～81.640	1
K_2	0.1～0.6	4	0.1～0.6	4	0.1～0.6	4
T (d)	3～10	5	3～10	5	3～10	5
EMC(mg/L)	1.08～738.63	2	0.01～536.16	2	0.33～1420.51	2
Cleaning Effic(%)	0～70	3	0～70	3	0～70	3

可见，对污染物负荷量影响最大的是地表污染物累积最大污染负荷 K_1，其次是 *EMC* 浓度值，然后是 Cleaning Effic、K_2 和 t。

5.2.2　SWMM 模型评估

通过模型参数的率定和验证后，对 SWMM 模型进行评估。

5.2.2.1　径流量评估

模型参数的率定即调整模型参数使得模拟结果与实测数据相吻合的过程，通过模型参数的调整，可以提高模型的精确度，使模型更能够反映研究区域的实际情况。福田河研究区域径流量评估的率定期为 2007 年 10 月 30 日、2008 年 3 月 22 日、2008 年 3 月 28 日、2008 年 4 月 19 日、2008 年 4 月 25 日、2008 年 5 月 2 日、2008 年 5 月 5 日、2008 年 5 月 19 日和 2008 年 5 月 28 日；验证期为 2008 年 6 月 6 日、2008 年 6 月 11 日、2008 年 6 月 25 日、2008 年 7 月 21 日、2008 年 7 月 27 日、2008 年 8 月 11 日、2008 年 8 月 22 日、2008 年 9 月 1 日和 2008 年 9 月 17 日。白芒河研究区域径流量评估的率定期为 2008 年 1 月 25 日、2008 年 3 月 22 日、2008 年 5 月 19 日和 2008 年 5 月 28 日；验证期为 2007 年 12 月 24 日、2008 年 7 月 21 日、2008 年 8 月 22 日、2008 年 9 月 23 日和 2008 年 9 月 24 日。新洲河研究区域径流量评估的率定期为 2008 年 1 月 25 日、2008 年 3 月 28 日和 2008 年 4 月 19 日；验证期为 2008 年 3 月 22 日和 2008 年 5 月 19 日。3 个研究区域的率定期和验证期的结果表明实测值与模拟值具有较好的一致性。

将 SWMM 模型的径流量输出值与对应实测值（率定期和验证期）进行比较，SWMM 模型评估采用 Nash-Sutcliffe 系数（E_f）、径流量相对误差（runoff volume error，RVE）和峰值流相对误差（runoff peak flow error，RPFE）来评估，E_f 定义如下：

$$E_f = 1 - \frac{\sum_{i=1}^{n}(Q_0 - Q_m)^2}{\sum_{i=1}^{n}(Q_0 - \bar{Q})^2} \tag{5-3}$$

式中，Q_0——观测的径流量，m^3/s；

Q_m——SWMM 模型模拟的径流量，m^3/s；

$\bar{Q}$——观测的平均径流量，m^3/s。

E_f 的范围为-∞～1，E_f 为 1 表示模拟值与实测值完全一样，E_f 为零表示模型模拟值与实测值的平均值的精度一样，E_f 为负数表示被观测的平均值比模型模拟值好。总之，E_f 越接近 1，模型精度越高。

径流量相对误差或峰值相对误差用式（5-4）表达：

$$R = \frac{X_m - X_s}{X_m} \times 100\% \tag{5-4}$$

式中，R——径流量相对误差或峰值相对误差；

X_m——径流量或峰值的测定值；

X_s——径流量或峰值的模拟值。

对于模型校准来说，福田河研究区域E_f值为0.87～0.93，新洲河研究区域E_f值为0.81～0.88，白芒河流域研究区域 E_f值为 0.84～0.93。3 个研究区域中，白芒河和福田河研究区域的模拟值比新洲河研究区域模拟值精度更高，由于新洲河流域研究范围的实测数据明显少于其他两个研究区域，因而其精度是最低的。3 个研究区域径流量相对误差为-12.4%～8.49%，可见模型校准是可行的。对于模型验证来说，E_f 值范围为 0.81～0.91，稍微比校准期低，径流量相对误差为-19.34%～20.8%，可见 SWMM 模型验证是可行的。总的来说，福田河研究区域和白芒河研究区域的 SWMM 模型精度较好，新洲河研究区域 SWMM 模型精度也可以接受，3 个研究区域的 SWMM 模型校验参数合理，选用 SWMM 模型作为研究区域的模型是适用的。

5.2.2.2 污染负荷量评估

福田河研究区域污染负荷量评估的率定期为 2008 年 6 月 10 日以前的降雨场次(9 场次)，验证期为 2008 年 6 月 10 日以后的降雨场次(7 场次)。白芒河研究区域污染负荷量评估的率定期为 2008 年 6 月 1 日以前的降雨场次(5 场次)，验证期为 2008 年 6 月 1 日以后的降雨场次(4 场次)。新洲河研究区域污染负荷量评估的率定期为 2008 年 4 月 1 日以前的降雨场次(3 场次)，验证期为 2008 年 4 月 1 日以后的降雨场次(2 场次)。

率定期和验证期的结果表明实测值与模拟值具有较好的一致性。由于白芒河研究区域与新洲河研究区域所测得的降雨场次相对福田河研究区域来说要少些，特别是 BOD 的测试数据最少，导致无法进行率定和验证。总的说来，福田河研究区域的率定和验证较好，好于白芒河研究区域，而白芒河研究区域又好于新洲河研究区域。

根据街区采样策略，把整个集水区当成一个整体来研究，将 SWMM 模型的污染负荷输出值与对应实测值(校正期和验证期径流场次)进行比较，SWMM 模型评估采用 Nash-Sutcliffe 系数(E_f)、相关系数、检验统计量(T)、t 分布临界值来评估。

对污染负荷量而言，在率定期和验证期内，E_f变化较大，其范围为 0.66～0.92，相关系数变化范围为 0.71～0.95。在 α=0.05 的显著水平下，当检验统计量(T)小于 t 分布临界值时，表示模拟值与实测值之间不存在显著性差异，当检验统计量(T)大于 t 分布临界值时，表示模拟值与实测值之间存在显著性差异。福田河研究区域的 SS、TN、TP 在率定期内存在显著差异性，但在验证期内不存在显著性差异。而 BOD 相反，BOD 在验证期存在显著差异，模拟值比实测值小。白芒河研究区域的 SS、TN、TP 在率定期和验证期内不存在显著差异性，BOD 在验证期内存在显著差异。新洲河研究区域的 SS 在率定期内存在显著差异性，但在验证期内不存在显著差异性。

对污染负荷量而言，在率定期和验证期内，福田河研究区域的 E_f 变化范围为 0.75～0.91，相关系数变化范围为 0.81～0.95，说明 SWMM 模型污染负荷量率定的参数合理。新洲河研究区域的 E_f 变化范围为 0.67～0.89，相关系数变化范围为 0.79～0.89，而 BOD 由于数据缺少而没有进行率定和验证；COD 的 E_f 值最低，TP 和 TN 的 E_f 值也较低，只有 SS 相关参数合理性较好，主要原因是新洲河研究区域出水口处于潮汐口，多次降雨过程中均被潮汐淹没而无法采样，造成数据缺少，SWMM 模型污染负荷量率定的参数合理性还有待于在以后有实测数据后再提高。白芒河研究区域的 E_f 变化范围为 0.66～0.92，相关系数变化范围为 0.71～0.94，TP 的 E_f 值和相关性最低，说明 TP 的相关参数合理性较差，主要原因是该区域有农田、经济林等，磷元素的变化较大，而 SS、COD、BOD 和 TN 的 SWMM 模型污染负荷量率定的参数较为合理。

总之，通过对 SWMM 模型的评估，认为本章所建立的 SWMM 模型是合理的，选用 SWMM 模型作为研究区域的模型是合适的。

5.3　污染负荷与降雨参数数学模型

20 世纪 80 年代，我国开始研究城市径流污染的宏观特征和污染负荷定量计算模型，其中污染负荷定量计算模型研究的方向主要有 3 个方面：地表累积规律，水量单位线和污染物负荷的研究，以及径流量与污染负荷相关性分析。到 20 世纪 90 年代，分雨强计算城区径流污染负荷为城市径流污染负荷定量计算提供了新的研究方法。我国先后在北京市、苏州市等处开展城市径流负荷的研究。温灼如等(1986)对苏州内城暴雨径流污染进行了研究，在大量的实验数据的基础上建立了苏州暴雨径流污染模型，该模型是以降雨为输入，径流与污染量为输出的确定性集总系统，其响应函数为线性的水量单位线和污染负荷单位线，实现由净雨量转换为流量和污染负荷量的计算，用作苏州暴雨排水排污设计和预测。

城市降雨径流污染是一个涉及多介质、多时空尺度和多污染物的复杂过程，在地表径流污染负荷监测基础上，就径流污染负荷与降雨参数之间展开研究，探讨街区采样策略下，地表径流污染负荷与降雨参数之间的数学模型。

5.3.1　模型表达

为了更加进一步分析污染负荷与降雨之间的关系，可采用一定的数学模型来表达，在美国全国性城市径流研究中，美国地质调查局(USGS)提出了最合适的预测污染负荷的方程表达式是指数形式，加拿大 Saskatoon 等城市的径流污染负荷模型也用此模型。

为了更加进一步分析污染负荷与降雨参数之间的关系，本书模型表达方式也采用指数形式，采用的数学函数方程表达式(5-5)定义如下：

$$M = p_1 \times h^{p_2} \times I^{p_3} \times D^{p_4} \times T^{p_5} \times I_{\max}^{p_6} \times I_{5\min}^{p_7} \tag{5-5}$$

式中，M——为污染物质量，主要为 SS、COD、TN、TP 和 BOD_5 这五种污染物指标，kg；

h——降雨累计深度，mm；

I——平均降雨强度，mm/h；

D——降雨前期干天气，d；

T——降雨历时，min；

$I_{\max}$——最大降雨强度，mm/h；

$I_{5\min}$——最大 5min 平均降雨强度，mm/h；

p_1、p_2、p_3、p_4、p_5、p_6、p_7——常数。

5.3.2 模型计算资料

从 2007 年 10 月到 2008 年 11 月，降雨资料采用自动雨量计测定，降雨参数主要包括降雨量、降雨历时、平均降雨强度、最大降雨强度、前期干天气和最大 5min 降雨强度，详细测定的降雨参数见表 5-3-1。福田河污染负荷见前面第 4 章(地表径流的污染负荷特征，使用的是扣除旱季后的污染负荷)。为了确定 p_1、p_2、p_3、p_4、p_5、p_6、p_7 这 7 个参数，采用勒文博格—麦夸特法(Levenberg-Marquardt)法进行非线性多元回归方法进行计算。由于新洲河研究区域出水口受潮汐的影响，只有 5 场降雨资料，显然数据不足而不能够建立模型；白芒河研究区域的也只有 9 场降雨资料，对模型的构建和验证所需要的数据不够；而福田河研究区域有 17 场降雨，因此只能对福田河研究区域进行研究。首先选取模型建立需要的降雨场次数据，余下数据用作模型验证用(表 5-3-1 中带*号的降雨场次)，福田河研究区域选取了 5 场降雨作为验证。由于 BOD 实测数据只有 10 场降雨资料，因此不考虑对 BOD，只对 COD、SS、TN 和 TP 4 个参数做模型分析。

表 5-3-1 详细降雨参数

研究区域	日期	降雨量(mm)	平均降雨强度(mm/h)	前期干天气(d)	降雨历时(min)	最大降雨强度(mm/h)	最大 5min 降雨强度(mm/h)
福田河流域研究区域	2007-10-30	2.3	0.95	20.00	145.2	6	2.64
	2008-3-22	12.9	5.16	56.00	150.0	66	23.76
	2008-3-28 *	4.1	2.05	6.00	120.0	18	4.08
	2008-4-19	3.9	1.67	22.00	139.8	114	2.16
	2008-4-25	4.0	4.00	1.03	60.0	6	1.46
	2008-5-2	10.5	1.98	1.00	318.0	12	1.88
	2008-5-5*	4.0	5.97	1.02	60.2	18	1.67
	2008-5-19	25.0	0.55	9.32	2718.0	18	2.29
	2008-5-28	36.0	28.80	7.67	75.0	96	11.67
	2008-6-6	8.5	3.78	2.44	135.0	96	4.17
	2008-6-11*	38.0	8.00	0.50	285.0	102	8.75
	2008-6-25	67.5	27.89	5.67	145.2	66	13.75
	2008-7-21	23.5	8.55	4.30	165.0	72	8.13
	2008-7-27*	27.0	40.30	1.08	40.2	102	7.92
	2008-8-22	37.0	1.50	4.00	1476.0	6	0.42
	2008-9-1	16.0	4.57	7.45	210.0	54	5.42
	2008-9-17*	11.5	12.50	0.67	55.2	36	2.71

注：*为模型验证使用的降雨场次，其余为模型建立时使用的降雨场次。

5.3.3 模型参数敏感性分析

根据 Tan(2008)对敏感性的分析方法，敏感系数 S 表达式为

$$S = \frac{(\overline{\Delta Y} / Y)}{(\overline{\Delta X} / X)} \tag{5-6}$$

式中，Y——COD、TN 和 TP 的污染负荷；

ΔY——X 参数的范围下对于 Y 的平均值；

X——不同常数（$p_1 \sim p_7$）；

ΔX——不同常数（$p_1 \sim p_7$）的范围。

取每个参数 10%的变化范围进行分析计算，敏感性分析结果见表 5-3-2 和图 5-3-1。

表 5-3-2　敏感性分析表

污染指标	敏感系数 S						
	p_1	p_2	p_3	p_4	p_5	p_6	p_7
SS	9.96	15.33	17.42	10.64	63.88	11.10	13.12
COD	−1.19	12.97	5.23	−1.19	111.74	−1.19	−1.18
TN	1.9552	2.1517	1.9554	1.9627	1.9597	1.9564	1.9653
TP	0.1065	0.2089	0.1089	0.1110	0.1065	0.1833	0.1065

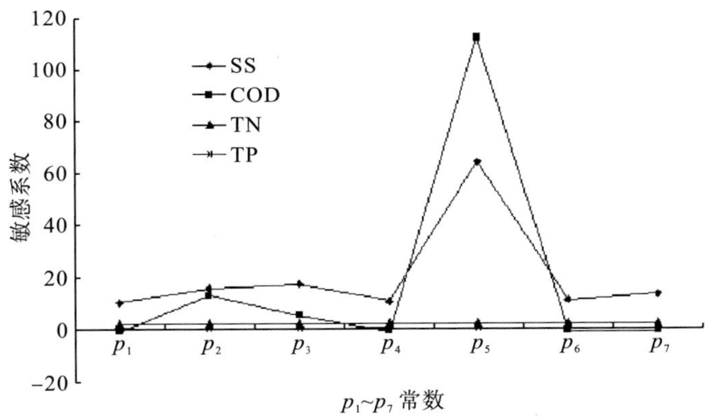

图 5-3-1　敏感系数图

可见，对 SS 和 COD 影响最大的参数是降雨历时、平均降雨强度和降雨累计深度，对 TN 影响最大的参数是降雨累计深度、最大 5min 平均降雨强度、降雨历时。对 TP 影响最大的参数是降雨累计深度、最大降雨强度、降雨前期干天气。

5.3.4　模型参数率定

模型参数的率定是调整模型参数使得模拟结果与实测数据相吻合的过程，通过模型参数的调整，可以提高模型的精确度，使模型更能够反映研究区域的实际情况。

根据敏感性分析结果和模型计算结果，对影响污染负荷的敏感参数进行调整率定，参数率定结果见表 5-3-3。

表 5-3-3　福田河流域研究区域污染负荷与降雨参数率定表

模型参数	SS	COD	TN	TP
p_1	4.04×10^{10}	9.34×10^{-13}	6.5	0.32
p_2	2.88	−9.75	0.78	0.71
p_3	−4.35	9.50	0.03	0.16
p_4	−1.52	0	−0.26	−0.20
p_5	−4.57	8.60	−0.07	0
p_6	0.94	0.02	−0.05	0.47
p_7	3.06	0.59	0.28	0

5.3.5　模型验证

1）SS 值验证与讨论

根据表 5-3-1，对福田河流域研究范围，SS 模型参数运用 2008 年实测的 5 场降雨的污染负荷值对模型进行验证，验证数据见表 5-3-4，验证曲线见图 5-3-2，可见，模拟值与验证值吻合良好，比实测值稍微偏小。

表 5-3-4　福田河流域研究范围 SS 实测与模拟值

降雨日期	SS 实测值(kg)	SS 模拟值(kg)	误差(%)
2008-3-28	10163.13	9995.23	1.65
2008-5-5	2977.43	3093.41	−3.90
2008-6-11	7503.75	7099.52	5.39
2008-7-27	5219.71	5598.70	−7.26
2008-9-17	9409.84	8914.56	5.26

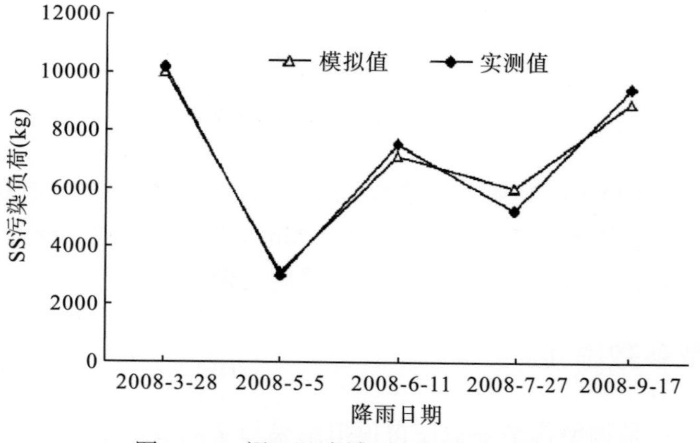

图 5-3-2　福田河流域研究区域 SS 验证曲线

2）COD 值验证与讨论

根据表 5-3-1，对福田河流域研究范围，COD 模型参数运用 2008 年实测的 5 场降雨的污染负荷值对模型进行验证，验证数据见表 5-3-5，验证曲线见图 5-3-3，可见，模拟值与实测值吻合良好。

表 5-3-5　福田河流域研究范围 COD 实测与模拟值

降雨日期	COD 实测值(kg)	COD 模拟值(kg)	误差(%)
2008-3-28	282.39	320.54	-13.51
2008-5-5	2923.12	2812.15	3.80
2008-6-11	2413.42	2308.62	4.34
2008-7-27	4013.20	3994.52	0.47
2008-9-17	1477.36	1512.48	-2.38

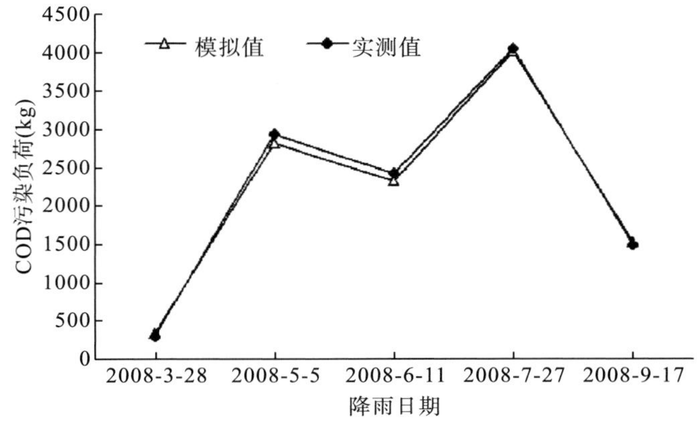

图 5-3-3　福田河流域研究区域 COD 验证曲线

3) TP 值验证与讨论

根据表 5-3-1，对福田河流域研究范围，TP 模型参数运用 2008 年实测的 5 场降雨的污染负荷值对模型进行验证，验证数据见表 5-3-6，验证曲线见图 5-3-4，可见，模拟值与验证值吻合良好。

表 5-3-6　福田河流域研究范围 TP 实测与模拟值

降雨日期	TP 实测值(kg)	TP 模拟值(kg)	误差(%)
2008-3-28	4.40	2.88	34.55
2008-5-5	5.39	3.46	35.81
2008-6-11	93.59	95.24	-1.76
2008-7-27	7.80	8.02	2.86
2008-9-17	5.88	7.87	-33.84

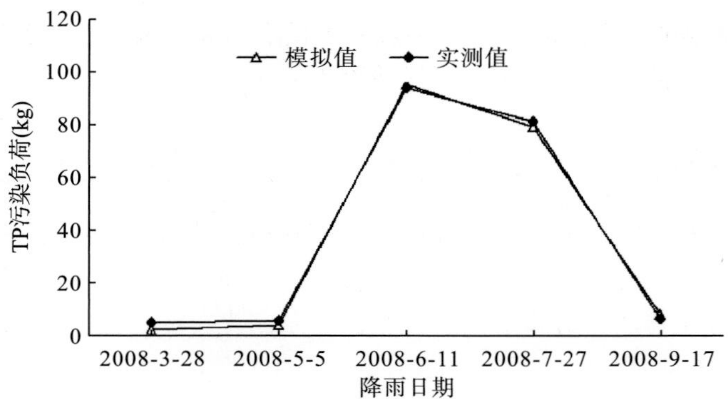

图 5-3-4 福田河流域研究范围 TP 验证曲线

4) TN 值验证与讨论

根据表 5-3-1，对福田河流域研究范围，TP 模型参数运用 2008 年实测的 5 场降雨的污染负荷值对模型进行验证，验证数据见表 5-3-7，验证曲线见图 5-3-5，可见，模拟值与验证值吻合良好。

表 5-3-7 福田河流域研究范围 TN 实测与模拟值

降雨日期	TN 实测值(kg)	TN 模拟值(kg)	误差(%)
2008-3-28	8.84	7.50	15.16
2008-5-5	17.25	15.08	12.58
2008-6-11	134.88	133.46	1.05
2008-7-27	81.39	83.50	2.60
2008-9-17	43.55	46.15	-5.97

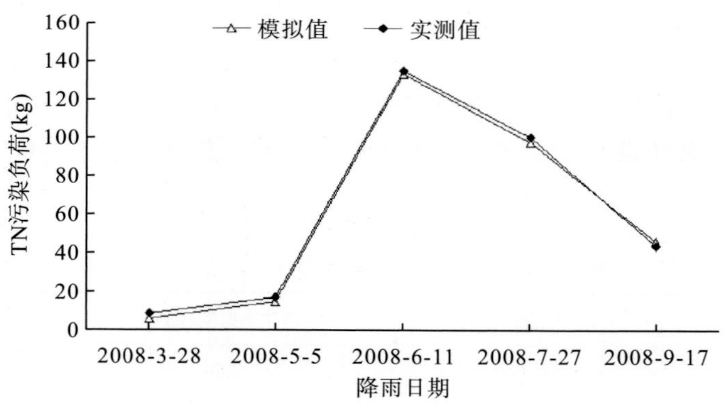

图 5-3-5 福田河流域研究范围 TN 验证曲线

由表 5-3-3 可知，地表径流污染负荷与降雨参数模型的参数关系较为复杂。其中，平均降雨强度和最大降雨强度影响每个污染物的污染负荷，但影响程度不同；对于其余降雨参数，影响每个污染物指标的降雨参数不尽相同，因此在同一个地表径流集水区，每个污染物指标受到不同降雨参数的影响。污染负荷不仅仅受到降雨参数的影响，也受到其他因素的影响，比如人的活动强度，土地开发等因素。

5.3.6　模型讨论

McLeod 等(2006)对加拿大 Saskatoon 市 3 个研究区域(AveB、Taylor 和 Silverwood)污染负荷与降雨参数进行了回归分析，模型参数见表 5-3-8。其研究结论表明，降雨参数中，与污染负荷最相关的参数是降雨累计量。在本研究区域，除 COD 以外，与污染负荷最相关的参数也是降雨累计量。

表 5-3-8　加拿大 Saskatoon 市的三个研究区域径流污染负荷回归模型参数值

参数	p_1	p_2	p_3	p_4	p_5	p_6	p_7	相关系数之平方(R^2)
TSS_{AveB}	30.5	1.51	—	—	—	—	—	0.89
TSS_{Taylor}	74.4	0.98	—	—	—	—	—	0.89
$TSS_{Silverwood}$	0.012	—	3.69	—	2.2	−1.26	—	0.98
TKN_{AveB}	1.89	2.09	—	—	—	−1.24	—	0.79
TKN_{Taylor}	75	1.46	—	—	−0.745	—	—	0.97
$TKN_{Silverwood}$	9.43×10^{-5}	-	2.52	—	1.4	—	—	0.87
TP_{AveB}	0.532	2.11	—	—	—	−1.38	—	0.82
TP_{Taylor}	483	1.46	—	—	−1.34	—	—	0.96
$TP_{Silverwood}$	3.01×10^{-5}	—	2.52	—	1.36	—	—	0.88
COD_{AveB}	63	2.01	—	—	—	−1.15	—	0.82
COD_{Taylor}	104	0.944	—	—	—	—	—	0.75
$COD_{Silverwood}$	17.2	—	0.897	—	—	—	—	0.47
Cl_{AveB}	17.9	1.8	—	—	—	−1.22	—	0.84
Cl_{Taylor}	28.5	0.552	—	—	—	—	—	0.55
$Cl_{Silverwood}$	0.0095	—	1.7	—	0.79	—	—	0.94

Driver 和 Tasker (1990) 以及 LeBouthillier 等(2000) 认为降雨累计量通常是污染负荷参数的最相关参数，但是直接从结果比较回归方程是不具有可比性的，因为每个方程都是经验公式，而且还包含不同值的参数。例如，每一个 USGS 方程只是相应集水区的污染负荷回归方程，在一个给定的集水区，回归方程具有特殊的变量和每个在某种程度上相似的指数变量。即使对于相同污染物指标，在不同集水区内，与污染负荷相关的降雨参数也是不一样的。例如，加拿大 Saskatoon 的研究区域(AveB)的所有指标(除了 TSS 外)预测变量是降雨累计量和最大降雨强度，而预测 TSS 指标的是累计降雨深度而不是最大降雨强度、对于 AveB 和 Taylor 的 TSS 指标是平均降雨强度，降雨历时和最大降雨强度而不是累计降雨量，对于 Silverwood 区域内，除 COD 外，其余指标的主要参数为平均降雨强度和降雨历时。

城市降雨径流污染是一个涉及多介质、多时空尺度和多污染物的复杂过程，通过监测的径流污染负荷与降雨资料，建立了福田河流域研究区域地表径流污染负荷与降雨参数的数学模型，并通过对比分析，发现二者关系较为复杂。在不同集水区，径流污染负荷模型受不同降雨参数影响，同一污染物指标受到的降雨参数影响也不同，即使在同一地表径流集水区，每个污染物指标也受到不同降雨参数的影响。在研究区域内，平均降雨强度和最大降雨强度影响每个污染物的污染负荷，但影响程度不同；对于其余降雨参数，影响存在差别，平均降雨强度、降雨历时是 COD 的主要参数，而降雨累积量、最大降雨强度和最大 5min 平均降雨强度是 SS、TN 的主要参数。

通过建立的模型，可以对每一场降雨进行模拟。本书只通过表 5-3-9 的降雨量数据，对 0.25 年一遇、0.5 年一遇、1 年一遇、2 年一遇、5 年一遇产生的污染负荷进行预测，降雨前期干天气取值 1～60d，降雨时间假设为 120min，其余降雨参数根据假设的降雨时间以及雨峰位置推算，预测结果见表 5-3-10。将表 5-3-10 中的污染负荷数据(kg)转换成污染负荷强度数据［kg/(hm^2·mm)］，转换结果见表 5-3-11。

表 5-3-9 深圳市不同降雨强度下的 1h 降雨强度和 2h 降雨量

降雨频率	1h 降雨强度［L/(s·hm^2)］	2h 降雨量(mm)
0.25 年一遇	70.35	50.65
0.50 年一遇	88.63	63.81
1.00 年一遇	106.91	76.97
2.00 年一遇	125.19	90.13
3.00 年一遇	135.88	97.83
4.00 年一遇	143.46	103.29
5.00 年一遇	149.35	107.53

表 5-3-10 福田研究区域 120min 不同降雨频率的模型预测值 (单位：kg)

降雨频率	SS	COD	TN	TP
0.25 年一遇	165.0～82476.9	609.2～1419.2	39.7～134.6	17.5～76.3
0.50 年一遇	184.0～9142.1	575.1～1542.4	50.3～171.1	23.9～104.0
1.00 年一遇	278.0～14691.6	708.4～1696.2	59.0～200.9	30.7～133.7
2.00 年一遇	362.0～21902.6	749.8～1746.6	72.1～245.0	38.0～165.2
5.00 年一遇	566.0～34233.2	799.0～1861.2	86.6～294.4	48.0～209.3

表 5-3-11 福田研究区域 120 分钟不同降雨频率的模型预测［单位：kg/(hm^2·mm)］

降雨频率	SS		COD		TN		TP	
	最小	最大	最小	最大	最小	最大	最小	最大
0.25 年一遇	0.03	15.63	0.12	0.27	0.00752	0.02550	0.00332	0.01446
0.50 年一遇	0.03	1.37	0.09	0.23	0.00757	0.02573	0.00359	0.01564
1.00 年一遇	0.03	1.83	0.09	0.21	0.00736	0.02505	0.00383	0.01667
2.00 年一遇	0.04	2.33	0.08	0.19	0.00768	0.02609	0.00405	0.01759
5.00 年一遇	0.05	3.06	0.07	0.17	0.00773	0.02627	0.00428	0.01868

可见，根据降雨参数估算的福田河流域研究区域径流污染负荷预测值，可在一定程度上作参考。

5.4　滨海地区排涝模型的构建思路及案例分析

5.4.1　滨海地区排涝模型概述

5.4.1.1　滨海地区排水系统所面临的问题

因低海拔，地势相对平坦，地表坡度变化相对小，部分滨海城市排水出口易受潮位顶托影响。而我国滨海地区多为季风性气候，短历时、大强度降雨事件发生相对集中，加之近年来滨海地块的开发热潮，不尽合理的开发建设带来了对原状地表和水系统的大幅度改变。以上多方面因素导致城市的排水防涝系统难以应对日新月异的城市化进程。

5.4.1.2　滨海地区排涝模型的特点

滨海地区由于受到海陆交汇影响，形成了其独特的气候、地貌、水系等特点，在排涝模型中体现在以下方面。

1. 排涝模型边界条件复杂

1) 降雨

因面临广阔的海洋，受大陆气团和海洋气团的影响，滨海区域降水不仅量多，过程变化也十分复杂，年际变化较大。需要对历史降雨数据进行深入分析，以便得到更加准确的降雨雨型。

图 5-4-1 为广东省暴雨年均雨量的地理分布等值线图。

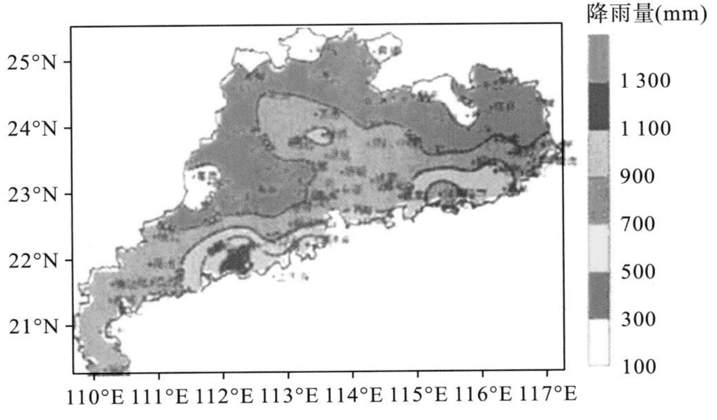

图 5-4-1　广东省暴雨年均雨量的地理分布等值线图

类似于广东其他地区，阳江降水也呈现前汛期和后汛期的双峰型降水分布特征，降雨概率则呈现前汛期大于后汛期，5～6 月为降雨峰值期。阳江年平均降雨量在 1500～2900mm 之间，均值 2252mm，雨季汛期明显，4～9 月间降雨量占多年平均值的 70%～85%。

大暴雨年均 5.1 次，阳春八甲大山和阳西鹅凰嶂，是广东省乃至全国最大的暴雨中心之一。

2) 河网

河道作为城市排水管渠系统的排放边界，其水位、断面尺寸、护岸材质等对模型的运行有较大影响。因此，密布河网地区边界更趋复杂多样。同时，河道沿线所设置的水坝、防潮水闸等水工构筑物也是重要的边界条件，其运行调度直接影响模型运行。如阳江境内河网密布，漠阳江流域最下游，河道平均比降小，弯曲多，宽窄变化悬殊。

3) 潮汐

高潮时段，入海口的河道将会有海水倒灌，导致河道内水位上升，排水口受到顶托，造成排水不畅。河口段由于水网交错，水流分散，洪水波展平，径流与潮流顶托、潮流会潮等，河道渠道等容易发生淤积。因此，潮汐变化对城市排水防涝影响至关重要。

2. 水力模型平台预留接口多样

水力模型平台应考虑数据和信息资源的多样性，预留接口。

可以采用的模型具有强大 GIS 数据接口和 GIS 数据处理工具，可接入免费的数据处理工具，如将 AutoCAD 平台数据、图形转换到 Mike，Excel 格式数据转换等。

考虑到水务一体化发展的要求，模型平台具有水质模型扩展接口和潮汐动力模型扩展接口。

此外，模型平台还支持 Visual Basic 与 Matlab 的几种接口编程技术，以实现平台技术扩展等功能。

5.4.1.3 模型系统的构成和原理

结合区域的自然特点、现状城市下垫面和排水系统 GIS 数据库平台以及模型的适用性，本次研究采用 Mike Flood 水力模型对阳江市区现状城市排水管网系统进行评估，综合分析城市排水系统实际排水能力。

Mike Flood 由著名的国际咨询机构 DHI 公司开发，是模拟城市洪水和风暴潮的动态软件，由 Mike Urban、Mike 21、Mike11 等模块构成，并为不同模块之间提供了有效的动态连接方式，使模拟的水流交换过程更接近真实情况，其主要的应用领域包括洪泛区模拟、蓄滞洪区模拟、城市排涝防洪、溃坝洪水、水工构筑物设计等。

水力模型工具在本次研究中得到了多方面的广泛应用，包括现状管网排水能力评估、内涝情况的时空分布分析、内涝风险评估、设计方案的制订和比选等。以设计目标为依据，以现状和设计条件下的不同工况作为边界条件，利用 Mike Flood 模型对城市的排水防涝系统中的各个要素，包括管网、地表、河流等进行综合评估，对内涝风险的时空分布进行模拟，并对风险等级进行划分。

1) 排水管网模型

Mike Urban 模块是模拟城市集水区和排水系统的地表径流、管流、水质和泥沙传输的专业工程软件包，可以应用于任何类型的自由水流和管道中压力流交互变化的管网中。

通过求解一维圣维南方程组，即质量守恒方程和动量守恒方程，来计算管网中的各项水力参数。水流现象如倒灌和溢流可以被精确地模拟。

排水管网模型构建的主要工作包括：梳理管线、解析下垫面、划分汇水区间、输入降雨边界和排水口水位边界等。

2) 河道模型

采用 Mike 11 模块模拟河道水体。可以准确地模拟河网的流向、河道截面的形状和面积、水工建筑物，以及河流的上下游边界条件对水位的影响等。

河道模型构建的主要工作包括：提取河道断面、制作下游水位过程线、设置水工建筑物等。

3) 二维地表模型

Mike 21 模块在对于各种流场环境，如河口、海湾、湖泊、海洋等的数值模拟中有着广泛的工程应用，在城市内涝灾害模型中，可用于暴雨引起的城市地表径流的模拟。

二维地表模型构建的主要工作包括：修整高程点(线)数据、制作数字高程模型(DEM)、调整道路和房屋所在处的地形等。

4) 产汇流原理

采用时间—面积(T-A)法作为模型中的产汇流计算原理。图 5-4-2 为不同汇水区形状对应的汇流过程曲线的选取。通过设置初损、沿程水文损失和不透水比率等参数来计算降雨产流，然后依据汇流面积的形状、尺寸和地表汇流时间来控制汇流过程。产汇流模块的输出结果是降雨产生的每个集水区的流量，计算结果可用于管流计算。

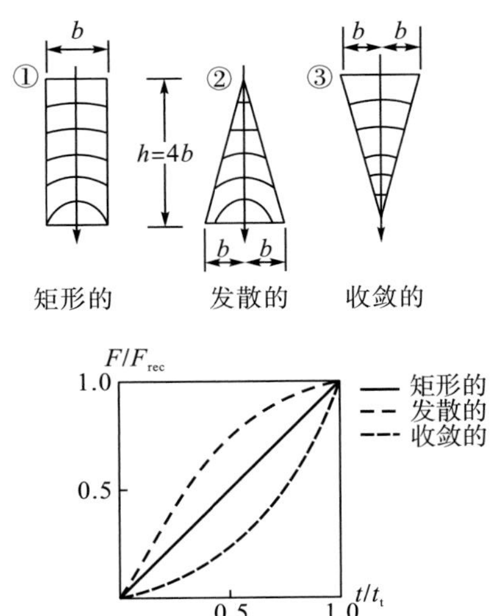

图 5-4-2　不同汇水区形状对应的汇流过程曲线的选取

采用时间—面积法计算产汇流过程的优势在于：首先，其基本假设与传统的管网设计推理公式法一致，便于使模型计算条件与管网的设计条件保持等价；其次，所需基本参数简单明了，确定性高，可操作性强；最后，该方法在世界范围内已经得到了广泛应用，因此具备丰富的对比和参照案例。

5)耦合计算原理

Mike Flood是一个把一维模型(Mike Urban或Mike 11)和二维模型(Mike 21)进行动态耦合的模型系统，模型可以同时模拟排水管网、明渠、排水河道，各种水工构筑物以及二维坡面流，可用于流域洪水、城市洪水等的模拟研究。

防治城市内涝灾害的关键在于对其进行准确全面的模拟，因此在操作中需要兼顾管网内部的一维水流过程和发生内涝时的城市地表的积水情况。耦合技术可以有效发挥一维和二维模型各自具备的优势，取长补短，避免在单独使用Mike 11、Mike Urba或Mike 21时所遇到的模型分辨率和模型准确率的限制问题。

同时，Mike Flood具有较强的灵活性。在该平台上既可以把管网(Mike Urban)、河道(Mike 11)和地表(Mike 21)三者对应的水流情况耦合在一起计算，也可以任意取其中的一个或者两个模块进行(耦合)计算。

耦合完成后的模型系统可以充分表达城市排水系统各个组成部分之间的相互作用，可以模拟的常见水流交换过程包括：

(1)降雨通过地面汇流进入管网；

(2)水流在管网内的流动；

(3)管道内水力线超出地表之后发生的溢流；

(4)管网溢流和未排入管网的雨水在地面的漫流；

(5)雨水通过地表径流进入河道；

(6)排水管网通过排水口向河道泄水(自排或强排)；

(7)河流水位因雨水和上游来水的变化。

5.4.2 滨海地区排涝模型构建思路

5.4.2.1 模型所解决的问题

模型平台包括完整的一维和二维洪水模拟引擎，从河流洪水到平原洪泛，从城市雨洪到污水管流，从海洋风暴潮到堤坝决口，能够模拟所有实际的洪水问题。

该模型能解决以下的问题：

(1)快速的排水内涝评估；

(2)绘制内涝风险区图；

(3)工业区、居民区等灾害分析；

(4)编制应急计划，例如疏散路径及优先级等；

(5)气候变化的影响分析；

(6)防涝措施研究；

(7)城市排水与河流、海洋的综合问题。

5.4.2.2 模型计算的优势

相比于以工程经验和传统水力计算来设计排水系统，水力模型辅助设计具有不受条件限制、分析速度快、计算效率高、耗时少、通用性强、计算结果直观等特点，能够有效改善城市排水和污染控制的设计、建设与管理。因此，水力模型适用范围广泛，可应用于城市排水系统的现状评估、改造规划以及新建城市排水系统的规划设计等方面。

5.4.2.3 模型构建的技术路线

1. 数据收集与整理

整合现有各类来源与格式的城市排水防涝设施的数据，统一数据表格的格式与字段，建立具备查询和管理功能的综合地理数据库。应当包含的数据包括设施的空间信息、建造材质、形态尺寸、拓扑关系、管理运行状态等。在数据录入的过程中应保证数据的完整性与可靠性。构建的数据库应具备良好的可扩充性和可维护性。

为了对城市水文模型进行综合模拟，本次模型所需数据主要包括以下几点。

1) 降雨

通过对城市历史气象降雨资料进行整理和分析，推求出不同重现期下的长历时和短历时典型降雨作为水力模型的边界条件。

2) 地表高程

地表高程数据主要来源于通过物探与遥感技术获取的研究范围内的地形高程点。每个高程点的主要数据包括空间坐标和高程数据。以地形高程点为基础，生成 10m×10m 大小单元网格，用于二维地表模型的制作。

3) 管网及排水设施

收集雨水管网普查勘探数据以及运营单位提供的排水管网数据。其中，排水管道信息主要包括类型、尺寸、材质、起始管底标高、末端管道标高、坡度、敷设日期、单位、长度等；节点信息主要包括编码、类型、内底标高、地面标高等；泵站信息主要包括位置、设计重现期、设计流量、服务范围、启泵和停泵水位等。

4) 河道

从河道的整治规划资料中收集河道典型横截面的位置和形状，作为河道模型制作的基础。此外，河道的相关数据还包括河道上的水工建筑物信息、调度规则，以及上下游水体的水位边界信息。

2. 建模流程

模型的构建和应用过程总体可分为数据整理、模型构建、质量控制和模型应用等 4 个步骤，如图 5-4-3 所示。

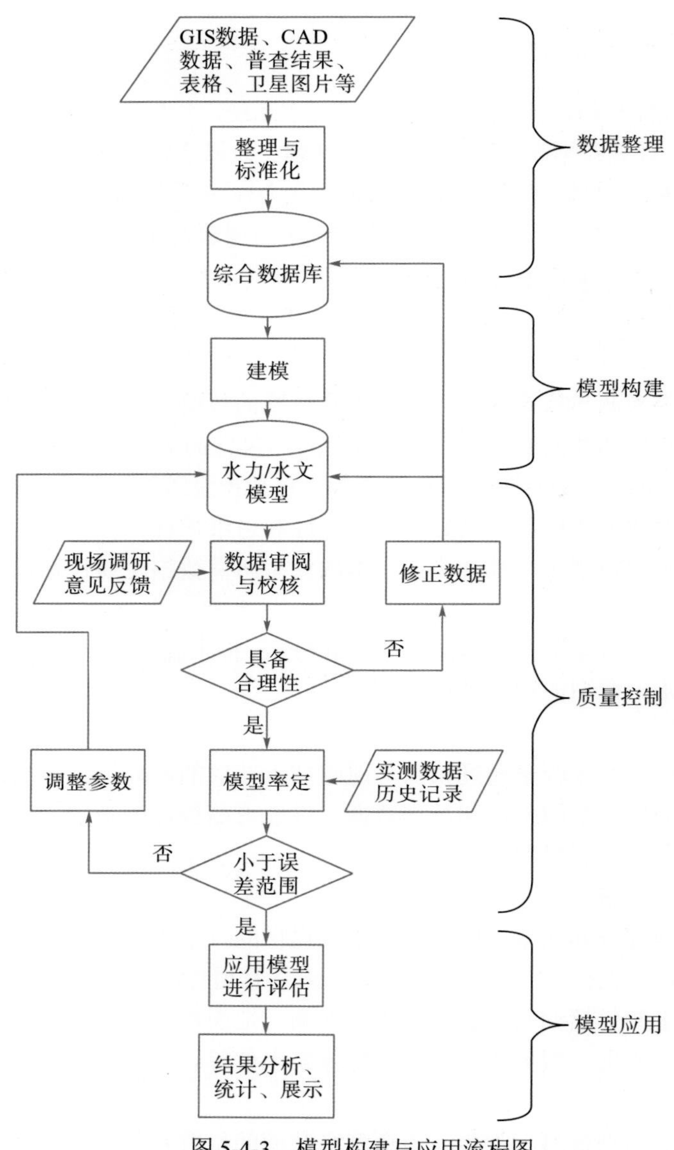

图 5-4-3 模型构建与应用流程图

5.4.3 滨海地区排涝规划案例分析

5.4.3.1 深圳市排水防涝综合规划背景

深圳地处广东省南部，珠江口东岸，2013 年年末常住人口 1062.89 万人。地势东南高、西北低，大部分为低山、平缓台地和阶地丘陵。西南部珠江口流域为滨海平原。深圳海岸线长 229.96 km。深圳市境内河流众多，分布较广，流域面积超过 1km^2 的河流 310 条。

由规划和水务部门联合牵头，联合市应急办、市三防办、市气象局、各级环保水务局、各级城市建设局、市水务集团等部门，深圳市于 2014 年年初启动了《深圳市排水(雨水)防涝综合规划》（简称“规划”），目前项目已完成了编制和审批程序。在该“规划”的专家评审会上，项目成果受到评审专家的高度评价，国家住建部、省住建厅等参会领导也给予了高度肯定。

5.4.3.2　城市内涝问题及成因

受地势条件、极端降雨和潮位因素以及城市无序扩张带来的管网建设维护问题和局部城市竖向不合理等共同影响，近年来深圳市局部地区出现了城市内涝。

深圳市雨水管网建设水平不统一，近期新建的管网管道设计中重现期基本为 1～3 年，重要干道、重要地区或短期积水即能引起较严重后果的地区，采用 3～5 年。但对于老城区而言，由于管道建设年限久、设计标准比较低(管径较小且设计重现期低于 1 年)、管材耐用水平不高(多采用钢筋混凝土管，使用年限一般在 20 年左右，管道破损堵塞较严重)，以及部分区域采用雨污合流制等原因，普遍存在排放能力不足的问题，内涝问题比较突出。

5.4.3.3　排涝数学模型

本次规划采用 Mike Flood 水力模型对深圳市现状城市排水管网系统进行评估，综合分析城市排水系统实际排水能力。Mike Flood 由著名的国际咨询机构 DHI 公司开发，是模拟城市洪水和风暴潮的动态软件，由 Mike Urban、Mike 21、Mike11 等模块构成，并为不同模块之间提供了有效的动态连接方式，使模拟的水流交换过程更接近真实情况。其主要的应用领域包括洪泛区模拟、 蓄滞洪区模拟、城市排涝防洪、溃坝洪水、水工构筑物设计等。

水力模型工具在本次规划中得到了多方面的广泛应用，包括现状管网排水能力评估、内涝情况的时空分布分析、内涝风险评估、规划方案的制订和比选等。以规划目标为依据，以现状和规划条件下的不同工况作为边界条件，利用 Mike Flood 模型对城市的排水防涝系统中的各个要素，包括管网、地表、河流等进行综合评估，对内涝风险的时空分布进行模拟，并对风险等级进行划分。

模型的构建和应用过程总体可分为数据整理、模型构建、质量控制和模型应用等 4 个步骤。

模型的结果通过数据图表等方式分为现状模型和规划模型。现状模型的主要功能是用于现状排水能力和内涝情况的评估，并为风险评估和应急管理措施提供依据；规划模型的主要功能是模拟规划实施后基础设施条件的变化，评估规划场景下排水系统获得的改善和面临的问题。

规划模型是在现状模型构建完成的基础进行修改而成的，主要的改变包括：

(1) 下垫面和用地性质的改变；

(2) 地表高程的调整；

(3) 新增和改建的排水系统等。

5.4.3.4　现状排水能力评估

采用 Mike Urban 水力模型对现状城市排水管网系统进行评估，综合分析城市排水系统实际排水能力。Mike Urban 水动力学模块可以准确地描述管网中各种水流现象，通过求解圣维南方程组，即质量守恒方程和动量守恒方程，准确解析管网中的水流状态。

以管道检查井溢流作为评估指标(即管道水头线是否超过地面线)，对管网排水能力进行评估，见式(5-7)。

$$\delta = H - W \tag{5-7}$$

式中，H——管网节点水头，m；

W——地面高程，m；

当 $\delta \leqslant 0$ 时，则表示管道排水能力满足相应设计重现期要求；当 $\delta > 0$ 时，则表示管道排水能力不满足相应设计重现期要求。

在以上基础上，结合深圳市新一代暴雨强度公式以及芝加哥降雨过程线法，建立 1 年一遇、2 年一遇、3 年一遇和 5 年一遇设计雨型，雨峰系数取 0.35，降雨历时为 2h，降雨时间间隔为 1min，作为 Mike Urban 水力模型进行管网排水能力评估的降雨数据。珠江口水系流域现状排水能力评估的模拟结果见图 5-4-4。

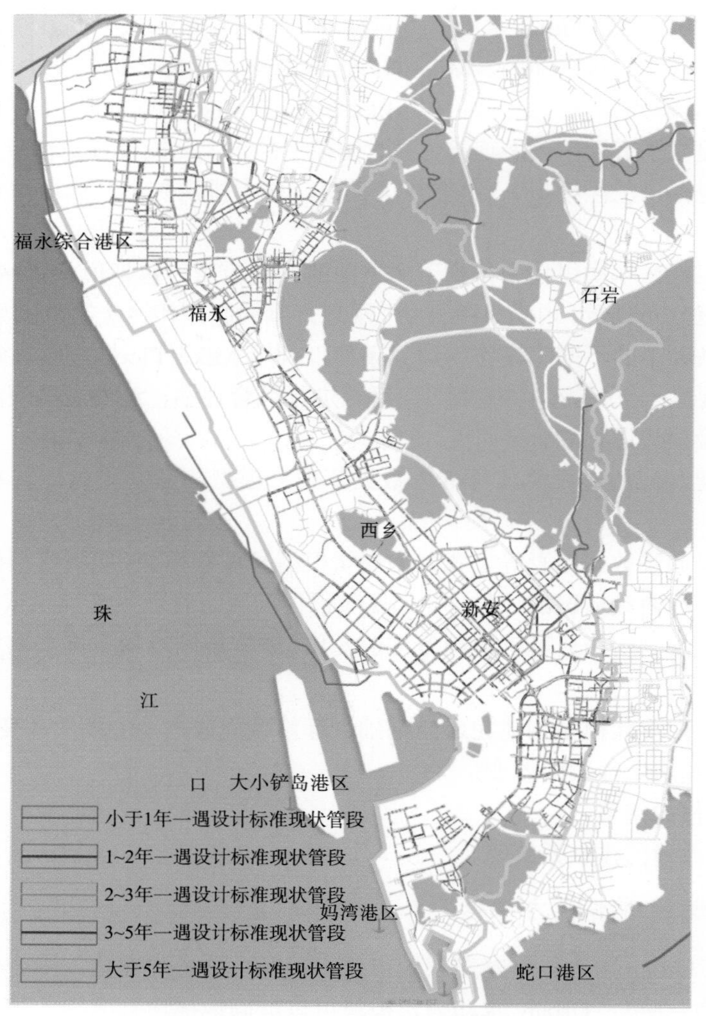

图 5-4-4 珠江口水系流域现状排水能力

5.4.3.5　内涝风险评估

基于 Mike Flood 平台，耦合城市水文模型和二维地表模型评估全市的排水防涝现状条件，识别内涝风险。采用 Mike Urban 模块构建排水管网模型，Mike 11 模块构建河道模型，Mike 21 模块构建二维地表模型，以不同设计重现期下 24h 设计降雨雨型作为降雨条件，水位边界采用《深圳市防洪(潮)规划修编(2014—2020)》的成果，最终在 Mike Flood 平台中将以上模型加以耦合，形成完整的内涝风险综合评估模型。

根据深圳市的实际情况，从积水时间、积水深度和积水范围三方面综合考虑，明确内涝灾害标准：①积水时间超过 30min，积水深度超过 0.15m，积水范围超过 1000m^2；②下凹桥区，积水时间超过 30min，积水深度超过 0.27m。以上条件同时满足时才成为内涝灾害，否则则为可接受的积水，不构成灾害。

深圳市现状易涝风险区划结果见图 5-4-5，红色区域是易涝区域。

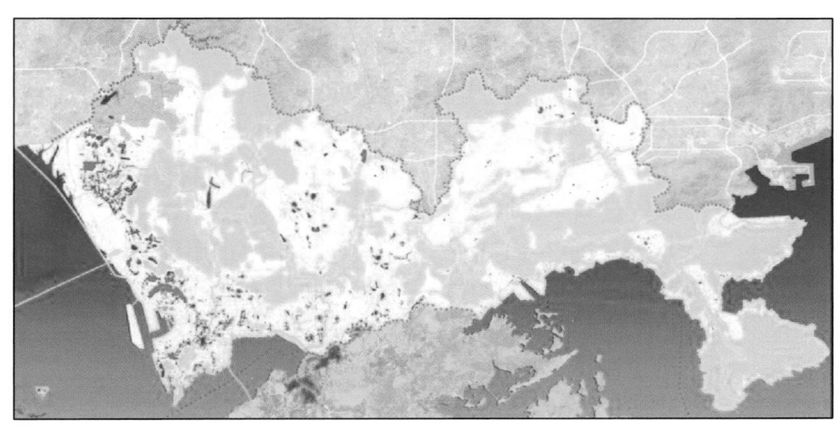

图 5-4-5　深圳市现状易涝风险区划图

5.4.3.6　城市排水管网系统规划

城市管网系统规划以水力模型作为计算及评估工具，规划设计雨水管渠系统，充分利用现状水体和天然冲沟调蓄雨水，雨水排放与防洪排涝工程规划相结合，利用地形，尽量重力自流排放雨水，避免设置雨水提升泵站。对于现状极个别地势低洼的旧村地块，随着城市更新改变地势高程，可解决区域内涝，避免设置排涝泵站；采用雨洪分流、调蓄、滞流等措施提升主干管渠系统设计标准，保证排水主干通道排水顺畅，减缓内涝风险，同时，避免大拆大建，减少政府投资浪费。

对于新建管渠，采用 3～5 年一遇重现期设计管道，对于不满足设计标准的现状管渠，应结合地区改建、涝区治理、道路建设等工程进行逐步改造；对于以管网改造为主的易涝风险区防治规划，优先采用减小汇水面积、截流、新增排水通道的方式进行。

本次规划采用数学模型法规划设计雨水管渠，构建城市排水管网水力模型，通过解析汇水区面积、下垫面、汇流时间、初始损失等水文参数，计算雨水径流量，通过规划模型综合计算，最终确定雨水管渠的尺寸、坡度和埋深。

按照规划设计标准和规划原则，结合各个流域的实际情况，本次规划主要从排水主干管渠完善、新建片区管网完善、易涝风险区管网改造等三方面着手开展排水(雨水)管网系统规划。

(1)排水主干管渠完善：利用水力模型评估、设计、计算排水主干管渠，并结合易涝风险区治理，开展雨水主干管渠完善规划，保障排水主干网络系统排水能力充足，确立深圳市各个流域骨干排水管渠系统。

(2)新建片区管网完善：在确立排水干管(渠)系统布局规划基础上，采用水力模型设计新建片区管网，以管网充满度作为设计标准，计算确定雨水管网规模。

(3)易涝风险区管网完善：对于管网排水能力不足导致的易涝风险区，基于水力模型识别瓶颈管段，通过管网改造完善，减轻或消除易涝风险。

5.4.3.7 城市防涝系统规划

城市防涝系统规划的主要内容为：对于地势低洼的内涝风险区，可考虑结合城市更新调整竖向，从源头解决内涝风险；对于受纳水体顶托严重或者排水出路不畅的地区，应积极考虑内河水系整治和排水出路拓展；同时辅以雨水调蓄池、城市雨水行泄通道等手段和措施建立完整的城区防涝体。

城市竖向规划是城市规划建设的重要组成部分，是实现城市建设工程技术合理、造价经济、景观美好的重要手段。同时，城市竖向对河流水系的流向、雨水径流的排除、雨水管渠系统的布设起着举足轻重的作用。因此，合理地控制城市用地竖向高程，是规避内涝风险、防治城市内涝的最为有效的手段之一，是从源头上降低城市内涝风险的方法。

随着城市的发展，深圳市地形上形成了东北高西南低的地势。对于地势较高的东北部，形成了排水有利竖向；而西南部沿海区域地势较为平缓，平均高程约为3.0～5.0m，易受潮水位影响，排水较为不畅，内涝问题较为突出，特别是珠江口流域以及茅洲河流域中下游。与此同时，在城市建设过程中由于历史问题保留下来的城中村，随着周边地区的开发建设，形成了一个“盆地”，如部分旧村。此外，深圳市南部填海造地，延长了排水通道，且填海区高程甚至高于现状地区，因此也造成了部分区域地势相对低洼，内涝风险较高。

1)竖向或用地性质调整

本次规划借助水力模型、二维地表模型，基于Mike Flood平台耦合两个模型，实现近似真实的雨水径流流动状态。通过模型运行，识别易受“客水”影响的低洼易涝地区以及城市规划竖向不合理区域，并结合城市总体规划提出的城市更新规划，提出竖向控制建议，力求从源头解决内涝风险问题，指导城市开发建设。

2)内河水系整治和排水出路拓展

根据深圳境内河流水系分布特点，深圳市具有分区设防的特点，防洪及河道治理工程体系可分为九大片区，各片区工程自成体系，即深圳河流域、深圳湾流域、珠江口水系流域、茅洲河流域、观澜河流域、龙岗河流域、坪山河流域、大鹏湾流域、大亚湾流域。各片区内的防洪及河道治理工程体系主要包括蓄水工程、河道治理工程等。

5.4.3.8　规划实施效果的模型评估

通过对城市排水管网系统和防涝系统的调整，将规划方案导入耦合平台运行，以此来调整和优化规划方案。

通过对规划方案的模型分析，新建和改建排水管道系统基本满足了设计标准，全市大部分地区基本具备了应对 50 年一遇内涝风险的能力。

第 6 章　径流总污染的初期效应与截流

6.1　初期效应概述

6.1.1　初期效应概念

Deletic 等(1998)认为：初期效应(first flush)是指当降雨开始后最先产生的径流，其污染物的含量是整个产流过程中最高的。目前，对于初期效应，在定义上仍存有分歧，在涉及管理措施时还应该考虑其他方面的因素，对于初期效应的研究，用不同的方法会得出不同的结果。主要的初期效应的定义有以下几类。

(1) $M(V)$ 曲线法。当 $M(V)$ 曲线高于对角线且最大离散度大于 20 时，即发生了初期效应。$M(V)$ 曲线法由 Geiger 于 1987 年提出，这个定义是建立在整个污染物质总量的基础上而不仅是浓度上，这是一个非常严格的定义，被很多学者引用。但是由于其中的最大离散度可以出现在降雨的任何一个阶段，或者根本就不是出现在降雨的初期，那么定义初期效应的意义就不存在了，同时由于其定义的初始部分的径流量太大，对于治理径流污染来说不是很经济。

(2) EMC 为标准的定义。EMC 是用总污染物量除以总的径流量。不同的学者对初期效应的定义不一致，都是或多或少地以污染物浓度为基础，选择初期效应最强烈的部分来定义。20/80(是指占总径流体积 20%的初期径流体积中含有 80%及以上的总污染物质量，后面的类似分数含义相似)定义使得初期效应现象很少发生，因此不利于为管理服务。25/50 的定义使得在管理中要处理的初期径流量过大，管理难度增大，需要的费用过高。

(3) WQC 标准。Deletic 等(1998)的研究中，把初期效应产生的标准用降雨事件中占整个产流 20%的最先产生的径流的总污染物负荷(FF_{20})来确定。

(4) USEPA 的定义。USEPA 在 1993 年提出了一个初期效应的定义，它是对两个污染指标的浓度直接进行比较，并且引入了一个数量参数来计算和比较初期效应。图 6-1-1 列出了关于初期效应的 V_p 值。通过定义一个在非雨天时的受纳水体浓度 C_b 值为基线浓度，V_p 就等于径流量 $Q(t)$ 的积分，其变化范围为 T_1($C(t)$ 值高于 C_b) 到 T_2($C(t)$ 值低于 C_b)，即是图中的阴影部分。滞留池就是按照 V_p 来设置大小，即 $C(t)$ 高于平均值 C_b。这种定义可以为径流处理节省很大的费用，但也有以下两方面的缺点。第一，如果 $C(t)$ 在很长一段时间内都高于 C_b，那么就会有大量的径流需要滞留起来。在这种情况下，就不是上面所提到的很小一部分的初期效应量，不存在一个阈值或者是一个较小的值。第二，当排放的浓度低于平均浓度时，就不需要滞留进行处理。但是这并不能确定所排放的水对受纳水体是否带来危害，特别是当排放量很大时。

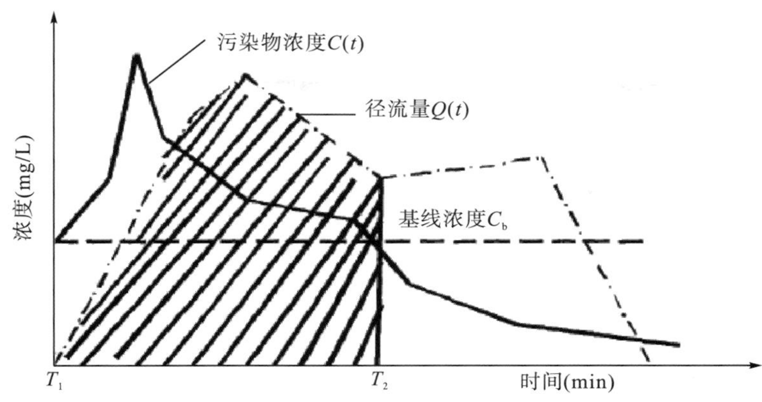

图 6-1-1　USEPA 的初期效应中定义中的 V_p 值

(5) 30/80 初期效应定义。在最初的 30%的径流中携带了整个降雨事件污染物总量的 80%。30/80 的定义是目前为止最有说服力的解释，可以比较准确地对径流中的污染物进行定量，从而为雨水径流处理提供可靠的依据。

近年来，又出现两种判断初期效应的方法，基本定义如下。

(1) MFF_n 值。Ma 等(2002)和 Han 等(2006)对初期效应应用 MFF_n 进行识别，其表达式见式(6-1)：

$$\mathrm{MFF}_n=\frac{M_t}{M}/\frac{V_t}{V}=\left(\frac{\int_0^t C(t)q(t)\mathrm{d}t}{\int_0^T C(t)q(t)\mathrm{d}t}\right)\Bigg/\left(\frac{\int_0^t q(t)\mathrm{d}t}{\int_0^T q(t)\mathrm{d}t}\right) \tag{6-1}$$

式中，V——总径流体积，L；

M——某污染物总质量，mg；

M_t——在 t 时刻某污染物的质量，mg；

V_t——在 t 时刻径流体积，L；

$C(t)$——随时间变化的污染物含量，mg/L；

$q(t)$——随时间变化的径流流量，L/min；

n——累计径流量占径流总量的百分数，即 $n=V_t/V\times100\%$，范围为 0～100%；

T——总径流时间，min。

当 $\mathrm{MFF}_n>1$ 时，即表示有初期效应现象发生，MFF_n 越大，表示初期效应越强烈。当 $\mathrm{MFF}_n<1$，则表示无初期效应现象。平衡线则表示对应每一个径流量累计率的 $\mathrm{MFF}_n=1$。

但是，方程(6-1)很难实现，因为要实现持续不间断地测量径流浓度和径流体积是较为困难的，因此方程(6-1)可以通过一定的间隔时间的浓度测量和径流体积测量来实现，即方程(6-1)可以转换成如下的方程(6-2)：

$$\mathrm{MFF}_n=\left(\frac{\sum_{j=1}^{m}\frac{C_j+C_{j+1}}{2}\times\frac{q_j+q_{j+1}}{2}\times\Delta t_j}{\sum_{j=1}^{N}\frac{C_j+C_{j+1}}{2}\times\frac{q_j+q_{j+1}}{2}\times\Delta t_j}\right)\Bigg/\left(\frac{\sum_{j=1}^{m}\frac{q_j+q_{j+1}}{2}\times\Delta t_j}{\sum_{j=1}^{N}\frac{q_j+q_{j+1}}{2}\times\Delta t_j}\right) \tag{6-2}$$

式中，N——总采样和测定次数；

m——从降雨开始至 t 时刻的累计采样和测定次数，$m\leqslant N$；

j——第 j 次采样和测定，$j\leqslant n$；

C_j——第 j 次采样的浓度，mg/L；

C_{j+1}——第 $j+1$ 次采样的浓度，mg/L；

q_j——第 j 次测定的径流体积，L；

q_{j+1}——第 $j+1$ 次测定的径流体积，L；

Δt_j——第 j 次相邻采样和测定的时间间隔，s。

通过此定义，MFF_n 在降雨结束时为 1。假如 $MFF_{20}=2.4$，则表示在降雨形成的前 20%径流体积内污染物累计质量百分率为 2.4×20%=48%，假如 $MFF_{30}=2.4$，则表示在降雨形成的前 30%径流体积内污染物累计质量百分率为 2.4×30%=72%。

(2) 动态 EMC（DEMC）法。Kim 等用方程(6-3)来判断初期效应：

$$\mathrm{DEMC}_t=\frac{\text{Dynamic EMCs}}{\text{EMC}}=\frac{M_t}{V_t}/\frac{M}{V} \tag{6-3}$$

当所有 $\mathrm{DEMC}_t>1$ 时则存在初始化冲刷。DEMC_t 在 EMC 值上方偏离幅度越大，即 DEMC_t 值越大，表示初期效应程度越强。$\mathrm{DEMC}_t\leqslant 1$ 时不存在初期效应。

6.1.2 初期效应研究概述

在降雨初期，产生的径流中污染物的浓度一般来说是最高的，即在降雨初期污染物浓度迅速上升，并很快达到峰值，随着降雨历时的延长，污染物浓度逐渐下降，并趋于稳定，这与国内外其他学者的研究结果基本一致。

李贺等(2008)对南京机场高速公路禄口高架桥降雨径流水质进行了监测，结果表明：对于降雨量大、初期降雨强度大的降雨事件，初期径流污染物浓度较高，初期效应显著，整个污染物的出流浓度随降雨历时呈前高后低的变化趋势，SS 与 COD 为主要污染物；高速公路路面降雨径流中污染物受前期晴天数影响最大，SS、COD、TP 受降雨强度的影响显著，而降雨量对 BOD_5、NH_3-N、TN 的影响仅次于前期晴天数。

朱伟等(2008)的研究结果表明：晴天条件下道路沉积物主要由粒径小于 250μm 的颗粒组成；降雨初期主要为小于 5μm 的颗粒物随径流迁移，随降雨历时的延长，较大颗粒开始随径流迁移，降雨期间随地表径流迁移的主要为小于 150μm 的颗粒物，特别是 5～40μm 粒径段的颗粒要特别予以关注；同时污染物浓度也由降雨初期的高浓度逐渐下降并趋于稳定。

Zhang 等(2010)以河南省郑州市为例，开展了基于城市暴雨径流特征的雨水回用和暴雨污染控制工作：同一降雨事件的 COD 和 TSS 的污染负荷的顺序是工业区>商业区>居住区；同一区域内，道路径流中 COD 和 TSS 浓度高于屋顶径流中 COD 和 TSS 浓度；屋顶初期效应和道路初期效应均被观测到，因此，初期雨水应该单独处理，以减少雨水利用费用和控制暴雨污染；居住区屋顶初期降雨量 2mm、商业区屋顶初期降雨量 5mm、工业区屋顶初期降雨量 10mm，以及居住道路初期降雨量 4mm，商业区和工业区所有道路降雨量均应该在直接排放或利用前进行相应的选择和处理；依据 COD 与 TSS 相关性（R^2=0.87～0.95）和低的生物降解能力（BOD_5/COD < 0.3），一个沉淀过程和土壤及矿渣组成的有效过滤系统被设计用于处理初期雨水，其污染负荷去除率大于 90%，这对发展雨水利用和污染控制策略有参考价值。

Qin 等（2010）以深圳市石岩水库 6 个子流域为例，分析了快速城市化集水区对暴雨径流污染时空变化及与土地使用的关系：以 2007～2009 年 4 场暴雨事件为例，IHACRES 和指数型污染物冲刷模拟模型用内插值法处理数据是不充分的，3 个指标（EPL、EMC、FF_{50}）被用于描述每个子流域在暴雨事件期间的不同污染物的径流污染，径流污染空间变化与土地使用模式采用 Sperman 相关性分析；小暴雨事件与居住区土地使用百分数强烈相关，在小暴雨事件中不同污染物的 EPL 或者 EMC 有相似的空间变化；大暴雨事件不仅与居住区土地使用有关，而且与农业用地和裸露土地使用相关，但是对于大暴雨事件，不同污染物的 EPL 或者 EMC 有不同的空间变化趋势；一些成对污染物（如 COD/BOD，NH_3-N/TN）可能有相似的来源，因为它们与空间关系呈强烈或中等正相关；初期冲刷强度（FF_{50}）随不透水土地面积变化而变化，不同子流域初期径流的截流率应该与该子流域相适应。

Lee 等（2011）分析了韩国 2007～2009 年某高速路径流污染物（COD_{Cr}，TSS，TPHs，TKN，NO_3，TP，PO_4，As，Cu，Cd，Ni，Pb）的 EMC 值：降雨径流形成后 20min，出现污染物峰值浓度，初期效应依赖于干周期和降雨低强度；TSS 和 COD 的 EMC 值与径流体积显著相关，其 EMC 值上升到 70～80 m^3/降雨事件，然后逐渐下降。

Vijayaraghavan 等（2012）研究了新加坡绿色屋顶水质状况：对 4 场真实降雨和几场人工降雨事件的绿色屋顶水质［包括金属（Na，K，Ca，Mg，Al，Fe，Cu，Cd，Pb，Zn，Mn，Cr，Ni，Li 和 Co）、非金属阴离子（NO_3^-，NO_2^-，PO_4^{3-}，SO_4^{2-}，Cl^-，F^-，Br^-）和阳离子（NH_4^+）］进行监测，发现在径流初期大部分污染物浓度均具有最高值，随后的降雨事件浓度衰减并趋于平缓；一些重要的污染物（包括 Na、K、Ca、Mg、Li、Fe、Al、Cu、PO_4^{3-}、SO_4^{2-}），均出现在径流中，控制这些化学物质主要依靠于绿色屋顶基质和降雨量体积，除了含有大量的 NO_3^- 和 PO_4^{3-} 降雨事件外，经过绿色屋顶处理后的径流均能达到 USEPA 的淡水水质标准。

Ouyang 等（2012）根据北京某集水区降雨事件分析地表径流中 COD、TSS 和 TP 的变化规律和初期效应，并用 SWMM 模型进行模拟，初期效应处理的径流体积占 20%，这对以后径流回用量化打下了基础。

戴莹等（2016）开展了天津中心城区景观水体功能恢复与水质改善技术开发及工程示范。针对我国特大城市尚未形成系统的初期雨水污染控制技术体系的现状，选择了天津市赤龙河泵站服务区、清化祠泵站服务区、城厢泵站服务区、西南角泵站服务区、靶档道泵站服务区作为示范雨水泵站，采用了 SWMM 模型研究了排水区域雨水污染负荷消减及城区积水消除的技术与管理策略，提出了雨水径流污染控制最佳综合技术方案，建立了中心城区雨水最佳管理模式。排水管网系统优化方面，提出了增大“瓶颈”管径、管网清淤、改变地表特性、合理划分汇水区等技术措施，探讨了减少节点溢流和系统总溢流的有效程度。结果如下：①在 P=5a 时，增大“瓶颈”管道管径和改变部分汇水区出流点的改造方案分别使排水系统的溢流量减少 5.4%、6.38%；②在不改变管网的情况下，增加地表透水面积 10%和 20%，分别使排水系统的溢流量减少 24.58%、47.04%；③管壁淤积可明显增多整个排水系统的溢流点和溢流量，使管道过载程度明显加重。

雨水调蓄方面，戴莹等(2016)分析天津市降雨径流的特点，提出了控制初期雨水径流污染的工程措施：①对天津市南开区赤龙河泵站服务区，在管网末端建立 3800m^3 的蓄水池，在一年一遇雨情下，能够实现将所有超标雨水全部收集的功能；②对于大区域，在降雨重现期 P=5a 情况下，若收集相当于 4mm 的初期雨水雨量进入蓄水池，在清化祠、靶档道、城厢排水口建造容积分别取为 1200 m^3、2700 m^3、3100 m^3 蓄水池，COD 的消减率分别为 33.15%、59.73%、32.57%；③对 P=5a 情况，经过蓄水池调蓄后，清化祠、靶档道、城厢排水口超标排放时间分别为 18min、23min、15min，超标雨水分别在排水口下游 80m、25m、180m 处，COD 浓度降到 50mg/L，达到了河流的水质背景值。初期雨水污染控制方面，系统分析了污水管网、蓄水池、污水处理厂的富余能力与河湖的自净能力，提出了初期雨水污染控制的综合运转模式。模拟了不同重现期，赤龙河泵站服务区、大区域服务区分别采取源头消减、蓄水池调蓄、污水厂调蓄、污水管网联合调蓄，各种措施相互组合的调蓄效果。根据 7 因素 3 水平的 18 种正交方案，详细分析了初期雨水径流污染消减方式的消减效果，得到了各种控制措施的污染消减率。从适用性、建设投入、运行费用、处理效果、景观影响、占地面积、技术要求等方面对综合控制方案进行环境和经济性评价，得到了不同降雨预期下的最佳方案。

Bollmann 等(2014)通过在一个郊区暴雨径流集水区的 9 个月的降雨事件中采样监测杀虫剂：12 场降雨中有 5 场径流具有显著的高浓度，去草净和多菌灵最高浓度的中值分别为 0.045μg/L 和 0.052μg/L，而异丙隆，敌草隆，异丙基噻唑啉酮，苯并异噻唑啉酮，cybutryn(2-叔丁氨基-4-环丙氨基-6-甲硫基-1,3,5-三嗪)，丙环唑，戊唑醇，丙酸的浓度依次降低；但是，在峰值降雨事件中，去草净和多菌灵最高浓度分别为 1.8μg/L 和 0.3μg/L；平均每个住户排入暴雨系统中的去草净和多菌灵分别为 59μg 降雨事件/户和 50μg 降雨事件/户；12 场降雨中仅 3 场降雨事件出现初期效应现象；总体上，暴雨径流中杀虫剂质量与降雨驱动相关联，质量负荷既不与降雨时间或强度相关，也不与干天气长短相关。

Harper 等(2008)对美国密苏里一个实验屋顶的水质和水量进行了长达 9 个月的监测与评价：水量在无植物区屋顶减少 40%，而有植物生长的绿色屋顶减少 60%，基于 Penmen-Monteith ET 模型开发了一个加入基质水贮存和蒸发的模型；前面几个月绿色屋顶径流中的营养物质呈一阶衰减趋势，初期时 TP>30 mg-P/L、TN >60 mg-N/L，9 个月后 TP 降到 5 mg-P/L、TN 降到 10 mg-N/L；TOC 由初期的浓度 500 mg/L 降低到几个星期后的 50 mg/L。

韩国一个高校校园的暴雨径流管理系统中重金属的分类处理及排放以及对处理的建议是：径流中重金属负荷不管是溶解态阶段或颗粒携带阶段都受到流率和 TSS 负荷的影响，以及高强度暴雨的明显影响，但是不管流率还是 TSS，重金属元素的显著特征仍然没有改变；相比颗粒携带情况，排放到暴雨系统中的溶解态重金属负荷在排放早期具有更高的可变性；通过径流处理系统后，重金属几何平均质量分数(除了颗粒携带铁占优势外)，均表现为增加，揭示颗粒携带重金属显著减少；溶解态重金属与颗粒携带重金属之间没有明显的相关性存在；因此对重金属的分类处理对暴雨径流处理具有重要作用，推荐要在暴雨早期的径流初期(初期效应标准)进行径流的体积分割，而不是在直到水位图峰值时期进行，且正在研究过滤介质对溶解态重金属吸附能力以确定设计周期、操作条件和维护条件。

McIntyre 等(2015)研究了美国西雅图一条高速公路未处理的城市径流的毒性基线，通过利用种植薹草(*Carex flacca*)土壤生物滞留桶，评估高速路径流毒性对幼年银大马哈鱼(*Oncorhynchus kisutch*)、捕食性大型无脊椎动物［包括驯养的模糊网纹蚤(*daphniid Ceriodaphnia dubia*)和选择的野生纽墨菲蜉蝣(*Baetis* spp.)］的影响：发现对于所有暴雨事件，初期效应毒性对于模糊网纹蚤的致死率达到 100%或者影响幸存者的繁殖能力。

6.2　径流初期效应研究

本节主要研究深圳市福田河研究区域、白芒河研究区域和新洲河研究区域的地表径流的初期效应的规律与特征，对初期效应采用 MFF_n 值和动态 EMC 法两种方法来进行识别。由于新洲河流域研究范围采样点处于感潮河段，经常性受到潮水顶托的影响，潮水位较高时采样点被淹没，故采样数据较少，不够分析出典型的初期效应状况，因此不做初期效应研究，但从第 3 章的浓度曲线可以发现，新洲河流域研究区域也存在较强的初期效应。

6.2.1　MFF_n 值识别初期效应

6.2.1.1　福田河流域研究区域

图 6-2-1 至图 6-2-5 统计了福田河流域研究区域的 16 场降雨的各污染指标 MFF_n 值与径流体积累计率的对应关系。

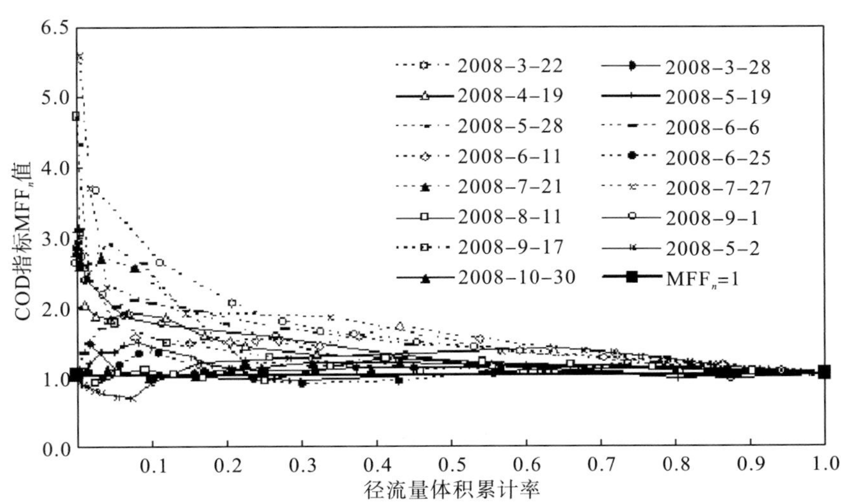

图 6-2-1　福田河流域径流体积累计率与 COD 指标 MFF_n 值对应曲线

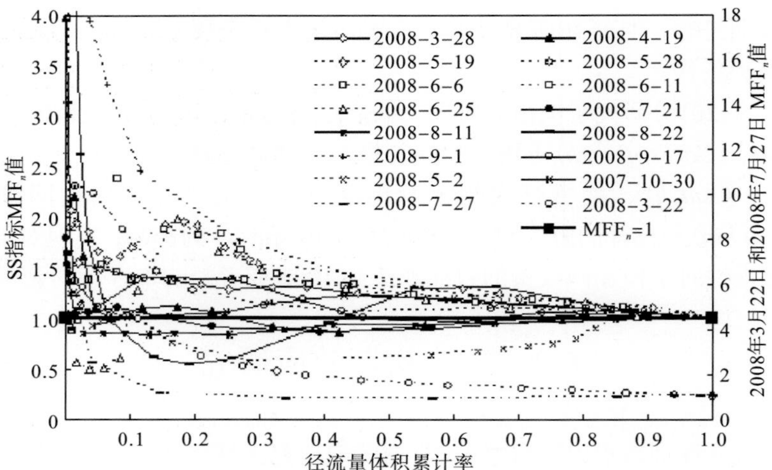

图 6-2-2 福田河流域径流体积累计率与 SS 指标 MFF$_n$ 值对应曲线

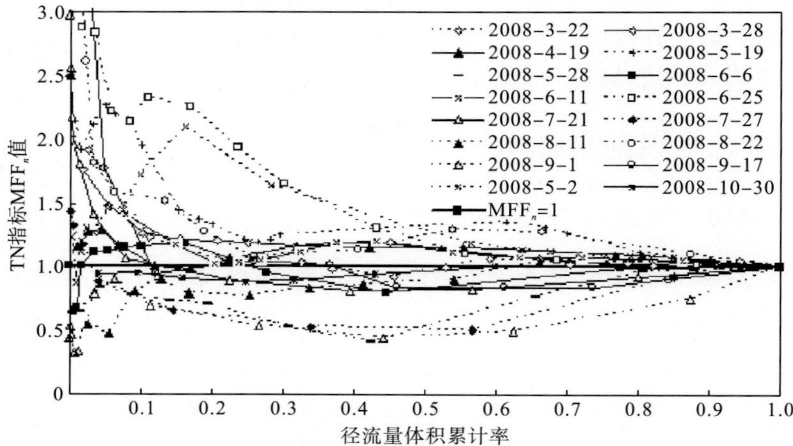

图 6-2-3 福田河流域径流体积累计率与 TN 指标 MFF$_n$ 值对应曲线

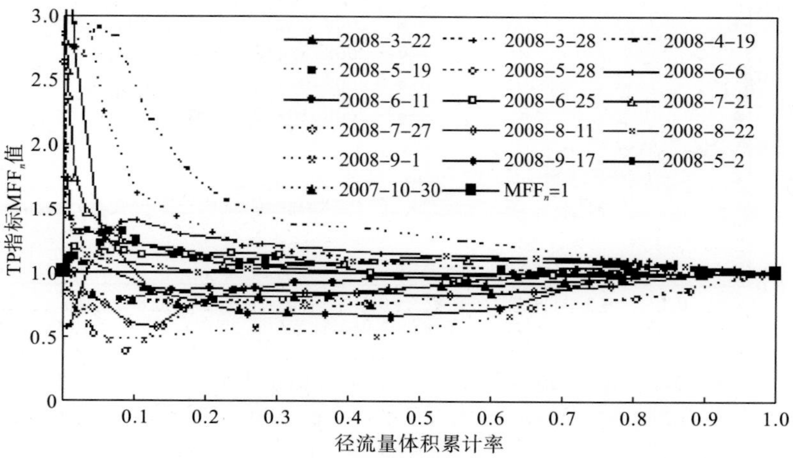

图 6-2-4 福田河流域径流体积累计率与 TP 指标 MFF$_n$ 值对应曲线

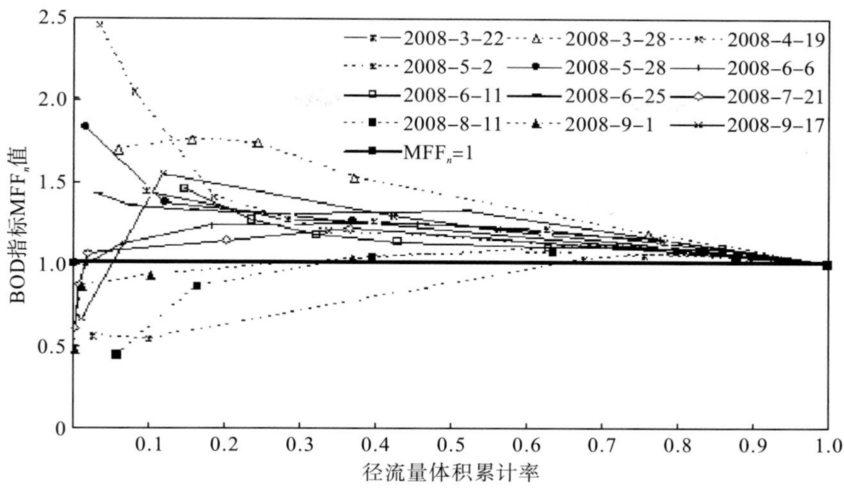

图 6-2-5　福田河流域径流体积累计率与 BOD 指标 MFF$_n$ 值对应曲线

可见，福田河流域研究区域以 COD、SS、BOD 三项为主且初期效应较明显，TN、TP 两项指标出现初期效应现象的概率很低。16 场降雨中仅有 2 场没有出现 COD 的初期效应，对于 SS 的 16 场降雨中有 3 场没有出现初期效应，16 场降雨统计中 TN、TP 指标分别有 10 场、11 场没有出现初期效应现象，而 BOD 的 12 场降雨统计中也显示了 3 场降雨没有出现初期效应。

6.2.1.2　白芒河流域研究区域

图 6-2-6～图 6-2-10 分别统计了白芒河流域研究范围 8 场降雨的各污染指标 MFF$_n$ 值与径流体积累计率的对应关系。

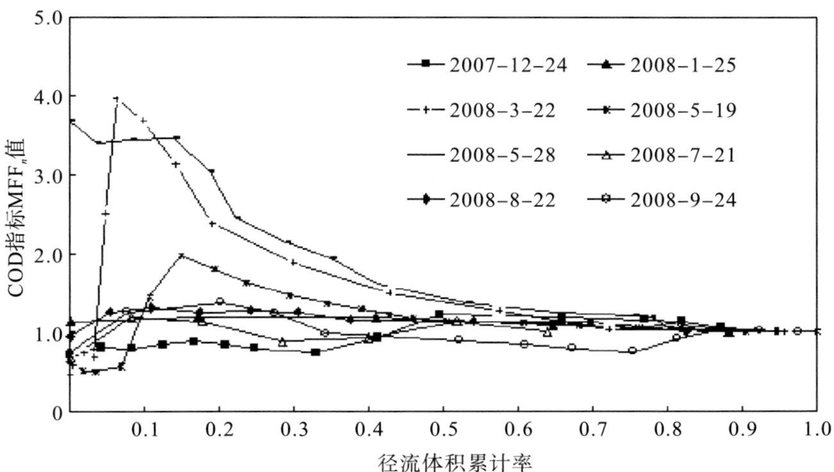

图 6-2-6　白芒河流域径流体积累计率与 COD 指标 MFF$_n$ 值对应曲线

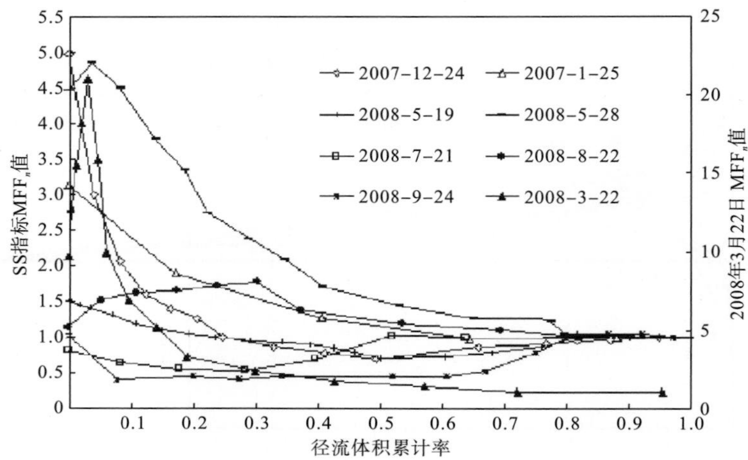

图 6-2-7 白芒河流域径流体积累计率与 SS 指标 MFF$_n$ 值对应曲线

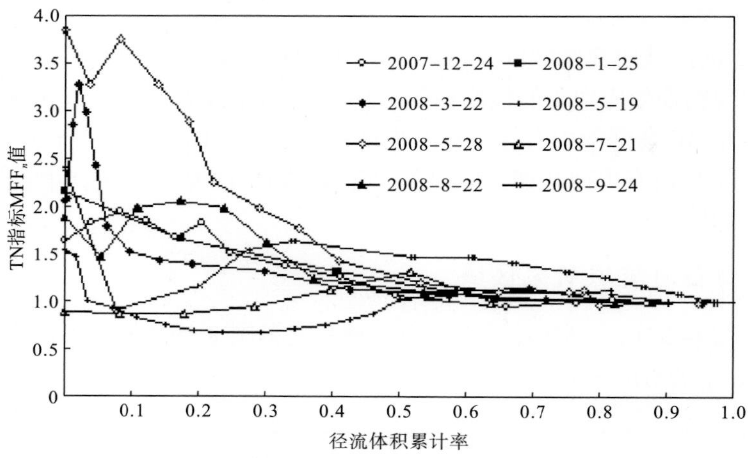

图 6-2-8 白芒河流域径流体积累计率与 TN 指标 MFF$_n$ 值对应曲线

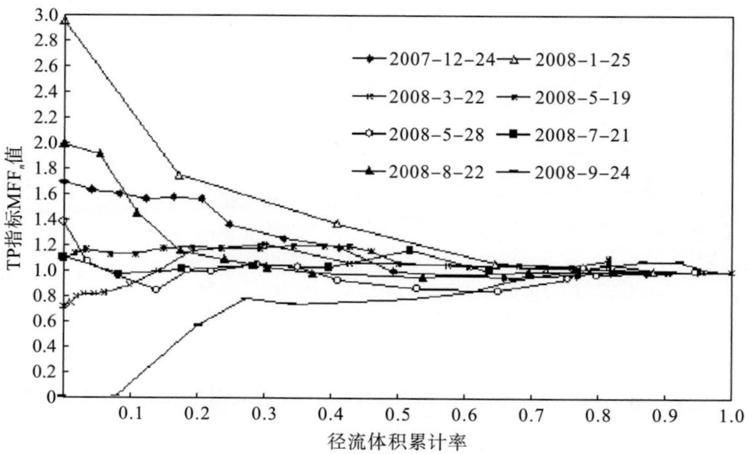

图 6-2-9 白芒河流域径流体积累计率与 TP 指标 MFF$_n$ 值对应曲线

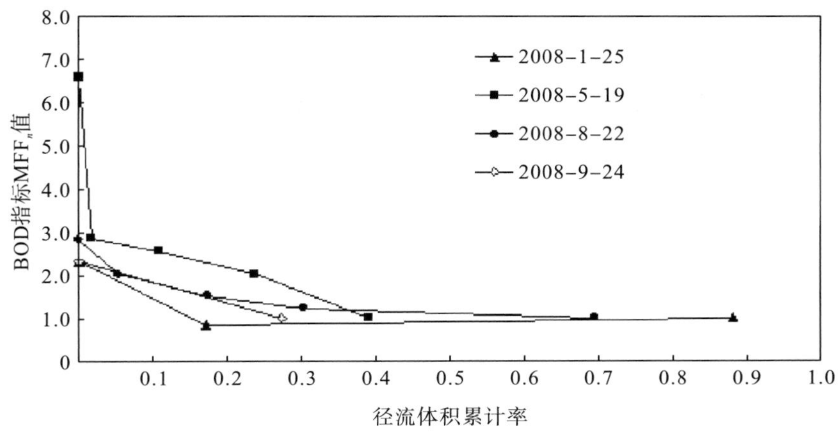

图 6-2-10　白芒河流域径流体积累计率与 BOD 指标 MFF$_n$ 值对应曲线

可见，白芒河流域研究范围的降雨事件中，COD、SS、BOD、TN、TP 均有明显初期效应现象。白芒河流域研究区域的 8 场降雨中 COD 指标没有出现初期效应现象的场次为 3 场，8 场降雨中 SS 指标没有出现初期效应现象的场次为 2 场，8 场降雨统计中 TN、TP 指标分别各有 1 场、3 场没有出现初期效应现象，而 BOD 的 4 场降雨统计中也显示了 1 场降雨没有出现初期效应。

6.2.1.3　原因分析

MFF$_n$ 的实质是质量流率与体积流率的比值，其物理意义是每处理 1%的径流体积时其质量处理的百分数是多少，若大于 1%则表示处理的经济效益较好，若小于 1%则表示污染物的质量流率增长不明显，过度地提高初期雨水的截流处理设施的处理量将导致设施规模过大，设施的实际效率较低、经济性变差。因此，MFF$_n$ 方法可以定量化污染物去除率，从而可根据需要截流去污。

对于不存在初期效应的降雨场次，即在 MFF$_n$<1 的曲线，主要原因有以下 3 点。

(1) 径流初期大颗粒还没被冲起来，随着径流流量的增大，大颗粒才在径流中开始出现，径流初期中大颗粒占较大比例，随着径流过程的进行，径流中小颗粒数目比例会逐渐上升。前面研究内容已说明了 SS 与 COD、BOD 的相关性较好，前期大颗粒 SS 浓度较大，表现出较为强烈的初期效应，与之相关性好的 COD、BOD 也会表现出较为强烈的初期效应。

但随着径流过程的发展，特别是到后期径流中小颗粒数目所占比例逐渐上升，小颗粒的 SS 其比表面积更大，能吸附更多的污染物，使得单位质量小颗粒上的氮含量要高于大颗粒上氮的含量，使得在一定程度上削弱了 TN 的初期冲刷效应；相对 P 元素来说，由于 N 元素原子半径小于 P 元素原子半径，因此，单位质量的小颗粒含 P 原子数目将比含氮原子数目少，即 TP 比 TN 更容易出现初期冲刷。这一结论与王彪等的研究结果一致。

(2) 不出现初期效应的另外一个主要原因是溶解态污染物质受降雨、水文特征等的影响使得其污染负荷输出比较平稳，变化不大，导致污染物质量累计变化不大，即 MFF$_n$ 值变化不大，导致 MFF$_n$ 曲线会有部分出现在 MFF$_n$=1 这条曲线的下方。

(3)相比之下，白芒河研究区域TN和TP的初期效应比福田河研究区域的次数要多，冲刷更强烈，主要原因是由于白芒河地处经济特区外，研究区域内存在部分蔬菜耕种，且经济林活动较为普遍，因此N和P元素被施加到土壤的质量比福田河流域研究区域更多，当降雨时，这些人为活动施加到土壤的N和P元素极易被径流冲刷出来，因此更容易出现初期效应。

6.2.2　动态EMC法

6.2.2.1　福田河流域研究区域

图6-2-11至图6-2-15分别统计了福田河流域研究区域16场降雨的各污染指标动态EMC值与降雨时间的对应关系。

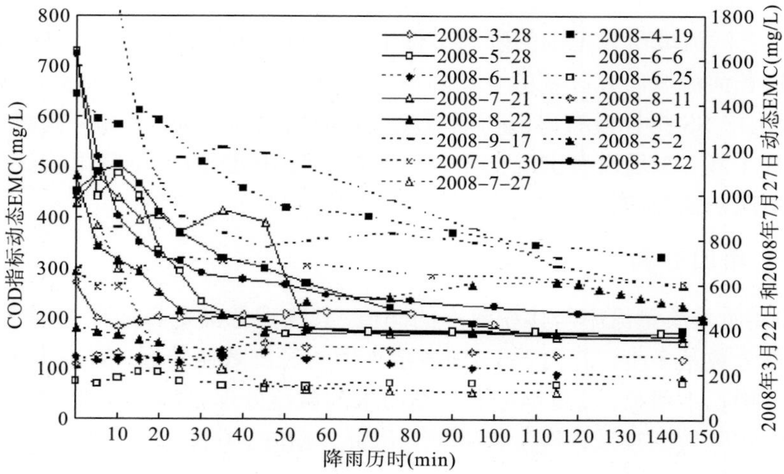

图6-2-11　福田河流域COD指标动态EMC与降雨历时对应曲线

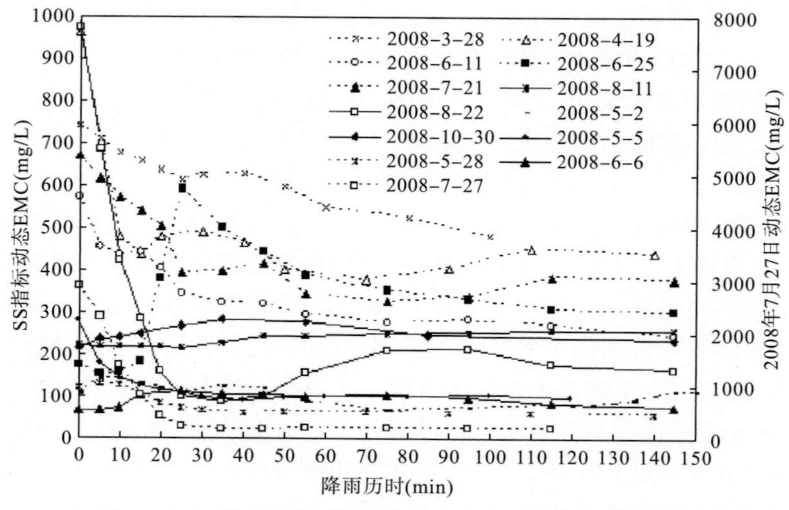

图6-2-12　福田河流域SS指标动态EMC与降雨历时对应曲线

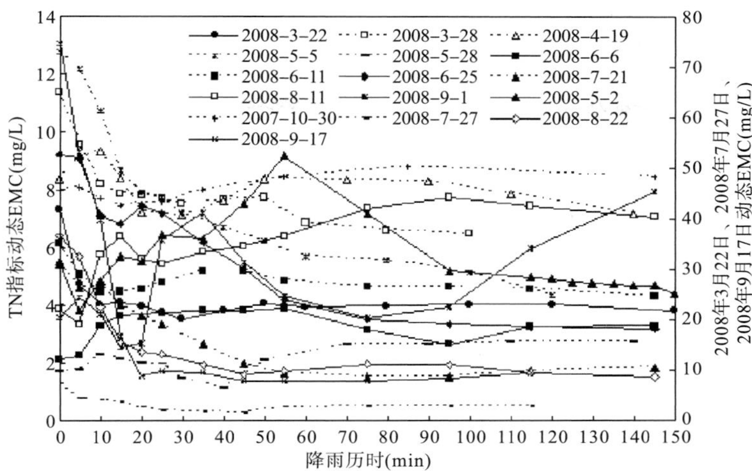

图 6-2-13　福田河流域 TN 指标动态 EMC 与降雨历时对应曲线

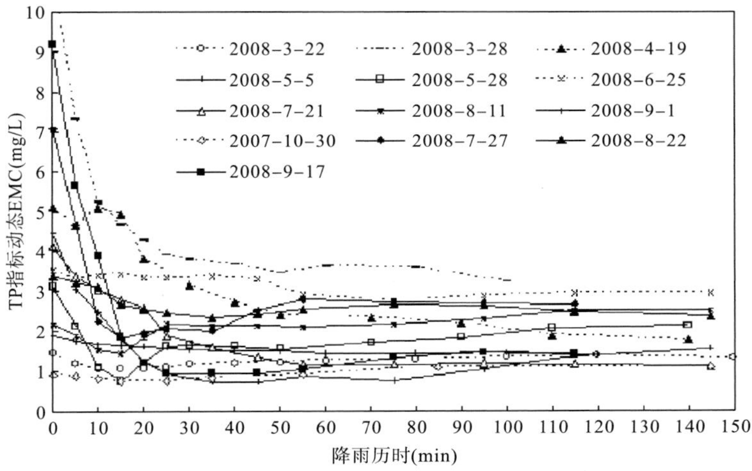

图 6-2-14　福田河流域 TP 指标动态 EMC 与降雨历时对应曲线

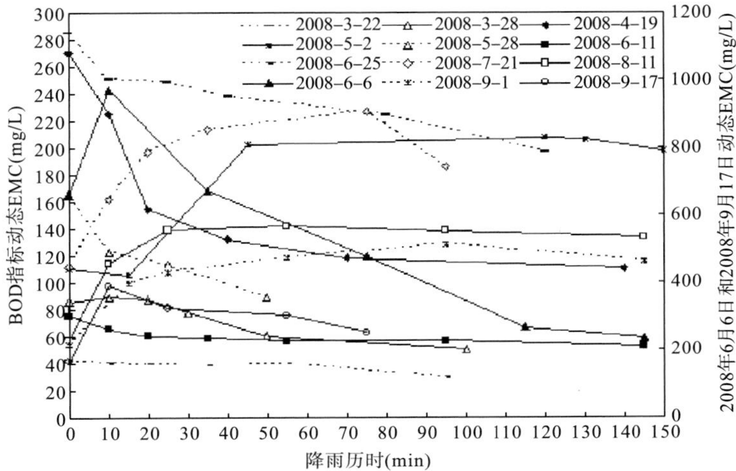

图 6-2-15　福田河流域 BOD 指标动态 EMC 与降雨历时对应曲线

可以看出：福田河流域研究区域 COD 在 16 场降雨中仅有 2 场初期效应很微弱，统计的 12 场降雨中 BOD 指标也仅有 3 场不存在初始冲刷现象，16 场降雨的 SS 指标统计中显示了 4 场不存在初期效应；而对于 TN、TP 两项指标，统计的 16 场降雨中分别有 10 场、11 场不存在初期效应现象。其中，2008 年 5 月 5 日大部分曲线在其 EMC 值下方，因此 COD 没有出现初期效应，只是在后期位于其 EMC 值上方，最后等于其 EMC 值。

降雨时初期效应现象主要存在于 COD、SS、BOD 三项指标中，TN、TP 初期效应出现概率较低。故福田河流域研究范围初期径流污染程度的描述主要参考 COD、SS、BOD 三项污染指标。

6.2.2.2 白芒河流域研究区域

图 6.2-16 至图 6.2-20 分别统计了白芒河流域研究范围 8 场降雨的各污染指标动态 EMC 与径流体积累计率曲线。

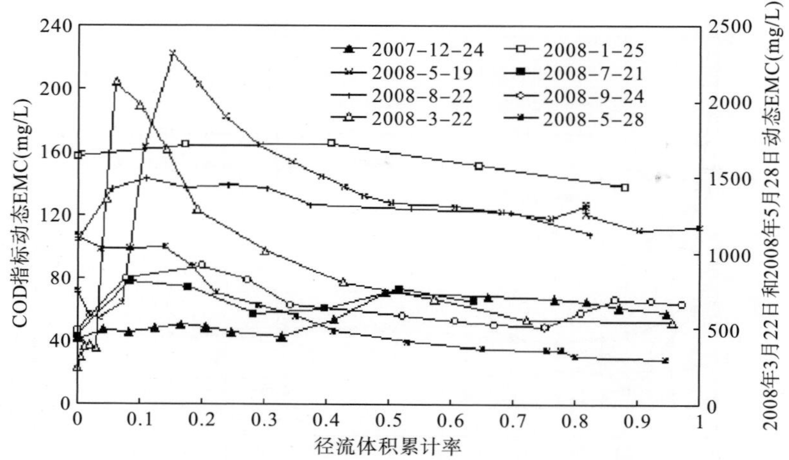

图 6-2-16　白芒河流域 COD 指标动态 EMC 与径流体积累计率曲线

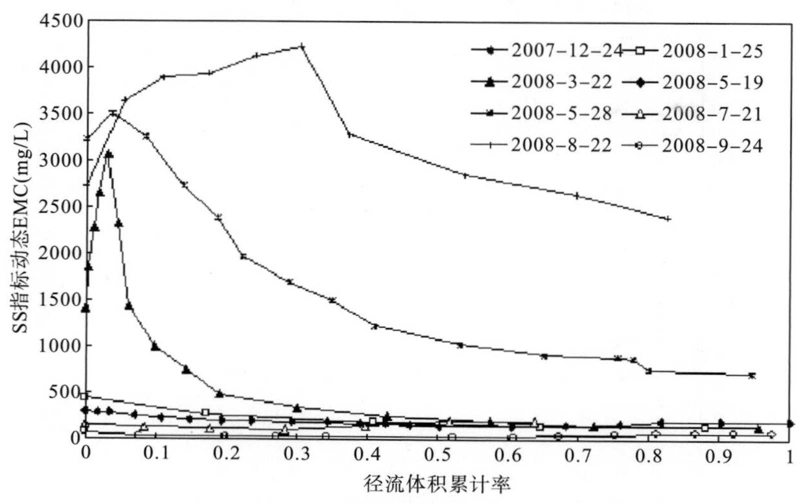

图 6-2-17　白芒河流域 SS 指标动态 EMC 与径流体积累计率曲线

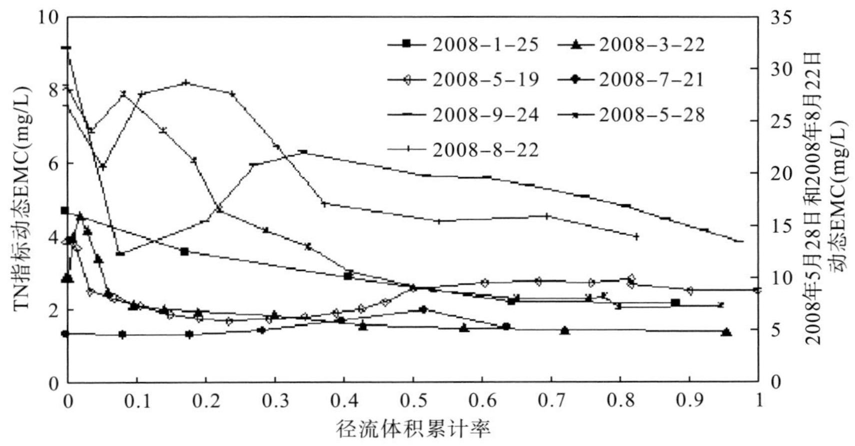

图 6-2-18　白芒河流域 TN 指标动态 EMC 与径流体积累计率曲线

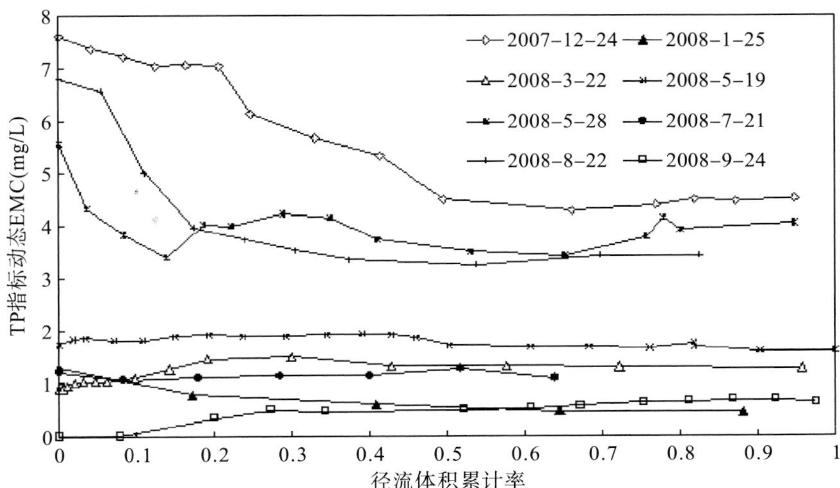

图 6-2-19　白芒河流域 TP 指标动态 EMC 与径流体积累计率曲线

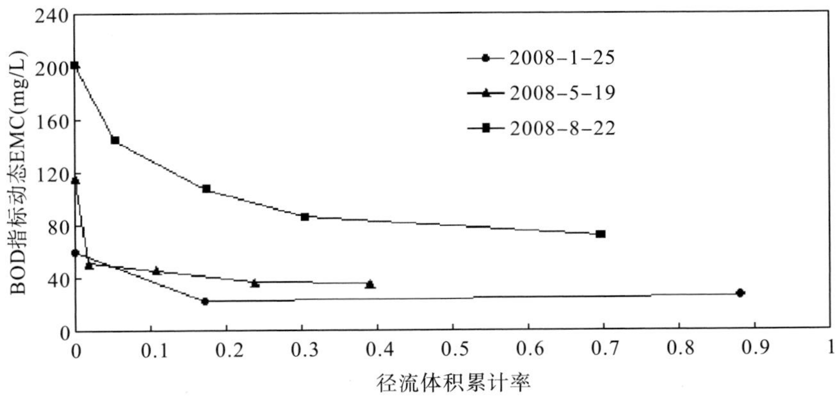

图 6-2-20　白芒河流域 BOD 指标动态 EMC 与径流体积累计率曲线

可见，各指标 8 场降雨的动态 EMC 统计中，COD、SS、TN、TP 没有出现初期效应现象的场次分别各为 1 场，4 场降雨 BOD 有 2 场存在初期效应，各项指标均存在较明显初期效应。

6.2.2.3 原因分析

从动态 EMC 的定义可知，动态 EMC 主要是从浓度和采样时间这两个角度来反映初期效应，相当于放大了浓度以更加充分显示径流初期浓度变化带来的冲刷效应，而且到径流结束时，动态 EMC 的值等于 1，即动态 EMC 值最终趋于 EMC 值。

动态 EMC 值可以判断初期效应的时间界线，在实际截流中具有时间控制的特点，比如，图 6-2-13 中 2008 年 4 月 19 日发生初期效应的时间界线是 18 分钟，而 2008 年 3 月 22 日发生初期效应的时间界线是 30 分钟。

前面第 4 章污染过程线分析中已经较为详细分析了浓度随时间变化规律及产生原因，因此这些原因可以解释初期效应，同时，6.2.1.3 中分析的原因也同样可以用于此。

由第 4 章污染过程线可知，TN 和 TP 的浓度变化较为凌乱，但总体趋势是其浓度变化幅度较小，因此导致其污染负荷输出较为平缓，也就导致动态 EMC 曲线会出现在 EMC 值曲线的下方，也就说明不存在初期效应。

影响初期效应的因素较多，但较为重要的是降雨强度、排水系统条件、人为活动、降雨前期干天气等。从研究区域初期效应结果可以得知，降雨强度越大、人为活动影响越强、降雨前期干天气越长，初期效应越明显。

从降雨前期干天气来看，对于降雨频繁的雨季来说，降雨强度比降雨前期干天气的影响更大，比如福田河研究区域 16 场降雨中仅有 2～3 场的 COD 和 SS 才没有出现初期效应，2008 年 3 月 22 日的降雨前期干天气最长(56d)，虽然也表现出强烈的初期效应，但对于降雨前期干天气较为常见的 4～9d，甚至是 1～2d 的降雨场次来说，初期效应也非常明显，说明在深圳市的初期效应在雨季还是非常明显的。

综上所述，对初期效应采用两种较新的方法(MFF_n 法和动态 EMC 法)得到的结论是一致的：福田河流域研究区域以 COD、SS、BOD 三项为主且初期效应较明显，TN、TP 两项指标出现初期效应现象的概率很低；白芒河流域研究范围的降雨事件中，COD、SS、BOD、TN、TP 均有明显初期效应现象。这两种方法可以定量化污染物去除率，从而可根据需要截流去污。

6.3 初期雨水截流

由前面相关内容可知，研究区域主要污染物为 SS 和 COD，而且 COD 总量控制指标，因此初期雨水截流研究主要讨论 SS 和 COD 这两个指标。

从第 3 章可知，在降雨初期(径流形成后的前 30min)污染物浓度相当大，比后期(径流形成 30min 以后直至径流结束)污染物浓度高得多。3 个点位的实测资料(表 6-3-1、表 6-3-2)显示，降雨过程前 30～45min 时段内径流所携带的污染物占整场降雨携带污染量的 48%以上，此后污染物浓度变化逐渐趋于平缓并最终在某一稳定值上下波动。

表 6-3-1　SS 浓度分期汇总表　　（单位：mg/L）

采样点	初期			后期		
	高值	低值	平均值	高值	低值	平均值
福田河流域研究范围	11206	12	1026	1414	2	427
新洲河流域研究范围	8048	40	833	1562	44	570
白芒河流域研究范围	4546	20	969	2322	4	271

表 6-3-2　COD 浓度分期汇总表　　（单位：mg/L）

采样点	初期			后期		
	高值	低值	平均值	高值	低值	平均值
福田河流域研究范围	1586.0	40.0	360.0	638.0	6.7	194.0
新洲河流域研究范围	1550.0	6.7	265.0	158.7	60.0	117.6
白芒河流域研究范围	2791.0	26.7	310.0	456.0	13.3	113.0

表 6-3-3 列出了 2008 年 3 月 22 日这一场降雨前 30%的径流污染的浓度与深圳罗芳污水处理进水水质的比较，以及同等量下达到污水厂出水标准二者需去除的污染物质量的比较。与普通生活污水比较，其污染也是十分严重的。就质量而言(同等水量下)，其所携带的污染物达到普通生活污水的两倍以上，这主要由初期径流携带的大量地表及雨水管道冲刷污染物所导致。表 6-3-1、表 6-3-2 和表 6-3-3 中的浓度数据显示，初期雨水污染峰值甚至是点源污染的 4 倍以上，这部分重度污染雨水的直接排放将对受纳水体造成比点源污染更为严重的冲击，因此对这部分雨水所形成径流的截流和处理十分必要。

根据国内外经验，深圳市对市区内多条河流和库区进行截流的办法，收到了一定的成效。其中对于初期雨水的截流，大部分采用以截流倍数经验值确定设计规模的做法，这主要针对于合流制排水系统。而对于雨源型河流流域内的分流制系统，对于混流制体系只能截流少量漏失污水时，这种以经验截流倍数作为设计参数的做法便不再适合。因此，在初期雨水的截流上，首先要考虑的是所针对的排水体制。根据深圳的排水现状，本研究采用以分析旱季雨水系统内污水漏入量和由初期雨水污染规律分析所确定的初期雨水截流参数考虑截流的研究方法。

表 6-3-3　初期径流与生活污水浓度及达标需去除污染物质量比较

前期 30%雨水量(m^3)	项目	前期径流与生活污水浓度比较(mg/L)			达污水厂出水标准需去除污染物总质量比较(kg)	
		径流浓度范围	径流平均浓度	污水厂进水水质	初期径流	同等量的过活污水
2126.2397	COD	198～1541	702	300	1266.63	510.29
	BOD	2101～325	250	150	726.68	276.41
	SS	1316～11206	3256	250	6966.52	489.04

注：污水厂出水标准为 COD≤60mg/L、BOD≤20mg/L、SS≤20mg/L。

6.3.1 定量化初期雨水污染物质量去除率

根据式(6-1)、式(6-2)、式(6-3)可知，在径流累积过程中，污染物质量的累积百分率能够被计算出来，也就是说这两种方法可以定量化污染物的去除率，即当需要去除的径流的体积被确定的时候，就可以得知该径流体积中所含污染物质量百分比，这对径流污染控制十分有利，可以指导径流的截污。

从前面 MFF_n 和动态 EMC 两种方法的曲线可以得知，这两种方法可以定量化污染物的去除率和需要截流的径流体积，当需要去掉一定百分比的污染物时，就需要定量化去除一定的径流体积。同时，污染物质量累计率和径流累计率存在一定的数序关系，因而可以根据污染物去除率来确定去除的径流体积，也可以根据去除的径流体积，得知污染物的去除率。

若以此径流体积累计率为初期雨水截流率，则所对应的污染物质量累计率则为初期雨水污染物质量截流率。对福田河研究区域 17 场降雨中较典型降雨时的 COD、SS、BOD 三项指标的径流体积累计率和质量累计率进行统计，利用回归分析，对质量累计率进行拟合，拟合结果见表 6-3-4 和图 6-3-1。

表 6-3-4 福田河研究区域质量累计率对应的径流体积累计率回归拟合值

指标	拟合关系											
COD	回归关系：$M_t/M=-0.8698\times(V_t/V)^2+1.8664\times(V_t/V)-0.0055$ $R^2=0.9845$											
	V_t/V	0	0.1	0.2	0.3	0.4	0.5	0.6	0.7	0.8	0.9	1.0
	M_t/M(%)	0	17.2	33.3	47.6	60.2	71.0	80.1	87.5	93.1	97.0	100.0
SS	回归关系：$M_t/M=-0.9101\times(V_t/V)^2+1.8829\times(V_t/V)+0.01$ $R^2=0.9523$											
	V_t/V	0	0.1	0.2	0.3	0.4	0.5	0.6	0.7	0.8	0.9	1.0
	M_t/M(%)	0	15.1	29.0	41.8	53.5	64.1	73.5	81.9	89.1	95.3	100.0
BOD	回归关系：$M_t/M=-0.5556\times(V_t/V)^2+1.5575\times(V_t/V)+0.001$ $R^2=0.9942$											
	V_t/V	0	0.1	0.2	0.3	0.4	0.5	0.6	0.7	0.8	0.9	1.0
	M_t/M(%)	0	19.2	35.1	49.3	61.7	72.2	81.0	88.1	93.3	96.8	100.0

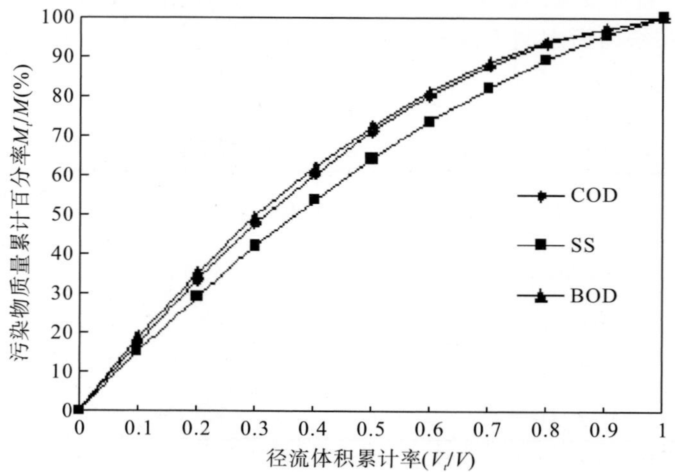

图 6-3-1 福田河研究区域污染物质量累计百分比与径流体积累计率曲线

可见，对于 COD 指标，其径流累计率范围为 30%～40%时，所对应的质量累计率范围为 47.6%～60.2%，即初期雨水截流率为 30%～40%范围时，其 COD 污染物质量去除率为 47.6%～60.2%。对于 SS 污染指标，初期雨水截流率为 30%～40%范围时，其 SS 污染物质量去除率为 41.8%～53.5%。对于 BOD 污染指标，初期雨水截流率为 30%～40%范围时，其 BOD 污染物质量去除率为 49.3%～61.7%。

同样，对白芒河研究区域进行拟合，拟合结果见表 6-3-5 和图 6-3-2，可见：初期雨水截流率范围为 30%～40%时，COD、SS 和 BOD 对应污染物质量去除率分别为 45.0%～56.7%、50.5%～61.7%和 73.3%～80.8%。

M_t/M 为污染物质量截流率时，V_t/V 大于 0.4 范围内，质量截流率增长较缓慢，质量截流率与体积截流率的比值有所下降，如增大 10%的体积截流率，污染物质量截流率仅近似线性增加 12%，其比值 1.2 明显低于 V_t/V 小于 0.4 时的比值，使得其经济性降低。而 V_t/V 小于 0.3 范围内，增大 V_t/V 对增大截流率有很好的效果。

表 6-3-5 白芒河研究区域质量累计率对应的径流体积累计率的拟合值

指标	拟合关系											
COD	回归关系：$M_t/M = -0.63\times(V_t/V)^2+1.61\times(V_t/V)+0.024$ $R^2=0.91$											
	V_t/V	0	0.1	0.2	0.3	0.4	0.5	0.6	0.7	0.8	0.9	1.0
	M_t/M(%)	0	17.9	32.1	45.0	56.7	67.2	76.3	84.2	90.9	96.3	100.0
SS	回归关系：$M_t/M = -89.545\times(V_t/V)^2+182.19\times(V_t/V)+4.6145$ $R^2=0.9933$											
	V_t/V	0	0.1	0.2	0.3	0.4	0.5	0.6	0.7	0.8	0.9	1.0
	M_t/M(%)	0	27.2	40.0	50.5	61.7	72.2	81.0	88.1	93.3	96.8	100.0
BOD	回归关系：$M_t/M = -67.832\times(V_t/V)^2+166.74\times(V_t/V)+0.9706$ $R^2=0.9998$											
	V_t/V	0	0.1	0.2	0.3	0.4	0.5	0.6	0.7	0.8	0.9	1.0
	M_t/M(%)	0	47.3	63.0	73.3	80.8	86.5	90.9	94.4	97.2	99.3	100.0

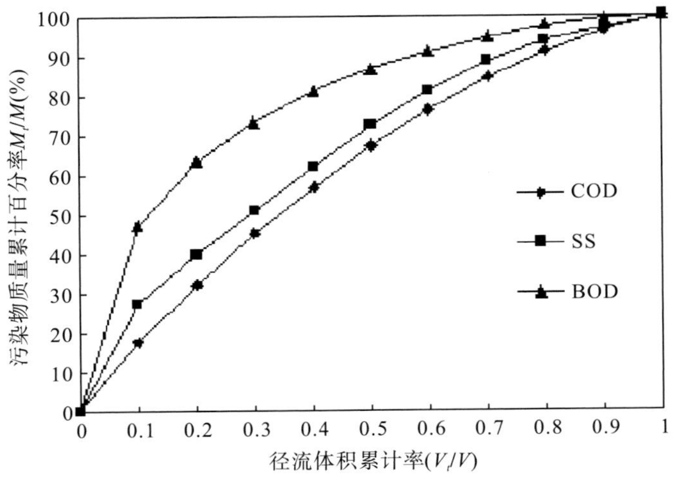

图 6-3-2 白芒河研究区域污染物质量累计百分比与径流体积累计率曲线

由于深圳降雨量较大，增加截流率会导致用地和造价增加，因此控制截流体积有利于取得较好的环境和经济效果。可见，从30%～40%的降雨径流量所携带的污染物质量累计比率看，实施初期雨水截流对降雨时非点源污染量的削减是有效和经济的，即对场次降雨径流量实施30%～40%截流是合适的。

而Qin等(2010)以深圳市石岩水库6个子流域为例，分析了快速城市化集水区对暴雨径流污染时空变化及与土地使用的关系：以2007～2009年4场暴雨事件为例，IHACRES和指数型污染物冲刷模拟模型用内插值法处理数据是不充分的，3个指标(EPL、EMC、FF_{50}被用于描述每个子流域在暴雨事件期间的不同污染物的径流污染，径流污染空间变化与土地使用模式采用Sperman相关性分析；初期冲刷强度(FF_{50})随不透水土地面积变化而变化，不同子流域初期径流的截流率应该与该子流域相适应。可见，本次研究提出的降雨径流量实施30%～40%截流还是比较经济和合适的。

6.3.2 初期雨水及截流时间

结合上述分析，可以认为占径流总量30%～40%的前期径流是由初期雨水所导致，因此初期雨水截流时间是从排水口形成径流开始计算的时间。对研究期间多场降雨前期径流量累计体积比率与对应时间进行统计，由于受众多因素诸如降雨强度、汇水面性质等的影响，达到30%的累计径流量的对应时间为从采样开始至21～32min，达到40%的累计径流量的对应时间为从采样开始至28～45min。通过加权计算，达到30%～40%累计径流量所对应加权平均时间为27～38min。

因此，深圳市研究区初期雨水可以界定为：在一定的区域范围内，自排水渠径流出现后27～38min时段的前期径流(占径流总量30%～40%)携带了占整场降雨污染负荷48%以上的污染物量，将导致这27～38min(不考虑汇水时间)内径流量形成的对应降雨量确定为初期雨水。

6.3.3 初期雨水降雨历时和初期雨水截流量

6.3.3.1 初期雨水降雨历时

雨水管渠的设计降雨历时，应按式(6-4)计算：

$$t = t_1 + mt_2 \tag{6-4}$$

式中，t——降雨历时，min；

t_1——汇水面汇水时间，min，视距离长短、地形坡度和地面铺盖情况而定，一般采用5～10min；

m——折减系数，取m=1；

t_2——管渠内雨水流行时间，min。

从径流形成开始起，占总量30%～40%的径流所对应的截流时间范围为27～38min(为管渠内雨水流行时间 t_2)，这是没有考虑汇水时间的范围。根据有关标准，认为降雨开始到雨水汇流时间范围为5～10min，则对应30%的径流体积累计率时，降雨历时范围为32～

37min，平均 35min；对应 40%的径流体积累计率时，则降雨历时范围为 43～48min，平均 45min。因此，考虑汇水时间，降雨历时范围为 35～45min。若降雨初期降雨强度很小且时间也很长，可以根据实际情况适当增加降雨历时。

因此，若降雨初期降雨强度较大，在考虑降雨汇水时间的基础上，并考虑处理径流量的前 30%～40%时，截流时间范围可以取 35～45min。若降雨初期降雨强度小，在考虑降雨汇水时间的基础上，并考虑处理径流量的前 30%～40%时，降雨历时范围在此基础上可以根据实际情况适当增加截流时间。

6.3.3.2　初期雨水截流量

按《深圳市民用建筑设计技术要求与规定》(1999)中调整后的暴雨强度公式(6-5)，可以算出初期降雨强度。表 6-3-6 列出了不同重现期的 1h 降雨强度及 2h 降雨量。

$$q=\frac{998.0002(1+0.568\lg T)}{(t+1.983)^{0.465}} \tag{6-5}$$

式中，q——降雨强度，L/(s·hm²)；

T——降雨点历时，min；

t——实际降雨历时，min。

表 6-3-6　深圳市不同降雨强度下的 1h 降雨强度和 2h 降雨量

降雨频率	1h 降雨强度［L/(s·hm²)］	2h 降雨量(mm)
0.25 年一遇	70.35	50.65
0.50 年一遇	88.63	63.81
1.00 年一遇	106.91	76.97
2.00 年一遇	125.19	90.13
3.00 年一遇	135.88	97.83
4.00 年一遇	143.46	103.29
5.00 年一遇	149.35	107.53

深圳市的降雨主要以峰面雨为主，按 Keifer 和 Chu 提出的芝加哥雨型进行降雨时程分配，与深圳暴雨强度公式结合的雨强过程分配按公式(6-6)计算，表 6-3-6 为不同降雨强度下 2h 降雨量的时程分布情况。

$$\begin{cases} i(t)=\dfrac{998.0002(1+0.568\lg P)}{\left(\dfrac{rT-t}{r}+1.983\right)^{0.465}}\left[1-\dfrac{0.465(rT-t)}{rT-t+1.983}\right] & 0\leqslant t\leqslant rT \\ i(t)=\dfrac{998.0002(1+0.568\lg P)}{\left(\dfrac{t-rT}{1-r}+1.983\right)^{0.465}}\left[1-\dfrac{0.465(t-rT)}{t-rT+1.983(1-r)}\right] & rT\leqslant t\leqslant T \\ i(t)=0 & t>T \end{cases} \tag{6-6}$$

式中，$i(t)$——瞬时雨强；

t——实际降雨历时，此处为截流时间；

r——雨峰相对位置，取值为0.35～0.45；

P——降雨重现期；

T——降雨总历时。

按表6-3-6的计算结果，统计35～45min所对应的累计雨量即为相应重现期下初期雨水设计截流量，见表6-3-7。

表6-3-7 不同重现期下截流时所对应累计降雨量(r=0.4)

截流时间(min)	0.25年一遇雨强(mm)	0.5年一遇雨强(mm)	1年一遇雨强(mm)	2年一遇雨强(mm)	5年一遇雨强(mm)
35	10.50	13.23	15.96	18.69	22.29
45	16.84	21.21	25.59	29.96	35.74

根据所确定的初期雨水截流时间35～45min，初期雨水降雨径流总量按式(6-7)计算，其中工程用地汇水面积按水平投影面积计算，与形状和坡度无关。

$$W=10\Psi_C\times h_y\times F \tag{6-7}$$

式中，F——汇水面积，hm^2；

W——初期径流截流总量，m^3；

Ψ_C——暴雨量径流系数，见表6-3-8、表6-3-9和表6-3-10；

h_y——截流时所对应降雨量，mm。

表6-3-8 径流系数表1

地面种类	暴雨量径流系数Ψ_C	暴雨量径流系数Ψ_C	
		雨水利用前	雨水利用后
硬屋面、没铺石子的平屋面、沥青屋面	0.80～0.90	1.00	0.30
铺石子的平屋面	0.60～0.70	0.80	0.30
绿化屋面(精细型)	0.40	0.50	
绿化屋面(粗放型)	0.60	0.70	
混凝土和沥青路面	0.80～0.90	0.90	0.30
块石等铺砌路面	0.50～0.60	0.70	0.30
干砌砖、石及碎石路面	0.40	0.50	
非铺砌的土路面	0.30	0.40	
绿地	0.15	0.25	0.25
水面	1.00	1.00	0.30
地下室覆土绿地(≥50cm)	0.15	0.25	0.25

注：ψ_C的下限值为年均系数，上限值为次降雨系数(雨量30mm左右)。

表 6-3-9　径流系数表 2

地面种类	Ψ_c
各种屋面、混凝土或沥青路面	0.85～0.95
大块石铺砌路面或沥青表面处理的碎石路面	0.55～0.65
级配碎石路面	0.40～0.50
干砌砖石或碎石路面	0.35～0.40
非铺砌土路面	0.25～0.35
公园或绿地	0.10～0.20

表 6-3-10　综合径流系数

区域情况	Ψ_c
城市建筑密集区	0.60～0.85
城市建筑较密集区	0.45～0.60
城市建筑稀疏区	0.20～0.45

潘国庆(2008)指出，当重现期大于 0.5 年时，污染物的流失量增长缓慢，过度地提高初期雨水的截流处理设施的设计重现期将导致设施规模过大，设施的实际效率较低、经济性变差。因此在重现期的选择上，不建议考虑大重现期，研究区域不同重现期下初期雨水设计截流降雨量见表 6-3-7。对深圳市 3 个研究区域降雨资料的统计表明，初期雨水截流和处理设施设计重现期取 1 年可满足，因此建议重现期按 1 年考虑。

根据公式(6-6)，可以分别计算得到 3 个研究区域的初期雨水的截流量，见表 6-3-11。

表 6-3-11　根据式(6-6)计算的初期雨水截流量

研究区域	面积(hm^2)	径流系数	初期雨水截流量(m^3)
福田河研究区域	114.18	0.69	12573.96～20160.88
新洲河研究区域	8.38	0.86	1150.20～1844.22
白芒河研究区域	75.18	0.73	8759.07～14044.15

福田河流域、新洲河流域、白芒河流域的平均综合径流系数分别为 0.69、0.86、0.73，则福田河流域、新洲河流域、白芒河流域 1 年一遇的 2h 降雨截流时间为 35～45min 对应的初期雨水的截流量分别为：12573.96～20160.88 m^3、1150.20～1844.22 m^3、8759.07～14044.15 m^3。

对初雨水的截流，还需要考虑如下几个方面的问题。

(1) 在有条件的地区或旧城、旧村、污染较重的小流域河流，可采用 1 年一遇，而建筑和人口密度较低的地区，宜采用 0.5 年一遇，甚至 0.33 年一遇重现期。

(2) 截流时间的概念。对小区而言，降雨量 5～10mm 可作为初雨水；对流域而言，汇水面积和流行时间较长，初期雨水的概念应以初期效应来分析。

(3) 要考虑经济性，当截流量增加后，或截流时间达 30～40min 后，截流量将增加很大，并不经济。

(4) 对规范的理解。要引入截流时间的界定，如建筑小区规范、室外排水规范等，要因地制宜地确定。如对于深圳市雨水利用规范，30～45min 汇水可用毫米计初雨水，当汇水大于 30～45min 后，用时间概念，如果一条河汇水时间过长，下游初雨水已过，上游可能才到达。

下篇　滨海城市地表径流污染控制方法与实践

第 7 章　城市非感潮河流区域径流污染截流控制方法与实践

7.1　截污工程概述

7.1.1　截污工程概述

20 世纪 60 年代的美国，合流制管道系统为超过一半的城市人口服务，但是合流制管道系统的溢流污水造成了水污染难题，急切需要解决措施去控制这些溢流污水，以达到排放水质标准和利用水的使用，通过洛杉矶的合流制溢流的水质和水量特征，可确定其他城市的废水排放，从而可评价溢流污水进入水体后引发的污染效应，最后可以评价控制和(或)处理措施达到水质目标的可行性，并在实验室对示范点溢流污水的处理过程进行评估，这些实验促使了后来开展污水的截流研究。20 世纪 70 年代，通过质量平衡分析开展了对进入污水处理厂合流制管道系统中径流和污水的水质变化。20 世纪 80 年代，开始了对合流制溢流及其城市暴雨非点源径流的有关微生物及其指示生物的探索和评价。

1991 年，欧盟城市污水处理指导委员会认为，在大雨下产生的所有溢流污水，不可能全部被污水系统和废水处理设施处理掉，但是，混流污水含有相当数量的污染物，如固体颗粒物、细颗粒和溶解态的污染物，需要在污水系统(用于随后的处理)对这些污染物进行优化滞留处理，即需要定义流入水体可接受的污水溢流频率、污水流量和溢流时间段，这促使了后来的污水截流工程的快速发展。1997 年，一个新的基于实时控制的城市排水系统模拟工具，评价了用一个截流管道去减少磷和氨氮的污染，可以减少 48%的总磷和 51%的氨氮。1998 年，人工芦苇床湿地被用来处理合流制溢流污水，有一定的处理效果。1999 年，在加拿大魁北克省实施了一个全局优化控制系统用于魁北克城市社区的污水管网系统，通过 3 年的实时操作，实现了获得实时的污水溢流到河流中的流量和频率，为实施污水截流提供了数据；后来，其运行的 4285 个溢流数据被用来分析污水溢流频率和降雨特征的相关性，并可以用降雨阈值的简单模型来预测污水溢流频率，能预测 91.3%的溢流情况。人类活动产生的有机污染物通过合流制系统污水溢流对美国波士顿港口的水质产生了一定的影响。同时，城市暴雨径流(大降雨事件)造成污水管道溢流，从而较为严重地影响了接受水体的水质。

城市给排水的截污体系分为两种，一种是分流式截污排水体系，另外一种是截流式截污合流系统。

分流式截污排水体系是从两套或是两套以上分别独立存在的沟道内将雨水及污水各

自截污排除。按照各不相同的雨水排除方法，分流式截污排水体系可合理划分为半分流截污排水体系、完全分流截污排水体系以及不完全分流截污排水体系。

截流式截污合流系统在一套相同的沟道内将雨水、生活污水与工业废水等相结合进行统一截流排除。过去老城市均采用传统排水体系实施排水，该体系仅是把各类污水结合在一起，并未做相应的处理与运用，就直接将这些污水排入水体，严重污染了水体。近年来，随着老城市的不断深入改造，在传统排水体系的条件下，顺着水体岸边做截流干沟的加建，把溢流井安装在原干沟与截流干沟之间的连接处上，同时在干沟末端设置一个污水厂，逐步转变成截流式截污合流系统。

截污管的设置应与城市、交通、雨水、污水等各项规划相结合，同时要全面考虑到治污与治河之间的关系、治河与景观之间的关系，以便统一建设。设置截污管时，必须要根据实际状况，结合各项规划标准，尽可能顺着河道堤路进行设置，以降低征地率和拆迁率，节约建设投资成本。定线准确是科学设计截污管道体系的关键因素，做定线工作时应严格遵守以下几点原则：①尽量在埋深小与管线短的条件下，使最大范围的污水可以自行排出；②结合城市各项规划，做竖向设计时要充分考虑到管线的综合；③尽可能减少占地和拆迁；④尽量少设置中途泵站和倒虹管，以减少运行费用以及工程投资费用，进一步降低日常管理与维护的难度，最终达到保证管道运行通畅的目的。

在污水管网系统中，主要的排污方式有合流制排水及雨污分流制排水，通过设置截流设施达到截排的目的，截流设施有：①截流井，在截流系统的设计中截流井的设计至关重要，它既要保证截流的污水进入截污系统，达到整治水环境的目的，又要保证在大雨时不让超过截流量的雨水进入到截污系统，以防止下游截污管道的实际流量超过设计流量，避免发生污水冒出；②截流堰与提升泵站，截流堰与提升泵站的相互配合，有效地起到了截流排污的作用，使污水在汛期或者旱期都得到了有效地拦截；③调蓄池，利用调蓄池削减排水系统雨天出流的污染负荷，其运行方式是暴雨期间收集初期出流雨水，降雨停止后再将所存储的雨水输送至下游管渠或污水处理厂。

截污工程的有关主要研究成果，总结如下。

1. 有关截污的特征和规律

相关特征和规律主要包括：溢流污水的水量变化；水力变化；污染物迁移、转化、降解规律；有毒污染物的影响；污水溢流频率；污水溢流时间；污水溢流处理控制；溢流污水微生物变化规律；溢流运行管理；溢流的预警管理；溢流污水储存与滞留；水力-环境的有关模拟；溢流污水的人工湿地处理。

这些排水体制的溢流研究为污水截流工程提供了数据和理论支撑。

2. 有关截污工程的政策法规

根据新的《中华人民共和国城乡规划法》，截污工程规划应落实在专项规划的范畴，但它又比污水工程专项规划深入和具体。可以这样理解：污水工程专项规划是在总规划基础上的专项规划，而截污工程规划是在详规基础上的专项规划。截污工程规划必须以污水工程专项为指导，以控制性详细规划为基础。截污工程规划的现状调查及规划方案均应落实到每个地块。

北京市地方标准《雨水控制与利用工程设计规范》(DB 11/685—2013)中，用雨水入渗、雨水调蓄和收集回用三种方式对城市非点源径流进行截污和处理，其中雨水入渗主要为绿地入渗和硬化地面入渗，调蓄排放主要为城市路段道路、下凹桥区、郊区公路、城市广场、地下空间，收集回用主要为雨水弃流、雨水存储、雨水处理，在实际工程建设中，这三种形式可灵活组合。

无锡市出台了《无锡市控源截污规范排水行为长效管理实施办法(试行)》《排水达标区长效管理运行维护工作台账资料的有关规定》，各区政府陆续出台了各自的长效管理办法或实施细则，在具体工作中，落实好长效管理的部门职责、管理机构、养护标准、经费保障等方面要求。分别就基础台账资料、排水设施养护质量执行情况、安全文明作业、社会服务承诺等几个方面进行打分，考核结果作为拨付运行维护经费的主要依据。

3. 截污工程规划、设计与计算

截污工程的规划、设计与计算应考虑以下几个问题。

1)截排流量计算

截排流量常规的计算有两种，其一是按照截流倍数的方法确定截排流量；其二是根据某一频率洪水标准的洪峰流量作为截排流量，将逐年实测的每年一次最大洪峰流量排频计算，求得年最大洪峰流量经验频率曲线，选定某一频率的洪水标准，将此洪峰流量作为截排流量。截排流量的计算还可以根据实际情况进行优化设计，以达到经济、适用的目的。

随着经济的快速发展、城镇化水平的不断提高以及人口的增加，生产、生活所需的供水量和排放的污水量也逐渐增加。污水量的预测分近期和远期，污水量预测需要结合区域相关规划的方向，特别是其中工业污水量容易受到总体规划和宏观调控等多方面的影响，工业产业结构的变化直接关系到污水量的大小，因此，综合考虑这些因素将有助于预测的准确性。截排流量可根据截流倍数进行计算，也可以依照洪峰流量进行计算，也就是把每一年实施检测得出的最大洪峰流量的排放频率进行计算，以获取其经验频率的实际曲线，同时合理选定任意频率下的洪水指标，把这个频率下的洪峰流量当作是截排流量。除此之外，计算截排流量时还可以按照实际情况采取优化设计，有利于经济性与适用性的实现。

基于近期的污水量，按照城市供水量的增长率情况来进行城市后期污水量的推算，接着按照近期城市旱季污水量来进行其近期雨季合流污水量的计算，最后在此基础上再引入截流倍数与合流制比例，进一步进行复核计算。同时，根据排水管排出污水时出管口的流动的物理轨迹，利用自制的简单测量设备测定其相关的参数，利用数学方程解算出污水流出管口时的初速度，再测定管口污水的截面积，进而计算出排水管的全天流量，可为城市截污提供设计依据。

2)明确工程规模

明确城市给排水截污工程的规模，即明确污水截排实际流量的大小，这对于确保水源保护区的污水截排来说具有一定的促进作用。

美国某市对暴雨截流的参与式截流规模为 128.7m^3/km，非参与式截流规模为 59.2m^3/km。

3) 污水截排方法

针对现有排水体制存在的各类问题，提出截流式综合排水体制的理念，该排水体制由内部排水管网系统、沿城市水体两岸敷设的截流干管系统(包括雨水调蓄池)和污水处理厂系统三部分组成，能实现水体污染的有效控制和雨水资源的充分利用，并能在目标约束条件下进行排水系统优化组合。

根据排污口及所服务地块的排水体制情况，本着“远近结合”的原则，因地制宜地选择合理的截污主管道形式可以有效地减少对河道的污染。合理的截污主管道形式既能适应区域现状分流与合流并存的排水体制情况，又便于向未来完全分流制顺利过渡。

河道截污工程是河道综合整治的关键，应在详实掌握排污口具体情况的前提下，统筹分析沿河区域的排水系统，采用沿河截污与区域截污相结合的方法，最大限度地减少污染物入河量。

4) 截流倍数

合流制管网堵截雨水的实际径流流量和干旱时期污水流量之间的比值称为截流倍数。当地环境、经济、文明、气象水文等多方面因素均会直接影响到截流倍数的实际取值。

对武汉市汉阳区某合流制城区，在利用污水厂处理优势的基础上构建滞留塘、湿地等生态工程进行水量、水质的分级截流处理，是控制雨、污合流制城区降雨径流污染的有效途径，建议截污工程的截流倍数(n_0)宜为 2，进一步采取工程措施对截流初期 10～15 mm 的径流进行处理，对降雨径流污染的控制可达到 70%～80%。

5) 截污设计

污水表面的漂浮物控制在美国开始于 1994 年，是美国环保署对混流制的控制策略之一，一定的垂直流速可以截流漂浮物，如在垂直流速为 0.007m/s 时可以截流 80%的漂浮物。水下流挡板可作为一个变化手段去截流混流制中的漂浮物，这个手段能作为溢流池设计的标准，也可用作评价溢流池的效率。无论水下挡板在什么水深的位置，其捕捉漂浮物的能力均随溢流池的水平流速的增加而减少，建议为保证溢流池水下挡板的捕捉效率，其水平流速不大于 0.3 m/s。

老城区截污工程面临的一般问题包括：渠底垃圾、杂草、淤泥堆积，严重影响行洪能力，每年水利部门组织清淤机械进行清淤；排洪渠两侧挡墙年久失修，破旧不堪，且无任何相关资料，存在倒塌的隐患；部分路段排洪渠两侧，民宅紧邻排洪渠，施工空间受限，且施工时破损的挡墙随时会影响两侧房屋；排至排洪渠的排水管由两侧居民自行修建，尺寸、高度等参差不齐等。一些污水系统存在的问题还包括规划设计滞后、综合管理缺乏、建设资金不足、截污漏洞较多、城市治污的联动机制亟待完善、工程实施过程困难重重、截污方式落后等。

给排水管网改造设计原则包括考虑地质条件、摸清地下设施埋设情况、采用先进新型管材、控制投资造价、符合改造规划。河道截污工程对于提高城市景观效应、市民的生活环境质量、城市的投资环境等有着至关重要的作用，可从工程本身对材料、结构、市政规划、景观保护、防洪等几方面考虑，还可结合污水排放管网的特点引入 GIS（如 Mapinfo）软件来解决规划中的问题。至于雨污分流改造设计思路，进行雨污分流改造时首先是踏勘现场，其次是布置测量排水现状，最后分析现状确定设计方案。雨污分流改造设计思路的设计要点：①原有合流立管作为污水立管，通过户线井接入污水检查井，进入污水系统，新建雨水立管并封堵原有合流立管与屋面排水的连接，最大程度地将屋面雨水收集并通过户线井接入雨水检查井，进入雨水系统；②尽量利用原有合流管，改造为污水管，新建雨水管，既可降低工程投资，也可保证原有系统污水进入污水管道，新建的雨水管利用地形，雨水就近分散排入水体，做到管道浅置；③原有排水系统为渠箱的，改造为雨水渠箱，新建污水管；④对已经实施分流的区域内的雨污水管道进行排查，找出混接的节点进行改造，杜绝污水进入雨水管道。

6）截污工程材料选用

排水管的小管径选用 PE 管，大管径选用 PCCP 管，选用这两个管材不仅提高了排水管的安全性和承压性，解决了常见的漏水现象，还提高了管道的使用寿命。近年来针对城市地陷和塑料管刚度不足问题研究制造出了钢纤维活性混凝土管。钢纤维活性混凝土管，一般单节长度为 6m，该管道在混凝土中掺入钢纤维，使得制成的管材的抗压强度、弯折强度和韧性有较大幅度的提高。此外，该管道采用双橡胶圈钢承插式接口型式，由于橡胶圈的作用，管道均能得到“自锁”作用，防止管道接口漏水；管道与管道的直接接口完全是钢板对接，接缝更小、接口更紧密且对接更容易，克服了以往混凝土与混凝土接口或混凝土与钢板接口缝隙过大、对接难以紧密而容易漏水的问题。

4. 截污工程实例

在我国已经完成较多的截污工程，这里仅仅列举部分案例。

在上海，在工程进一步设计与实施过程中，根据多次污染源调查的结果，提出了按水系截污、沿河截污与区域截污相结合、雨水泵站旱流污水截污的 3 项原则，对苏州河 6 支流截污工程进行了优化调整，使截污效果得到大幅度的提高：实际纳管污染源数量由原计划的 820 个增加到 2977 个，实际截除污水量由原计划的 $6.8\times10^4m^3/d$ 增加到 $26\times10^4m^3/d$，6 支流区域的截污率由 22%提高到 86%以上，6 条主要支流的平均污水截除率接近 70%，其他一些主要支流污水截除率也达到 90%以上。上海中小河道基本未设雨污水分流系统，不仅河道自身污染严重，而且当水量较大或汛期时，给苏州河带来极大污染，应必须加快实施中小河道的截污纳管工程，并介绍了长宁区中小河道截污纳管工程的实例。

在深圳，深圳市排水系统是按照雨污分流和集中处理原则建设和管理的。经过 30 年的发展，深圳市在原经济特区内已基本建成了盐田污水支系统、罗芳污水支系统、滨河污水支系统、南山污水支系统和蛇口污水支系统等五大污水收集和处理系统。宝安区、龙岗区、光明新区、坪山新区由于缺乏统一规划和建设，市政基础设施建设相对滞后，仅在中心城区、开发区等规范建设区域建成雨污分流制排水管网，其余大部分地区尚未建设成系统的雨污水分流管网，以合流方式为主，许多地方仍存在污水直排入河现象。在加强管理的同时，实施截污工程措施。为了尽可能提高污水收集率，满足污水处理厂处理能力，尽快显现水污染治理成效，近年来，实施了一批截污工程，使水环境得到了有效改善。深圳市龙岗河二期干流治理工程中的沿河截污工程总体方案、水量分析、截污工程规模分析和具体布置为：与龙岗河一期干流治理工程中已有的截污管道有效衔接，确定了二期工程中的截污箱涵的平面布置采用“左次右主”的方案；同时，从工程衔接、流域水系特征、河岸用地规划、排放口分布及旱季污水流量情况等角度分析，确定了截污箱涵的布置方式；而且，根据干流沿河漏排污水量、支流旱季混流污水量和初(小)雨水量等确定了截污水量，并据此计算了主次截污系统的规模；最后结合整体布置，确定了龙岗河干流整治工程(二期)中沿河截污工程方案。从运营状况看，这种大箱涵截污方法确保了沿线旱季污水的100%截流，加上起始端污水厂深度处理的尾水补水，每年大部分时间截流河段水质明显好转，但由于拦截的上游雨季来水和沿河雨水排放口，雨水收集量远超过箱涵转输能力，雨季河流污染程度与箱涵内的入厂水质几乎一致。又由于无配套调蓄设施，大箱涵混流污水量每天高达几十万立方米，污水厂难以承受雨季冲击负荷。截流入厂污水只能溢流，从而造成污染向下游城市转移，而污水厂雨季处理效率明显降低。

在广州，东濠涌为城区中集污水、雨水排放和防洪排涝功能于一体的合流河涌。东濠涌流域地处建筑物密集的旧城区，截污工程按照远近期相结合的原则设计。涌中上游为合流渠箱，下游为明涌截污，改善了两岸景观；在合流渠箱与明涌截污分界点处设置截污闸，晴天时污水流入两岸截污管，雨天时若截污管的流量大于 2 倍污水量则打开截污闸，合流水直排珠江。低洼地区和涌出口在雨期会受潮水顶托，采用泵排方式。该设计既满足了过流能力，又达到了截污整治的目的。广州市排水系统复杂，截流式合流制的截污工程仍存在一些问题，雨污分流是解决目前排水系统中存在雨污合流、截流、污水溢流和直排等问题的有效方法；进行雨污分流改造，做到踏勘现场，测量和分析排水现状，充分利用现状地形和排水设施，减少工程投资，从而体现治水效益。

5. 运行维护和管理

如何实现城市排水管网的优化运行管理，是我国现阶段城市发展过程中需要思考的重要问题，而近年城市排水管网信息化建设已经成为优化排水系统运行管理的主要技术方向。城市排水管网是城市的重要基础设施，具有污水收集输送的重要职能，在城市的水环境保护中发挥着重要作用。随着近年城市的发展，城市排水管网的安全高效运行越发重要，对城市排水管网运行管理的先进理念和技术经验的需求也日趋迫切。以无锡市城市排水管网的建设运行为例，针对城市排水管网运行管理中的问题，介绍了相应的优化运行策略和实现技术方法，可为城市排水管网技术发展和优化管理提供借鉴。对排水管网的结构信息和运行信息高度集成，是实现排水管网高水平管理优化的前提和基础，也是未来排水管网运行管理优化的主要发展方向，无锡市近年积极规划实施了排水管网物联网工程。通过建立排水管网的物联网系统，可以实现排水管网结构、运行、管理信息的高度集成，实现对排水管网的综合优化运行管理，为实现管网的综合运行状况评估、建立相应的优化运行和预警功能提供很好的平台基础，对管网运行和优化提供支持。在河网地区采用闸门自动控制系统进行截污的技术，将分散的闸门信息远传至中心控制室，根据闸门井内水位、河涌水位、降雨量等信息远程自动或手动控制闸门开关，实现河网地区的污水截流。

7.1.2　截污工程控制策略

根据前面截污工程概述的参考文献，总结提炼和因地制宜提出了滨海城市的截污工程控制城市非点源污染的总体思路，主要的思路(见图 7-1-1)分别如下：

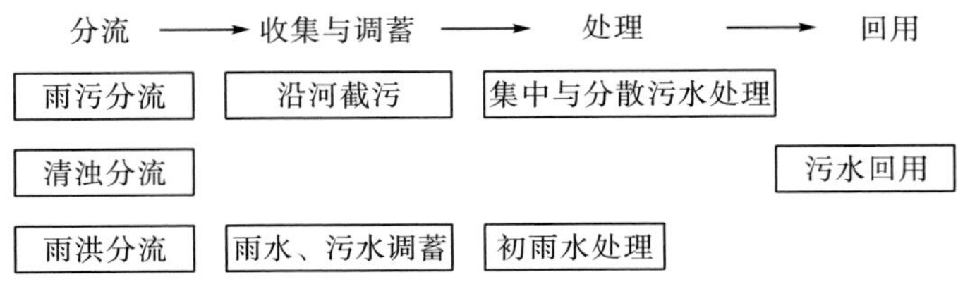

图 7-1-1　滨海城市的截污工程的总体思路

1. 截污工程的政策性

截污工程要与国家、省、地区的各种法律法规以及发展规划相关联，因地制宜，不仅要有整体布局，而且要有局部细化对策。

《中华人民共和国城乡规划法》中，截污工程规划应包括如下五项主要内容：现状污染源调查和分析评价、规划污水量预测、污水干管和泵站的校核、规划收集方案、分期实施计划。截污工程规划的特点主要反映在：首先调查现状及规划方案均落实到地块，这有别于污水专业规划；其次近远期截污率目标与截污计划紧密相扣；各单元及分区截污率均为计划实施到位后的计算截污率；另外，部分地块为达到截污率目标，适当安排沿河截污或自处理等近期过渡措施，远期逐步取消。

随着人口增加、城市化进程的推进，污水的排放量迅速增加，考验着污水管网系统的排水能力，建设一个经济、有效的污水处理系统是当前区域发展的重要任务之一。经过设计方案优化，应节省工程投资，减少因水量少而使系统处于低负荷运行状态的时间，降低电能损耗，运行更加经济，方案更加合理。

2. 不同层次分析论证

以工程可行性研究报告为依据，深化研究截污体系的层次化，按照“滨海城市及流域、集镇和村庄截污、城市及片区截污、河流截污、干渠(管) 截污”五个层次进行分析论证。

3. 截污总体目标与分解

按照滨海城市及流域治理的总体目标，对滨海城市及周边污染进行总量控制和目标控制，布置截污管(渠) 和建设污水处理厂，管渠、厂站的建设规模适度超前，满足将来发展需要，最大限度地削减外源污染负荷。

4. 点源面源污染控制相互结合

滨海城市及流域水系与河道、感潮河段、河口、海湾的治理有机结合，实现截污、防洪排涝功能相结合。

7.2 深圳市截污工程的实践

当前，深圳市乃至全国正如火如荼地开展雨污分流、正本清源排水管网改造，分流制排水体制必然是我国当前及未来首选的排水体制，然而从国内外经验来看，无论是分流制、合流制还是混流制排水体制，对于沿河排放口，必然存在一定的漏失污水直接排入河道，对水体造成一定污染，尤其是旧城区，因改造难度大、雨污分流不彻底等原因，污水直接漏排入河的现象尤为突出。同时，当前由于城市管理及建设等方面的原因，尤其是环卫设施不完善，地面清扫方式落后，导致街道的部分垃圾直接进入雨水系统，造成地表径流污染，污染程度高，地表径流污染物在雨水管或雨水箱涵中沉积，当形成雨水径流时，地表径流污染物必然随初期雨水冲刷至河道，对河道水环境造成严重影响。因此对于雨源型河流，必须要实施沿河截污，这是保障河道水体水环境的必要措施之一。

7.2.1 深圳沿河截污系统建设现状

目前多数城市正按照国家规范要求，新建城区按照雨污分流制排水体制建设，老旧城区逐步改造为分流制排水体制，近期保留截流式排水体制。以深圳市为例，沿河截污系统建设可大致分为两个阶段。

第一阶段，从 2005 年之后，由于水环境的恶化，深圳市陆续建设了部分城市污水处理厂，但是由于配套干管建设不完善，导致污水厂进水均为河道总口所截流的河道混流污水，因此重点针对提高污水厂的污水收集率，逐步开展污水厂配套干管工程的建设，按照截流式合流制排水体制进行设计，沿河配套的污水干管近期按照 2 倍截流倍数进行设计，同时按照远期分流制排水体制下的总污水量进行校核，取两者较大者作为沿河污水干管设计管径。经过一轮的建设，目前深圳市五大支流及大部分的一级支流均按照该思路配套建设了沿河截污干管。

第二阶段，从 2010 年之后，在建设了沿河截污干管之后，污水厂水量得到了一定的保障，但是水环境依然未得到有效的改善，恰逢深圳市部分河道属交接断面达标河道，为国考或省考断面，考核压力大。因此，结合河道综合整治工程，又开始了第二轮沿河截污系统的建设，先后沿观澜河、龙岗河及茅洲河建设沿河截流箱涵，目前正在建设的坪山河也在中上游段建设沿河截流系统。该污水系统定位为截流初期雨水的沿河截流系统，主要是对初期雨水以及漏失污水进一步截污，确保旱季污水不入河。

从深圳市的实践来看，目前沿河建设的两套截污系统，可以有效截流漏失污水，旱季河道水质可以得到有效保障，从而确保河道的水质达标。

7.2.2　排水体制及截污系统的关系论述

对于我国大部分地区尤其是长江流域及珠江流域范围，年降雨量较为丰沛，因此分流制排水体制是必然的选择，对于城市新开发地区应严格按照分流制排水体制进行建设，而老旧城区应逐步改造为分流制排水体制。目前正在开展的雨污分流工程，从实施效果分析，可以理解为“抓大放小”，即大部分地区通过雨污分流管网改造完善，可以实现雨污分流制排水体制，而对于少数老旧城区，受城市更新及实施难度的影响，近期不能完全彻底改造，但远期可以逐步改造为分流制排水体制，因此正本清源雨污分流改造工程是十分必要的，对水环境的改善至关重要。

正本清源工作目前正在推进，且效果显著。但是通过多年的实践发现，即便是城市新建城区，严格按照分流制排水体制建设，依然有少量污水漏排，而且初期雨水地表径流污染对河道水体水质的影响依然不容忽视，因此不但需要坚定不移地推进雨污分流正本清源改造，同时需要更加重视沿河截污系统的完善，以彻底杜绝污水入河，从而全面改善河流水质。因此，目前深圳市的污水系统布局规划修编将深圳市的排水体制确定为截流初期雨水的分流制排水体制，即在建成区实现完全分流制排水体制，同时沿河道两岸布置污水管道，作为分流制系统的污水干管。结合河道综合整治工程，按照截流初期雨水的标准同步布置初期雨水截流系统，结合分散式调蓄池的建设，对沿河岸的雨水排放口进行有效截流，从实施层面看，可以理解为“收浓弃淡”，即收集前期污染浓度高的初期雨水，对于后期的洁净雨水直接溢流至河道，本系统作为水污染控制系统，对河道水质的改善尤为重要。

按照新规划的排水体制，须严格分离分流制污水管道系统及沿河初期雨水截流系统，才能从根本上改善河道水环境。对于原设计按截流倍数为 2 的沿河截污干管，定义为分流制污水干管系统，因此需要完善该截污干管系统，该管道只能承接分流制污水系统的污水，不再对河岸的沿河雨水排放口进行截流。

对于沿河的初期雨水截流系统，主要是承接末端沿河排放口的漏排污水及初期雨水截流任务，理论上说，旱季期间该系统仅承接少量雨水系统的漏排污水；雨季期间，需承接污染浓度较高的初期雨水及漏排污水，雨后转输合流区域污染雨水调蓄池的污染雨水至污水厂。

7.2.3　两套污水系统的功能定位及近远期调度

沿河初期雨水截流系统是对已有污水干管系统的补充和完善，同时通过合理的衔接和调度，在近、远期均能发挥污水及初期雨水收集作用，改善水环境。具体调度方案如下：

(1) 近期合流制、混流制现状下：沿河污水干管系统作为污水处理厂的配套管网，仍然承担部分沿河排污口的截流功能；新建的沿河截流系统作为前者的补漏拾遗和完善，解决上游截流口溢流、漏接雨污混流水及初雨水带来的污染问题。

(2) 中远期实现完全分流制后：沿河污水干管系统为污水处理厂的配套干管，新建截流系统重点解决建成区的初期雨水面源污染问题。

因此，新建初期雨水截流系统和污水干管系统分工各有侧重、互不矛盾，即“近期适度重合、互为补充；远期各司其职、互不矛盾”。在雨污分流正本清源改造工程实施过程中，新建初期雨水截流系统可在短期内有效改善河道水质，也在河道水质达标的压力下，为逐步推进雨污分流制改造赢得了时间。

7.2.4 初期雨水定义

目前，地表径流污染对河道水环境的影响已引起各地水务及规划部门的高度重视，对截流初期雨水的必要性已基本形成共识，但是对于其截流方式及截流规模，因受各地的城市建设水平及地表径流污染程度的差异等方面的影响，尚处于探索和研究论证阶段，未形成统一的结论。

根据对深圳市的地表径流污染研究成果分析，实测资料表明，降雨发生的季节及两场降雨之间的时间间隔等很多因素会影响初期雨水的水质，进而影响初期降雨厚度或持续时间，对于不同汇水面积、不同汇流时间，初雨水时间不恒定。根据对位于深圳市中心区的福田河、新洲河以及西丽水库上游的白芒河等三条河流开展了为期一年的初期雨水污染调查情况分析，经过对 2007～2008 年 30 次降雨的监测和研究，通常初期雨水是指汇流时间 32～48min(径流形成后 27～38min)期间，初期负荷较大的雨水，可将深圳市的初期雨水定义为：初期雨水是在一定的区域范围(深圳)内，径流开始后的前 30min 径流时段携带了较大比例的污染负荷，促使这 30min 内形成的径流量的降雨量称为初期雨水。

7.2.5 水质闸门在工程上应用和实践

1) 沿河截污系统实例分析

暴雨期间，雨水量大且初期效应明显，开始降雨之初的较短时间内对截流干管及下游污水厂的冲击负荷较大，影响管道及污水厂的运行工况，因此需要通过水质闸门进行控制和限流，采取精准截污的方式，只对前期污染浓度较重的初期雨水进行截流。

实施精准截污需重点关注以下几个方面：

(1) 除对漏失污水进行有效的截流外，还应截流初期高浓度的初期雨水；

(2) 以雨水初期效应作为切入点，应分析研究沿河排污口初期雨水的形成过程，并选择初雨水调蓄池位置，合理确定调蓄规模，确保初期雨水不溢流；

(3) 在截流井内加设在线监测设施并设置限流管，通过加设水质闸门限制截流量并有效控制溢流。

根据深圳市坪山河的截污工程实践，坪山河河道沿岸两侧排放口共有 304 个，其尺寸大小为 DN(100mm～2500mm)×2200mm，分布不均，其中 92.1%的排放口集中在中上游河段，中下游段排放口仅有 23 个，约占全河段排放口总数 7.9%。在该河道综合整治过程中，针对排放口分布情况及现状水质的特点，制定有效的截污方案，主要思路如下：

(1) 针对上游河段排污口密集，结合老截污管道系统的布置，新建沿河初雨截流系统，强化截污并收集初期雨水，沿河设置分散式调蓄池，实现对所有污水及初期雨水的有效截污。

坪山河中上游段建成区及排放口较为密集，结合分散式调蓄池设置，方案提出在坪山河中上游段增设初期雨水截流管，对沿河密集排污口进行收集，分段接入调蓄池，均衡水质水量。截污管尺寸按截流排放口并保证初雨水不溢流的规模计算。该工程方案截流管结合河道整治，埋设于岸坡下，便于维护和检修。

根据《室外排水设计规范》GB 50014—2006（2014 年版），对于合流制排水系统的径流污染控制的调蓄池，雨水调蓄池进水时间宜采用 0.5～1h，当合流制排水系统雨天溢流污水水质在单次降雨事件中无明显初期效益时，宜取上限；反之宜取下限。根据对初期效应的研究，坪山河地表径流污染存在明显的初期效益，故调蓄池的进水时间可按 0.5h，即 30min 控制。

因此，本次提出强化截污并考虑分散式调蓄截污方式，按初期雨水 30min 的进水时间控制，在各支流河口新建调蓄池，由于各支流初雨水流行时间基本在 30min 左右，使得截污系统真正收集的是初期雨水。

本方案结合用地情况，提出分别在三洲田水和碧岭水河口、汤坑水河口、赤坳河河口对面、墩子河河口、石溪河河口及下游上洋污水处理厂附近新建调蓄池 6 座，总规模 $22\times10^4\text{m}^3$，各调蓄池进水时间均按 20～40min 考虑控制（图 7-2-1、图 7-2-2）。

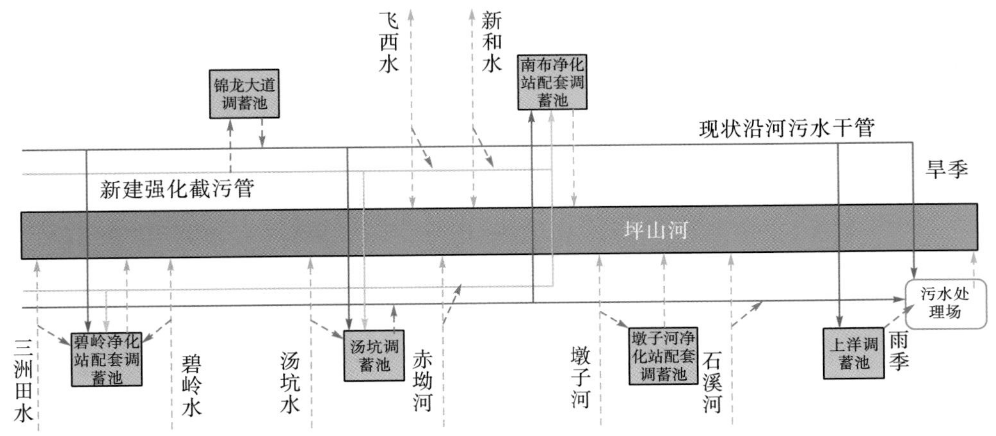

图 7-2-1　优化方案截污系统图

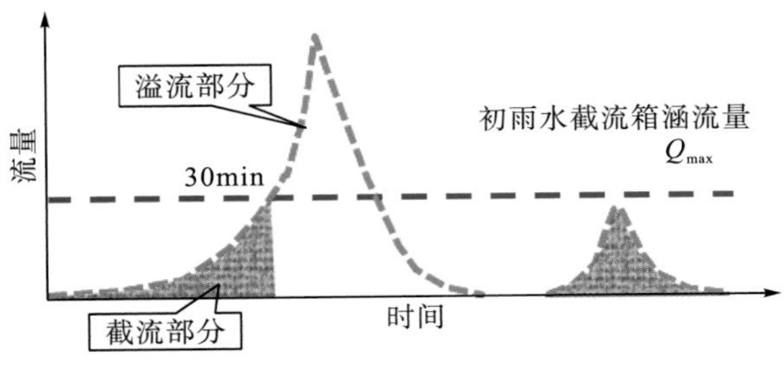

图 7-2-2　优化截污管道截流分析示意图

(2)排污口较少的中下段，采用分散式的海绵体植物滤床，处置初期雨水。中下游段(荔景南路以东)则因分流制排水系统较为完善，沿河排放口较少且基本为雨水排放口，方案提出在各雨水排放口入河前新建海绵城市设施，通过海绵城市设施对初雨水进行截流、下渗、过滤等处理。海绵城市设施面积主要结合一期工程批复用地、法定图则及现状用地条件等因素考虑。

2)水质闸门的应用实例

为确保截流系统为真正意义上的初期雨水，因此需设置水质在线监测设施及闸门，对初期污染浓度较高的混流水进行截流，实现精准截污，确保水质达标。

该工程对于大口径(≥DN400)的排放口，在截流的排放口设置水质闸门(共 118 座)，确保精准截污。

常规排放口闸门多采用靠壁闸，材质有钢制、铸铁、铸铁镶铜等，控制方式有手动或手电两用，开启方式主要是上开式。由于底部容易集淤，上开式闸门关闭不严，易漏水；闸门上方有启闭螺杆，易挂垃圾。

该工程采用闸门仍为沿用多年且运行稳定可靠的靠壁闸，为增强防腐，材质采用不锈钢 304 材质，为确保截污设施与河道整体景观协调，避免截流井上部传统闸门启闭设备影响景观，截流闸门均采用液压驱动，闸门整体和驱动装置都位于截流井侧壁，液压站位于堤防上，不受洪水影响(图 7-2-3)。液压站通过液压油管输送动力至液压缸驱动闸门启闭。

在截流井内，每个截污闸门的安装位置设置一套 SS 在线监测仪，根据各截污口来水情况进行精准控制，具体要求如下：控制要求为可手动式自动，手动时就地操作。

当各调蓄池的液位处于高液位时，闸门关闭，不再进水；水位非高水位时，非雨季则闸门常开，雨季则按 SS 的数据，每隔 5s 采样，取 20 次采样均值，当 SS 均值低于 50mg/L 时，取下降沿置位，关闭阀门。

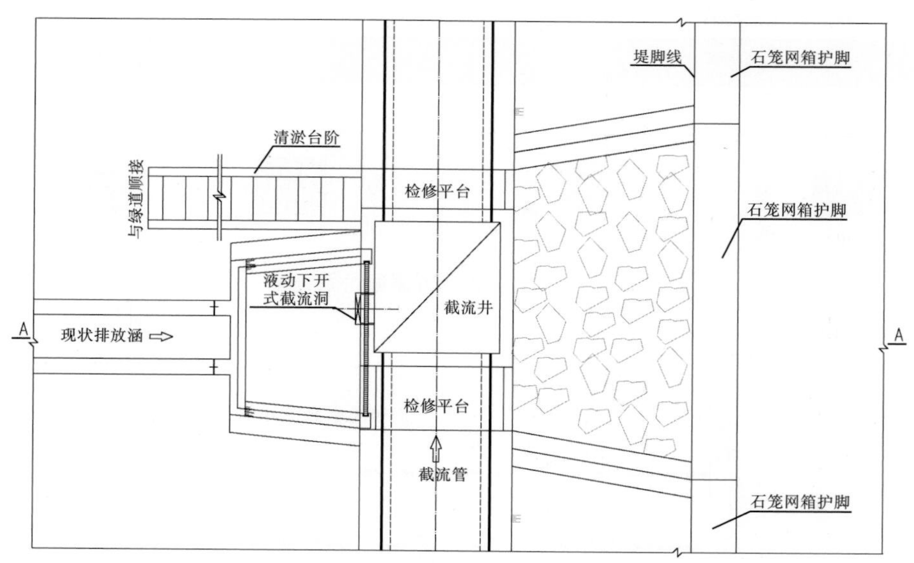

坪山河典型截流井平面图

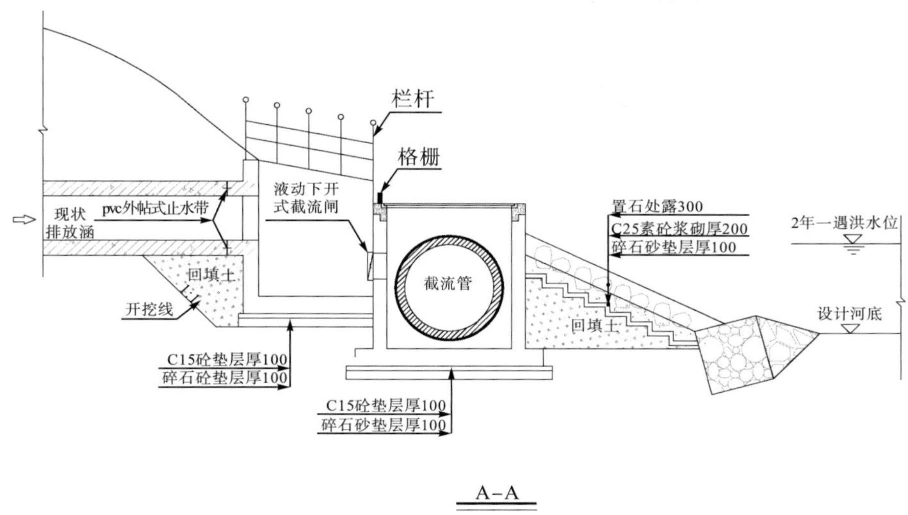

图 7-2-3　下开式液压驱动不锈钢闸门大样图

7.3　初雨水调蓄池方法与实践

7.3.1　初雨水调蓄池概述

雨水调蓄池的设计与布置，主要是为了在降雨过程中，能够有效地削减洪峰流量，控制地面径流所携带面源污染物，储存雨水以便回收综合利用。目前，针对主要实现控制面源污染功能的雨水调蓄池，国内外许多国家都有结合自身情况的不同计算公式，除我国设计规范中推荐的计算公式外，其他应用较多且影响较大的主要为德国、日本和瑞士的计算方法。

1. 初雨水调蓄池的计算

1) 德国关于分流制排水区域计算公式

德国废水协会的 AVT128 标准中，也对分流制体制下用于削减控制面源污染物浓度的雨水调蓄池池体容积大小计算提出了推荐公式：

$$V = 1.5 \times V_{\mathrm{SR}} \times S_{\mathrm{ip}} \tag{7-1}$$

式中，V——设计有效池容，m^3；

V_{SR}——单位面积的调蓄量，取值范围 12～40，一般可取 15～20，$\mathrm{m}^3/\mathrm{hm}^2$；

S_{ip}——产流面积中固化下垫面的面积，hm^2；

1.5——池体容积设计的安全系数。

同时，AVT128 标准中也结合德国当地实际情况对该公式使用条件进行了规定。该公式适用于当年平均降雨量≤800mm，若当年平均降雨量＞800 时，需重新调整，适当扩大池容。

另外，该标准也明确提出，降雨过程中合流制排水系统溢流进入附近水体的污染物总量应尽可能地小，其排放的污染物总量应小于等于该种条件下分流制系统对应的排放量。

国内一些研究学者也曾经探讨德国计算方法在中国范围内的适用性，发现单位面积的调蓄量、安全系数以及公式的适用降水强度等均应当根据中国实际情况进行调整。

2) 日本雨水调蓄池容积设计标准

日本横滨关于雨水调蓄池容积的计算方法见式(7-2)：

$$V = A \times 5\text{mm} \tag{7-2}$$

式中，A——收集面积，hm^2；

5mm——单位面积上雨水的调蓄量。

日本相关设计规程也规定，公式中单位面积的调蓄量应当结合使用地点实际情况，采用水文模型模拟运算。另外，合流制与分流制排水系统排入水体中的污染物总量应基本相当，为达到该目标，要求雨天截流与调蓄设施削减雨水中 65%的 BOD；当单位面积雨水调蓄量上调 1～2mm，截流设施的溢流几率将减少至 50%以下。

3) 中国计算方法

我国室外排水系统设计的指导性规范《室外排水设计规范》(GB 50014—2006) (2014 版) 中，在 4.14.4A 中规定在分流制排水系统中，雨水调蓄池主要用于控制面源污染时，其池体有效容积的计算可采用式(7-3)：

$$V = 10DF\Psi\beta \tag{7-3}$$

式中，V——设计有效池容，m^3；

D——调蓄量，按照降雨量计算，一般取 4～8mm；

F——调蓄池服务汇水面积，hm^2；

B——池容安全系数，一般取值 1.1～1.5；

Ψ——径流系数。

我国计算公式晚于德国和日本，并且在池容计算所需的调蓄量数值时，参考了我国的降雨特征、下垫面平均情况等实际条件。

根据 GB 50014—2006 (2014 版) 中有关该公式的条文说明，同济大学通过对上海部分地区的污染物地面累积以及雨水径流冲刷过程研究分析，发现当降雨量达到 10mm 时，地面径流中所含的污染物浓度已经基本趋于稳定；国内另外一些相关研究还表明降雨量一般控制在 6～8mm 时，就可以削减地面径流中污染物的 60%～80%。因此，GB 50014—2006 中根据我国的基本国情，将调蓄所用的降雨量控制在 4～8mm。

但也需要注意的是，作为一个在工程应用中使用的经验公式，我国设计规范中推荐的用于面源污染控制的分流制雨水调蓄池计算公式同样具有设计参数在建议范围内不宜确定、无法和实际情况联动精确计算的缺点。

将地面集水过程分为片流、浅水集中流、明渠流和雨水调蓄池内停留 4 种状态，分别使用曼宁动力学方法、USDA 方法、曼宁公式法和均匀流计算法进行计算，提出了适合我国的计算理论和方法，并模拟研究我国 6 个主要城市的地面集水时间：对于光滑地表，集水时间与集水距离成正比；对于粗糙地表，集水时间对集水距离的响应为在片流和浅水集中流临界处出现拐点；相同坡度的光滑地表，不同城市的 50 m 和 150 m 集水时间差别较大。《室外排水设计规范》(GB 50014—2006)(2014 版)关于集水时间和集水距离的规定，在地面平坦且光滑的情况下(坡度 $S\leqslant 0.001$)可以应用，当 $S>0.001$ 时，则不安全，而且关于集水时间和集水距离的规定对于非光滑地表要慎重应用；相同地表曼宁系数时，坡度越大，对设计流量的相对影响越大；相同坡度时，曼宁系数越大，对设计流量的相对影响越大。

在雨水调蓄设施的设计方面，例如调蓄池池容的算法以及污染物削减比例的确定等方面，我国还处在研究的初期阶段。为了方便工程设计人员进行设计，我国在《室外排水设计规范》中推荐的适用于分流制体系中控制面源污染调蓄池的计算公式采用经验公式形式。其优点在于方法简单实用，需要资料少，使用范围广，但其缺陷也显而易见：公式中 F 对于汇流时间在 30min 以内时，地表径流具有明显初期效应，面积 F 与调蓄量 D 的关系可视为简单的乘积关系，而对于一个较大的流域，汇水时间较大，调蓄量 D 的计算采用公式(7-3)误差较大；公式中重要的参数调蓄量 D 在使用中需要依靠经验取值，存在着较大的主观性，虽然取值的范围根据我国一般情况确定，但由于我国幅员辽阔，各地自然条件、降雨特征及下垫面情况大相径庭，因此，采用经验取值很难得到相对精确的较优方案。若采用水文模型可更为精确地得到优化方案，但模型参数的确定操作性较差，目前尚无简单适用的指导性规程。用于削减面源污染的雨水调蓄池，其容积和运行方式应当与受纳水体的环境容量和下游污水处理系统的受纳能力具有较强的联动性，但现行计算公式和设计规范中该联动性没有充分地体现。在缺少工程实际条件对经验公式取值修正的前提下，工程人员设计时易出现取值偏于保守的情况，那么，在一个相对复杂的排水系统中，缺少简洁明了的优化决策体系，将使得偏于安全的雨水调蓄池设计无法获得较优的单位投资环境效益值，造成了工程投资的浪费。目前城市建设中采用的低影响度开发工程措施，大多具有降低面源污染效用，但其对控制面源污染的分流制雨水调蓄池设计的影响尚无深入的讨论。

4)雨水调蓄池的管道设计计算

在分析了雨水管道设计的极限强度理论和非满流管道的空隙容积理论的基础上，结合雨水管道设计的推理法和管道空隙容积理论，提出了通过设置雨水调蓄池，使上游雨水全部持续进入调蓄池而延长下游管道的汇流时间 t_3 的合理假设，计算下游雨水管道的降雨历时应包括地面集水时间 t_1、折减条件下管道流行时间 mt_2 和上游管道的设计流量充满调蓄池的时间 t_3，从而得到了适用于设置调蓄池的雨水管道设计公式［式(7-4)、式(7-5)］，并将其应用于西北某新规划的航天科技产业园的雨水集蓄利用系统的设计中，提高了系统的雨水调蓄功能，且降低了管道造价。

$$Q_{下}=\varphi\frac{167A_1(1+C\lg P)}{(t_1+mt_2+t_3+b)^n}F \tag{7-4}$$

$$t_3=V/1000\,Q_{上} \tag{7-5}$$

式中，$Q_{下}$——雨水调蓄池下游管道的设计流量，L/s；

t_3——雨水调蓄池蓄水时间，min；

V——雨水调蓄池容积，m^3；

$Q_上$——雨水调蓄池上游的管道设计流量，L/s；

φ——径流系数；

F——汇水面积，10^4m^2；

P——设计暴雨强度重现期，a；

t_1——地面集水时间，min；

t_2——管道流行时间，min；

m——折减系数；

A_1、C、n、b——地方参数。

以上所有设计过程中，调蓄池容积是调蓄池设计的关键，需要考虑所在地区的降雨强度、雨型、历时和频率、水管道的设计容量等因素，不同国家和地区调蓄池的调蓄容积计算方法不同，尽管调蓄池计算方法不尽相同，但在计算调蓄池容积时，主要从城市雨水利用的角度出发，对合流污水调蓄的不同方式及调蓄的方式、有无渗透、溢流做法等条件进行分析，选择适合各城市调蓄池的计算方法。结合在 LEED NC 认证中具体工程实践，参考国内外相关标准和规范，分析节水相关条款内容并阐述具体实现方法。在实现认证要求的同时，根据具体应用环境，探讨了雨水调蓄池容积确定的思路，如建造 $1000m^3$ 的雨水调蓄池方案即可满足 SSc6.2 中控制 90%雨水径流的要求。天津市某 $4.5\times10^4m^2$ 的城市小区在满足单一用水途径下建设 500 m^3 的雨水调蓄池即可，这可为降雨条件相近的城市小区或单户居民的雨水调蓄池修建提供设计依据。依据上海苏州河沿岸泵站多年降雨量、污水输送量和溢流量等资料，计算不同暴雨溢流量削减率和溢流污染物削减率的上海调蓄池的有效容积，为便于与德国设计方法比较，将有效容积归一化到 V_{SR}(单位面积需调蓄的雨水量，m^3/hm^2)(图 7-3-1)。

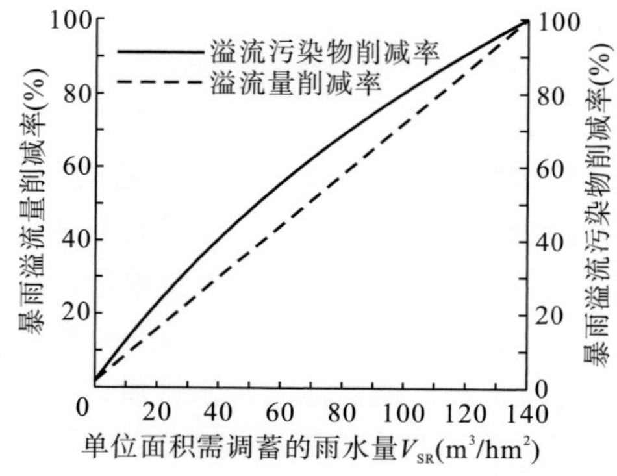

图 7-3-1 上海地区不同容积设计标准下的调蓄池溢流量和溢流污染物削减率

2. 雨水调蓄池对初期雨水的截流

可以修建单个工程来储存公共暴雨径流，即雨水调蓄池的设计主要是建立在不一样的雨水水质模型之上，通过不一样水质的复杂度来分析。一个雨水调蓄池的主要功能是控制径流中雨水峰值时出现的流速，要想减小流域出口流量峰值时的雨水流速，重要的是要针对雨水径流的体积，进行控制以及管理。对于雨水调蓄池用来控制管理城市洪峰以及洪峰流量的，在不同水力设计的标准以及在不同的空间位置布置条件下，雨水调蓄池的设计对于降低洪水风险是有一定的效果的。

排水系统调蓄池工程的初步设计，以 InfoWorks CS 排水管网水力模型为工具，可以分析不同截流倍数与调蓄规模下溢流控制设施的长期运行效果。为了解决沈阳市水资源短缺、城市洪涝灾害、生态环境等问题，对雨水收集方式作了分析研究，借鉴国内外雨水收集成功经验，提出沈阳市可采用建下凹式绿地和修建雨水调蓄池为主要雨水收集方式，建下凹式绿地，雨水渗蓄率最大达到 43%，修建雨水调蓄池可将原有合流制排水系统的截流倍数提高到 2 倍以上。

初期雨水截流量应根据各地不同的污染控制目标来确定，这样确定的初期雨水截流量是科学的，利用“降雨事件分析法”能科学地计算出任意比例的初期雨水截流目标值。苏州河 5 座雨水调蓄池对排水系统的雨洪截流控制效益为：在小雨、中雨、大雨和暴雨条件下，调蓄池对系统瞬时截流倍数的提高范围为 5.6～14.8 倍，对系统短时平均截流倍数的提高范围为 2.2～6.8 倍；调蓄池最大可延迟 8.1 m^3/s 流量以下的雨洪溢流时间约 1.5 h；具有削减排水系统雨洪溢流污染物的良好效益，对雨洪污染减排的效应随着容积建设标准的增大而提高；在容积建造标准介于 20～105 m^3/hm^2 的条件下，对雨洪溢流水量的削减率为 5.4%～78.8%，对雨洪溢流 COD 的削减率为 8.1%～92.3%；改善受纳水体 COD 浓度的效应随着调蓄池容积建造标准的提高而增强，随着水动力的增强而降低，5 座雨水调蓄池可有效缓解排水系统的防汛压力和减轻对苏州河的水环境污染。雨水调蓄池可以收集利用屋面的雨水，客观上对基地的排水系统起到了积极作用，一定程度上提高了基地的雨水排水标准，是从源头对雨水水质和水量的控制。

3. 雨水调蓄池的运行与管理

实际上，调蓄池控制污染的性能受两个因素控制：一个是通过延长停留时间来提高污染物的去除效率，另一个是给定停留时间来减少截流与处理的径流的体积。

调蓄池的运行效益除了和年降雨情况密切相关，很大程度上还取决于调蓄池的运行管理。加强调蓄池运行管理、优化调蓄池运行模式，是发挥调蓄池环境效益的关键所在。

(1) 实现泵站和调蓄池的联合调控控制系统的完善是优化调蓄池运行的保障。由于调蓄池进水、放空等模式的启动均由泵站集水井水位控制，实现泵站和调蓄池的联合调控不仅便于调蓄池的运行管理，更是提高运行效益的保障。

(2) 建立常规的水质水量监测制度。调蓄池的进水水质监测工作困难，建议在泵站集水井或调蓄池进水井设置 COD 在线监测仪，与雨水泵联合管理，积累调蓄池运行的长期数据，有利于有效指导后续调蓄池的设计运行。

(3) 运行管理中落实防汛和面源污染控制相结合的理念，调蓄池的合理运行对削减面源污染的量起着关键的作用。

(4) 可构建基于雨洪控制的自动化水质在线监测及远程控制系统。运用自动化水质在线分析和远程控制技术，结合环境科学和水文学等学科交叉的研究手段，选取上海市中心城区苏州河沿岸的新昌平合流制和芙蓉江分流制两个排水系统为研究对象，构建了基于雨洪控制的自动化水质在线监测及远程控制系统，其具有自动化在线监测雨洪水质、远程控制晴天/雨天监测模式快速转换以及数据实时传输功能，该系统可较好地应用于旱流污水水质特征及其变化过程监测、雨洪水质特征及其变化过程监测、雨洪初期效应判断、雨洪溢流污染负荷评估、雨洪控制设施环境效益评价、雨洪控制设施运行优化和系统自身运行状况判断。5 座调蓄池分别单独运行时，在断面平均流速分别为 0.50m/s、0.30 m/s 和 0.10 m/s的条件下，可使苏州河河口断面最大瞬时COD浓度分别降低(21～92)mg/L、(34～139)mg/L 和(90～264)mg/L，使平均 COD 浓度分别降低 (13～55) mg/L、(20～84) mg/L 和(53～157)mg/L。

(5) 优化全线调度，提高调蓄池的运行效益。作为雨水管理手段的离线滞留系统，结论是，要达到相同管理目标，离线系统比在线系统所需的容积要小得多。结合雨水管道设计的推理法和雨水调蓄池的计算理论，效法自然水塘的形式，结合绿化景观，将高速公路沿线的弃土堆场建造为雨水调蓄塘，将上游雨水滞留，大幅削减下泄流量，在最大限度利用可用用地的条件下，从而在较小的工程投资下，达到对已建雨水系统标准升级的目的。

(6) 对于泵排进水模式，建议可通过降低水泵启动水位，并增加进水泵的方式来提高调蓄池的容积使用率，避免在雨强较大情况下，调蓄池在使用过程中出现溢流现象。对于重力流进水的调蓄池，为避免由于重力流进水速度慢，在雨强较大情况下，导致出现调蓄池使用过程中的溢流现象，建议可通过三种方式改进：一是配置变频泵，对超出调蓄池重力流进水能力的水量采用泵排方式进水，以增强进水能力；二是在保持进水断面面积不变的情况下，调整原先设计相对高、窄的重力进水口为相对低、宽的进水口，以便在水位上升较慢的情况下，通过较宽的进水宽度来加大进水能力，达到充分利用调蓄池容积之目的；三是增加调蓄池进水流道的底部坡降，在不增加进水断面宽度的情况下，可增加单位时间的进水能力。

(7) 对于放空设计，应结合调蓄池设计底标高和蓄水深度，在条件允许情况下，建议采用大管径重力流放空结合适宜流量泵排放空的组合模式，而在实际情况无法采用重力流放空模式下，建议采用较大流量泵排放空，以便及时、连续利用调蓄池。

(8) 对于除臭，由于离子法除臭具有处理能力强、易操控的特点，建议采用离子法除臭。同时，建议加强除臭设备的维护，以保障调蓄池运行过程中仪器设备正常运转和操作人员身心健康。通过对汛期调蓄池运行过程中进水、存水、排水和闲置四个阶段的池内污水表面的硫化氢和氨气浓度的监测，分析调蓄池的臭气排放规律，可为调蓄池使用过程中臭气的去除和有效控制提供依据，进水阶段的臭气浓度激增主要靠工程的方法控制，存水阶段的臭气浓度控制可以通过改变运行方式实现，如及时排水等，而且 NH_3 和 H_2S 浓度随着调蓄池闲置时间的增加而不断衰减。

(9) 排水管道沉积物的清理与管理

目前，世界上包括许多发达国家在内的城市排水系统都存在管道淤积的问题。从 20

世纪中期开始，法国、德国、美国、日本等发达国家都陆续开展了管道、调蓄池和泵站的沉积物研究。但我国在这方面的研究起步很晚，目前还不够成熟深入，非常缺乏丰富、系统的实验研究数据。

排水管道沉积物的清理方式有水力平衡阀、水力自净系统和真空冲刷系统；雨水调蓄池沉积物的清理方式有水力冲洗翻斗、连续沟槽自清和门式自冲洗系统。

在城市排水系统中，由于污水所挟带的固体颗粒比例比水大，同时管道中的水流流速时刻变化，使得排水管道内或多或少出现了管底沉积物淤积的现象。沉积物沉积于排水系统中，最后污水进入受纳水体，其不但是受纳水体的 COD、SS、TN 和 TP 等污染物的主要来源，而且还会使受纳水体受到重金属污染。

我国北京、广东广州和安徽巢湖的排水管道沉积物沉积状况分别如下：北京堵塞及严重堵塞的管道比例为 23%，广州堵塞及严重堵塞的管道比例为 5%，巢湖堵塞及严重堵塞的管道比例为 50%。我国排水管道沉积物的粒度分布范围如下：D_{10} 为 1.89～223.21μm，D_{50} 为 12.38～437.30μm，D_{90} 为 39.06～1572.52μm；VSS/SS 的范围是 1%～38%；密度范围是 1.80～2.47 g/cm^3。排水系统沉积物上附着有大量的溶解性微污染物，其中主要的附着对象是沉积物中的细小颗粒，如生物膜上。由于这一部分附着的污染物量最多，因此成为降雨期间受纳水体的重要污染源，我国在以后解决沉积物问题时应重视这一现象。

4. 雨水调蓄池的冲洗方式

初期雨水径流中携带了地面和管道沉积的污物杂质，调蓄池在使用后底部不可避免地滞留有沉积杂物、泥沙淤积，如果不及时进行清理，沉积物积聚过多将使调蓄池无法发挥其功效。因此，在设计调蓄池时必须考虑对底部沉积物的有效冲洗和清除。

在工程设计时根据不同冲洗方式的优缺点，进行技术经济的比选，选择合适的冲洗方式，保证调蓄池的正常运行。但无论采用何种方式，必要时仍需进行辅助的人工清洁。调蓄池的冲洗方式主要有人工清洗、水力喷射器冲洗、潜水搅拌器、连续沟槽自清冲洗、水力冲洗翻斗、HydroSelf 拦蓄自冲洗装置清洗、节能的“冲淤拍门”、移动清洗设备冲洗等。调蓄池的冲洗方式有多种，各有利弊。初期雨水调蓄池近年来在上海地区逐渐推广，世博浦东园区雨水泵站工程实例采用门式自冲洗系统。结合国外积累的调蓄池冲洗经验和上海调蓄池的实际运行情况，调蓄池冲洗清淤模式可选用水力冲洗翻斗、连续沟槽自清冲洗和门式自冲洗。就最新应用趋势而言，建议优先考虑门式自冲洗。

5. 初雨水调蓄池控制策略

通过对现阶段常用的控制面源污染的雨水调蓄池计算方法进行分析可以看出，在提倡工程建设更加合理、经济的今天，采用传统经验公式已不能完全满足工程人员的需求，而采用模型方法进行计算势在必行。而且，现阶段国内尚缺少一套完整的相关技术规程。

根据前面入库雨水调蓄池概述的参考文献，总结提炼和因地制宜提出了滨海城市的雨水调蓄池控制城市非点源的总体思路，主要的总体思路见图 7-3-2。

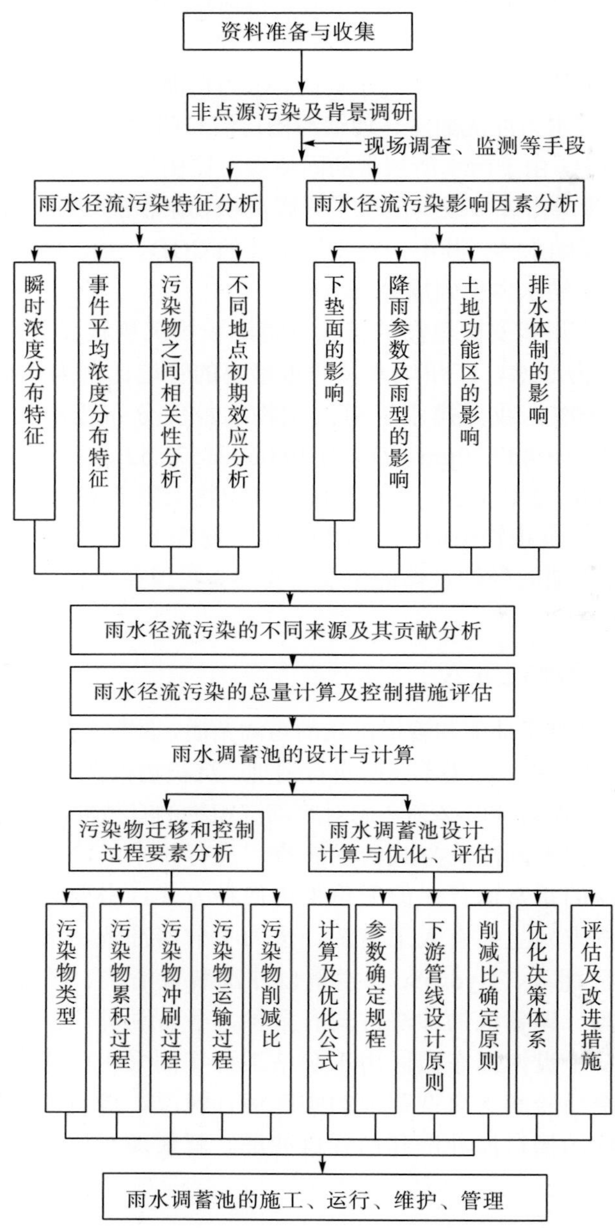

图 7-3-2 滨海城市的雨水调蓄池控制城市非点源的总体思路

但也需要注意的是，一个实用的雨水调蓄池模型计算方法既要具有较强的理论性，使得模拟计算结果更加精确；同时也应当提供一套适用性较广、操作性较强的、系统的配套技术框架，使得工程设计人员在使用雨水调蓄池计算方法时能够方便地通过配套技术方法，根据实际情况确定相关参数，校核设计内容对上下游相关设施的影响，结合优化目标参数对系统进行优化决策；针对改造工程，可根据已完成的设计结果，对其上游相关影响路径进行工程改造措施，以使雨水调蓄池设计结果满足变化后的实际环境。

综合国内外研究进展来看，针对降雨初期伴随雨水进入受纳水体的面源污染物，必须采取相应的工程控制措施加以削减。特别是随着建设标准政策的变化，分流制排水体制将在我国未来的城市建设中占到更大的份额，为减少分流制体制下面源污染伴随雨水直排水体造成的环境污染，在排水系统中设置用以控制面源污染的雨水调蓄池是最为实用的工程措施。研究如何方便地结合当地实际情况，更加精确、优化地进行控制面源污染的分流制雨水调蓄池设计，对于给水排水工程设计人员将具有一定的指导意义。

7.3.2　初雨水调蓄池必要性

初期雨水处理处置方式，目前在国内河道整治中，主要采用两种方式，一种为初期雨水直接进入湿地或水库前置库方式进行处理；另外一种方式为初雨水进行调蓄后再行处理。

针对第一种方式，一般适用于其收集系统下游为湿地或大面积湖库，但由于初雨水其瞬时流量较大，所采用湿地不能满足短期大流量初雨水的处理，所以其处理效果较差，同时由于初雨水中携带大量砂石淤泥等，容易造成湿地淤积，对后续的管养维护带来很大的不便；进入前置库的方式主要起到沉沙作用，处理效果更为有限，同时前置库的定期清淤也带来很大的工作量。

而采用第二种方式，对初雨水调蓄后再行处理，可以有效控制初雨水处理的水量、处理程度及处理方式，对有条件区域或重要区域可进行较为深入的处理；而对非敏感区域可以进行简单强化预处理，从而实现削减面源污染的效果。

因此在本书中，重点推荐采用初雨水调蓄再行处理的方式，从而确保收集的初雨水能够得到有效处理，充分发挥初雨水收集系统的环保和社会效益。

7.3.3　初雨水调蓄池型式及应用

目前国内外常用的初雨水调蓄池型式主要有两种，一种为地面式结构，另一种为地下式结构，两种型式各有其优缺点及适用条件，这里重点对初雨水调蓄池的两种型式进行比较。

地面式调蓄池，将初雨水经过初雨水收集系统收集后，通过雨水泵站，将初雨水提升到地面式调蓄池内，其雨水泵站设计需要按照初雨水最大流量进行设计，泵站规模较大。初雨水经过调蓄后通过管道自流排放进入市政污水收集系统，最终进入污水处理厂进行处理；或者自流进入专门的初雨水处理系统进行处理。地面式调蓄池优点：由于地面式调蓄池一般都是敞开式，对于初雨水中大量的沙砾等杂物，便于清洗及清除等，所以当采用地面式调蓄池时，可不设沉沙池，从而简化工艺流程，减少水头损失，同时也降低管理和维护的工作量。地面式调蓄池缺点：由于地面调蓄池要提升雨水，配套泵站为雨水泵站，其泵站规模较大，如通过变压器给泵站进行供电情况下，存在二步电费较高的问题。若采用10kV 电动机，对大功率的水泵不通过变压器，直接利用高压供电可避免电费过高的问题；而且，由于大泵效率较高，从一定程度上可以节省电费。

地下式调蓄池，将初雨水经过截流后，自流经过粗格栅和沉沙池后进入地下式调蓄池内，在调蓄池内设较小的泵站，通过泵站提升后进入市政污水收集系统，最终进入污水处理厂进行处理；或者自流进入专门的初雨水处理系统进行处理。优点：自流进入调蓄池，仅在调蓄池内设较小泵站，泵站管理维护较为简单。缺点：由于市政管网在末端深度都到5m左右，从而造成地下式调蓄池深度一般都是10m或更深，所以其清砂和清扫工程较难进行，所以在进入调蓄池之前必须设沉沙池，其池内的清洗也必须要定期做好排气等措施才可以进行。由于其埋深较深，所以调蓄池作为工程中最大的单体构筑物，在大开挖条件许可的情况下，其费用增加不大，若采用深基坑支护，投资会明显增大。

为进一步进行相关对比，结合深圳市某调蓄池(调蓄容积12000m^3)进行地面式和地下式调蓄池设计方案技术经济对比，结果见表7-3-1。

表7-3-1　初雨水调蓄池设计方案比选

类 别	地面式(方案一，推荐方案)	地下式(方案二)
容 积	$L\times B\times H$=120m×20m×6.2m=12000m^3	$L\times B\times H$=120m×20m×6.2m=12000m^3
埋深及支护	池底埋深1.4m，无须基坑支护	池底埋深10m，需要深基坑支护
提升泵房参数	设轴流泵3台，H=9.5m，Q=3.1m^3/s，运行时间30min	设潜水污水泵3台，H=10m，Q=167m^3/h，运行时间24h
电费	10kV电动机，电费与地下式相当	380V电动机，电费与地面式相当
投 资	造价2239万元	造价4254万元
沉沙池	无须设置	必须设置沉沙池
安全性及措施	安全可靠，无须采取特殊安全措施	必须设置通风、搅拌装置，安全性较差
维护	设备较少，维护工程量小	设备较多，维护工程量大
管理	管理方便	管理难度大

所以从降低工程投资，简化工艺流程，出于运行管理等方面考虑，建议在调蓄池设置中优先考虑采用地面式调蓄池。而针对区域对景观要求较高的地方，可将调蓄池设置为顶部加盖绿化的型式。而对地下式调蓄池，其设计中，建议考虑在进入调蓄池之前设置沉沙池，避免调蓄池频繁清沙工作，同时调蓄池应考虑车辆可以直接进入底部调蓄池，并做好照明、通风等相关设置。

7.4　基于海绵城市的明沟系统

7.4.1　排水系统的发展历程和解决思路

明沟是自然陆地水体汇流的主要途径(图7-4-1)，各种大小河川、沟渠遍布地球各处。人类建设最早的排洪、给排水、水利工程都是明沟。中国于公元前270多年前修建的白起渠，古巴比伦于公元前600年建造的空中花园的人工渠，都是早期人类文明的明沟工程范例。

图 7-4-1　城市化前雨水通过地表明沟排入受纳水体

明沟排水是相对于暗渠或管道排水而言。传统明沟排水是在地面上开挖出小沟(小渠)，其断面通常是梯形或矩形，来收集和排除地表水或地下水，沟底顺排水方向不断降低(正坡)，水流依靠自身重力流动。明沟作为人类城市文明出现以来最早应用的排水形式之一，已有数千年的历史。成书于战国晚期的《管子》论述了建设城市沟渠排水设施的原则："地高则沟之，下则堤之"，"内为落渠之泻，因大川而注焉"。就是说，古代城市在选址时已充分考虑了城市供水、灌溉、排水、防洪、防御、航运和防火等各方面需求。与现代城市管理填河修路、填湖要地不同的是，古代城市管理者更多侧重于充分利用天然河流、湖泊和洼地，同时规划并开挖许多人工沟渠、湖池，共同组成发达的水系。如汉朝长安城内河道密度达到 $1km/km^2$，明清北京城则达到了 $1.07km/km^2$。中国古代的城市排水系统，兼有明沟、明渠和管道。明沟和明渠是指地面上人工挖掘的水道，小者称沟，大者为渠，例如，北京故宫博物院和许多城市的排水渠道等。

随着现代城市的发展，为了释放地面空间，不影响交通、场地使用或观瞻，明沟逐步加盖，或以地下管渠系统所取代。长久以来，对于雨水控制的主导思想是"快速排出"，而伴随城市化进程出现更多的非渗透性地面也有利于这一主导思想的实现。然而，人们并未过多考虑开发对原有生态环境造成的影响，极端天气下内涝频发、城市雨水径流污染严重、雨水资源大量流失等一系列环境问题促使人们开始反思城市化与灾害之间的某种关联。最为明显的是，区域城市化、排水管道化以后，河流在更短的时间内汇集了更多的雨水，大大加重了下游河段的防洪压力。如何在城市建设过程中，既保证防洪安全，又能够延缓雨水汇集的时间，减少雨水汇入河流的水量成为人们努力的方向。

低影响开发模式的主要目标就是将雨水产流量尽可能控制在城市开发之前的水平。我国住建部总结提出的《海绵城市建设技术指南——低影响开发雨水系统构建》可有效指导各地新型城镇化建设过程中，推广和应用低影响开发建设模式，加大城市径流雨水源头减排的刚性约束，优先利用自然排水系统，建设生态排水设施，充分发挥城市绿地、道路、水系等对雨水的吸纳、蓄渗和缓释作用，使城市开发建设后的水文特征接近开发前，有效缓解城市内涝、削减城市径流污染负荷、节约水资源、保护和改善城市生态环境，为建设具有自然积存、自然渗透、自然净化功能的海绵城市提供重要保障。

上述城市建设理念的推广为城市明沟排水系统的应用创造了新的机遇。以植被浅沟、植草洼地、渗沟、下凹式绿地、雨水湿地等措施为代表的海绵设施赋予了城市明沟系统新的涵义。从传统的截水、排水到集滞留、入渗、过滤、净化、景观等功能于一体，城市明沟获得“重生”。生态明沟系统作为新型的排水及控制径流污染的模式，已在北京奥林匹克森林公园中心区、天津中新生态城、广州中新知识城、珠海横琴新区、深圳光明新区国家 LID 示范区等新区的规划中逐步实践。

7.4.2 几种常见类型排水系统的特点

1. 雨水口+管道

“雨水口+管道”排水方式又称点式排水，见示意图 7-4-2。

常规城市雨水排水系统主要以“雨水口+管道”为主，解决问题的思路和方案包括：重点考虑疏与堵，强调尽快排除雨水，减轻洪涝灾害；建设大型地下雨水管道及大型泵站，加大排水力度。

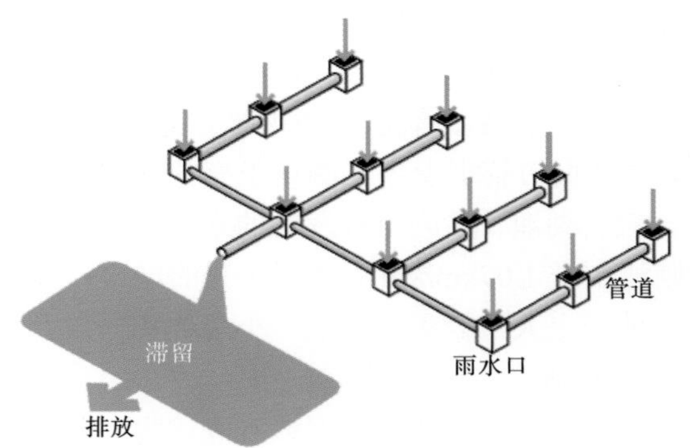

图 7-4-2 点式排水(雨水口+管道)示意图

这种“雨水口+管道”系统主要存在以下问题：雨水口经常被生活垃圾、路面沙石等堵塞，导致排水不畅；清淤困难，维护成本高；施工和管理难度大，投资和运行成本高；管渠内的沉积物被初期雨水冲刷，增加初雨污染和面源污染；竖向设计需要坡向排水口，容易使地面不平整，地表呈波浪和漏斗型，一定程度地增加了积水内涝的风险。

2. 线性排水明沟

线性排水沟见示意图 7-4-3。

线性排水系统(又分预制线性排水系统和现浇式线性排水系统)是明沟形式的地表雨水快速收集和排放系统，其特点是：统一的线型外观；线性连续截水，排水效率比“雨水口+管道”更高；开挖浅、找坡简单，易施工；收水口雨篦敞口于地面，易清洁、维护。

线性排水系统相对于点式排水占地少、挖深浅，收水能力更强，特别适用于对铺装要求比较高的场所，如车站、广场、小区等，不影响车辆、行人的通过，同时可简化场地设计时的纵横坡设置，其断面尺寸也可以与路缘石相匹配而灵活设置，采用现浇或者预制两种形式，采用混凝土或复合材料进行制作，断面可采用矩形或水力条件更好、更易清扫的 U 形槽。线性排水系统还可以与雨水收集利用系统相结合，作为雨水收集的通道。

不论是“雨水口+管道”的点式排水还是线性排水，均强调快速排除径流。

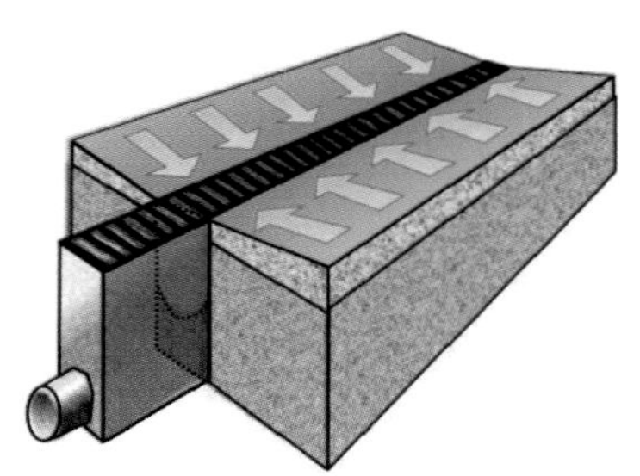

图 7-4-3　线性排水(排水沟)示意图

3. 基于海绵城市的生态明沟排水系统

生态明沟排水模式见示意图 7-4-4。

城市建设过程应充分考虑河网的调蓄、缓冲和排水作用，因地制宜采用基于海绵城市理念的生态明沟系统，包括植草排水沟、下凹式绿地、生物滞留槽、雨水花园及生态护坡的河道、排洪渠等。生态明沟系统能够下渗、滞留、蓄存、排放多管齐下，削减洪峰，涵养地下水；改变部分区域传统硬质渠道的建设模式，采用可渗水结构，增加雨水的入渗量，削减洪峰流量；输送雨水的同时截流和降解面源污染，减轻受纳水体的污染负荷；断面软化、绿化的明沟排水系统与自然环境融合度高，能够起到提升景观效果的功能。

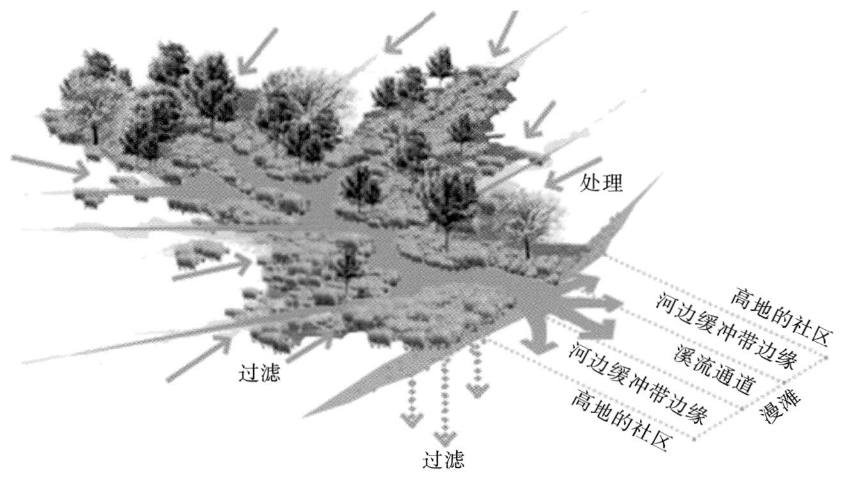

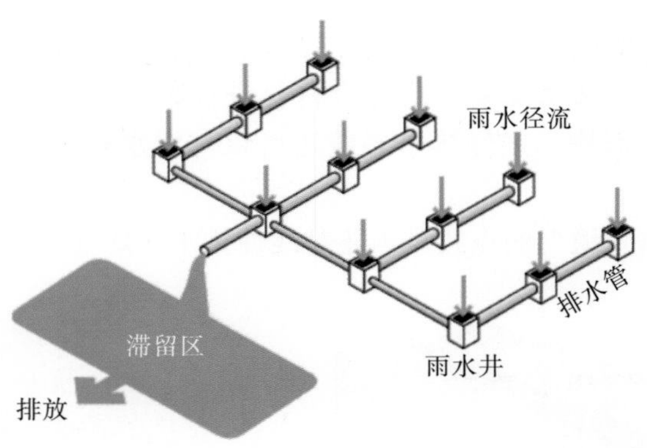

图 7-4-4 低影响的明沟排水模式

图片来源：http://www.asla.org(有修改)。

7.4.3 明沟排水的优势

古代涉水工程多用明沟，主要原因是便于建造，投资较省。本书提及的明沟系统，除上述原因外，主要考虑在现有的河道水系外，部分建设区域和生态区的雨水系统采用明沟系统排放，可解决排水暗管(渠)所面临的诸多问题，其优点突出体现在以下方面。

(1)以明沟系统作为排水系统的起端，有助于地面径流的导排和收集，减少暴雨积水时间，尤其可减少受纳地面超标径流，减轻内涝灾害。

由于城市高程体系限制，超过地下管渠设计标准的雨水无法顺利沿城市道路径流进入明沟、河流，尤其对于滨海城市，受潮汐影响时内涝更为严重。城市建成区内的明沟排水通道适用于排水系统的起端，如广场、公园、建筑小区，其为线性收水，比点式收水效率高，且顺地势而建，为自由水面，并设有一定的安全超高，有利于超设计径流的导排，可有效防止极端天气下的内涝灾害，且易于维护、清扫，能够规避地下排水管道常发生的雨水口淤塞问题，进一步避免或减轻内涝灾害。

年降水量达2400mm的新加坡即是大力发展明沟作为排水系统的城市，其较少发生内涝的原因主要是因为新加坡绝大多数公路的旁边都修建了大型排水沟，街坊内排水明沟密布，这些水渠和城市的主要排水系统相连，保证了雨水能够及时地排放。

(2)生态明沟系统有助于“控源减排”，是保障地表水体水质的客观需求之一。“控源减排”是水环境改善的根本措施，应深入贯彻落实到包括设计在内的水环境整治的各个环节中去。实践证明，在城市发展过程中，点源污染逐步得到控制，由暴雨携带的面源污染则越来越成为导致城市水体变差的主要原因。而生态明沟系统比传统排水排洪管道系统的流速慢，迟滞洪峰效果明显，减小雨水径流系数，减少沉渣泛起导致的污染，减少初期雨水径流污染。结合小型雨水调蓄设施、雨水花园的布置，可有效收集利用雨水资源，并从源头削减面源污染，降低末端污染治理工程的难度与造价，易于推广和实施。

(3)明沟排水系统建设于滨海地区可减缓海水潮汐对雨水系统的影响。对于滨海地区，受纳水体受潮汐影响，雨水排放口常处于淹没状态，出口易淤积，管渠内如有漏失污水存在则很难纠察。截污口较低时海水易倒灌，截污口较高时易堵塞导致内涝，故截污系统也较难实施。明沟排水系统可减轻此类影响。

(4) 雨水明沟系统较暗管系统易检视，可有效防控雨污水系统错接乱排，进一步保障分流制排水体制的形成。

(5) 在道路两侧布置雨水明沟系统，为其他市政管线预留地下空间，利于管网综合，降低工程费用。

7.4.4　明沟系统实施策略

7.4.4.1　明沟系统类型

1) 以断面类型划分

本书提及的明沟系统属于城市排水系统，包括硬质断面排水明沟及基于海绵城市的生态明沟，具体分类见图 7-4-5。

与传统的排水明沟相比，低影响的生态明沟包含的技术措施应用更广泛，不仅包括常见的植草排水沟，还包括雨水花园、雨水湿地、生物滞留槽及下凹绿化带等。

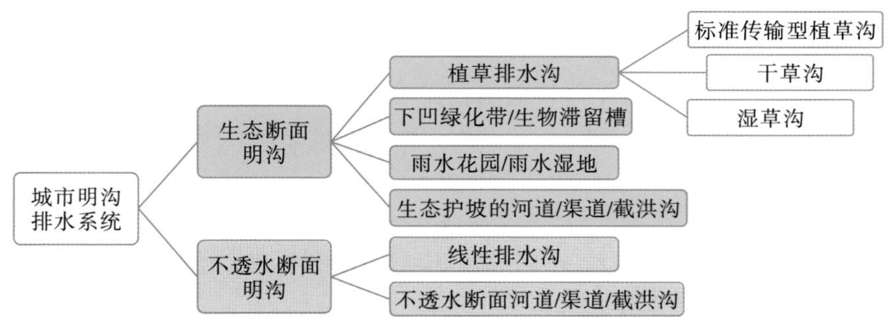

图 7-4-5　生态明沟划分

2) 以应用范围划分

明沟系统应用范围较为广泛，可以覆盖开发地块内部到市政排水系统、河流水系等雨水汇流的全过程，根据其应用范围可作如下划分(图 7-4-6)。

开发地块内，如居民小区、广场、公园、工业区属于城市排水系统的起端，其埋深浅、断面小，以明沟的型式建设较为适宜；社区排水接入市政排水系统后埋深加大(一般超过 2m 深)，加之各类市政管线纵横交错、地面空间有限，除部分道路排水仍有条件建设明沟外，市政排水系统往往以暗管、暗涵的形式布置更利于城市管线综合布置；市政排水系统最终汇入河流水系，复又以明沟的型式存在，汇入河道基流，与城市相依存，形成集生态景观、行洪排涝功能于一体的城市河流。

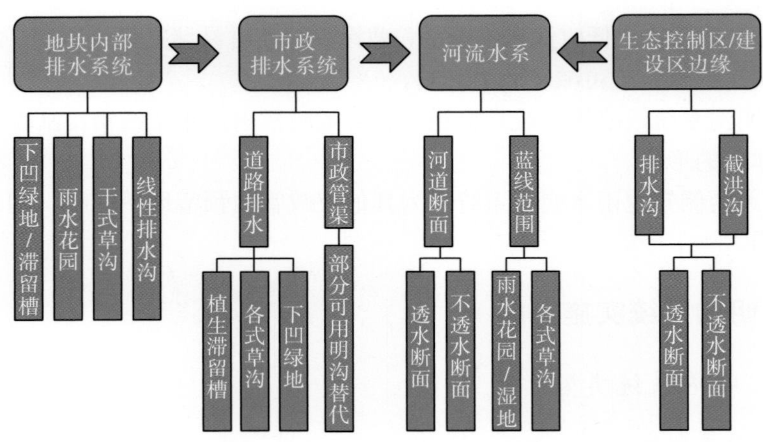

图 7-4-6 明沟系统应用范围划分

7.4.4.2 生态明沟设计

1. 植草排水沟

1)类型及技术原理

植草沟是指种植植被的景观性地表沟渠排水系统。地表径流以较低的流速经植草沟的贮存、植物过滤和渗透的作用下，使雨水径流中的多数悬浮固体污染物负荷有效去除。

植草沟可应用在源头、污染物传输途径和就地处理系统，应用区域包括居民区、商业区和工业区。路旁的植草沟可以代替常规雨水口和排水管网，由于植草沟中的污染物可见，通过恰当的管理措施，植草沟更宜于控制及处理径流传输过程以及进入受纳水体前的污染物。植草沟和其他措施联合运行，在完成输送功能的同时还应满足雨水的收集及净化处理的要求。

应用植草沟存在的主要问题是：植草沟收集输送雨水的流量较小，其设计比传统的雨水管道对地形和坡度的要求高，需要更多地与道路景观设计相协调，并且需要相应的维护和管理，如果设计或维护不当，会造成侵蚀，导致水土流失。

根据地表径流在植草沟中的传输方式，植草沟分三种类型：标准传输植草沟、干植草沟和湿植草沟。

(1)标准传输植草沟：指开阔的浅植物型沟渠，将集水区域的径流引导和传输到 LID 系统或常规排水系统。标准传输植草沟系统实例见图 7-4-7。

(2)干植草沟：指开阔、覆盖植被的水流输送渠道，在设计中包括了由人工改造土壤所组成的过滤层以及过滤层底部铺设的地下排水系统，设计强化了雨水的传输、过滤、渗透和持留能力，从而保证雨水在水力停留时间内从沟渠排干。

(3)湿植草沟：指湿洼地，与标准传输植草沟系统类似，但设计为沟渠型的湿地处理系统，该系统长期保持潮湿状态。

图 7-4-7　标准传输植草沟系统实例

2) 适用条件

植草沟边坡较小，占用土地面积较大，一般不适用于高密度城区。标准传输型植草沟一般应用于高速公路排水系统，在径流量小及人口密度较低的居住区、工业区或商业区，可以代替路边排水沟或雨水管道系统。干植草沟适用于居住区，须定期割草保持干燥。湿植草沟一般用于高速公路排水系统，也用于过滤来自小型停车场或屋顶的雨水径流，由于其土壤层在较长时间内保持潮湿状态，可能产生异味及蚊蝇等卫生问题，因此不适用于居住区。

2. 生物滞留槽

生物滞留槽即是通过在其表面上形成积水，以提升经过介质的地表径流量。其工作原理与下凹式绿地类似，不过，一般而言生物滞留槽地往往采用溢流槽或旁路管道排放超出设计流量的径流。这种设计使生物滞留槽具有免于遭受高速水流冲走已收集的污染物或冲刷植被的优势。生物滞留槽处理雨水径流示意图如图 7-4-8 所示。

生物滞留槽可以有各种规模大小，在较大的应用规模中，最好在系统上游采取一定的预处理措施以减少其维护频率，对于较小的系统而言则无需如此。

生物滞留槽主要通过种有植被的过滤介质的微过滤、延长滞留和生物吸收作用对地表径流进行处理。这些介质在暴雨时还起到延迟流动的作用，并且对于营养物的去除特别有效。

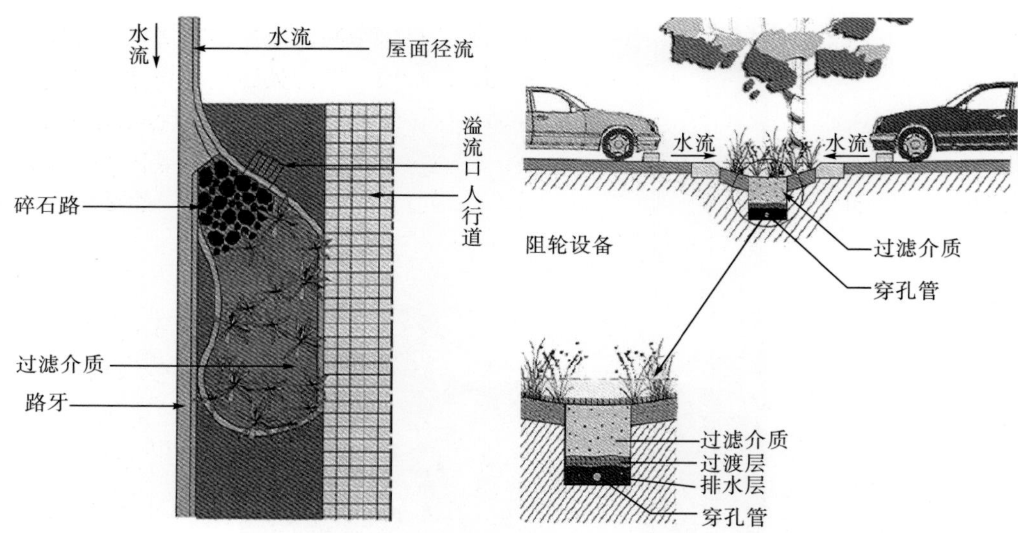

图 7-4-8 与道路绿化带结合的生物滞留槽做法

过滤介质上的植被不仅有助于控制过滤介质的侵蚀，对维持过滤层的多孔性也具有重要作用。此外，植物根系上的生物膜对污染物的去除也有其独特的效能，一般而言，植物越密集、越高大，其过滤作用越好。

选择过滤介质需要其具有足够的水力传导性，通常而言，砂质土壤是适宜的介质，但还需考量植物的生长特性。

处理后的雨水需输送至系统底部的穿孔排水管中。穿孔排水管周围的介质可以采用粗砂(1mm)或者小粒径碎石(2～5mm)。如采用小粒径碎石作为排水层，则建议设置过渡层防止过滤介质被冲进穿孔管中，过渡层可采用砂或土工布。生物滞留槽与树池的结合见图 7-4-9。

图 7-4-9 生物滞留槽与树池的结合

3. 下凹式绿地

通过改造使绿地高程平均低于周围地面 10cm 左右，保证周围硬质地面的雨水径流能自流入绿地。绿地下层的天然土壤改造成渗透系数大的透水材料，由表层到底层依次为表层土、砂层、碎石、可渗透的底土层，增大土壤的存储空间。根据实际情况，在绿地中因地制宜地设置起伏地形，在竖向上营造低洼面。在绿地的低洼处适当建设渗透管沟、入渗槽、入渗井等入渗设施，以增加土壤入渗能力。这种既能保持一定的绿化景观效果，又能净化降雨径流的控制措施，具有工艺简单、工程投资少、不需额外占地等优点。渗透管沟可采用人工砾石等透水材料制成，汇集的雨水通过渗透管沟进入碎石层，然后再进一步向四周土壤渗透。下凹式绿地系统实例见图 7-4-10。

图 7-4-10 下凹式绿地系统实例

下凹式绿地具有渗蓄雨水、削减洪峰流量、减轻地表径流污染等优点。对不同设计参数的下凹式绿地雨水渗蓄能力的计算和分析表明，下凹式绿地面积比例、绿地下凹深度、绿地土壤稳定入渗速率和设计暴雨重现期是影响其雨水渗蓄效率的主要因素。依据学者研究与工程实践，建议下凹式绿地设计参数选择范围为：绿地面积比例 10%～30%，下凹深度 0.1～0.3 m，土壤稳定入渗速率大于 5×10^{-7}m/s，设计暴雨重现期可根据规范要求及当地标准，结合场地建设标准设置为 2～5 年一遇。可渗透型及不可渗透型的下凹式绿地构造见图 7-4-11。

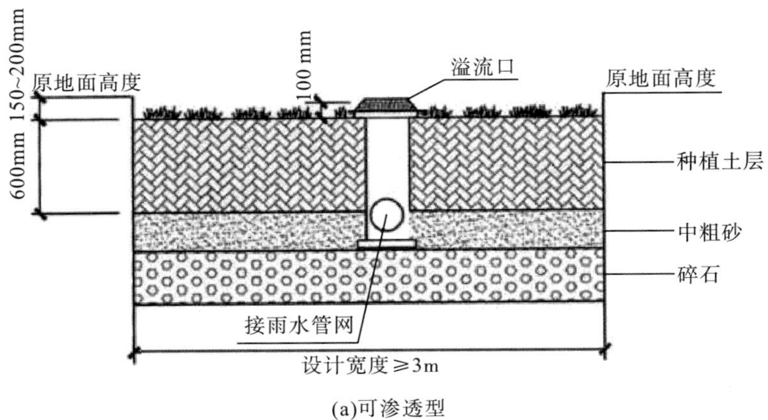

(a)可渗透型

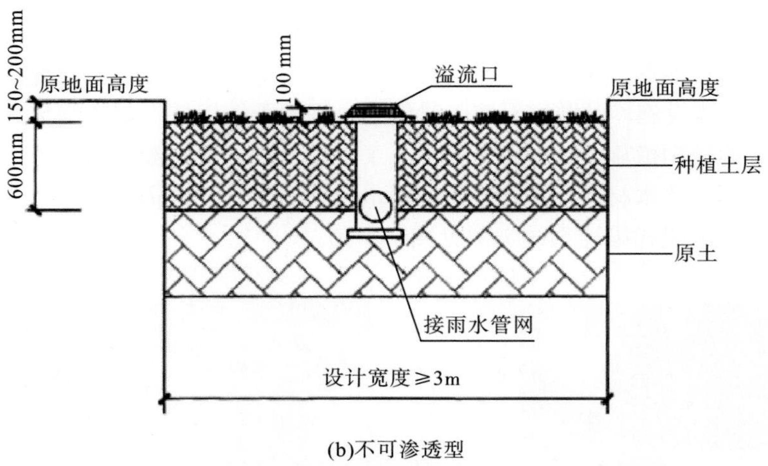

(b)不可渗透型

图 7-4-11 可渗透型及不可渗透型的下凹式绿地构造

4. 雨水花园

雨水花园是指在自然形成的或人工挖掘的凹地上种植地被植物、花灌木甚至乔木的一种生态型的雨洪控制与雨水利用设施，它收集并渗透吸收来自屋顶或地面的雨水，通过土壤和植物的过滤作用净化雨水，并且极具观赏价值，是收集、净化和造景功能三位一体的设施。

从生态意义上来说，雨水花园通过短暂滞留并渗透雨水，增加了渗透时间和渗透量，降低雨水径流的流速，削减径流量，减小雨水给市政排水管道带来的压力，降低河湖水系堤岸的防洪压力，有效减少城市内涝现象的发生，同时还可以增加地基含水量，补充地下水。此外，在渗透的过程中，雨水花园能够有效吸收雨水中的污染物，净化水体，而且还能修复天然栖息地，为野生动物比如鸟类、蝴蝶、蜻蜓等提供天然栖息地，丰富了生物种类，维系了生物多样性。

从景观意义上来说，雨水花园通过不同色彩、不同花期、不同质感的植物的搭配组合，创造了极具吸引力的景观，美化居住区环境，为人们提供了新的视觉感受。图 7-4-12 为建造中及建成的雨水花园。

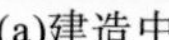

(b)建成

图 7-4-12 建造中及建成的雨水花园

1) 雨水花园的建造方法

居住区绿地雨水花园的建造方法包括选址、土壤选定、结构深度的确定、表面积的确定、外形的确定、树种的选定和配置等。

(1) 选址。对于居住区绿地雨水花园，其位置的选择应考虑：①为了避免雨水浸泡地基，雨水花园的边线距离建筑基础至少 3m，距离有地下室的建筑至少 9m 远；②最好将雨水花园设置在阳面，至少是半日照条件下；③雨水花园尽量设置在地势平坦的地方，可以减少土方量，而且方便维护，坡度大于 12%的地方不适宜建造；④雨水花园尽量设置在雨水易汇集且土壤渗透性良好的区域，经常积水的地方表明其土壤渗透性较差，不宜建造雨水花园；⑤不宜设置在树下，树木有发达的根系，将雨水花园建造在其下面会破坏树木的根系，影响树木的生长；⑥要考虑到雨水花园和周围环境的协调与统一，将其设置在观赏条件较好的地方，以其优美的景观或芳香的气味，方便周围居民观赏。

(2) 土质要求。雨水花园要求土壤要有一定的渗透性才能完成应有的功能，可应用的土壤最小的渗透率是 3.61×10^{-6}m/s(即 13mm/h)。比较适合建造雨水花园的土壤是砂土和壤土。可通过以下简易方法测试：挖一个约 15cm 深的坑，充满水后如果能在 24h 内渗完，即适合作为雨水花园的土壤。如果土壤达不到渗透要求，可以通过局部换土达到要求，雨水花园中最理想的土壤组合是 50%的砂土，20%的表土，30%的复合土壤，客土移植时最好移除 0.3～0.6m 厚的土壤。

(3) 结构及深度的确定。居住区的雨水花园，其结构比较简单，根据设计深度进行建造。一般只要能保证超过其设计能力的雨水及时排入周围草坪、林地或排水系统即可。如果雨水花园能够将多余雨水沿四周高坎流出，进入排水系统，那么这类雨水花园一般无需设计专门的溢流装置，如果雨水花园所在的位置不方便将多余雨水直接排入排水系统，则可设计一个简单的溢流装置。

雨水花园的深度一般指蓄水层的深度，雨水花园的深度主要由土壤的渗透性能及地面坡度确定，最合理的深度是 10～20cm。深度不宜过深或过浅，深度过浅，要让其发挥渗透作用需要加大面积，而深度过深，会导致积水时间过长，危害其中植物的生长，而且影响景观。不管雨水花园深度如何，为了不让雨水积于一个地方，都应该保证其底部平坦。

雨水花园的深度也容易受地面坡度的影响。坡度不应该超过 12%，超过了应该另外选址。如果坡度低于 4%，深度以 7.5～12.5cm 为宜；坡度为 5%～7%，深度以 15～17.5cm 为宜，坡度在 8%～12%，深度大约在 20cm 为宜。

(4) 面积确定。雨水花园的面积是根据控制100%的径流量来确定的。居住区雨水花园的大小不是固定的，任何合理大小的雨水花园都能发挥较大的作用，但考虑到经费以及功能的高效性，居住区最合理的雨水花园大小范围是 9～27m^2。低于 9m^2，雨水花园的植物种类较少，不能充分发挥其作用，而超过 27m^2 的雨水花园，让其底部保持水平不容易。雨水花园的面积不宜过大，如果面积大于 27m^2，应该划分成两个或更多的雨水花园，面积小的、分散的雨水花园比单一的一个大规模的雨水花园效果要好。

雨水花园的面积主要由雨水花园的深度、处理雨水的径流量和土壤类型决定。随着汇水面积的增加，雨水花园的面积也有所增加。黏土渗透慢，因此建在黏土中的雨水花园的面积应该大，应该有整个排水区域的60%，砂土排水较快，雨水花园的面积应该是整个排水区域的20%，建在壤土上的雨水花园的面积应在20%～60%之间。渗透越慢，雨水花园的面积应越大。

(5) 雨水花园的外形。雨水花园的外形以曲线最好，切忌笔直的直线，这会破坏雨水花园自然的景观特性。雨水花园的造型以新月形、肾形、马蹄形、椭圆形或其他不规则的形状较为美观。

为了保证雨水花园能够收集足够多的水，长边应该垂直于坡度和排水的方向。为了提供足够的空间栽植植物和让雨水均匀地通过整个底部，雨水花园应该有足够的宽度，底部宽度最少 0.6m，最大 3m，最理想的长宽比是 2:1。

2) 植物种类选择及配置原则

(1) 植物的选择原则。

雨水花园功能的高效发挥取决于选择了正确的植物种类，选择了正确的植物种类，不仅能够充分发挥雨水花园的功能，而且以后只需进行少量的维护即可。因此，雨水花园中植物种类的选择和植物的配置对于雨水花园功能的发挥具有决定性的作用。

雨水花园植物选择原则有：①以乡土树种为主，少量引进外来物种，乡土树种最适应本地的气候，拥有发达的根系，并且有利于渗透，而且具有较强的抗逆性、抗病虫害能力，且容易维护；②选择既有一定的耐旱性又有短暂耐水湿能力的抗逆性良好的植物；③选择具有较大观赏价值的植物或香花性植物，以吸引蜜蜂、蝴蝶等昆虫，创造具有多样性的物种的小生境；④应选择长势强，具有发达根系的植物。

(2) 植物配置方法。

一个雨水花园就是一个小型生态系统，植物配置应该以自然为师，进行生态设计，创造近自然景观。

植物配置方法为：①依据生态位理论，做好植物配置，配置时应充分考虑物种的生态位特征，合理选配植物种类，避免种间直接竞争，形成结构合理、功能健全、种群稳定的复层群落结构；②依据生态演替理论，做好仿生设计，构建稳定的生态植物群落，要根据当地植物群落的演替规律，充分考虑群落中物种的相互作用和影响，选择生态位重叠较少的物种进行构建群落，创造仿照自然界植物群落的结构形式；③依据物种多样性理论，营造丰富的景观，物种的多样性是植物群落多样性的基础，能增强园林的抗干扰能力和稳定性，在植物配置时，应尽量保持物种多样性，避免单一化；④依据园林美学相关理论，进行景观设计，植物配置不是绿色植物的堆积，而是审美基础上的艺术配置，创造源于自然而又高于自然的景观效果。

此外，为了创造优美的景观效果，在植物配置的时候还要综合考虑植物的体量、花期、色彩、质感等的搭配，形成优美稳定的植物群落。比如为了延长观赏期，可采用不同花期的植物搭配，使雨水花园三季有花，四季有景。植物种植后，为了加强雨水花园的观赏性，可考虑结合其他园林要素设计，如当地的石头，装饰用的围栏、小径、座椅等，给雨水花园增加整洁度和美丽的外观。雨水花园平剖面示意及控制要素见图 7-4-13。

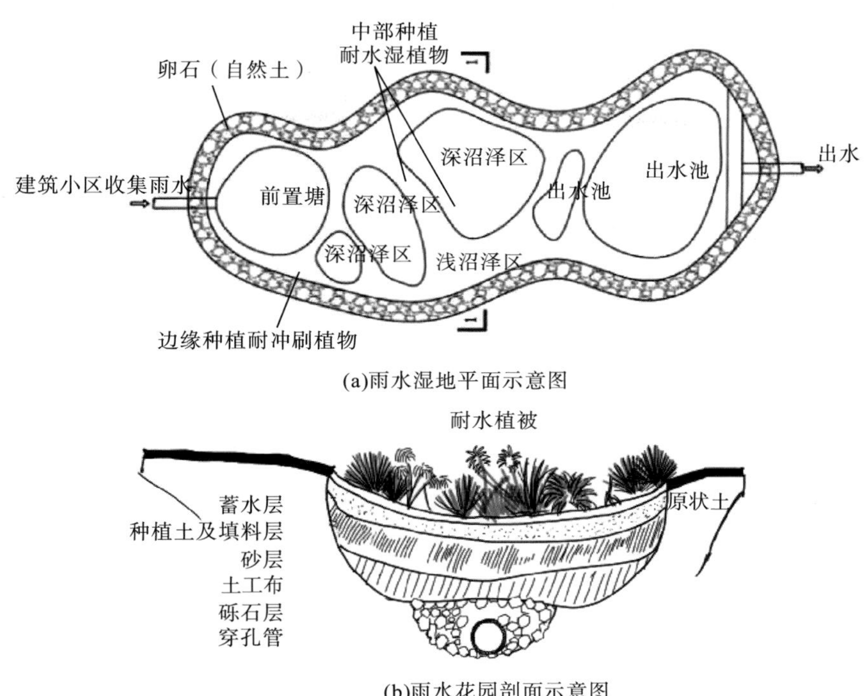

(a)雨水湿地平面示意图

(b)雨水花园剖面示意图

图 7-4-13　雨水花园平剖面示意及控制要素

5. 主要措施功效评估

以上所述各种措施从不同途径发挥作用，有助于最大程度减少城市开发建设对原有水环境不利冲击。表 7-4-1 是各种措施对水系统各个环节的定性影响分析结果。

表 7-4-1　主要措施功效评估一览表

项目	草沟	生物滞留槽	下凹式绿地	雨水花园
延缓汇流	H	H	M	M
有利入渗	H	M	M	N
地下水补给	H	M	M	N
减少径流量	H	M	M	L
改善水质	H	H	H	H
河道基流	M	H	M	N
洪峰流量	M	L	M	L

注：H—有明显作用；M—有中等作用；L—有少量作用；N—无作用。

6. 明沟与其他类型排水系统的衔接形式

生态明沟接纳的超渗雨水一般通过渗流管、溢流管等形式进入市政雨水管渠，进入雨水管道之前需要采取必要的拦污措施，如拦污栅、隔污篮或通过砾石/卵石过滤层等；雨水管接入明沟系统时，应采取适当的抗冲刷措施，如铺砌卵石、块石或局部采用浆砌石、混凝土护砌。

7.4.4.3 明沟系统应用

1) 针对不同单元的生态明沟适用范围及设置条件

各种排水明沟，尤其是生态明沟对流量和水质的影响各不相同，适用位置及对用地条件的需求也不尽相同，应根据不同用地单元的自身条件合理选择，综合运用。

适宜居住区及公共建筑区的明沟系统设置要求见表 7-4-2，适宜工业区的明沟系统设置要求见表 7-4-3，适宜公园的明沟系统设置要求见表 7-4-4，适宜道路、广场的明沟系统设置要求见表 7-4-5，适宜城市水体的明沟系统设置要求见表 7-4-6，生态明沟设置条件见表 7-4-7。对于各类生态明沟而言，不同措施具有不同的适用条件，如空间需求和地下水位限制等。

表 7-4-2 适宜居住区及公共建筑区的明沟系统设置要求

地块类型	设置要求
小区/公共建筑区绿地	①绿地结合景观设置，适宜建为下凹式绿地，小区停车场、广场、庭院应尽量坡向绿地； ②在绿地适宜位置可增建浅沟、洼地、渗透池(塘)等雨水滞留、蓄存、渗透设施
道路广场	小区道路、停车场、广场、庭院应尽量采用明沟排水，并坡向绿地
水体景观	①小区景观水体应兼有雨水调蓄、自净功能，并应设溢流口； ②小区景观水体可与湿地有机结合，设计成为兼有雨水处理功能的设施，雨水经适当处理可回用于绿化、冲洗地面、中央空调冷却用水等
排水系统	通过径流系数本底分析和雨水综合利用后核算排水系统设计

表 7-4-3 适宜工业区的明沟系统设置要求

地块类型	设置要求
工业区绿地	①应充分利用厂区内绿地入渗雨水，厂区绿地应建为下凹式绿地； ②在绿地适当位置宜建浅沟、洼地、渗透池(塘)等雨水滞留、渗透设施； ③道路高程应高于绿地高程，一般道路地面宜高于绿地 50～100mm，并应确保雨水顺畅流入绿地
道路广场	工业区非机动车道超渗雨水应集中引入两边绿地入渗。停车场、广场应尽量坡向绿地，或建适当的引水设施，使超渗雨水能自流入绿地入渗
水体景观	①工业区景观水体应兼有雨水调蓄、自净功能，并应设溢流口。超过设计标准的雨水可排入市政管系； ②工业区雨水调蓄设施应优先与景观水体设计相结合，当景观水体不足以调蓄洪峰流量时，应建雨水调蓄池
排水系统	通过径流系数本底分析和雨水综合利用后核算排水系统设计

表 7-4-4 适宜公园的明沟系统设置要求

地块类型	设置要求
山体截洪沟	①截洪沟宜采用生态断面与铺砌； ②充分利用山坡地形设计集水地形及其他渗透设施，山坡适宜设计为梯田形，分段消能，滞蓄雨水，使雨水能就地渗透，涵养山林； ③结合截洪沟，可考虑在山坡建渗井和蓄水池，也可在山下建蓄水池，蓄水池雨水在非雨季时可利用

续表

地块类型	设置要求
绿地	①大面积绿地应建为下凹式绿地，充分利用现有绿地入渗雨水； ②绿地应尽量低于周围硬化地面，并应建导流设施，以确保流入绿地的雨水能够迅速分散、入渗； ③绿地植物宜选用耐涝耐旱本地植物，以乔灌结合为主； ④在绿地适宜位置可推广建设浅沟、洼地等雨水滞留、渗透设施或雨水处理设施
道路广场	公园路面雨水径流和透水路面超渗水应通过排水明沟引入周边绿地入渗
水体景观	景观水体可与蓄水设施、湿地建设有机结合，雨水经适当处理可回用于公园杂用水，满足公园雨季用水等
排水系统	合理设计山体排洪系统，并按现行规范标准设计截洪系统和市政排水管道

表 7-4-5　适宜道路、广场的明沟系统设置要求

地块类型	设置要求
道路附属绿地	①道路绿化带宜建为下凹式绿地； ②坡度较大的路段，绿化带宜采用阶梯式； ③道路雨水径流宜引入两边绿地入渗
道路排水系统	①有条件的路段，道路排水可采用植草排水沟； ②土地条件许可时，道路沿线可建设雨水生态塘或人工湿地，道路雨水可引入其中处理、储存，雨水生态塘和人工湿地应兼有雨水处理、调蓄、储存的功能； ③经雨水生态塘和人工湿地处理后的雨水在非雨季时可用于灌溉和浇洒道路

表 7-4-6　适宜城市水体的明沟系统设置要求

地块类型	设置要求
行洪断面	①断面宜采用生态断面，充分与周边城市景观结合； ②宜采用复式断面
河道蓝线内	用地条件允许的河段宜建设多功能湿地花园，具有去除污染物、滞留洪水等功能

表 7-4-7　生态明沟设置条件表

项目	生态护坡/滨水缓冲带	下凹式绿地	生物滞留槽	植草沟
设置位置	路边或水边等	结合街头绿地和公园等设置	一般在室外，紧邻建筑物	公园绿地、道路边沟、人口密度较低的居住区、工业区
空间需求	泥沙截流：3～10m 宽 水质保护：5～30m 宽 洪峰削减：20～150m 宽 生境维持：30～500m 宽	宽 0.5～2.0m	一般无限制要求	底宽 0.5～2m 长度≥30m 坡度 0.1%～0.5%
地下水位	一般无要求	高于地下水位 0.5m 以上	高于地下水位 0.5m 以上	高于地下水位 0.5m 以上
日常维护	少量维护满足景观需求	少量维护满足景观需求	少量维护满足景观需求	极少量维护

2) 明沟系统形式选用

各种类型明沟排水措施在不同类型用地单元的综合应用案例如表 7-4-8 所示。

表 7-4-8　明沟系统形式选用一览表

序号	明沟形式	功能/特点	示意图片	下游衔接设施	适用区域
1	硬质断面河道	行洪、景观		河流、湖泊、海域等地表水体	城市建设区
2	截洪沟	截流山洪		河流、湖泊、海域等地表水体	山体边缘、建设区边缘
3	线性排水明沟	线性收水		雨水管渠、雨水收集池	城市建设区
4	生态断面河道	行洪、景观/下渗、截流、过滤、生物降解		河流、湖泊、海洋等地表水体	生态区、建设区
5	植被浅沟	下渗、截流、过滤、生物降解		雨水湿地、蓄水塘、调蓄池、河道	生态区、建设区

续表

序号	明沟形式	功能/特点	示意图片	下游衔接设施	适用区域
6	生物滞留槽	下渗、过滤、生物降解		雨水湿地、蓄水塘、调蓄池、河道	生态区、建设区
7	下凹式绿地	下渗、截流、过滤、生物降解		雨水湿地、蓄水塘、调蓄池	生态区、建设区
8	雨水湿地（带状）	下渗、过滤、蓄滞、生物降解		雨水湿地、蓄水塘、调蓄池	生态区、建设区

7.5 初雨水蚝壳生物自然处置新技术

对于初期雨水的处理与控制，是控制非点源污染的重要内容和手段，而处理初期雨水的技术若按照处理地域的方法可分为就地(on-site)处理和异地(off-site)处理两大类，就地处理包括初期雨水调蓄池技术、生态工程控制技术、初期雨水沉淀池、初期雨水旋流池等；异地处理包括输送至污水处理厂处理、中水回用处理技术、生物处理技术等。这里将阐述滨海城市地表径流初期雨水的蚝壳生物处理新技术。

7.5.1 初期雨水常用处理工艺

BMP 从系统的角度出发，在径流进入水体前进行流域级的控制，主要关注水质，且主要在美国应用。LID 倾向于在微观区域对源头采用保护天然地表的措施控制径流污染，主要在美国、加拿大、欧洲、日本等国应用。WSUD 强调暴雨径流和天然河道作为资源的可利用性，主要在澳大利亚应用。SUDS 目标除减少径流水量和污染物外还包括改善社区的居住环境，主要在英格兰、苏格兰、瑞典等国应用。LIUDD 来源于 LID，融合了新西兰国内的水资源管理措施“三水管理”，倡导雨水就地收集、回收和利用，主要在新西兰应用。洼地-渗渠系统模式(MR)主要在德国应用。当今主流的 BMP 和 LID 技术，可以用于处理初雨水。

点状 BMP 措施包括渗透池、干塘、人工湿地、砂滤池、蓄水池等，可以将雨水捕获于一点，从而综合运用滞留、过滤、蒸发、沉淀和传输等手段进行暴雨控制和利用。线状 BMP 措施主要包括植草沟、渗透沟和植被缓冲带等，可对径流进行过滤、对营养物进行摄取、为野生动物提供栖息地并具有一定的美学价值。面状 BMP 措施包括透水铺装和绿色屋顶等，可改变不透水地表的比例和土地覆盖状况，可去除部分污染物。BMP 模块即综合考虑这些措施的孔堰控制结构，以及考虑渗透、蒸发和植物生长等过程，进行径流演算和污染物损失、降解和传输过程的模拟。如在 SWMM 中包含了 7 个雨水处理设施。

根据城市非点源污染的产生、迁移路径将 LID 划分为单个技术(局地层面)—措施组合(社区层面)—控制体系(流域层面)3 个层次，以实现雨水的综合利用和非点源污染物梯级处理。从社区层面角度，国内外应用较多的 LID 评估工具主要包括了 SWMM、MOUSE、MUSIC、最佳管理措施决策支持系统(BMP decision support system，BMPDSS)和暴雨径流处理分析系统(system for urban stormwater treatment and analysis integration，SUSTAIN)。其中由美国环保署主导开发的 BMPDSS 与 SUSTAIN 是两个值得推荐的系统，可为城市雨洪管理措施的规划和设计提供技术分析与决策支持，但是否适用相对较大的流域，尚需开展进一步研究工作。

从流域层面的角度，国外设计方法通常按照某一降雨重现期的降雨厚度和汇水面积，通过每一类用地的外排雨水设计流量进行设计和控制，主要通过控制综合径流系数以达到控制雨水设计径流总量，从而达到控制城市非点源污染的目的。现有的流域尺度水文或水质模型主要包括 SWAT(soil and water assessment tool)、SWRRB(Simulater for Water Resources in Rural Basins)、HSPF(Hydrological Simulation Program-Fortran)、ANSWERS(Areal Non-point Source Watershed Environment Response Simulation)、AGNPS(Agricultural Non—point Pollution)和 BASINS 等。USEPA 将雨水调蓄池列为最受欢迎的雨水管理和处理技术方法之一，但目前国内外所建设的调蓄池，普遍情况是调蓄池位置较偏远，通常位于河道中下游或者水库库尾，周边市政配套管网不完善或者市政污水管道偏小，而且污水处理厂在设计中仅仅考虑污水的变化系数而没有考虑初期雨水的处理。所以进入污水处理厂进行处理往往不可行，需要考虑初雨水的处理工艺。

但在确定初期雨水处理技术之前，应先确定初期效应，需要确定初期雨水的截流体积或质量，然后根据当地情况选择合适的处理工艺，应根据具体场地周边情况、市政管网能力、污水处理厂位置及处理能力、区域环境要求等方面综合考虑初雨水处理方式及水质要求。如果市政管网过流能力能满足要求，且城市污水处理厂有富余能力可以处理初雨水，初雨水应优先考虑进入市政管网系统并进入污水处理厂进行处理。城市污水处理厂此时运行过程中应考虑到初雨水水质特点进行相应调整。

常用的初期雨水组合处理工艺有人工湿地、生态砾石床、自然活性处理工艺、一级强化处理工艺等。其中一级强化处理工艺主要采用加药混凝沉淀的处理工艺，由于其处理标准较低，同时处理过程中产生大量剩余污泥，在目前所有城市污泥处置问题越来越紧迫的今天，采用一级强化处理工艺，其低出水标准、高污泥产量的工艺是不合适的。下面是几种常用的生态型处理工艺。

1. 人工湿地

人工湿地(constructed wetland，CW)是指用人工筑成水池或沟槽，底面铺设防渗漏隔水层，充填一定深度的基质层，种植水生植物，利用基质、植物、微生物的物理、化学、生物三重协同作用使污水得到净化。

人工湿地技术用于处理暴雨径流最早开始于 20 世纪 90 年代，主要包括道路径流、农田径流、农场径流、高速路径流等各个领域，至 2016 年已经超过 130 篇英文文献和 74 篇中文文献就人工湿地处理径流的研究进行了报道。图 7-5-1 是国内关于人工湿地处理径流的 74 篇文章的关键词的分布情况，其中，关于处理初期雨水利用人工湿地进行处理的相当少。人工湿地可以将雨水处理利用与景观建设有效结合，并且运行能耗低，管理方便，在雨水利用方面有着广阔的前景。

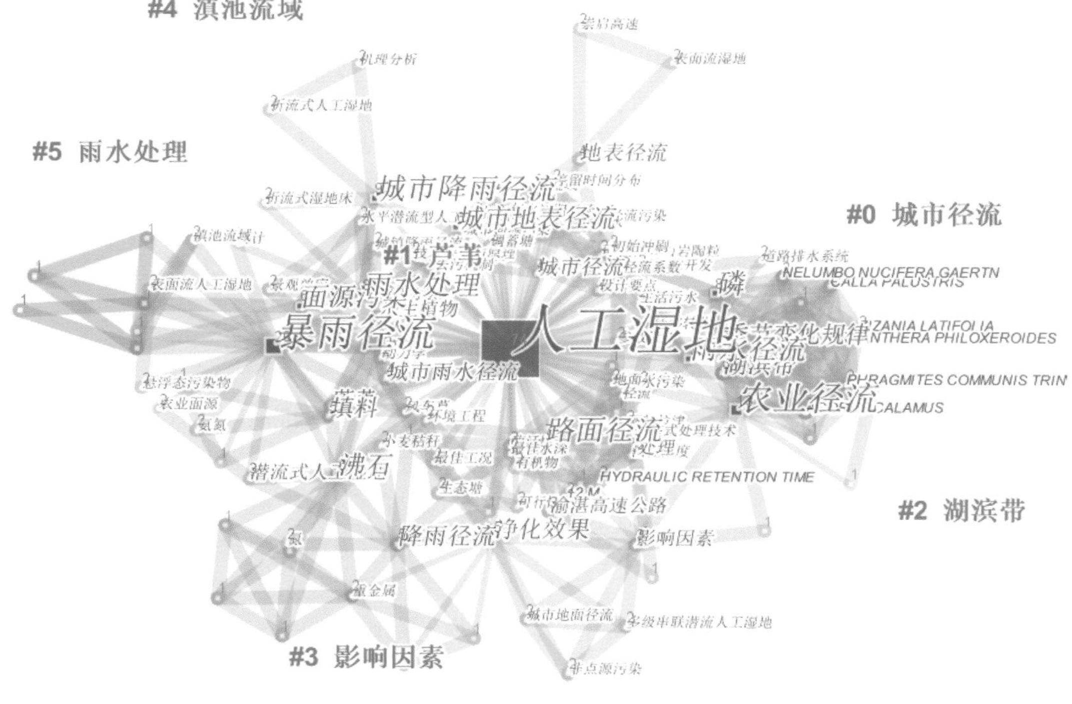

图 7-5-1 国内关于人工湿地处理径流的文献分析

但人工湿地占地面积要求很大，一般污水面积与人工湿地面积的比例为 1:2，同时由于其结构特点的原因，处理污水时，堵塞的问题难以解决，维持长期稳定的运行维护存在一定难度。目前常用于深度处理，避免了堵塞问题。

雨水初期径流污染人工湿地技术主要是利用土壤、人工介质、植物和微生物的物理、化学、生物三重协同作用，对雨水径流进行处理的一种技术，其作用机理主要为：截留过滤作用、接触沉淀作用、水生植物的根部对氮和磷的吸收作用、微生物分解、吸附和转化作用、土壤的脱氮作用和土壤中矿物质的吸附与离子交换作用及各类动物的作用。按水流方式可将人工湿地分为表面流人工湿地、潜流人工湿地和垂直流人工湿地三类。其中潜流人工湿地技术是核心，应用也比较广泛，一般由两级湿地串联、处理单元并联组成。湿地中根据处理污染物的不同而填有不同介质，种植不同种类的净化植物。

2. 生态砾石床

砾石作为人工湿地的填料进行污水处理始于 20 世纪 90 年代，并得到了较多的应用，国内有人把这种处理方式称为生态砾石床工艺。生态砾石床工艺主要是采用砾石为填料的污水处理技术，砾石的孔隙率为 30%左右，主要适用于微污染的水处理工艺，其主要特点为处理流程简单，运行费用低。其孔隙率较小，水头损失比较大，也存在堵塞的问题。

3. 自然活性填料处理工艺

自然活性材料比较多，如木质素是一种吸附活性材料，天然沸石(如斜发沸石)可以利用它们超强的离子交换能力通过吸附和固定有害元素以保护环境。废钢渣作为废弃过滤介质被用于去除磷元素。活性材料的电导率、孔隙率、颗粒度、铁铝钙等金属含量、比表面积等属性是首先应该测定的，而且活性材料被用于池塘出水的废弃物稳定化应用。一部分活性材料研究已经集中在湿地处理系统。蚝壳—沸石压缩柱被用于深度处理过程中的磷和氮的去除。被回收利用的蚝壳也被生命周期评价方法进行过评估，近年来蚝壳粉也已经被添加到鱼粉中和当成建筑材料，且蚝壳在高温时被用作生物柴油的催化剂。

自然活性处理工艺能处理污水浓度较高的污水，通过连续的生化填料和活性碳滤池进行水处理，处理效果较好。其主要特点为处理流程较长，对管理水平要求较高。

4. 人工红树林湿地处理径流

红树林生态系统对气候改变、生态系统服务和调节是有很价值的。尽管红树林有较单一的物种多样性，但是红树林生态系统是十分复杂的，对于红树林生态系统开发和管理的模型主要有 3 个模型(FORMAN、KIWI 和 MANGRO)。红树林生态系统中的污染物如重金属、营养盐、总有机碳、多环芳烃等主要来自陆地的径流输送。同时，红树林生态系统也具有较高的微生物多样性和一定的浮游生物多样性。人类对红树林生态系统的影响主要包括区域的油污染、固体和液体废弃物、海岸开发、海洋钻探、娱乐活动、过度饲养、树木砍伐、淡水径流转换和杀虫剂控制等。深圳湾红树林湿地是深圳市建设生态环保工程的示范项目。深圳湾红树林湿地主要受纳雨水面源污染，对其进行污染负荷的缓冲。经过对雨季期间 6 场典型降雨的测定，从面源污染统计特征、污染过程线、径流初期效应识别等方面分析和讨论了深圳湾红树林湿地径流排放口的总污染特征规律。分析结果表明：尽管雨季期间湿地径流排放口的 COD、SS、BOD_5、TN、TP 普遍超出地表Ⅴ类水标准，但由于排入湿地的小沙河周边下垫面位于深南大道和锦绣中华附近，清扫频率高，绿化面积大，所以污染并不严重；经过较长时间雨水冲刷，污染物质量浓度会急速下降。

7.5.2　蚝壳生物处理技术

1. 蚝壳生物处理技术发展

近年来，蚝壳作为一种活性材料，已经被用于处理市政废水。蚝壳密度为 1710～1940 kg/m^3，含有碳酸钙和一系列贝壳硬蛋白质。由于蚝壳壳空间有中空的洞、包含物和杂物，蚝壳的密度受到影响，且蚝壳在建筑中属于不均匀材料。

蚝壳在很多国家海岸线盛产，含有约 96%的钙和 16 g/kg 的磷吸附容量。在很多地方，来自海洋养殖业废弃的蚝壳被随意堆放在海岸上。为减少废弃的蚝壳数量，一些研究者已经调查并把废弃蚝壳作为了一种就地(on-site)处理用的建筑材料、一种酸化土壤的稳定剂和一种磷酸盐的吸附剂。

在中国，关于蚝壳的应用主要包括：建筑材料、甲壳素的提取、制备钙盐、制备柠檬酸钙、滤料、活性填料等。

蚝壳已经被用作一种过滤介质，用于处理曝气生物工艺，处理市政污水。利用被硅改性和粉末态的蚝壳可以去除磷酸盐。通过耦合滑动处理方式在处理过程中加入蚝壳可以作为一种曝气生物过滤介质。蚝壳粉作为吸附剂能有效吸收废水中的二价铜离子和二价镍离子。

湿地使用蚝壳主要是为了防止泄露，并能从水中吸收磷。人工湿地可以通过吸附和截流作用与钙离子和铝离子反应的方式减少水体中的磷含量。

香港元朗湿地采用“人工湿地→沉淀池→碎砖池→蚝壳池”的工艺，于 2005 年年底完工，来自元朗排水，绕道旱流排水渠的水源会先流过沉淀池，让水中的沙石等固体沉淀。然后，水流过碎砖池及蚝壳池(图 7-5-2)，进行天然过滤及净化，减少水内的养分，以免红潮出现。

图 7-5-2　香港元朗蚝壳池

蚝壳也已经成功应用于过滤接触床净化水质，过滤接触床为生物膜附着提供了条件，生物膜在蚝壳表面集中垂直生长和水平生长，形成较大的比表面积，具有较高的降解废水中污染物的效能。

蚝壳用作生物降解的机理主要是基于生物膜，生物膜由厌氧生物和好氧微生物组成，能吸附在多孔介质(比如砾石接触床)中，可以降解废水中的污染物。生物膜在废水处理中用作生物过滤最早出现在 1893 年的英格兰，并成功应用在不同的废水处理中。利用蚝壳作为一种活性材料，用于深圳市凤塘河河口的潮汐河流水质，效果较好。

利用蚝壳作为介质的人工湿地处理系统见图 7-5-3，蚝壳被填入复合人工湿地中，起吸附和过滤作用，水力停留时间在 3.5 天时，BOD_5 去除率为 92.3%、总氮去除率 85.7%、总磷去除率 98.3%和总悬浮颗粒物去除率 94.4%。因此，利用丢弃的蚝壳作为污水处理设施(如接触床介质、人工湿地介质)，具有处理废水中有机污染物和氮磷的潜力。

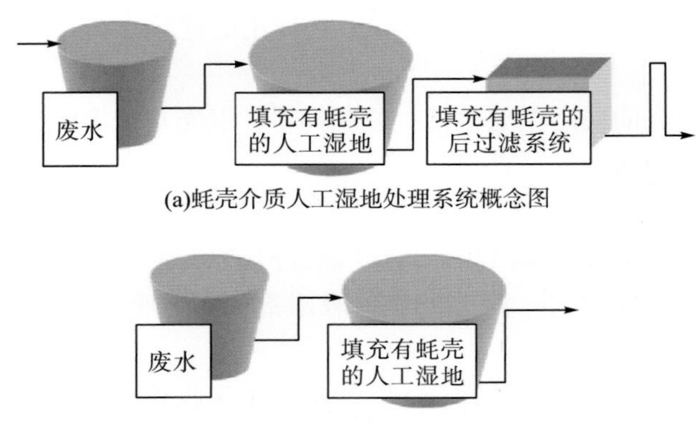

(a)蚝壳介质人工湿地处理系统概念图

(b)填充蚝壳介质的人工湿地控制单元

图 7-5-3　填充蚝壳的人工湿地框架图

Park 和 Polprasert 提出的填充蚝壳的运行概念图，可以理解为自然无动力和强化有动力的两大类，其中自然无动力的代表就是该实验中采用的人工湿地，强化有动力的代表是人工湿地接触床，通过泵站将污水引入，并利用曝气井将废水输送到人工湿地中(图 7-5-4)，即蚝壳也被用在人工湿地的接触床中，可以有效净化水质。在台湾进行了试验，采用了潜流式人工湿地(垂直流蚝壳池、水平流蚝壳池)、水平流砾石池、水平流曝气蚝壳池四种工艺，其处理工艺和现场(约 $700m^2$) 如图 7-5-4 所示，当水力停留时间为 0.37 天时，水平流曝气蚝壳池对 BOD_5、SS、NH_3-N、NO_3-N、PO_4-P 和 TP 的质量去除量分别为 18.78 g/(m^2·d)、58.95 g/(m^2·d)、11.74 g/(m^2·d)、−1.19 g/(m^2·d)、0.50 g/(m^2·d)和 0.87 g/(m^2·d)，BOD_5、SS、NH_4-N 和 TP 的去除率分别为 3.47%、79.74%、55.03%和 20.34%，蚝壳比砾石具有更好的去氮效果。其他研究也说明在废水处理中，蚝壳比砾石具有更好的氮磷去除效率。

近年来研究也揭示了蚝壳具有对磷吸附的巨大潜力，适合于提高人工湿地中的微生物和植物。通过实验揭示，蚝壳比其他磷的吸附剂如碎砖块、火山岩和沸石的吸附能力更好。将蚝壳应用于废水处理行业，其净化水的能力总结为表 7-5-1，可见，蚝壳在污水处理行业有较大潜力。

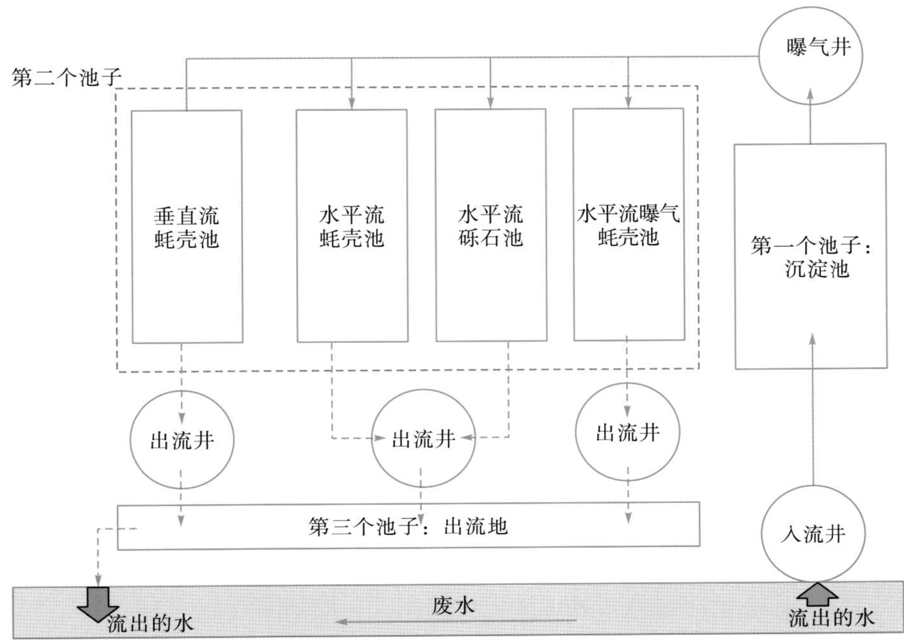

图 7-5-4　蚝壳接触床工艺流程及现场

表 7-5-1 蚝壳作为介质降解废水小结

来源	处理工艺	流类型	介质	水力停留时间(d)	流率(m^3/d)	BOD 或 COD		SS		氨氮		硝酸盐氮或总氮		磷酸盐或总磷	
						流入浓度(mg/L)	去除率(%)	流入浓度(mg/L)	去除率(%)	流入浓度(mg/L)	去除率(%)	流入浓度(mg/L)	去除率(%)	流入浓度(mg/L)	去除率(%)
台北市(中国台湾)	水平流曝气蚝壳系统	水平流	蚝壳	0.37	178.00	5.0～26.5	53.47	13.0～48.0	79.94	2.8～22.2	55.03	0～2.8	-480.90	0.3～1.2 0.5～1.9(TP)	2.36 20.34
	水平流蚝壳系统	水平流	蚝壳	0.17	116.60	5.0～26.5	3.82	13.0～48.0	35.03	2.8～22.2	-11.03	0～2.8	8.07	0.3～1.2 0.5～1.9(TP)	-5.54 8.66(TP)
	水平流砾石系统	水平流	蚝壳	0.22	202.20	5.0～26.5	17.52	13.0～48.0	48.09	2.8～22.2	-7.21	0～2.8	23.52	0.3～1.2 0.5～1.9(TP)	-14.25 5.09(TP)
Klong Luang 地区(泰国)	潜流式人工湿地	垂直流	蚝壳	2.50	0.04	36.4±14.8	89.30	27.30±13.86	85.30	21.2±5.3	71.20	29.00±7.29(TN)	66.20(TN)	16.8±3.7	95.50
深圳市(中国)	生物接触氧化池	水平流	蚝壳	0.15	360.00	10.0～110.0	85.02	—	85.32	3.0～26.0	86.59	—	—	1.1～2.1(TP)	50.58(TP)

2. 初雨水处理新技术——自然生态活性填料(蚝壳)生物处理工艺

本研究团队在前期已经利用蚝壳，作为一种自然生态活性材料，采用生物接触氧化池工艺，用于深圳市凤塘河河口的潮汐河流水质，然后从 2009 年在实际工程中开始应用(见图 7-5-5)，至今运行较好，其废弃蚝壳来自附近海岸，平均密度为 1275 kg/m^3、空密度为 291 kg/m^3、孔隙率为 77%、比表面积为 1210m^2/m^3。该中试试验是 360m^3/d，COD、BOD、氨氮、总磷和总悬浮颗粒物的平均去除率分别为 80.05%、85.02%、86.59%、50.58%和 85.32%，该技术应用工程在凤塘河口湿地，处理规模为 $5\times10^4m^3$/d。

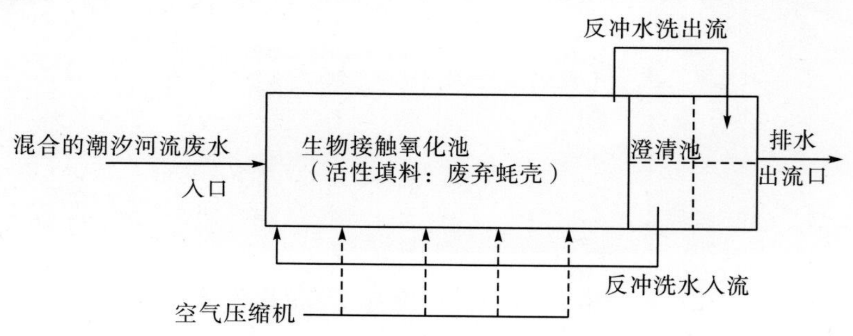

图 7-5-5 蚝壳生物接触氧化池(生物活性填料)工艺流程

自然生态活性填料生物处理工艺是生态型的污水处理生态工艺，可根据场地采用各种构筑物型式，其填料采用天然的填料，其主要成分为海生贝类生物的壳体，在沿海城区随处可见，一般作为固体废弃物处理。将其经过加工后作为生态处理的载体，由于其结构特点，适宜微生物生长，能有效去除水中氮磷等有机污染物，且具有结构简单、运行管理方便、运行费用低、污泥量少等特点，最重要的是其占地相对较小，在同等规模条件下，该工艺在占地方面具有较大优势，适宜在用地比较紧张的城区采用。

蚝壳生态活性填料工艺其填料的孔隙率为 77%左右，这样保证水头损失较小，与生态砺石床类同设置放空或冲洗系统，可有效解决处理系统的堵塞问题，最重要的是占地较少，占地小成为这种工艺的最大优势。

自然生态活性填料工艺采用的填料取自蚝壳，是由有机质通过生物矿化调节形成，即以少量有机质大分子(蛋白质、糖蛋白或多糖)为模板进行分子操作，高度有序地组合成无机材料。蚝壳的物理构造为角质层、棱柱层、珍珠层，主要部分为棱柱层，叶片状结构，含大量 2～10mm 的微孔，具有较强的吸附能力。蚝壳中含有壳聚糖，这是天然的碱性多糖高分子，与生物体能够亲和相容，并具有良好的胶凝性及成膜性，已逐渐应用于水处理中。据研究表明，壳聚糖是一种很好的污泥调理剂，有助于形成活性污泥菌胶团，可凝聚溶液中带负电荷的悬浮物和有机物。

蚝壳自然生态活性填料工艺可以实现在沿海城市的废物利用，变废为宝，解决城市垃圾处置问题的同时有效实现初雨水处理，适用于初期雨水处理存在阶段性的特点。同时自然生态活性填料工艺，由于其填料的特点，可以在填料的表面进行绿化种植，主要以去污能力强的水生植物为主，一方面有利于周边景观，同时也进一步提高出水水质。由于其填料本身的特点，在运行过程易实现生物生长，即便在检修后，一般 5h 左右可以实现水质达标。

采用自然生态活性填料生物处理工艺处理初期雨水，可以实现在较小投资及占地面积的情况下，出水水质远远优于人工湿地和生态砾石床工艺，出水指标可以达到一级 A 出水标准(P 除外，如必要可考虑化学除磷)。P 的去除主要是依靠排泥，而该工艺与其他接触氧化法类似，排泥量较少，应用经验表明在进水前适当投加石灰，提高 pH，保证以碳源为主体的载体不被软化，可提高 P 的去除率。因此推荐采用蚝壳自然生态活性填料工艺作为滨海城市初期雨水的处理工艺之一。

第 8 章　感潮河流污染控制方法与实践

8.1　感潮河流污染控制研究进展与概述

8.1.1　感潮河流研究概述

感潮河流(tidal river)是指受到潮汐影响其流量和水位的河流。感潮河流是指短河流，有时流量较小，有时流量较大，通常情况下一个狭窄的潮汐河流具有一个大的沿海出口。一些实例表明，涨潮时海水从下游河口涌向上游的淡水，水流反转使低水位河段水位上升，形成大河口。

感潮河段是指河口至潮区界的河段。潮汐长波进入河口后，不但受水深渐减及两岸收束的影响，且因河水下泄使潮波的推进受到阻碍，因此河口的潮汐现象也较一般复杂。在河口段潮波向前推进时，一方面受河床上升和阻力的影响，一方面又受河水下注的阻碍，潮流能力逐渐消耗，流速渐减。当潮波推进相当距离，河口外落潮时，河口内的潮水便又流回海中，潮水位继续降落，自潮波后坡落潮的水量也就愈多。所以不但潮流上溯的流速因河流的阻力而削弱，就是水量也因落潮而减少。等到潮波上溯到某一地点，潮流流速正好和河水下泄速度相抵消，潮水停止倒灌，此处称谓潮流界。在潮流界以上，潮波仍继续上溯，这是由于河水受壅积的结果，但潮波的波高急剧降低，至潮差等于零处为止，即所谓潮区界。

感潮河流水体不仅包含水及其水中生物，而且包含河床及潮滩的底泥。其中，潮滩是沿着浅水海岸线和河口分布，在缓坡倾斜的海床上累积了细颗粒沉淀物，形成了河口湿地的基本结构。潮滩地理形状是一个与潮水、波浪、沉淀物属性和生态过程有关的复杂产物。潮滩的研究主要集中在：营养物分布与海床形态发展、感潮河流水环境容量、泥沙分布、疏浚、水质模型等方面。

8.1.2　感潮河流污染控制总体思路

以滨海城市感潮河流的基本特征及污染情况，结合当地各种发展状况，确定了源头控制、传输途径水动力控制和末端生态修复的工程控制思路。如以海陆交错带的生态修复为主题，开发海陆交错带的水土生境重建和盐生植被恢复的配套技术，包括污水收集、污水生态处理工艺的研发、水动力恢复、选用植物、定植/回归技术、抚育与管理、监测及评价等红树林生态恢复的技术集成，拟对感潮河流的生态系统的完整性和健康作出贡献，如以模拟自然状态的污水处理工艺、生态修复技术及河口水动力学研究为基础，拟采用截污治污、加强水动力、增大纳潮量等措施改善感潮河段的水环境质量。

根据前面感潮河流污染概述的参考文献，总结提炼、因地制宜和部分创新性地提出了滨海城市的感潮河流污染控制总体思路，主要的总体思路如图 8-1-1 所示。

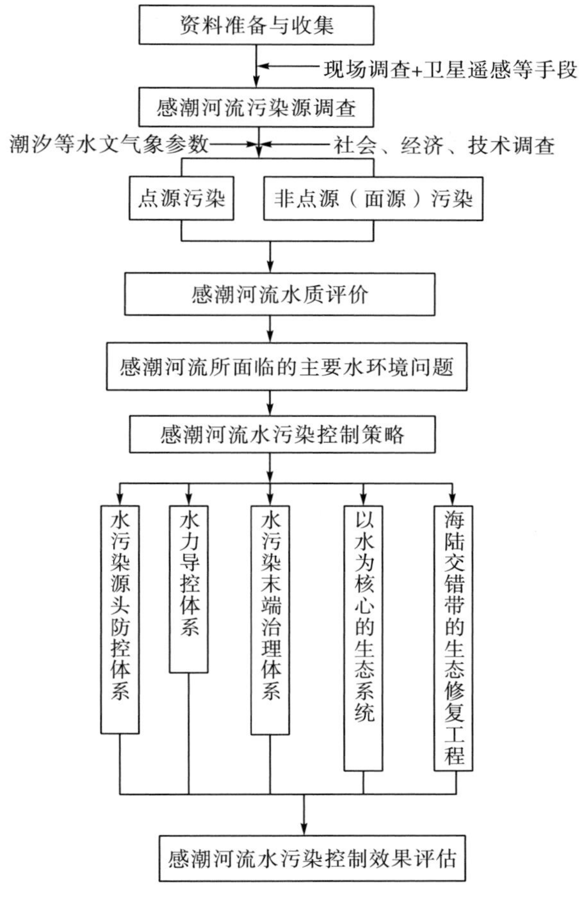

图 8-1-1　感潮河流水污染控制总体思路

1. 感潮河流的水污染源头防控体系

加强河网水体与外海的交换，利用海域的水环境容量对污染物质进行稀释、扩散是滨海城市感潮河流区域防控水体污染的重要措施。但伴随着城市化的进程，污染物排放加剧，周边海域环境容量难以为继，因此必须对水体污染进行源头防控，主要措施包括以下三点。

1) 建立完善的污水收集系统

感潮河段的建筑很多临水而建，受纳水体水位较高，截污系统易发生海水倒灌现象，故排水体制应采用完全分流制。近期可采用临时截污措施，解决目前旧城污水直排入河的问题；远期应结合旧村改造，建设生活污水收集管道，并将其纳入主城区污水收集系统。

2) 低影响开发源头治理技术

雨水冲刷携带的污染物质，如直接进入河道，必然对河道造成污染，因此在感潮河流流域的各类工程中应采用低影响开发(LID)的源头污染控制技术，如建设草沟、透水地面、透水树池，保留旧村的调蓄塘，建设具有强化处理功能的雨水花园。

针对城市非点源的控制，LID 主要是通过截留、渗透、过滤等措施对雨水进行源头控制，其主要目标包括：减少径流量、削减洪峰、补充地下水、减少土地侵蚀、截留污染物等，进而达到保护河流水质的目的。LID 在不同的气候条件，不同的地区，其处理效果也有所不同，LID 可以减少 30%～99%的暴雨径流并延迟大约 5～20min 的暴雨径流峰值，还可有效地去除雨水径流中的磷、油脂、氮、重金属等污染物。

3) 明沟系统

前述明沟系统对于入海雨水系统防倒灌、防污染行之有效，当海滩、沙滩高程较大时，暗管暗渠排放口极易堵塞，出流水压线与管(渠)顶平行上溯，极易顶托。而明沟入海可减少淤积，也易清淤。涨潮时和顶托时水面线为壅水曲线，对上游的影响较小。

2. 感潮河流的水力控导体系

充分利用潮汐，特别是涨潮带来的水动力，有利于解决感潮河流污染问题，通过水动力模型及模拟，可以实施一些有效的水动力控制措施，可达到控制感潮河流污染问题，主要是紧密结合滨海城市各感潮河流的实际情况，通过物理模型、数学模型、遥感分析等技术手段，提出具有明显效果与实际可行性的水动力控导方案，主要包括指导思想、治理目标、水动力难点、水动力控导体系的设计与实施，分别如下。

1) 指导思想

滨海城市感潮河流环境治理是全世界海洋沿岸城市发展与建设面临的普遍课题。对中国而言，中央政府、环保部、水利部都对滨海城市河道水环境治理提出国家层面的指导原则；另一方面，各个滨海城市水环境治理过程和经验不同，应因地制宜选用适合滨海城市水环境治理的措施，作为一般性指导思想。指导思想主要包括以下七点。

(1) 开展感潮河流的流域规划，采用流域方法对河涌进行综合治理。在开展感潮河流流域规划时，采用流域方法对感潮河段进行全面、系统治理，全面研究感潮河段水利控制工程、河道走向与水系布局、枯期水资源补给、防洪排涝与河涌水动力控导等问题，兼顾河涌治污、生态修复与城市基础设施现状、城市发展要求的关系。

(2) 实施不同阶段的截污目标。滨海城市感潮河流治理需要从大局着眼，以国家政策为指导，实现污水的全部收集和处理，需加强城市基础设施的建设力度，制订实施 100%截污的时间表。

(3) 实施非感潮河流的生态补水，避免截污后河道断流。对于枯期基流较小的感潮河段，实现 100%截污后河道在枯期可能断流，底泥出露将导致河道景观、生态环境的恶化。对于城市非感潮河段，需要研究河道截污后的补水问题，主要是提高中水回用的比例，并因地制宜研究其他河道补水方案，维持河道生态基流流量。

(4) 实施系统的生态修复，改善城市景观，实现人水和谐。水环境治理是生态修复的基础。生态修复主要是水上堤岸绿化，没有达到整体修复河涌生态环境的效果。未来实现100%截污后，感潮河段生态修复需要从堤岸绿化扩展到系统修复河涌的自然生态环境，主要包括建设生态河岸与河床、岸滩过渡带植物选配、生态群落重建、城市亲水空间等，改善城市景观，实现人水和谐。

(5) 探索滨海城市河段治理、开发与管理的高效方法。滨海城市感潮河段的水环境治理与生态修复是艰巨的系统工程，需要大量资金投入并协调好管理体制上各种关系。生态环境良好的城市河涌，不能简单依靠政府的建设期投入，更需要探索在市场经济环境下城市河涌治理、开发与管理的高效方法，可适当提高城市排污费、污水处理费，引入市场运作机制，将河涌治理与环境改善后的土地升值结合起来，并建立专业的河道生态环境维护管理队伍。

(6) 明确水动力控导工程定位，兼顾近期与远期河道污染来量变化。水动力控导是滨海城市感潮河段水环境治理中的重要环节，包括河涌水系布局与断面设计、水利控制工程、河涌流速设计、枯水期资源补给、防洪排涝设计等，通过水动力控导可以优化河道水动力结构、提高河道对污染的自净能力，重点改善城市中心区水质环境。水动力控导需要兼顾近期与远期河道污染来量的变化，主要是针对截污比例达到85%～90%的水平，通过实施水动力控导加强河口区水体的循环，提高水环境容量与自净能力。

(7) 对相关水系进行整体研究，以感潮河段治理为主，兼顾海湾的水环境治理。感潮河段与河口、海湾是一个相互影响、相互制约的整体水系，河道以河口为出口，受潮汐顶托陆源污染在河流蓄积，河流污染最终也将汇入海湾。很多海湾已经形成一个基本封闭的水域，随着河道污染在港池的不断累积，海湾水域环境将趋于逐渐恶化，而海湾水环境的恶化又反过来影响感潮河段的水环境。因此，需要将滨海城市感潮河流与河口、海湾作为一个整体水系来进行研究，采取兼顾各方面要求与条件的综合措施，加强水体循环交换，盘活整体水系。

2) 治理目标

滨海城市感潮河流水环境治理目标与本地和本流域的水环境治理与规划有密切关系，与沿河截污条件、生态环境等有密切关系，与水环境远期治理目标、污水处理厂、雨水排水系统、河口湿地修复等相关，应加强水循环与水体交换，提高滨海城市感潮河流的水环境容量，促使河口及海湾的水环境逐步改善。

3) 水动力控导难点分析

水动力控导难点分析主要包括以下五点。

难点 1：随着一些沿海工程的兴建，一些海湾逐渐变为相对封闭的港池，与外海的水体交换能力大大减弱，污染物将在河道、港池发生持续聚积，最终造成河道、港池水环境进一步恶化。如何提高河道与外海水体交换能力，是实施水动力控导的一个难点，这需要有关方面的机构共同参与。

难点 2：现有滨海城市的建筑、基础设施与感潮河段河涌治理的矛盾突出，如：①堤岸基本建成并部分投入使用，由于没有在突堤根部预留排水渠，新开渠道方案与突堤地下管道等已建设施存在矛盾；②部分河段已被暗渠化，水质相当恶劣，影响水动力工程实施条件与效果。

难点3：对于一些目前河道污染严重，污水收集难度较大，近期要达到90%截污率的情况，还需要加快污水收集与管网改造工作。此外，河道长期沉积下来的底泥成为污染内源，水动力控导涉及现有底泥的处理、未来河道防淤及底泥处理等问题。

难点4：枯水期城市景观塑造与生态修复也是一个难点，塑造城市景观一般采用枯水期补水、壅高部分河道水位的做法。对于一些感潮河流的河道比降较大，可能需要设置局部壅水工程，但这些壅水工程可能延长水体的滞留时间并促进悬浮物的沉积，由此可能加重局部河段的水质恶化。

难点5：水动力物理模型建立及模拟是水动力导控成功与否的关键。应先建立滨海城市感潮河流的整体物理模型及海湾局部物理模型，然后开展水动力导控试验研究。第一阶段在整体模型上进行试验，发挥整体模型模拟范围大的优势，开展海湾的水环境试验及污水交换能力定量研究；第二阶段在海湾局部模型上进行，局部模型专门为感潮河流而建设，重点开展感潮河段及河口的水动力控导方案的试验研究。

4) 水动力控导体系的设计与实施

(1) 整体模型建立及验证。首先是整体模型建立及验证，包括整体模型设计、模型范围、模型比尺的选择。然后是确定模型试验地形及测试、控制仪器设备，还包括模型试验采用的水下地形资料、模型测试仪器设备。最后对整体模型进行验证。

(2) 局部模型建立与验证。首先是局部模型建立，包括局部模型范围、局部模型比尺选择、其他比尺的确定、模型试验地形及测试、控制仪器设备。然后是局部模型验证，包括验证水文条件的选择、验证测点的布设、水流运动相似验证。

(3) 整体模型试验方法。包括模型试验采用的水文组合、试验的边界条件、试验测点布置。其中，水质试验方法包括分子荧光分析法、浓度—荧光强度标准曲线的确定和水质分析试验方法。并对整体模型水质试验结果进行分析。

(4) 局部模型试验研究及成果分析。与整体模型试验方法相同，在整理模型试验结果的指导下，获取局部模型试验的水动力控导成果。

(5) 水动力控导方案试验。结合整体模型试验结果和局部模型试验结果，提出最优化水动力控导策略和工程，提出对应的控制措施，并提出详细的水动力控制细则。

3. 建立以水为核心的生态系统

滨海城市水域空间和水景观是科学的配置城市资源，提升城市功能和竞争力，改善人居环境和投资环境，实现城市可持续发展的前提和基础。健康有活力的水域空间和水景观是确保“人、水、城、自然”协调发展的重点，是实现城市化良性发展的必要条件。

滨海城市感潮河流应建立以水为核心的生态系统，可以构建将水景观规划、水环境保护、水生态恢复、水工程建设、水文化传承与水经济开发等涵盖其中的城市水景观系统整体协同发展的理想模式。如，可以建立以水为核心的“斑块-廊道-基质”生态系统，斑块即水塘、绿洲，为物质循环完备的生态系统，绿洲为河道中间生态绿洲；廊道即感潮河段；基质即拥有健康的植被、动物、土壤、河道底质。感潮河段两岸丰富的乡土植被可维持良好的水质，形成良性循环。

要建立和维持良好的生态系统，感潮河段的河道及湿地植被的选择十分关键。根据国内外的研究和试种情况分析，造林植物应实现适地适树、原生物种的回归，在树种选择上应遵循的主要原则包括：耐淹性强的原则、苗木规格和生长量符合水位变化及淹旱立地要求的原则、苗木应适应滨海地区及淡咸水交界地带水体含盐量高的特点。通过种群落混交种植后，不仅可以恢复消涨带植被覆盖，而且在水陆生态过渡带可以形成多群落、多结构的稳定植被生态系统，植物间的种间关系明显，群落具有长效机制。

从创新角度，本书提出了一种蚝壳填料的人工湿地系统作为生态反应池，用于处理感潮河流河水。利用沿海地区大量的蚝壳废弃物作为人工湿地的填料，以代替传统人工湿地的砂石填料，并在上部种植象草、风车草或茳芏等植物组合，为污水净化提供了良好的微生物生长条件、植物吸收环境等，从而提高净化效果。人工湿地系统由于具有较大的孔隙率，可采用机械通风的方式，从而维持较长的生物链，保证其处理效率，且无恶臭，苍蝇蚊子较少，在净化环境的同时，可美化环境。生态反应池为一地下构筑物，池中充满蚝壳填料，填料上部种植水生植物。原水由一侧进入，另一侧流出。底部设置曝气管进行充氧。湿地池整体设计为推流式，前部主要功能为含碳有机物的氧化，后部主要发生硝化作用，上部植物起到进一步吸附降解污染物和美化景观效果。湿地反应池构造示意见图 8-1-2。

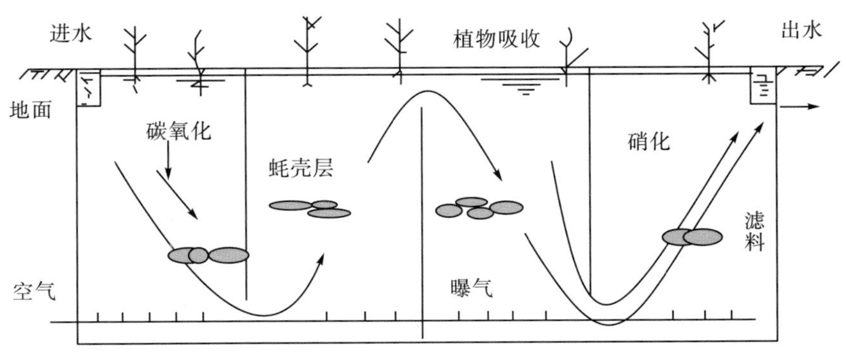

图 8-1-2　湿地反应池示意图

湿地填料为蚝壳，其与污水流动接触，空气从下部流经蚝壳区，供给微生物氧气。在经过一段时间后，蚝壳滤料表面将会为膜状污泥—生物膜所覆盖，生物膜逐渐成熟，由细菌及各种微生物组成生态系统，对有机物具有强大的降解功能。生物膜成熟后，由于微生物不断增殖，生物膜厚度不断增加，在增厚到一定程度后，在氧气不能透过的内部将转变为厌氧状态，形成厌氧性膜，这样生物膜便由好氧和厌氧两层组成，它们分别担负着除碳和除氮磷的功能。

在蚝壳填料人工湿地中，体现了生态学原理，即整体优化、循环再生和区域分异。整体优化就是将最佳滤料与最佳构成相结合，微生物与植物相结合，取工艺流程最简洁的整体优化方案。循环再生就是湿地池作为活性过滤器，污染物在这一系统中通过生物吸附、生物降解、化学分解和转化，大分子变为小分子，有害污染物变为无害物质，污染的水变得相对洁净，实现水的循环再生。区域分异就是有针对性的工艺选择，科学的工程设计，严格的工程实施和合理的运行管理，使本项研究的湿地池成为具有高效、安全、可调控特性的系统，在其中实现污染物的转化与降解。

4. 海陆交错带的生态修复工程

过去六十多年，虽然生态系统服务与河口湿地及栖息生物相关联十分重要，但是修复和重建退化湿地栖息地的方法还是在系统应用方面很是缺乏。科学家和工程师们通常尝试用数值模型将人类影响河口生态系统定量化，然后用这些模型去预测生态系统进化的轨迹。河口生态系统模型家已经耦合了食物链模型和沙流模型，主要通过河流驱动(如洪水或干旱)、海洋(如潮汐、风暴)和风的驱动条件下的潮汐循环情况，预测水和泥沙的物理特性。

以滨海城市海陆交错带为主要对象，研究高速城市化对河口及海陆交错带的生态影响，以及受损河道、河堤、湿地、绿地的生态修复工程技术及集成。以“海陆交错带的生态修复”为主题，开发海陆交错带的水土生境重建和盐生植被恢复的配套技术，包括污水收集、污水生态处理工艺的研发、水动力恢复、选用植物、定植/回归技术、抚育与管理、监测及评价等红树林生态恢复的技术集成。

对于感潮河流河岸护坡的生态修复，本书采用了一种新型中空生态护坡六面体和竹篾护坡体系。滨海感潮河流的边坡设计通常需要考虑防浪、防洪、阻水等功能。现有常见的防浪边坡大多以钢筋混凝土为主料，由模板浇筑而成的各种样式的防浪块组成，其造型式样简单、材料单一、美观度差，易形成生态阻隔，不满足生态、美观的要求。为了避免上述问题，在深圳凤塘河红树林修复工程首次采用了一种新型种植型六面体中空防浪块(图 8-1-3)。

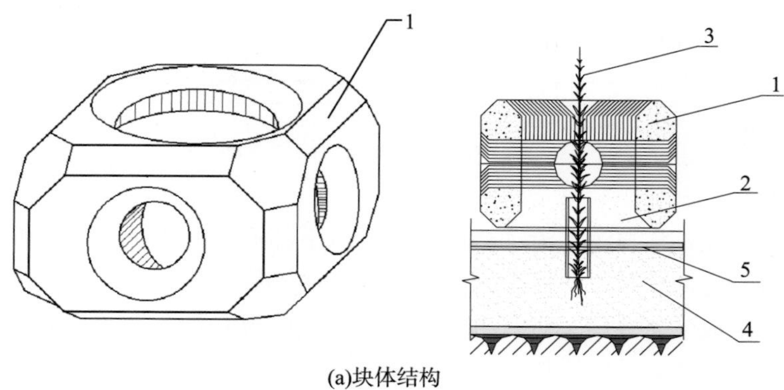

(a)块体结构

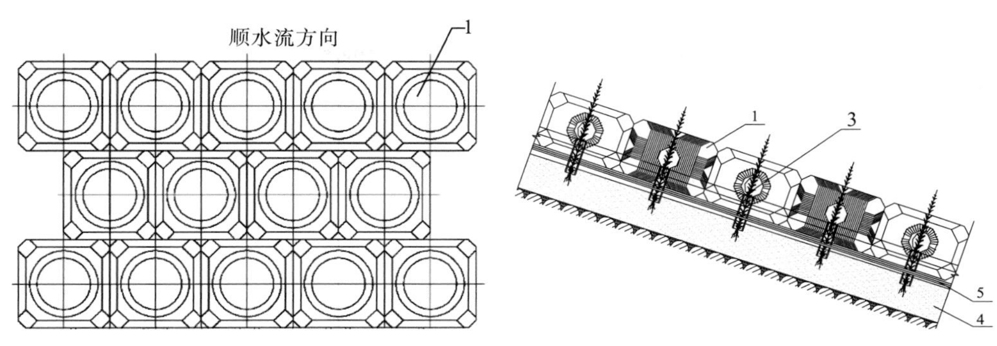

(b)堆砌方式(平面及剖面)

图 8-1-3　中空防浪块相关设计图

1—新型防浪护坡块；2—中空防浪块内种植土；3—植物；4—腐殖土；5—竹篾或反滤土工布

8.2　红树林湿地系统

8.2.1　红树林湿地系统概述

红树林(mangrove)指生长在热带、亚热带低能海岸潮间带上部，受周期性潮水浸淹，以红树植物为主体的常绿灌木或乔木组成的潮滩湿地木本生物群落。组成的物种包括草本、藤本红树。它生长于陆地与海洋交界带的滩涂浅滩，是陆地向海洋过渡的特殊生态系统。

全世界有 60%的人口居住在沿海区域，其中，红树林对海岸线稳定，减弱波浪、暴风和海流具有重要作用，在波浪活动和极端事件中保护沿海栖息地。但是，这些红树林在人类定居、水产养殖、农业和海岸开发等影响下正在逐渐被破坏和退化。

红树林由于处于咸淡水交接地带，红树林湿地滞留了大量的陆源污染物，从而对河口和海洋的水体起了重要的净化作用。特殊的生境造就了红树植物“抗污”和“降污”的功能，因此国内外早有研究认为，红树林湿地系统与其他类型的湿地一样具有净化污水的潜能。红树林生态系统对污水的承受能力比邻近的环礁生态系统要大，将一级处理后的污水排放到红树林生态系统内，能够减少近海域的富营养化现象。

按照构建的人工红树林湿地的类型，分为三大类：模拟潮汐湿地系统、人工红树林污水处理系统以及红树林种植-养殖生态耦合系统。应用人工红树林湿地净化污水具有较大的可行性，前景可观；第一类系统模拟了自然海滩上的潮涨潮落的情形，第二类系统与一般人工湿地相类似，而第三类系统是指在养殖塘种植红树植物以去除有机物和营养盐。

8.2.2　红树林湿地对地表径流污染的削减

红树林生态系统对气候改变、生态系统服务和调节是有很价值的。尽管红树林物种多样性较单一，但是红树林生态系统是十分复杂的，对于红树林生态系统开发和管理的模型主要有 3 个模型(FORMAN、KIWI 和 MANGRO)。从研究者选用的湿地类型上看，人工红树林湿地基本发展趋势为：从海水到淡水；从模拟潮汐到非潮汐再到连续进水；从人工合成污水到工业废水再到实际生活污水，从可行性探索到中试阶段再到实际应用，这一系列的转变体现了研究工作不断由理论向实践靠近的过程。

红树林湿地系统污染的研究主要集中在不同污染物的排放对红树林及生态环境的影响上，包括：对红树植物的生长和生理生态的影响，污染物在红树植物中的累积以及污染物对红树林区沉积物、藻类、底栖动物的影响等方面上。研究结果表明，红树林对重金属、石油及污水等污染物有较强的耐性，且红树林植物和林下的土壤都有吸收多种污染物的能力，对污染物有较强的净化效果。但对红树林湿地系统的研究还有待于进一步深入，红树林湿地资源处于濒危状态，需加强管理和保护，所有的实验项目应在非保护区中进行。

红树林生态系统中的污染物如重金属、营养盐、总有机碳、多环芳烃等主要来自陆地的径流输送。同时，红树林生态系统也具有较高的微生物多样性和一定的浮游生物多样性。

人类对红树林生态系统的影响主要包括区域的油污染、固体和液体废弃物、海岸开发、海洋钻探、娱乐活动、过度饲养、树木砍伐、淡水径流转换和杀虫剂控制等。长期以来，红树林湿地亦被认为是排放城镇生活污水和工业废水的便利场所，成了氮磷等营养物质汇集的场所。但排污却是导致印度孟买红树林逐渐消亡的重要原因。中国的红树林生态系统已处于濒危状态，不能再承受过重的污染处理与控制任务，以避免生态系统多样性下降和进一步的退化。

城市径流、石化燃料燃烧、汽车尾气排放是汕头红树林湿地多环芳烃(PAHs)的主要来源：汕头市三片红树林湿地中溶解态多环芳烃以二环和三环为主，表层沉积物中多环芳烃以四环及以上为主，颗粒态除个别站位以二环和三环为主，其他也以四环及以上为主。义丰溪口无瓣海桑人工林中央的水体和沉积物中多环芳烃的含量低于林边缘和林光滩的水体及沉积物。外砂河口无瓣海桑林中央的溶解态多环芳烃浓度低于林边缘和海水，海桑林中央颗粒态和沉积物多环芳烃浓度低于林边缘和光滩。苏埃湾桐花树群落林内的溶解态多环芳烃浓度略低于光滩 PAHs 浓度，其颗粒态 PAHs 浓度低于光滩。单一的无瓣海桑人工林湿地对溶解态多环芳烃有较好的净化作用，天然次生桐花树湿地对水体溶解态和颗粒态的多环芳烃均有一定的净化作用；致癌风险最大的五环 PAHs 在 91.8%的样品中有检出，表层沉积物中 PAHs 的含量低于 ERL，对生物产生负效应的可能性低，在红树林湿地水体及沉积物的多环芳烃的生态风险较低。作者认为：深圳对福田红树林的研究揭示了红树林较强去污能力主要在于红树植物根部的铁膜、菌藻的呼氧作用，为湾区的红树林生态修复提供了示范作用。

8.3 深圳福田凤塘河(潮汐河)治理

8.3.1 背景

随着经济的飞速发展，沿海城市人口急剧集中，城市化进程加速，环境压力增加，城市河口生态严重退化。各沿海岸城市均面临着河口区的生态恢复、水环境治理及合理利用和保护滨海湿地的问题。当前国内外对城市河口的研究主要集中在生物与环境调查、城市河口湿地生物多样性结构与功能、河口湿地的生态系统服务功能、河口水动力与水环境、河口工程地质研究、营养物及其富营养化、营养污染造成的生态破坏机制及控制、城市河口的外来物种入侵、海平面上升等方面，较多是以理论和实验研究为主，而较少有河口生态系统整体恢复性工程实践。

深圳湾位于深圳与香港间，城市化程度非常高，经济异常活跃，在繁华的城市区间内分布有香港米埔自然保护区及深圳福田国家级自然保护区。其中福田国家级自然保护区位于深圳湾的东北部，曲线长约 9km，宽约 0.7km，凤塘河穿越其中心部位，当时水质为劣Ⅴ类、发黑发臭。凤塘河口面临主要生态问题是：由于围填海及养殖导致水动力改变；水质受到污染，鸟类及滩涂底栖生物的物种和数量减少，病虫害频发；由于硬质河道的阻隔、上游水土流失及大量堆填建筑垃圾，使河口大部分土壤退化；外来物种入侵使本地陆生植被及红树林受到威胁。为了使凤塘河明渠段和河口湿地恢复生态平衡，深圳市福田区政府于 2006 年启动了“福田凤塘河口红树林修复示范工程”，投资约 2 亿元，历时 5 年时间，在河口 120 公顷范围内实施了截污治污、水力控导、土壤改良、植被修复等综合性措施，对河口湿地进行生态修复，改善了区域水动力和水环境，建立了完整的湿地生物群落，并于完工后分三个年度对工程效果进行监测、评估，最终实现区域内的生态可持续性。

以“福田凤塘河口红树林修复示范项目”为例，通过对整治思路、具体工程措施及实施前后效果的介绍，探讨适合滨海地区潮汐河口区域的环境整治方法，为其他相似项目提供参考。

8.3.2 凤塘河口水质状况评估(工程前)

凤塘河流域未截污前污水总量为 1397.5 L/s，红树林修复工程实施前截污管道已全线竣工投产，根据调查截污率可达 90 %。2005 年年底截污完工后，在凤塘河暗渠出口断面进行了河水流量的测量，测得平均流量为 0.53 m^3/s。

2006 年 4 月、8 月、11 月和 2007 年 4 月、8 月、11 月期间，广东省内伶仃福田国家级自然保护区管理局委托香港城市大学红树林研发中心对福田红树林湿地的水质进行了监测分析。监测内容包括：理化性质、营养盐和有机污染、细菌数量、重金属含量。选取沙嘴、凤塘河河口、观鸟屋鱼塘出水口以及竹子林生活污水入口处四个监测点，分别于高潮期(潮水高于 1.4 m，珠基，下同)和低潮期(潮水低于 0.4 m)取样分析，凤塘河河口监测点的水质监测结果见表 8-3-1、表 8-3-2。由监测资料可知水质仍为劣Ⅴ类。

表 8-3-1 高潮期凤塘河口营养盐及有机污染物综合指标 (单位：mg/L)

污染指标	2006 年			2007 年		
	4 月	8 月	11 月	4 月	8 月	11 月
COD	228.7±17.2	21.3±2.5	90.3±9.3	223.3±55.1	128.7±30.1	230.0±0
BOD_5	86.0±12.8	13.4±2.7	25.7±5.4	94.0±8.2	23.8±6.8	113.5±21.9
总氮	22.22±2.09	4.35±0.13	7.58±0.25	4.83±0.71	25.65±0.34	16.32±2.70
氨氮	16.54±1.50	1.26±0.23	4.54±0.86	2.26±0.30	18.27±1.67	13.15±2.55
硝酸盐氮	0.02±0.02	0.62±0.03	0.05±0.02	0.02±0.02	0.33±0.23	0.14±0.06

续表

污染指标	2006年			2007年		
	4月	8月	11月	4月	8月	11月
总磷	2.16±0.19	0.35±0.04	1.19±0.16	0.86±0.74	1.55±0.14	2.12±0.07
可溶磷	1.10±0.01	0.07±0.01	0.45±0.11	0.35±0.08	1.13±0.17	1.65±0.04

表 8-3-2　低潮期凤塘河口营养盐及有机污染物综合指标　（单位：mg/L）

污染指标	2006年			2007年		
	4月	8月	11月	4月	8月	11月
COD	228.7±17.2	21.3±2.5	90.3±9.3	212.3±8.1	128.7±30.1	230.0±0
BOD_5	86.0±12.8	13.4±2.7	25.7±5.4	62.5±3.5	23.8±6.8	113.5±21.9
总氮	22.22±2.09	4.35±0.13	7.58±0.25	12.72±0.35	25.65±0.34	16.32±2.70
氨氮	16.54±1.50	1.26±0.23	4.54±0.86	9.86±1.55	18.27±1.67	13.15±2.55
硝酸盐氮	0.02±0.02	0.62±0.03	0.05±0.02	0.13±0.07	0.33±0.23	0.14±0.06
总磷	2.16±0.19	0.35±0.04	1.19±0.16	1.94±0.03	1.55±0.14	2.12±0.07
可溶磷	1.10±0.01	0.07±0.01	0.45±0.11	1.30±0.03	1.13±0.17	1.65±0.04

8.3.3　技术方案

1. 总体思路

以深圳市区深圳湾凤塘河口及其邻近的海陆交错带为主要对象，研究高速城市化对河口及海陆交错带的生态影响，以及受损河道、湿地、绿地的生态修复工程技术及集成。以“海陆交错带的生态修复”为主题，开发海陆交错带的水土生境重建和盐生植被恢复的配套技术，包括污水收集、污水生态处理工艺的研发、水动力恢复、选用植物、定植/回归技术、抚育与管理、监测及评价等红树林生态恢复的技术集成；对河口约 120hm^2 的城区红树林湿地进行保护与修复，构建生物、生境、人工辅助构筑物相和谐的城市滨海湿地，对深圳湾的生态系统完整性和健康作出贡献。

以下内容将重点针对河口水环境改善等方面的措施和方法进行介绍。

2. 凤塘河口水污染控制工程示范及研究

1) 设计理念

以模拟自然状态的污水处理工艺、生态修复技术及河口水动力学研究为基础，采用截污治污、生态补水等措施改善水环境质量。

2) 主要工程内容

(1) 水质净化系统：通过污水截排系统，对排入保护区内的所有污染源进行截流并输送至水处理设施进行净化。污水处理模拟了自然净化的过程，核心部分采用以蚝壳为填料的生态污水处理工艺，尾水通过人工植物塘的最终净化，进入天然红树林湿地及河道，从根本上改善和保护水体生态环境。河道污水处理流程见图 8-3-1。

(2) 水力控导系统：在河道、基围间设置过水涵及闸门，通过物理模型试验确定其位置、功能及操作方案。河道闸门兼有污水处理系统取水及冲刷河道的功能。基围间设置闸门，通过日常管理操作，可控制各基围水位，以适应不同的生境及保护区内鸟类生活需要。用于水力控导的涵闸分布见图 8-3-2。

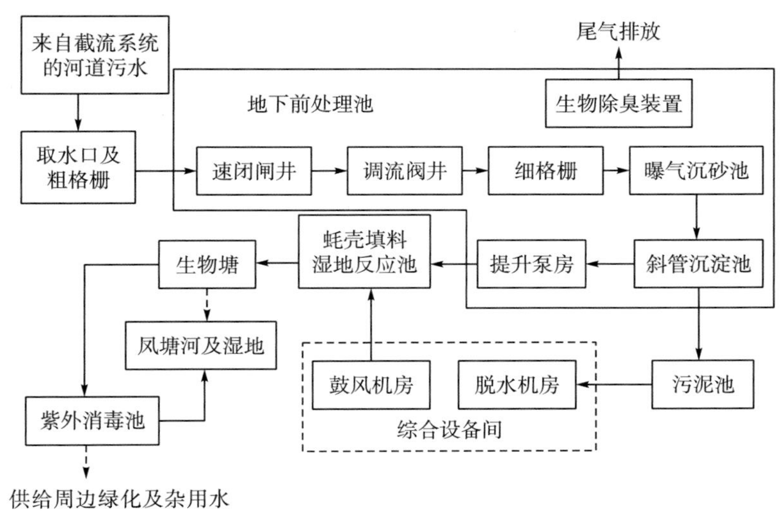

图 8-3-1 潮汐河道污水处理流程框图

图 8-3-2 用于水力控导的涵闸分布图

(3) 生态修复：将河道两侧“三面光”石质堤防断面进行生态改造，包括河道及避风塘护坡的软化，清除建筑垃圾等杂物并进行土壤改良，使修复区域受到人工破坏的部分恢复自然生态，重点恢复区域内的红树林生态系统，同时兼顾陆生的灌草群落恢复。生态修复有关范围见图 8-3-3。

(a)工程范围

(b)水体及红树林修复区

(c)陆生乡土植物修复区

(d)河道改造前实景照片

图 8-3-3 生态修复有关范围

3. 主要技术

1) 采用了一种新型防浪护坡六面体和竹篾护坡体系

滨海河流的边坡设计通常需要考虑防浪、防洪、阻水等功能。现有常见的防浪边坡大多以钢筋混凝土为主料，由模板浇筑而成的各种样式的防浪块组成，其造型式样简单、材料单一、美观度差，易形成生态阻隔，不满足生态、美观的要求。为了避免上述问题，红树林修复工程采用了种植型六面体中空防浪块(图 8-3-4)。

六面体中空防浪块为重力防冲，材料采用 C40 混凝土，单块重量 T=10.98kN，可先行预制好再搬至施工现场，施工时按一般砌块错缝干砌，表面平整即可。在六面体中填入符合园林绿化标准的种植土约 1/2～2/3 容积后种植植物。种植的树苗或草本植物的品种和插种密度可根据各工地范围、环境、水质情况等设计并达到净化美化环境的效果，红树林修复工程中采用了芦苇及红树林植物如老鼠簕、秋茄等品种。

在种植初期，为防止波浪冲刷种植土，须采用护坡固土措施，其常规做法为三维植被网护坡。三维植被网护坡方法是在边坡表面覆盖一层土工合成材料并按一定的组合与间距种植植物。植物生长形成盘根错节的根系后，能够有效抑制暴雨径流对边坡的侵蚀，提高边坡的稳定性和抗冲刷能力。三维土工网一般为合成材料，效果较好但不易分解，易污染环境。位于自然保护区内的生态修复工程，工程材料应尽可能取自天然，故选择竹篾替代三维土工网作为护坡材料，即在种植土表面覆盖一层薄竹席。

图 8-3-4　防浪块内种植物实景照片

种植型六面体中空防浪块护坡体系的优点包括：中空部分无水浸时，作为陆生及两栖类动物的活动栖息场所；有水浸时，可形成水流滞缓、回流区，为水生动物提供活动栖息场所、为微生物提供附着的介质；防浪块中部孔洞可填土种植物，这些植物还可对水体起到进一步的净化作用，之后腐烂降解，对环境无害且更为经济，具有可持续性和长期的环境效益。三维土工网(实物)与竹篾护坡材料设计对比见图 8-3-5。

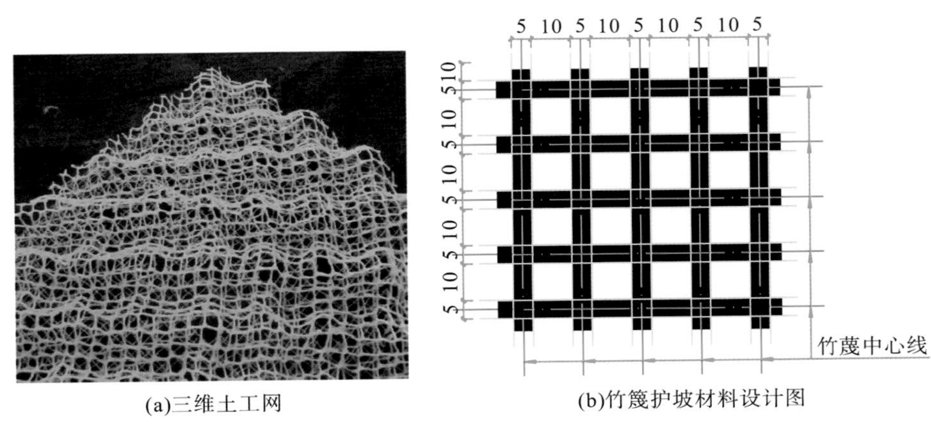

(a)三维土工网　　(b)竹篾护坡材料设计图

图 8-3-5　三维土工网(实物)与竹篾护坡材料设计对比图

2) 采用了一种蚝壳填料的湿地反应池处理污水

(1) 工艺简介。

用人工湿地进行污水净化，具有良好的生态与经济效益，目前我国已有大量传统的人工湿地建设并用于生产生活中，但传统的人工湿地在运行过程中存在易堵塞，净化效率较低等问题。该项发明利用沿海地区大量的蚝壳废弃物作为湿地池的填料，以代替传统人工湿地的砂石填料，并在上部种植象草、风车草或茳芏等植物组合，为污水净化提供了良好的微生物生长条件、植物吸收环境等，从而提高净化效果。该湿地反应池系统由于具有较大的孔隙率，可采用机械通风的方式，从而保证其处理效率，且无恶臭，苍蝇蚊子较少，在净化环境的同时，可美化环境。

(2)基本原理。

湿地反应池为一地下构筑物，池中充填蚝壳填料，填料上部种植水生植物。原水由一侧进入，另一侧流出。底部设置曝气管进行充氧。湿地池整体设计为推流式，前部主要功能为含碳有机物的氧化，后部主要发生硝化作用，上部植物起到进一步吸附降解污染物和美化景观效果。

湿地填料为蚝壳，其与污水流动接触，空气从下部流经蚝壳区，供给微生物氧气。在经过一段时间后，滤料表面将会为膜状污泥-生物膜所覆盖，生物膜逐渐成熟，由细菌及各种微生物组成生态系统，对有机物具有强大的降解功能。

生物膜成熟后，由于微生物不断增殖，生物膜厚度不断增加，在增厚到一定程度后，在氧气不能透过的内部将转变为厌氧状态，形成厌氧性膜，这样生物膜便由好氧和厌氧两层组成，它们分别担负着去除碳和除氮磷的功能。

在蚝壳填料湿地池中，体现了生态学原理，即整体优化、循环再生和区域分异。整体优化就是将最佳滤料与最佳构成相结合，微生物与植物相结合，取工艺流程最简洁的整体优化方案。循环再生就是湿地池作为活性过滤器，污染物在这一系统中通过生物吸附、生物降解、化学分解和转化，大分子变为小分子，有害污染物变为无害物质，污染的水变得相对洁净，实现水的循环再生。区域分异就是有针对性的工艺选择，科学的工程设计，严格的工程实施和合理的运行管理，使本项研究的湿地池成为具有高效、安全、可调控特性的系统，在其中实现各种污染物的转化。

3)海陆交错带恢复河口生态净化功能和湿地生物群落的优化配置及其功能优化方案

充分尊重自然保护区核心区、缓冲区和实验区的大格局，本着自然优先、整体优化、多样性及生态整体性等原则，分析河口的湿地环境与资源特点、生态过程及人类干扰效应，分清优势与劣势，进而划分景观生态功能区进行恢复重建。包括选址与宜林地整备(建筑垃圾清除)、选用植物、定植/回归技术(种子植物的播种法、营养体移植法、草坡移植法)、抚育与管理(水、杂草、敷草、施肥、pH 调节、监测及评价)等。

4)计算了深圳湾湿地的生态系统服务价值

对深圳湾的红树林的生态服务功能价值进行了研究，结果表明：深圳湾现有生态系统服务功能年总价值 4894.4 万元，深圳湾红树林湿地生态系统单位面积年生态功能价值约 10.74 万元，其中红树林价值 2702.4 万元，河道价值 282 万元，淤泥滩涂价值 674 万元，海域价值 1840 万元，基建填土区观光旅游价值 260 万元，林地价值 76 万元。在红树林植物的生态价值中，对环境氮与磷的去除价值、重金属吸附价值、二氧化碳固定和氧气释放价值等在内的生态系统净化功能价值占 14.2%。深圳湾的所有红树林类型中，秋茄+桐花树+白骨壤林生态系统类型单价最大为 12.3 万元/($hm^2 \cdot a$)。红树林湿地生态系统的生态系统服务功能价值显著高于陆地生态系统，如深圳市梧桐山森林生态系统服务功能价值为 1.0764～1.1484 万元/($hm^2 \cdot a$)，约占单位面积红树林生态系统的生态价值的 10%。

8.3.4　实施效果

该工程于 2008 年 6 月动工，至 2011 年 3 月工程完工。对区域内的潮水动力系统进行了梳理，使其基本能够适合红树林生长。污水净化工程出口水质达到设计标准(表 8-3-3)。在河口湿地的生态修复方面，已经初步建立了一个植物、动物、微生物以及无机环境和谐发展的湿地生态系统，具有较好的生态效果(图 8-3-6～图 8-3-10)。

表 8-3-3　凤塘河河道水处理工程设计进出水与实际进出水水质一览表

项目		COD_{cr}	BOD_5	TN	SS	TP
设计进水水质		180.0	60.0	27.00	60	1.70
设计出水水质		60.0	20.0	20.00	20	不作要求
实际进水水质	采样时间：9:45	94.7	28.5	18.20	31	0.86
	采样时间：14:30	69.8	22.6	20.30	28	1.03
实际出水水质	采样时间：9:45	17.4	5.2	2.66	16	0.93
	采样时间：11:30	18.9	6.8	3.16	21	0.92
	采样时间：14:40	17.4	5.5	3.11	14	0.95
	采样时间：16:30	18.9	6.2	2.97	7	0.94
一级 A 水质排放标准		50.0	10.0	15.00	10	0.50
IV 类地表水排放标准		15.0	6.0	1.50		0.30

注：实际进出水水质数据为深圳市福田区环境保护监测站 2012 年 10 月 15 日单次采样化验结果(报告编号：FHZ-QS1210/001)。

(a)改造前

(b)改造后

图 8-3-6　凤塘河干流河道改造效果

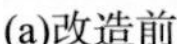

(a)改造前

(b)改造后

图 8-3-7　下沙支流河道改造效果

(a)修复前

(b)修复后

图 8-3-8　基围鱼塘堤埂修复效果

图 8-3-9　基围鱼塘湿地植物修复后效果

(a)蚝壳填料生态反应池

(b)生物塘

图 8-3-10　蚝壳填料生态反应池及生物塘实施效果

考虑到海洋水动力条件对红树林生态系统的影响，工程中利用各种闸及管渠引入了潮汐，使基围内潮汐处于红树林生境正常波动范围，为种植的红树林提供了正常的水生境。根据深圳湾红树林的时空分布格局及自然演替，确定了海榄雌和桐花树是优势先锋树种并种于裸滩上，而秋茄则种于中潮位的潮滩，木榄种于中潮位和回归高潮位的潮滩，而海漆种于回归潮高潮滩，并在海岸种植了假茉莉和黄槿等。目前这些植物均已成活且长势较好，预计可以自然演替，这为红树林实现可持续发展打下了较好基础。

红树林建设是深圳生态环境建设的重要组成部分，也是生态公益林体系建设的具体实施内容之一，以凤塘河口为示范点，在对全市红树林生态系统进行合理管理和恢复后，预期可以产生较好的生态效益、社会效益和经济效益。据测算，覆盖度大于 40%、宽度 100m 左右、高度 2.5～4.0m 的红树林消浪系数能达到 80%，根据凤塘河口的红树林生态系统合理管理与恢复措施示范经验，深圳市的红树林具有显著的防风消浪、固堤护岸作用。研究表明，红树林每年每公顷可从林地和海水中分别吸收氮 93.9kg 和磷 55.3kg，项目完成后，每年可吸收氮 1884t 和磷 1110t，吸收了大量的藻类需要的氮、磷离子，从而净化污染，大大降低甚至避免赤潮的发生，避免沿海水产养殖遭受损失。此外，红树林的底层水流缓慢，是各种鱼虾蟹和贝类的优良活动场所，也是各种水禽和候鸟的重要觅食、栖息和繁殖场所。工程项目位于国家级自然保护区红线范围内，建成后也成为科学研究、科普教育、科研观测的场所。

8.4　广州南沙滨海新城金洲涌水环境治理方案

8.4.1　河涌流域现状评估

金洲涌长约 3km，与槽船涌相连，但流向相反，金洲涌向西南汇入蕉门河，最终进入蕉门水道，槽船涌则向东北流入虎门水道。

由于地处滨海河网地区，地势低洼平坦，金洲涌全线均为感潮河段，河水双向往复流动，主要功能为行洪、排涝、纳潮，同时也接纳现状旧村生活污水。金洲涌西南侧有一条支流，名为板头涌。

目前蕉门河-金洲涌河网常水位为 0.2m（珠基），蕉门河两端入海口均已设置闸门及泵站，启排水位为 0.8m（珠基）。流域目前采用“泵闸联控”的形式解决防洪（潮）排涝问题，见图 8-4-1。

金洲涌流域未开发区域大部分现状地面高程为 1～2m，尚未达到城市最低竖向标高要求（2.8m），在城市开发的过程中需逐步回填以达到要求的标准；流域内旧村标高更低，属易涝区，旧村雨水采用“滞洪塘+水泵提升”模式排放，系统简单有效，见图 8-4-2，但多为村民自建系统，建设标准较低。

根据广州市环境状况通报，蕉门河水质符合地表水Ⅳ类标准，但金洲涌水质无统计资料，实地调查发现金洲涌水质较差，旧村生活污水直排入河，局部河段黑臭，其支流板头涌污染尤为严重。金洲涌与槽船涌之间存在瓶颈、无法贯通，水动力不足，潮水顶托，水流不畅导致污染物蓄积、河道底泥厌氧发酵、上浮。

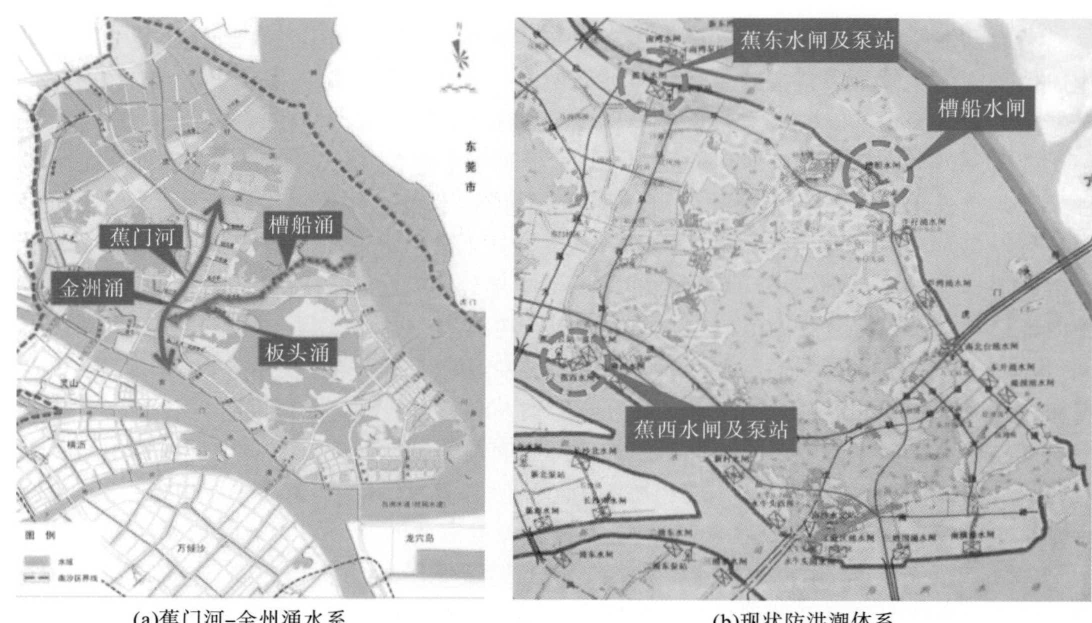

(a)蕉门河-金州涌水系　　(b)现状防洪潮体系

图 8-4-1　蕉门河-金洲涌水系及现状防洪潮体系

图 8-4-2　金洲涌流域内旧村现有水塘及排涝水泵

蕉门河、金洲涌的受纳水体包括蕉门水道、洪奇沥水道和小虎沥水道，水质均符合地表水Ⅳ类标准。

8.4.2　城市化背景下的水系治理方案

1. 总体思路

以广州南沙滨海新城为研究对象，提出岭南水乡城市特有的“低影响开发——海绵城市”的建设理念，包括汲取本地防洪(潮)经验，保留并完善现有的水塘调洪系统(滞洪塘，包括泵站、水闸)，调蓄洪峰，延缓洪峰径流出现的时间；利用潮汐动力保证河流与各水道的水体交换，并利用海域环境容量消纳河流污染；推行完全分流制排水系统，污废水收集至污水处理厂进行处理；采用污染物源头控制技术如草沟、调蓄塘(雨水花园)、透水地面等措施迟滞洪峰并削减降雨径流冲刷地表携带的污染物；将岭南地区特有的桑基鱼塘、果基鱼塘与园林景观相结合，形成物质循环完备的生态系统，丰富河流两岸的乡土植被，维持良好的水质及河道底质，形成良性的生态循环。金洲涌水系治理方案总体思路框架见图 8-4-3。

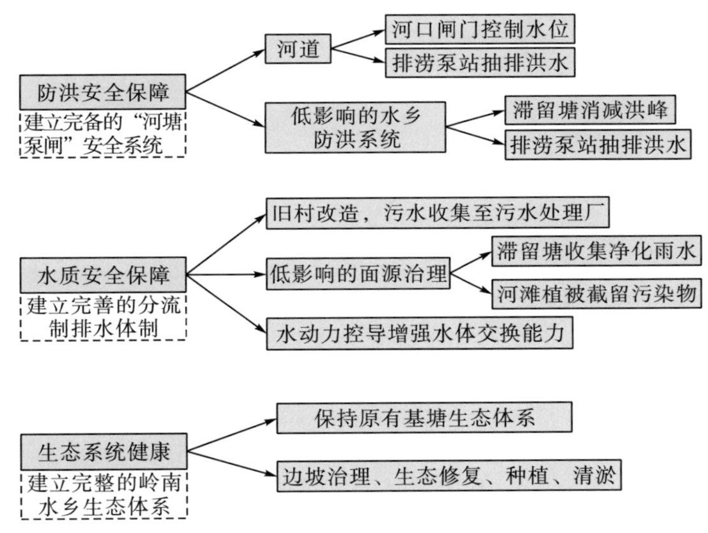

图 8-4-3　金洲涌水系治理方案总体思路框架

2. 水环境治理方案

1) 泵闸联控、河塘联控的防洪潮及水力控导体系

在滨海河网地区，良好的水力交换条件可以促进河流的稀释扩散作用，进而改善水质。对于金洲涌河网地带，防洪潮与水体交换可共用一套河口水闸系统，具体操作方式为如下。

(1) 汛期低潮位时关闭河口水闸，河道内保持一定的调洪空间，可受纳洪水，同时避免高潮位与洪峰遭遇。

(2) 河口水闸与泵站联合运作，使水位可控，保障防洪潮安全，河道常水位为 0.2m(珠基)，泵站启排水位为 0.8m(珠基)。

(3) 提升旧村中的水塘、小型排涝泵站及水闸建设标准，用以对抗内涝、调蓄洪峰，延缓洪峰径流出现的时间；水塘水位升高至预设高度时，开启塘内排涝泵站，将调蓄的雨水提升至金洲涌主河道。

另外，提升河涌水动力环境，清除淤积和阻水构筑物也十分必要。首先应打通金洲涌与槽船涌之间的狭窄瓶颈区，使水系贯通，同时利用天然潮差(蕉门河-金洲涌水系近岸水道潮差为 1.4～1.6m)，通过水闸的合理调度改善河道水动力环境，使双向往复流变为单向流，达到加强水体交换、改善河道水质的目的。

河塘联控的防洪潮系统见图 8-4-4。

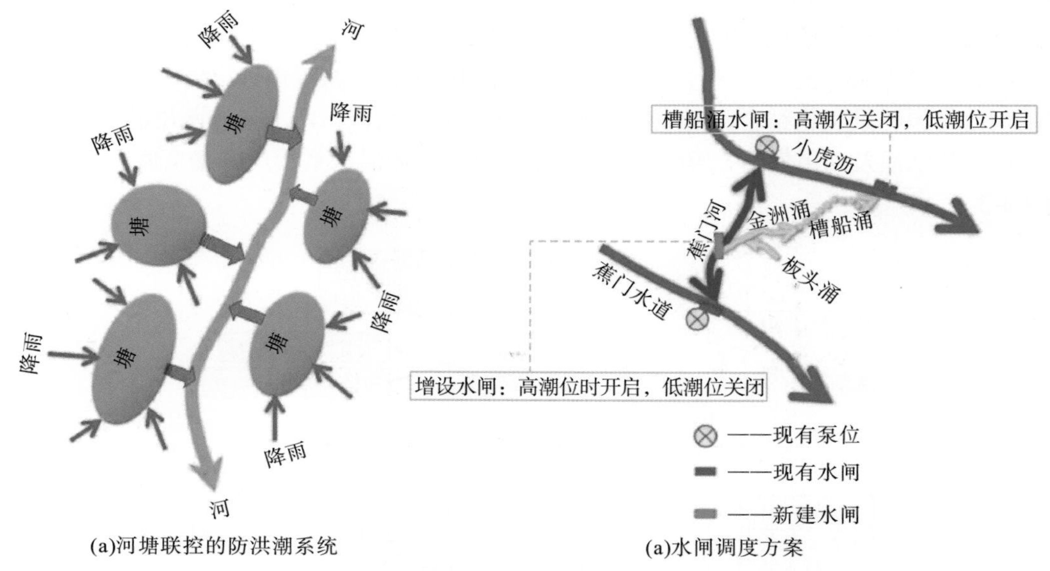

图 8-4-4 河塘联控的防洪潮系统及改善水动力的水闸调度方案

2) 水污染源头防控体系

加强河网水体与内海的交换，利用海域的水环境容量对污染物质进行稀释、扩散是水乡地区防控水体污染的重要措施。但伴随着城市化的进程，污染物排放加剧，周边海域环境容量难以为继，因此必须对水体污染进行源头防控，具体措施如下所述。

(1) 建立完善的污水收集系统。水乡建筑往往临水而建，受纳水体水位较高，易发生倒灌现象，故排水体制应采用完全分流制。近期可采用临时截污措施，解决目前旧村污水直排入河的问题；远期应结合旧村改造，建设生活污水收集管道，并将其纳入主城区污水收集系统。

(2) 低影响开发源头治理技术。雨水冲刷携带的污染物质，如直接进入河道，必然对河道造成污染，因此在旧村改造过程中应采用低影响开发的源头污染控制技术，如建设草沟、透水地面、透水树池、保留旧村的调蓄塘，建设具有强化处理功能的雨水花园。

低影响开发技术(LID)在不同的气候条件、不同的地区，其处理效果也有所不同，根据目前的实验资料可知：LID 可以减少 30%～99%的暴雨径流并延迟 5～20min 的暴雨径流峰值；还可有效地去除雨水径流中的磷、油脂、氮、重金属等污染物。

调蓄塘内蓄积的污染程度较重的初期雨水无法自然降解时，在低峰时，可通过池塘放空系统进入周边污水管道系统，进入污水处理厂进行处置(图 8-4-5)。

图 8-4-5　水塘蓄积的初期雨水和中后期雨水处理方式

3. 加强生态建设，建立以水为核心的“斑块-廊道-基质”生态系统

斑块即水塘、绿洲，水塘为岭南水乡特有的桑基鱼塘、果基鱼塘，为物质循环完备的生态系统；绿洲为河道中间生态绿洲；廊道即河涌。河涌两岸丰富的乡土植被能维持良好的水质，形成良性循环；基质即拥有健康的植被、动物、土壤、河道底质。

要建立和维持良好的生态系统，河道及湿地植被的选择十分关键。根据国内外及广州地区在内湖及河道边适生树种的研究和试种情况分析，本次造林植物为实现适地适树，在树种选择上应遵循以下主要原则。

(1) 耐淹性强的原则：大多数植被在水位消涨淘蚀作用下，普遍难以生存，因此，植物耐淹性是决定内湖造林的首要因素，此次树种选择首要考虑其耐淹性能。且湖边或河流水位自下而上选择树种的耐淹性应由强至弱为原则。

(2) 苗木规格和生长量符合水位变化、淹旱立地要求的原则：根据河道水流的季节性变化，所选植物应能在旱季也能较好地生长。

(3) 苗木应适应滨海地区、淡咸水交界地带水体含盐量高的特点，在适宜位置种植红树林。

根据以上造林种树选择原则，拟定选择 12 种乔木、5 种灌木、4 种草本作为主要树种，共计 21 种。红树林则以低矮的乡土树种及伴生植物为主，主要采用秋茄，桐花树，老鼠簕等。同时在岸边地势较高处可选用半红树植物：银叶树、杨叶肖槿、水黄皮等。

根据选择树种的生物、生态学特性及对河流或内湖湿地立地条件的适生情况，种植树种组成及群落结构设计具体如下。

(1) 1#群落：水榕(下坡水位)+水翁(中坡水位)+水松(中上水位)+池杉(上坡水位)，布置在缓坡河道或内湖的阳坡。

(2) 2#群落：水榕(下坡水位)+落羽杉(中坡水位)+澳洲白千层(中上水位)+ 黄槿(上坡水位)，布置在缓坡河道或内湖的阴坡。

(3) 3#群落：水榕(下坡水位)+水松(中坡水位)+池杉(中上水位)+水杉(上坡水位)布置在陡坡河道的阳坡。

(4) 4#群落：落羽杉(下坡水位)+水翁(中坡水位)+黄槿(中上水位)+ 细叶白千层(上坡水位)，布置在陡坡河道的阴坡。

(5) 5#群落：铺地黍(岸脚位)，布置在内湖的下坡位草带。

(6) 6#群落：水榕+落羽杉-栀子+簕仔树-水葱+铺地黍+花叶菖蒲+芦苇等，布置在内湖的库湾滩涂带。

以上群落通过混交种植后，不仅可以恢复消涨带植被覆盖，而且在水陆生态过渡带可以形成多群落、多结构的稳定植被生态系统，植物间的种间关系明显，群落具有长效机制。

第 9 章　海湾地表污染控制方法与实践

9.1　海湾污染控制概述

9.1.1　海湾污染研究概述

海湾是人类从事海洋经济活动及发展旅游业的重要基地。海湾形成的原因包括：①由于伸向海洋的海岸带岩性软硬程度不同，软弱岩层不断遭到侵蚀而向陆地凹进，逐渐形成了海湾，坚硬部分向海突出形成岬角；②当沿岸纵向运动的沉积物形成沙嘴时，使海岸带一侧被遮挡而呈凹形海域；③当海面上升时，海水进入陆地，海岸线变曲折，凹进的部分即成海湾。海湾由于两侧岸线的遮挡，在湾内形成波影区，使波浪、潮汐的能量降低。沉积物在湾顶沉积形成海滩。当运移沉积物的能量不足时，可在湾口、湾中形成拦湾坝，分别称为湾口坝、湾中坝。

随着滨海城市经济的快速发展，大量的生活污水、工农业废水携带大量污染物排入海洋，给海洋环境带来了巨大的压力。当前，我国近岸海洋环境的总体状况主要表现为：近岸海域环境质量逐年下降，近海污染范围持续扩大，营养盐和有机污染呈快速上升趋势，突发性污染事件的频率加大，海洋生态破坏加剧。其中最为典型的是由于城市工业废水和生活污水排放入海及水产养殖造成有机污染等多种因素，使海水特别是在河口、海湾、水交换不良的内湾和港湾海域，氮磷等营养盐含量超标，导致海水质量严重下降，水体处于一定的富营养水平，引起赤潮发生次数逐年增加，其发生和发展破坏了局部海区的生态环境平衡，导致大量海洋生物死亡，对渔业资源、人体健康和海水的利用都带来损害。

9.1.2　海湾污染控制总体思路

由于海湾内波能辐散、风浪扰动小、水体瓶颈，因此水动力交换条件差，日渐增多的入海污染物得不到及时净化，导致海湾水体环境状况遭到破坏、生态环境严重受损，引发海域面积逐渐减小、局部水质恶化、纳潮能力下降、海洋生态系统失衡等一系列环境问题。滨海城市海湾水污染具有特殊的特点，使水污染治理过程中面临诸多的难点。

根据前面海湾污染概述的参考文献，总结提炼、因地制宜和部分创新性地提出了滨海城市的海湾污染控制总体思路，主要的总体思路如图 9-1-1 所示。

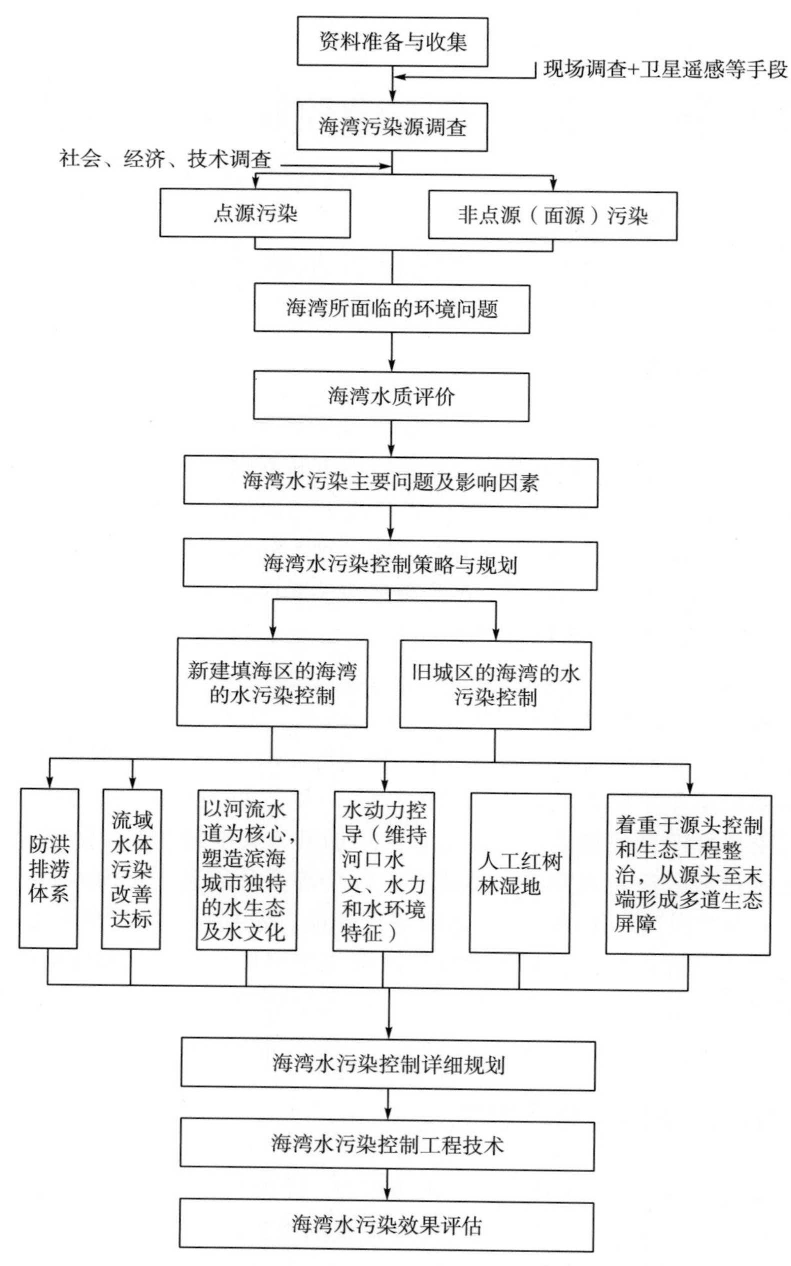

图 9-1-1　半封闭海湾水污染控制总体思路

1. 海湾污染源调查与评价

陆地污染源(简称陆源)，是指从陆地向海域排放污染物从而造成或者可能造成海洋环境污染的场所、设施等。陆源污染物种类最广、数量最多，对海洋环境的影响最大，特别是对封闭和半封闭海区的影响更是严重。由陆源污染物引发的海洋污染称为陆源污染。从污水性质上来划分，陆源污染包括工业源污染和生活源污染；从入海途径来划分，包括河流输入、污水处理厂尾水排放及企业废水直排。

2006 年，我国政府组织编制了《中国保护海洋环境免受陆源污染国家报告》，指出了影响我国海洋环境的主要陆域活动，对我国现有海洋保护行动进行了总结，提出了陆源污染存在的问题和相关议题，制定了海洋陆源污染控制行动计划。随着我国对陆源污染控制研究的不断推进，国内在海洋陆源污染控制方面有了一定的成效，如对胶州湾陆源污染研究取得了较多成果，胶州湾陆源污染源最主要的来源是污水处理厂尾水及沿岸河流输入，其中，污水处理厂等标污染负荷占 56.58%，入海河流等标污染负荷占 40.60%，直排企业等标污染负荷只占 2.82%。

污染源的调查方法有物料平衡法、排放系数法、单产平均减污法、弹性系数法、实测计算法等，不同类型的污染源可以采用不同的调查方法。陆源污染源调查的主要工作内容包括：需要搞清楚污染源的种类、数量及其分布；各类污染源排放的污染物的种类、数量及其随时间变化状况；主要从排放方式、排放规律角度搞清楚污染物的物理、化学及生物特性；对主要污染物进行追踪分析；对污染物流失原因进行分析；对工业、农业、生活、交通等进行分类调查。一般采用等标污染负荷法进行污染源的评价。

2. 海湾海水水质调查与评价

选取典型位置作为水质采样点，通过一定的采样和监测频率，选取能代表半封闭海湾水质的水质参数作为水质评价指标。这些常规水质指标包括 pH、COD、BOD、TN、TP、TOC、溶解性无机氮、活性磷酸盐、石油类、粪大肠菌群、藻类等指标。采用单因子污染指数评价方法、多因子综合污染指数评价方法等评价方法进行水质评价，并总结半封闭海湾水质的环境质量现状。

3. 海湾面临的环境问题

通过前面半封闭海湾的陆源污染调查与评价、半封闭海湾海水水质调查与评价，需确定半封闭海湾面临的环境问题，为后续半封闭海湾污染提供依据。

通常情况下，半封闭海湾面临的环境问题包括：缺乏整体的综合开发保护的规划；水域面积不断缩小，在人类无节制填海与滩涂养殖、围垦的影响下，半海域遭到污染，主要污染因子可能为无机氮、磷酸盐、石油类等；半封闭海湾的生物群落结构受到破坏、种类多样性下降；半封闭海湾的渔业资源衰减；一些环境灾难，如赤潮、重金属污染、海冰等，可对半封闭海湾经济造成严重损失。

4. 陆源入海污染物迁移变化模拟

关于污染物迁移变化模拟已经有较多研究方法和成果，从零维扩散模型、一维模型、二维模型和三维模型都有较为成熟的方法，并结合水动力模型，可以较为精确地模拟和预测水质变化情况，如用 WASP（water quality analysis simulation program）、EFDC（environmental fluid dynamics code）等水质模型。

根据不同的需求，可以选用需要的污染物扩散和迁移模型。如可将 COD 视为保守物质，采用平流-扩散物质输运模型。如将无机氮视为非保守物质，采用生态动力学模型。

采用不同排污单元评价污染物入海量，对半封闭海湾的主要污染物(如 COD、总氮、总磷等)进行模拟，以了解污染物的浓度和污染负荷的时空分布、年均浓度分布等信息，为后续控制污染物的迁移提供基础数据。

9.1.3 海湾水污染控制对策

对海湾水污染进行控制的对策包括：海湾水污染防治的科学规划；大力治理面源污染；调整产业结构与工业布局，加快解决结构性工业污染，严格实施总量控制，推进企业清洁生产；循环利用再生水；加大基础设施建设，建立广覆盖的污水收集管网，推进污水处理厂的新建、改建、扩建工程；推进生态环境修复等。

1. 海湾水污染防治科学规划

城市水环境的改善应从流域综合治理角度出发，进行流域点源、面源污染治理，并改善湾海、河口水动力，使整个流域水质取得根本性的好转。在不同的区域要抓住主要矛盾，采用不同的主要治理手段：旧城区立足污染治理，新建区着眼于源头防控，河、湾水动力控导与污染治理并举。

2. 有效控制陆源污染

对于控制半封闭海湾的陆源污染，可以采取以下措施：合理调整工业布局，优化产业结构，实行清洁生产，发展循环经济；完善市政管网系统，将环湾地区所有污水收集至污水处理厂；加快环湾地区污水处理厂建设及升级改造，新建污水处理厂及现有污水处理厂出水均执行一级 A 标准；实施河道截污整治工程，开展河流生态修复工程；实施再生水工程建设，将污水处理厂尾水引入中水回用系统。

3. 大力治理面源污染

非点源(面源)污染主要是农业面源和城市径流面源，包括农田径流、畜禽养殖及城乡生活等产生的污染物，经雨水冲刷或径流携带入河入海，具有排放量随机性强、管理难度大的特点。

对于农业面源污染控制：加强禽畜养殖污染控制，积极发展规模饲养，控制污染排放，高效利用有机肥料；做好垃圾控制工作，推动村镇生活垃圾实现收集袋装化，集中收集、集中填埋；要加强农村环境综合整治，加快乡镇环境基础设施建设步伐，完善配套污水管网，实现污水集中处理；大力发展生态农业，严格控制农药、农膜污染，严禁高毒、高残留农药使用，建立合理的新型农业生产体系和相应的技术体系。

对于城市径流非点源污染控制：应加大城区绿化程度、减少裸露土地面积、减少大气降尘量、加强清洁城市路面；要增加渗透铺装，利用低势绿地、渗透管渠等渗透设施、景观水体和人工湿地削减城市径流入海量；完成河道清淤和清障，采用先截污再护岸绿化的方式完成河流生态廊道建设，实现城市河流自身生态功能，并加强对整治河流环境的日常管护。

4. 调整产业结构与污染总量控制，实施循环经济和清洁生产

优化产业结构，解决结构性工业污染问题。坚决淘汰和禁止引进高耗能、高排放、高污染的“三高”产业，倡导低耗能、低排放、低污染的环保型产业，大力发展低碳经济，引进高新技术产业；进一步优化工业布局，工业企业按照规划集中布置，实现污水的 100% 收集，集中处理排放，进一步削减污染物排海量；对近岸海域的整体环境进行污染物的总量控制；积极推进企业实施循环经济和清洁生产，引导鼓励企业依靠科技进步和产品升级，把节能、降耗、高效、减排、实施污染全过程控制纳入生产管理，建立清洁生产运行机制，从源头有效控制污染。

5. 重视和推进生态环境修复

针对河口营养盐含量超标的状况，借鉴发达国家经验，在河口海域等环境敏感区积极采取生物以及化学处理措施，有效吸收氮、磷等营养物质，使超标污染物浓度降到合理的阈值。开展海湾湿地生态系统功能保护与生态修复研究，从清除淤积和治理污染两个方面制定生态修复方案，并建立数值模型预测生态修复水动力状况。

9.2　深圳市前海的水系污染控制规划研究

滨海城市海湾水污染具有以下特点，是其在水污染治理过程中需要面临的难点。

(1) 在感潮河段，受纳水位高，雨水排放多为淹没出流。

(2) 海湾的水交换能力弱。

(3) 在感潮河段，城市标高与河道水位之间差距小，城市污水管网系统埋深在潮位下，截污系统易倒灌。

以深圳市前海-南山水系的水环境治理案例为例探讨滨海城市的水污染治理思路。

9.2.1　前海大铲湾城市的水系整体规划思路

前海的水系规划和水环境整治可根据城市开发程度和建设进度分为新建填海区和旧城区来分别考虑水污染控制策略和思路。

1. 水系统规划总体思路

1) 水体规划总体思路

水污染控制基本思路和理念应当从水系总体规划开始就考虑并落实。

针对前海滩涂填海区的水城定位和与东南旧城区的综合布局规划相对应，水系规划的总体思路为：新城、旧城，分而治之；治河、治污，同步建之；水系、市政，统筹思之；城建、生态，兼而得之。

所谓“新城、旧城，分而治之”，一条环状水廊道将新、旧城区分离开来，上游旧城立足于“治理”，不能将防洪问题、水污染问题，转移下游或合作区内来解决，应就地就

近解决。前海新城立足于“防控”，避免走先污染后治理的老路。

无论新城、旧城，在水廊道和河、渠等水系规划建设时，应同时建设污水系统和生态湿地系统。新城在填海时就要考虑竖向高程能满足防洪(潮)要求，避免涝区；在雨、污分流制系统建设时，要从工程措施和管理上避免雨、污管线的错接乱排现象，提高污水收集率和初雨水的处置率。生态湿地系统与河流、水系同步建设，保证入河雨水的净化，充分体现生态治河、生态治污的理念。

前海合作区高密度、高容积率的综合体之间，依附原有的入海河流——双界河、桂庙渠、铲湾渠，规划出三条 80～250m 宽的水廊道，不仅提供实现“水城”“湿地”“水文化”等理念的地上空间，其地下空间资源也应合理利用，这对于集约化发展的前海合作区尤为重要。城市常规的给水、污水、雨水、再生水、电力电缆、通信、燃气等各类管线或共同沟，都应与水系统统一规划、统筹兼顾。

要结合前海滨海新建区的特点，将绿色屋顶、渗透路面、雨水花园、植被草沟等低影响开发设施渗透到城区建设的方方面面。河口、海岸轮廓线的建设，既要考虑城市功能区划，防潮安全，也要纳入生态元素。生态岸线、生态缓冲区、景观休闲在防洪(潮)岸线规划中应得以体现。

2) 流域污染治理总体思路

城市水环境的改善应从流域综合治理角度，进行流域点源、面源污染治理，并改善湾海、湾河水动力，使整个流域水质取得根本性的好转。前海湾流域污染治理总体思路见图 9-2-1。

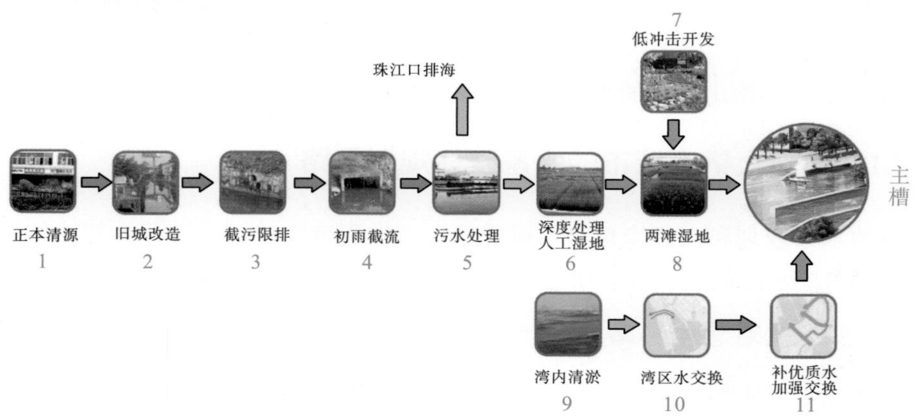

图 9-2-1 前海湾流域污染治理总体思路

2. 新建填海区的半封闭海湾规划要点

新建填海区的水系建设应在规划阶段就充分考虑半封闭海湾的特点，在城市及水系规划时就应系统考虑水系统的防洪、防潮、水污染控制、水动力利用等问题，避免再走“先污染，后治理”的老路。

1) 高标准建设防洪排涝体系，合理进行竖向设计，确保水安全

规定区域的最低竖向标高，建议区域采用“中间高、四周低”的原则进行竖向设计，使雨水可顺坡排河道或海湾，确保排水顺畅，杜绝涝区。

2) 高标准建设城市污水系统，实现完全雨污分流，确保污水 100%收集

根据城市片区做好污水系统分区，合理设计污水干管系统和必要的污水泵站，输送至片区内或周边的污水处理厂。

干管布设时应结合片区内道路规划，尽量实现干管系统的贯通。

3) 建设自然生态河道，科学进行功能分区和平面布局，并结合相关市政设施

要结合滨海新建区的特点，将绿色屋顶、渗透路面、雨水花园、植被草沟等低影响开发设施渗透到城区建设的方方面面。河口、海岸轮廓线的建设，既要考虑城市功能区划，防潮安全，也要纳入生态元素。生态岸线、生态缓冲区、景观休闲在防洪(潮)岸线规划中应得以体现。

3. 旧城区的半封闭海湾水污染控制要点

1) 雨污分流实施进度较慢，需要采用加强截流措施，截流旱季污水

合流制区域的旱季污水泄漏问题严重，以深圳市南山片区为例，在污水收集系统基本完善的情况下，经运营管理部门测算仍有 20%以上污水量，未经收集和处理直接排放至深圳湾，对湾区水环境是巨大的威胁。

2) 雨季污水携带大量污染物，必须将初雨水进行处理

为了对前海水系的初期雨水污染有准确的认知，对进入前海片区的两条主干暗渠的初期雨水污染进行了实测研究。

在 2016 年 7～9 月降雨集中的月份，对上游关口渠及 3#渠进行了初雨水检测。该两条主干渠汇水区域的排水管网经多年建设，区域内污水收集系统已基本完善并正常运行 20 余年。

检测结果说明，该片区初期雨水地表径流污染较为严重，初期雨水的 COD_{Cr} 值最高可高于 110mg/L，总氮可达 17 mg/L。

对比研究范围内降雨形成的地表径流在降雨初期和后期的污染浓度范围，结果表明，在降雨初期(径流形成后的前 30min)污染物浓度相当大，比后期(径流形成 30min 以后直至径流结束)污染物浓度高很多，存在较为典型的初期效应。

3) 滨海填海旧城区部分地区标高低，内涝隐患区域面积较大，需要采取有效措施治理内涝

滨海城市旧城区部分区域是早期城市建设中填海而来，城市建设地面高程未经规划，有大面积不满足城市防潮标准的区域，这部分区域现今都成了城市内涝隐患点，治理内涝也是滨海填海旧城区水环境整治工作的重要部分。

9.2.2 前海新建填海区的城市水环境治理方案

1. 新建填海区海湾城市的水系规划建设目标

1) 目标一：高标准建设防洪排涝体系，合理进行竖向设计，确保水安全

前海合作区防潮标准为200年一遇，防洪标准为100年一遇。雨水管网设计标准为3年一遇，上游南山涝区通过治理使排涝标准由现状不足1年一遇提高至3年一遇。

前海合作区最低竖向标高 4.5m，建议区域采用“中间高、四周低”的原则进行竖向设计，使雨水可顺坡排往水廊道，确保排水顺畅，不出现内涝问题。

2) 目标二：控制流域水体污染，改善水体水质，保障前海水质达标

通过流域治理、控制污染、改善水体水质，确保近远期达到相应的水质目标：在前海，大铲湾区水质指标达到《海水水质标准》(GB 3097—1997) 第三类(港口港池执行第四类)；水廊道主槽水体主要水质指标近期达到《地表水环境质量标准》(GB 3838—2002) Ⅴ类，远期达到Ⅳ类；水廊道双沟的景观水体水质指标达到《地表水环境质量标准》(GB 3838—2002) Ⅳ类。

加强流域治理，在开展正本清源、截污限排等点源污染治理工作的基础上，逐步控制面源污染：力争合作区上游旱季污水收集率达 95%，面源污染处理率达 30%(通过雨水调蓄池滞蓄后进入污水处理厂处理)；合作区污水收集率达 100%，面源污染处理率达 70%(通过低影响开发雨水综合利用设施、湿地等开展)。

3) 目标三：以主要河流水道为核心，塑造滨海城市独特的水生态及水文化

在前海合作区结合水廊道布局规划，以水为主导，合理空间布局，建设具有吸引力的公共游乐、康体、休闲设施，营造以水为核心，无障碍、易达、丰富的公共开放空间。

2. 前海合作区的水系布局思路

1) 平面布局

将水域延伸成“环状”水廊道，使海域岸线较现状岸线向内陆延伸，潮区界水面线计算轴位相应内移，对城市的防洪排涝工程更为有利。环状水系布局主要结合三条生态水廊道及综合规划用地规划布置，使前海区域三条主水廊道由指状单一水系，变成相互贯通，便于调节水质、水量的活泼循环水系。前海片区环状河道的布局规划见图 9-2-2，有以下几个比较显著的作用。

(1) 环状水系解决了现有排洪系统的出路，扩大了旧城排水系统的受纳水面，大大改善已建前海、板桥泵站排涝条件，将前海的规划建设对旧城区的防洪排涝影响降到最低。

(2) 环状水廊道的设置，可取消现状排洪系统中的 12 号路明渠和南内环路支渠，使前海区域的规划用地更加规整，有利于区域未来用地的综合开发。

(3) 贯通了三条主水廊道，使单一的水廊道变为相互连通的有机整体，有利于潮能利用、回用水补水等水资源的综合利用。

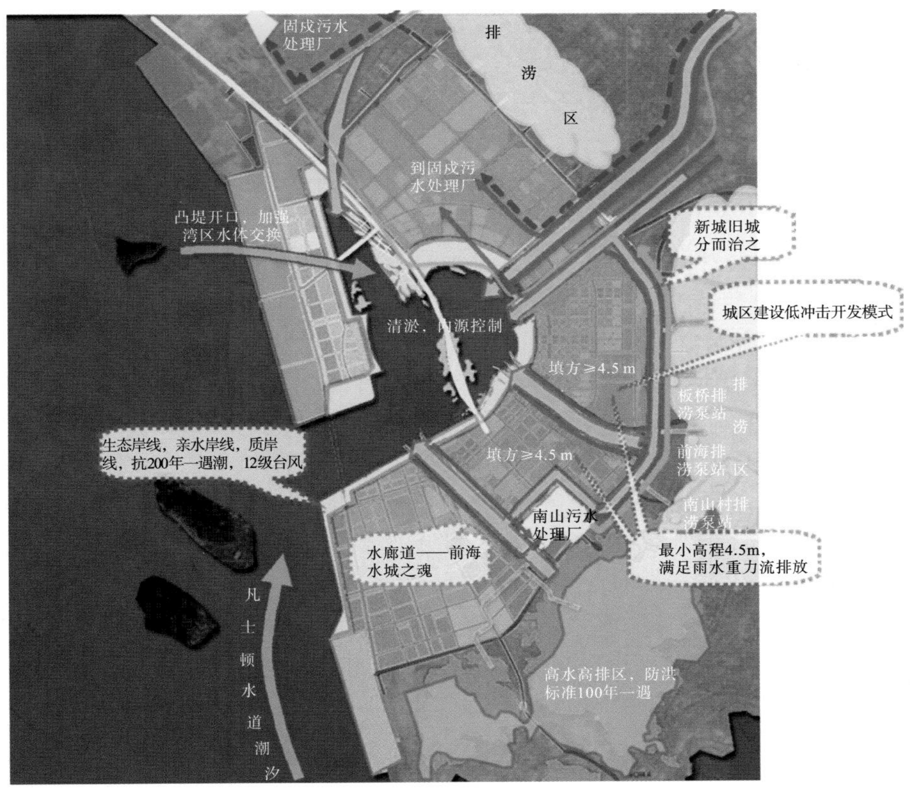

图 9-2-2　前海片区环状河道的布局规划

(4) 将新、旧城区隔离，同时实现各种城市灾害的隔断，不仅体现城市建设与生态环境的协调发展，更能展示综合区的高端品质。

(5) 环状水廊道为截污系统、电力隧道等市政管线提供了便利通道。

(6) 结合前海的城市定位，可为游船游览形成环路。

2) 功能布局

前海水城的建设，要求水廊道的规划不仅要满足区域的防洪安全，还应考虑城市水环境、水休闲、水文化、水景观等多种需求。指状水廊道、环状水廊道共同构成前海水系统的骨架，各有侧重地成为水安全、水生态、水文化的载体。

(1) 指状水廊道：以双界河、桂庙渠、铲湾渠为基础拓展而成，控制宽度 150～228m，不仅满足流域排洪排涝的需要，还将提供水环境改善、水生态塑造的用地空间。

(2) 环状水廊道：以衔接原桂庙渠上游排水明(暗)渠为基础，沿月亮湾大道西侧及南山污水处理厂北侧、西侧设置，控制宽度 35m、50m，不仅将连通水系，改善上游南山涝区排涝条件，为自然潮动力交换、生态补水预留无动力循环的通道；还将丰富城市形态，创造南山、前海共有的城市-水意向空间。

提出“一槽、两滩、双沟”的意向格局。维持河口的水力学特征、水环境特征、水生态特征，见图 9-2-3。

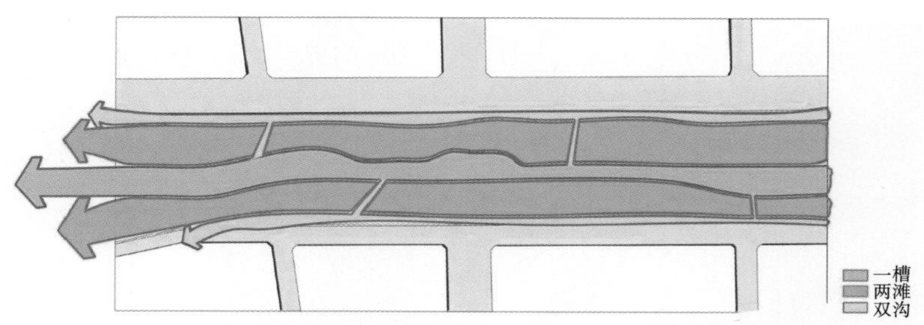

图 9-2-3 规划水廊道平面布置——“一槽、两滩、双沟”

“一槽”：指主槽，泄洪纳潮之廊道，维持原有河(渠)主要功能，衔接上游河道，确保防洪排涝安全。

“两滩”：主槽两侧，包括狭义的人工湿地和广义的人工湿地，包括红树林湿地、盐沼植物湿地、淡水景观湿地(塘床系统)等阶梯湿地景观带和休闲景观带，有限恢复河口地区滩涂生态，营造河口生物多样性和不同生产力的生态特征，提供景观和亲水空间。

“双沟”：指景观设计的水系，可结合两滩或滩侧的公共空间进行设计，用于塑造与实现亲水空间、水文化及水景观，水源来自经人工湿地处理后的污水厂出水及再生水厂出水。

3) 断面设计

根据“一槽、两滩、双沟”的功能结构，将“指状”水廊道分为三种空间：防洪空间、水生态及亲水空间、城市景观休闲空间。

防洪空间——“主槽”，为主要防洪、泄洪通道，是水廊道防洪功能的主要组成。

水生态及亲水空间——根据不同的标高范围及水体性质，可划分为红树林湿地、盐沼植物湿地、淡水景观湿地(塘床系统)。除恢复水生态，提供水景观、水文化空间外，同时还提供一定的水处理功能及市民近水亲水平台。

根据红树的生长特性，在河口位置的 0.5～1.5m 标高范围内规划一部分红树林湿地，有限恢复大铲湾的红树林生态，同时红树林还可防风消浪，加固堤岸。在上游的 0.5～1.5m 范围内，因主槽中将有大量海水涌入，基本属于咸水环境，规划部分盐沼植物种植区，体现水廊道的生物多样性。在两滩的中间部分，主要为塘床系统。该区域为水廊道的亲水空间，同时可对中后期雨水进行过滤、沉淀、生态净化，以保证进入水廊道的水质，总面积为 31.63hm^2。另为补充景观用水需要，南山污水处理厂部分出水将进入人工湿地进行深度处理。该人工湿地主要设置在铲湾渠水廊道上游河滩区域，总面积约为 8hm^2。

城市景观休闲空间——公共游乐、康体、休闲空间，是人们休闲、娱乐的首选场所。该区域标高在 2.12m 以上，高于水廊道的多年平均高潮位。该部分空间给城市规划设计提供发挥场地，满足人们休憩需要，体现“以人为本”的规划理念，实现水廊道与城市建设的有机结合与无缝衔接。水廊道主要空间结构功能参数指标见表 9-2-1 及图 9-2-4。

表 9-2-1　水廊道主要空间结构功能参数指标

设计项目	功能	竖向标高范围(m)	水质目标	补水水源	水源水质	与人的亲和性
主槽	泄洪	-2.0～1.0	主要指标 近期第Ⅴ类地表水 远期第Ⅳ类地表水	再生水 海水	再生水水质 近期第四类 远期第三类	远观
景观湿地(红树林)	生态恢复	0.5～1.5	—	海水	近期第四类 远期第三类	远观
景观湿地(盐沼植物)	休闲水景	1.0～2.12	—	海水	近期第四类 远期第三类	远观
景观湿地(塘床系统)	休闲水景、水处理	2.12～3.1	—	人工湿地深度处理、再生水 雨洪利用	Ⅳ类景观水质	近观、休闲、娱乐、
城市景观休闲空间	景观休闲、公共活动	＞2.12	(双沟)Ⅳ类	再生水	Ⅳ类景观水质	亲水

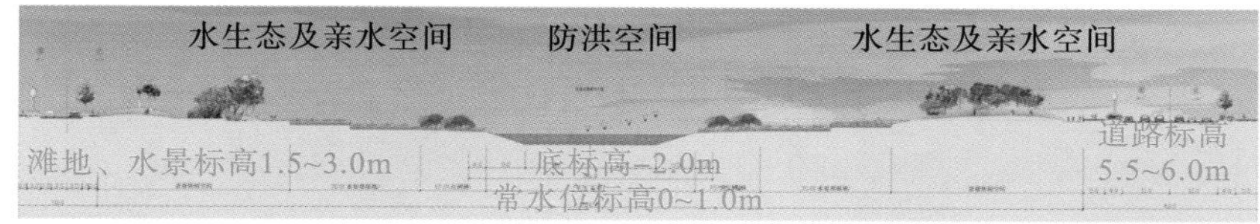

图 9-2-4　水廊道典型断面图

环状水廊道宽度仅 35～50m，景观功能较弱，主要功能为：①衔接并改善上游排涝条件，取代原有明渠支渠；②预留利用自然纳潮动力交换的通道；③实现污水出水无动力回流水廊道，满足指状水廊道的补水要求；④为城市设计提供南山、前海的城水共生。

3. 新建城区的污水控制思路

新建滨海城区点源污染控制的关键在于确保建成完全的雨污分流系统。为实现完全的雨污分流，规划除合理布设污水管网和泵站外，还将合理规划浅埋雨水管道系统，使雨水入河排水口标高保持在多年平均高潮位以上，避免出口淤积和海水常年倒灌，可形成一个非淹没出流的雨水系统，更便于检查和监测雨、污管线错接，确保本区污水 100%收集。

1) 污水点源治理：100%收集处理

(1) 形成完善的污水管网收集系统。

在规划阶段合理布设污水管网，通过设置的污水泵站将污水输送到区内的污水处理厂处理。

考虑污水量的不确定因素，管道建设的永久性，以及污水管的改造难度和高昂代价，本规划区各管道按预测污水量再乘以 1.5 的弹性系数进行规划。

整个规划区内被三条指状水廊道分隔成三个片区，污水管网分区汇集后输送至南山污水处理厂。

污水干管沿水廊道布置，一区管网汇集至桂庙渠水廊道北侧后通过前海泵站抽排直接送入南山污水厂，二区管网自流进入南山污水厂，三区管网汇集至铲湾渠南侧后通过铲湾泵站直接抽送至南山污水厂。

(2) 规划浅埋的雨水管道系统。

雨水排放规划采用浅埋的雨水管道系统，排出口高于多年平均高潮位 2.12m，见图 9-2-5。

浅埋雨水管道系统具有以下优点：①克服滨海地区雨水管道出口标高低引起的雨水淹没出流、海水倒灌、容易淤积、清淤和检修困难等缺点，同时管道延缓空间的增大可以减小雨水管径；②一定的高差易于海绵城市理念的初雨水截流措施的应用，易于中后期雨水排入水廊道湿地，再入河入海；③易于雨水、污水管道在竖向高程上的交叉，易于做到雨、污水的彻底分流。

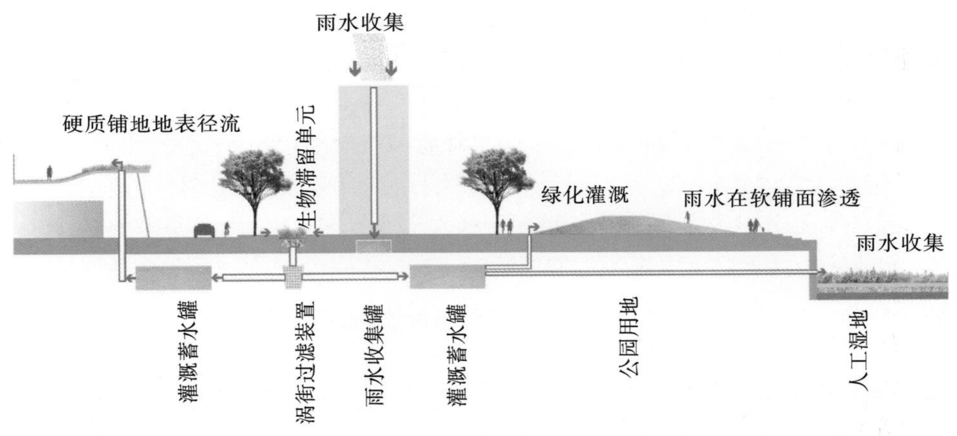

图 9-2-5　规划浅埋的雨水管渠

2) 新建城区的雨水污染控制思路：着重于源头控制和生态工程整治，从源头至末端形成多道生态屏障

对于一个新建的填海滨海城市，可从城市规划的阶段就体现一个低碳、节能、环保的面源污染控制原则，采用低影响开发模式是减少和解决面源污染负荷对水体冲击的最优的有效途径。

前海合作区规划拟通过以下措施综合作用、层层截流来控制合作区内的面源污染(图 9-2-6)：将低影响开发(LID)理念落实到城市开发建设中去，采取适宜的低影响开发技术，对雨水径流和污染物进行第一步的削减。开发区内的市政道路污染物，经低影响开发初步截流后，利用水廊道的两滩湿地、塘床系统进行再次截流和削减。

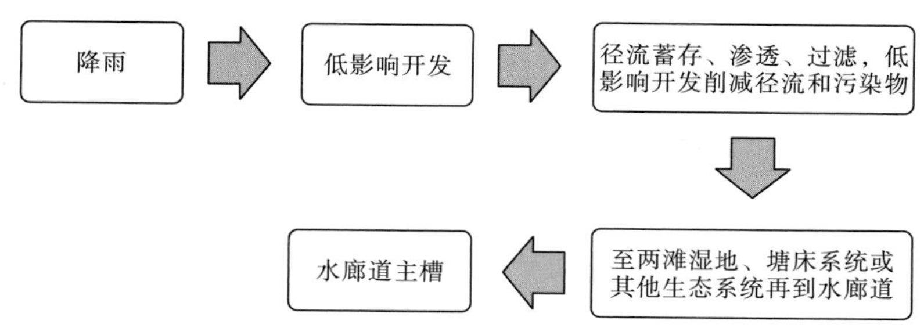

图 9-2-6　控制合作区内的面源污染

(1) 低影响开发源头治理。

与传统的雨水径流管理模式不同，低影响开发的基本特点是从整个城市系统出发，采取接近自然系统的技术措施，以尽量减少城市发展对环境的不利影响为目的，进行城市径流污染的控制和管理；并综合采用入渗、过滤、蒸发和蓄流等多种方式来减少径流排水量，使开发后城市的水文功能尽可能地接近开发之前的状况。LID 在不同的气候条件、不同的地区，其处理效果也有所不同，LID 可以减少暴雨径流并延迟暴雨径流峰值，还可有效地去除雨水径流中的磷、油脂、氮、重金属等污染物。

分析前海气候条件及地质特点等要素，前海地区竖向高程均大于 4.5m，表层植被不易受海水影响，水廊道低区布置耐盐植物。建议结合城市建设开发，建设适宜的低影响开发设施，主要有：绿化屋顶、透水铺装地面、雨水滞留设施(如雨水滞留塘等)、雨水收集利用设施等。以滞留调蓄为主，有效防控洪涝灾害的发生，控制面源污染，减少排入城市水体的污染物量；不宜大规模建设渗透井等渗透设施。

(2) 结合水廊道景观湿地进一步削减。

经过低影响开发设施对初期降雨污染和径流的削减，中后期雨水的水质可以得到有效的改善，建议结合水廊道内景观湿地设置雨水溢流出水口，对中后期雨水中所携带的污染物进行更进一步的削减，减少进入水廊道水体及大铲湾的污染物。

前海规划水廊道平面布置为“一槽、两滩、双沟”，其中“两滩”位于主槽两侧，主要包括：狭义的人工湿地和广义的人工湿地(模拟自然的无动力湿地系统和红树林、半红树林的重建)以及生态景观建设。主要目的是控制面源、处置城市面源污染，保障主槽水质和大铲湾内的水质。

前海针对两滩湿地类型选择了以下三种形式(表 9-2-2)设置在不同的区域：人工湿地、自然湿地以及蚝壳池。

通过表 9-2-2 分析可知，人工湿地对于微污染污水的处理效果较好，但由于降雨时地表径流量通常较大，且水流较急，雨水在湿地内停留时间非常短，基本无法满足水质处理的要求。同时由于其结构特点的原因，堵塞的问题难以解决，维持长期稳定的运行维护存在一定难度。另外，从植物种植角度讲，人工湿地所种植的植物品种有限，且每种植物长势受季节等环境因素影响较大，其形成的景观效果与本次规划的多样性、层次性的景观布局理念有所差异，因此，人工湿地应用于污水深度处理，不适合前海其余水廊道。

表 9-2-2 湿地类型比较分析表

项 目	人工湿地(垂直流)	自然湿地	自然生态活性填料工艺(蚝壳池)
处理效果	主要用于微污染污水处理，处理效果较好	一般	填料孔隙率达 80%，可有效去除水中污染物，并截留和沉淀垃圾及杂质
结构形式	复杂	简单	简单
造价	较高	较低	较低
运行维护	运行管理复杂	运行维护简单	运行维护简单
占地	较大	较大	较大
景观	较好	较好	较差

自然湿地具有结构形式简单、造价较低、运行维护简单的优点，同时可以实现较好的景观效果。本次规划所提出的公共性、多样性、延续性、层次性和立体化的景观布局要求，完全可以通过自然湿地的规划设计而得以实现，因此，本次两滩湿地主要采取自然湿地的方式。

自然生态活性填料蚝壳采用天然的填料，其主要成分为海生贝类生物的壳体，在沿海城区随处可见，一般作为固体废弃物处理。该填料孔隙率可达 80%，可有效去除水中污染物，并截留和沉淀垃圾及杂质，且具有结构简单、运行管理方便、运行费用低等特点。较为成功的案例是香港元朗排水绕道项目中所采用的蚝壳池工艺，其主要目的是通过蚝壳池进行天然过滤及净化，减少水内的养分，避免湿地内发生红潮。

前海水廊道湿地部分采用“自然湿地+自然生态活性填料工艺(蚝壳池)”的组合工艺，两种工艺组合后可实现优势互补，既可以实现景观效果，同时能够达到中后期雨水过滤沉淀的效果，极大地满足了本次工程的实际需要。蚝壳湿地系统见示意图 9-2-7。

图 9-2-7 蚝壳湿地系统示意图

铲湾渠、桂庙渠及双界河水廊道主槽两侧均预留大面积的河滩区域，用于生态景观布局，使水廊道两侧形成较大的海绵体。两滩湿地布局划分示意见图 9-2-8。

在河滩与河岸形成的交错带，由于其临近建成区，是人们休闲、娱乐的首选场所。水廊道的最高洪水位、多年平均高潮位对该区域均没有影响，安全问题可以得到很好的保障。因此，规划中在此区域布置大量的休闲景观，满足了人们休憩需要，体现了“以人为本”的规划理念。

在河滩的感潮带，由于海水涨潮时，主槽中将有大量海水涌入，陆生植物无法在该区域生长。因此，靠近主槽的岸坡区域，主要为红树林、半红树湿地或盐沼植物种植区。

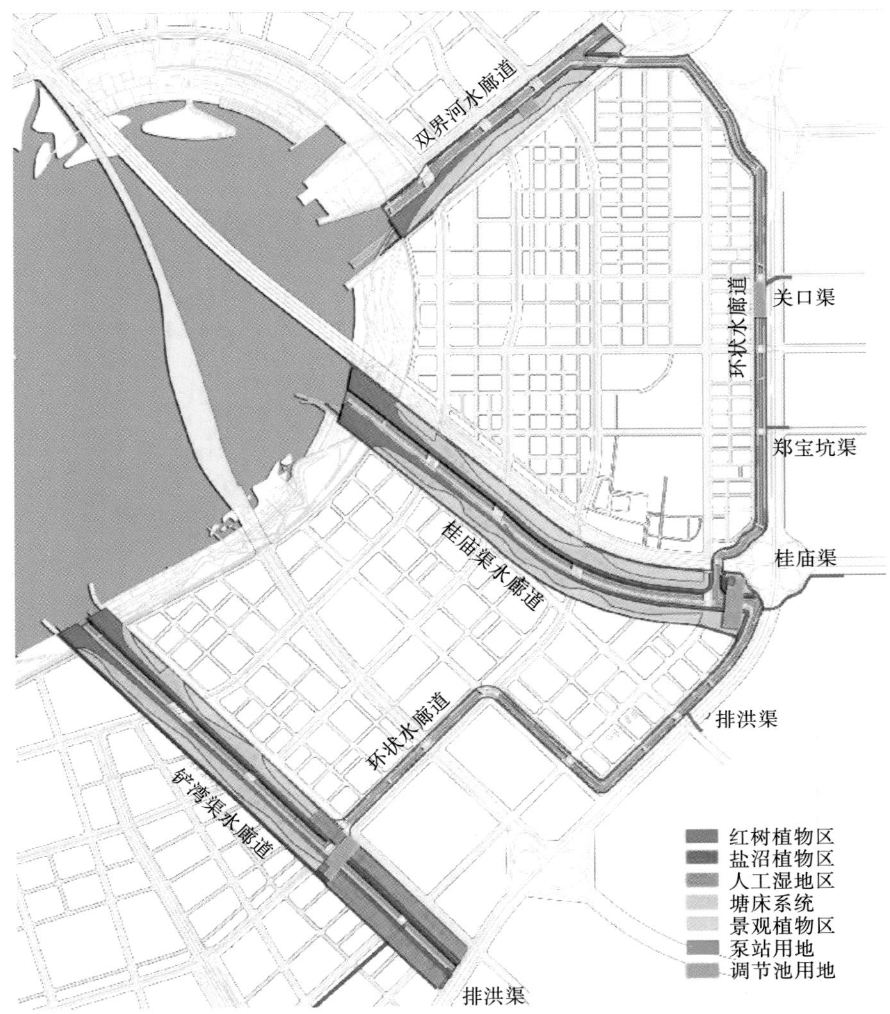

图 9-2-8　两滩湿地布局划分示意图

在河滩过渡区，主要为塘床系统。该区域的主要功能主要是对中后期雨水进行过滤、沉淀，以保证进入水廊道的水质。部分出水将进入人工湿地进行深度处理。

9.2.3　南山旧城区的海湾城市水环境治理方案

以深圳市前海合作区水系统规划中上游南山片区水污染治理为例，探讨旧城区的半封闭海湾城市的规划。

1. 南山旧城区的水环境治理目标

1) 目标一：彻底解决旧填海区历史内涝，确保水安全

前海合作区上游的南山片区涝区集中在关口渠(箱涵)、郑宝坑渠(箱涵)、桂庙路渠(箱涵)，见图 9-2-9。流域内地面高程基本为 3.3m 以下，局部片区地面高程在 2.6m。目前现

状已有板桥泵站和前海泵站两座排涝泵站，能解决郑宝坑渠和桂庙路渠的排涝问题，但建设标准不高，现状运行也存在一些问题，而关口渠片区一直未能设置排涝泵站，其汇水范围内低区基本处于逢雨必涝的状态。在滨海旧城区的水环境整治中，首要的目标就是解决由于地势原因而形成内涝点的问题。

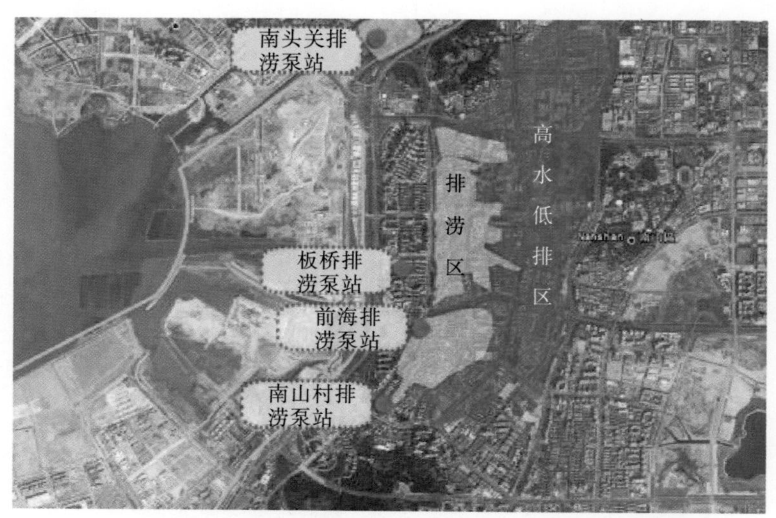

图 9-2-9 前海合作区上游的南山片区的排涝区

2）目标二：控制旱季漏排污水及雨季溢流合流污水，保障下游水质

作为前海大铲湾流域的重要部分，上游南山区的水污染控制是整体水环境保障的重要部分。为确保大铲湾水质的达标，必须对上游旱季漏排污水及雨季溢流的合流污水进行有效收集和处理。

远期上游片区的点源污染控制主要依靠截污、排污工程达到95%的截留效果。

虽然正本清源雨污分流制改造正在逐步进行，但任务艰巨，雨污合流现象仍将会持续一段不短的时间，可采用临时措施予以改善：对于漏失到雨水管网中的旱季污水，将结合雨水排涝泵站设置潜污泵，收集截流旱季污水到污水处理厂。

2. 南山旧城区水污染治理方案

排水深隧用地受限小，布置灵活，可避免城市四面或浅层地下空间各种因素的影响，同时可迅速高效地缓解城市局部洪涝及合流制溢流污染问题，是一种适合城市中心区和老城区的洪涝问题解决方案，越来越多的在发达城市得到应用。

深圳市南山区作为城市早起发展片区，分散的地面式泵站建设受到用地限制无法实现，因此在此区域采用了深层排水隧道的方案。

3. 前海南山深隧方案介绍

1）整体布置

环状水廊道本可以收集上游旧城区四条排水渠排出的水流，但月亮湾大道快速化改造工程的下沉方案阻断了原有排水系统。

本项目工程目的是：①收集关口渠、郑宝坑渠、桂庙渠及大南山 $3^{\#}$ 渠的初期雨水，并通过泵站抽排至南山污水厂处理后排放；②收集关口渠、郑宝坑渠及桂庙渠的涝水经泵站抽排后通过距离碗口最近的铲湾渠水廊道最终排至大铲湾，以解决上游南山片区的排水出路问题。

整体系统由关口渠、郑宝坑渠、桂庙渠进水接驳及支隧工程，深层隧洞工程及末端泵站组成。隧洞主体线路布置位于月亮湾大道西侧，线位位于规划环状水廊道红线内，起点为现状关口渠，终点为铲湾渠水廊道。沿途分别收集关口渠、郑宝坑渠、桂庙渠的初(小)雨水、涝水，以及 $3^{\#}$ 渠的初(小)雨水。深层排水隧道起点高程为−39.38m，终点高程为−44.00m。枢纽泵站设置于铲湾渠水廊道上游人工湖南侧，初小雨出水管沿怡海路敷设至南山污水厂。

关口渠、郑宝坑渠及桂庙渠进水接驳及支隧工程中，还包括各自浅层自排通道工程。系统平面布置见图 9-2-10。

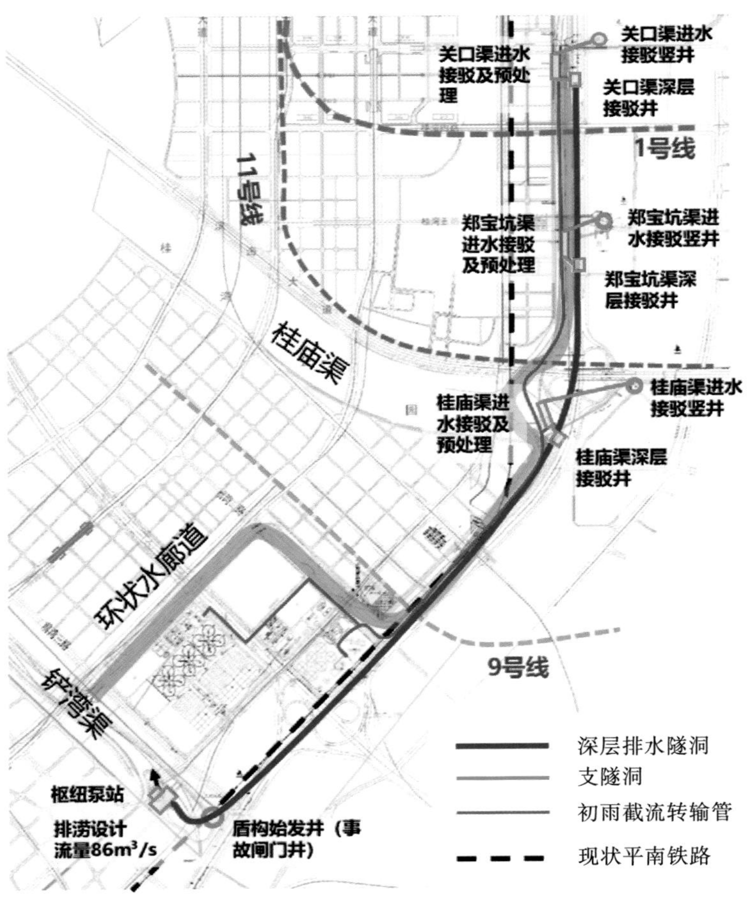

图 9-2-10 系统平面布置图

2) 运行工况

本工程运行调度分为三个工况，详述如下。

(1) 旱季。近期，在面临流域上游南山片区雨污分流不彻底、排水管网正本清源工作逐步推进的情况下，旱季漏排污水必须经过截流设施接入城市污水厂处理。旱季漏排污水水量小、不间断，若长期进入深隧系统由于流量低、流速低、停留时间长等原因会带来淤积、臭气、易燃易爆、腐蚀等问题，因此，原则上旱季漏排污水尽量通过地面系统截流至城市污水系统，最终进入污水厂处理。

本项目范围内旱季漏排污水截流工程已有针对性措施，但由于部分措施的正常运行时间会晚于本项目深隧建成时间，在此之前，需要临时将旱季漏排污水排入深隧，该部分污水通过枢纽泵站内初(小)雨泵抽排至南山污水厂。

(2) 初(小)雨。初(小)雨进入竖井，通过隧洞调蓄，由深隧末端枢纽泵站内的初(小)雨提升泵在24h内提升至南山污水厂处理，但其调蓄功能仅限于小雨。

(3) 排涝。在南山片区雨污分流不彻底、城市更新未完成的条件下，深隧优先解决南山片区内涝及初(小)雨问题，此时，浅层排水系统为深隧的补充，作为超标涝水和事故时的排水通道。由于水廊道水力交换能力十分弱，城区雨水不进入环状水廊道对其水质保护意义重大。

工程运行流程见图9-2-11。

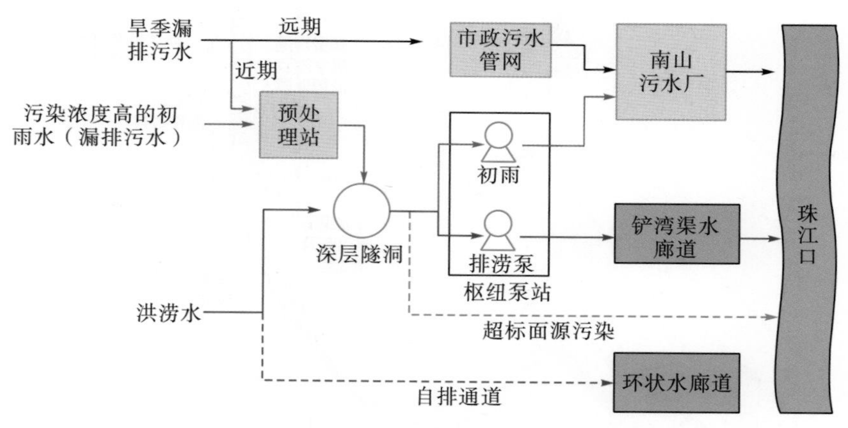

图9-2-11 工程运行流程图

4. 前海采用深隧方案的优势

1) 克服滨海地区地形高差，解决了下游受纳水体对上游渠道的顶托问题

在滨海城市旧城区，上游地面高程与下游受纳水体潮水位之间高差小，并且随潮水位变化而变化，排水干渠的排水断面入海时已有部分在海平面以下，外海潮位稍高时整个排水断面都会淹没。排水干渠的排水能力由于外海水位顶托而大大减小，使得片区内呈现出逢雨必涝的状况，必须采用排涝泵站。

浅层与深隧的排涝泵站系统经过科学合理的设置和运行，都可以解决低区的排涝问题。浅层泵站系统的运行靠泵站水位监控，在上游来水水位到达一定高度时启动排涝泵站，通过控制启泵水位来确定对上游排水干渠的顶托程度不会导致上游建成区水浸或内涝。

深隧系统主隧埋深较深，上游收集渠道直接跌水进入竖井，使上游的排水系统呈现自由出流状态，可最大限度地利用上游排水系统的能力，彻底避免了外江水位对上游系统的顶托。

2) 高区系统与低区系统彻底分离，解决滨海城市截污系统的弊端

滨海城区的截污系统设置通常面临一些问题：截污闸顶高程设置过低，面临海水倒灌至污水系统的问题；截污闸顶高程设置过高，面临对雨水系统的阻水而导致上游淹水的问题。

在低区系统设置深隧，使低区的排水系统全部进入深隧排除，与城市河流的高水通道断开，平时不再与外江水位连通。截污系统设置在深隧竖井之前，避免了海水倒灌的问题，并可将截污系统高程降低，避免对上游系统的阻水。

3) 前海各条水廊道水交换能力不同，本项目的深隧方案调整了污染雨水的排放口，更好地保护前海水廊道水质

2013 年，南京水利科学研究院开展了《深圳前海水廊道水体交换与生态效应研究》项目研究，对前海水廊道自然涨落潮交换能力进行研究，其主要结论表明：

(1) 水廊道水容量有限，水交换能力较差，因此保持水廊道内水体洁净是十分重要的，一旦污染靠自身稀释降解是非常困难的；

(2) 铲湾渠、桂庙渠指状水廊道水体交换良好，水质基本保持清净，双界河稍差；而环状水廊道水体交换很差，廊道内水体 10 天不能交换一次，水环境会渐渐恶化。

水廊道涨落潮水体交换示意见图 9-2-12，分散泵站方案溢流点见图 9-2-13。由此可见，分散泵站方案溢流点在水廊道水交换能力最差的区段，深隧方案溢流点位于水廊道水交换能力较好的区域，这对前海水系统水质保护有很大帮助。

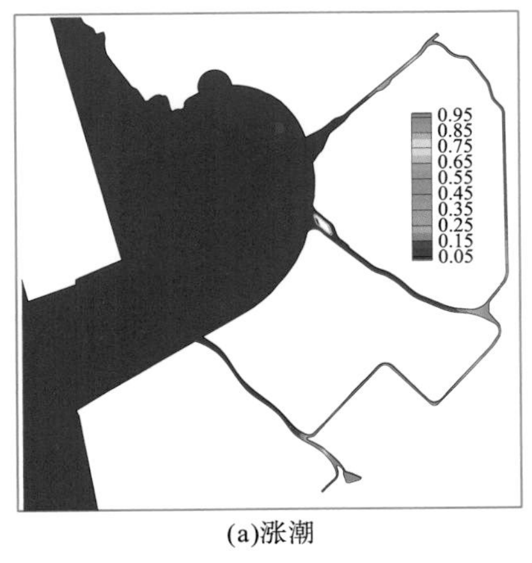

(a)涨潮

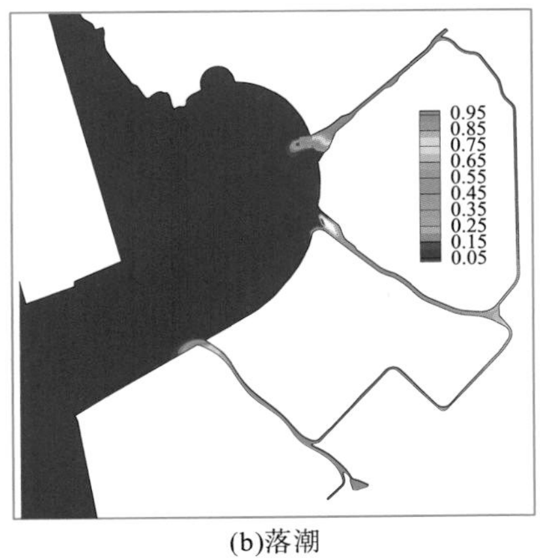

(b)落潮

图 9-2-12 水廊道涨落潮水体交换示意图

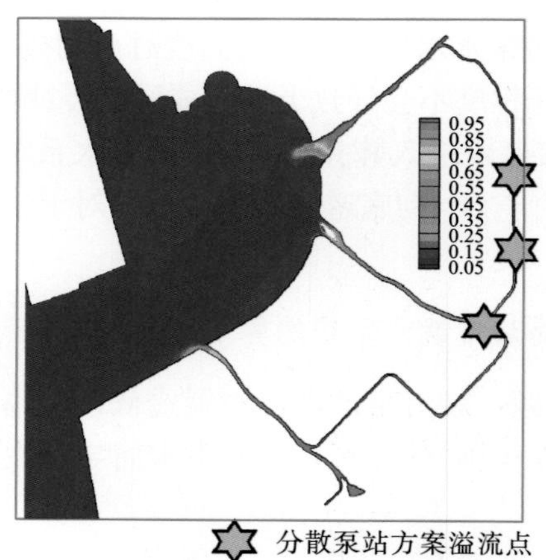

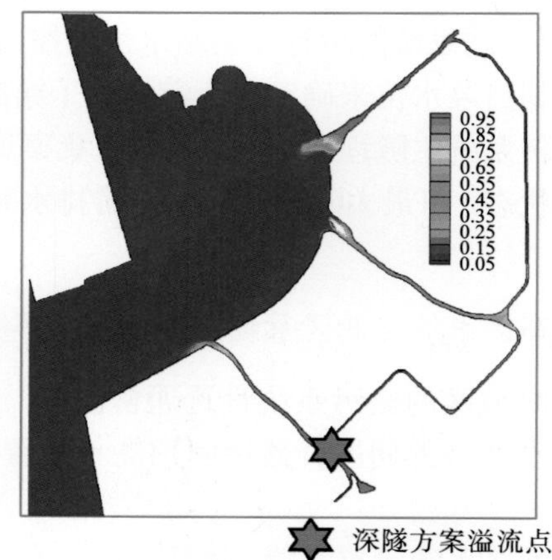

图 9-2-13 分散泵站方案溢流点

第 10 章　深层排水隧道

随着我国城市发展进程的加快，各城市环境保护的要求也越来越高，城市地下空间要整合地铁、电力、通信、供水、排水、供冷、垃圾等各项民生设施用地，必须做好地下空间中各层合理分配和整合，将会有越来越多的城市需要将大型排水设施深埋，建设深层排水隧道。

目前我国还未有一条建成运营的深层排水隧道，设计和建设经验比较少。由于深隧设计与传统排水管网设计相比有其特殊性，在此以深圳市前海深隧设计为例，阐述深隧设计的重点内容。

10.1　深层排水隧道的概述

10.1.1　深层排水隧道的发展现状

随着城市的快速发展，原有排水系统所承受的压力逐渐增大，早期建设的排水系统已难以满足当前城市的需求，甚至影响城市的安全和正常运行，尤其是一些城市的中心城区和老城区，存在严重的洪涝和合流制溢流(CSO)污染问题，为了解决洪涝及合流制溢流污染等雨洪问题，国内外城市纷纷投入巨资对原有排水系统进行改造完善，但是，受空间条件、拆迁困难、交通影响、施工周期、资金等诸多因素的制约，排水系统全面升级改造的难度巨大，尤其是在老城区或中心城区。由于隧道可迅速、灵活、高效地缓解城市局部洪涝及合流制溢流污染问题，且用地所受限制小，不占用宝贵的土地资源，避免了城市地面或浅层地下空间各种因素的影响、也不影响市政管道的布置，所以，隧道工程作为一种有效的大规模雨洪控制措施受到极大关注，在一些发达国家城市得到一定程度的应用。由于雨洪控制隧道多建于深层地下，故也称为深层排水隧道或深隧。

根据现有案例的不完全统计，深层排水隧道的埋深大约在 15～107m 范围内。在发达国家，污染控制隧道的应用更为广泛，在已建设和规划建设的隧道中，径流污染控制隧道约占 76.5%，隧道规模和耗资巨大，每个隧道工程因建设场地、地质条件、施工方法和地下水位等特征的不同其投入的建设费用差异也很大，调查研究结果显示，隧道方案的造价在 0.5～7.3 亿元/km，平均造价为 2.7 亿元/km。虽然投资费用高昂，但隧道在实现洪涝控制和 CSO 控制的目标上一般具有显著控制效果。建设深层排水隧道典型城市分布见图 10-1-1。

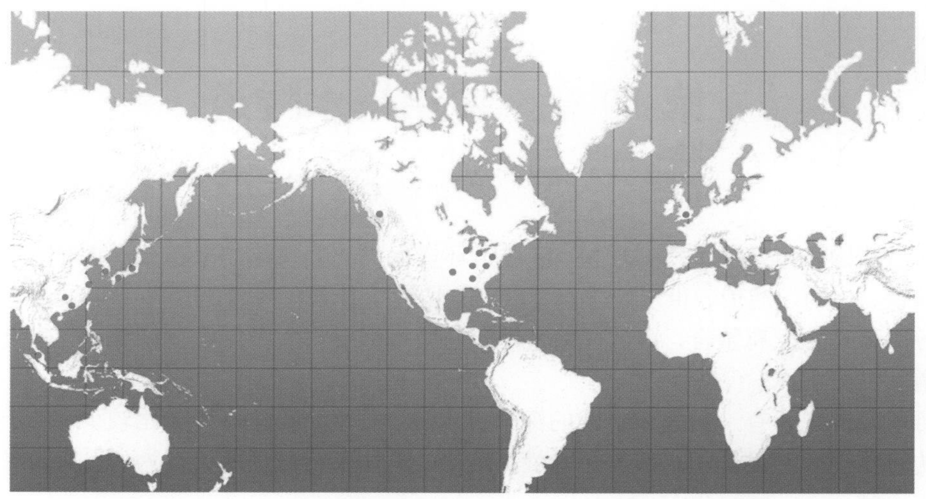

图 10-1-1 建设深层排水隧道典型城市分布图

10.1.2 深层排水隧道的特点

典型的深层排水隧道浅层整合连接系统及深层隧道组成，组成要素有截流管、调节堰、整合连通管、竖井、隧道及出水泵站等。

典型深水隧道系统示意见图 10-1-2。

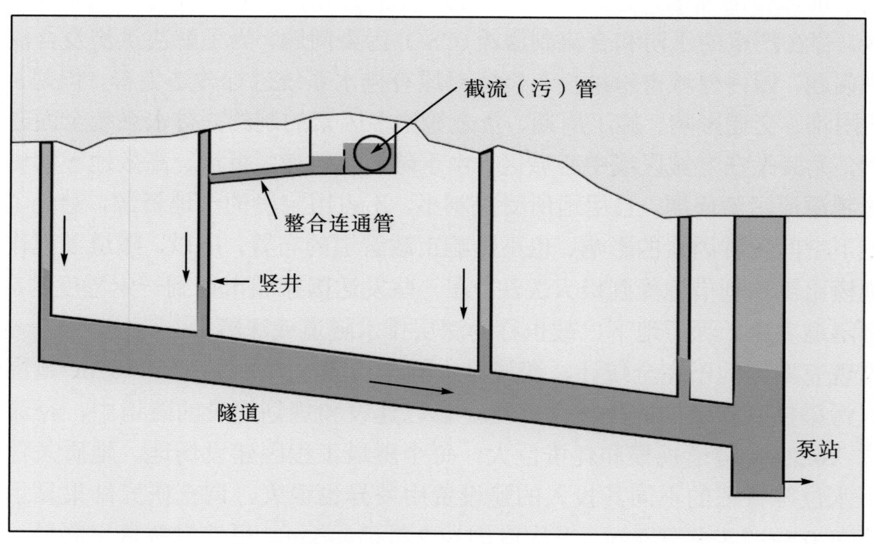

图 10-1-2 典型深水隧道系统示意图

深隧具有与常规排水系统不同的特点：

(1) 更深，故需将水安全跌落入隧道，并导致巨大的排气体积；

(2) 大流量，会有潜在的水锤、波涌及井喷问题；

(3) 地面连接少，会有潜在的大量气泡吸入，并需要设置集中的排气口。

因此在深水隧道的设计运行中的重点有竖井、水锤消除、通风、臭味控制(污水隧道)、底泥沉淀、浅层整合连接及排出几个部分。

根据现有深层隧道的运行经验来看，底泥沉淀的问题对于污水隧道而言更突出，需要在设计时考虑足够的流速在旱季搅动沉淀底泥，但是对大多数合流制深隧运营并无重大影响。

气流管理是深隧的重点，排洪隧道需要注意隧道排出的气体与水流流入体积相当，空气排出和水流流入于相同地点，具有体积很大并有气体混吸的风险，污水隧道还需要进行臭味和腐蚀的控制。

10.2　排涝规模确定

10.2.1　计算工具及方法

1. 计算工具

采用 Mike Urban 模块进行排水区域管网的水力模拟计算。

采用 Mike 21 模块进行地表径流的模拟。

2. 模型建立及验证过程

1) 产流、汇流模型

(1) 集水区划分。首先手动将研究区域按照排水系统划分为较大的集水区，然后对于各系统所属集水区依据系统内的干管分布、地形高程以及地表障碍物划分为较小的集水区。对于较小尺度的集水区，若集水区内管网密度较大、地势平坦且无明显障碍物，则采用泰森多边形进一步划分为子集水区；若集水区内管网较稀疏、地势变化较大或者障碍物较多，则手动将其划分为子集水区。

(2) 产流模型参数选择。Mike Urban 降雨径流模块提供的产流模型需要输入的参数包括集水区不透水率、初损与折减系数。根据《深圳市排水(雨水)防涝综合规划》所推荐的下垫面分类，将下垫面划分为屋面、绿地、水体、道路、裸土及室外铺装等六类，各类型下垫面不透水率见表 10-2-1。各子集水区综合不透水率按照各类型下垫面面积比例进行加权计算。

表 10-2-1　不同下垫面模型参数取值表

序号	下垫面	不透水面积比例(%)	初损(mm)	集雨时间
1	道路	80	2.5	软件自动计算
2	绿地	20	4.0～7.0	软件自动计算
3	裸土	30	4.0～7.0	软件自动计算
4	建筑屋面	95	1.2	软件自动计算
5	室外铺装	70	3.0	软件自动计算

(3)汇流模型选择。本项目建立的暴雨积涝模型采用时间-面积曲线模型，各集水区所用时间-面积曲线类型由集水区面积与表面流速计算确定。

2)设计降雨

根据深圳市近 51 年的连续降雨资料，归纳实际降雨过程，研究降雨规律，建立珠江口流域城市暴雨雨型(包括历时 121min 为单位时段和 1445min 为单位时段的设计暴雨雨型)，为城市暴雨径流控制设施的设计提供依据。

降雨原始资料来自于深圳市气象台基础站 1963～2013 年的逐分钟降雨过程记录，格式为自记降水纸记录资料，使用中国气象局预测减灾司提供的“降水自记纸数字化处理软件(2004)”对降水记录纸进行扫描、扫描检查、降水曲线提取、降水强度数据转换和质量检查，提取逐分钟雨量资料。

选取最小降雨间隔时间等于 120min 来划分降雨场次和降雨事件(若间隔大于等于120min 雨量小于 0.1mm，则将连续降雨过程划分为两场)，并根据最新规范，采用年最大值法进行选样，即每年各历时选取一个雨强最大值，其意义是一年发生一次的频率。选取的历时包括 5 min、15 min、30 min、45 min、60 min、90 min、120 min、150 min、180 min、240 min、360 min、720 min、1440min 13 个历时组成 13 个系列样本。以各样本为基础作 P-Ⅲ 型频率曲线，通过计算机调试得到较为合理的统计参数 C_v、C_s、C_s/C_v 和 EX 及其设计值，计算相应频率下的雨强和雨量设计值，如表 10-2-2 所示。

表 10-2-2 不同历时设计雨量值 (单位：mm)

历时 t(min)	重现期 P(年)							
	2	3	5	10	20	30	50	100
5	11.1	12.2	13.4	14.8	16.0	16.7	17.6	18.7
15	25.2	28.0	31.0	34.5	37.7	39.4	41.6	44.4
30	37.5	42.0	46.8	52.6	57.9	60.8	64.4	69.1
45	46.3	52.3	58.8	66.7	73.9	78.0	82.9	89.4
60	52.9	60.2	68.3	78.1	87.2	92.3	98.6	106.8
90	63.0	71.8	81.5	93.2	104.1	110.1	117.6	127.4
120	71.5	82.2	94.0	108.6	122.1	129.7	139.0	151.3
150	77.0	90.1	104.8	123.3	140.6	150.4	162.5	178.5
180	81.6	96.7	114.0	135.9	156.7	168.4	183.1	202.6
240	91.5	108.9	128.9	154.3	178.5	192.2	209.3	232.1
360	105.7	126.9	151.6	183.1	213.3	230.6	252.0	280.6
720	139.8	167.8	200.4	242.1	282.0	304.8	333.1	371.0
1440	171.5	207.7	250.2	305.0	357.8	388.5	425.7	476.1

短历时暴雨雨型主要用于确定设计暴雨的时间变化过程，本次规划中根据芝加哥雨型来推求深圳市历时 121min 间隔、历时 125min 间隔的短历时雨型。

选取 42 场降雨的雨峰位置系数统计结果 0.35 作为 2h 降雨过程的雨峰位置(第

42min)，利用最新版的深圳市暴雨强度公式推求设计雨量和 1min、5min 的降雨时程分配，分配结果如图 10-2-1 所示。

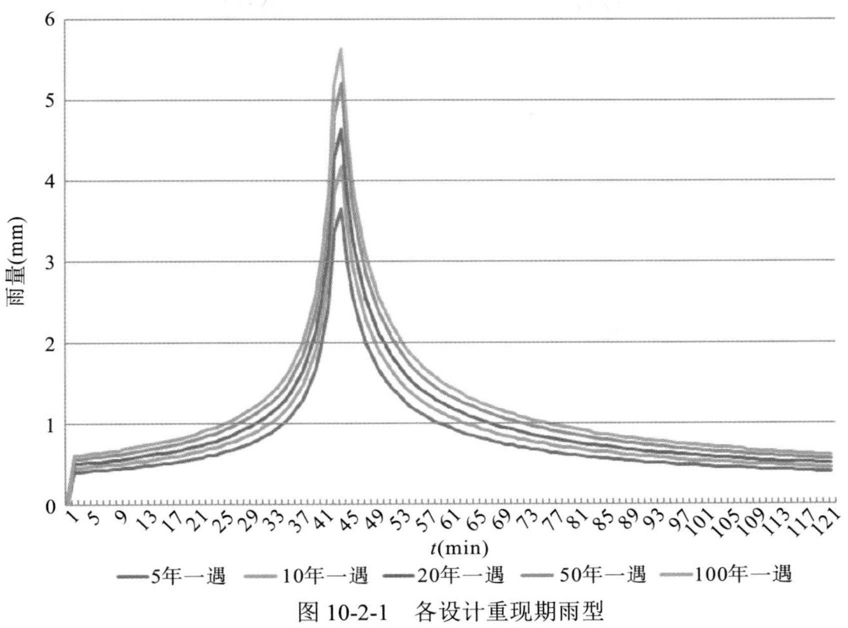

图 10-2-1　各设计重现期雨型

3) 下垫面解析

下垫面解析是分析城市降雨径流机制的基础。依据《城市排水(雨水)防涝综合规划编制大纲》要求，并结合本次研究范围内的实际情况，将下垫面分为绿地、水体、屋面、路面、裸土和铺装六类。其中，绿地包括林地、公共绿地、街头绿地等，水体包括水库、水塘、河流等，屋面为建筑物屋面，路面为城市道路路面，裸土为未开发的自然裸露地表，铺装主要包括道路人行道铺装、广场、停车场、小区内铺装等。采用 GIS 数据管理功能，对不同下垫面进行分割和分类，形成不同矢量图层数据，且矢量图层应在空间位置和地表特征上与实际情况相符，作为水力模型分析城市降雨产流和汇流机制的基础。

如图 10-2-2 所示，通过对比下垫面解析结果与卫星影像图可知，下垫面解析结果(表 10-2-3) 与现状卫星影像图匹配度高，说明下垫面解析结果良好，能较好地反映真实城市地表类型构成。

图 10-2-2　下垫面解析结果与卫星影像对比图

表 10-2-3　下垫面解析一览表

项目	绿地	水体	屋面	路面	裸土	铺装	合计
关口渠(ha)	88.9	0	75.2	47.3	0	124.7	336.1
郑宝坑渠(ha)	55.7	0	69.1	27.2	0	94.1	246.1
桂庙渠(ha)	40.0	0	78.5	23.2	0	93.8	235.5
分类面积(ha)	184.6	0	222.8	97.7	0	312.6	817.7
分类比例(%)	23	0	27	12	0	38	100

4) 边界条件及模型参数

(1) 潮位。采用设计标准下的洪水与多年平均潮位组合的外包线，作为设计水面线。本次选择南山区赤湾港附近的赤湾站多年平均潮位(2.13m)作为潮位边界。

(2) 基流。由于现阶段缺乏研究区域的资料，模拟过程暂按 Mike Urban 的默认设置。

计算引擎自定义初始基流深度为管径尺寸的 0.5%，但最大不超过 5mm，入流率基于曼宁公式计算。

(3) 曼宁系数。管网水力计算采用曼宁显式方程(Manning explicite)，曼宁系数见表 10-2-4。

表 10-2-4　常用管材曼宁系数

管材	曼宁系数
球墨铸铁管	0.012～0.015
混凝土管	0.012～0.017
镀锌钢管	0.015～0.017
塑料管	0.011～0.015
金属管	0.015～0.017
陶土管	0.013～0.015

5) 管网模型

(1) 建模。

管渠的基础数据主要来源于现状前海南山片区排水管渠 GIS 数据，导入模型的数据包括雨水井的底高程、顶高程、管线的上下游高程、管径以及管长。数据导入前，首先对普查结果进行核对，对于错误的数据进行剔除；对于缺失的数据，一部分通过收集实地测量得到，另一部分通过插值赋值的方法取得。采样 Mike Urban 建模，Mike Urban 操作界面见图 10-2-3。

(2) 参数敏感性分析。

城市暴雨积涝模型涉及一系列变量参数，其中关键参数的取值对于模拟结果的准确性有着较大影响。根据类似工程经验，拟对计算参数进行必要的敏感性分析，以确定合适的取值。一维管流模型管道粗糙系数 n 用以计算管道过流能力与沿程水头损失。

以根据管网普查数据库所建立的一维管道水动力模型(现状管网)为基础，研究管道粗糙系数 n 发生变化时，目标管道最大流量及过程线的变化趋势。

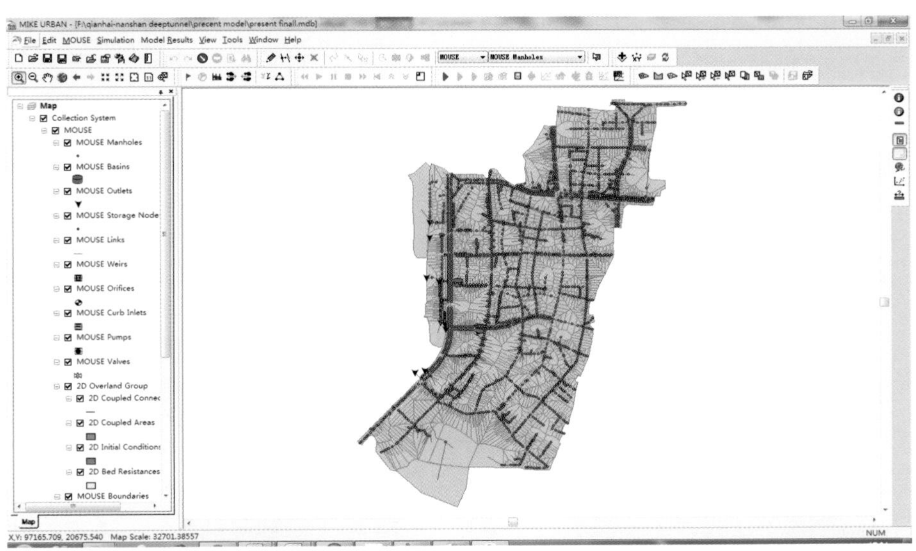

图 10-2-3　Mike Urban 操作界面

关口渠目标点位见图 10-2-4，关口渠流量过程线对比见图 10-2-5。根据现场调查情况了解到绝大部分排水管网采用钢筋混凝土排水管或者钢筋混凝土箱涵，仅少量管径较小的管道采用 HDPE 排水管或者类似的塑料管。《室外排水设计规范》(GB 50014—2006)(2016 年版)中推荐塑料管材粗糙系数采用 n=0.009～0.011，钢筋混凝土管及水泥砂浆抹面渠道粗糙系数采用 n=0.013～0.014，浆砌砖渠道采用 n=0.015。结合以上常用管渠粗糙系数，拟取 n=0.015、0.013、0.011 进行分析。

图 10-2-4　关口渠目标点位

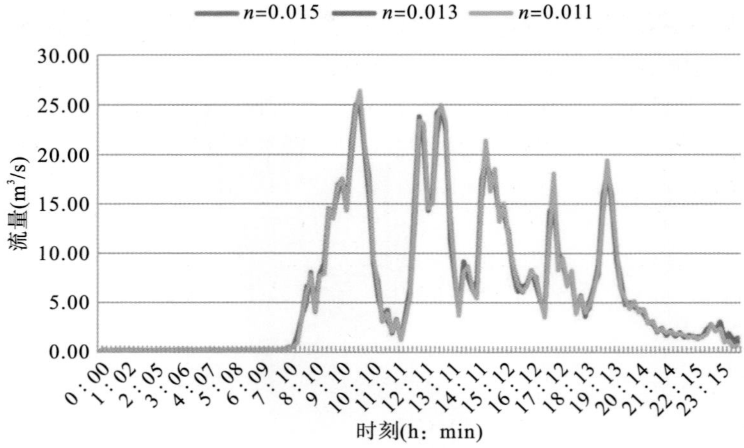

图 10-2-5　关口渠流量过程线对比

可以看出当粗糙系数 *n* 发生变化时，目标管道的流量有一定变化，总体上呈现 *n* 越小峰值流量越大的规律。关口渠粗糙系数分析见表 10-2-5。

表 10-2-5　关口渠粗糙系数分析

序号	参数	计算结果 1	计算结果 2	计算结果 3
①	粗糙系数 n	0.015	0.013	0.011
②	$1/n$	67	77	91
③	$1/n$ 变化比例(%)	−13.3	0	18.2
④	峰值流量(m^3/s)	24.95	25.09	26.27
⑤	峰值流量变化比例(%)	−0.5	0	4.7
⑥	⑤/③	0.04	—	0.26

从以上分析可以看出，粗糙系数 *n* 对于目标管道流量有一定影响。为保证模型准确，*n* 的取值必须慎重。《室外排水设计规范》对各种管材的粗糙系数做了大量调研，其推荐的排水管渠粗糙系数是可信的、符合实际情况的。考虑到南山片区绝大部分排水管网为钢筋混凝土管与箱涵，在后续的模型分析中，统一取管道粗糙系数 n=0.013。

(3)模型验证。

2014 年 5 月 11 日，深圳市遭遇有气象记录以来最强的特大暴雨袭击(下文简称“5·11”暴雨)。暴雨从早上 6 时开始，暴雨时间延续了 22 个小时，暴雨中心主要集中在龙华、南山一带。全市平均最大 24h 降水量 233.1mm，约 20 年一遇。其中龙华站为暴雨中心点，最大 6h 降水量 310mm，约 180 年一遇；最大 24h 降水量 458.2mm，约 125 年一遇。采用此次降雨作为模型验证的降雨事件。

①降雨实际情况。

将 2014 年 5 月 11 日深圳市气象局提供的南山站实测降雨过程作为输入条件，模拟当日暴雨积涝情况，并与实际渍水情况进行比对，验证模型是否能够反映真实情况。

"5·11"暴雨当日南山站录得 24h 降水量 312.4mm，降雨过程线见图 10-2-6，降雨行程呈现长历时、多雨峰的特点，见图 10-2-6～图 10-2-8。

暴雨与潮位组合情况：降雨的主峰段为 4～18h，该时段暴雨恰与当日珠江口高潮位遭遇，当日高潮位 0.55m，降雨中心集中在龙华、南山片区。"5·11"暴雨当日珠江口潮位过程见图 10-2-9。

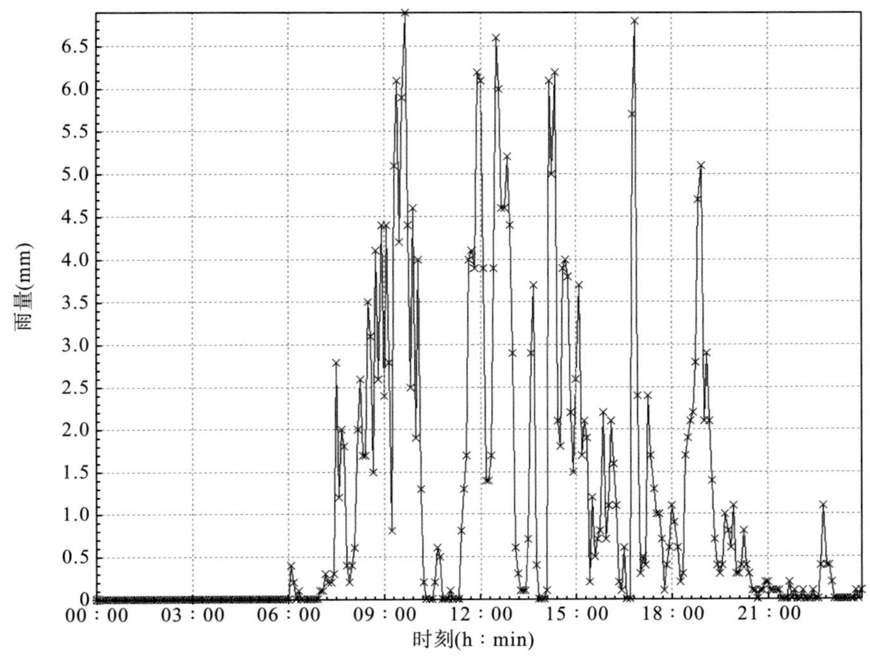

图 10-2-6　"5·11"暴雨降雨过程

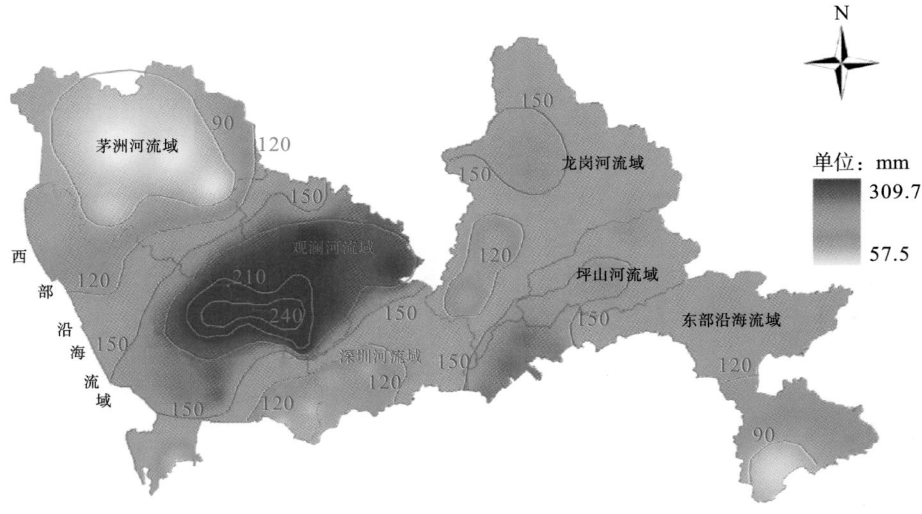

图 10-2-7　深圳市"5·11"暴雨最大 6h 雨量等值线图

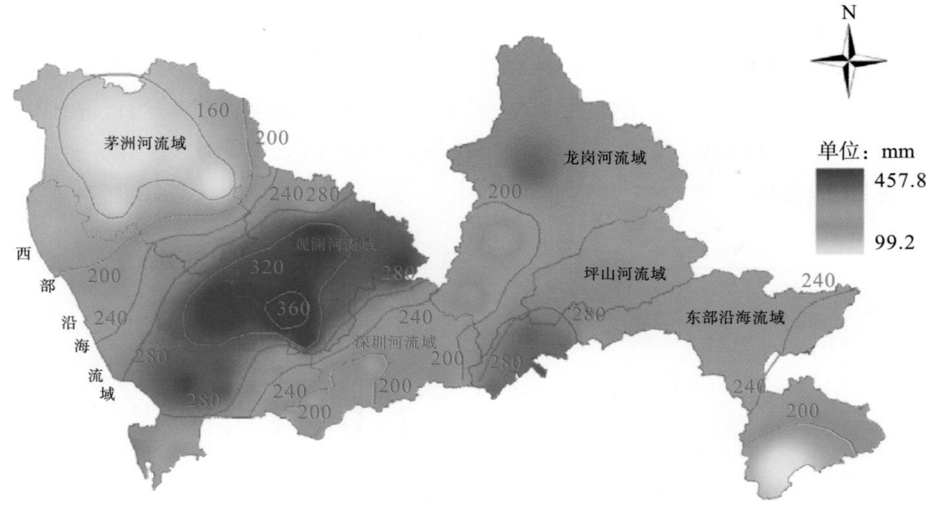

图 10-2-8　深圳市“5・11”暴雨最大 24h 雨量等值线图

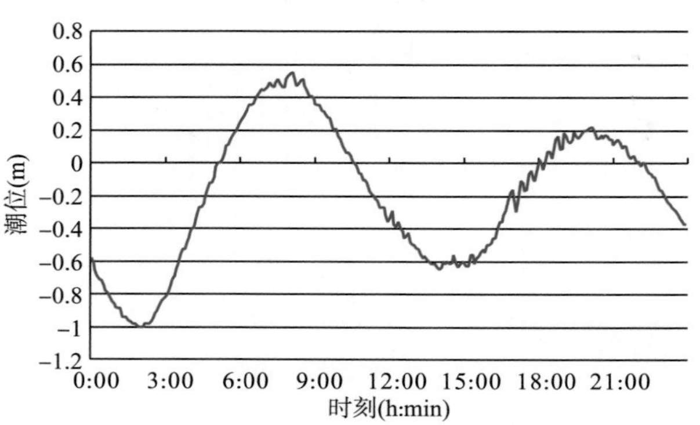

图 10-2-9　“5・11”暴雨当日珠江口潮位过程

本次内涝点为桃园路、南新路、南山大道，5 月 11 日降雨致使本路段造成严重积水（见图 10-2-10 和图 10-2-11），最大内涝面积 $81\times10^4m^2$，最大内涝水深 0.5m，最大内涝持续积水时间约 2h。

图 10-2-10　南山大道内涝情况

图 10-2-11　南新路内涝情况

②模拟结果验证。

通过建立现状模型分析“5・11”暴雨当天管渠系统的积水情况，结果显示，前海路、南新路、南山大道、学府路、桂庙路均发生不同程度积水内涝，与三防部门(防旱、防涝、防风)收集到的内涝情况较一致。“5・11”暴雨管渠系统内涝积水模拟见图 10-2-12。

图 10-2-12　“5・11”暴雨管渠系统内涝积水模拟

10.2.2　现状排水系统分析

1. 模型输入条件

分别以 2 年一遇、3 年一遇、5 年一遇降雨雨型作为管段排水能力评估条件。

分别以 20 年一遇、50 年一遇降雨雨型作为系统排涝能力评估条件。

潮位边界主要研究以珠江口赤湾站各设计频率潮位遭遇设计降雨为组合条件。

根据赤湾站 1964～2012 年实测最高潮水位系列资料，应用 P-Ⅲ型频率曲线，采用图解适线法进行分析计算。其赤湾站设计潮位成果的统计参数为：均值 2.13(黄海基面)，偏差系数 C_s=8.0C_v，变差系数 C_v=0.17。设计年最高潮水位成果见表 10-2-6。

表 10-2-6 赤湾站设计年最高潮水位成果表(黄海基面) (单位：m)

站名	频率(%)								
	0.5	1	2	3.33	5	10	20	50	多年平均值
赤湾站	3.14	3.00	2.85	2.74	2.65	2.49	2.33	2.08	2.13

2. 现状排涝系统评估

1)2 年一遇潮位边界条件下水力分析

分别以 50 年一遇、20 年一遇降雨为条件，关口渠下游段现状水力分析见表 10-2-7，郑宝坑渠现状水力分析见表 10-2-8，桂庙渠现状水力分析见表 10-2-9。

表 10-2-7 关口渠下游段现状水力分析(50 年、20 年一遇降雨，2 年一遇潮位)

序号	关口渠下游段现状位置	水位(m)		地面高程(m)
		50a	20a	
1	红花路(中国邮政段)	5.61	5.58	5.57
2	一甲村	2.46	2.44	3.91(2.77*)
3	前海大道	2.44	2.42	3.59
4	月亮湾大道	2.31	2.30	3.88

注：*一甲村局部最低高程为 2.77m。

表 10-2-8 郑宝坑渠现状水力分析(50 年、20 年一遇降雨，2 年一遇潮位)

序号	郑宝坑渠现状位置	水位(m)		地面高程(m)
		50a	20a	
1	南山大道	4.03	3.97	3.31
2	南新路	3.70	3.62	3.24
3	前海路	2.29	2.28	3.52
4	月亮湾大道	2.24	2.24	3.70

表 10-2-9 桂庙渠现状水力分析(50 年、20 年一遇降雨，2 年一遇潮位)

序号	桂庙渠现状位置	水位(m)		地面高程(m)
		50a	20a	
1	南山大道	4.07	4.02	3.22
2	南新路	3.04	3.00	2.98
3	前海路	2.24	2.23	3.17
4	月亮湾大道	2.20	2.20	2.98

2)5 年一遇潮位边界条件下水力分析

分别以 50 年一遇、20 年一遇降雨为条件，关口渠下游段现状水力分析见表 10-2-10，郑宝坑渠现状水力分析见表 10-2-11，桂庙渠现状水力分析见表 10-2-12。

表 10-2-10　关口渠下游段现状水力分析(50 年、20 年一遇降雨，5 年一遇潮位)

序号	关口渠下游段现状位置	水位(m)		地面高程(m)
		50a	20a	
1	红花路(中国邮政段)	5.61	5.58	5.57
2	一甲村	2.59	2.57	3.91(2.77*)
3	前海大道	2.56	2.54	3.59
4	月亮湾大道	2.42	2.41	3.88

注：*一甲村局部最低高程为 2.77m。

表 10-2-11　郑宝坑渠现状水力分析(50 年、20 年一遇降雨，5 年一遇潮位)

序号	郑宝坑渠现状位置	水位(m)		地面高程(m)
		50a	20a	
1	南山大道	4.05	3.90	3.31
2	南新路	3.73	3.67	3.24
3	前海路	2.40	2.39	3.52
4	月亮湾大道	2.35	2.35	3.70

表 10-2-12　桂庙渠现状水力分析(50 年、20 年一遇降雨，5 年一遇潮位)

序号	桂庙渠现状位置	水位(m)		地面高程(m)
		50a	20a	
1	南山大道	4.10	4.04	3.22
2	南新路	3.10	3.07	2.98
3	前海路	2.34	2.33	3.17
4	月亮湾大道	2.31	2.31	2.98

3)20 年一遇潮位边界条件下水力分析

分别以 50 年一遇、20 年一遇降雨为条件，关口渠下游段现状水力分析见表 10-2-13，郑宝坑渠现状水力分析见表 10-2-14，桂庙渠现状水力分析见表 10-2-15。

表 10-2-13　关口渠下游段现状水力分析(50 年、20 年一遇降雨，20 年一遇潮位)

序号	关口渠下游段现状位置	水位(m)		地面高程(m)
		50a	20a	
1	红花路(中国邮政段)	5.61	5.58	5.57
2	一甲村	2.91	2.88	3.91(2.77*)
3	前海大道	2.87	2.84	3.59
4	月亮湾大道	2.71	2.70	3.88

注：*一甲村局部最低高程为 2.77m。

表 10-2-14 郑宝坑渠现状水力分析(50 年、20 年一遇降雨，20 年一遇潮位)

序号	郑宝坑渠现状位置	水位(m)		地面高程(m)
		50a	20a	
1	南山大道	4.12	4.06	3.31
2	南新路	3.80	3.75	3.24
3	前海路	2.69	2.67	3.52
4	月亮湾大道	2.65	2.65	3.70

表 10-2-15 桂庙渠现状水力分析(50 年、20 年一遇降雨，20 年一遇潮位)

序号	桂庙渠现状位置	水位(m)		地面高程(m)
		50a	20a	
1	南山大道	4.16	4.11	3.22
2	南新路	3.28	3.26	2.98
3	前海路	2.64	2.63	3.17
4	月亮湾大道	2.62	2.61	2.98

4)50 年一遇潮位边界条件下水力分析

分别以 50 年一遇、20 年一遇降雨为条件，关口渠下游段现状水力分析见表 10-2-16，郑宝坑渠现状水力分析见表 10-2-17，桂庙渠现状水力分析见表 10-2-18。

表 10-2-16 关口渠下游段现状水力分析(50 年、20 年一遇降雨，50 年一遇潮位)

序号	关口渠下游段现状位置	水位(m)		地面高程(m)
		50a	20a	
1	红花路(中国邮政段)	5.61	5.58	5.57
2	一甲村	3.09	3.07	3.91(2.77*)
3	前海大道	3.04	3.03	3.59
4	月亮湾大道	2.89	2.88	3.88

注：*一甲村局部最低高程为 2.77m。

表 10-2-17 郑宝坑渠现状水力分析(50 年、20 年一遇降雨，50 年一遇潮位)

序号	郑宝坑渠现状位置	水位(m)		地面高程(m)
		50a	20a	
1	南山大道	4.16	4.10	3.31
2	南新路	3.85	3.80	3.24
3	前海路	2.86	2.85	3.52
4	月亮湾大道	2.83	2.83	3.70

表 10-2-18　桂庙渠现状水力分析（50 年、20 年一遇降雨，50 年一遇潮位）

序号	桂庙渠现状位置	水位(m)		地面高程(m)
		50a	20a	
1	南山大道	4.20	4.14	3.22
2	南新路	3.38	3.36	2.98
3	前海路	2.81	2.80	3.17
4	月亮湾大道	2.80	2.80	2.98

通过以上分析可知，现状关口渠、郑宝坑渠、桂庙渠干渠在各边界潮位条件下，均无法满足 20 年一遇、50 年一遇防涝标准要求，急需通过浅层、深层方案和衔接提高片区的系统防涝标准。

3. 现状排水系统存在的问题及致涝因素

1) 现状排水管渠系统排水能力偏低

由于建设年代久远、建设标准偏低，除现状主要干渠段外，大部分支管道排水能力均不能达到设计标准。低标准的起始管段和支管系统无法有效收集雨水径流是造成片区内涝积水的主要因素之一。

2) 地形因素

本片区南侧(图 10-2-13)为主峰海拔 336m 的大南山，北部为高区，形成开口面向前海湾方向的盆地结构。特别是前海路和南新路沿线存在成片高程 2.7～3.5m 的城中村。暴雨时，高区雨水通过雨水管渠系统和地表漫流快速汇集至低区，这是造成片区内涝积水的又一主要因素。

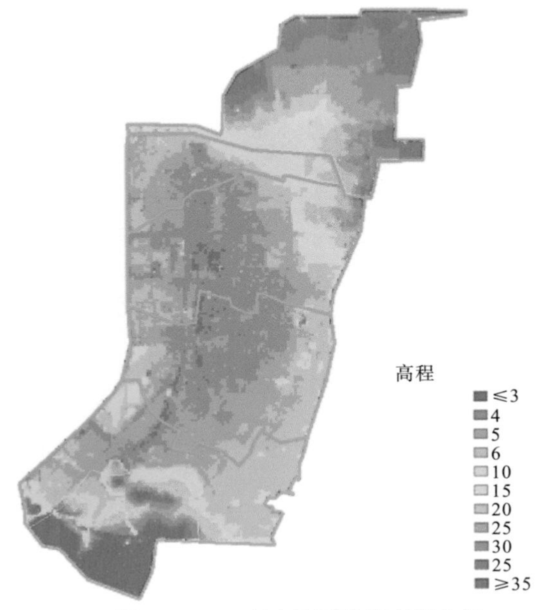

图 10-2-13　南山片区地形高程分析

3）潮位因素

关口渠、郑宝坑渠、桂庙渠干渠穿前海路段，渠底高程均在0m以下，排水系统出路均不同程度受到潮位影响。

4）城市建设过程中的附带效应，运营维护未能及时跟进

区域内的地块开发、地铁建设等活动以及城市垃圾、雨季落叶等保洁工作，如管理不严、清理不及时，会造成雨水口堵塞，影响集水效率。泥沙杂物进入排水系统后形成淤积，未及时清理会造成管渠堵塞，造成局部管渠排水不畅。板桥泵站前池淤积现状见图10-2-14，板桥泵站定期清淤作业见图10-2-15。

前海填海工程实施后，原有排海通道被临时侵占，排水路径延长，临时排水通道标准低，水力条件差，加剧了南山片区内涝。

图 10-2-14　板桥泵站前池淤积现状

图 10-2-15　板桥泵站定期清淤作业

10.2.3　深隧系统方案模拟

1. 模型输入条件

1) 一维管网水动力模型

以浅层改造后的管网模型作为基础，加入深南大道高水高排渠(2A5.0m×2.0m ～ 2A5.0m×2.5m)及远期方案的深隧及泵站，建立一维管网水动力模型。

2) 降雨输入条件

设计重现期为 50 年一遇、设计降雨过程线 2h 雨型作为输入条件，模拟深隧系统建成后的效果。

3) 深隧系统设计参数

主隧 ϕ6.5m；枢纽泵站总共配置 8 台排涝泵，单台流量 13.75 m^3/s，见表 10-2-19。

表 10-2-19　排涝泵水位设置一览表　(单位：m)

运行状态	Pump01	Pump02	Pump03	Pump04	Pump05	Pump06	Pump07	Pump08
启泵水位	-10.45	-9.70	-8.95	-8.20	-7.45	-6.70	-5.95	-5.20
停泵水位	-11.20	-10.45	-9.70	-8.95	-8.20	-7.45	-6.70	-5.95

2. 模拟结果总体评价

1) 隧洞及排涝泵模拟结果

各主要节点水位(表 10-2-20)均满足要求。竖井及枢纽泵站规模见表 10-2-21，深隧系统主要节点水位过程线见图 10-2-16，水泵及主隧流量过程线见图 10-2-17，排涝泵流量过程线见图 10-2-18。Pump01～Pump06 等 6 台排涝水泵均启动一次，无二次启泵情况。

表 10-2-20　主要节点水位一览表

节点	水位(m)	节点	水位(m)
关口渠主隧竖井	-4.19	关口渠进水竖井	-4.18
郑宝坑渠主隧竖井	-4.22	郑宝坑渠进水竖井	-4.08
桂庙渠主隧竖井	-4.36	桂庙渠进水竖井	-4.01
泵站竖井	-6.70		

表 10-2-21 竖井及枢纽泵站规模

序号	名称	设计规模 (m^3/s)
1	关口渠进水竖井	24.41
2	郑宝坑渠进水竖井	62.61
3	桂庙渠进水竖井	55.12
4	主隧	110.6

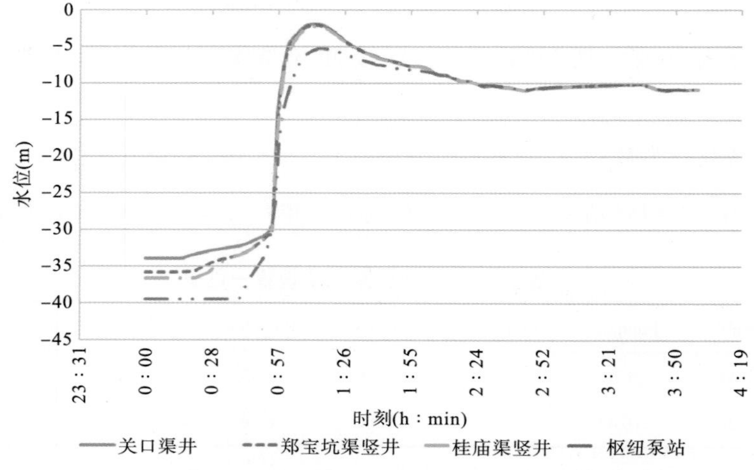

图 10-2-16 深隧系统主要节点水位过程线

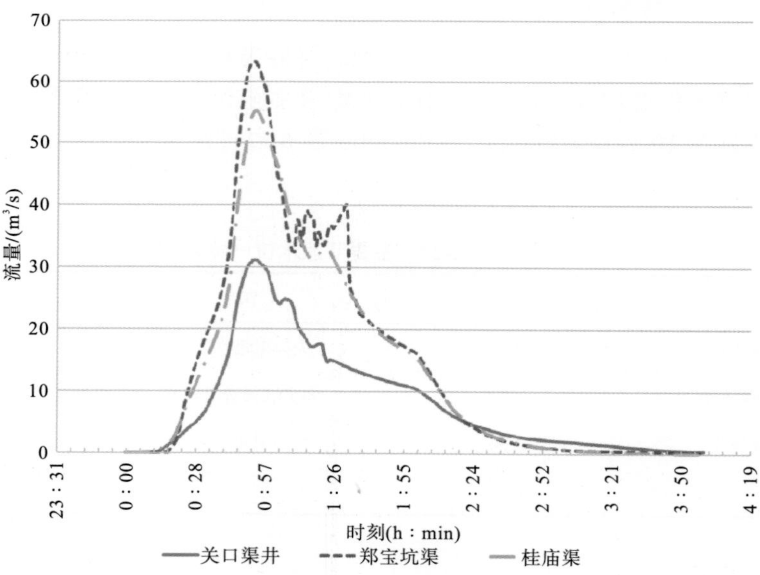

图 10-2-17 水泵及主隧流量过程线

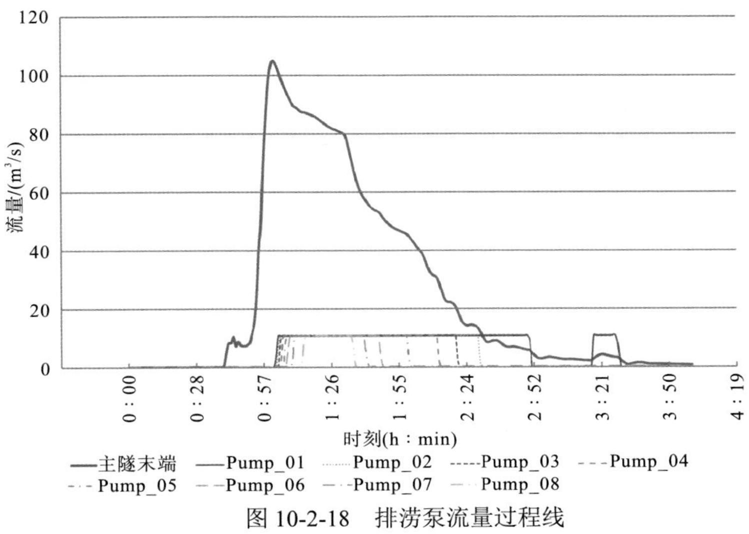

图 10-2-18 排涝泵流量过程线

2) 上游管渠系统模拟结果

模拟结果显示，上游管渠系统主要节点水位均满足系统排涝要求(图 10-2-19)。

红色点：关口渠主要节点；黄色点：郑宝坑渠主要节点；绿色点：桂庙渠主要节点

图 10-2-19 系统主要节点平面图

3) 深隧系统实施后仍需采取的措施

排水系统要实现 50 年一遇的防涝标准，除近期实施深隧系统工程外，远期应结合道路改造、地块开发、雨污分流工程等逐步实施深南大道高水高排渠工程、干渠改造工程、雨水支管网改造工程等。

3. 深隧系统运行工况复核

设计重现期降雨过程反映的是深隧系统应对低频率、大流量的过程。在考虑运行过程中，还应考虑高频率、低流量过程，以便考察深隧系统水位、枢纽泵站内单台排涝水泵频繁启停是否满足设计要求。

1) 高频率设计重现期降雨条件下系统复核

在 1 年一遇、0.5 年一遇、0.33 年一遇、0.25 年一遇、0.1 年一遇等设计降雨条件下对系统复核。

各重现期下模型运行结果表明，深隧系统运行正常，排涝水泵启停过程满足设计启动频率要求。

1 年一遇排涝泵 Pump01、Pump02 各启动一次，0.5 年一遇排涝泵 Pump01 启动一次，0.33 年一遇排涝泵未启动，0.25 年一遇排涝泵未启动，0.1 年一遇排涝泵未启动，分别见图 10-2-20～图 10-2-22。

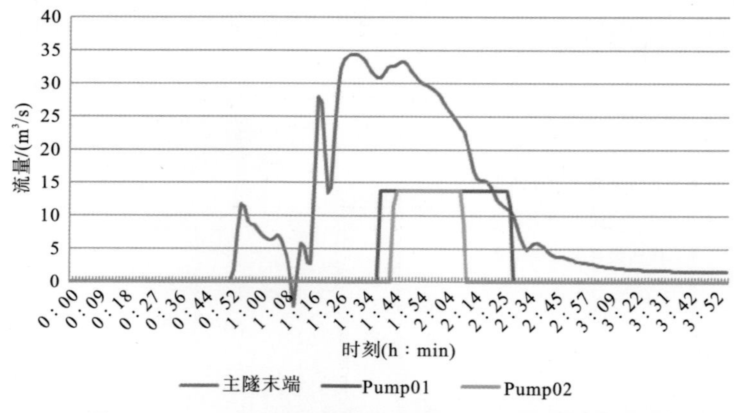

图 10-2-20　1 年一遇重现期下主隧末端、排涝泵流量过程线

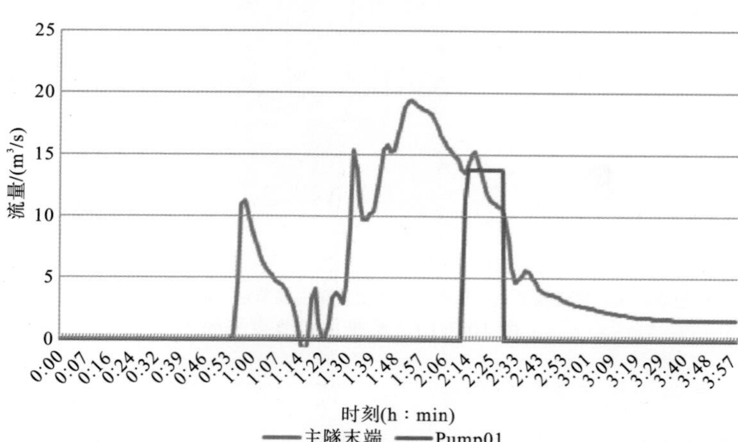

图 10-2-21　0.5 年一遇重现期下主隧末端、排涝泵流量过程线

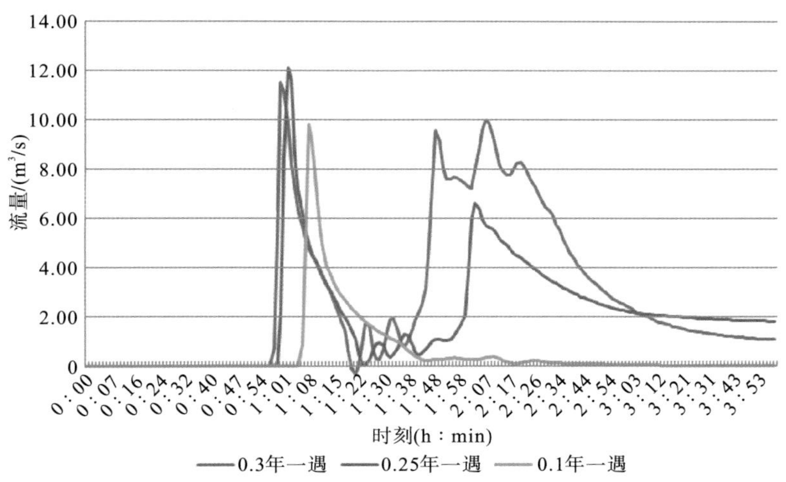

图 10-2-22　0.1 年一遇、0.25 年一遇、0.33 年一遇主隧末端流量过程线

2) 典型年降雨过程的复核

采用南山站 2012 年全年降雨作为典型年降雨进行运行，以此来复核排涝泵运行工况，见图 10-2-23～图 10-2-26。

2012 年 4 月份：排涝泵 Pump01 全月共启动 3 次(均为 4 月 27 日开启)，其最小停启时间间隔为 10min；其余排涝泵未开启。其中 4 月 27 日降雨呈现典型的双峰雨过程，前峰高，历时短，后峰低，历时较长。

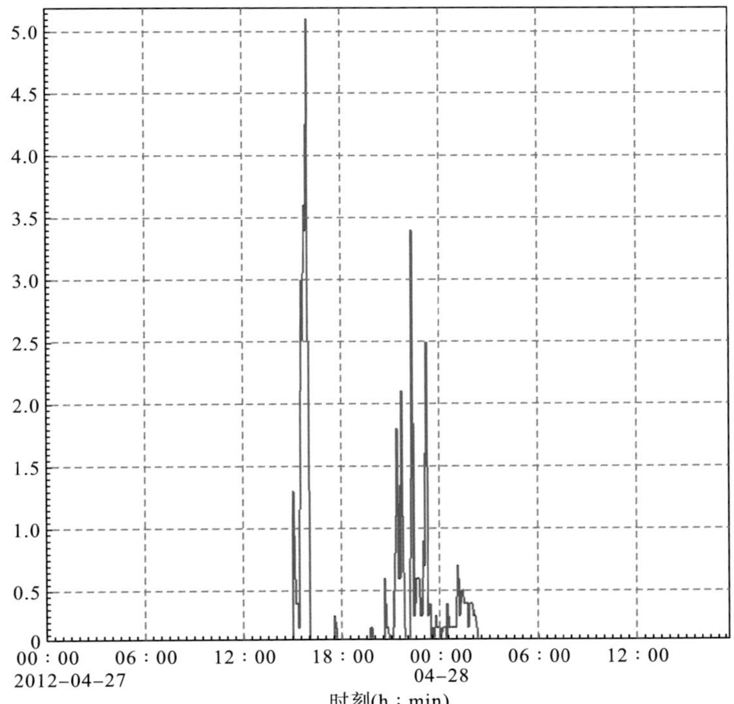

图 10-2-23　4 月 27 日降雨过程线

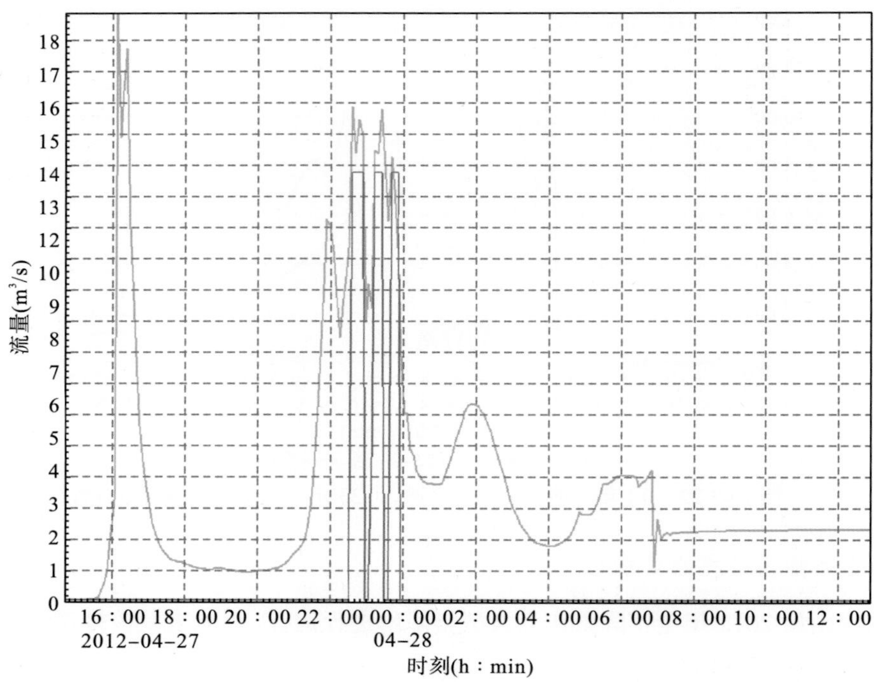

图 10-2-24 4 月 27 日主隧末端流量过程线(绿色)与 Pump01 流量过程线(洋红色)

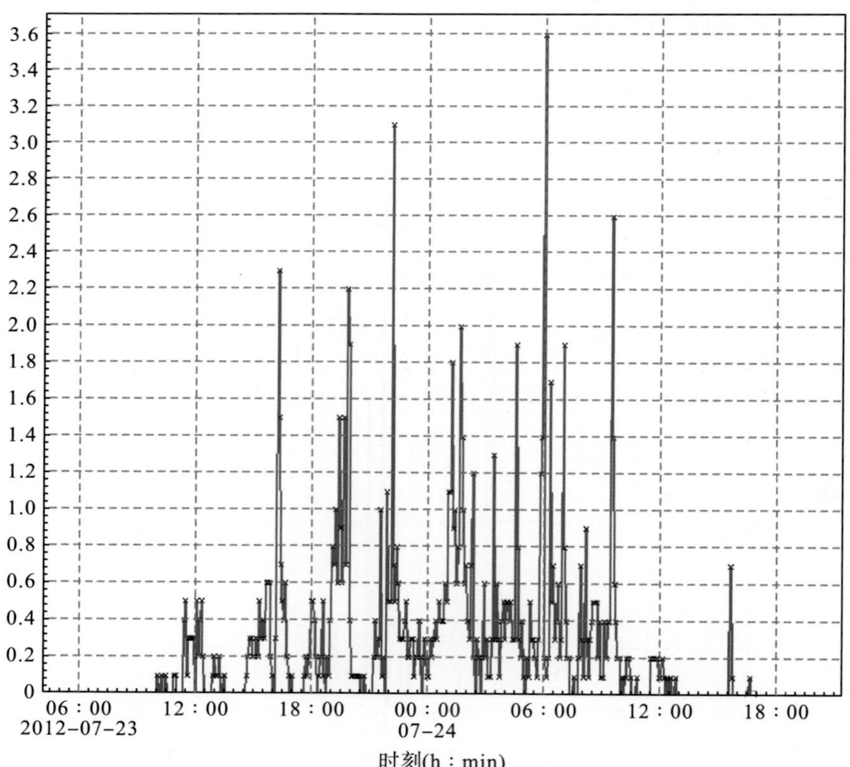

图 10-2-25 7 月 24 日降雨过程线

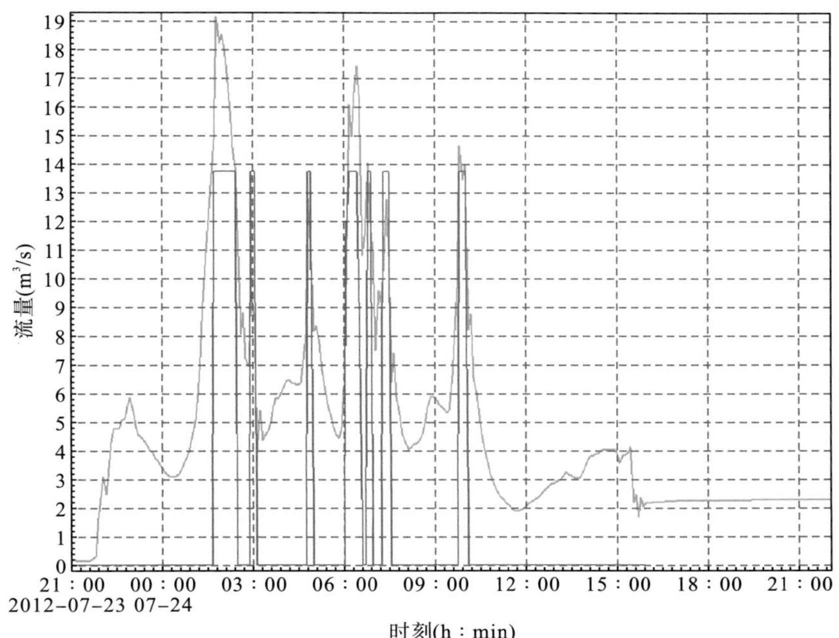

图 10-2-26　7 月 24 日主隧流量过程线(绿色)与 Pump01 流量过程线(洋红色)

2012 年 5 月份：排涝泵 Pump01 全月共启动 1 次(启泵时间为 5 月 13 日)；其余排涝泵未开启。

2012 年 6 月份:排涝泵 Pump01 全月共启动 2 次(启泵时间分别为 6 月 13 日、6 月 22 日)；其余排涝泵未开启。

2012 年 7 月份：排涝泵 Pump01 全月共启动 8 次(7 月 24 日启动 7 次，7 月 28 日启动 1 次)；排涝泵 Pump02 启动 1 次(7 月 28 日)；其余排涝泵未开启。其中 7 月 23～24 日降雨呈现历时长、雨峰多的特点，Pump01 在当日整个降雨过程共启动 7 次，最小停启间隔 10min，其余停启时间间隔均在 20min 以上。

2012 年 8 月份：排涝泵 Pump01 全月共启动 2 次(分别为 8 月 22 日、8 月 29 日)。排涝泵 Pump02、Pump03、Pump04 各启动 1 次(均为 8 月 22 日)。

通过以典型年降雨对深隧系统及枢纽泵站的复核，在全年运行条件最不利的 7 月份，排涝泵可通过轮转切换等控制措施，实现排涝工况的稳定运行，避免单台排涝水泵频繁启停的状况出现。

10.3　初雨水处理规模确定

10.3.1　计算工具及方法

1. 计算工具

采用丹麦国家水力学研究所研究开发的 MIKEZERO 集成工具包中的 Mike21 模块。

Mike21 是一种通用的二维数学模拟系统，可以用来模拟河口、海湾以及海洋近岸区域的水流变化。它在对二维非恒定流进行模拟的同时，还对密度变化、水下地形、潮汐变化和气象条件进行了考虑。模拟系统主要包含了水动力(HD)、传输扩散(AD)、短波模式(SW)、无黏性泥砂输送模式(ST)、水质(WQ)、营养化(EU)、重金属(ME)、流体中固体颗粒追踪(PA)、近岸区域风浪(PA)等九个模式。

2. 模型建立及验证

1)模型范围与网格剖分

潮流水质数学模型范围海区边界控制到大铲湾以北 13.5km、大铲湾以西 13.4km、大铲湾以南 8.9km，大铲湾各入湾支流分别控制到入湾河口位置，模型包括伶仃洋部分海区、大铲湾湾区及环状水廊道，模型计算范围共计 220.5km^2。

数学模型整体采用非结构三角形网格，灵活贴合工程海岸曲折复杂的岸滩边界。海区网格空间步长控制在 400m 左右，对于大铲湾及环状水廊道，模型计算网格局部加密至 2～50m，最终模型网格总数为 26836 个，节点总数为 14345 个(图 10-3-1)。

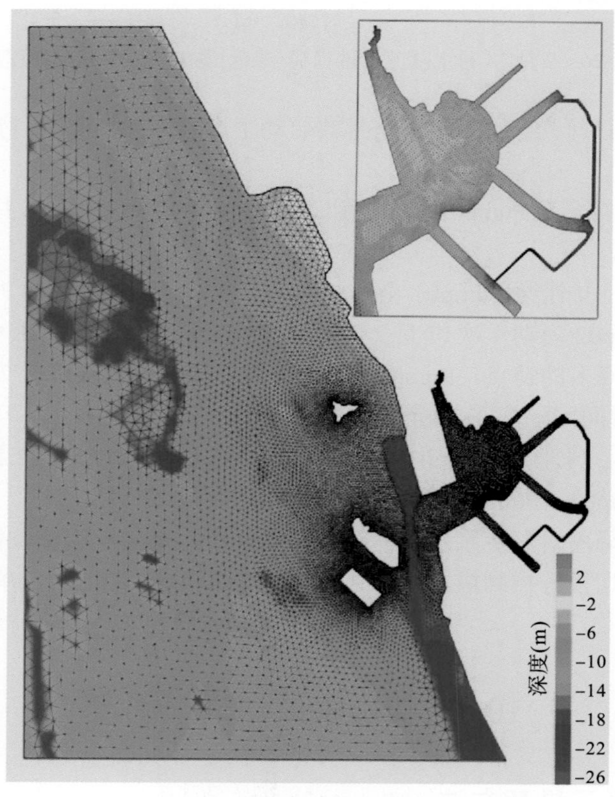

图 10-3-1 数学模型计算网格剖分示意图

2)地形与边界资料

模型计算地形边界采用 2011 年伶仃洋实测水下地形资料。模型海区潮位边界由珠江河口一二维联解数学模型提供，该套模型由珠江水利科学研究院自主研究开发，经过“99 • 7”“01 • 2”“05 • 6”等多组典型水文组合的率定与验证，并多次成功应用于珠江河口涉水工程的模拟与预测工作中，珠江河口一二维联解数学模型范围及验证见图 10-3-2。

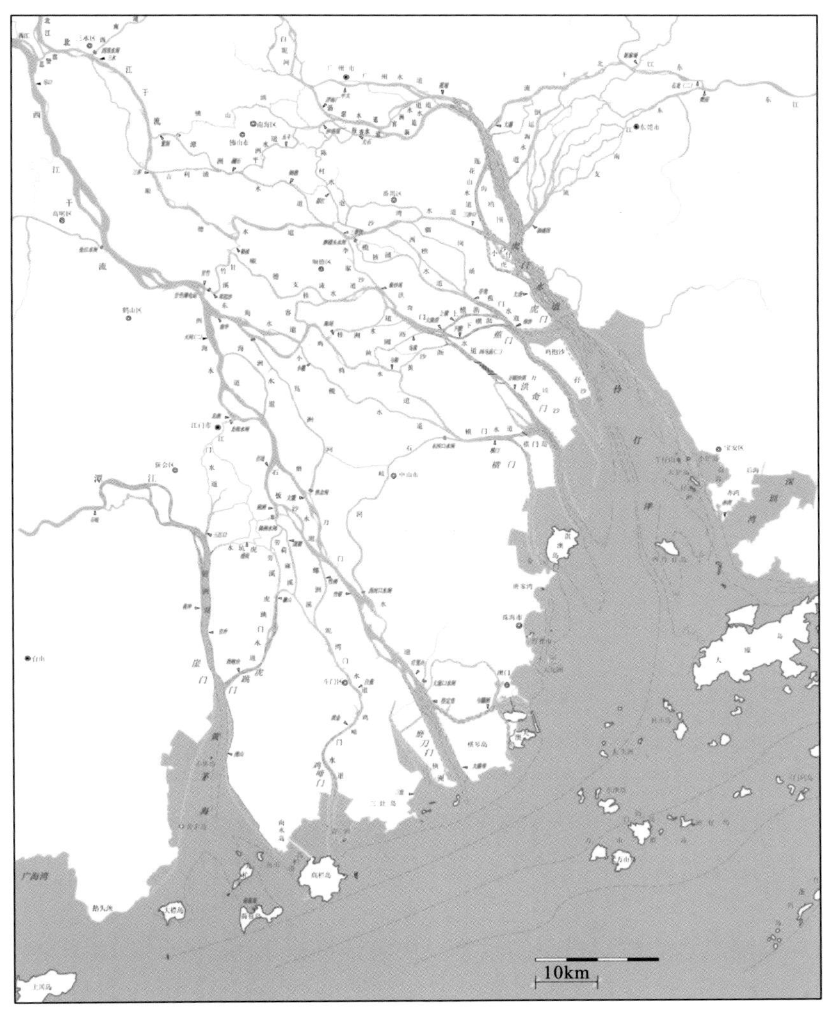

图 10-3-2 珠江河口一二维联解数学模型计算范围及验证

3) 水动力验证

大铲湾湾区同步实测水文水质资料缺乏，因此本次研究采用大小模型相互验证的方法，即从经过多组水文验证的珠江河口一二维联解数学模型中提取大铲湾洪季、枯季大中小潮潮位、流速过程，并与大铲湾局部模型计算结果进行对比，以此验证大铲湾布局数学模型的水动力部分。模型验证点位置见图 10-3-3，模型验证洪季采用“99 • 7”水文过程，枯季采用“01 • 2”水文过程，每组水文模型验证时长均达到 7 天以上，包括一个完整的大中小潮过程。

大铲湾局部水动力数学模型计算结果与珠江河口一二维联解数学模型计算结果基本吻合，其中水位验证误差均在 10cm 以内，流速验证误差均小于 10%，满足相关规范要求，这表明大铲湾局部潮流数学模型基本上可以反映出湾区潮流运动特征，模型可以进一步应用于本次工程研究。

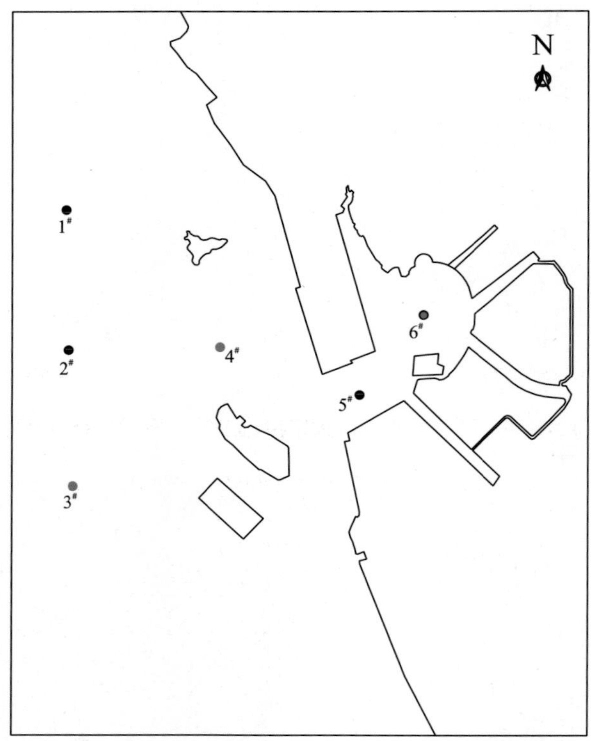

图 10-3-3　大铲湾局部水动力数学模型验证点位置示意图

4）水质验证

大铲湾局部潮流水质数学模型的水质模块验证资料采用 2015 年 10 月 24 日大铲湾实测水质数据，大铲湾局部潮流水质数学模型计算结果与实测资料吻合良好，其中涨落潮过程 COD 验证误差均小于 15%，TN 与 TP 验证误差均小于 20%，满足相关规范要求，模型基本上能够反映出大铲湾污染物扩散、削减过程并可以进一步应用于工程计算。

5）结果分析

(1) 流态分析。

大铲湾上游流域来水量较小，此外湾区受伶仃洋和东四口门径流影响也较小，因此湾区及环状水廊道的水动力条件主要由伶仃洋潮汐涨落支配。本次研究以“01・2”水文条件数学模型计算结果为代表，分析大铲湾及环状水廊道流态特征，图 10-3-4、图 10-3-5 为环状水廊道及大铲湾流态数学模型计算结果。

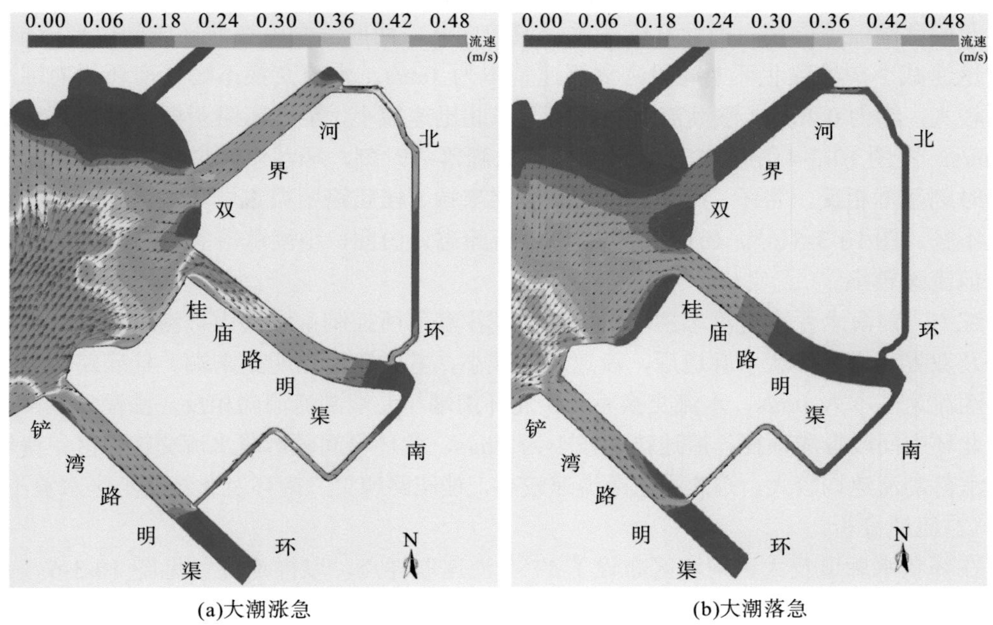

(a)大潮涨急　　(b)大潮落急

图 10-3-4　环状水廊道及大铲湾流态数学模型计算结果(大潮)

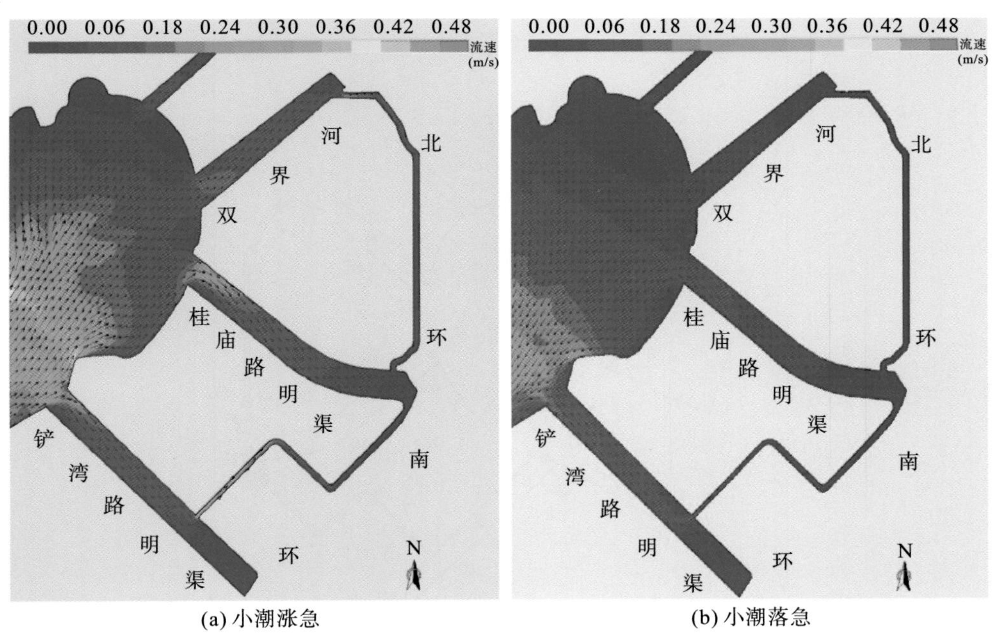

(a) 小潮涨急　　(b) 小潮落急

图 10-3-5　环状水廊道及大铲湾流态数学模型计算结果(小潮)

由图 10-3-4(a)可知，大铲湾枯季大潮涨潮流由湾口传入，流速由西南至东北逐渐减小，湾口流速最大可达 0.4m/s 以上，湾尖位置流速最小仅为 0.05m/s 左右。涨潮流分别由铲湾路明渠、桂庙路明渠、双界河进入环状水廊道，流速由河口至明渠末端递减，其中铲湾路明渠与桂庙路明渠河口位置流速最大约为 0.4m/s，明渠末端涨潮流速基本为 0m/s。

北环北段涨潮流速向南，而北环南段涨潮流速向北，两股涨潮流在北环中间段形成顶托，流速迅速减小，导致北环中间段涨潮流速基本为 0m/s，水流交换不畅。南环西南端涨潮流速较大，约为 0.4m/s，涨潮流速由西南至东北迅速减小，至桂庙路明渠末端时流速基本为 0m/s。由图 10-3-4(b)可知，大铲湾枯季大潮落急时刻，环状水廊道及湾区潮流流向与涨急时刻基本相反，北环、南环、铲湾路明渠末端、桂庙路明渠末端落潮流速较小，水流交换不畅。图 10-3-5(a)、(b)为枯季小潮潮流流态，由图，小潮涨落急流态与大潮基本相似，但流速较小。

综上，前海水系水流流态主要由伶仃洋潮汐涨落所控制；潮流由铲湾路明渠、桂庙路明渠及双界河进入环状水廊道后，流速迅速减小，其中铲湾路明渠末端、桂庙路明渠末端涨落潮流速基本为 0m/s，水流交换不畅；北环南端与北端潮流流向相反，涨潮时刻两股水流在北环中间段形成顶托，流速迅速减小为 0m/s，北环中间段形成水流交换盲区；南环西南端涨落潮流速均较大，东北端落潮流速较小，桂庙路明渠、南环及北环交汇区水流不畅。

(2)流速分析。

在环状水廊道及大铲湾湾区布设了 17 个流速取样点，取样点位置见图 10-3-6。

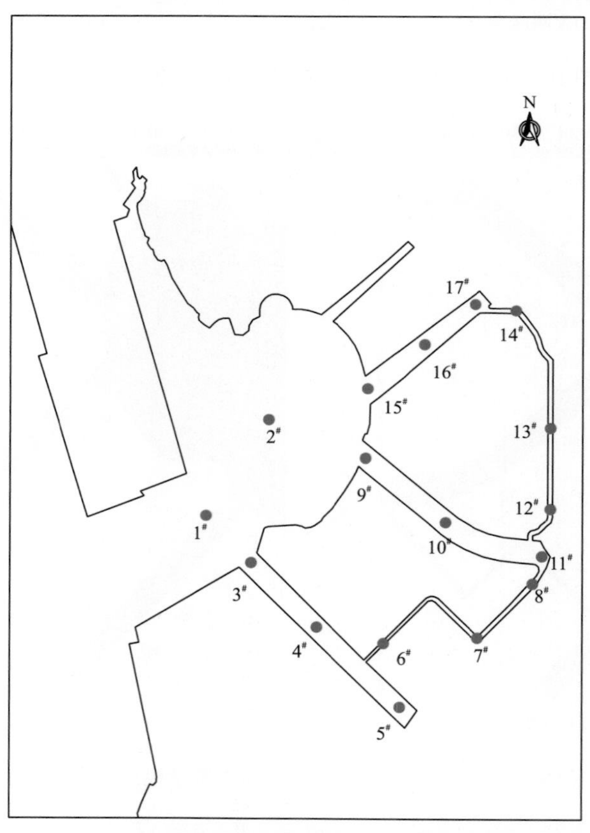

图 10-3-6 环状水廊道及湾区流速采样点位置示意图

前海水系大铲湾湾口涨落潮流速最大($1^{\#}$)，其中大潮涨落急流速分别为 0.52m/s、0.44m/s，小潮涨落急流速分别为 0.36m/s、0.31m/s；湾区 $2^{\#}$点涨落潮流速较湾口显著减小，其中涨潮流速约为 0.32～0.45m/s；对于环状水廊道来说，铲湾路明渠河口(3#)、桂庙路明渠河口(9#)、双界河河口(15#)及南环西南端(6#)涨落潮流速最大，其中涨急流速约为 0.23～0.46m/s，落急流速约为 0.14～0.36m/s；随着潮流沿水廊道上溯，流速逐渐减小，水廊道末端流速最小，其中铲湾路明渠末端(5#)、桂庙路明渠末端(11#)涨落潮流速均在 0.02m/s 左右，水流交换不畅；此外由于北环南端与北端涨落潮流向相反，导致 13#点位置涨落潮流速仅为 0.01m/s。

10.3.2　初小雨截流规模分析

1. 计算工况

前海水系基本没有纳污能力，从这个角度出发，本次深隧工程的初小雨截流不应该仅仅局限于通常意义上的汇流时间或者是雨量的概念，应该发挥一切可能的手段减少进入前海水系的污水总量。

前海深隧本身调蓄容积为 $12.38\times10^4m^3$，南山污水处理厂已建成第一套系统，在南山污水厂最新规划中，可将已建成的一套日处理能力 $35.2\times10^4m^3$的一级处理系统作为雨水处理设施，通过一级处理后排放，使得南山污水处理厂满足日最大负荷，超出部分才通过排涝泵站在铲湾渠集中排放。

以进行过比拟的 2008 年全年降雨一径流过程为例，南山站 2008 年全年降雨 128 天，实测降雨总量为 2082.4mm，高出深圳市多年平均雨量 1935.8mm，属于丰水年，年最大暴雨发生在 6 月 11 日，按照《深圳市暴雨强度公式及查算图表》(2015 年)计算，重现期为 0.5～1 年。按照 2008 年全年统计，日降雨总量超过 $12.38\times10^4m^3$的仅 5 天，超过 $35.2\times10^4m^3$的仅 2 天；根据 50 年一遇暴雨统计，深隧服务面积内总水量约为 $55\times10^4m^3$。

因此，可以初步得到结论，深隧的建立会极大减少上游对前海水系水质的影响；即使仅仅靠深隧本身的调蓄容积，每年也仅约有 5 场大雨可进入前海水系，当达到南山污水处理厂现状日处理峰值时，每年约有 2 场大雨可以进入湾区。

2. 初小雨截流规模分析

选取 2008 年最大一场暴雨作为计算边界，计算湾区水质变化，与未截流工况对比，根据前海水系水质特点，选取 COD、TN、TP 作为主要污染物指标进行分析(表 10-3-1)。

从截污后的效果来看，一周内水质超标范围和最大污染物浓度都有了较明显的降低。

表 10-3-1　截污总量比较分析

工况	流量($\times10^4m^3$)	COD(t)	TN(t)	TP(t)
未截流	0	0	0	0
截流	12.38	140.30	0.44	0.18

从三种污染物的超标时间来看，深隧工程实施后，雨后一周内除局部区域外，前海水系基本可以水质达标。从三种污染物的超标范围对比分析来看，TN 的超标范围最广，COD 次之，TP 超标最少，结合湾区和周围水质现状，氮是导致水质超标的最主要污染物。

2）推荐初小雨截流规模

以 2008 年最大一场以实测比拟的降雨—流量—水质过程进行分析，得到累计污染物与累计流量的关系，如图 10-3-7 所示。

图 10-3-7 中纵坐标表示累计污染物百分比，横坐标表示累计流量百分比，虚线表示标准线。在标准线以上的区域，表示累计污染物百分比超过累计流量百分比，即在较少的流量中输送了较多的污染物；反之表示累计污染物百分比低于累计流量百分比，即在较多的流量中输送了较小的污染物。

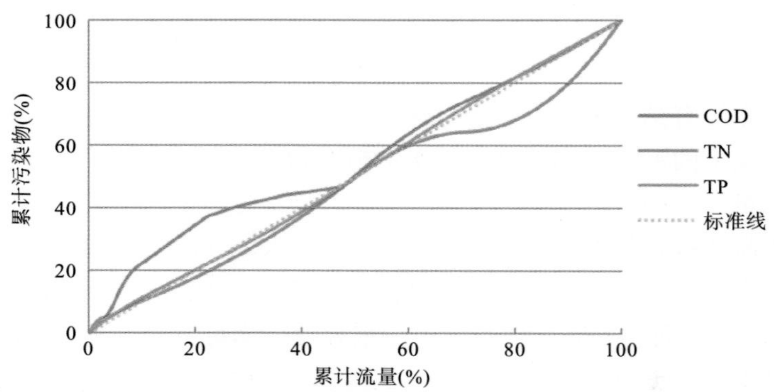

图 10-3-7 实测比拟最大暴雨累计流量与累计污染物关系图

从图 10-3-7 中可以看出，COD 有明显的初期效应，在累计流量为 2%～43%的过程中，累计污染物百分比均高于标准线，特别是在累计流量为 25%的时候，累计污染物已经接近 40%。此段时间处于降雨前期，初期雨水冲刷不同的下垫面，将大量面源污染直接冲入河中，形成了高浓度的污染负荷。而 TN 和 TP 没有初期效应。特别是 TP，基本与标准线齐平，即总磷的输送在整个降雨流量过程中基本为线性的。

选择初小雨截流规模，应该选在有明显初期效应且标准线以上的位置，因为此时截流相同流量的时候，可以截流相对更多的污染物，因此推荐截流累计百分比为 45%，截流总量为 $21.31\times10^4m^3$，约为 19mm。

3. 湾区水质预测

按照推荐初小雨截流规模，对比拟的 2008 年全年水质边界进行调整，形成水质预测工况，并比对未截流工况，计算 2008 年全年水质过程，统计 2008 年全年水质情况，如表 10-3-2 所示。

从表 10-3-2 中可以看出，在推荐情况下，湾区比现状情况减少约 90%的超标天数。

表 10-3-2 全年湾区水质超标天数统计表 （单位：d）

方案	位置	项目			
		COD	TN	TP	合计
现状	铲湾渠	138	172	82	172
	南环	166	205	98	205

续表

方案	位置	项目			
		COD	TN	TP	合计
现状	桂庙渠	89	136	69	136
	北环	80	126	66	126
	双界河	72	113	68	113
推荐	铲湾渠	22	22	5	22
	南环	6	7	3	7
	桂庙渠	2	2	1	2
	北环	1	1	0	1
	双界河	0	0	0	0

10.4　典型构筑物系统设计

10.4.1　浅层接驳系统

浅层接驳系统包括沉砂池、进水竖井、支隧及溢流竖井部分。

其中较为关键的是进水竖井的设计。大流量、高势能的雨水跌落进入深层隧道会带来以下问题：如何消能、如何排气、如何维持流态稳定、如何保证竖井结构稳定等。常见的进水竖井形式有：直落式、涡流式、旋流式、折板式，见图 10-4-1。

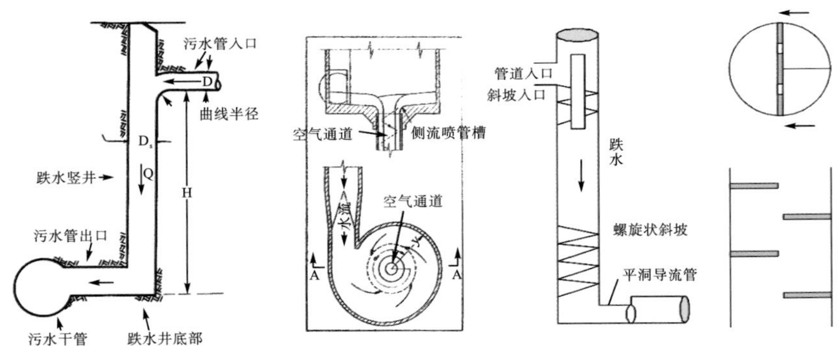

图 10-4-1　进水竖井形式

前海深隧项目有三个进水竖井，根据现状场地条件及进水特性，采用了旋流式进水竖井。

旋流式进水竖井具有占地面积小，过流量大等特点。洪水通过进水渠道从进水竖井的切线位置进入，沿竖井内壁周边向下做螺旋流动，气体则从竖井中间排出。

根据实验，进水竖井内压力分布如图 10-4-2 所示。进水由竖井进入，旋流下落的过程中会夹带一部分气体一起向下流动，若不能及时补充带走的气体，在竖井的上部会形成负压。夹气水流入支隧后，因流速减小，夹带的气体析出，水流形成水跃，充满支隧断面，从水中分离出的气体不能及时排走，在竖井的下部和支隧起端会形成正压。沿水流前进方向，竖井中的压力由负到正，由小到大逐渐增加，零压点靠近竖井底部。

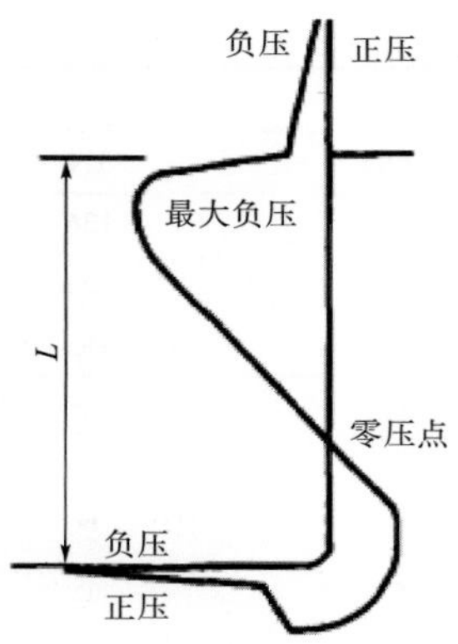

图 10-4-2 进水竖井内压力分布示意图

为减少竖井底部正压对水流稳定性的破坏，及时排出从水中分离出的气体，在进水竖井底部设置静水室，静水室底部设置齿状缓冲环，并在静水池上设置通风井。郑宝坑渠旋流式竖井平面及剖面图分别见图 10-4-3 和图 10-4-4。

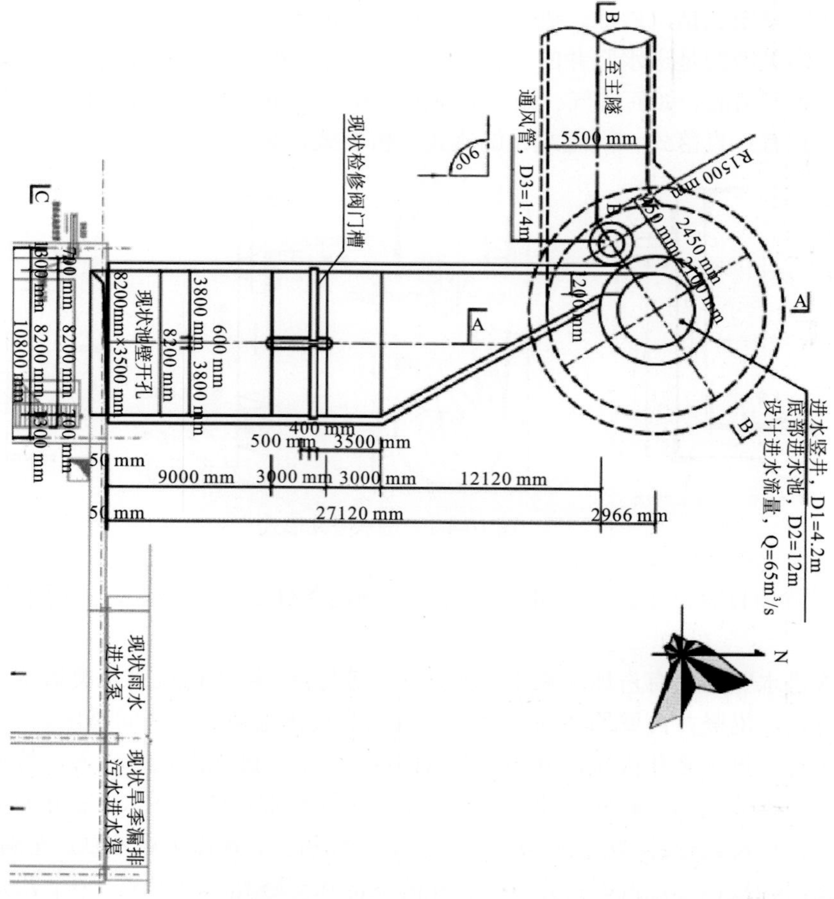

图 10-4-3 旋流式竖井工艺平面图

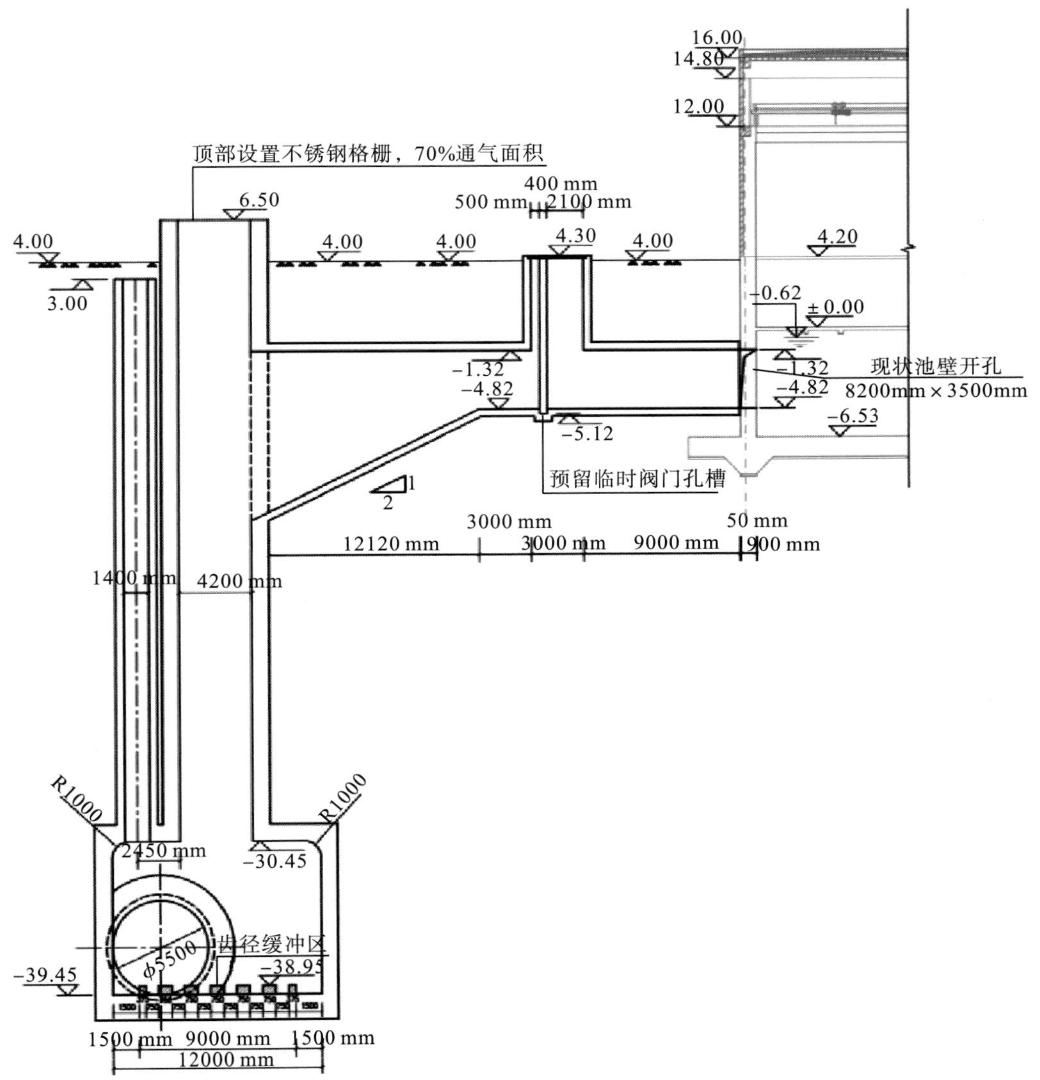

图 10-4-4　旋流式竖井工艺剖面图

10.4.2　浪涌控制及排气

1. 浪涌控制目标

一般，能满足大流量的存储及运输功能的排水隧道，有可能导致恶性水力现象，从而造成潜在的严峻后果，这些现象通常归类为浪涌现象。浪涌现象可能会造成竖井中的水流及空气剧烈喷射，即喷涌现象。前海深隧设计规模为 110m^3/s，隧道内流速接近 3.4m/s，引发浪涌问题的可能性很大。

另一个问题与前海深隧末端的枢纽泵站有关。泵的启闭通常是由吸水井中的水位是否达到所设定的启泵水位来触发的。然而，大型泵需要一些时间来达到设计负荷，而且，考虑大型电动机安全运作需求，泵的启动频率有严格要求。因此，泵可能难以适应吸水井中急促的水位波动。可通过浪涌分析研究相关问题。

2. 浪涌形成的原因

对于储存或运输大流量排水隧道内可能引起流体流动不稳定性的潜在原因做了如下简要介绍。

1) 空腔的形成

当隧道被快速充满的时候，在隧道下游的水流和连接隧道管道间的连接处会形成空腔，这可以看做是一个移动的水跃。空腔的高度和向隧道上游的移动是有限的，如图 10-4-5 所示。当空腔移动到隧道的上游起始端时（这时候已经充满了水，隧道内空腔处于高压状态），反射的压力波向下游的隧道传播，这可能会导致隧道内的反冲作用，在溢流井或跌水竖井处形成气爆水柱，例子如图 10-4-6 所示。

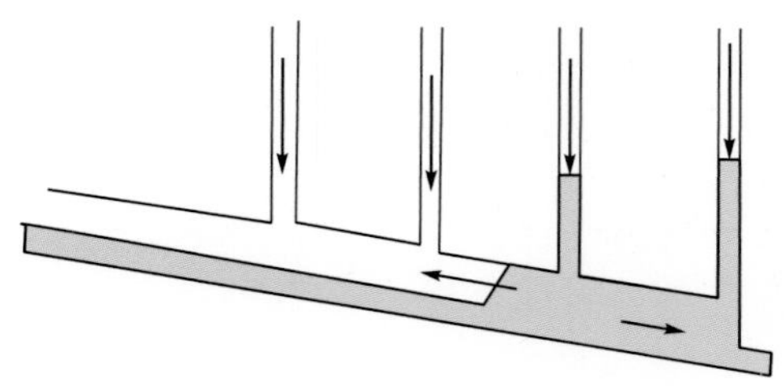

图 10-4-5 在快速充满水的隧道中空腔的形成

图 10-4-6 气爆水柱

2) 空气的夹带

在竖井处过量的空气夹带，比如跌水竖井，可以通过在深隧顶部附近气泡的合并而形成巨大的气穴，如图 10-4-7 所示。当气穴通过可能的逸出点，在水流入口处的下游，或者在水流入口处都会有压强增加或者强制逸出现象，气穴由于浮力作用会后移从而阻碍水的流动，同样，在高压状态下，也可能会造成大量的空气反喷而损坏构筑物，或者当水流流到气体逸出的竖井时形成气爆水柱。

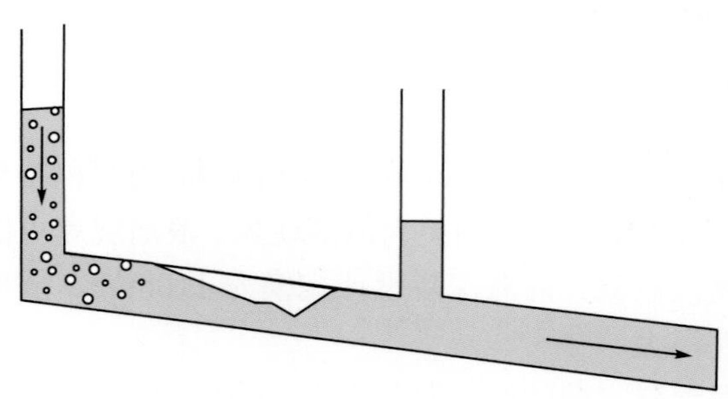

图 10-4-7 由于过量气体夹带而形成的气穴

3) 通风不良

当深隧初始自由流过多时，原本在水面上的空气就必须逸出深隧。假如没有足够的空气排放点，那么空气可能被困在深邃中，且压力增加。正如先前所说的可能性，气体可能通过形成气体反喷作用或者气爆水柱而逸出深隧。

4) 气穴

形成气穴的另一个潜在原因是上游水流的快速增加而超过了深隧的容纳能力。示意图如图 10-4-8 所示，入流的下游流量超出了管道的容纳能力，而更下游的水流仍然正常流动。在这种情况下，如先前所说的两种情况，气穴的压力会增加，气体可能通过形成气体反喷作用或者形成气爆水柱而逸出深隧。

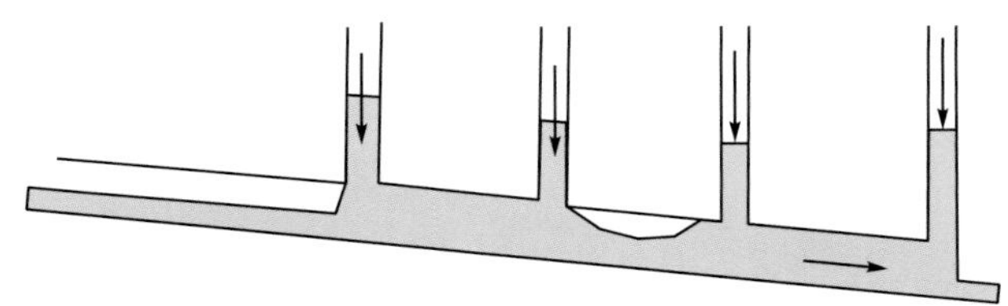

图 10-4-8　由于高速流而造成的气穴现象

3. 浪涌分析

1) 分析方法

(1) 弗劳德数。

隧道内的浪涌现象可以通过弗劳德系数的计算进行初步分析，根据 Vasconcelos 和 Wright (2015,2016) 的计算，当隧道弗劳德数小于 0.3 时，浪涌的产生是有限的。

隧道弗劳德数的计算公式：

$$F=\frac{\sum Q}{\sqrt{gD^5}} \tag{10-1}$$

式中，Q——某段深隧内水流的峰值流量，m^3/s；

g——重力加速度，m/s^2；

D——深隧内径，m。

(2) TAP 模型。

前海深隧项目中采用瞬态分析程序(transient analysis programe，TAP)建立浪涌模型。TAP 模型可模拟在水流快速充满隧道情况下，浪涌及相关现象产生时的水流状况。TAP 解决了动态、一维流动连续方程和采用有限体积法的动量问题，还模拟了由于空腔或者由 Roe 的一阶迎风公式计算的压力波可能出现在开放渠道或者封闭管道中的水流情况。TAP 也可以模拟亚大气下，水力坡降线降到管顶以下时的情况，此时系统中无空气进入。TAP 不能模拟在大气压力下，空气作为单独流体，仍假定存在的情况。

2）分析内容及结论

（1）分析工况选择。在隧洞设计中，可选择几种不同的典型工况进行分析。在前海深隧项目中，选择了 20 年一遇、50 年一遇（设计标准）和 100 年一遇三种工况。分别考察较大降雨、设计标准降雨和超标降雨时的浪涌情况。

（2）初步分析。对于前海深隧来说，在 100 年一遇的入流流量峰值为 200 m^3/s 的情况下，隧道弗劳德系数的上限为 0.59。这个值相对较高，说明了在 100 年一遇的降雨情况下，深隧中是可能出现浪涌现象的。虽然 100 年一遇的降雨是罕见的情况，但是对于更小的降雨情况来说，弗劳德系数也超过了 0.3。因此，进行浪涌的模型模拟分析是非常必要的。

（3）模型分析。前海深隧的 TAP 模型系统配置的示意图如图 10-4-9 所示。模型包含隧道分支和竖井。

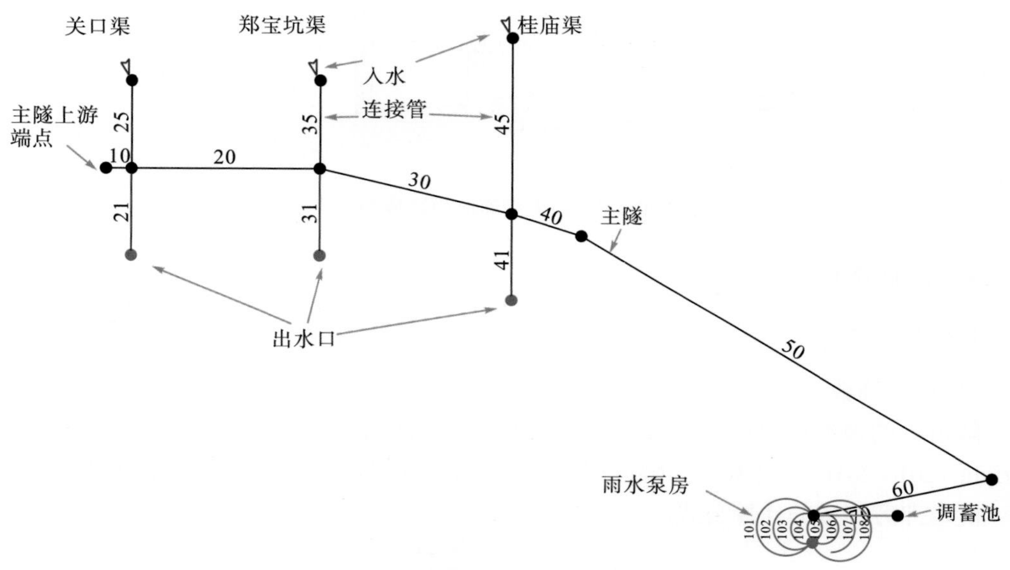

图 10-4-9 浪涌模型示意图

泵站的模拟如图 10-4-10 所示。泵启停的时间间隔为 20min，泵的延迟时间为 60s。

TAP 模型显示，在强暴雨过程中，排水隧道内会有气穴和空腔形成，并造成一定的水流波动。但是，因为设置有大型溢流竖井和长支隧，最大水头并没有超过地面。模型指出郑宝坑渠支隧入口处下游形成的气囊，可以在 3#渠和郑宝坑渠溢流竖井疏散，因此需要在 3#渠竖井设置通风。

在 100 年重现期降雨时泵站表现良好。

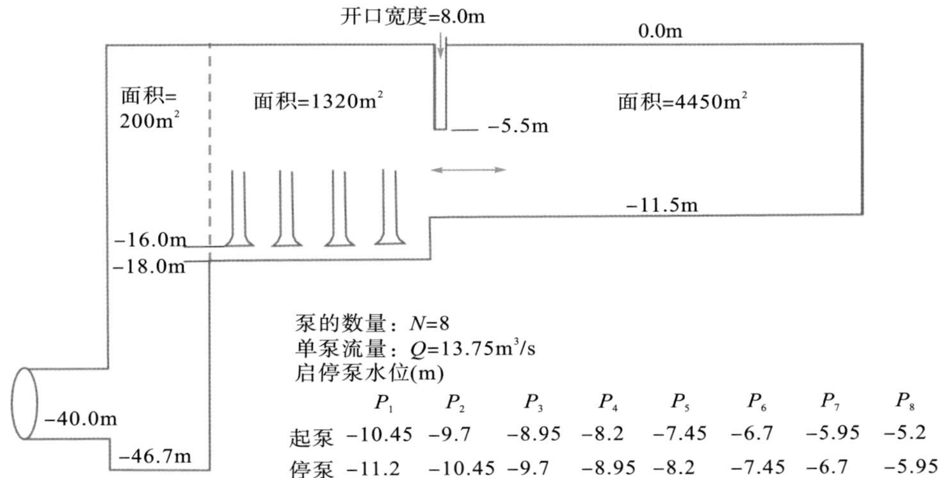

图 10-4-10　浪涌模型中泵站模拟示意图

参 考 文 献

安永宁, 杨鲲, 王莹, 等. 2013. MIKE21 模型在海洋工程研究中的应用[J]. 海岸工程, (3): 1-10.

白海龙, 郁片红, 姚陈珏, 等. 2014. 珠海横琴口岸及综合交通枢纽屋面雨水综合利用研究[J]. 中国市政工程, (1): 36-38.

鲍全盛, 曹利军, 王华东. 1997. 密云水库非点源污染负荷评价研究[J]. 水资源保护, (1): 8-11.

鲍全盛, 王华东. 1996. 我国水环境非点源污染研究与展望[J]. 地理科学, (1): 66-72.

边博, 朱伟, 黄峰, 等. 2008. 镇江城市降雨径流营养盐污染特征研究[J]. 环境科学, (1): 19-25.

常静, 刘敏, 许世远, 等. 2006. 上海城市降雨径流污染时空分布与初始冲刷效应[J]. 地理研究, (6): 994-1002.

车伍, 刘燕, 李俊奇. 2003. 国内外城市雨水水质及污染控制[J]. 给水排水, (10): 38-42.

车伍, 吕放放, 李俊奇, 等. 2009. 发达国家典型雨洪管理体系及启示[J]. 中国给水排水, (20): 12-17.

车伍, 马震, 王思思, 等. 2013. 中国城市规划体系中的雨洪控制利用专项规划[J]. 中国给水排水, (2): 8-12.

车伍, 欧岚, 汪慧贞, 等. 2002. 北京城区雨水径流水质及其主要影响因素[J]. 环境污染治理技术与设备, (1): 33-37.

车伍, 闫攀, 赵杨, 等. 2014. 国际现代雨洪管理体系的发展及剖析[J]. 中国给水排水, (18): 45-51.

车伍, 杨正, 赵杨, 等. 2013. 中国城市内涝防治与大小排水系统分析[J]. 中国给水排水, (16): 13-19.

车武, 李俊奇, 曹秀芹, 等. 2001. 对城市雨水地下回灌的分析[J]. 城市环境与城市生态, (4): 28-30.

车武, 汪慧珍, 任超, 等. 2001. 北京城区屋面雨水污染及利用研究[J]. 中国给水排水, 17(6): 57-61.

陈波, 邱绍芳, 葛文标. 2001. 广西沿岸主要海湾余流场的数值模拟[J]. 广西科学, (3): 227-231.

陈丁江, 吕军, 沈晔娜. 2010. 区域间水环境容量多目标公平分配的水环境基尼系数法[J]. 环境污染与防治, (1): 88-91.

陈宏亮. 2013. 基于低影响开发的城市道路雨水系统衔接关系研究[D]. 北京: 北京建筑大学.

陈吉余, 陈沈良. 2002. 中国河口海岸面临的挑战[J]. 海洋地质动态, 18(1): 1-5.

陈家军, 张俊丽, 王红旗, 等. 2003. 考虑悬浮物吸附沉降作用的海湾放射性核素迁移数值模拟[J]. 海洋环境科学, (2): 28-32.

陈捷, 赵国志, 王彬, 等. 2004. 调蓄池及其在苏州河治理中的应用[J]. 中国市政工程, (4): 37-40.

陈婧懿, 韦松林. 2013. 谈蚝壳屋的存留现状与保护[J]. 山西建筑, 39(29): 3-5.

陈利顶, 傅伯杰, 徐建英, 等. 2003. 基于“源—汇”生态过程的景观格局识别方法—景观空间负荷对比指数[J]. 生态学报, 23(11): 2406-2413.

陈桥, 胡维平, 章建宁. 2009. 城市地表污染物累积和降雨径流冲刷过程研究进展[J]. 长江流域资源与环境, (10): 992-996.

陈韬, 李研, 李业伟, 等. 2014. 城市雨水水质模拟研究进展[J]. 市政技术, (3): 115-121.

陈韬, 李业伟, 李研, 等. 2014. 基于 SWMM 的停车场 LID 技术评价研究[J]. 给水排水, (5): 155-160.

陈韬, 李业伟, 张雅君. 2014. 典型城市雨水低影响开发(LID)措施的成本-效益分析[J]. 西南给排水, (2): 41-46.

陈筱云. 2005. 深圳水库污水截排工程规模的选择[J]. 中国农村水利水电, (10): 19-22.

陈雄, 何红霞, 郝慧敏. 2012. 基于低影响开发的城市住区空间规划设计[J]. 华中建筑, (4): 117-120.

陈嫣. 2008. 雨水调蓄池在上海市面源污染控制工程中的应用[J]. 城市公用事业, (5): 52-56.

陈隐石. 2014. 城市降雨径流控制 LID-BMPS 实证研究[D]. 苏州: 苏州科技学院.

陈展弘, 曹美娟. 2014. 关于人工湿地对初期雨水处理的探讨[J]. 城市道桥与防洪, (2): 92-94.

程皓, 陈桂珠, 叶志鸿. 2009. 红树林重金属污染生态学研究进展[J]. 生态学报, (7): 3893-3900.

程江, 潘炜, 程晓波. 2012. 基于雨洪控制评估的自动化水质在线监测系统[J]. 中国给水排水, (19): 41-44.

程江, 许莉, 潘炜, 等. 2013. 雨水调蓄池容积设计标准及其污染减排效益研究[J]. 中国给水排水, (23): 166-170.

程江. 2013. 苏二期雨水调蓄池整体设计后评估与优化建议[J]. 给水排水, (8): 41-46.

程江. 2014. 苏州河储存式雨水调蓄池水环境质量改善效应分析[J]. 中国给水排水, (1): 104-108.

程晓波. 2012. 上海市苏州河沿岸排水系统雨洪控制研究[J]. 中国给水排水, (13): 34-37.

仇保兴. 2015. 海绵城市(LID)的内涵、途径与展望[J]. 现代城市, (4): 1-6.

初祁, 彭定志, 徐宗学, 等. 2014. 基于 MIKE 11 和 MIKE 21 的城市暴雨洪涝灾害风险分析[J]. 北京师范大学学报(自然科学版), (5): 446-451.

储金宇, 李微, 李维斌. 2008. 旋流分离器在控制暴雨径流中的应用[J]. 排灌机械, (4): 57-60.

戴莹, 陈磊, 沈珍瑶. 2016. 城市景观的水环境响应及景观调控研究综述[J]. 北京师范大学学报(自然科学版), 52(6): 696-704.

邓风, 陈卫. 2003. 南京市居住区雨水利用方案探讨[J]. 中国给水排水, (5): 95-97.

邓特刚, 刘欣. 2014. 调蓄池在新老城区雨水工程中的应用研究[J]. 城市道桥与防洪, (6): 162-164.

邓雁辉. 2011. 浅谈广州市雨污分流改造设计[J]. 中国城市经济, (14): 144-145.

丁年, 胡爱兵, 任心欣. 2012. 深圳市光明新区低影响开发市政道路解析[J]. 上海城市规划, (6): 96-101.

杜河清, 吴小明, 陈荣力,等. 2008. 新圳河、西乡河河口及大铲湾港池生态环境综合治理研究[C]. 中国水利学会年学术年会. 2008.

杜建康, 李卫群, 陈波, 等. 2012. 雨水调蓄塘在已建雨水系统升级改造中的应用[J]. 中国市政工程, (4): 46-48.

杜启文. 2014. 青岛市首座大型雨水调蓄池工程结构设计[J]. 市政技术, (5): 100-102.

杜小洲. 2012. MIKE URBAN 在供水管网设计和管理中的应用研究[J]. 陕西水利, (6): 25-27.

段文龙. 2016. 场地明沟排雨水设计要点浅析[J]. 建材与装饰, (14): 131-132.

冯绍元, 侯立柱, 丁跃元, 等. 2008. 多层渗滤介质系统去除城市雨水径流有机污染物[J]. 环境科学学报, (6): 1123-1130.

符锐, 罗龙洪, 刘俊, 等. 2014. SWMM 模型中的低影响开发模块在排水防涝系统中的应用[J]. 水电能源科学, (9): 71-74.

甘华阳, 卓慕宁, 李定强, 等. 2006. 广州城市道路雨水径流的水质特征[J]. 生态环境, (5): 969-973.

高海鹰, 黄丽江, 李贺, 等. 2008. 公路特大桥径流收集系统的设计探讨[J]. 中国给水排水, (10): 45-47.

高建文, 何圣兵, 陈雪初, 等. 2012. 生物滤池/生态砾石床处理含氮微污染地表水[J]. 中国给水排水, (1): 26-30.

高建文. 2012. 生物滤池—生态砾石床联用处理硝酸盐微污染地表水研究[D]. 上海: 上海交通大学.

高俊合, 武银锋, 许斌. 2008. 深圳水库流域污水截排隧道设计与施工[J]. 现代隧道技术, (S1): 343-346.

高秋霞, 李田. 2003. 国外城市非点源径流水质模型简介[J]. 安全与环境工程, (4): 9-12.

高学珑. 2013. 截流式综合排水体制的提出与应用可行性分析[J]. 给水排水, (5): 45-49.

高原, 王红武, 张善发, 等. 2010. 合流制排水管道沉积物及其模型研究进展[J]. 中国给水排水, (2): 15-18.

耿立馨. 2013. 合流制管道沉积物冲刷模型试验研究[D]. 武汉: 武汉理工大学.

弓亚栋. 2015. 建设海绵城市的研究与实践探索[D]. 西安: 长安大学.

龚应安, 张书函, 陈建刚, 等. 2014. 北京市《雨水控制与利用工程设计规范》部分设计参数的确定[J]. 给水排水, (9): 86-88.

广东省海洋与渔业局. 2007. 年广东省海洋环境质量公报[R/OL]. [2019-05-20]. http://gdee.gd.gov.cn/hjzkgb/content/post_2469373. html.

广东省海洋与渔业局. 2012. 年广东省海洋环境质量公报[R/OL]. [2013-06-07]. http://www.mnr.gov.cn/dt/hy/201306/t20130607_2331126. html.

广东省海洋与渔业局. 2013. 年广东省海洋环境质量公报[R/OL]. [2014-03-20]. https://www.doc88.com/p-9552708515006. html.

广东省海洋与渔业局. 2014. 年广东省海洋环境质量公报[R/OL]. [2015-06-30]. http://zwgk.gd.gov.cn/006941338/201507/t20150731_596399. html.

广州市环保局. 2010. 年广州市环境状况通报[R/OL]. [2011-03-27]. https://wenku.baidu.com/view/20fb77d080eb6294dd886ce9.html.

郭坤, 曾新民, 方阳生. 2012. 闸门自动控制系统在河网地区截污工程中的应用[J]. 给水排水, (4): 121-124.

郭琳, 曾光明, 程运林. 2003. 城市街道地表物特性分析[J]. 中国环境监测, (6): 40-42.

郭鹏程, 蔡明, 闫大鹏. 2014. 基于 MIKE21 模型的人工生态湖优化设计[J]. 人民黄河, (4): 56-58.

郭青海, 马克明, 赵景柱, 等. 2005. 城市非点源污染控制的景观生态学途径[J]. 应用生态学报, (5): 977-981.

郭晟. 2008. 上海中心城区河岸沿线雨水调蓄池环境效应研究[D]. 上海: 华东师范大学.

郭诗波. 2014. 浅析城市给排水中截污工程[J]. 低碳世界, (7): 76-77.

国家海洋信息中心. 2015. 中国海洋环境质量公报[R/OL]. [-03-11]. http://gc. mnr. gov. cn/201806/t20180619_1797643. html.

国务院办公厅. 2015. 国办印发《国务院办公厅关于推进海绵城市建设的指导意见》[J]. 建设科技, (20): 6.

韩敏, 赵耀. 2008. 基于 MIKE FLOOD 和 ArcObjects 的洪水淹没模拟及可视化[C]//第二十七届中国控制会议论文集,.

韩世平, 戴超, 周炜. 2009. 小区雨污分流改造中的雨水资源化示范研究[J]. 给水排水, (12): 73-76.

韩帅, 马军, 王淑云. 2014. MIKE 21 在莽山水库坝下河道数模中的应用[J]. 水利与建筑工程学报, (3): 147-150.

汉京超. 2013. 城市雨水径流污染特征及排水系统模拟优化研究[D]. 上海: 复旦大学.

何成建. 2010. 利用排水流动的物理规律确定排水管流量[J]. 福建建筑, (10): 59-60.

何定举, 王世槐, 高亚雄, 等. 2015. 基于海绵城市理念的透水性城市道路路面应用研究[J]. 山西建筑, (17): 112-113.

何福力. 2014. 基于 SWMM 的开封市雨洪模型应用研究[D]. 郑州: 郑州大学.

何磊. 2004. 海湾水交换数值模拟方法研究[D]. 天津: 天津大学.

何人杰, 刘艳臣, 吴林安, 等. 2013. 无锡市城市排水管网的信息化建设与应用[J]. 中国给水排水, (22): 18-21.

何旭升, 逄勇, 鲁一晖, 等. 2008. 净化城市径流的净水箱护岸技术[J]. 水利水电技术, (9): 78-82.

何影, 廖振良. 2013. 基于低影响开发的雨洪管理研究现状和趋势研究[J]. 环境科学与管理, (8): 21-25.

洪小康, 李怀恩. 2000. 水质水量相关法在非点源污染负荷估算中的应用[J]. 西安理工大学学报, (4): 384-386.

侯丽萍, 王文志, 范鑫. 2010. 明沟排水在工程施工降水中的巧用[J]. 内蒙古科技与经济, (20): 100-101.

胡爱兵, 任心欣, 俞绍武, 等. 2010. 深圳市创建低影响开发雨水综合利用示范区[J]. 中国给水排水, (20): 69-72.

胡雪涛, 陈吉宁, 张天柱. 2002. 非点源污染模型研究[J]. 环境科学, (3): 124-128.

黄金良, 杜鹏飞, 欧志丹, 等. 2006. 澳门城市路面地表径流特征分析[J]. 中国环境科学, (4): 469-473.

黄俊, 张旭, 彭炯, 等. 2004. 暴雨径流污染负荷的时空分布与输移特性研究[J]. 农业环境科学学报, (2): 255-258.

黄鸣, 陈华, 程江, 等. 2008. 上海市成都路雨水调蓄池的设计和运行效能分析[J]. 中国给水排水, (18): 33-36.

黄青山, 李仕昭, 侯帼豪. 2007. 废弃蚝壳“净化”红树林[N]. 深圳商报.

黄士永, 丁少莉. 2013. 雨水明沟工程设计[J]. 中国电子商务, (10): 226.

黄长志, 任海. 2007. 沿岸边生态系统恢复决策中的人文观问题[J]. 生态科学, (2): 170-175.

纪桂霞, 刘弦, 王平香. 2008. 城市小区雨水径流水质监测及特性分析[J]. 环境科学与技术, (8): 77-79.

贾海峰, 姚海蓉, 唐颖, et al. 2014. 城市降雨径流控制 LID BMPs 规划方法及案例[J]. 水科学进展, (2): 260-267.

贾会霞, 胡俊辉, 施红辉, 等. 2015. 出水超空泡的形状与弗劳德数影响的实验研究[J]. 西安交通大学学报, (3): 67-73.

江帆, 张磊磊. 2008. 折流式人工湿地处理雨水径流的机理初步分析[J]. 山西建筑, (6): 203-204.

姜立晖. 2011. 欧洲城市水源保护和排水系统规划建设启示[J]. 建设科技, (17): 69-71.

蒋德明, 蒋玮. 2008. 国内外城市雨水径流水质的研究[J]. 物探与化探, (4): 417-420.

金敦. 2013. 城市排水系统中初期雨水调蓄池的设计探讨[J]. 城市道桥与防洪, (7): 130-132.

金相灿. 1995. 中国湖泊环境[M]. 北京: 海洋出版社.

鞠莉. 2007. 沉积物中重金属的形态分析及生物有效性的研究[D]. 济南: 山东大学.

亢舒. 2015. 海绵城市呼之欲出[N]. 经济日报.

柯辉. 2009. 场地雨水生态化管理的低影响发展策略应用进展[J]. 农村经济与科技, (6): 75-76.

黎小龙. 2012. 雨洪管理目标下的城市公园规划设计研究[D]. 武汉: 华中农业大学.

黎晓林, 苏国宏, 刘建华. 2014. 分散串联型雨水调蓄系统在旧排水系统改造中的应用[J]. 市政技术, (6): 91-93.

李春林, 胡远满, 刘淼, 等. 2013. 城市非点源污染研究进展[J]. 生态学杂志, (2): 492-500.

李贺, 李田, 李彩艳. 2008. 上海市文教区屋面径流水质特性研究[J]. 环境科学, (1): 47-51.

李贺, 张雪, 高海鹰, 等. 2008. 高速公路路面雨水径流污染特征分析[J]. 中国环境科学, (11): 1037-1041.

李怀恩, 沈晋. 1996. 非点源污染数学模型[M]. 西安: 西北大学出版社.

李怀恩. 1996. 流域非点源污染模型研究进展与发展趋势[J]. 水资源保护, (2): 14-18.

李怀正, 张璐璇, 黄建秀, 等. 2012. 雨水调蓄池的臭气排放规律研究[J]. 中国给水排水, (17): 12-16.

李吉学, 朱庆申, 焦庆, 等. 2008. MIKE 11 在入河排污口设置技术研究中的应用[C]//水生态监测与分析论文集.

李家科, 刘增超, 黄宁俊, 等. 2014. 低影响开发(LID)生物滞留技术研究进展[J]. 干旱区研究, (3): 431-439.

李俊奇, 张毅, 王文亮. 2016. 海绵城市与城市雨水管理相关概念与内涵的探讨[J]. 建设科技, (1): 30-31.

李立青, 朱仁肖, 尹澄清. 2010. 合流制排水系统溢流污染水量、水质分级控制方案[J]. 中国给水排水, (18): 9-12.

李茂英, 李海燕. 2008. 城市排水管道中沉积物及其污染研究进展[J]. 给水排水, (S1): 88-92.

李梅, 于晓晶. 2008. 济南市雨水径流水质变化趋势及回用分析[J]. 环境污染与防治, (4): 98-99.

李乃平. 2011. LEED 节水条款实现方法与相关参数确定[J]. 给水排水, (7): 64-69.

李强. 2013. 低影响开发理论与方法述评[J]. 城市发展研究, (6): 30-35.

李爽. 2012. 城市雨水蓄渗设施特性分析及计算方法研究[D]. 天津: 天津大学.

李思. 2015. 排水模型和 LID 技术在海绵城市中的应用[D]. 北京: 清华大学.

李思敏, 吕森, 张炜. 2008. 邯郸市雨水径流污染分析[J]. 河北工程大学学报(自然科学版), (3): 64-66.

李斯, 许萍, 郑克白, 等. 2014. 建筑小区雨水调蓄池容积计算分析[J]. 给水排水, (11): 81-84.

李田, 林莉峰, 李贺. 2006. 上海市城区径流污染及控制对策[J]. 环境污染与防治, (11): 868-871.

李卫群, 程瑞, 杜建康. 2014. 雨水调蓄技术在城市立交排水中的应用[J]. 中国市政工程, (3): 35-37.

李晓菊, 靖元孝, 陈桂珠, 等. 2005. 红树林湿地系统污染生态及其净化效果的研究概况[J]. 湿地科学, (4): 315-320.

李笑梅, 张艳坤, 白艳欣. 2009. 刍议基坑明沟排水计算[J]. 黑龙江水利科技, (4): 124.

李艺, 吕志成, 郭磊. 2014. 北京市《雨水控制与利用工程设计规范》市政工程部分解读[J]. 给水排水, (11): 74-79.

李银波, 张应元. 1999. 污水在海湾中污染扩散的数值模拟[J]. 暨南大学学报(自然科学与医学版), (1): 107-111.

李宇超. 2016. 海绵城市建设的理论与实践[D]. 杨凌: 西北农林科技大学.

李振友, 陈涛, 杨瓯蒙. 2015. 浅谈海绵城市的建设[J]. 江西建材, (19): 38-39.

梁灵君, 杨忠山, 刘超. 2012. 基于 MIKE 11 的北京市典型区域降雨径流特征研究[J]. 水文, (1): 39-42.

林峰竹, 王慧, 张建立, 等. 2015. 中国沿海海岸侵蚀与海平面上升探析[J]. 海洋开发与管理, (6): 16-21.

林鲁生, 王宏杰, 董文艺, 等. 2012. 龙岗河干流综合治理工程二期沿河截污工程方案[J]. 水利水电技术, (8): 9-14.

林佩斌. 2006. 深圳地区污水截流倍数研究[D]. 重庆: 重庆大学.

林鹏. 1997. 中国红树林生态系统[M]. 北京：科学出版社.

林威，陈凌. 2013. 福州将进一步完善污水处理系统建设[J]. 能源与环境，(5)：110.

林武，陈敏，罗建中，等. 2008. 生态工程技术治理污染水体的研究进展[J]. 广东化工，(4)：42-46.

刘畅. 2004. MIKE3 软件在水温结构模拟中的应用研究[D]. 北京：中国水利水电科学研究院.

刘成，何耘，韦鹤平. 1999. 城市排水管道泥沙问题浅析[J]. 给水排水，(12)：11-17.

刘翠云，车伍，董朝阳. 2007. 分流制雨水与合流制溢流水质的比较[J]. 给水排水，(4)：51-55.

刘宏喜. 2010. 蚝壳甲壳素的提取及其衍生物在印染中的应用[D]. 苏州：苏州大学.

刘健枭，文超祥，蒋梦帆. 2018. 香港滨海生态保育的友好性及其反思—基于生态保育政策制定的视角[J]. 城市建筑，(12)：26-31.

刘杰. 2008. 长江口深水航道河床演变与航道回淤研究[D]. 上海：华东师范大学.

刘金铃. 2008. 中国主要红树林湿地中汞的迁移、转化规律[D]. 厦门：厦门大学.

刘俊萍，韩君良. 2015. 小城市排水防涝规划模拟[J]. 中国水运(下半月)，(11)：163-165.

刘曼蓉，曹万金. 1990. 南京市城北地区暴雨径流污染研究[J]. 水文，(6)：15-19.

刘宁. 2007. 我国河口治理现状与展望[J]. 中国水利，(1)：34-38.

刘鹏，王经盛. 2012. 不同模式雨水调蓄池提升排水系统雨洪控制效果的模拟评估[J]. 给水排水，(S1)：475-478.

刘萍. 2011. 深圳湾红树林湿地面源污染研究[D]. 武汉：武汉科技大学.

刘强，康晓鹍，翟立晓，等. 2014. 北京市《雨水控制与利用工程设计规范》规划指标解读[J]. 给水排水，(10)：84-88.

刘珊. 2009. 浅析城市给排水管网改造设计[J]. 建设科技，(19)：72.

刘习康，张磊，孟庆林，等. 2012. 蚝壳墙传热系数现场测试研究[J]. 建筑节能，(12)：31-33.

刘旭军，王海玲. 2008. 雨水径流携带污染负荷对水体影响的评价方法[J]. 中国给水排水，24(6)：104-108.

刘燕，尹澄清，车伍. 2008. 植草沟在城市面源污染控制系统的应用[J]. 环境工程学报，(3)：334-339.

刘阳. 2014. 初期雨水调蓄池调蓄能力研究[D]. 重庆：重庆大学.

刘洋，李俊奇，车伍，等. 2008. 北京市城区雨水径流污染控制与节能减排[J]. 环境污染与防治，(9)：93-96.

柳浩林. 2010. 城市暴雨径流调节方式的分析研究[D]. 西安：长安大学.

卢观彬，邓荣森，肖海文，等. 2007. 暴雨径流人工湿地处理新技术[J]. 市政技术，(4)：275-278.

卢金锁，黄廷林，王俊萍，等. 2008. 设置调蓄池的雨水管道设计计算[J]. 中国给水排水，(14)：41-43.

卢小艳，李田，董鲁燕. 2012. 基于管网水力模型的雨水调蓄池运行效率评估[J]. 中国给水排水，(17)：44-48.

卢瑛，甘海华，史正军，等. 2005. 深圳城市绿地土壤肥力质量评价及管理对策[J]. 水土保持学报，(1)：153-156.

卢正宇，李华，孔亚平，等. 2008. 广州绕城高速公路(九江～小塘段)桥面径流生态处理系统设计[J]. 公路，(4)：191-196.

芦琳，陈韬，付婉霞，等. 2013. LID 措施生命周期评价方法探析—以雨水花园与渗透铺装+渗透管/井系统为例[J]. 绿色科技，(5)：287-291.

鹿世瑾. 1990. 华南气候[M]. 北京：气象出版社.

罗鸿兵，罗麟，黄鹄，等. 2009. 城市入河径流排放口总污染特征研究[J]. 环境科学，(11)：3227-3235.

罗利芳，张科利，符素华. 2002. 径流曲线数法在黄土高原地表径流量计算中的应用[J]. 水土保持通报，(3)：58-61.

罗专溪，朱波，王振华，等. 2008. 川中丘陵区村镇降雨特征与径流污染物的相关关系[J]. 中国环境科学，(11)：1032-1036.

吕念南. 2014. 山地城市低影响开发技术研究[J]. 山西建筑，(33)：122-123.

马德毅，王菊英. 2003. 中国主要河口沉积物污染及潜在生态风险评价[J]. 中国环境科学，23(5)：521-525.

马建华，卢珍华，邱少群. 2008. 蚝壳制备钙盐的方法对比[C]. 中国化学会中西部地区无机化学、化工学术交流会会议.

马克・路易斯, 克里斯・宾利, 谭佩文. 2013. 新西兰低影响雨水体系设计[J]. 中国园林, (1): 23-29.

毛威敏. 2009. 城市中小河道截污主要方式和工程实例[J]. 中国市政工程, (6): 45-46.

枚龙. 2014. 基于 MIKE 模型在内河航道整治中应用研究[D]. 重庆: 重庆交通大学.

米文秀, 谢冰. 2007. 城市绿地对雨水径流中污染物削减效果研究[J]. 上海化工, (10): 2-4.

穆宏强. 1992. SCS 模型在石桥铺流域的应用研究[J]. 水利学报, (10): 79-83.

南燕. 2009. 滩涂红树林种植-养殖耦合系统水体及沉积物中多环芳烃的研究[D]. 南京: 中山大学.

内蒙古杭锦后旗水利局. 1984. 明沟排水改土治碱效益显著[J]. 内蒙古水利科技, (2): 7-11.

聂凤, 熊正为, 黄建洪, 等. 2011. 合流制排水系统调蓄池的研究进展[J]. 城市道桥与防洪, (8): 313-316.

聂俊英. 2013. 城市轨道交通系统排水工程设计探索[J]. 净水技术, (5): 82-84.

潘国庆, 车伍, 李俊奇, 等. 2008. 中国城市径流污染控制量及其设计降雨量[J]. 中国给水排水, (22): 25-29.

潘国庆. 2008. 不同排水体制的污染负荷及控制措施研究[D]. 北京: 北京建筑工程学院.

潘华. 2005. 城市地表径流污染特性及排污规律的研究[D]. 西安: 长安大学.

潘薪宇, 张洪雨. 2014. 基于 MIKE FLOOD 的青龙河下游漫滩模拟研究[J]. 黑龙江水利科技, (2): 12-16.

庞容, 吕志强, 邓睿,等. 2015. 区域景观格局与城市河流非点源污染的研究进展[J]. 城市地理, (22): 227-228.

彭定志, 游进军. 2006. 改进的 SCS 模型在流域径流模拟中的应用[J]. 水资源与水工程学报, (1): 20-24.

彭刚, 赵廷. 2014. 中小城市河道截污工程设计探讨[J]. 城市道桥与防洪, (6): 180-181.

彭元怀, 黎萧宇, 李建霖. 2011. 食品级柠檬酸钙的绿色生产工艺—生蚝壳制备柠檬酸钙的研究[J]. 农业机械, (6): 129-131.

钱嫦萍, 陈振楼, 曹承进, 等. 2011. 人工湿地技术削减雨水初期径流污染负荷研究进展[J]. 华东师范大学学报(自然科学版), (1): 55-62.

乔纳森, 马克 E. 2007. 发展中国家城市雨洪管理[M]. 周玉文, 等译. 北京: 中国建筑工业出版社.

全新峰, 张克峰, 李秀芝. 2006. 国内外城市雨水利用现状及趋势[J]. 能源与环境, (1): 19-21.

任婕. 2014. 低影响城市雨水生态系统的构建[J]. 环境工程, (S1): 998-1000.

任维. 2014. 住房和城乡建设部发布《海绵城市建设技术指南》[J]. 风景园林, (6): 9.

任心欣, 俞绍武, 胡爱兵, 等. 2010. 深圳旧村低影响开发雨水综合利用规划指引及应用[J]. 城市规划学刊, (Z1): 93-96.

闰艳红, 王柏俊, 李宇森,等. 2014. 南方地区雨水调蓄池的计算方法探讨: 以长沙某项目为例分析[C]//第十届国际绿色建筑与建筑节能大会暨新技术与产品博览会.

萨莫伊诺夫. 1952. 河口演变过程的理论及其研究方法[M]. 谢金赞, 等, 译. 北京: 科学出版社.

申小艾, 宁天竹, 奚晓伟. 2018. 深圳市坪山河流域智慧水务建设方案研究[J]. 中国水利, (5): 35-41.

深圳市城市规划设计研究院. 2008. 深圳市城市水战略与城市规划研究[R].

沈焕庭, 贺松林, 茅志昌, 等. 2001. 中国河口最大浑浊带刍议[J]. 泥沙研究, (1): 23-29.

沈金付, 金军强. 2012. 排水泵站调蓄池的计算机模拟设计[J]. 城市道桥与防洪, (7): 205-207.

沈珍瑶, 陈磊, 谢晖, 等. 2012. 基于低影响开发的城市非点源污染控制技术及其相关进展[J]. 地质科技情报, (5): 171-176.

沈珍瑶, 刘瑞民, 叶闽. 2008. 长江上游非点源污染特征及其变化规律[M]. 北京: 科学出版社.

施为光. 1994. 成都市径流污染的概念性模型[J]. 四川环境, (2): 65-70.

宋继琴, 陈海川, 翟艳云. 2006. 布吉河流域污水截流倍数与河流水质关系研究[J]. 中国农村水利水电, (8): 27-29.

宋梦琪. 2013. 城市雨水系统中低影响开发与绿色水基础设施及其实例[J]. 环境科学与管理, (3): 69-71.

宋贞. 2014. 低影响开发模式下的城市分流制雨水系统设计研究[D]. 重庆: 重庆大学.

孙欢. 2012. 京津地区雨水利用技术优选与应用对策研究[D]. 天津: 天津大学.

孙惠颖. 2013. 控制性详细规划中的不透水面规划控制研究[D]. 北京：北京工业大学.

孙奎永. 2014. 雨水花园在规划设计中的应用研究[D]. 天津：河北工业大学.

孙亚芹. 2015. 老镇区旧渠道中截污方法初探—以金井溪截污工程为例[J]. 福建建材, (5): 86-87.

孙艳伟, 魏晓妹, Pomeory C A. 2011. 低影响发展的雨洪资源调控措施研究现状与展望[J]. 水科学进展, (2): 287-293.

孙映宏, 姬战生, 周蔚. 2009. 基于 MIKE11 HD 和 NAM 耦合模型在河流施工围堰对防洪安全影响分析中的应用与研究[J]. 浙江水利科技, (2): 30-34.

谭琪, 丁芹. 2014. 低影响开发技术理论综述及研究进展[J]. 中国园艺文摘, (3): 54-56.

谭琼, 李田, 张建频, 等. 2007. 初期雨水调蓄池运行效率的计算机模型评估[J]. 中国给水排水, (18): 47-51.

谭琼. 2007. 排水系统模型在城市雨水水量管理中的应用研究[D]. 上海：同济大学.

谭维宁. 1999. 对旧区重建中社会和经济问题的思辩——以深圳市八卦岭工业区改造为例[J]. 城市规划汇刊, (4): 30-34.

谭炎珍. 2006. 广州市东濠涌截污工程的设计[J]. 中国给水排水, (16): 33-35.

汤佳. 2014. 雨洪管理在城市景观规划设计中的应用研究[D]. 南昌：江西农业大学.

汤霞, 陈卫兵, 李怀正. 2013. 城市排水系统沉积物特性及清淤方式研究进展[J]. 城市道桥与防洪, (3): 106-110.

唐磊. 2013. 合流制改造及溢流污染控制技术与策略研究[D]. 北京：北京建筑大学.

陶澍, 邓宝山. 1993. 深圳地区土壤汞含量分布及污染[J]. 中国环境科学, 1(13): 35-38.

涂超. 2014. 城区雨洪计算机模拟的应用研究[D]. 南昌：南昌大学.

万杰, 朱理铭, 宋娟. 2014. 基于“LID+GSI+传统技术”模式的道路排水工程设计[J]. 中国给水排水, (10): 38-41.

汪达汉. 1993. 美国非点源水污染问题及其对策综述[J]. 世界环境, (4): 14-19.

汪霞, 李志一, 李跃文. 2008. 城市理水景观系统整体协同发展的理想模式[J]. 山西建筑, (13): 1-2.

汪霞. 2006. 城市理水[D]. 天津：天津大学.

王彪, 李田, 孟莹莹, 等. 2008. 屋面径流中营养物质的分布形态研究[J]. 环境科学, (11): 3035-3042.

王和意. 2005. 上海城市降雨径流污染过程及管理措施研究[D]. 上海：华东师范大学.

王红武, 毛云峰, 高原, 等. 2012. 低影响开发(LID)的工程措施及其效果[J]. 环境科学与技术, (10): 99-103.

王宏伟, 彭志刚, 高俊斌. 2014. 渗透排放一体化雨水管道系统在雨水调蓄工程中的应用[J]. 给水排水, (11): 79-80.

王洪辉, 彭刚. 2014. 中小城市河道截污措施浅析[J]. 中国给水排水, (16): 51-52.

王欢. 2016. 基于海绵城市理念的公园规划方法探讨[D]. 北京：北京林业大学.

王建龙, 车伍, 易红星. 2009. 基于低影响开发的城市雨洪控制与利用方法[J]. 中国给水排水, (14): 6-9.

王建龙, 车伍, 易红星. 2010. 基于低影响开发的雨水管理模型研究及进展[J]. 中国给水排水, (18): 50-54.

王建龙, 车伍. 2011. 低影响开发与绿色建筑[J]. 中国给水排水, (20): 17-20.

王江, 杨宁, 邵圣坤. 2012. “蚝宅”的生态智慧及其营建策略[J]. 生态经济, (5): 188-191.

王佼. 2015. 控制面源污染的分流制雨水调蓄池优化研究[D]. 太原：太原理工大学.

王俊杰. 2009. Mike 21 在梁济运河长沟船闸防洪影响评价中的应用研究[D]. 济南：山东大学.

王昆, 高成, 朱嘉祺, 等. 2014. 基于 SWMM 模型的渗渠 LID 措施补偿机理研究[J]. 水电能源科学, (6): 19-21.

王磊, 周玉文, 汪明明. 2010. 雨水调蓄池容积有限差分设计计算研究[J]. 北京工业大学学报, (2): 206-212.

王明洁, 张小丽, 陈元昭. 2007. 深圳市汛期(4～9 月)降水及极端降水事件的变化特征[J]. 气象研究与应用, (S2): 92-94.

王宁, 朱彦明. 2001. 应用 GIS 进行松花江流域非点源污染污染物量的量化研究[C]. 武汉：武汉大学出版社.

王蓉, 秦华鹏, 赵智杰. 2015. 基于 SWMM 模拟的快速城市化地区洪峰径流和非点源污染控制研究[J]. 北京大学学报(自然科学版), 51(1): 141-150.

王世旭. 2015. 基于 MIKE FLOOD 的济南市雨洪模拟及其应用研究[D]. 济南: 山东师范大学.

王文亮, 李俊奇, 车伍, 等. 2014. 城市低影响开发雨水控制利用系统设计方法研究[J]. 中国给水排水, (24): 12-17.

王文亮, 李俊奇, 王二松, 等. 2015. 海绵城市建设要点简析[J]. 建设科技, (1): 19-21.

王雯雯, 赵智杰, 秦华鹏. 2012. 基于 SWMM 的低冲击开发模式水文效应模拟评估[J]. 北京大学学报(自然科学版), (2): 303-309.

王晓峰, 王晓燕. 2002. 国外降雨径流污染过程及控制管理研究进展[J]. 首都师范大学学报(自然科学版), (1): 91-96.

王晓晓, 徐世法, 索智, 等. 2014. 基于低影响开发的道路雨水控制与利用技术研究[J]. 北京建筑大学学报, (4): 33-36.

王晓燕, 张雅帆, 欧洋, 等. 2009. 最佳管理措施对非点源污染控制效果的预测—以北京密云县太师屯镇为例[J]. 环境科学学报, (11): 2440-2450.

王耀磊. 2016. 基于海绵城市建设的房地产开发项目雨水集蓄利用技术研究[D]. 北京: 北京林业大学.

王友绍, 王肇鼎, 黄良民. 2004. 近 20 年来大亚湾生态环境的变化及其发展趋势[J]. 热带海洋学报, 23(5): 85-95.

王雨, 林茂, 卢昌义, 等. 2009. 深圳红树林湿地浮游植物多样性的组成与分布[J]. 生态学杂志, 28(6): 1067-1072.

王泽良, 陶建华. 1999. 海湾水质模型的信息化研究[J]. 海洋通报, (4): 55-63.

王兆亮. 2013. 雨水调蓄池理论技术研究[D]. 重庆: 重庆大学.

王兆印, 林秉南. 2003. 中国泥沙研究的几个问题[J]. 泥沙研究, (4): 73-80.

王志标. 2007. 基于 SWMM 的棕榈泉小区非点源污染负荷研究[D]. 重庆: 重庆大学.

魏后凯. 2012. 中国城市化转型与质量提升战略[J]. 上海城市规划, (4): 6-11.

魏凯, 梁忠民, 王军. 2013. 基于 MIKE21 的濛洼蓄滞洪区洪水演算模拟[J]. 南水北调与水利科技, (6): 16-19.

魏太兵, 马恒升, 陈坚, 等. 2008. LEED 对我国城市建设用地绿色开发的启示[J]. 资源与产业, (2): 84-86.

魏文秋, 谢淑琴. 1992. 遥感资料在 SCS 模型产流计算中的应用[J]. 环境遥感, (4): 243-250.

温灼如, 苏逸深, 刘小靖, 等. 1986. 苏州水网城市暴雨径流污染的研究[J]. 环境科学, (6): 2-6.

吴丹, 吴仁海, 冯碧池, et al. 2010. 珊瑚砂与蚝壳滤料的双程 OABAF 的性能研究及比较[C]// 中国环境科学学会学术年会论文集(第三卷). 2010.

吴丹洁, 詹圣泽, 李友华, 等. 2016. 中国特色海绵城市的新兴趋势与实践研究[J]. 中国软科学, (1): 79-97.

吴峰. 2015. 关于控源截污工程的后思考[J]. 中国给水排水, (6): 22-25.

吴凤环, 潘伟斌, 王照宜. 2014. 3 种天然材料改造直立式护岸对河道水质净化能力的影响[J]. 水资源保护, (5): 32-37.

吴建强, 黄沈发, 吴健, 等. 2008. 缓冲带径流污染物净化效果研究及其与草皮生物量的相关性[J]. 湖泊科学, (6): 761-765.

吴景霞, 刘超, 郑晓龙. 2008. 模拟降雨条件下径流系数预测模型的构建[J]. 水利水运工程学报, (3): 35-39.

吴林祖. 1987. 杭州城市径流污染特征的初步分析[J]. 上海环境科学, (6): 34-36.

吴隆顺. 2013. 大型地下雨水调蓄池结构空间受力设计[J]. 中国农村水利水电, (1): 109-110.

吴天蛟, 杨汉波, 李哲, 等. 2014. 基于 MIKE11 的三峡库区洪水演进模拟[J]. 水力发电学报, (2): 51-57.

夏综万, 王钟桾. 1987. 关于半封闭海湾潮波的数值模拟[J]. 海洋学报(中文版), (01): 16-22.

肖海文, 翟俊, 邓荣森, 等. 2008. 处理生态住宅区雨水径流的人工湿地运行特性研究[J]. 中国给水排水, (11): 34-38.

肖艳, 徐建初. 2009. 世博浦东园区雨水泵站初期雨水调蓄池冲洗方式设计[J]. 给水排水, (3): 50-52.

肖洋. 2013. 基于景观生态学的城市雨洪管理措施研究[D]. 长沙: 中南大学.

邢薇, 王浩正, 赵冬泉, 等. 2012. 城市暴雨处理及分析集成模型系统(SUSTAIN)介绍[J]. 中国给水排水, (2): 29-33.

邢薇, 赵冬泉, 陈吉宁, 等. 2011. 基于低影响开发(LID)的可持续城市雨水系统[J]. 中国给水排水, (20): 13-16.

徐贵泉, 陈长太, 林卫青, 等. 2005. 初期雨水调蓄池控制溢流污染研究[J]. 中国给水排水, (8): 19-22.

徐贵泉, 陈长太, 林卫青, 等. 2005. 苏州河沿岸初期雨水调蓄池控制溢流污染研究[J]. 上海水务, (3): 1-4.

徐海顺. 2014. 城市新区生态雨水基础设施规划理论、方法与应用研究[D]. 上海: 华东师范大学.

徐俊锋, 方春明, 黄烈敏, 等. 2011. 应用 MIKE 21 BW 模型分析航道对波浪传播的影响[J]. 中国水利水电科学研究院学报, (4): 292-297.

徐凯歆. 2014. SWMM 在排水防涝规划中的应用研究[D]. 长沙: 湖南大学.

徐帅, 张凯, 赵仕沛. 2015. 基于 MIKE 21 FM 模型的地表水影响预测[J]. 环境科学与技术, (S1): 386-390.

徐涛. 2014. 城市低影响开发技术及其效应研究[D]. 西安: 长安大学.

徐祖信, 刘代玲. 2003. 苏州河 6 支流截污工程的优化调整[J]. 上海环境科学, (4): 234-237.

许道坤, 吕伟娅. 2012. 屋顶绿化技术在低影响开发中的作用[J]. 给水排水, (1): 145-148.

许萍, 张丽, 张雅君, 等. 2012. 中国低影响开发城市雨水管理模式推广策略[J]. 土木建筑与环境工程, (S1): 165-169.

许婷. 2010. 丹麦 MIKE21 模型概述及应用实例[J]. 水利科技与经济, (8): 867-869.

许一峰, 傅伊达. 2016. 基于海绵城市理念的透水性城市道路路面应用[J]. 城市建设理论研究(电子版), 6(7): 1516-1517.

许伊那. 2012. 多孔材料饰面建筑构件的被动蒸发冷却研究[D]. 广州: 华南理工大学.

严立军. 2012. 基于 LID 的雨水径流管理初探[D]. 重庆: 西南大学.

杨德军, 卞正富, 雷少刚, 等. 2015. 降雨-径流城市地面集水时间计算模型及模拟[J]. 中国矿业大学学报, (6): 1084-1089.

杨冬云. 2013. 某超大型地下雨水调蓄池结构无缝设计[J]. 中国农村水利水电, (6): 131-133.

杨劲松, 彭湃, 赵芳. 2012. 国内外城市雨水资源化利用与管理体系比较[J]. 山西建筑, (11): 123-125.

杨晓岚, 丁兴, 刘婧. 2014. 杭州市城市截污工程规划编制探索[J]. 中国给水排水, (10): 32-34.

杨雪, 车伍, 李俊奇, 等. 2008. 国内外对合流制管道溢流污染的控制与管理[J]. 中国给水排水, (16): 7-11.

杨洵, 梁国华, 周惠成. 2010. 基于 MIKE11 的太子河观—葠河段水文水动力模型研究[J]. 水电能源科学, (11): 84-87.

杨艳玲. 2006. 河道截污工程工艺及措施[J]. 科技信息(学术研究), (8): 465-466.

杨钟凯, 蒋小欣. 2008. 苏州古城区降雨径流污染及其防治措施研究[J]. 江苏水利, (7): 43-45.

姚双龙. 2012. 基于 MIKE FLOOD 的城市排水系统模拟方法研究[D]. 北京: 北京工业大学.

叶闽, 雷阿林, 郭利平. 2006. 城市面源污染控制技术初步研究[J]. 人民长江, (4): 9-10.

叶志明. 2013. 浅析城市给排水中截污工程[J]. 中国新技术新产品, (9): 63-64.

尹澄清. 2009. 城市面源污染的控制原理和技术[M]. 北京: 中国建筑工业出版社.

尹炜, 李培军, 可欣, 等. 2005. 我国城市地表径流污染治理技术探讨[J]. 生态学杂志, (5): 533-536.

于少东, 蒋洪昉, 薛正旗. 2015. 北京生态文明沟域建设的理论思考[J]. 中国农业资源与区划, 36(1): 92-95.

于腾飞, 李永战. 2014. 基于 MIKE URBAN 的城市雨水系统建模方法研究[J]. 科技资讯, (19): 31.

余爱华, 黄英, 赵尘. 2008. 公路路面径流污染及防治措施的研究进展[J]. 中外公路, (4): 91-94.

余爱华, 石迪, 赵尘. 2008. 公路沥青路面径流的水质特性[J]. 南京林业大学学报(自然科学版), (5): 149-152.

余瑞彰, 李秀艳, 孟飞琴, 等. 2008. 模拟装置研究绿地系统在暴雨径流污染控制中的作用[J]. 安全与环境学报, (6): 34-38.

俞孔坚, 袁伟, 李青, 等. 2015. “海绵城市”实践: 北京雁栖湖生态发展示范区控规及景观规划[J]. 北京规划建设, (1): 26-31.

俞孔坚, 李雷. 2016. 缓解内涝需营造“海绵城市”[J]. 中国经济报告, (8): 52-55.

俞孔坚. 2015. 海绵城市的三大关键策略: 消纳、减速与适应[J]. 南方建筑, (3): 4-7.

袁媛. 2016. 基于城市内涝防治的海绵城市建设研究[D]. 北京: 北京林业大学.

岳贵春. 1990. 海湾与河流中石油烃降解的模拟研究[J]. 海洋科学, (6): 42-44.

岳利涛. 2012. 基于 SWMM 模拟的排水管道沉积物累积冲刷规律研究[D]. 北京: 北京建筑工程学院.

昝启杰, 谭凤仪, 李喻春. 2013. 滨海湿地生态系统修复技术研究—以深圳湾为例[M]. 北京: 海洋出版社.

翟立晓, 康晓鹍, 刘强, 等. 2014. 北京市雨水规划与主要实施措施分析[J]. 给水排水, (12): 85-89.

张大伟, 赵冬泉, 陈吉宁, 等. 2009. 城市暴雨径流控制技术综述与应用探讨[J]. 给水排水, (S1): 25-29.

张光岳, 张红, 杨长军, 等. 2008. 成都市道路地表径流污染及对策[J]. 城市环境与城市生态, (4): 18-21.

张海行. 2016. 海绵城市低影响开发典型山城径流效应研究[D]. 邯郸: 河北工程大学.

张剑飞, 李晶晶. 2015. 基于LID理念的海绵城市公园绿地规划研究—以常德姚湖公园为例[J]. 中外建筑, (7): 104-106.

张克峰, 姜海英, 王永磊. 2006. 几种适合我国国情的城市雨水利用技术[J]. 净水技术, (1): 58-60.

张丽萍. 2012. 污水管网系统设计优化[D]. 杭州: 浙江工业大学.

张明志, 仇银豪, 何一飞, 等. 2015. MIKE21模型在胶州湾红岛湿地植栽中的应用研究[J]. 安徽农业科学, (16): 179-182.

张蕊, 蒋白懿. 2012. 沈阳市雨水收集方式研究[J]. 山西建筑, (4): 143-144.

张淑娜, 李小娟. 2008. 天津市区道路地表径流污染特征研究[J]. 环境科学与管理, (2): 25-28.

张巍, 张树才, 万超, 等. 2008. 北京城市道路地表径流及相关介质中多环芳烃的源解析[J]. 环境科学, (6): 1478-1483.

张显忠, 张善发, 谢勇, 等. 2013. 临沂市老城区初期雨水污染现状与调蓄策略[J]. 中国给水排水, (19): 146-150.

张新, 程熙, 李万庆,等. 2014. 流域非点源污染景观源汇格局遥感解析[J]. 农业工程学报, 30(2): 191-197.

张鑫. 2007. 上海市重要地区雨水调蓄池应用研究[D]. 上海: 同济大学.

张秀英, 孟飞, 丁宁. 2003. SCS模型在干旱半干旱区小流域径流估算中的应用[J]. 水土保持研究, (4): 172-174.

张学明. 2012. 明沟排水系统设计浅析[J]. 陕西水利, (3): 94-95.

张雪, 李贺, 杨小丽, 等. 2008. 高速公路路面径流控制措施初探[J]. 污染防治技术, (3): 73-77.

张煜芸, 赵联芳, 朱伟. 2008. 表面流人工湿地控制径流污染的试验研究[C] // 中国环境科学学会学术年会优秀论文集(上卷). 2008.

张媛. 2006. 兰州市区地表径流污染初探[D]. 兰州: 兰州大学.

章茹. 2008. 流域综合管理之面源污染控制措施(BMPs)研究[D]. 南昌: 南昌大学.

赵冬泉, 王浩正, 佟庆远, 等. 2008. 数字排水技术的发展与内核技术介绍[J]. 给水排水动态, (4): 26-29.

赵冬至, 赵玲, 张丰收. 2000. GIS在海湾陆源污染物总量控制中的应用[J]. 遥感技术与应用, (1): 63-67.

赵芳. 2012. 绿色建筑与小区低影响开发雨水利用技术研究[D]. 重庆: 重庆大学.

赵凤伟. 2014. MIKE11HD模型在下辽河平原河网模拟计算中的应用[J]. 水利科技与经济, (8): 33-35.

赵剑强, 闫敏, 刘珊, 等. 2001. 城市路面径流污染的调查[J]. 中国给水排水, (1): 33-35.

赵剑强. 2002. 城市地表径流污染与控制[M]. 北京: 中国环境科学出版社.

赵军, 杨凯, 邰俊,等. 2011. 区域景观格局与地表水环境质量关系研究进展[J]. 生态学报, 31(11): 3180-3189.

赵磊, 杨逢乐, 王俊松, 等. 2008. 合流制排水系统降雨径流污染物的特性及来源[J]. 环境科学学报, (8): 1561-1570.

赵丽平. 2008. 汕头红树林湿地水体及沉积物正构烷烃和多环芳烃的研究[D]. 南京: 中山大学.

赵林波. 2014. 城市住区低影响开发研究[D]. 西安: 长安大学.

郑康振, 陈耿, 郑杏雯, 等. 2009. 人工红树林湿地系统净化污水研究进展[J]. 生态学杂志, (1): 138-145.

郑祎, 吕金燕, 洪德松,等. 2014. 管网水力模型在城市供水规划中的应用[J]. 山西建筑, (9): 134-135.

郑志飞. 2009. MIKE21模型在码头工程流场模拟中的应用研究[C]. 福建省水利水电青年学术交流会.

中国环境保护部. 2005. HJ —2010, 人工湿地污水处理工程技术规范[S]. 2010.

中国环境保护部. 2013. 年中国环境质量公报[R/OL]. [2014-06-05]. http://www.cec.org.cn/zhengcefagui/2014-06-05/122711. html.

中国环境保护部. 2014. 年中国环境状况公报[R/OL]. [2015-06-04]. http://politics.people.com.cn/n/2015/0604/c70731-27105479.

html.

中国环境保护部. 2015. 年中国环境质量公报[R/OL]. [2017-06-05]. http://www.cnemc.cn/jcbg/zghjzkgb/201706/t20170605_646746. shtml.

中华人民共和国建设部. 2014. GB 50014-2006(2014)室外排水设计规范[S].

中华人民共和国建设部. 2006. GB 50400—2006,建筑与小区雨水利用工程技术规范[S].

中华人民共和国住房和城乡建设部. 住房城乡建设部关于印发海绵城市专项规划编制暂行规定的通知[R/OL]. [2016-03-16]. http://www.mohurd. gov. cn/wjfb/201603/ t20160317_226932. html.

周栋. 2017. 海绵城市建设中地层特性与蓄排水功能的相互关系研究[D]. 北京: 北京科技大学.

周海, 李剑. 2013. 城市雨洪防控与利用的 LID-BMPs 联合策略[J]. 人民黄河, (2): 47-49.

周赛军, 任伯帜, 邓仁健. 2008. 湘潭市地表雨水径流污染的特性研究[J]. 环境科学与管理, (10): 43-46.

朱宝玉, 刘洋, 林武. 2012. 生态砾石床在低污染水体治理中的应用研究[J]. 安徽农业科学, (11): 6746-6750.

朱雷, 刘萍, 黄鹄, 等. 2011. 深圳湾红树林湿地雨季面源污染研究[J]. 市政技术, (3): 95-97.

朱茂森. 2013. 基于 MIKE11 的辽河流域一维水质模型[J]. 水资源保护, (3): 6-9.

朱汝雄. 2010. MIKE FLOOD 在某码头工程防洪评价中的应用[J]. 广东水利水电, (7): 26-28.

朱伟, 边博, 李磊. 2008. 镇江城市径流颗粒粒径分布及其与污染物的关系[J]. 环境科学学报, (4): 764-771.

朱炜. 2013. 雨水调蓄+人工湿地工艺在初期雨水处理中的应用[J]. 科技视界, (17): 134-135.

珠江水利科学研究院. 2008. 新圳河、西乡河河口及大铲湾港池水动力控导研究报告[R]. 珠江水利委员会, 1-169.

卓慕宁, 王继增, 吴志峰, 等. 2003. 珠海城区暴雨径流污染负荷估算及其评价[J]. 水土保持通报, (5): 35-38.

宗栋良, 方俊峰, 王依林. 2006. 降雨及径流对西丽水库水质的影响[J]. 中国农村水利水电, (2): 38-40.

左良平. 2008. 城市地表径流非点源污染的研究现状与进展[J]. 江西化工, (4): 51-53.

左书华. 2006. 长江河口典型河段水动力、泥沙特征及影响因素分析[D]. 上海: 华东师范大学.

Abu-Zreig M, Attom M, Hamasha N. 2000. Rainfall harvesting using sand ditches in Jordan[J]. Agricultural Water Management, 46(2): 183-192.

Ackers J, Butler D, Leggett D, et al. 2001. Designing Sewers to Control Sediment Problems[M]//Urban Drainage Modeling: 818-823.

Ahyerre M, Chebbo G, Tassin B, et al. 1998. Storm water quality modelling, an ambitious objective?[J]. Water science and technology, 37(1): 205-213.

Akratos C S, Tsihrintzis V A. 2007. Effect of HRT on nitrogen removal in a coupled HRP and unplanted subsurface flow gravel bed constructed wetland[J]. Ecological Engineering, 29(5): 173-191.

Al-Hogaraty E, Hamza W, Koponen J, et al. 2005. Chapter 8 A three-dimensional simulation of pollutants transport in the Abu-Qir Bay, East Alexandria, Egypt[A]. In: M. A. A. W. E. (eds). Developments in Earth and Environmental Sciences[M]. Elsevier. 107-121.

Alias N, Liu A, Egodawatta P, et al. 2014. Sectional analysis of the pollutant wash-off process based on runoff hydrograph[J]. Journal of Environment Management, (134): 63-69.

Alley W M, Smith P E. 1981. Estimation and accumulation parameters for urban runoff quality modeling. [J]. Water Resources Research, 17(6): 1657-1664.

ɑ́lvarez-Ayuso E, Garc A-Sɑ́nchez A, Querol X. 2003. Purification of metal electroplating waste waters using zeolites[J]. Water Research, 37(20): 4855-4862.

Amaguchi H, Kawamura A, Olsson J, et al. 2012. Development and testing of a distributed urban storm runoff event model with a vector-based catchment delineation[J]. Journal of Hydrology, (420-421): 205-215.

Arega F. 2013. Hydrodynamic modeling and characterizing of Lagrangian flows in the West Scott Creek wetlands system, South Carolina[J]. Journal of Hydro-environment Research, 7(1): 50-60.

Arias C A, Del Bubba M, Brix H. 2001. Phosphorus removal by sands for use as media in subsurface flow constructed reed beds[J]. Water Research, 35(5): 1159-1168.

Arma I, Avram E. 2009. Perception of flood risk in Danube Delta, Romania[J]. Natural Hazards, 50(2): 269-287.

Armson D, Stringer P, Ennos A R. 2013. The effect of street trees and amenity grass on urban surface water runoff in Manchester, UK[J]. Urban Forestry & Urban Greening, (12): 282-286.

Ashley R M, Wotherspoon D J J, Goodison M J, et al. 1992. The deposition and erosion of sediments in sewers[J]. Water Science and Technology, 26(5-6): 1283-1293.

Ashley R, Crabtree B, Fraser A, et al. 2003. European Research into sewer sediments and associated pollutants and processes[J]. Journal of hydraulic engineering (New York, N. Y.), 129(4): 267-275.

Askew G L, Hines M W, Reed S C. 1994. Constructed wetland and recirculating gravel filter system: Full-scale demonstration and testing[J]. On-Site Wastewater Treatment. Proceedings of the Seventh International Symosium on Individual and Small Community Sewage Systems. E. Collins, Ed., American Society of Agricultural Engineers. St. Joseph, MI, 7: 85-94.

Askew G L. 1993. Wastewater treatment using a constructed wetland and recirculating gravel filter system[D]. Knoxville : University of Tennessee.

Auer M T, Niehaus S L. 1993. Modeling fecal coliform bacteria—I. Field and laboratory determination of loss kinetics[J]. Water Research, (27): 693-701.

Autixier L, Mailhot A, Bolduc S, et al. 2014. Evaluating rain gardens as a method to reduce the impact of sewer overflows in sources of drinking water[J]. Science of The Total Environment, (499): 238-247.

Bach P M, McCarthy D T, Deletic A. 2010. Redefining the stormwater first flush phenomenon[J]. Water Research, 44(8): 2487-2498.

Bacopoulos P, Hagen S C, Cox A T, et al. 2012. Observation and simulation of winds and hydrodynamics in St. Johns and Nassau Rivers[J]. Journal of Hydrology, (420-421): 391-402.

Baek H, Ryu J, Oh J, et al. 2015. Optimal design of multi-storage network for combined sewer overflow management using a diversity-guided, cyclic-networking particle swarm optimizer – A case study in the Gunja subcatchment area, Korea[J]. Expert Systems with Applications, 42(20): 6966-6975.

Bail J E, Jenks R, Aubourg D. 1998. An assessment of the availability of pollutant constituents on road surfaces[J]. Science of the total environment, 209(2-3): 243-254.

Banasiak R, Verhoeven R, DE Sutter R, et al. 2005. The erosion behaviour of biologically active sewer sediment deposits : Observations from a laboratory study[J]. Water research (Oxford), 39(20): 5221-5231.

Barbarik K A, Pirela H J. 1994. Agronomic and horticultural uses of zeolites. In: Scientific Series by the International Commitee on Natural Zeolites, Paper no. [R]. Colorado State University, Agricultural Exp. Stn., Fort Collins, CO, 1994. 93-103.

Barbero S, Rabuffetti D, Buffo M, et al. 2001. Development of a physically based flood forecasting system "MIKE FLOOD Watch"[C]. Proceedings of the Fourth DHI Software Conference, Elsinore,.

Barbero S, Rabuffetti D, Wilson G, et al. 2001. Development of a Physically-Based Flood Forecasting System: MIKE Flood Watch in the Piemonte Region[C]. DHI User Conference, Denmark.

Barbosa A E, Fernandes J N, David L M. 2012. Key issues for sustainable urban stormwater management[J]. Water Research, (46):

6787-6798.

Barco J, Papiri S, Stenstrom M K. 2008. First flush in a combined sewer system[J]. Chemosphere, 71 (5): 827-833.

Bardin J P, Barraud S, Chocat B. 2001. Uncertainty in measuring the event pollutant removal performance of online detention tanks with permanent outflow[J]. Urban Water, 3 (1 - 2): 91-106.

Bartlett A J, Rochfort Q, Brown L R, et al. 2012. Causes of toxicity to Hyalella azteca in a stormwater management facility receiving highway runoff and snowmelt. Part I: polycyclic aromatic hydrocarbons and metals[J]. Science of the Total Environment, (414): 227-237.

Bartlett A J, Rochfort Q, Brown L R, et al. 2012. Causes of toxicity to Hyalella azteca in a stormwater management facility receiving highway runoff and snowmelt. Part II: salts, nutrients, and water quality[J]. Science of the Total Environment, (414): 238-247.

Beauchard O, Jacobs S, Cox T J S, et al. 2011. A new technique for tidal habitat restoration: Evaluation of its hydrological potentials[J]. Ecological Engineering, 37 (11): 1849-1858.

Becouze-Lareure C, Thiebaud L, Bazin C, et al. 2016. Dynamics of toxicity within different compartments of a peri-urban river subject to combined sewer overflow discharges[J]. Science of The Total Environment, (539): 503-514.

Beecham S, Razzaghmanesh M. 2015. Water quality and quantity investigation of green roofs in a dry climate[J]. Water Research, (70): 370-384.

Begum S, Stive M J F. 2007. Hall J. W. Flood Risk Management in Europe[M]. Berlin: Springer Netherlands.

Berger G W, Luternauer J L, Clague J J. 1990. Zeroing tests and application of thermoluminescence dating to Fraser River delta sediments[J]. Canadian Journal of Earth Sciences, 27 (12): 1737-1745.

Berger U, Rivera-Monroy V H, Doyle T W, et al. 2008. Advances and limitations of individual-based models to analyze and predict dynamics of mangrove forests: A review[J]. Aquatic Botany, 89 (2): 260-274.

Berland A, Hopton M E. 2014. Comparing street tree assemblages and associated stormwater benefits among communities in metropolitan Cincinnati, Ohio, USA[J]. Urban Forestry & Urban Greening, 13 (4): 734-741.

Berndtsson J C. 2010. Green roof performance towards management of runoff water quantity and quality: A review[J]. Ecological Engineering, 36 (4): 351-360.

Berretta C, Sansalone J. 2012. Fate of phosphorus fractions in an adsorptive-filter subject to intra- and inter-event runoff phenomena[J]. Journal of Environmental Management, (103): 83-94.

Bertrand-Krajewski J L, Bardin J P, Gibello C. 2006. Long term monitoring of sewer sediment accumulation and flushing experiments in a man-entry sewer[J]. Water science and technology, 54 (6-7): 109-117.

Bertrand-Krajewski J, Chebbo G, Saget A. 1998. Distribution of pollutant mass vs volume in stormwater discharges and the first flush phenomenon[J]. Water Research, 32 (8): 2341-2356.

Bhallamudi S M, Chaudhry M H. 1991. Numerical modeling of aggradation and degradation in alluvial channels[J]. Journal of hydraulic engineering (New York, N. Y.), 117 (9): 1145-1164.

Bhattacharya B D, Nayak D C, Sarkar S K, et al. 2015. Distribution of dissolved trace metals in coastal regions of Indian Sundarban mangrove wetland: a multivariate approach[J]. Journal of Cleaner Production, (96): 233-243.

Bilgili A, Proehl J A, Swift M R. 2016. Dredging for dilution: A simulation based case study in a Tidal River[J]. Journal of Environmental Management, (167): 85-98.

Birch H, Mayer P, Lutzhoft H C, et al. 2012. Partitioning of fluoranthene between free and bound forms in stormwater runoff and other urban discharges using passive dosing[J]. Water Research, (46): 6002-6012.

Boers P C. 1993. Nutrient emision from agriculture in the netherlands: causes and remedies[J]. Wat. Sci. Tech., 33 (1) : 183-190.

Bollmann U E, Vollertsen J, Carmeliet J, et al. 2014. Dynamics of biocide emissions from buildings in a suburban stormwater catchment - concentrations, mass loads and emission processes[J]. Water Research, (56) : 66-76.

Borchardt D, Statzner B. 1990. Ecological impact of urban stormwater runoff studied in experimental flumes: Population loss by drift and availability of refugial space[J]. Aquatic Sciences, 52 (4) : 299-314.

Borne K E, Fassman E A, Tanner C C. 2013. Floating treatment wetland retrofit to improve stormwater pond performance for suspended solids, copper and zinc[J]. Ecological Engineering, (54) : 173-182.

Borovsky I, Scholz K. Simulation of pollutant loads in sewer systems with respect to sedimentation[C]. Proc., 7th Int. Conf. Urban Storm Drainage. Hannover, Germany.

Bourret A, Devenon J L, Chevalier C. 2008. Tidal influence on the hydrodynamics of the French Guiana continental shelf[J]. Continental Shelf Research, 28 (7) : 951-961.

Brandstetter A, Fan C. 1976. Assessment of mathematical models for storm and combined sewer management[M]. EPA-600/2-76-175a, Municipal Environmental Research Laboratory, Office of Research and Development, US Environmental Protection Agency.

Bressy A, Gromaire M C, Lorgeoux C, et al. 2012. Towards the determination of an optimal scale for stormwater quality management: Micropollutants in a small residential catchment[J]. Water Research, (46) : 6799-6810.

Bressy A, Gromaire M C, Lorgeoux C, et al. 2014. Efficiency of source control systems for reducing runoff pollutant loads: feedback on experimental catchments within Paris conurbation[J]. Water Research, (57) : 234-246.

Brezonik P L, Stadelmann T H. 2002. Analysis and predictive models of stormwater runoff volumes, loads, and pollutant concentrations from watersheds in the Twin Cities metropolitan area, Minnesota, USA[J]. Water Research, 36 (7) : 1743-1757.

Brodie I M, Dunn P K. 2010. Commonality of rainfall variables influencing suspended solids concentrations in storm runoff from three different urban impervious surfaces[J]. Journal of Hydrology, (387) : 202-211.

Brown R R, Farrelly M A, Loorbach D A. 2013. Actors working the institutions in sustainability transitions: The case of Melbourne' s stormwater management[J]. Global Environmental Change, (23) : 701-718.

Brunskill G J, Orpin A R, Zagorskis I, et al. 2001. Geochemistry and particle size of surface sediments of Exmouth Gulf, Northwest Shelf, Australia[J]. Continental Shelf Research, 21 (2) : 157-201.

Bulskaya I, Volchek A. 2014. Inorganic constituents in surface runoff from urbanised areas in winter: the case study of the city of Brest, Belarus[J]. Oceanologia, (56) : 373-383.

Burger G, Sitzenfrei R, Kleidorfer M, et al. 2014. Parallel flow routing in SWMM 5[J]. Environmental Modelling & Software, (53) : 27-34.

Butler D, Memon F A. 1999. Dynamic modelling of roadside gully pots during wet weather[J]. Water Research, 33 (15) : 3364-3372.

Calabrò P S. 2001. Cosmoss: conceptual simplified model for sewer system simulation: A new model for urban runoff quality[J]. Urban Water, 3 (1-2) : 33-42.

Calabrò P S. 2006. Viviani G., Simulation of the operation of detention tanks[J]. Water Research, 40 (1) : 83-90.

Camarasa-Belmonte A M, Butrón D. 2015. Estimation of flood risk thresholds in Mediterranean areas using rainfall indicators: case study of Valencian Region (Spain) [J]. Natural Hazards, 78 (2) : 1243-1266.

Carol E S, Dragani W C, Kruse E E, et al. 2012. Surface water and groundwater characteristics in the wetlands of the Ajó River (Argentina) [J]. Continental Shelf Research, (49) : 25-33.

Carter T, Jackson C R. 2007. Vegetated roofs for stormwater management at multiple spatial scales[J]. Landscape and Urban Planning, 80(1-2): 84-94.

Chandler R D. 1994. Estimating annual urban nonpoint pollutant loads[J]. Journal of Management Engineering, 6(10): 50-59.

Charbeneau R J, Barrett M E. 1998. Evaluation of methods for estimating stormwater pollutant loads[J]. Water environment research, 70(7): 1295-1302.

Chaudhary D S, Vigneswaran S, Ngo H, et al. 2003. Biofilter in water and wastewater treatment[J]. Korean Journal of Chemical Engineering, 20(6): 1054-1065.

Che W, Zhao Y, Yang Z, et al. 2014. Integral stormwater management master plan and design in an ecological community[J]. Journal of Environmental Sciences, (26): 1818-1823.

Chebbo G, Gromaire M C. 2004. The experimental urban catchment "Le Marais" in Paris: What lessons can be learned from in? [J]. Journal Of Hydrology, 3/4(299): 312-323.

Chen F, Gao J, Zhou Q. 2012. Toxicity assessment of simulated urban runoff containing polycyclic musks and cadmium in Carassius auratus using oxidative stress biomarkers[J]. Environmental Pollution, (162): 91-97.

Chen S, Steel R J, Olariu C. 2015. Palaeo-Orinoco (Pliocene) channels on the tide-dominated Morne L' Enfer delta lobes and estuaries, SW Trinidad[A]. In: Philip J. Ashworth J. L. B. A. (eds). Developments in Sedimentology[M]. Elsevier, : 227-281.

Chen X. 1999. Modeling hydrodynamics and salt transport in the Alafia River estuary, Florida during May - December 2001[J]. Estuarine, Coastal and Shelf Science, 2004, 61(3): 477-490.

Cheng J, Lu Y P, Huang X F, et al. 2009. Environmental effects of combined sewage detention tank in central Shanghai[J]. Huan Jing Ke Xue, 30(8): 2234-2240.

Cheong C P. 1991. Quality of stormwater runoff from an urbanised watershed[J]. Environmental Monitoring and Assessment, 19(1-3): 449-456.

Chhetri R K, Flagstad R, Munch E S, et al. 2015. Full scale evaluation of combined sewer overflows disinfection using performic acid in a sea-outfall pipe[J]. Chemical Engineering Journal, (270): 133-139.

Chittim G. 2015. Study finds dirt cleans runoff[R]. KING 5.

Chow V T. 1964. Handbook of Applied Hydrology: A Compendium of Water Resources Technology[M]. New York: McGraw-Hill.

Chu M L, Knouft J H, Ghulam A, et al. 2013. Impacts of urbanization on river flow frequency: A controlled experimental modeling-based evaluation approach[J]. Journal of Hydrology, (495): 1-12.

Chui T F M, Liu X, Zhan W. 2016. Assessing cost-effectiveness of specific LID practice designs in response to large storm events[J]. Journal of Hydrology, (533): 353-364.

Cigana J F, Couture M. 2005. Experimental abatement data of underflow baffles for removal of floatables in the CSOs of the Greater Montreal (Canada) area[J]. Water Sci Technol, 51(2): 65-70.

Cigana J, Couture M, Meunier C, et al. 1999. Determination of the vertical velocity distribution of floatables in CSOs[J]. Water Science and Technology, 39(2): 69-73.

Cigana J, Lefebvre G, Marche C, et al. 1998. Design criteria of underflow baffles for control of floatables[J]. Water Science and Technology, 38(10): 57-63.

Cigana J, Lefebvre G, Marche C. 2001. Critical velocity of floatables in combined sewer overflow (CSO) chambers[J]. Water Sci Technol, 44(2-3): 287-293.

Clark M W. 1998. Management implications of metal transfer pathways from a refuse tip to mangrove sediments[J]. Science of The

Total Environment, 222(1-2): 17-34.

Colford J J, Schiff K C, Griffith J F, et al. 2012. Using rapid indicators for Enterococcus to assess the risk of illness after exposure to urban runoff contaminated marine water[J]. Water Research, (46): 2176-2186.

Collins K A, Lawrence T J, Stander E K, et al. 2010. Opportunities and challenges for managing nitrogen in urban stormwater: A review and synthesis[J]. Ecological Engineering, 36(11): 1507-1519.

Colton M D, Kwok K W, Brandon J A, et al. 2014. Developmental toxicity and DNA damage from exposure to parking lot runoff retention pond samples in the Japanese medaka (Oryzias latipes)[J]. Marine Environmental Research, (99): 117-124.

Crabtree B, Earp W, Whalley P. 1996. A demonstration of the benefits of integrated wastewater planning for controlling transient pollution[J]. Water Science and Technology, 33(2): 209-218.

Creaco E, Bertrand-Krajewski J L. 2007. Modelling the flushing of sediments in a combined sewer[C]. Proceedings of Novatech , Sustainable Techniques and Strategies in Urban Water Management. SESSION 6. 3, 5th International Conference, Lyon, France, 1260-1230.

Culver S J, Leorri E, Mallinson D J, et al. 2015. Recent coastal evolution and sea-level rise, Setiu Wetland, Peninsular Malaysia[J]. Palaeogeography, Palaeoclimatology, Palaeoecology, (417): 406-421.

Cunha C D L D, Rosman P C C, Ferreira A P, et al. 2006. Hydrodynamics and water quality models applied to Sepetiba Bay[J]. Continental Shelf Research, 26(16): 1940-1953.

Curtis L N. 1950. Treasures in troubled waters-the plight of the oyster[J]. The Scientific Monthly, ,70(2): 105-110.

Dages C, Voltz M, Bsaibes A, et al. 2009. Estimating the role of a ditch network in groundwater recharge in a Mediterranean catchment using a water balance approach[J]. Journal of Hydrology, 375(3-4): 498-512.

Daly E, Bach P M, Deletic A. 2014. Stormwater pollutant runoff: A stochastic approach[J]. Advances in Water Resources, (74): 148-155.

Damodaram C, Giacomoni M H, Prakash K C. 2010. Simulation of combined best management practices and Low Impact Development for sustainable stormwater management[J]. J Am Water Resour As, 46(5): 907-918.

Davies T H, Hart B T. 1990. Reed bed treatment of wastewaters in a pilot-scale facility[A]. In: Cooper P., Findlater B. (eds). Constructed Wetlands in Water Pollution Control[M]. Oxford: Pergamon Press.

Davis A P. 2005. Green engineering principles promote low-impact development[J]. Environmental science \& technology, 39(16): 338A-344A.

Davis B, Birch G. 2010. Comparison of heavy metal loads in stormwater runoff from major and minor urban roads using pollutant yield rating curves[J]. Environmental Pollution, (158): 2541-2545.

Debo T N, Reese A. 2002. Municipal stormwater management[M]. Boca Raton: CRC Press.

Defew L H, Mair J M, Guzman H M. 2005. An assessment of metal contamination in mangrove sediments and leaves from Punta Mala Bay, Pacific Panama[J]. Marine Pollution Bulletin, 50(5): 547-552.

Del Bubba M, Arias C A, Brix H. 2003. Phosphorus adsorption maximum of sands for use as media in subsurface flow constructed reed beds as measured by the Langmuir isotherm[J]. Water Research, 37(14): 3390-3400.

Deletic A B, Maksimovic C T. 1998. Evaluation of water quality factors in storm runoff from paved areas[J]. Journal of environmental engineering, 124(9): 869-879.

Deletic A. 1998. The first flush load of urban surface runoff[J]. Water research, 32(8): 2462-2470.

Dennis L C, Peter J V K. 1997. Modeling nonpoint source pollution in vadose zone with GIS[J]. Environmental Science and technology, (8): 2157-2175.

Devas N. 1993. Relocation and resettlement manual: Guide to managing and planning relocation: FORBES DAVIDSON, MIRJAM ZAAIJER, MONIQUE PELTENBURG and MIKE RODELL, Rotterdam Institute for Housing and Urban Development Studies, 68 pp. + viii, n. p. [J]. Habitat International, 1995, 19(1): 142-143.

Dhi. 2003. MIKE FLOOD 1D-2D modeling: user manual[Z]. Danish Hydraulics Institute Horsholm, Denmark.

Diaz-Fierros T F, Puerta J, Suarez J, et al. 2002. Contaminant loads of CSOs at the wastewater treatment plant of a city in NW Spain[J]. Urban Water, 4(3): 291-299.

Dietz M E, Clausen J C. 2008. Stormwater runoff and export changes with development in a traditional and low impact subdivision[J]. Journal of Environmental Management, (87): 560-566.

Dietz M E. 2007. Low impact development practices: A review of current research and recommendations for future directions[J]. Water, air, and soil pollution, 186(1-4): 351-363.

Dietz M, Clausen J. 2005. A field evaluation of rain garden flow and pollutant treatment[J]. Water, Air, and Soil Pollution, (167): 123-138.

Digiovanni K A, Montalto F A, Gaffin S. 2009. Low Impact Development (LID) Technologies for Sustainable Water Management: Studies from a Green Roof[C]//AGU Fall Meeting Abstracts.

Dikshit A K, Loucks D P. 1996. Estimation nonpoint pollutant loadings, a geographical information based nonpoint source simulation model[J]. J. Environ. Sys., 24(4): 395-408.

Dizhbite T, Zakis G, Kizima A, et al. 1999. Lignin — a useful bioresource for the production of sorption-active materials[J]. Bioresource Technology, 67(3): 221-228.

Dominguez C, Sarkar S K, Bhattacharya A, et al. 2010. Quantification and source identification of polycyclic aromatic hydrocarbons in core sediments from Sundarban mangrove wetland, India[J]. Arch Environ Contam Toxicol, 59(1): 49-61.

Dotto C B S, Kleidorfer M, Deletic A, et al. 2011. Performance and sensitivity analysis of stormwater models using a Bayesian approach and long-term high resolution data[J]. Environmental Modelling & Software, (26): 1225-1239.

Dotto C B S, Kleidorfer M, Deletic A, et al. 2014. Impacts of measured data uncertainty on urban stormwater models[J]. Journal of Hydrology, (508): 28-42.

Dotto C B, Mannina G, Kleidorfer M, et al. 2012. Comparison of different uncertainty techniques in urban stormwater quantity and quality modelling[J]. Water Research, (46): 2545-2558.

Dou M, Zuo Q, Zhang J, et al. 2013. Influence of changes in hydrodynamic conditions on cadmium transport in tidal river network of the Pearl River Delta, China[J]. Environmental Monitoring and Assessment, 185(9): 7501-7516.

Draenert M E, Kunzelmann K H, Forriol F, et al. 2013. Primary cancellous bone formation with BMP and micro-chambered beads: Experimental study on sheep[J]. Bone, 52(1): 465-473.

Drake J, Bradford A, Van Seters T. 2014. Stormwater quality of spring - summer-fall effluent from three partial-infiltration permeable pavement systems and conventional asphalt pavement[J]. Journal of Environmental Management, (139): 69-79.

Driver N E, Tasker G D. 1990. Techniques for estimation of storm-runoff loads, volumes, and selected constituent concentrations in urban watersheds in the United States[M]. US Government Printing Office.

Drizo A, Frost C A, Grace J, et al. 1999. Physico-chemical screening of phosphate-removing substrates for use in constructed wetland systems[J]. Water Research, 33(17): 3595-3602.

Du J, Qian L, Rui H, et al. 2012. Assessing the effects of urbanization on annual runoff and flood events using an integrated hydrological modeling system for Qinhuai River basin, China[J]. Journal of Hydrology, (464-465): 127-139.

Dufresne M, Vazquez J, Terfous A, et al. 2009. Experimental investigation and CFD modelling of flow, sedimentation, and solids separation in a combined sewer detention tank[J]. Computers & Fluids, 38(5): 1042-1049.

Dyer K R, Christie M C, Wright E W. 2000. The classification of intertidal mudflats[J]. Continental Shelf Research, 20(10-11): 1039-1060.

Dziopak J, Niemczynowicz J. 1999. Vacuum-driven CSO detention tanks[J]. Urban Water, 1(1): 105-107.

Eckhoff D W, Friedland A O, Ludwig H F. 1969. Characterization and control of combined sewer overflows, San Francisco[J]. Water Research, 3(7): 531-543.

Eganhouse R P, Sherblom P M. 2001. Anthropogenic organic contaminants in the effluent of a combined sewer overflow: impact on Boston Harbor[J]. Marine Environmental Research, 51(1): 51-74.

Elliott A H, Trowsdale S A. 2007. A review of models for low impact urban stormwater drainage[J]. Environmental Modelling & Software, (22): 394-405.

Ellis J B, Revitt D M, Lundy L. 2012. An impact assessment methodology for urban surface runoff quality following best practice treatment[J]. Science of the Total Environment, (416): 172-179.

Ellis J B. 1979. A Mass Balance Method for Estimating Combined Sewer Runoff and Overflow Quality from Sewer Treatment Plant Data by J. A. Mueller and A. R. Anderson, pp. 727-739[A]. In: Jenkins S. H. (eds). Ninth International Conference on Water Pollution Research[M]. Pergamon. 1091-1092.

Emerson C, Welty C, Traver R. 2005. Watershed-Scale Evaluation of a System of Storm Water Detention Basins[J]. Journal of Hydrologic Engineering, 10(3): 237-242.

Essien J P, Eduok S I, Olajire A A. 2011. Distribution and ecotoxicological significance of polycyclic aromatic hydrocarbons in sediments from Iko River estuary mangrove ecosystem[J]. Environ Monit Assess, 176(1-4): 99-107.

Fagherazzi S, FitzGerald D M, Fulweiler R W, et al. 2013. 12.13 Ecogeomorphology of Tidal Flats[A]. In: Shroder J. F. (eds). Treatise on Geomorphology[M]. San Diego: Academic Press. 201-220.

Fan J, Zeng J. 2013. A Levenberg－Marquardt algorithm with correction for singular system of nonlinear equations[J]. Applied Mathematics and Computation, 219(17): 9438-9446.

Fassman-Beck E, Voyde E, Simcock R, et al. 2013. 4 Living roofs in 3 locations: Does configuration affect runoff mitigation?[J]. Journal of Hydrology, (490): 11-20.

Field R, Struck S D, Tafuri A N, et al. 2006. BMP technology in urban watersheds: Current and future directions[M]. ASCE, Reston, VA.

Fischer D. 1999. Stormwater impacts on ground water quality via detention basins[R]. Edison, UJ. Morrow, W S: US Environmental Protection Agency, Urban Watershed Management Branch.

Fletcher T D, Andrieu H, Hamel P. 2013. Understanding, management and modelling of urban hydrology and its consequences for receiving waters: A state of the art[J]. Advances in Water Resources, (51): 261-279.

Forbes M G, Dickson K R, Golden T D, et al. 2004. Dissolved phosphorus retention of light-weight expanded shale and masonry sand used in subsurface flow treatment wetlands[J]. Environmental science \& technology, 38(3): 892-898.

Fournel J, Millot Y, Grasmick A, et al. Treatment performances of vertical flow constructed wetland treating urban runoff: Design comparison[C]. Proceedings of 13th International Conference on Wetland Systems for Water Pollution Control. Perth, Australia.

Friedrichs C T. 2011. Tidal flat morphodynamics: a synthesis[A]. In: Hansom J. D., Fleming B. W. (eds). Treatise on Estuarine and

Coastal Science,Estuarine and Coastal Geology and Geomorphology,Vol(3)[C]. 34.

Fu D F, Singh R P, Juan H, et al. 2014. Highway runoff treatment by lab-scale horizontal sub-surface flow constructed wetlands[J]. Ecological Engineering, (64): 193-201.

Fuerhacker M, Haile T M, Monai B, et al. 2011. Performance of a filtration system equipped with filter media for parking lot runoff treatment[J]. Desalination, (275): 118-125.

Fulazzaky M A, Khamidun M H, Yusof B. 2013. Sediment traps from synthetic construction site stormwater runoff by grassed filter strip[J]. Journal of Hydrology, (502): 53-61.

Gagan M K, Sandstrom M W, Chivas A R. 1987. Restricted terrestrial carbon input to the continental shelf during Cyclone Winifred: implications for terrestrial runoff to the Great Barrier Reef Province[J]. Coral Reefs, 6(2): 113-119.

Gale P M, Reddy K R, Graetz D A. 1994. Phosphorus Retention by Wetland Soils used for Treated Wastewater Disposal[J]., 23(2): 370-377.

Gallo E L, Brooks P D, Lohse K A, et al. 2013. Land cover controls on summer discharge and runoff solution chemistry of semi-arid urban catchments[J]. Journal of Hydrology, (485): 37-53.

Galtsoff P S. 1964. The American oyster Crassotrea virginica (Gmelin)[J]. Fish Bull, (64): 1-480.

Galván C, Juanes J A, Puente A. 2010. Ecological classification of European transitional waters in the North-East Atlantic eco-region[J]. Estuarine, Coastal and Shelf Science, 87(3): 442-450.

Gasperi J, Zgheib S, Cladiere M, et al. 2012. Priority pollutants in urban stormwater: part 2 - case of combined sewers[J]. Water Research, (46): 6693-6703.

Ge Ek S A, Legovi T. 2010. Towards carrying capacity assessment for aquaculture in the Bolinao Bay, Philippines: A numerical study of tidal circulation[J]. Ecological Modelling, 221(10): 1394-1412.

Geiger W F. 2015. 海绵城市和低影响开发技术—愿景与传统[J]. 景观设计学, (2): 10-21.

Gikas G D, Tsihrintzis V A. 2012. Assessment of water quality of first-flush roof runoff and harvested rainwater[J]. Journal of Hydrology, (466-467): 115-126.

Gill L W, Ring P, Higgins N M, et al. 2014. Accumulation of heavy metals in a constructed wetland treating road runoff[J]. Ecological Engineering, (70): 133-139.

Gilliland M W, Baxter-Potter W A. 1987. GeograpHic Information System to Predict Non-point Source Pollution Potential[J]. Water Resour. Bull., (23): 281.

Gillis P L. 2012. Cumulative impacts of urban runoff and municipal wastewater effluents on wild freshwater mussels (Lasmigona costata)[J]. Science of the Total Environment, (431): 348-356.

Gilroy K L, McCuen R H. 2009. Spatio-temporal effects of low impact development practices[J]. Journal of Hydrology, 367(3-4): 228-236.

Gires A, Onof C, Maksimovic C, et al. 2012. Quantifying the impact of small scale unmeasured rainfall variability on urban runoff through multifractal downscaling: A case study[J]. Journal of Hydrology, (442-443): 117-128.

Giri C, Ochieng E, Tieszen L L, et al. 2011. Status and distribution of mangrove forests of the world using earth observation satellite data[J]. Glob Ecol Biogeogr, (20): 154-159.

Gleizon P, Punt A G, Lyons M G. 2003. Modelling hydrodynamics and sediment flux within a macrotidal estuary: problems and solutions[J]. Science of The Total Environment, (314-316): 589-597.

Golbuu Y, Victor S, Wolanski E, et al. 2003. Trapping of fine sediment in a semi-enclosed bay, Palau, Micronesia[J]. Estuarine,

Coastal and Shelf Science, 57(5-6): 941-949.

Goldberg D L, Loughner C P, Tzortziou M, et al. 2014. Higher surface ozone concentrations over the Chesapeake Bay than over the adjacent land: Observations and models from the DISCOVER-AQ and CBODAQ campaigns[J]. Atmospheric Environment, (84): 9-19.

Gomez-Martinez O, Zambrano-Arjona M, Alvarado-Gil J J. 2001. Imaging of subsurface defects in bivalve shells by photothermal techniques[J]. MRS Online Proceedings Library Archive, 711.

Gourbesville P, Cunge J A, Caignaert G, et al. 2016. Gourbesville P. Deterministic Hydrological Model for Flood Risk Assessment of Mexico City[A]. In: Gourbesville P., Cunge J. A., Caignaert G. (eds). Springer Singapore, : 59-73.

Gourgue O, Baeyens W, Chen M S,et al. 2013. A depth-averaged two-dimensional sediment transport model for environmental studies in the Scheldt Estuary and tidal river network[J]. Journal of Marine Systems, (128): 27-39.

Green M B, Martin J R, Griffin P. 1999. Treatment of combined sewer overflows at small wastewater treatment works by constructed reed beds[J]. Water Science and Technology, 40(3): 357-364.

Gregoire B G, Clausen J C. 2011. Effect of a modular extensive green roof on stormwater runoff and water quality[J]. Ecological Engineering, 37(6): 963-969.

Gromaire M C, Garnaud S, Saad M, et al. 2001. Contribution of different sources to the pollution of wet weather flows in combined sewers[J]. Water research (Oxford), 35(2): 521-533.

Gromaire-Mertz M C, Garnaud S, Gonzalez A, et al. 1999. Characterisation of urban runoff pollution in Paris[J]. Water Science and Technology, (39): 1-8.

Grover S P, Cohan A, Chan H S, et al. 2013. Occasional large emissions of nitrous oxide and methane observed in stormwater biofiltration systems[J]. Science of the Total Environment, (465): 64-71.

Grüneberg B, Kern J. 2001. Phosphorus retention capacity of iron-ore and blast furnace slag in subsurface flow constructed wetland[J]. Water Science and Technology, 11-12(44): 69-75.

Guhr H, Prange A, Ochά P P, et al. 1994. MIKE 11 als Instrument zur Steuerung der Gew? ssergüte der Elbe[A]. In: Dr. Guhr H., Dr. Prange A., Dr. Ochά P. P., et al(eds). Vieweg+Teubner Verlag. 397-398.

Gunawardena J, Egodawatta P, Ayoko G A, et al. 2013. Atmospheric deposition as a source of heavy metals in urban stormwater[J]. Atmospheric Environment, (68): 235-242.

Gunawardena J, Ziyath A M, Egodawatta P, et al. 2015. Sources and transport pathways of common heavy metals to urban road surfaces[J]. Ecological Engineering, (77): 98-102.

Güneralp B, Güneralp N, Liu Y. 2015. Changing global patterns of urban exposure to flood and drought hazards[J]. Global Environmental Change, (31): 217-225.

Gustafsson L G, Winberg S, Refsgaard A. 1997. Towards a distributed physically based model description of the urban aquatic environment[J]. Water Science and Technology, 36(8-9): 89-93.

Hafuka A, Yoshikawa H, Yamada K, et al. 2014. Application of fluorescence spectroscopy using a novel fluoroionophore for quantification of zinc in urban runoff[J]. Water Research, (54): 12-20.

Hagan M T. 2002. 神经网络设计[M]. 北京: 机械工业出版社.

Haith D A. 1976. Land Use and Water Quality in New York River[J]. J. Environ. Eng. Div. ASCE, 102(1): 1-15.

Hamidi S A, Bravo H R, Val Klump J, et al. 2015. The role of circulation and heat fluxes in the formation of stratification leading to hypoxia in Green Bay, Lake Michigan[J]. Journal of Great Lakes Research, 41(4): 1024-1036.

Han Y H, Lau S L, Kayhanian M, et al. 2006. Correlation analysis among highway stormwater pollutants and characteristics[J]. Water Sci. Technol., 53(2): 235-243.

Harper G E, Limmer M A, Showalter W E, et al. 2015. Nine-month evaluation of runoff quality and quantity from an experiential green roof in Missouri, USA[J]. Ecological Engineering, (78): 127-133.

Harper T W, Brye K R, Daniel T C, et al. 2008. Land use effects on runoff and water quality on an eastern Arkansas soil under simulated rainfall[J]. Journal of Sustainable Agriculture, 32(2): 231-253.

Haselbach L, Poor C, Tilson J. 2014. Dissolved zinc and copper retention from stormwater runoff in ordinary portland cement pervious concrete[J]. Construction and Building Materials, (53): 652-657.

Hegazy A K. 1998. Perspectives on survival, phenology, litter fall and decomposition, and caloric content of Avicennia marinain the Arabian Gulf region[J]. Journal of Arid Environments, 40(4): 417-429.

Helmreich B, Hilliges R, Schriewer A, et al. 2010. Runoff pollutants of a highly trafficked urban road--correlation analysis and seasonal influences[J]. Chemosphere, (80): 991-997.

Henmi Y, Kobayashi S, Yamaguchi J, et al. 2014. Recruitment and movement of the hard clam Meretrix lusoria in a tidal river of northern Kyushu, Japan[J]. Fisheries Science, 80(4): 705-714.

Hénonin J. 2007. Flooded building counting process using MIKE FLOOD simulation results and ArcGIS 9[J]. DHI Eau Environnement Santé, Nantes.

Hettler E N, Gulliver J S, Kayhanian M. 2011. An elutriation device to measure particle settling velocity in urban runoff[J]. Science of the Total Environment, (409): 5444-5453.

Higashi H, Koshikawa H, Murakami S, et al. 2012. Effects of land-based pollution control on coastal hypoxia: a numerical case study of integrated coastal area and river basin management in Ise Bay, Japan[J]. Procedia Environmental Sciences, (13): 232-241.

Hilliges R, Schriewer A, Helmreich B. 2013. A three-stage treatment system for highly polluted urban road runoff[J]. Journal of Environment Management, (128): 306-312.

Hilten R N, Lawrence T M, Tollner E W. 2008. Modeling stormwater runoff from green roofs with HYDRUS-1D[J]. Journal of Hydrology, 358(3-4): 288-293.

Holz K P, Meissner U, Zielke W, et al. 1982. Tidal River Flow Calculations with Measured Velocities on the Open Boundaries[A]. In: Holz K. P., Meissner U., Zielke W., et al (eds). Springer Berlin Heidelberg. 431-439.

Hong Y, Yeh N, Chen J. 2006. The simplified methods of evaluating detention storage volume for small catchment[J]. Ecological Engineering, 26(4): 355-364.

Howitt J A, Mondon J, Mitchell B D, et al. 2014. Urban stormwater inputs to an adapted coastal wetland: role in water treatment and impacts on wetland biota[J]. Science of the Total Environment, (485-486): 534-544.

Hraniciuc T A, Craciun I, Giurma I. 2012. Flood Mapping with MIKE Flood Model for a Flood event reconstitution[J]. Journal of Environmental Protection and Ecology, 13(2): 756-763.

Hsu T. 2009. Experimental assessment of adsorption of Cu2+ and Ni2+ from aqueous solution by oyster shell powder[J]. Journal of Hazardous Materials, 171(1-3): 995-1000.

Hu G P, Balasubramanian R, Wu C D. 2003. Chemical characterization of rainwater at Singapore[J]. Chemosphere, 51(8): 747-755.

Huang J, Tu Z, Du P, et al. 2010. Uncertainties in stormwater runoff data collection from a small urban catchment, Southeast China[J]. Journal of Environmental Sciences, (22): 1703-1709.

Huang M, Gallichand J, Wang Z, et al. 2006. A modification to the Soil Conservation Service curve number method for steep slopes in the Loess Plateau of China[J]. Hydrological processes, 20(3): 579-589.

Hubbard D K. 1975. Morphology and hydrodynamics of the Merrimack river ebb-tidal delta[A]. In: Cronin L. E. (eds). Geology and Engineering[M]. Academic Press. 253-266.

Huber W C, Dickinson R E, Roesner L A, et al. 3061. Storm Management Model Version 4: User' s Manual[M]. Environmental Research Laboratory Office of Research and Development, U. S. Environmental Protection Agency Athens, Georgia 3, 1992.

Huckelbridge K H, Stacey M T, Glenn E P, et al. 2010. An integrated model for evaluating hydrology, hydrodynamics, salinity and vegetation cover in a coastal desert wetland[J]. Ecological Engineering, 36(7): 850-861.

Imfeld G, Lefrancq M, Maillard E, et al. 2013. Transport and attenuation of dissolved glyphosate and AMPA in a stormwater wetland[J]. Chemosphere, (90): 1333-1339.

Ivanov V, Stabnikova O, Sihanonth P, et al. 2006. Aggregation of ammonia-oxidizing bacteria in microbial biofilm on oyster shell surface[J]. World Journal of Microbiology and Biotechnology, 22(8): 807-812.

Jayasooriya V M, Ng A W M. 2014. Tools for Modeling of Stormwater Management and Economics of Green Infrastructure Practices: a Review[J]. Water, Air, & Soil Pollution, 225(8): 2055.

Jayatilaka C J, Storm B, Mudgway L B. 1998. Simulation of water flow on irrigation bay scale with MIKE-SHE[J]. Journal of Hydrology, 208(1-2): 108-130.

Jenkins G A, Greenway M, Polson C. 2012. The impact of water reuse on the hydrology and ecology of a constructed stormwater wetland and its catchment[J]. Ecological Engineering, (47): 308-315.

Jia H, Lu Y, Yu S L, et al. 2012. Planning of LID－BMPs for urban runoff control: The case of Beijing Olympic Village[J]. Separation and Purification Technology, (84): 112-119.

Jia H, Ma H, Sun Z, et al. 2014. A closed urban scenic river system using stormwater treated with LID-BMP technology in a revitalized historical district in China[J]. Ecological Engineering, (71): 448-457.

Jia H, Yao H, Tang Y, et al. 2015. LID-BMPs planning for urban runoff control and the case study in China[J]. Journal of Environmental Management, (149): 65-76.

Jiang W, Haver D, Rust M, et al. 2012. Runoff of pyrethroid insecticides from concrete surfaces following simulated and natural rainfalls[J]. Water Research, (46): 645-652.

Johansson L. 1999. Blast furnace slag as phosphorus sorbents-column studies[J]. Science of The Total Environment, 229(1-2): 89-97.

Johengen T H, LaRock P A. 1993. Quantifying nutrient removal processes within a constructed wetland designed to treat urban stormwater runoff[J]. Ecological Engineering, 2(4): 347-366.

Joksimovic D, Alam Z. 2014. Cost Efficiency of Low Impact Development (LID) Stormwater Management Practices[J]. Procedia Engineering, (89): 734-741.

Joshi U M, Balasubramanian R. 2010. Characteristics and environmental mobility of trace elements in urban runoff[J]. Chemosphere, (80): 310-318.

Juang D F, Tsai W P, Liu W K, et al. 2008. Treatment of polluted river water by a gravel contact oxidation system constructed under riverbed[J]. International Journal of Environmental Science & Technology, 5(3): 305-314.

Kadam P, Sen D. 2012. Flood inundation simulation in Ajoy River using MIKE-FLOOD[J]. ISH Journal of Hydraulic Engineering, 18(2): 129-141.

Kadlec R H, Wallace S D. 2009. Treatment Wetlands[M]. 2ed. New York: Taylor & Francis Group, LLC, CRC Press.

Kalantari Z, Lyon S W, Folkeson L, et al. 2014. Quantifying the hydrological impact of simulated changes in land use on peak discharge in a small catchment[J]. Science of The Total Environment, (466-467): 741-754.

Kandra H S, McCarthy D, Fletcher T D, et al. 2014. Assessment of clogging phenomena in granular filter media used for stormwater treatment[J]. Journal of Hydrology, (512): 518-527.

Kang J, Kayhanian M, Stenstrom M K. 2006. Implications of a kinematic wave model for first flush treatment design[J]. Water Research, 40(20): 3820-3830.

Karajic M, Lapanje A V S, Razinger J, et al. 2012. Microbial activity in a pilot-scale, subsurface flow, sand-gravel constructed wetland inoculated with halotolerant microorganisms[J]. African Journal of Biotechnology, 11(84): 15020-15029.

Karim M R, Sekine M, Ukita M. 2002. Simulation of eutrophication and associated occurrence of hypoxic and anoxic condition in a coastal bay in Japan[J]. Marine Pollution Bulletin, 45(1-12): 280-285.

Kathiresan K, Rajendran N. 2005. Coastal mangrove forests mitigated tsunami[J]. Estuarine, Coastal and shelf science, 65(3): 601-606.

Kayhanian M, Fruchtman B D, Gulliver J S, et al. 2012. Review of highway runoff characteristics: comparative analysis and universal implications[J]. Water Research, (46): 6609-6624.

Kazemi F, Hill K. 2015. Effect of permeable pavement basecourse aggregates on stormwater quality for irrigation reuse[J]. Ecological Engineering, (77): 189-195.

Kazemi P, Renka R J. 2012. A Levenberg–Marquardt method based on Sobolev gradients[J]. Nonlinear Analysis: Theory, Methods & Applications, 75(16): 6170-6179.

Ke L, Yu K S H, Wong Y S, et al. 2005. Spatial and vertical distribution of polycyclic aromatic hydrocarbons in mangrove sediments[J]. Science of The Total Environment, 340(1-3): 177-187.

Keller R, Kramer D, Weiss J, et al. 2013. Development of a GPU-Accelerated Mike 21 Solver for Water Wave Dynamics[A]. In: Keller R., Kramer D., Weiss J. (eds). Springer Berlin Heidelberg, 129-130.

Kelly D G, Weir R D, White S D. 2011. An investigation of roof runoff during rain events at the Royal Military College of Canada and potential discharge to Lake Ontario[J]. Journal of Environmental Sciences, (23): 1072-1078.

Ki S J, Kang J H, Lee S W, et al. 2011. Advancing assessment and design of stormwater monitoring programs using a self-organizing map: characterization of trace metal concentration profiles in stormwater runoff[J]. Water Research, (45): 4183-4197.

Kim H, Han M, Lee J Y. 2012. The application of an analytical probabilistic model for estimating the rainfall-runoff reductions achieved using a rainwater harvesting system[J]. Science of the Total Environment, (424): 213-218.

Kim L H, Ko S O, Jeong S, et al. 2007. Characteristics of washed-off pollutants and dynamic EMCs in parking lots and bridges during a storm[J]. Sci Total Environ, 376(1-3): 178-184.

Kim T I, Choi B H, Lee S W. 2006. Hydrodynamics and sedimentation induced by large-scale coastal developments in the Keum River Estuary, Korea[J]. Estuarine, Coastal and Shelf Science, 68(3-4): 515-528.

Klijn F, Mens M J P, Asselman N E M. 2015. Flood risk management for an uncertain future: economic efficiency and system robustness perspectives compared for the Meuse River (Netherlands)[J]. Mitigation and Adaptation Strategies for Global Change, 20(6): 1011-1026.

Kowalski R, Reuber J, Ngeter J. 1999. Investigations into and optimisation of the performance of sewage detention tanks during storm rainfall events[J]. Water Science and Technology, 39(2): 43-52.

Krauss K W, Lovelock C E, McKee K L, et al. 2008. Environmental drivers in mangrove establishment and early development: A review[J]. Aquatic Botany, 89(2): 105-127.

Krein A., Schorer M. 2000. Road runoff pollution by polycyclic aromatic hydrocarbons and its contribution to river sediments[J]. Water research（Oxford）, 34(16): 4110-4115.

Krishna Prasad M B, Ramanathan A L. 2008. Sedimentary nutrient dynamics in a tropical estuarine mangrove ecosystem[J]. Estuarine, Coastal and Shelf Science, 80(1): 60-66.

Krovang B. 1996. Diffuse Nutrient Losses in Denmark[J]. Wat. Sci. Tech., 33(1): 81-88.

Kult J, Choi W, Choi J. 2014. Sensitivity of the Snowmelt Runoff Model to snow covered area and temperature inputs[J]. Applied Geography,（55）: 30-38.

Kundzewicz Z W, Lugeri N, Dankers R, et al. 2010. Assessing river flood risk and adaptation in Europe—review of projections for the future[J]. Mitigation and Adaptation Strategies for Global Change, 15(7): 641-656.

Kurzbaum E, Kirzhner F, Sela S, et al. 2010. Efficiency of phenol biodegradation by planktonic Pseudomonas pseudoalcaligenes（a constructed wetland isolate）vs. root and gravel biofilm[J]. water research, 44(17): 5021-5031.

Löwe R, Thorndahl S, Mikkelsen P S, et al. 2014. Probabilistic online runoff forecasting for urban catchments using inputs from rain gauges as well as statically and dynamically adjusted weather radar[J]. Journal of Hydrology,（512）: 397-407.

Ladislas S, Gérente C, Chazarenc F, et al. 2015. Floating treatment wetlands for heavy metal removal in highway stormwater ponds[J]. Ecological Engineering,（80）: 85-91.

Lainé S, Poujol T, Dufay S, et al. 1998. Treatment of stormwater to bathing water quality by dissolved air flotation, filtration and ultraviolet disinfection[J]. Water Science and Technology,（38）: 99-105.

Lambrakis N, Stournaras G, Katsanou K, et al. 2011. Evaluating three different model setups in the MIKE 11 NAM model[A]. In: Lambrakis N., Stournaras G., Katsanou K.（eds）. Springer Berlin Heidelberg, 241-249.

Lamera C, Becciu G, Rulli M C, et al. 2014. Green Roofs Effects on the Urban Water Cycle Components[J]. Procedia Engineering,（70）: 988-997.

Landrein J. 2011. Introduction to MIKE FLOOD[J]. Hydroeurope,（2011）: 55-67.

Laplace D, Bachoc A, Sanchez Y, et al. 1992. Truck sewer clogging development - description and solutions[J]. Water Science and Technology, 25(8): 91-100.

Le Hir P, Roberts W, Cazaillet O, et al. 2000. Characterization of intertidal flat hydrodynamics[J]. Continental Shelf Research, 20(12-13): 1433-1459.

Le Ngo L, Madsen H, Rosbjerg D, et al. 2008. Implementation and Comparison of Reservoir Operation Strategies for the Hoa Binh Reservoir, Vietnam using the Mike 11 Model[J]. Water Resources Management, 22(4): 457-472.

LeBoutillier D W, Kells J A, Putz G J. 2000. Prediction of pollutant load in stormwater runoff from an urban residential area[J]. Canadian Water Resources Journal, 25(4): 343-359.

Lee J G, Selvakumar A, Alvi K, et al. 2012. A watershed-scale design optimization model for stormwater best management practices[J]. Environmental Modelling & Software,（37）: 6-18.

Lee J H, Bang K W, Ketchum Jr. L H, et al. 2002. First flush analysis of urban storm runoff[J]. Science of The Total Environment, 293(1-3): 163-175.

Lee J Y, Kim H, Kim Y, et al. 2011. Characteristics of the event mean concentration（EMC）from rainfall runoff on an urban highway[J]. Environmental Pollution,（159）: 884-888.

Lee J Y, Lee M J, Han M. 2015. A pilot study to evaluate runoff quantity from green roofs[J]. Journal of Environment Management,（152）: 171-176.

Lee J Y, Moon H J, Kim T I, et al. 2013. Quantitative analysis on the urban flood mitigation effect by the extensive green roof system[J]. Environmental Pollution, (181): 257-261.

Lehner P H. 2001. Stormwater strategies: Community responses to runoff pollution[M]. Natural Resources Defense Council.

Lesage E, Rousseau D, Vanthuyne D, et al. 2005. Assessing Cu and Zn accumulation in the gravel filter medium of a constructed wetland receiving domestic wastewater[C]//ICOBTE 8th International Conference on the Biogeochemistry of Trace Elements.

Lewis III R R. 2000. Ecologically based goal setting in mangrove forest and tidal marsh restoration[J]. Ecological Engineering, 15(3-4): 191-198.

Li T, Zhang W, Huang J. 2014. Development, assessment and implementation of integrated stormwater management plan: a case study in Shanghai[J]. Journal of Southeast University (English Edition), 2(30): 206-211.

Li Y, Helmreich B. 2014. Simultaneous removal of organic and inorganic pollutants from synthetic road runoff using a combination of activated carbon and activated lignite[J]. Separation and Purification Technology, (122): 6-11.

Li Z, Valladares Linares R, Abu-Ghdaib M, et al. 2014. Osmotically driven membrane process for the management of urban runoff in coastal regions[J]. Water Research, (48): 200-209.

Liang S, Jia H, Yang C, et al. 2015. A pollutant load hierarchical allocation method integrated in an environmental capacity management system for Zhushan Bay, Taihu Lake[J]. Science of The Total Environment, (533): 223-237.

Liaw C, Tsai Y, Cheng M. 2000. Low-impact development: an innovative alternative approach to stormwater management[J]. Journal of Marine Science and Technology, 8(1): 41-49.

Lichter M, Felsenstein D. 2012. Assessing the costs of sea-level rise and extreme flooding at the local level: A GIS-based approach[J]. Ocean & Coastal Management, (59): 47-62.

Lim H S, Lim W, Hu J Y, et al. 2015. Comparison of filter media materials for heavy metal removal from urban stormwater runoff using biofiltration systems[J]. Journal of Environmental Management, (147): 24-33.

Lim H S, Lu X X. 2016. Sustainable urban stormwater management in the tropics: An evaluation of Singapore's ABC Waters Program[J]. Journal of Hydrology, (538): 842-862.

Lin J L, Tu Y T, Chiang P C, et al. 2015. Using aerated gravel-packed contact bed and constructed wetland system for polluted river water purification: A case study in Taiwan[J]. Journal of Hydrology, (525): 400-408.

Lindblom E, Ahlman S, Mikkelsen P S. 2011. Uncertainty-based calibration and prediction with a stormwater surface accumulation-washoff model based on coverage of sampled Zn, Cu, Pb and Cd field data[J]. Water Research, (45): 3823-3835.

Liu A, Egodawatta P, Guan Y, et al. 2013. Influence of rainfall and catchment characteristics on urban stormwater quality[J]. Science of the Total Environment, (444): 255-262.

Liu A, Liu L, Li D, et al. 2015. Characterizing heavy metal build-up on urban road surfaces: Implication for stormwater reuse[J]. Science of the Total Environment, (515-516C): 20-29.

Liu B, de Swart H E. 2015. Impact of river discharge on phytoplankton bloom dynamics in eutrophic estuaries: A model study[J]. Journal of Marine Systems, (152): 64-74.

Liu C C K, Kuo J T. 1988. Wastewater Disposal Alternatives: Water quality management of taishui river, northern Taiwan[A]. In: Polprasert T. P., Yamamoto K. (eds). Water Pollution Control in Asia[M]. Pergamon.

Liu W, Chen W, Peng C. 2014. Assessing the effectiveness of green infrastructures on urban flooding reduction: A community scale study[J]. Ecological Modelling, (291): 6-14.

Liu Y J, Wang T W, Cai C F, et al. 2014. Effects of vegetation on runoff generation, sediment yield and soil shear strength on road-side slopes under a simulation rainfall test in the Three Gorges Reservoir Area, China[J]. Sci Total Environ, (485-486): 93-102.

Liu Y, Ahiablame L M, Bralts V F, et al. 2015. Enhancing a rainfall-runoff model to assess the impacts of BMPs and LID practices on storm runoff[J]. Journal of Environmental Management, (147): 12-23.

Liu Y, Bralts V F, Engel B A. 2015. Evaluating the effectiveness of management practices on hydrology and water quality at watershed scale with a rainfall-runoff model[J]. Science of The Total Environment, (511): 298-308.

Liu Y, Yang T O, Yuan D, et al. 2010. Study of municipal wastewater treatment with oyster shell as biological aerated filter medium[J]. Desalination, 254(1-3): 149-153.

Locatelli L, Mark O, Mikkelsen P S, et al. 2014. Modelling of green roof hydrological performance for urban drainage applications[J]. Journal of Hydrology, (519D): 3237-3248.

Long B T, Hoa N T, Khai N N. 2010. Evaluating And Forecasting Flooding In Ho Chi Minh City Using Mike Flood Model[C]. International Symposium on Geoinformatics for Spatial Infrastructure Development in Earth and Allied Sciences.

Loperfido J V, Noe G B, Jarnagin S T, et al. 2014. Effects of distributed and centralized stormwater best management practices and land cover on urban stream hydrology at the catchment scale[J]. Journal of Hydrology, (519C): 2584-2595.

Loughner C P, Allen D J, Pickering K E, et al. 2011. Impact of fair-weather cumulus clouds and the Chesapeake Bay breeze on pollutant transport and transformation[J]. Atmospheric Environment, 45(24): 4060-4072.

Lucena-Moya P, Pardo I, ǻlvarez M. 2009. Development of a typology for transitional waters in the Mediterranean ecoregion: The case of the islands[J]. Estuarine, Coastal and Shelf Science, 82(1): 61-72.

Lundy L, Ellis J B, Revitt D M. 2012. Risk prioritisation of stormwater pollutant sources[J]. Water Research, (46): 6589-6600.

Luo H, Huang G, Fu X, et al. 2013. Waste oyster shell as a kind of active filler to treat the combined wastewater at an estuary[J]. Journal of Environmental Sciences, 25(10): 2047-2055.

Luo H, Huang G, Wu X, et al. 2009. Ecological engineering analysis and eco-hydrodynamic simulation of tidal rivers in Shenzhen City of China[J]. Ecological Engineering, 35(8): 1129-1137.

Luo H, Li M, Xu R, et al. 2012. Total pollution characteristics of urban surface runoff in a street community[J]. Sustainable Environment Research, 1(22): 61-68.

Luo H, Luo L, Huang G, et al. 2009. Total pollution effect of urban surface runoff[J]. Journal of Environmental Sciences, 21(9): 1186-1193.

Lynch J, Fox L J, Owen Jr J S, et al. 2015. Evaluation of commercial floating treatment wetland technologies for nutrient remediation of stormwater[J]. Ecological Engineering, (75): 61-69.

Mälzer H, Aus Der Beek T, Müller S, et al. 2015. Comparison of different model approaches for a hygiene early warning system at the lower Ruhr River, Germany[J]. International Journal of Hygiene and Environmental Health, 219(7): 671-680.

Ma Eikien A R, Vai Kūnait R, Vai Is V. 2014. Oil removal from runoff with natural sorbing filter fillers[J]. Journal of Environmental Management, (141): 155-160.

Ma J S, Khan S, Li Y X, et al. 2002. First flush phenomena for highways: how it can be meaningfully defined[C]. Proceedings of the 9th International Conference on Urban Drainage (ICUD). Portland,Oregon.

Machado W, Sanders C J, Santos I R, et al. 2016. Mercury dilution by autochthonous organic matter in a fertilized mangrove wetland[J]. Environmental Pollution, (213): 30-35.

Madarang K J, Kang J. 2014. Evaluation of accuracy of linear regression models in predicting urban stormwater discharge characteristics[J]. Journal of Environmental Sciences, (26): 1313-1320.

Madsen H, Rosbjerg D, Damgard J, et al. 2003. Data assimilation in the MIKE 11 Flood Forecasting system using Kalman filtering[J]. International Association of Hydrological Sciences, Publication, (281): 75-81.

Mahler B J, Van Metre P C, Foreman W T. 2014. Concentrations of polycyclic aromatic hydrocarbons (PAHs) and azaarenes in runoff from coal-tar- and asphalt-sealcoated pavement[J]. Environmental Pollution, (188): 81-87.

Mahmoud W H, Elagib N A, Gaese H, et al. 2014. Rainfall conditions and rainwater harvesting potential in the urban area of Khartoum[J]. Resources, Conservation and Recycling, (91): 89-99.

Mailhot A, Talbot G, Lavallée B. 2015. Relationships between rainfall and Combined Sewer Overflow (CSO) occurrences[J]. Journal of Hydrology, (523): 602-609.

Mallin M A, McIver M R. 2012. Pollutant impacts to Cape Hatteras National Seashore from urban runoff and septic leachate[J]. Marine Pollution Bulletin, (64): 1356-1366.

Mangangka I R, Liu A, Egodawatta P, et al. 2015. Performance characterisation of a stormwater treatment bioretention basin[J]. Journal of Environmental Management, (150): 173-178.

Mangangka I R, Liu A, Egodawatta P, et al. 2015. Sectional analysis of stormwater treatment performance of a constructed wetland[J]. Ecological Engineering, (77): 172-179.

Maniquiz M C, Lee S, Kim L. 2010. Multiple linear regression models of urban runoff pollutant load and event mean concentration considering rainfall variables[J]. Journal of Environmental Sciences, (22): 946-952.

Maniquiz-Redillas M C, Geronimo F K F, Kim L. 2014. Investigation on the effectiveness of pretreatment in stormwater management technologies[J]. Journal of Environmental Sciences, (26): 1824-1830.

Maniquiz-Redillas M, Kim L. 2014. Fractionation of heavy metals in runoff and discharge of a stormwater management system and its implications for treatment[J]. Journal of Environmental Sciences, (26): 1214-1222.

Mann R. 2000. Restoring the oyster reef communities in the Chesapeake Bay: a commentary[J]. Journal of Shellfish Research, 19(1): 335-339.

Mannina G, Viviani G. 2010. An urban drainage stormwater quality model: Model development and uncertainty quantification[J]. Journal of Hydrology, (381): 248-265.

Mao X, Jia H, Yu S L. 2017. Assessing the ecological benefits of aggregate LID-BMPs through modelling[J]. Ecological Modelling, (353): 139-149.

Marchand C, Lallier-Vergès E, Baltzer F, et al. 2006. Heavy metals distribution in mangrove sediments along the mobile coastline of French Guiana[J]. Marine Chemistry, 98(1): 1-17.

Marcial G N, Borges L R, Paranhos R, et al. 2008. Mendonca-Hagler L. C., Smalla K., Exploring the diversity of bacterial communities in sediments of urban mangrove forests[J]. FEMS Microbiol Ecol, 66(1): 96-109.

Mascarenhas F C B, Miguez M G, Magalhães L P C D, et al. 2005. On-site stormwater detention as an alternative flood control measure in ultra-urban environments in developing countries[C]. International Symposium on Sustainable Water Management for Large Cities, held during the Seventh Scientific Assembly of the International Association of Hydrological Sciences. Foz do Iguaçu, Brazil, 3-9 April . 196-293.

Matter III P, Davidson F D, Wyckoff R W. 1969. The composition of fossil oyster shell proteins[J]. Proceedings of the National Academy of Sciences, 64(3): 970-972.

Mayo A W, Mutamba J. 2004. Effect of HRT on nitrogen removal in a coupled HRP and unplanted subsurface flow gravel bed constructed wetland[J]. Physics and Chemistry of the Earth, Parts A/B/C, 29(15): 1253-1257.

McCarthy D T, Hathaway J M, Hunt W F, et al. 2012. Intra-event variability of Escherichia coli and total suspended solids in urban stormwater runoff[J]. Water Research, (46): 6661-6670.

McCuen R. 1996. Hydrology[M]. FHWA-SA96-067, Washington DC: Federal Highway Administration.

McFadden L, Penning-Rowsell E, Tapsell S. 2009. Strategic coastal flood-risk management in practice: Actors' perspectives on the integration of flood risk management in London and the Thames Estuary[J]. Ocean & Coastal Management, 52(12): 636-645.

McIntyre J K, Davis J W, Hinman C, et al. 2015. Soil bioretention protects juvenile salmon and their prey from the toxic impacts of urban stormwater runoff[J]. Chemosphere, (132): 213-219.

McIntyre J K, Davis J W, Incardona J P, et al. 2014. Zebrafish and clean water technology: assessing soil bioretention as a protective treatment for toxic urban runoff[J]. Science of the Total Environment, (500-501): 173-180.

McLeod S, Kells J, Putz G. 2006. Urban Runoff Quality Characterization and Load Estimation in Saskatoon, Canada[J]. Journal of Environmental Engineering, 132(11): 1470-1481.

McLusky D S, Elliott M. 2004. The estuarine ecosystem: ecology, threats and management[M]. New York: Oxford University Press.

MDEQ. 2008. Low Impact development manual for michigan: A design guide for implementors and reviewers[C]. Southeast Michigan Council of Governments Information Center, Michigan Department of Environmental Quality, Lansing, Michigan.

Mendez F J, Losada I J. 2004. An empirical model to estimate the propagation of random breaking and nonbreaking waves over vegetation fields[J]. Coastal Engineering, 51(2): 103-118.

Metadier M, Bertrand-Krajewski J L. 2012. The use of long-term on-line turbidity measurements for the calculation of urban stormwater pollutant concentrations, loads, pollutographs and intra-event fluxes[J]. Water Research, (46): 6836-6856.

Meyer D, Dittmer U. 2015. RSF_Sim – A simulation tool to support the design of constructed wetlands for combined sewer overflow treatment[J]. Ecological Engineering, (80): 198-204.

Michael C P E. 2003. Low impact development (LID) technology for urban areas[C]. Watershed Management, : 163-174.

Miguntanna N S, Egodawatta P, Kokot S, et al. 2010. Determination of a set of surrogate parameters to assess urban stormwater quality[J]. Science of the Total Environment, (408): 6251-6259.

Millar R G. 1999. Analytical determination of pollutant wash-off parameters[J]. Journal of environmental engineering (New York, NY), 125(10): 989-992.

Miller J D, Kim H, Kjeldsen T R, et al. 2014. Assessing the impact of urbanization on storm runoff in a peri-urban catchment using historical change in impervious cover[J]. Journal of Hydrology, (515): 59-70.

Min H, Yao Z. Simulation and visualization of flood submergence based on MIKE FLOOD and ArcObjects[C]. IEEE. 319-323.

Mitchell D S. 1978. The potential for wastewater treatment by aquatic plants in Australia[J]. Water, Australia, 5(3): 15-17.

Mitsch W J, Zhang L, Fink D F, et al. 2008. Ecological engineering of floodplains[J]. Ecohydrology & Hydrobiology, 8(2-4): 139-147.

Mizumukai K, Sato T, Tabeta S, et al. 2008. Numerical studies on ecological effects of artificial mixing of surface and bottom waters in density stratification in semi-enclosed bay and open sea[J]. Ecological Modelling, 214(2-4): 251-270.

Montalto F, Behr C, Alfredo K, et al. 2007. Rapid assessment of the cost-effectiveness of low impact development for CSO control[J]. Landscape and Urban Planning, (82): 117-131.

Moore T L C, Hunt W F, Burchell M R, et al. 2011. Organic nitrogen exports from urban stormwater wetlands in North Carolina[J]. Ecological Engineering, 37(4): 589-594.

Moore T L C, Hunt W F. 2013. Predicting the carbon footprint of urban stormwater infrastructure[J]. Ecological Engineering, (58): 44-51.

Morales J A, Borrego J, Jiménez I, et al. 2001. Morphostratigraphy of an ebb-tidal delta system associated with a large spit in the Piedras Estuary mouth (Huelva Coast, Southwestern Spain) [J]. Marine Geology, 172(3-4): 225-241.

Morison P J, Brown R R. 2011. Understanding the nature of publics and local policy commitment to Water Sensitive Urban Design[J]. Landscape and Urban Planning, (99): 83-92.

Mutamba J. 2002. Nitrogen Removal in a Coupled High Rate Pond (HRP) and Subsurface Gravel Bed Constructed Wetland[D]. M. Sc. dissertation, Department of Water Resources Engineering, University of Dar es Salaam.

Nakane T, Nakaka K, Bouman H, et al. 2008. Environmental control of short-term variation in the plankton community of inner Tokyo Bay, Japan[J]. Estuarine, Coastal and Shelf Science, 78(4): 796-810.

Nakatani N, Takamori H, Takeda K, et al. 2009. Transesterification of soybean oil using combusted oyster shell waste as a catalyst[J]. Bioresource Technology, 100(3): 1510-1513.

Nalluri C, Alvarez E M. 1992. The influence of cohesion on sediment behaviour[J]. Water Science and Technology, 25(8): 151-164.

Nalluri C, El-Zaemey A K, Chan H L. 1997. Sediment transport over fixed deposited beds in sewers - An appraisal of existing models[J]. Water Science and Technology, 36(8-9): 123-128.

Nalluri C, Ghani A A, El-Zaemey A K S. 1994. Sediment transport over deposited beds in sewers[J]. Water Science and Technology, 29(1-2): 125-133.

Nalluri C, Spaliviero F. 1998. Suspended sediment transport in rigid boundary channels at limit deposition[J]. Water Science and Technology, 37(1): 147-154.

Namasivayam C, Sakoda A, Suzuki M. 2005. Removal of phosphate by adsorption onto oyster shell powder—kinetic studies[J]. Journal of Chemical Technology and Biotechnology, 80(3): 356-358.

Nash J E, Sutcliffe J V. 1970. River flow forecasting through conceptual models part I — A discussion of principles[J]. Journal of Hydrology, 10(3): 282-290.

Navalkar B. 1951. Succession of the mangrove vegetation of Bombay and Salsette islands[J]. Journal of the Bombay Natural History Society, (50): 157-161.

Nawaz R, McDonald A, Postoyko S. 2015. Hydrological performance of a full-scale extensive green roof located in a temperate climate[J]. Ecological Engineering, (82): 66-80.

Nedwell D. 1974. Sewage treatment and discharge into tropical coastal waters[J]. Search, (5): 187-190.

Newman T L I, Omer T A, Driscoll E D. 1999. SWMM Storage-treatment of Analysis/design of Extended detention Ponds[C]. Proceedings of the Conference on Stormwater and Urban Water Systems Modeling. February , Toronto, CHI, Guelph, Ontario, Canada.

Nguyen H. 2014. The relation of coastal mangrove changes and adjacent land-use: A review in Southeast Asia and Kien Giang, Vietnam[J]. Ocean & Coastal Management, (90): 1-10.

Nicolella C, Van Loosdrecht M, Heijnen J J. 2000. Wastewater treatment with particulate biofilm reactors[J]. Journal of biotechnology, 80(1): 1-33.

Nihoul J C J, Ronday F O C, Peters J J, et al. 1978. Hydrodynamics of the Scheldt Estuary[A]. In: Jacques C. J. N. (eds). Elsevier Oceanography Series[M]. Elsevier.

Nix S J, Durrans S R. 1996. Off-line Stormwater Detention Systems[J]. Water Resour Bull, 6(32): 13-29.

Nix S J. 1994. Urban stormwater modeling and simulation[M]. Boca Raton : CRC Press.

Njoyim-Tamungang E, Laminsi S, Ghogomu P, et al. 2011. Pollution control of surface waters by coupling gliding discharge treatment with incorporated oyster shell powder[J]. Chemical Engineering Journal, 173 (2) : 303-308.

Noor A M, Artsanti P, Lim P E, et al. Landfill leachate treatment of using combination of gravel-charcoal as constructed wetland filter media[M]. 104-109.

Novotny V, Chesters G. 1981. Handbook of Nonpoint Pollution: Sources and Management [M]. 1 ed. New York: Van Nostrand Reinhold.

Nunes J P, Seixas J, Keizer J J. 2013. Modeling the response of within-storm runoff and erosion dynamics to climate change in two Mediterranean watersheds: A multi-model, multi-scale approach to scenario design and analysis[J]. CATENA, (102) : 27-39.

Nzewi E U. 2001. The McGraw-Hill civil engineering PE exam depth guide: water resources[M]. New York: McGraw-Hill Professional.

Ock L M, Jin P S, Soon K T. 2006. Influence of reclamation works on the marine environment in a semi-enclosed bay[J]. Journal of Ocean University of China, 5 (3) : 219-227.

Old G H, Leeks G J L, Packman J C, et al. 2003. The impact of a convectional summer rainfall event on river flow and fine sediment transport in a highly urbanised catchment: Bradford, West Yorkshire[J]. Science of The Total Environment, (314-316) : 495-512.

Olin J A, Stevens P W, Rush S A, et al. 2015. Loss of seasonal variability in nekton community structure in a tidal river: evidence for homogenization in a flow-altered system[J]. Hydrobiologia, 744 (1) : 271-286.

Oliveira A, Fortunato A B, Pinto L. 2006. Modelling the hydrodynamics and the fate of passive and active organisms in the Guadiana estuary[J]. Estuarine, Coastal and Shelf Science, 70 (1-2) : 76-84.

Olivieri V P, Kawata K, Lim S. 1989. Microbiological impacts of storm sewer overflows: some aspects of the implication of microbial indicators for receiving waters[A]. In: Ellis J. B. (eds) . Urban Discharges and Receiving Water Quality Impacts[M]. Pergamon. 47-54.

O' Sullivan A D, Wicke D, Hengen T J, et al. 2015. Life Cycle Assessment modelling of stormwater treatment systems[J]. Journal of Environmental Management, (149) : 236-244.

Ouyang W, Guo B, Hao F, et al. 2012. Modeling urban storm rainfall runoff from diverse underlying surfaces and application for control design in Beijing[J]. Journal of Environment Management, (113) : 467-473.

Ozdemir H, Elbaşı E. 2015. Benchmarking land use change impacts on direct runoff in ungauged urban watersheds[J]. Physics and Chemistry of the Earth, Parts A/B/C, (79-82) : 100-107.

Palanisamy B, Chui T F M. 2015. Rehabilitation of concrete canals in urban catchments using low impact development techniques[J]. Journal of Hydrology, (523) : 309-319.

Palla A, Gnecco I, Lanza L G, et al. 2012. Performance analysis of domestic rainwater harvesting systems under various European climate zones[J]. Resources, Conservation and Recycling, (62) : 71-80.

Palla A, Gnecco I, Lanza L G. 2011. Non-dimensional design parameters and performance assessment of rainwater harvesting systems[J]. Journal of Hydrology, 401 (1-2) : 65-76.

Palla A, Gnecco I. 2015. Hydrologic modeling of Low Impact Development systems at the urban catchment scale[J]. Journal of Hydrology, (528) : 361-368.

Pan T, Miao T. 2015. Contamination of roadside soils by runoff pollutants: A numerical study[J]. Transportation Geotechnics, (2) :

1-9.

Pan X, Zhang J, Jones KD. 2013. Simulation of storm event flow for pilot runoff treatment wetland[J]. Ecological Engineering, (53): 284-289.

Papa F, Adams B J, Guo Y P. 1999. Detention Time Selection for Stormwater Quality Control Ponds[J]. Canadian J. Civil Eng., 1(26): 72.

Park D, Roesner L A. 2012. Evaluation of pollutant loads from stormwater BMPs to receiving water using load frequency curves with uncertainty analysis[J]. Water Research, (46): 6881-6890.

Park W H, Polprasert C. 2008. Roles of oyster shells in an integrated constructed wetland system designed for Premoval[J]. Ecological Engineering, 34(1): 50-56.

Patro S, Chatterjee C, Mohanty S, et al. 2009. Flood inundation modeling using MIKE FLOOD and remote sensing data[J]. Journal of the Indian Society of Remote Sensing, 37(1): 107-118.

Penning-Rowsell E C, Priest S J. 2015. Sharing the burden of increasing flood risk: who pays for flood insurance and flood risk management in the United Kingdom[J]. Mitigation and Adaptation Strategies for Global Change, 20(6): 991-1009.

Perales-Momparler S, Andrés-Doménech I, Andreu J, et al. 2015. A regenerative urban stormwater management methodology: the journey of a Mediterranean city[J]. Journal of Cleaner Production, (109): 174-189.

Perini L, Quero G M, Serrano García E, et al. 2015. Distribution of Escherichia coli in a coastal lagoon (Venice, Italy): Temporal patterns, genetic diversity and the role of tidal forcing[J]. Water Research, (87): 155-165.

Peterson M S. 2003. A conceptual view of environment-habitat-production linkages in tidal river estuaries[J]. Reviews in Fisheries science, 11(4): 291-313.

Petrucci G, Tassin B. 2015. A simple model of flow-rate attenuation in sewer systems. Application to urban stormwater source control[J]. Journal of Hydrology, (522): 534-543.

Pisano W C, Queiroz C, Aronson G L, et al. 1981. Procedures for Estimating Dry Weather Pollutant Deposition in Sewer Systems[J]. Journal (Water Pollution Control Federation), 53(11): 1627-1636.

Pisano W, Queiroz C. 8414. Procedures for estimating dry weather pollutant deposition in sewerage systems. EPA Report No. 600/2. 84/020, NTIS PB 1 480[R]. Cincinnati, OH: U. S. Environmental Protection Agency, Municipal Environmental Research Laboratory, 1977.

Pisano W, Queiroz C. 8414. Procedures for estimating dry weather sewage in Line pollutant deposition-phase II. EPA Report No. 600/2. 84/020, NTIS PB 1 480[R]. Cincinnati, OH: U. S. Environmental Protection Agency, Municipal Environmental Research Laboratory, 1984.

Pleau M, Colas H, Lavallée P, et al. 2005. Global optimal real-time control of the Quebec urban drainage system[J]. Environmental Modelling & Software, 20(4): 401-413.

Poleto C, Tassi R. 2012. Sustainable urban drainage systems[M]. InTech.

Price W D, Burchell II M R, Hunt W F, et al. 2013. Long-term study of dune infiltration systems to treat coastal stormwater runoff for fecal bacteria[J]. Ecological Engineering, (52): 1-11.

Prince George' S County. 1999. Low impact development design strategies[C]. Department of Environmental Resources Programs and Planning Division, Maryland, USA,.

Pritchard D W. 1967. What is an estuary: physical viewpoint//Lauf G H. Estuaries [M]. Washington, DC: A. A. A. S. Publ. 83.

Qin H. 2010., Khu S., Yu X. Spatial variations of storm runoff pollution and their correlation with land-use in a rapidly urbanizing catchment in China[J]. Science of The Total Environment, 408(20): 4613-4623.

Ralston D K, Geyer W R, Traykovski P A, et al. 2013. Effects of estuarine and fluvial processes on sediment transport over deltaic tidal flats[J]. Continental Shelf Research, (60, Supplement): 40-57.

Rayson M D, Gross E S, Fringer O B. 2015. Modeling the tidal and sub-tidal hydrodynamics in a shallow, micro-tidal estuary[J]. Ocean Modelling, (89): 29-44.

Razzaghmanesh M, Beecham S, Kazemi F. 2014. Impact of green roofs on stormwater quality in a South Australian urban environment[J]. Science of The Total Environment, (470－471): 651-659.

Reddy K R, Xie T, Dastgheibi S. 2014. Removal of heavy metals from urban stormwater runoff using different filter materials[J]. Journal of Environmental Chemical Engineering, (2): 282-292.

Remya P G, Kumar R, Basu S, et al. 2012. Wave hindcast experiments in the Indian Ocean using MIKE 21 SW model[J]. Journal of Earth System Science, 121(2): 385-392.

Rettig A J, Khanna S, Heintzelman D, et al. 2014. An open source software approach to geospatial sensor network standardization for urban runoff[J]. Computers, Environment and Urban Systems, (48): 28-34.

Reuter J E, Djohan T, Goldman C. 1992. R. The use of wetlands for nutrient removal from surface runoff in a cold climate region of California—results from a newly constructed wetland at Lake Tahoe[J]. Journal of Environmental Management, 36(1): 35-53.

Revitt D M, Lundy L, Coulon F, et al. 2014. The sources, impact and management of car park runoff pollution: a review[J]. J Environ Manage, (146): 552-567.

Richard F, Kee K C, Marie O. 1993. Integrated stormwater management[M]. Boca Raton: CRC Press.

Richardson S M, Hanson J M, Locke A. 2002. Effects of impoundment and water-level fluctuations on macrophyte and macroinvertebrate communities of a dammed tidal river[J]. Aquatic Ecology, 36(4): 493-510.

Richmond A. 2002. Y. Subsurface flow constructed wetland: treatment of domestic wastewater by gravel and tire chip media and ultraviolet disinfection of effluent[D]. Texas: Texas A&M University.

Roach P. 2011. Cambridge english pronouncing dictionary[M]. 18th ed. Cambridge: Cambridge University Press.

Roberts A D, Prince S D. 2010. Effects of urban and non-urban land cover on nitrogen and phosphorus runoff to Chesapeake Bay[J]. Ecological Indicators, 10(2): 459-474.

Rogowski P A, Terrill E, Schiff K, et al. 2015. An assessment of the transport of southern California stormwater ocean discharges[J]. Marine Pollution Bulletin, (90): 135-142.

Rose C W. 2004. An introduction to the environmental physics of soil, water, and watersheds[M]. Cambridge: Cambridge University Press.

Rossman L A, Huber W. 2016. Storm water management model reference manual Volume I－Hydrology (Revised)[J]. US Environmental Protection Agency: Cincinnati, OH, USA.

Rossman L A. 2015. Storm Water Management Model User' s Manual Version 5. 1[R]. 1-353p.

Sabadox A J. 2006. Private project stores public stormwater[N]. CE News.

Saget A, Chebbo G, Bertrand-Krajewski J. 1996. The first flush in sewer systems[J]. Water Science and Technology, 33(9): 101-108.

Saito Y, Alino P M. 2008. Region conditions[A]. In: Mimura N. (eds). Asia-Pacific Coasts and Their Management: States of Environment[M]. Springer, Netherlands. 255-331.

Sajikumar N, Remya R S. 2015. Impact of land cover and land use change on runoff characteristics[J]. Journal of Environmental Management, (161): 460-468.

Sakulthaew C, Comfort S, Chokejaroenrat C, et al. 2014. A combined chemical and biological approach to transforming and mineralizing PAHs in runoff water[J]. Chemosphere, (117): 1-9.

Sales-Ortells H, Medema G. 2015. Microbial health risks associated with exposure to stormwater in a water plaza[J]. Water Research, (74C): 34-46.

Sansalone J, Buchberger S, Koran J. 1996. Immobilization of Metals and Solids Transported in Urban Pavement Runoff[C]. North American Water and Environment Congress & Destructive Water, : 3115-3120.

Sansalone J, Raje S, Kertesz R, et al. 2013. Retrofitting impervious urban infrastructure with green technology for rainfall-runoff restoration, indirect reuse and pollution load reduction[J]. Environmental Pollution, (183): 204-212.

Sathish K D, Arya D S, Vojinovic Z. 2013. Modeling of urban growth dynamics and its impact on surface runoff characteristics[J]. Computers, Environment and Urban Systems, (41): 124-135.

Saul A J. 1997. 14 - Combined Sewer Overflows[A]. In: Vickridge G. F. R. G. (eds). Sewers[M]. London: Butterworth-Heinemann. 283-317.

Scheffers B R, Paszkowski C A. 2013. Amphibian use of urban stormwater wetlands: The role of natural habitat features[J]. Landscape and Urban Planning, (113): 139-149.

Schroll E, Lambrinos J, Righetti T, et al. 2011. The role of vegetation in regulating stormwater runoff from green roofs in a winter rainfall climate[J]. Ecological Engineering, 37(4): 595-600.

Semensatto-Jr D L, Funo R H F, Dias-Brito D, et al. 2009. Foraminiferal ecological zonation along a Brazilian mangrove transect: Diversity, morphotypes and the influence of subaerial exposure time[J]. Revue de Micropaléontologie, 52(1): 67-74.

Seo D C, Cho J S, Lee H J, et al. 2005. Phosphorus retention capacity of filter media for estimating the longevity of constructed wetland[J]. Water Research, 39(11): 2445-2457.

Shao W, Zhang H, Liu J, et al. 2016. Data Integration and its Application in the Sponge City Construction of CHINA[J]. Procedia Engineering, (154): 779-786.

Shaver E. 2000. Low impact design manual for the auckland regional[M]. New Zealand: Auckland Regional Council .

Shaw S B, Todd W M, Steenhuis T S. 2006. A physical model of particulate wash-off from rough impervious surfaces[J]. Journal of hydrology (Amsterdam), 327(3-4): 618-626.

Shaw Y L, Zhai Y Y, Rick S. 2009. User' s Manual of WinWinVAST 2. 0 (VirginiA STormwater Model) for Windows[M]. USA.

Shen Y, Zheng Y, Komatsu T, et al. 2002. A three-dimensional numerical model of hydrodynamics and water quality in Hakata Bay[J]. Ocean Engineering, 29(4): 461-473.

Shen Z, Liao Q, Hong Q, et al. 2012. An overview of research on agricultural non-point source pollution modelling in China[J]. Separation and Purification Technology, (84): 104-111.

Sheng B H, Jian W G, Xue C C, et al. 2013. Nitrogen removal in micro-polluted surface water by the combined process of bio-filter and ecological gravel bed[J]. Water Science & Technology, 67(10): 2356-2362.

Shi P, Yuan Y, Zheng J, et al. 2007. The effect of land use/cover change on surface runoff in Shenzhen region, China[J]. Catena, 69(1): 31-35.

Shi Z, Lamb H F, Collin R L. 1995. Geomorphic change of saltmarsh tidal creek networks in the Dyfi Estuary, Wales[J]. Marine Geology, 128(1-2): 73-83.

Shih P, Chang W. 2015. The effect of water purification by oyster shell contact bed[J]. Ecological Engineering, (77): 382-390.

Shilton A N, Elmetri I, Drizo A, et al. 2006. Phosphorus removal by an "active" slag filter-a decade of full scale experience[J]. Water

Res, 40(1): 113-118.

Shivhare N, Roy M. 2013. Gravel Bed Constructed wetland for treatment of Sewage water[J]. Pollution Research, 32(2): 415-419.

Shuster W D, Dadio S, Drohan P, et al. 2014. Residential demolition and its impact on vacant lot hydrology: Implications for the management of stormwater and sewer system overflows[J]. Landscape and Urban Planning, (125): 48-56.

Shuyler L R, Linker L C, Walters C P. 1995. The Chesapeake Bay story: The science behind the program[J]. Water Science and Technology, 31(8): 133-139.

Sidhu J P, Ahmed W, Gernjak W, et al. 2013. Sewage pollution in urban stormwater runoff as evident from the widespread presence of multiple microbial and chemical source tracking markers[J]. Science of the Total Environment, (463-464): 488-496.

Sieker F. 1998. On-site stormwater management as an alternative to conventional sewer systems: A new concept spreading in Germany[J]. Water Science and Technology, 38(10): 65-71.

Sillanpää N, Koivusalo H. 2015. Impacts of urban development on runoff event characteristics and unit hydrographs across warm and cold seasons in high latitudes[J]. Journal of Hydrology, (521): 328-340.

Sitzenfrei R, M Derl M, Rauch W. 2013. Assessing the impact of transitions from centralised to decentralised water solutions on existing infrastructures–Integrated city-scale analysis with VIBe[J]. Water Research, 47(20): 7251-7263.

Sjöman J D, Gill S E. 2014. Residential runoff–The role of spatial density and surface cover, with a case study in the Höjeå river catchment, southern Sweden[J]. Urban Forestry & Urban Greening, (13): 304-314.

Skipworth P J, Tait S J, Saul A J. 1999. Erosion of sediment beds in sewers : Model development[J]. Journal of environmental engineering (New York, NY), 125(6): 566-573.

Skotner C, Klinting A, Ammentorp H C. 2005. MIKE FLOOD WATCH--managing real-time forecasting[J]. DHI Water & Environment, Denmark.

Soonthornnonda P, Christensen E R. 2008. Source apportionment of pollutants and flows of combined sewer wastewater[J]. Water Research, 42(8 - 9): 1989-1998.

Speak A F, Rothwell J J, Lindley S J, et al. 2013. Rainwater runoff retention on an aged intensive green roof[J]. Science of the Total Environment, (461-462): 28-38.

Speak A F, Rothwell J J, Lindley S J, et al. 2014. Metal and nutrient dynamics on an aged intensive green roof[J]. Environmental Pollution, (184): 33-43.

Stahre P, Urbonas B. 1990. Stormwater detentions[M]. New York: Prendice Hal1. ,Inc. ,Englewood cliffs.

Stanislas M, Jimenez J, Marusic I, et al. 2016. Reconstruction of Wall Shear-Stress Fluctuations in a Shallow Tidal River[A]. In: Stanislas M., Jimenez J., Marusic I. (eds). Springer International Publishing. 247-257.

Stanley D W. 1996. Pollutant removal by a stormwater dry detention pond[J]. Water Environment Research, 68(6): 1076-1083.

Stephan J N. 1994. Urban stormwater modeling and simulation[M]. Boca Raton: CRC Press Inc. .

Stephens M, Mattey D, Gilbertson D D, et al. 2008. Shell-gathering from mangroves and the seasonality of the Southeast Asian Monsoon using high-resolution stable isotopic analysis of the tropical estuarine bivalve (Geloina erosa) from the Great Cave of Niah, Sarawak: methods and reconnaissance of molluscs of early Holocene and modern times[J]. Journal of Archaeological Science, 35(10): 2686-2697.

Strang T J, Wareham D G. 2002. Phosphorus removal in a waste stabilization pond system with limestone rock filters[C]. Conference Papers of the fifth IWA International Specialist Group Conference on Waste Stabilisation Ponds. Auckland, New Zealand.

Sun Y, Li Q, Liu L, et al. 2014. Hydrological simulation approaches for BMPs and LID practices in highly urbanized area and development of hydrological performance indicator system[J]. Water Science and Engineering, 7(2): 143-154.

Sündermann J, Holz K, Holz K P. 1980. Simulation of tidal river dynamics[A]. In: Sündermann J., Holz K. (eds). Springer Berlin Heidelberg. 145-156.

Swales A, Williamson R B, Van Dam L F, et al. 2002. Reconstruction of urban stormwater contamination of an estuary using catchment history and sediment profile dating[J]. Estuaries, 25(1): 43-56.

Töpfer K, Wolfensohn J D, Lash J. 2000. Coastal ecosystems: Replumbing the everglades: Large-scale wetlands restoration in South Florida[A]. In: World Resources -2001[M]. Amsterdam: Elsevier Science, 2000. 163-180.

Taebi A, Droste R L. 2004. Pollution loads in urban runoff and sanitary wastewater[J]. Science of The Total Environment, 327(1-3): 175-184.

Tan S, Chua L, Shuy E, et al. 2008. Performances of Rainfall-Runoff Models Calibrated over Single and Continuous Storm Flow Events[J]. Journal of Hydrologic Engineering, 13(7): 597-607.

Tang J Y, Aryal R, Deletic A, et al. 2013. Toxicity characterization of urban stormwater with bioanalytical tools[J]. Water Research, (47): 5594-5606.

Tang Y, Li G. 2012. Thermodynamic Study of Sn-Ag-Ti Active Filler Metals[J]. Physics Procedia, (25): 30-35.

Teal J M, Weinstein M P. 2002. Ecological engineering, design, and construction considerations for marsh restorations in Delaware Bay, USA[J]. Ecological Engineering, 18(5): 607-618.

Thompson J R S, Renson H R, Gavin H, et al. 2004. Application of the coupled MIKE SHE/MIKE 11 modelling system to a lowland wet grassland in southeast England[J]. Journal of Hydrology, 293(1-4): 151-179.

Todeschini S, Papiri S, Ciaponi C. 2012. Performance of stormwater detention tanks for urban drainage systems in northern Italy[J]. Journal of Environmental Management, (101): 33-45.

Torno H C. 1992. Design and Construction of Urban Stormwater Management Systems[M]. New York: American Society of Civil Engineers.

Trowsdale S A, Simcock R. 2011. Urban stormwater treatment using bioretention[J]. Journal of Hydrology, (397): 167-174.

Tsihrintzis V A, Hamid R. 1998. Runoff quality prediction from small urban catchments using SWMM[J]. Hydrological Processes, 12(2): 311-329.

Tulshian N, Wheaton F W. 1986. Oyster (Crassostrea virginica) shell thermal conductivity: technique and determination[J]. Trans. Am Soc Agric Eng, 2(29): 626-632.

Twilley R R. 1985. The exchange of organic carbon in basin mangrove forests in a southwest Florida estuary[J]. Estuarine, Coastal and Shelf Science, 20(5): 543-557.

Uchrin C G, Maldonato T, Pang Y H, et al. 1991. Stormwater Contamination in an Urbanizing Watershed[M]//Chemistry for the Protection of the Environment. Springer, Boston, MA, : 291-304.

United Nations Development Programme, United Nations Development Programme. 2007. Fighting climate change: Human solidarity in a divided world[M]. Palgrave Macmillan UK.

USEPA. 1986. Methodology for Analysis of Detention Basins for Control of Urban Runoff Quality. USEPA 440/5-87-001[R]. Washington DC, Environmental Protection Agency(EPA), USA.

USEPA. 1993. Manual for combined sewer overflow control[R]. EPA/625/R93/007, USA. 1-95.

USEPA. 1995. National water quality inventory. Report to Congress Executive Summary[R]. Washington DC, USA.

USEPA. 2000. National water quality inventory (EPA-841-R-00-001)[R]. United States Environmental Protection Agency(EPA),

Washington, DC, USA.

USEPA. 2004. The use of best management practices (BMPs) in urban watersheds[M]. Cincinnati, Ohio, Environmental Protection Agency (EPA), USA.

USEPA. 2007. Reducing stormwater costs through low impact development (LID) strategies and practices[R]. Environmental Protection Agency, USA.

USEPA. 2009. SUSTAIN-A framework for placement of best management practices in urban watersheds to protect water quality (EPA-600-R-09-095) [R]. Washington: Office of Research and Development, Environmental Protection Agency (EPA), USA.

USEPA. 2014. EPA SWMM 5. 1. 007 Help[R]. National Risk Management Research Laboratory, EPA, USA.

USEPA. 8421. Results of the nationwide urban runoff program[R]. Final Report, NTIS Accession, NO. PB85552, Environmental Protection Agency (EPA), USA, 1983.

van der Sterren M, Rahman A. 2015. Single lot on site detention requirements in New South Wales Australia and its relation to holistic storm water management[J]. Sustainability of Water Quality and Ecology, (6): 48-56.

van der Wal D, Forster R M, Rossi F, et al. 2011. Ecological evaluation of an experimental beneficial use scheme for dredged sediment disposal in shallow tidal waters[J]. Marine Pollution Bulletin, 62 (1): 99-108.

van der Werf J, Reinders J, van Rooijen A, et al. 2015. Evaluation of a tidal flat sediment nourishment as estuarine management measure[J]. Ocean & Coastal Management, (114): 77-87.

van Maren D S, Hoekstra P. 2004. Seasonal variation of hydrodynamics and sediment dynamics in a shallow subtropical estuary: the Ba Lat River, Vietnam[J]. Estuarine, Coastal and Shelf Science, 60 (3): 529-540.

Vanderkimpen P, Melger E, Peeters P, et al. 2009. Flood modeling for risk evaluation: a MIKE FLOOD vs. SOBEK 1D2D benchmark study[A]. In: Samuels (eds). Flood Risk Management: Research and Practice[M]. London : Taylor & Francis Group.

Vanderkimpen P, Peeters P. 2008. Flood modeling for risk evaluation: a MIKE FLOOD sensitivity analysis[A]. In: Altinakar M. (eds). Proceedings of the International Conference on Fluvial Hydraulics[M]. Cesme, Izmir, Turkey, September 3-5, : River flow 2008: 2008. 2335-2344.

Vasconcelos J G, Wright S J. 2005. Experimental investigation of surges in a stormwater storage tunnel[J]. Journal of Hydraulic Engineering, 131 (10): 853-861.

Vasconcelos J G, Wright S J. 2006. Mechanisms for air pocket entrapment in stormwater storage tunnels[C]//World Environmental and Water Resource Congress : Examining the Confluence of Environmental and Water Concerns. 2006: 1-10.

Verbeiren B, Van De Voorde T, Canters F, et al. 2013. Assessing urbanisation effects on rainfall-runoff using a remote sensing supported modelling strategy[J]. International Journal of Applied Earth Observation and Geoinformation, (21): 92-102.

Vezzaro L, Benedetti L, Gevaert V, et al. 2014. A model library for dynamic transport and fate of micropollutants in integrated urban wastewater and stormwater systems[J]. Environmental Modelling & Software, (53): 98-111.

Vezzaro L, Ledin A, Mikkelsen P S. 2012. Integrated modelling of Priority Pollutants in stormwater systems[J]. Physics and Chemistry of the Earth, Parts A/B/C, (42-44): 42-51.

Vezzaro L, Mikkelsen P S. 2012. Application of global sensitivity analysis and uncertainty quantification in dynamic modelling of micropollutants in stormwater runoff[J]. Environmental Modelling & Software, (27-28): 40-51.

Vezzaro L, Sharma A K, Ledin A, et al. 2015. Evaluation of stormwater micropollutant source control and end-of-pipe control strategies using an uncertainty-calibrated integrated dynamic simulation model[J]. Journal of Environment Management, (151): 56-64.

Vialle C, Sablayrolles C, Silvestre J, et al. 2013. Pesticides in roof runoff: study of a rural site and a suburban site[J]. Journal of Environment Management, (120): 48-54.

Vieira J, F Ns J, Cecconi G. 1993. Statistical and hydrodynamic models for the operational forecasting of floods in the Venice Lagoon[J]. Coastal Engineering, 21(4): 301-331.

Vijayaraghavan K, Joshi U M, Balasubramanian R. 2012. A field study to evaluate runoff quality from green roofs[J]. Water Research, (46): 1337-1345.

Vijayaraghavan K, Raja F D. 2014. Design and development of green roof substrate to improve runoff water quality: plant growth experiments and adsorption[J]. Water Research, (63): 94-101.

Vo P T, Ngo H H, Guo W, et al. 2015. Stormwater quality management in rail transportation--past, present and future[J]. Sci Total Environ, (512-513): 353-363.

Vorreiter L, Hickey C. 1994. Incidence of the first flush pHenomenon in catchments of the Sydney fegion[R]. In National Conf. Publication-Institution of Engineers, Australia. 359-364.

Walters B B, R Nnb Ck P, Kovacs J M, et al. 2008. Ethnobiology, socio-economics and management of mangrove forests: A review[J]. Aquatic Botany, 89(2): 220-236.

Wang C Y, Sample D J, Bell C. 2014. Vegetation effects on floating treatment wetland nutrient removal and harvesting strategies in urban stormwater ponds[J]. Science of the Total Environment, (499): 384-393.

Wang L, Wei J, Huang Y, et al. 2011. Urban nonpoint source pollution buildup and washoff models for simulating storm runoff quality in the Los Angeles County[J]. Environmental Pollution, (159): 1932-1940.

Wang S, He Q, Ai H, et al. 2013. Pollutant concentrations and pollution loads in stormwater runoff from different land uses in Chongqing[J]. Journal of Environmental Sciences, (25): 502-510.

Wang Y, Duan L, Li S, et al. 2015. Modeling the effect of the seasonal fishing moratorium on the Pearl River Estuary using ecosystem simulation[J]. Ecological Modelling, (312): 406-416.

Wang Z, Dong J, Liu L, et al. 2013. Screening of phosphate-removing substrates for use in constructed wetlands treating swine wastewater[J]. Ecological Engineering, (54): 57-65.

Wang Z, Dong S, He P, et al. 2010. Fabrication of carbon fiber reinforced ceramic matrix composites with improved oxidation resistance using boron as active filler[J]. Journal of the European Ceramic Society, 30(3): 787-792.

Wardynski B J, Winston R J, Line D E, et al. 2014. Metrics for assessing thermal performance of stormwater control measures[J]. Ecological Engineering, (71): 551-562.

Wei Q, Zhu G, Wu P, et al. 2010. Distributions of typical contaminant species in urban short-term storm runoff and their fates during rain events: A case of Xiamen City[J]. Journal of Environmental Sciences, (22): 533-539.

Weinreich G, Schilling W, Birkely A, et al. 1997. Pollution based real time control strategies for combined sewer systems[J]. Water Science and Technology, 36(8-9): 331-336.

Weinstein M P, Litvin S Y, Krebs J M. 2014. Restoration ecology: Ecological fidelity, restoration metrics, and a systems perspective[J]. Ecological Engineering, (65): 71-87.

Wells J C, Hung T T N. 1990. Longman pronunciation dictionary[J]. RELC Journal, 21(2): 95-97.

Wheaton F W. 1972. Engineering studies of the Chesapeake Bay Oyster Industry and oyster shucking techniques: progress report[R]. College Park, Maryland: Agricultural Engineering Department, University of Maryland.

White S A, Cousins M M. 2013. Floating treatment wetland aided remediation of nitrogen and phosphorus from simulated stormwater runoff[J]. Ecological Engineering, (61A): 207-215.

William F R, Adel S. 2001. Agricultural nonpoint source pollution: watershed management and hydrology[M]. Boca Raton: Lewis Publishers.

Williams C O, Lowrance R, Bosch D D, et al. 2013. Hydrology and water quality of a field and riparian buffer adjacent to a mangrove wetland in Jobos Bay watershed, Puerto Rico[J]. Ecological Engineering, (56): 60-68.

Wingard G L, Lorenz J J. 2014. Integrated conceptual ecological model and habitat indices for the southwest Florida coastal wetlands[J]. Ecological Indicators, (44): 92-107.

Winston R J, Hunt W F, Kennedy S G, et al. 2013. Evaluation of floating treatment wetlands as retrofits to existing stormwater retention ponds[J]. Ecological Engineering, (54): 254-265.

Wolanski E, Elliott M. 2016. 6 - Ecohydrology models[A]. In: Elliott E. W. (eds). Estuarine Ecohydrology (Second Edition)[M]. Boston: Elsevier. 195-218.

Wolanski E. 2007. Estuarine Ecohydrology[M]. Amsterdam: Elsevier.

Woods-Ballard B, Kellagher R, Martin P. 2007. The SUDS manual[M]. London: CIRIA,.

Wotherspoon D J J. 1994. The movement of cohesive sediment in a large combined sewer[D]. Dundee : University of Abertay Dundee.

Xian G, Crane M, Su J. 2007. An analysis of urban development and its environmental impact on the Tampa Bay watershed[J]. Journal of Environmental Management, 85(4): 965-976.

Xiao F, Simcik M F, Gulliver J S. 2012. Perfluoroalkyl acids in urban stormwater runoff: influence of land use[J]. Water Research, (46): 6601-6608.

Xiao Z L, Rong F L, Da Y Q, et al. 2011. Analysis the Hydrological Situation of the Influx Runoff Series for Poyang Lake[J]. Procedia Environmental Sciences, (10C): 2594-2600.

Xu M J, Yu L, Zhao Y W, et al. 2012. The Simulation of Shallow Reservoir Eutrophication Based on MIKE21: A Case Study of Douhe Reservoir in North China[J]. Procedia Environmental Sciences, (13): 1975-1988.

Yamada M, Tatsuno T, Sano H, et al. 2005. A study on stabilization effect of the acid sulfate soil by using crushed oyster shell[J]. Journal-Society of Materials Science Japan, 54 (11): 1117-1122.

Yang H, Dick W A, McCoy E L, et al. 2013. Field evaluation of a new biphasic rain garden for stormwater flow management and pollutant removal[J]. Ecological Engineering, (54): 22-31.

Yang L, Zhang L, Li Y, et al. 2015. Water-related ecosystem services provided by urban green space: A case study in Yixing City (China)[J]. Landscape and Urban Planning, (136): 40-51.

Yang S L. 1998. The Role ofScirpusMarsh in Attenuation of Hydrodynamics and Retention of Fine Sediment in the Yangtze Estuary[J]. Estuarine, Coastal and Shelf Science, 47(2): 227-233.

Yanna Z, Li X, Gui J, et al. 2011. Application of MIKE21-BW Model in the General Arrangement of a Fish Porjt[C]//International Conference on Advanced Computer Theory and Engineering, 4th (ICACTE). ASME Press, 2011.

Yao Y, Yin H, Li S. 2006. The computation approach for water environmental capacity in tidal river network[J]. Journal of Hydrodynamics, Ser. B, 18(3, Supplement): 273-277.

Yin J, Yu D, Yin Z, et al. 2015. Modelling the anthropogenic impacts on fluvial flood risks in a coastal mega-city: A scenario-based case study in Shanghai, China[J]. Landscape and Urban Planning, (136): 144-155.

Ying G, Sansalone J. 2010. Transport and solubility of Hetero-disperse dry deposition particulate matter subject to urban source area rainfall－runoff processes[J]. Journal of Hydrology, (383): 156-166.

Yoon G, Kim B, Kim B, et al. 2003. Chemical－mechanical characteristics of crushed oyster-shell[J]. Waste Management, 23(9): 825-834.

Young R A, Onstad C A, Bosch D D, et al. 1989. AGNPS: A nonpoint-source pollution model for evaluating agricultural watersheds[J]. Journal of soil and water conservation, 44(2): 168-173.

Yu S L, Kuo J, Fassman E A, et al. 2001. Field Test of Grassed-Swale Performance in Removing Runoff Pollution[J]. Journal of Water Resources Planning and Management, 127(3): 168-171.

Yu Y, Wu R, Clark M. 2010. Phosphate removal by hydrothermally modified fumed silica and pulverized oyster shell[J]. Journal of Colloid and Interface Science, 350(2): 538-543.

Zainal K, Al-Madany I, Al-Sayed H, et al. 2012. The cumulative impacts of reclamation and dredging on the marine ecology and land-use in the Kingdom of Bahrain[J]. Marine Pollution Bulletin, 64(7): 1452-1458.

Zanuttigh B. 2011. Coastal flood protection: What perspective in a changing climate? The THESEUS approach[J]. Environmental Science & Policy, 14(7): 845-863.

Zgheib S, Moilleron R, Chebbo G. 2012. Priority pollutants in urban stormwater: part 1 - case of separate storm sewers[J]. Water Research, (46): 6683-6692.

Zgheib S, Moilleron R, Saad M, et al. 2011. Partition of pollution between dissolved and particulate phases: what about emerging substances in urban stormwater catchments?[J]. Water Research, (45): 913-925.

Zhang B, Xie G, Zhang C, et al. 2012. The economic benefits of rainwater-runoff reduction by urban green spaces: a case study in Beijing, China[J]. Journal of Environment Management, (100): 65-71.

Zhang J, Liu J, Ouyang Y, et al. 2010. Removal of nutrients and heavy metals from wastewater with mangrove Sonneratia apetala Buch-Ham[J]. Ecological Engineering, 36(6): 807-812.

Zhang M, Chen H, Wang J, et al. 2010. Rainwater utilization and storm pollution control based on urban runoff characterization[J]. Journal of Environmental Sciences, (22): 40-46.

Zhang W, Ye Y, Tong Y, et al. 2011. Contribution and loading estimation of organochlorine pesticides from rain and canopy throughfall to runoff in an urban environment[J]. Journal of Hazardous Materials, 185(2-3): 801-806.

Zhang X, Zhang X, Hu S, et al. 2013. Runoff and sediment modeling in a peri-urban artificial landscape: Case study of Olympic Forest Park in Beijing[J]. Journal of Hydrology, (485): 126-138.

Zhao H, Li X, Wang X, et al. 2010. Grain size distribution of road-deposited sediment and its contribution to heavy metal pollution in urban runoff in Beijing, China[J]. Journal of Hazardous Materials, (183): 203-210.

Zhao H, Li X. 2013. Understanding the relationship between heavy metals in road-deposited sediments and washoff particles in urban stormwater using simulated rainfall[J]. J Hazard Mater, (246-247): 267-276.

Zheng Y, Lin Z, Li H, et al. 2014. Assessing the polycyclic aromatic hydrocarbon (PAH) pollution of urban stormwater runoff: a dynamic modeling approach[J]. Science of the Total Environment, (481): 554-563.

Zheng Y, Luo X, Zhang W, et al. 2012. Enrichment behavior and transport mechanism of soil-bound PAHs during rainfall-runoff events[J]. Environmental Pollution, (171): 85-92.

Zhu T, Jenssen P D, Maehlum T, et al. 1997. Phosphorus sorption and chemical characteristics of lightweight aggregates (LWA)-potential filter media in treatment wetlands[J]. Water Science and Technology, 35(5): 103-108.